高 等 学 校 专 业 教 材
国家级精品资源共享课程配套教材

食品技术原理

（第二版）

赵 征 张 民 主编

中国轻工业出版社

图书在版编目（CIP）数据

食品技术原理/赵征，张民主编. —2 版. —北京：中国轻工业出版社，2019. 11
高等学校专业教材　国家级精品资源共享课程配套教材
ISBN 978 -7 -5019 -9211 -9

Ⅰ. ①食…　Ⅱ. ①赵…　②张…　Ⅲ. ①食品加工—高等学校—教材
Ⅳ. ①TS205

中国版本图书馆 CIP 数据核字（2013）第 287392 号

责任编辑：马　妍　　责任终审：滕炎福　　封面设计：锋尚设计
版式设计：锋尚设计　责任校对：燕　杰　　责任监印：张　可

出版发行：中国轻工业出版社（北京东长安街 6 号，邮编：100740）
印　　刷：三河市万龙印装有限公司
经　　销：各地新华书店
版　　次：2019 年 11 月第 2 版第 4 次印刷
开　　本：787 ×1092　1/16　印张：34. 75
字　　数：799 千字
书　　号：ISBN 978 -7 -5019 -9211 -9　定价：68. 00 元
邮购电话：010 -65241695
发行电话：010 -85119835　传真：85113293
网　　址：http：//www. chlip. com. cn
Email：club@ chlip. com. cn
如发现图书残缺请与我社邮购联系调换
191241J1C204ZBW

本书编委会

主　　编： 赵　征　天津科技大学

张　民　天津科技大学

参编人员：（以下按姓氏笔画为序）

王昌禄　天津科技大学

李文钊　天津科技大学

阮美娟　天津科技大学

吴　俊　武汉后勤学院

李大鹏　山东农业大学

张仁堂　山东农业大学

张坤生　天津商业大学

胡爱军　天津科技大学

前　言

经过数年的努力，在各位编者的积极努力下，《食品技术原理》再版了。本书是食品科学与工程类专业本科层次教材，也是国家级精品资源共享课程“食品技术原理”的配套教材。

上一版《食品技术原理》涵盖“食品保藏学”的内容，后经原轻工总会（中国轻工业联合会）食品科学与工程专业指导委员会研究，为适应“加强基础、拓宽专业面”的要求，将其名称确定为“食品技术原理”，并以食品保藏学为基础内容进行编写，包括食品保藏的物理、化学和生物学技术、食品包装技术等。上一版教材对学生获得必要的食品基础知识，起到了良好的效果。

自《食品技术原理》出版以来，我国食品科学技术和食品产业取得了巨大的发展，食品专业的教学体系和思路也在教育部高等院校食品科学与工程类专业教学指导委员会的引领下不断改变和完善。为了适应新的形势，原教材需要修订和更新。本书在上一版教材的基础上，进行以下调整和精简：

（1）为了使学生全面地理解食品原料、食品保藏和加工的关系，本书简明扼要地介绍了食品产后生理和加工。（2）我国低温处理技术已经从食品保藏领域拓展到食品物流领域，本书增加了低温物流技术的基础知识。（3）由于生物技术在食品工业中发挥着日益重要的作用，本书在传统的生物技术——发酵技术和酶技术的基础上，增加了现代生物技术的章节。（4）本书在新型食品物理加工技术中以食品保藏为核心介绍了辐照、超高压、微波、脉冲电场等技术手段的技术进展和工业应用。膜技术、挤压熟化技术等新型食品加工的技术手段没有包括在内，读者可以参考《食品工程高新技术》（高福成，郑建仙主编）。（5）由于各校已经开设“感官评价”的专门课程，并有多种教材面世，所以没有将其列入到本书中。

为了利于学生开展自主学习，本书每章之前都提供了学习指导，指出需要掌握的主要内容；每章后面附有复习思考题，以利于学生把握知识要点、思考问题、拓展思维。

本书绪论由赵征编写，第一篇由张民、阮美娟、吴俊、赵征、张仁堂编写，第二篇由张坤生编写，第三篇由王昌禄、胡爱军编写，第四篇由吴俊编写，第五篇由李文钊编写，全书由赵征、张民定稿。

在本书的编写过程中，得到了各位编者所在单位的大力支持，特别是得到赵晋府教授和上届编委会对于后学的理解和关怀，在此一并表示衷心的感谢。

由于编者水平所限，书中会有不妥之处。恳请读者给予指正。

编　者
2014.1

目　录

第一篇　物理技术对于食品的处理

第二章 食品的热处理

第三章 食品的干燥

第三章 食品防腐剂、抗氧化剂、酸化剂和涂膜剂

第三篇 生物技术对于食品的处理

第一章 传统食品发酵技术

第二章 酶技术

第三章 现代食品生物技术

第四篇 食品的包装与保藏

第一章 食品包装概论

第二章 食品包装材料及容器

绪　论

人类文明的进化与食物密切相关。从远古至今，人类的食物不断发展，人们对于食物的认识在不断加深。当人们更有意地感知到食物的重要性时，对食品的研究也越来越深入。物理、化学、生物领域的科学和工程技术的发展，给食品不断注入新的内容，现代信息技术对知识的快速传播促使食品技术呈现出迅速更新的态势。

一、食品技术发展概况

（一）食品技术发展简史

食品加工起源于原始社会的明火加热，熟制肉类、果实、根茎和植株，使之适于食用。当时的食物难以满足社会成员的需求，因而没有任何形式的保藏。进入农耕社会，食物开始需要储存和保藏。公元前3000—公元前1500年，埃及人发现了一些加工食物的方法，如干藏鱼类和禽类、酿造酒类、磨面、烘焙面包等。公元前1500年世界各地种植了今天大多数的主要食用作物。公元二世纪，在欧洲的罗马出现了第一台水磨和最早的商业烘焙作坊。

从公元1000年开始，欧洲迅速发展的贸易和连绵不断的战争促进了食品加工技术的交流。例如，奥斯曼帝国的征战把咖啡带到欧洲大陆。食品加工技术出现了专业化分工，出现了磨面作坊、干酪制造作坊、酿造作坊和蒸馏酒作坊等。许多加工业成为今日食品工业的前驱。在这个阶段，水力和畜力驱动的机械设备缩短了生产时间，减少了人力需求。城镇和城市的增加和扩展，促进了食品保藏技术的发展，延长了食品的存储寿命，保证食品从乡村地区运输到城市，满足城市居民的需求。

食品加工的规模由于18世纪的工业革命而迅速扩大。1700年，氯净化水、柠檬酸调味和保藏食品成为早期的科学发现。1795年，法国人第一个用热空气干燥食品。1795年，尼古拉·阿佩尔（Appert Nicolas）发明了罐头加工方法，给前线征战的法国军队提供了不易变质的食品。1842年，美国注册了鱼的商业化冷冻专利。20世纪20年代，美国人柏宰（Clarence Birdseye）开发了将食品温度迅速降低到冰点以下的冷冻技术，开启了速冻食品的先河。19世纪60年代，路易斯·巴斯德（Louis Pasteur）在研究啤酒和葡萄酒时发明了巴氏消毒法。美国人鲍尔（Charles Olin Ball）在1923年提出了罐头杀菌的计算法，瑞典人鲁本（Ruben Rausing）在20世纪50年代开发无菌包装显著提高了预包装食品的安全性和方便性。在19世纪末，科学发现改变了小规模技艺型食品加工业的面貌，进入20世纪，在世界范围内建立了我们今天所知道的食品工业。

我国食品加工和保藏的历史悠久，数千年来创造了许多种食品和加工方法，为世界食品加工技术做出了重要的贡献。世界公认豆腐、豆浆、豆芽、豆酱是我国食品史上的四大发明。我国发明的豆腐、面条和馒头的加工技术传播到日本，进而普及到世界。我国在唐代开元年间（713—742 年）已能制作火腿，在公元 13 世纪流传到了欧洲。我国北魏贾思勰所著的《齐民要术》（成书于 533—554 年），总结了在此以前中国北方的农业科学技术，记载了许多食品加工方法如干制、腌制、酿造、制造干酪的方法，对我国古代农业的发展产生了重大影响。明末清初的宋应星（1587—约 1666 年）所著的《天工开物》对中国古代的各项技术进行了系统的总结，构成了完整的科学技术体系。食品方面书中记载了谷物加工、制盐、榨油、制曲、制糖等多种方法。书中记述的许多生产技术，一直沿用到近代。我国各地都有传统名特优产品，很多有几百年的历史，一些民族和特色传统食品在当今我国人民的生活中还占有重要的位置，形成了相应的文化和历史。“中国古代食品贮藏与加工”一文全面地总结了我国古代在食品领域的重要贡献。

我国食品加工技术由于封建统治的桎梏，长期停留在技艺传承的水平，没有跟上工业革命的步伐。我国的食品技术在改革开放以后取得了巨大的进步，食品产业发展成为我国国民经济中的第一大产业。

（二）我国食品工业的概况

现代食品工业已发展成为包括食品加工业和食品制造业的一大产业。现代的食品加工不再是传统的农副产品初级加工的概念范畴，而是指对可食资源的技术处理，以保持和提高其可食性和利用价值，开发适合人类需求的各类食品和工业产品。实际上，本书所指的食品加工已包括了食品加工与制造，即所有各类食品的工业生产过程，由农业的种（养）业、捕捞业，饲料业，食品加工、制造业，流通业，餐饮业和相关产业（如信息、机械、化工、包装、医药等）及部门（如进出口、监督、检测、教育、科研等）等所组成的农业生产—食品工业—流通体系，通常称为食品产业链，是我国现代化的食品体系。食品工业在这个体系中起着重要的作用。

我国自从改革开放以来，随着农业的不断增产和快速发展，一些大宗农产品（除乳制品外）的产量和人均占有量位于世界前列，食品工业总产值持续增长。“十一五”期间食品工业得到了快速发展，增速平均达 20%。食品种类逐渐丰富、产量增大，基本满足了国民对食品营养、健康、方便的需求。2012 年，我国食品工业总产值近 9 万亿元，占工业总产值的 9.1%，有力带动了农业、流通服务业及相关制造业发展。《食品工业“十二五”发展规划》提出到 2015 年，食品工业总产值达到 12.3 万亿元，较“十一五”增长 100%，年均增长 15%；食品工业总产值与农业总产值之比提高到 1.5∶1。

我国已涌现出一批具有强大经济实力和市场竞争力的大型企业集团，产业集中度不断提高，形成了一定的规模，有些企业的规模已达到世界水平。数据显示，2010 年产品销售收入超过百亿元的食品工业企业有 27 家，其中中粮集团有限公司进入《财富》世界 500 强。“十二五”期间，超过百亿元的食品工业企业将超过 50 家。

“十一五”期间，根据《国家中长期科学和技术发展规划纲要（2006—2020 年）》的精神，科技支撑和 863 计划中重点安排了“食品加工关键技术研究与产业化开发”等一批重大项目，有力支撑了近年来我国食品工业的快速发展，整体缩小了我国食品加工技术与国际先进水平的差距，部分领域达到了国际领先水平，实现了我国食品产业科技领域向营养、安全、高效、节能方面的战略性转变。但我国食品工业仍然存在问题，在食品安全保障体系、自主创新能力、产业链建设、产业发展方式以及企业组织结构方面尚需完善和优化。这说明我国食品工业还有很大的发展空间。《食品工业“十二五”发展规划》提出：到2015年，食品工业集约化、规模化、质量安全水平进一步提高，区域布局进一步优化，形成自主创新能力强、保障安全和营养健康，具有较强国际竞争力的现代食品产业，提高食品产业对社会的贡献度，巩固食品产业在新时期扩大城乡居民消费、带动相关产业发展和促进社会和谐稳定中的支柱地位。

二、食品的定义、功能与特性

（一）食品的定义

可供人类食用或具有可食性的物质称为食物。我国在《食品工业基本术语》中规定：“食品是可供人类食用或饮用的物质，包括加工食品、半成品和未加工食品，不包括烟草或只作药品用的物质”。在这个概念中食品包含了食物和食品，广义上食品的概念包括了可直接食用的制品以及食品原料、食品配料、食品添加剂等一切可食用的物质，同时也界定了食品的范围。如果细分食品和食物的概念，食物是指可供食用的物质，不一定进入流通领域。食品是指经加工和处理，作为商品可供流通的食物。需要指出的是，我国工业管理部门从统计的角度把烟草列入食品工业的范围，但是本书不涉及烟草的内容。

（二）食品的功能

人类的饮食不仅是为了饱腹，而且有更多的作用。食品对于人类所发挥的作用称为食品的功能。食品的功能如下：

1. 营养功能

食品是为满足人体营养需求的最重要的营养源，提供了人体活动的化学能和生长所需要的化学成分。食品的第一功能是营养功能，也是最基本的功能。

食品中营养成分按大类主要有蛋白质、碳水化合物（糖）、脂肪、维生素、矿物质、膳食纤维。此外，水和空气也是人体新陈代谢过程中必不可少的物质，一般在营养学范畴被列为营养素，但在食品加工中不视其为营养素。

一种食品最终营养价值不仅取决于营养素全面和均衡，而且还体现在食品原料的获得、加工、贮藏、生产和流通过程中的稳定性和保持率，以及营养成分是否以一种能在代谢中被利用的形式存在，即营养成分的生物利用率方面。

2. 感官功能

消费者对食品不仅有满足吃饱的需求，还要求在饮食的过程中同时满足视觉、触觉、味觉、听觉等感官方面的需求。消费者都存在爱好或嗜好，这是人类对食品物理、化学和心理的反应。食品的感官功能不仅是出于对消费者享受的需求，而且有助于促进食品的消化吸收。食品的感官功能通常体现在以下几方面。

（1）外观　通常食品的外观包括大小、形状、色泽、光泽等。一般要求食品应大小适宜、造型美观、便于携带拿取、色泽悦目等。

（2）质构　质构是食品的内部组织结构，包括硬度、黏性、韧性、弹性、酥脆度、稠度等都是食品的质构指标。食品质构直接影响到食品入口后消费者的感受，进而影响消费者的接受程度。不同的消费者对食品质构的喜好有所不同，通常食品的质构会针对特定的食品消费人群而定。

（3）风味　包括气味和味道。气味有香气、臭味、水果味、腥味等；味道有酸、甜、苦、辣、咸、麻、鲜以及多种味道的复合味道等。消费者对食品风味的需求有很强的地域性。各种食物或食品具有本身的特定风味。

3. 保健功能

食物的成分中除通常已知的大量营养素外，还含有少量或微量的生理活性物质，如黄酮类、多酚、皂苷类化合物、肽类、低聚糖、多价不饱和脂肪酸、益生菌类等，这些成分一般不属于营养素的范畴，但是有助于人体调节机体功能，被称为功能因子。这些成分有助于糖尿病、心血管病、肥胖患者等调节机体、增强免疫功能和促进康复或具有预防慢性疾病发生的功能，这就是食品的保健功能。这样的食品提升了食品功能，适于特定人群食用，但不能治疗疾病。为了规范保健食品的制造和使用，我国卫生部目前批准可以申报增强免疫力、抗氧化、辅助改善记忆等27项保健功能。

（三）食品的特性

从食品科学与工程专业的角度来看，食品要能大规模工业化生产并进入商业流通领域，必须具有下列三个特性：

1. 安全性

食品的安全性是食品最重要的特性。食品安全性是指食品必须无毒、无害、无副作用，应当防止食品污染和有害因素对人体健康的危害以及造成的危险性，不会因食用食品而导致食源性疾病、中毒和产生任何危害作用。在食品加工中，食品安全除了我国常用的“食品卫生”的含义外，还应包括因食用而引起任何危险的其他因素，如果冻食品体积过大可能存在婴幼儿咽噎的危险，食品包装中放置的干燥剂可能被消费者误食等。

食品卫生学意义的指标反映导致食品不安全的微生物、化学、物理因素。微生物指标主要有细菌总数、致病菌、霉菌等；化学污染指标有重金属如铅、砷、汞等；农药残留和药物残留如抗生素类和激素类药物；物理性因素包括食品在生产加工过程中吸附、吸收外来的放射性元素，混入食品的杂质超标或食品形状引起食用危险等安全问题。此外，还有其他不安全因素如疯牛病、禽流感、假冒伪劣食品、非法添加剂、食品添加剂的不合理使用以及对转基因食品存在的疑虑等。

世界各国政府对食品的安全性问题均十分重视，并以立法的形式来保障食品的安全性。2009年6月我国政府为保证食品安全，保障公众身体健康和生命安全，颁布《中华人民共和国食品安全法》，对食品的生产、包装、保藏、运输、销售提出了明确的卫生要求，对消费者的健康和权益提供了根本的法律保证。

2. 保藏性

为了保证持续供应和地区间流通以及保持最重要的食品品质和安全性，食品必须具有一定的保藏性，在一定的时期内食品应该保持原有的品质或加工时的品质或质量。食品的品质降低到不能被消费者接受的程度所需要的时间被定义为食品货架期，货架期是商品仍可销售的时间，又可称为保藏期或保存期。

一种食品的货架期取决于加工方法、包装和贮藏条件等诸多因素。例如牛乳在低温下比室温贮藏的货架期要长；超高温杀菌的无菌包装的牛乳可在室温下贮藏，比低温贮藏的巴氏杀菌牛乳货架期更长。食品货架期的长短可依据需要而定，应有利于食品贮藏、运输、销售和消费。

食品货架期是生产商和销售商必须考虑的指标以及消费者选择食品的依据之一，这是商业化食品所必备的要求。

3. 方便性

食品作为日常的快速消费品，具有方便性，便于食用、携带、运输、保藏及再加工。食品通过加工可以提供方便性，如液体食物的浓缩、干燥可以节省包装，为运输和贮藏提供方便性。包装容器和外包装的发展反映了方便性这一特性，易拉罐、易拉盖、易开包装袋等方便了消费者的开启；大型散货包装的开发与应用，使制造企业降低了食品配料的运输成本，方便了制造过程，适应了大规模食品加工与制造的需求。净菜、半成品菜、速冻食品、微波食品等则为家庭消费者和餐饮企业提供了方便，为家务劳动社会化和餐饮企业的发展提供了条件；快餐店、超市、便利店销售的快餐食品为家庭外的餐饮提供了快捷便利。这些类型的食品制备对供应速度、保藏条件和包装容器都有专门的要求。食品的方便性充分体现了食品人性化的一面，直接影响食品消费者的接受性。

方便性和保藏性是食品工业或食品科学与工程专业中所称的“食品”与餐饮企业或家庭所制作的“食品”的区别所在。需要指出的是，目前餐饮企业越来越多地使用食品工业的预制食品、配料和食品添加剂，提高加工的方便性。食品工业也从餐饮企业的需求和传统技艺中获得开发产品的动力，这两类食品加工企业出现了相互融合的趋势。

三、食品技术原理的研究内容和范围

（一）食品技术的概念

在国际食品科学领域中对食品技术的定义是指将食品科学原理应用于食品原料的加工处理，将其转变为高质量和稳定性的各种产品，进行包装和分销，以满足消费者对安全、卫生、营养和美味食品的需求。食品技术应用化学、物理学、生物学、生物化学、微生物学、营养学以及食品工程等各方面的基础知识，将其他技术如包装、工程、仪器、电子、农业和生物技术整合应用到食品之中。有的定义中还特别提出食品技术是运用科学原理全面开发和制造食品，使其在全球销售的技术。

（二）研究内容和范围

1. 根据食品原料的特性，研究食品的加工保藏

（1）食品原料的类别　食品加工原料的来源广泛、品种众多，有植物性原料、动物性原料、微生物来源的原料以及矿物性原料和化学合成原料，如食品配料或食品添加剂等。这些原料包括：活体食品原料、季节性和地区性食品原料、复杂性食品原料和易腐性食品原料等。

（2）引起食品变质的原因　食品变质主要包括食品外观、质构、风味等感官特征，

营养价值、安全性和审美感觉下降等。在食品加工中引起食品变质的原因主要有以下四个方面，这是食品加工保藏原理的出发点。

①生物因素：生物因素包括微生物、害虫和鼠害的作用。食品在加工、贮藏、运输过程中，一些有害微生物会生长繁殖引起食品的腐败变质或产生质量危害。常见的污染食品的细菌有假单胞菌、微球菌、葡萄球菌、芽孢杆菌、芽孢梭菌、肠杆菌、弧菌、黄杆菌、嗜盐杆菌、嗜盐球菌、乳杆菌等。霉菌对食品的污染多见于南方多雨地区，目前已知的霉菌毒素约200种，与食品质量安全关系较为密切的有黄曲霉毒素、赫曲霉毒素、杂色曲霉毒素等。霉菌及毒素对食品污染后可引起人体中毒或降低食品的食用价值。害虫和鼠害是引起食品变质的另一个生物因素。害虫和鼠害不仅是食品保藏损耗加大的直接原因，而且由于害虫和鼠类繁殖迁移，以及它们排泄的粪便、分泌物、蜕变的皮壳和尸体还会污染食品，甚至传染疾病，损害食品的卫生质量，严重的丧失商品价值，造成巨大的经济损失。

②酶的因素：绝大多数食品来源于生物界，尤其是鲜活食品和生鲜食品，在其体内存在着具有催化活性的多种酶类，食品在加工和贮藏过程中，由于酶的作用，特别是由于氧化酶类、水解酶类的催化会发生多种多样的酶促反应，造成食品色、香、味和质地的变化。另外，微生物也能够分泌导致食品发酵、酸败和腐败的酶类，与食品本身的酶类一起作用，加速食品变质腐败的发生。常见的与食品变质有关的酶包括脂肪酶、蛋白酶、果胶酶、淀粉酶、过氧化物酶、多酚氧化酶等。酶的作用引起的食品腐败变质现象中，较为常见的有果蔬的褐变、虾的黑变、脂质的水解和氧化以及鱼类、贝类的自溶作用和果蔬的软烂等。

③物理化学因素：食品在热、冷、水分、氧气、光以及时间的条件下会发生物理化学变化。如在空气和光的条件下，由氧化反应引起油脂的氧化酸败、色素氧化变色、维生素氧化变质等。热、酸碱化合物或长时间的存放会发生一些影响食品质量的变化，如蛋白质变性、淀粉的老化、沉淀及破乳等。食品中有蛋白质和糖类化合物存在时，在受热时易发生美拉德反应引起褐变。挥发性风味物质易受热丧失。食品在失水和复水时会发生外观和质构的变化。

几乎所有的物理化学变化都是随时间的延长而严重，即食品质量随时间而下降。有些食品如干酪、香肠、葡萄酒和其他发酵食品加工之后经成熟陈化而改善风味和质地，但成熟陈化后的食品在贮藏中质量同样下降。

（3）食品保藏的途径　食品加工是针对引起食品腐败变质的原因，采取合理可靠的技术和方法来控制腐败变质，以保证食品的质量和达到相应的保藏期。对于由化学变化引起的食品变质（如氧化、褐变），则可以根据化学反应的影响因素选择化学和物理的方法。对于生物类食品或活体食品加工与保藏主要有四类途径：

①运用无菌原理：杀灭食品中腐败菌、致病菌以及其他微生物或减少微生物的数量到能使食品长期保存所允许的最低限度。这样的方法最经典的就是加热杀菌处理的罐藏技术，一般来说，凡是能将微生物杀死的条件可以使酶失活。此外，还有辐照杀菌。过滤除菌、高压、电磁、脉冲、熏蒸等杀菌手段，其中一些方法由于没有热效应，又被称为冷杀菌。如果杀菌条件充足，食品也将获得预期的货架期。

②抑制微生物活动：利用某些物理、化学因素抑制食品中微生物和酶的活动，这是一种暂时性的保藏方法。如降低温度（冷冻）、脱水降低水分活度、利用渗透压、添加防腐抗氧剂等手段属于这类保藏方法。这样的保藏期比较有限。如要延长货架期，需要包装和贮藏条件的配合。

③利用发酵原理：发酵保藏又称生物化学保存，是用某些有益微生物的活动产生和积累的代谢产物（如酸和抗生素）来抑制其他有害微生物的活动，从而延长食品保藏期。食品发酵必须控制微生物的类型和环境条件，同时由于本身有微生物存在，其相应的保藏期不长，且对贮藏条件的控制有比较高的要求。

④维持食品最低生命活动：新鲜果蔬是有生命活动的有机体，当保持其生命活动时，果蔬本身则具有抗拒外界危害的能力，因而必须创造一种恰当的贮藏条件，使果蔬采后尽可能降低其物质消耗的水平如降低呼吸作用，将其正常衰老的进程抑制到最缓慢的程度，以维持最低的生命活动，减慢变质的进程。温度是影响果蔬贮藏质量最重要的因素，同时控制贮藏期中果蔬贮藏环境中氧气和二氧化碳等气体成分的含量和比例是提高贮藏质量的有力措施。这种在低温下调节果蔬贮藏中气体成分的方法简称为气调贮藏，目前常用的有气调冷藏库贮藏法和薄膜封闭气调法。

2. 研究加工对食品质量的影响

（1）加工对质量的有利影响　加工可以增强食品安全性、保藏性、营养和感官质量，例如肉制品腌制是用食盐、硝酸盐、亚硝酸盐、糖及其他辅料对原料肉进行处理的工艺过程，提高了肉制品的风味、色泽、持水性以及保藏性。大豆中含有抗营养因子，经加工除去，提高安全性。果蔬及其汁液脱水处理后可以提高固形物含量或浓度，提高保藏性和使用的方便性；食品蛋白质经酶水解可以增加消化吸收性和具有保健功能。

（2）加工对质量的不利影响　加工对食品有很大的影响。一方面可以改善食品的质量，增强其保藏性；另一方面若加工不当，则会产生相应的质量问题。如牛乳经过长时间高温加热会引起美拉德反应，对产品色泽产生不利影响；高温处理或煮沸时，在与牛乳接触的加热面上形成乳石。乳石的形成不仅影响热效率、杀菌效果，而且造成乳固体量的损失，加热会破坏营养素和生理活性物质。

食品的加工就是要使营养素在加工和贮藏过程中损失最小，提高稳定性，当营养成分损失不可避免而且很大时，法律允许加入一定量的营养成分以达到强化的目的。

食品加工对食品质量的影响是一个复杂的问题，选择加工工艺和技术，需要综合多方面因素来考虑。这就需要深入研究食品在加工过程中的生物、化学和物理变化，以及这些变化所带来的对食品质量的影响，从而加工出最佳的食品。

四、食品技术原理的学习方法

食品技术原理课程是研究食品加工和保藏的技术原理。原理要阐明食品加工和保藏中使用物理、化学和生物技术及其在食品安全中的作用，对微生物进行控制的机理；还需要研究这些技术在对微生物进行控制的同时，如何尽可能多地保留食品营养，尽可能使食品具备良好的感官品质；研究不同的包装、贮存条件对产品的安全性、稳定性所带来的影响。食品技术原理是食品工艺学的基础，它是科学和工程学的紧密结合。由于它主要是对原理的阐述，所以不像食品工艺学那样涉及具体产品，但是，这些原理对具体的食品开发、工程设计都会发挥重要的基础性作用。各类食品的制作工艺将在“食品工艺学”中予以论述，包括罐藏工艺学、果蔬加工工艺学、肉类加工工艺学、乳制品工艺学、饮料工艺学等。“食品技术原理”是设计食品工艺的重要的理论依据，“食品工艺学”包含“食品技术原理”各种保藏技术的具体应用，两本教材在教学上相辅相成，互为支撑。

学习食品技术原理，既需要有数学、物理、化学、生物学方面的基础知识，也需要有工程方面的基础知识。食品技术原理不同于食品工程原理，食品工程原理是基于化工原理而形成的针对食品工业单元操作的应用和扩展，其更偏向于工程基础的课程，在内容上以过程和设备作为研究的中心。食品技术原理既研究食品在加工和保藏中的变化及其基本理论，又利用食品工程原理（或化工原理）中的工程基础对工程实践方面加以综合和集成。

食品技术原理是一门实践性很强的课程，学生需要在实验、实习和课外科技实践活动消化理解并掌握课堂教学中所学的内容，发挥自主学习的主动性。教师需要在自主学习的框架下，设计实验、实习、课程设计等实践环节，指导学生在理论基础上加以创造性地应用，使学生的思维想象具体化，以提高实践能力。

近年来，网络技术飞速发展，网络教学为进一步提高教学效果创造了条件，教学和学习的模式正在发生深刻的变化。本书是国家级精品资源共享课程“食品技术原理”的配套教材，读者可以登录国家精品课程资源网下载和学习相关教学辅助资料。目前，食品技术原理的学习应该向课堂学习、实践活动、网络学习的综合式自主学习的方向发展。

参考文献

[1] 赵晋府主编. 食品技术原理. 北京：中国轻工业出版社，1999

[2] 夏文水主编. 食品工艺学. 北京：中国轻工业出版社，2007

[3] 曾名湧主编. 食品保藏原理与技术. 北京：化学工业出版社，2009

[4] 曾庆孝主编. 食品加工与保藏原理. 北京：化学工业出版社，2002

[5] 中国食品科技发展报告编委会. 中国食品科技发展报告. 北京：化学工业出版社，2009

第一篇
物理技术对于食品的处理

第一章　食品的低温处理和保藏
第二章　食品的热处理
第三章　食品的干燥
第四章　食品的辐照保藏
第五章　处理食品的其他物理技术

第一章　食品的低温处理和保藏

【学习指导】

本章重点掌握食品物料产后的生理变化过程，以及食品冷藏、气调贮藏、冻藏和冷链的基本概念、基本原理；熟悉冷却、冷藏、气调贮藏、冻藏和冷链的常用方法；了解玻璃态和分子移动性理论在食品低温处理和保藏中的应用。

第一节　食品物料的产后生理

一、植物产品的采后生理

（一）果蔬采收后的生长表现

果蔬收获后便结束了田间那种明显生长的现象，特别是具有休眠特性的鳞茎、块茎和块根等蔬菜，收获后便转入休眠阶段。大部分不具有休眠特性的果蔬，收获之后，它们生长旺盛的分生组织并未停止活动。只要条件适宜，它们还可以利用组织中的营养物质进行再合成过程，继续进行细胞分裂或生长。果蔬采后的这种生长现象对于果蔬贮藏是非常不利的。果蔬采后的生长现象可以概括为以下几种情况。

1. 叶子的持续生长

直根类蔬菜如萝卜、胡萝卜、甜菜等，在北方10月下旬至11月上旬采收时，生长阶段还未结束，顶芽仍然处于活跃状态，贮藏温度稍高便会继续萌发新叶，消耗组织中的营养物质，使其发生糠心等不良现象。因此，收获后应将它们的分生点切出，以防止其继续生长。但如果作为种用贮藏的，则只能转入低温贮藏，以抑制其生长点的萌发。

2. 幼茎的伸长

芦笋、竹笋等以嫩茎作为食用器官的蔬菜，其颈部顶端有生长旺盛的生长点，贮藏时仍然会继续延长生长（其伸长的速率与贮藏温度成正比），并伴随着组织木质化的发生。

同样，食用菌收获后菌柄部也可以继续伸长，并且伴随着温度的升高迅速开伞，菌褶变褐，使其品质下降，难于贮藏。甚至有些蘑菇即使处于低温下，经过几天同样会迅速开伞失去食用价值。

3. 种子的发育

不论水果还是蔬菜的果实，只要是在不完熟时采收的，果实中的种子都在继续生长发育着。但蔬菜和水果种子发育所需的营养物质来源不同，因此产生的影响也不一样。如仁果类水果苹果、梨、山楂，核果类水果桃、杏等在果实生理成熟前采收，种子都有一段后熟过程才具有发芽能力，种子发育所需的营养物质主要由种子的胚乳转移给胚，因此其对果实品质的影响不大；但对于黄瓜、菜豆、豌豆等果菜类蔬菜，在幼嫩时采收，采收后放置在室温条件下，种子发育需要直接从果肉中吸取营养物质，结果导致果肉变为海绵状或革质，从而对果实的食用品质直接产生影响。如黄瓜在生成种子部分膨大变形；菜豆种仁膨大，荚部继续木质化，荚皮干缩至不能食用。

4. 抽薹开花

收获时处于花蕾阶段的青花菜、金针菜，短期贮藏时，花蕾便会开放，降低产品的食用价值和商品价值。如青花菜在20℃下，3d 便会开花；10℃低温下贮藏，则可使开花期延迟一个半月，从而较长时间内使其品质得到保持。大白菜在贮藏过程中叶球生长点也在孕育着花蕾和抽薹，温度高时，孕蕾和抽薹加快，由于内部的生殖生长，使外球叶部的水分和营养物质向内部生长点转移，引起外叶脱落（脱帮），甚至因内部生长压力导致叶球破裂。

很明显，果蔬采后的生长现象对于果蔬贮藏是不利的。因此，应采取适当措施如低温贮藏来避免或延缓这种现象的发生，以达到延长果蔬贮藏期的目的。

（二）果蔬原料采后的生理特性

收获后的果蔬，仍然是有生命的活体，但是脱离了母株之后组织中所进行的生化、生理过程，与生长期不完全相同。收获后的果蔬所进行的生命活动，主要方向是分解高分子化合物，形成简单分子并放出能量。其中一些中间产物和能量用于合成新的物质，另一些则消耗于呼吸作用或部分地积累在果蔬组织中，从而使果蔬营养成分、风味、质地等发生变化。

1. 呼吸作用

果蔬收获后，光合作用停止，呼吸作用成为新陈代谢的主导过程。呼吸与各种生理过程有着密切的联系，并制约着这些过程，从而影响到果蔬在贮藏期间的品质变化，也影响到其耐藏性和抗病性。果蔬呼吸作用的本质是在酶参与下的一种缓慢氧化过程，使复杂的有机物质分解成为简单的物质，并放出能量。这种能量一部分维持果蔬的正常代谢活动，一部分以热的形式散发到环境中。

呼吸作用分为有氧呼吸和无氧呼吸。以糖为基质时，两种呼吸总的反应式如下：

有氧呼吸　$C_6H_{12}O_6 + 6O_2 \rightarrow 6CO_2 + 6H_2O + 2817kJ$

无氧呼吸　$C_6H_{12}O_6 \rightarrow 2C_2H_5OH + 2CO_2 + 117kJ$

有氧呼吸是植物的主要呼吸方式。无氧呼吸释放的能量较少，为获得同等数量的能量，就要消耗远比有氧呼吸更多的有机物。同时，无氧呼吸的最终产物为乙醇等，这些物质对细胞有一定毒性，如果积累过多，将会引起细胞中毒甚至杀死细胞。控制适宜的低温和贮藏环境中合适的氧气和二氧化碳的含量，是防止产生不正常无氧呼吸的关键。

水果蔬菜呼吸作用强弱的指标是呼吸强度。呼吸强度通常以 1kg 水果或蔬菜 1h 所放出的二氧化碳的质量（毫克）来表示，也可以用吸入氧的体积（毫升）来表示。果蔬在贮藏期间的呼吸强度大小直接影响着贮藏期限的长短。呼吸强度大，消耗的养分多，会加速衰老过程，缩短贮藏期限；呼吸强度过低，正常的新陈代谢受到破坏，也会缩短贮藏期限。因此，控制果蔬正常呼吸的最低呼吸强度，是果蔬贮藏的关键问题。

衡量水果蔬菜呼吸特性的指标是呼吸商。呼吸商又称呼吸系数，即水果蔬菜呼吸过程中释放出的二氧化碳（V_{CO_2}）与吸入的氧气（V_{O_2}）的容积比。用 *RQ* 表示：

$$RQ = \frac{V_{CO_2}}{V_{O_2}} \quad (1-1-1)$$

RQ 通常是在有氧情况下测定（缺氧时，*RQ* 较大），同一底物，*RQ* 可表示呼吸状态（有氧和无氧）。*RQ* 因消耗的底物不同而不同。从呼吸系数可以推测被利用和消耗的呼吸基质。

葡萄糖的氧化：

$$C_6H_{12}O_6 + 6O_2 \rightarrow 6CO_2 + 6H_2O$$

$$RQ = \frac{6V_{CO_2}}{6V_{O_2}} \quad (1-1-2)$$

脂肪（硬脂酸）的氧化：

$$C_{18}H_{36}O_2 + 26O_2 \rightarrow 18CO_2 + 18H_2O$$

$$RQ = \frac{18V_{CO_2}}{26V_{O_2}} = 0.69 < 1 \quad (1-1-3)$$

有机酸（醋酸）的氧化：

$$2C_2H_2O_4 + O_2 \rightarrow 4CO_2 + 2H_2O$$

$$RQ = \frac{4V_{CO_2}}{V_{O_2}} > 1 \quad (1-1-4)$$

不同种类的果蔬呼吸状态不同，果蔬以其呼吸状态可分为两类：高峰呼吸型和非高峰呼吸型。果蔬生命的过程中（常压成熟阶段）出现呼吸强度起伏变化现象，称为呼吸漂移。有的果蔬会出现漂移高峰值即呼吸高峰。

高峰呼吸型也称呼吸跃变型或者 A 型，这类果蔬有：苹果、梨、桃、木瓜、甜瓜、番茄、香蕉、芒果、草莓等。A 型的特点：①生长过程与成熟过程明显。呼吸高峰标志着果蔬开始进入衰老期，故保藏应在高峰期出现之前进行。②乙烯对其呼吸作用影响明显。乙烯的使用使果蔬的呼吸高峰提前出现。乙烯的催熟作用在高峰之前才有用。③高峰期的出现可以推迟。在高峰期到来之前收获，通过冷藏、气调等方法可使呼吸高峰期推迟。呼吸高峰后不久的短暂期间鲜食为佳。

非高峰呼吸型也称 B 型，柑橘、橙、菠萝、柿、柚子、柠檬、樱桃、葡萄等属于此类。B 型的特点：①生长、成熟过程不明显，生长发育期较长。②多在植株上成熟后收获，没有后熟现象。成熟后不久的短暂时期鲜食为佳。③乙烯作用不明显。乙烯可能有多次作用，但无明显高峰。

影响呼吸强度的因素有果蔬种类、品种的差异，外界条件（温度、湿度、气体成分、组织伤害及微生物等）及成熟度等。此外，果蔬在呼吸过程中，除了放出二氧化碳外，

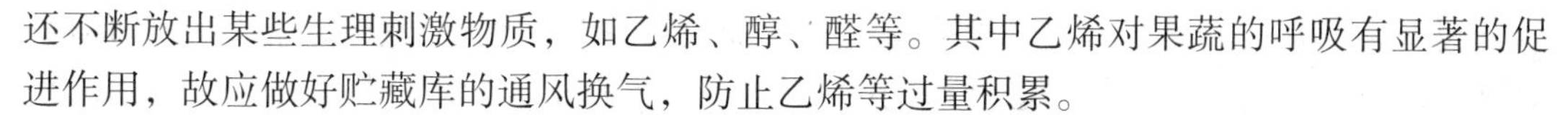

还不断放出某些生理刺激物质，如乙烯、醇、醛等。其中乙烯对果蔬的呼吸有显著的促进作用，故应做好贮藏库的通风换气，防止乙烯等过量积累。

2. 果蔬水分的蒸发作用

新鲜果蔬含水分很高，细胞水分充足，膨压大，组织呈坚挺脆嫩的状态，具有光泽和弹性。在贮藏期间由于水分的不断蒸发，细胞的膨压降低，致使果蔬发生萎缩现象，光泽消退，失去了新鲜感。

植物体及其各种器官，在整个生命期间总是不断地进行蒸发作用。果蔬在采收前，蒸发作用丧失的水分，可由根系从土壤中得到补偿；采收后的蒸发脱水通常不能得到补充，果蔬就逐渐失去新鲜度，并且带来一系列的不良影响。

（1）失重和失鲜　果蔬在贮藏中由于水分蒸发所引起的最明显的现象是失重和失鲜。失重即所谓“自然损耗”，包括水分和干物质两方面的损失，不同的果蔬的具体表现有所不同。失鲜表现为形态、结构、色泽、质地、风味等多方面的变化，降低了食用品质和商品品质。

（2）破坏正常的代谢过程　细胞脱水、细胞液和原生质浓度增高，其中有些物质和离子（如氢离子、NH_3等），它们的浓度可能增高到有害的程度，会引起细胞中毒。原生质脱水还可能引起一些水解酶的活性加强，加速一些有机物的分解，破坏原生质的正常状态。组织中水解过程加强，积累呼吸基质，又会进一步促进呼吸作用。严重脱水甚至会破坏原生质的胶体结构，扰乱正常的代谢，改变呼吸途径，也会产生并积累某些分解物质（如NH_3等）而使细胞中毒。

（3）降低耐贮性、抗病性　蒸发作用引起正常的代谢作用破坏，水解过程加强，以及由于细胞膨胀压降低而造成的机械结构特性改变等，显然都会影响到果蔬的耐贮性、抗病性。组织脱水程度越大，抗病性下降得越剧烈。

水分蒸发的速度与果蔬的种类、品种、成熟度、表面细胞角质的厚薄、细胞间隙的大小、原生质的特性、比表面积的大小有着密切关系。此外，温度、相对湿度、空气流速、包装情况等外界环境条件也影响水分的蒸发。

果蔬在贮藏过程中，有时可见果蔬表面凝结水分的现象，称为“发汗”。发汗的原因是空气温度降到露点以下，过多的水蒸气从空气中析出而在物体表面凝成水珠。果蔬的发汗，不仅标志着该处的空气湿度极高，也给微生物的生长和繁殖造成良好的条件，引起果蔬腐烂。

3. 果蔬的后熟与衰老

一些果菜类和水果，由于受气候条件的限制，或为了便于运输和调剂市场的需要，必须在果实还没有充分成熟时采收，再经过后熟供食用和加工。

后熟通常是指果实离开植株后的成熟现象，是由采收成熟度向使用成熟度过度的过程。果实的后熟作用是在各种酶的参与下进行的极其复杂的生理生化过程。在这个过程中，酶的活动方向趋向水解，各种成分都在变化，如淀粉分解、果实变甜；可溶性单宁凝固，果实涩味消失；原果胶水解为果胶，果实变软；同时果实色泽加深，香味增加。在这个过程中还由于果实呼吸作用产生了酒精、乙醛、乙烯等产物，促进了后熟过程。

利用人工方法加速后熟的过程称为催熟。加速后熟过程的因素主要有三点，即适宜的温度、一定的氧气含量及促进酶活动的物质。试验证明，乙烯是很好的催化剂。乙烯能提高氧对果实组织原生质的渗透性，促进果实的呼吸作用和有氧参与的其他生化过程。同时乙烯能够改变果实酶的活动方向，使水解酶类从吸附状态转变为游离状态，从而增强了果实成熟过程的水解作用。乙烯催熟的最佳条件：温度18～20℃，相对湿度80%～90%，乙烯浓度为催熟时体积的0.05%～0.10%。

果实的衰老是指一个果实已走向它个体生长发育的最后阶段，开始发生一系列不可逆的变化，最终导致细胞崩溃及整个器官死亡的过程。果实进入成熟期时既有生物合成性质的化学变化，也有生物降解性质的化学变化。但进入衰老期就更多地发生降解性质的变化。有些植物生理学家认为果实成熟时已进入衰老阶段，后熟就是衰老的起点，成熟期过渡到衰老期是连续性的，不宜把前者和后者分割开来。

过去认为在果实成熟衰老过程中主要是物质的降解、细胞及组织的解体。近年来，越来越多的研究表明，伴随着成熟过程尚有许多物质的合成，尤其是蛋白质和酶的合成，是成熟所必须的生理准备。

（1）果蔬成熟衰老过程中细胞的变化　果蔬在成熟衰老的过程中，细胞壁结构会发生很大变化。一般随着果实的软化，细胞壁开始变薄，并且许多果蔬细胞发生了质壁分离。根据电子显微镜的观察，葡萄果肉细胞在始熟期前后随着细胞壁的变薄而软化；桃果实在成熟期间细胞壁也变薄，在果实较硬时，细胞壁比较厚，一旦开始软化，细胞壁随之变薄；苹果、梨、油梨等果实成熟过程中的微细胞结构观察结果也表明，随着果实软化，细胞壁中胶层的基质明显崩溃。

（2）果实成熟衰老过程中呼吸作用的变化　一般器官衰老时，由于线粒体体积变小，内膜折皱，数目减少，使呼吸速率下降，但下降速度比光合作用慢。衰老时，发生氧化磷酸化的解偶联作用，不能产生能量，相反会消耗有机物。但果实成熟时则出现呼吸高峰，以后速度下降。

（3）果蔬成熟衰老过程中的生化变化

①蛋白质的合成与降解：果蔬在成熟过程中，蛋白质一方面被不断分解，另一方面其分解生成的氨基酸又不断合成新的蛋白质。有人认为果实组织在成熟过程中，蛋白质含量变化并不重要，而最主要的是生成了许多与成熟衰老有关的酶类。氨基酸渗入速率研究表明，在果实跃变初期有一个加速蛋白质合成的过程，这被认为是合成有关后熟酶的一种反应。但随着成熟度的增加，合成-水解作用最终向水解加强方向进行。

②核酸的代谢：核酸代谢也与成熟密切相关。实验表明在果实成熟期间，RNA合成增加，如番茄和无花果在成熟期间放射性尿嘧啶渗入，RNA有所增加；乙烯刺激苹果和无花果RNA的合成，并使番茄果实RNA的相对数量发生变化。

在果实成熟阶段有新的mRNA转录并翻译形成新的蛋白质，从而奠定了果实成熟的物质转化基础。利用RNA合成抑制剂和蛋白质合成抑制剂可以抑制成熟的进程，表明成熟过程中需要基因的表达。

③磷脂与脂肪酸的代谢：大量实验结果表明，植物组织的衰老与生物膜的降解有关。膜的完整性和功能丧失是衰老初期的基本特征。磷脂与脂肪酸是构成生物膜的主要化学

成分，磷脂占细胞和亚细胞器膜构成成分的30% ~40%。因此，膜脂的破坏意味着膜结构发生变化。

在衰老组织中或逆境下，组织中膜脂普遍存在着过氧化作用，也导致膜脂水平的下降。膜脂过氧化作用指在生物膜中的不饱和脂肪酸发生的一系列自由基反应，它是由自由基对类脂中的不饱和脂肪酸作用引发而产生的，并由此产生对细胞有毒的脂质过氧化物。随着膜脂水平下降，膜结构遭到破坏，导致膜丧失选择透性与主动吸收的特性，膜透性增大，细胞内部的原生质外渗。同时由于膜脂过氧化作用，产生氢过氧化物和游离自由基。这些脂质经过氧化物和自由基进一步毒害细胞膜系统、蛋白质和DNA，导致了细胞膜功能的丧失和细胞的降解死亡，促使了果实成熟衰老和品质下降。

（4）果蔬成熟衰老的化学调控——钙作用　由于钙调素（calmodulin，CaM）的发现，人们对钙的认识有了很大的飞跃，钙不再被认为仅仅是植物生长发育所需的矿质元素之一，而是有着重要生理功能的调节物质。

钙（Ca）对植物衰老的影响是一个非常有趣的问题。一方面，其对衰老具有明显的延缓作用。完熟过程中果实的Ca含量与呼吸速率呈负相关，并且Ca能影响呼吸速率高峰出现的早晚进程和呼吸峰的大小。在苹果、梨和鳄梨的试验中都得到了上述结果。同时，采用外源Ca处理也同样能延缓果实成熟与衰老，并得到广泛应用。在对番茄果实完熟的研究中，发现Ca处理10d后果实番茄红素含量比对照降低43.6%，硬度明显大于对照，果胶酶PG活性也只有对照的1/3。而外源乙烯和Ca一起处理可以解除Ca对果实成熟的这种抑制。因此认为Ca通过抑制乙烯的合成，降低了PG表达成熟软化的作用程序，从而达到调控完熟的目的。

4. 休眠与发芽

一些块茎、鳞茎、球茎、根茎类蔬菜，在结束田间生长时，其组织（这些都是植物的繁殖器官）积贮了大量营养物质，原生质内部发生变化，新陈代谢明显降低，生长停止而进入相对静止状态，这就是休眠。植物在休眠期间，新陈代谢、物质消耗和水分蒸发都降到最低限度，经过一段时间后，便逐渐脱离休眠状态，这时如有适宜的环境条件，就会迅速发芽生长，其组织积贮的营养物质迅速转移，本身则萎缩干空，品质急剧恶化，以致不能食用。

休眠是一种有利于贮藏的特性，这时具有很好的耐贮性，可以较好地保存产品。可利用控制低温、低湿、低氧含量和适当的二氧化碳含量来延长休眠、抑制发芽。

抗坏血酸、谷胱甘肽是生物体内两种比较重要的生物活性物质。通常，在进入休眠状态时，果蔬的抗坏血酸和谷胱甘肽含量缓慢下降。当马铃薯、洋葱等萌芽时，芽眼和皮层部位会大量积累还原型的抗坏血酸。抗坏血酸特别是还原型的抗坏血酸的存在可以防止发芽时生长物质的氧化，对新芽的生长起着重要的作用。

谷胱甘肽也是重要的还原型物质，它的消长与抗坏血酸相平行，马铃薯在休眠结束时，还原型的谷胱甘肽在萌芽部积累。有报告指出，用谷胱甘肽处理可以解除休眠。

5. 植物激素的调控作用

在果实的整个生长发育及其后熟衰老过程中，植物激素都起着重要的调控作用，果实中内源激素的含量也随着完熟的进程而呈现出规律性的消长变化。

（1）乙烯　对于跃变型果实，乙烯促进了果实的成熟基本已经被公认。对于非跃变型果实，其果实成熟过程中的启动和调节，总体上并不需要乙烯的参与。然而，在其发育的某一阶段内源乙烯则可能会调节成熟过程的某些方面。

（2）脱落酸（abscisic acid，ABA）　是除乙烯外，另一种重要的完熟促进剂。近年来，人们发现许多果实完熟受 ABA 控制，乙烯调节作用缺少并不重要。ABA 对完熟调控在非跃变型果实中表现得比较明显。施用外源 ABA 能促进柑橘、葡萄、草莓等果实的完熟，而乙烯对这些果实的完熟作用较 ABA 为小。仍有不少人认为果实完熟时乙烯起主要作用，ABA 增加是乙烯生成的伴生现象。关于两者之间的关系，有待进一步深入研究。

（3）生长素（auxin，IAA）　即吲哚乙酸，无论是跃变型果实还是非跃变型果实，生长素都对其表现出延缓衰老的作用。许多研究证实，在果实的后熟进程中，完熟前 IAA 的含量持续下降，直至最低水平。

IAA 不仅能延缓果实完熟，还能拮抗乙烯和 ABA 对完熟的刺激作用。但是 IAA 对乙烯的影响却是双重的。一方面果实组织内 IAA 的水平直接影响组织对乙烯的敏感性，与乙烯起相反作用；另一方面 IAA 又参与乙烯的生物合成，促进完熟。

（4）赤霉素（gibberellin，GA）　含量在果实的后熟衰老过程中持续下降，因而也被认为是一类抑制果实完熟的植物激素。

果蔬采用外源 GA 处理也可延缓成熟。从目前研究来看，GA 在采前使用较多。在果实生长后期喷施 GA，可推迟果实成熟，延长贮藏期。这在苹果、梨、李、杏、柿、菠萝和香蕉上都有报道。经 GA 处理的香蕉，呼吸高峰出现的时间推迟，延缓成熟，有利于贮运。

（三）果蔬的营养品质及其变化

1. 淀粉

淀粉是由葡萄糖聚合而成的高分子糖类，呈白色粉末状，有较强的吸湿性，是植物体内的重要贮藏物质。

淀粉广泛存在于块根、块茎、豆类等蔬菜（其他蔬菜含淀粉量较少）和许多未成熟的果实中。在水果中，随着果实成熟，水解酶活性逐步增强，淀粉会逐步水解转变为糖，使果实变甜。如未成熟的香蕉中，淀粉含量在 20% 以上，糖含量仅为 1%，而达到完熟时，淀粉含量下降至 1%，而糖含量增至 19% 以上。在蔬菜中，一些富含淀粉的产品，如马铃薯、甘薯、芋头、豆类、藕等，它们所含淀粉的量，则一般与其成熟度成正比。同时，这些蔬菜种类，由于主要以淀粉形态作为贮藏物质，所以能保持休眠状态，相对较耐贮藏。由于淀粉在贮藏过程中容易发生转化，所以应控制在较低的贮藏温度下。

2. 含氮物质

果蔬中的含氮物质相对量比较少，但种类比较多，主要包括蛋白质，其次为氨基酸、酰胺以及某些铵盐和硝酸盐。

果蔬中的含氮物质，尤其是蛋白质和氨基酸等，与果蔬的耐贮性密切相关。这些物质的存在往往会导致果蔬发生非酶促褐变；另外，在果蔬贮藏过程中，如果缺乏必要的通风条件，管理技术措施不当，果蔬呼吸产生的热量积累后，会引起蛋白质凝固和变性，导致果蔬肉质变黑、品质下降。

3. 脂类物质

果蔬中的脂类物质主要指油脂、蜡质、角质等物质，大多数果蔬的脂质含量均很低，如香蕉约0.06%，葡萄约0.2%，蔬菜一般为0.5%～1.0%。其中，蜡质、角质主要存在于果蔬表皮组织中，油脂则主要存在于果肉和种仁中。果肉中油脂含量较高的主要为核桃和鳄梨。

虽然许多果蔬中脂类物质的含量并不高，但它们在果蔬组织中的作用却非常重要，尤其在果蔬表面所形成的蜡质和角质层对于保护果蔬内部组织，减少水分蒸发具有极为重要的意义。

4. 维生素

维生素是一类人体健康必不可少的低分子有机化合物，对维持人体正常的生理机能起着重要的作用。果蔬是人们从食物中获取维生素的主要来源，虽然需要量较少，但一旦缺乏，就会引起各种生理疾病。按溶解性质不同，将维生素分为水溶性维生素和脂溶性维生素两大类。前者主要包括B族维生素、维生素C、维生素H、维生素P等；后者主要包括维生素A、维生素D、维生素E和维生素K。

维生素C是果蔬组织中主要的营养成分之一。维生素C包括氧化型和还原型两种形式，二者的相互转化并不会造成维生素C的损失。但是，当维生素C转变成二酮基古洛糖酸时，则会造成维生素C的损失。

许多热带水果都是维生素C的良好来源，但由于它们多数需要在较高温度下贮藏，维生素C损失很快。随着温度的降低，维生素C损失速率减慢。腰果也有类似的情况。叶菜类蔬菜中，普通叶菜类蔬菜维生素C在采后损失很快，而卷心菜由于叶子紧紧包裹，贮藏几天，维生素C几乎没有损失。

5. 矿物质

矿物质（灰分）在果蔬组织中的含量较水分和有机物少，但它们在果蔬组织生理变化中起重要的作用，而且也是重要的营养成分之一。果蔬中的矿物质大部分与酸结合形成盐类（如磷酸盐、有机酸盐等），还有一部分参与高分子物质的构成，如蛋白质中的硫、磷和叶绿素中的镁等。由于这些矿物质在食用消化后呈碱性，可中和人体中过多的酸而能维持正常的酸碱值，所以有利于人体健康。除此以外，微量矿物质的增加还能平衡人体血液中的酸碱值，提高白血球的抗病能力，预防部分疾病的发生。

（四）果蔬的采后处理

（1）采收成熟度的确定　由于果蔬供食用的器官不同，贮运加工对材料的要求也不同，因而采收成熟度的标准也各有差异。一般要求品质达到最高标准，但也适当照顾产量。

水果都是以果实供食用，根据果实的成熟特征，一般可分为三个阶段，即采收成熟度、加工成熟度和生理成熟度。蔬菜的采收成熟度难一致，一般多采用以下方法来判断蔬菜的成熟度：蔬菜表面色泽的显现和变化、坚实度、糖和淀粉含量等。

采收成熟度标准应该在实践中根据果蔬的种类、品种、特性、生长情况、气候条件、栽培管理情况综合加以考虑，才能确切地决定适当的收获期，使果蔬贮藏加工得到最好的结果。

（2）果蔬采收后的必要处理

①预冷：蔬菜采收后高温对保持品质是有损害的，特别是在热天采收的时候。所有蔬菜采收后要经过预冷以除去田间热，减少水分的损失。

预冷的方法很多，最方便的就是放在阴凉通风的地方，使其自然散热。叶菜类用水喷淋冷却是有利的，不仅降温速度快，还可保持组织的新鲜度。用高速鼓风机吹冷风也可很快降温。

②果蔬的分级：果蔬分级的主要目的是为了便于贮藏、销售和包装，使之达到商业标准化。分级后的果蔬其品质、色泽、大小、成熟度、风味、营养成分、清洁度、损伤程度等基本上一致，便于加工工艺的确定和保证加工产品的质量。分级处理对于提高商品果蔬的市场价值极为重要。

③催熟：某些果蔬（如番茄），为了提早应市、远销，或夏季温度过高，果实在植株上很难变红，或秋季为了避免冷害，都要在绿熟期采收，加工前要进行人工催熟。催熟后不但色泽变红，而且品质也有一定的改进，但不能达到植株上成熟那样的风味。

催熟最好用乙烯处理，在一定温度和湿度的室内进行。加温处理也可催熟，但这种催熟时间长，而且果实容易萎缩。

④特殊处理：用涂膜处理后在果实表面形成一层薄膜，抑制果实内外的气体交换，降低呼吸强度，从而减少营养物质的消耗，并且减少水分的蒸发损失，保持果实饱满新鲜，增加光泽，改善外观，延长果实的贮藏期，提高果实的商品价值。由于果实有一层薄膜保护，也可以减少微生物的污染而造成的腐烂损失，但必须注意涂料层的厚度和均匀要适当。涂膜处理只不过是在一定的期限内起一种辅助作用，不能忽视果实的成熟度、机械伤、贮藏环境条件等对延长贮藏期和保持品质所起的决定性作用。用化学或植物激素处理也可延迟蔬菜的成熟和衰老，以适应加工的需要。

⑤果蔬的包装：果蔬包装是标准化、商品化、保证安全运输和贮藏的重要措施。合理的包装可以减少运输中相互摩擦、碰撞、挤压而造成机械损失；减少病害蔓延和水分蒸发；还可避免蔬菜散堆发热而引起腐烂变质。

包装果品时，一般在包装里衬垫缓冲材料，或逐个包装以减少由于果与果、果与容器之间的摩擦而引起的损伤。包裹材料应坚韧细软，不易破裂，用防腐剂处理过的包裹纸还有防止病害的效果。

⑥果蔬的运输：果品在远途运输前需预先进行降温处理。蔬菜运输最好不要混装，因为各种蔬菜所产生的挥发性物质会相互干扰，尤其是能产生乙烯的菜，如番茄。微量的乙烯也可能使其他蔬菜早熟，如辣椒会过早变色。此外，蔬菜运输一定要有通风装置。

（五）采收后侵染控制

1. 低温贮藏

低温贮藏是推迟果蔬腐烂最有效的方法，其原因有二：低温延缓了果蔬的成熟和衰老，保持了其抗性；低温可直接抑制病原菌生长。但是低温贮藏只能将病害发展的时间推迟到贮藏后期，并且将产品移到较高温度下病害会很快发展。例如，地霉（*Geotrichum*）和欧文菌（*Erwinnia*）在0℃附近生长受到抑制，但产品转移到高温下或市场销售，病害发展很快。

在低温贮藏过程中，一定要注意避免温度的剧烈波动。例如，大部分苹果品种在-1～0℃，葡萄在-1.0～0.5℃的温度下贮藏效果很好，但如果二者的贮藏温度上升到2～3℃，或者产品没有冷却到要求的温度，苹果组织会变软，使贮存期缩短。另外，温度的波动往往造成贮藏产品表面水分的凝结，也为霉菌孢子的萌芽、发展提供了有利条件。这就要求贮库隔热良好，有足够的制冷量，而且制冷剂的温度与库温的温差很小，并且冷库内应有可靠、精确的恒温装置。

2. 改变贮藏环境空气成分

草莓和甜樱桃贮藏环境中 CO_2 增加到20%～30%时，不仅延缓了生理败坏，同时直接抑制了病原菌的生长。果蔬在0℃低温下，改变空气成分，降低 O_2 或增加 CO_2 含量（低于10%），比普通冷藏效果好。改变空气成分贮藏并不是对所有果蔬都有降低采后病害的作用。据Swinburne（1974）观察，苹果贮藏在4% CO_2 的环境中比更高的 CO_2 浓度或无 CO_2 空气中贮藏，其丛赤壳菌生长要少，因为空气中 CO_2 达到2.5%刺激苯甲酸累积，这是丛赤壳菌（*Nectria*）侵染的天然抑制剂。

3. 电离辐射

γ射线多采用 ^{60}Co 进行辐射，技术关键在于适宜的辐射剂量，只有在无损果蔬的风味、香气和质地的前提下抑制病原菌，才能获得良好的防腐效果。国外在马铃薯、洋葱、大蒜、木瓜、芒果、草莓、蘑菇等果蔬上应用，国内也做了大量的研究工作。

4. 臭氧

臭氧（O_3）具有极强的氧化能力，它能破坏微生物的细胞膜，尤其在低温高湿条件下，对霉菌、酵母菌的抑制能力更显著。国内已报道，O_3 在苹果、梨、柑橘、西瓜、蒜薹等果蔬保鲜中都有应用。但臭氧只能杀灭果蔬表面的病原菌，对已侵入表皮内部的病原菌无抑制作用，对已腐烂部位的防腐作用也不大，略高的浓度还会造成对果蔬的伤害。据报道，3.25mg/kg臭氧就会引起苹果伤害。1mg/kg会引起桃伤害，0.5mg/kg会引起草莓的伤害。因此，臭氧在果蔬保鲜应用方面还应进一步探讨。

二、动物产品的产后生理

（一）畜肉和禽肉

1. 肉的形态学

在食品加工中，原料品质的好坏对制品的影响很大，而原料品质的好坏与构成原料各个组成部分的情况有直接关系。从食品加工的角度介绍构成肉的各个组成部分的基本情况，称为肉的形态学。

肉是指屠宰后的畜、禽去毛、皮、内脏、头、蹄等所得到的胴体。肉是由肌肉组织、结缔组织、脂肪组织、骨骼组织组成。在食品加工中，将动物体主要可利用的部位做如下归纳：

肌肉组织：平滑肌、横纹肌（骨骼肌）、心肌。

结缔组织：皮、腱等。

脂肪组织：皮下脂肪、腹腔脂肪等。

骨骼组织：硬骨、软骨、骨髓。

肉的质量好坏与肉的各种组织所占的比例有密切关系。一般来说，肌肉组织含量越高，其营养价值也越高。各组织大致比例为：肌肉组织占50%~60%，结缔组织占9%~14%，脂肪组织占20%~30%，骨骼组织占15%~20%。此外，畜、禽的内脏及血液也可用于食品加工及生化制药。

（1）肌肉组织　肌肉组织是构成肉的主要成分，是肉食原料中最重要的一种组织，也是决定肉质优劣的主要组成。肌肉组织在肉中所占比例，决定于畜禽的种类、品种、性别、年龄、肥育方法、使用性质（役用、肉用、乳用）、屠宰管理情况等。肌肉组织包括横纹肌（见图1-1-1）、平滑肌、心肌。

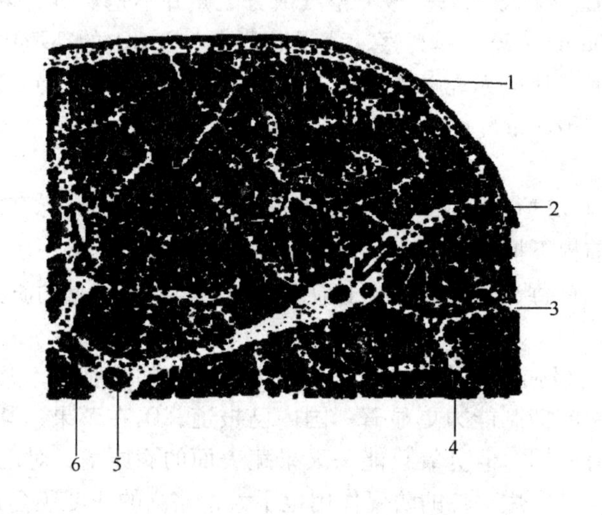

图1-1-1　横纹肌的断面图

1—外肌束膜　2、3—内肌束膜　4—肌内膜　5—血管　6—神经

（2）结缔组织　结缔组织除形成肌肉的内、外肌束膜外，在骨骼的连接处，畜禽的皮肤、血管等很多部位都存在着结缔组织。从肉中分离出来的结缔组织占胴体质量的9%~14%。结缔组织分疏松结缔组织（又称蜂窝组织）、致密结缔组织和胶原纤维组织。

疏松结缔组织由细胞、无定型基质和纤维三部分组成（见图1-1-2）。致密结缔组织的构成成分与疏松结缔组织是相同的，只是各种成分的量有所不同。在致密结缔组织中，基质少，纤维量多，结构较为紧密。淋巴结也属于结缔组织。在肉制品加工中，应除去淋巴结。在屠宰以后的兽医卫生检验中，淋巴结是病理检验的一个重要器官。

（3）脂肪组织　脂肪组织存在于动物体各个器官中，较多地分布在皮下、肾脏周围和腹腔内，是决定肉质量的重要组织，其与肌肉一样也决定着肉的食用价值。脂肪组织是由退化的疏松结缔组织和大量的脂肪细胞组成的（见图1-1-3）。脂肪细胞由脂肪滴、网状纤维膜、原生质及细胞质构成（见图1-1-4）。

图1－1－2 疏松结缔组织的结构

1—成纤维细胞 2—胶原纤维 3—弹性纤维 4—游走细胞

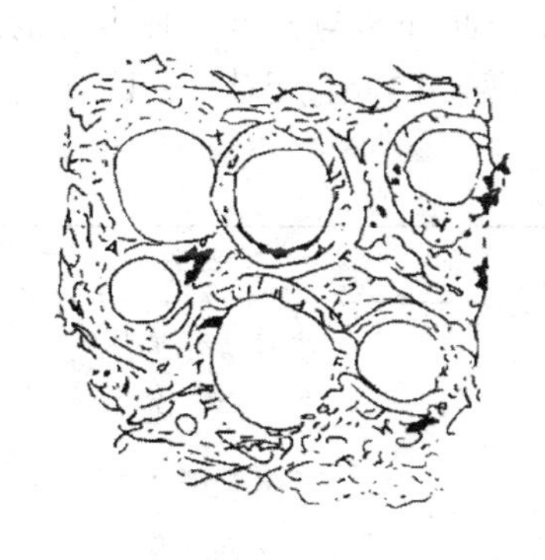

图1－1－3 皮下脂肪组织脂肪细胞断面

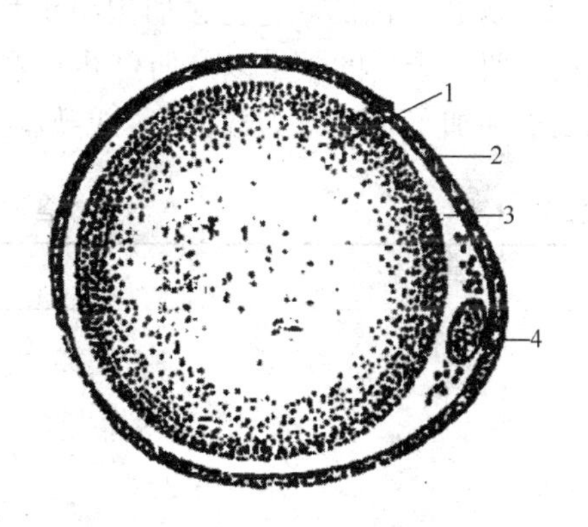

图1－1－4 脂肪细胞

1—脂肪滴 2—网状纤维膜 3—原生质 4—细胞质

屠宰时取下的脂肪组织称作生脂肪。为了获得油脂，需要在加工时破坏脂肪组织的结缔组织膜和内部的网状纤维膜，这样才能使脂肪滴从脂肪组织中流出。

脂肪的气味、颜色、密度、熔点等因动物种类、品种、饲料、个体发育状况及脂肪在体内的位置不同而有所差异。各种动物的特有气味，多数是由于脂肪中所含的脂肪酸以及其他脂溶性成分造成的。

（4）骨骼组织 骨骼组织包括硬骨、软骨和骨髓，是动物机体的支柱组织。构成骨的基本组成是骨松质、骨密质和骨膜，（见图1－1－5）。此外，在关节处包有关节囊、关节软骨，在骨髓腔中充满骨髓。除管状骨外，骨还有扁骨、弓形长骨、短骨，其基本构成相同。

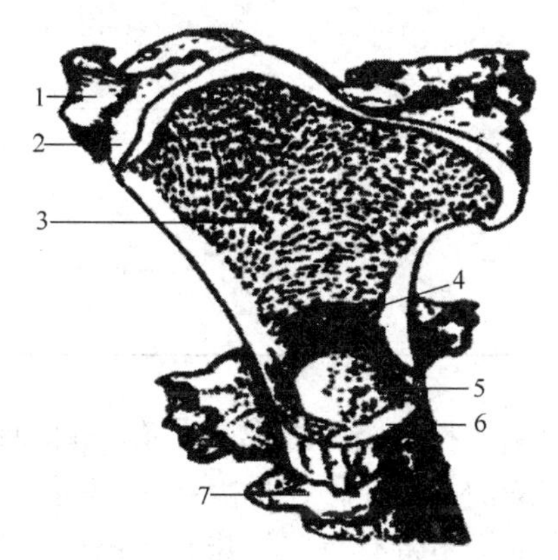

图1－1－5 管状骨的构造

1—关节囊 2—关节软骨 3—骨松质 4—骨髓腔 5—骨髓 6—骨密质 7—骨膜

骨骼组织在动物体内所占比例是不相同的，主要取决于畜禽的种类、品种、年龄、性别、肥度等。骨骼所占比例越大，食用价值越低。骨骼中含有大量胶原纤维，为10%～32%，可从中提取明胶、软骨组织和制取软骨素。骨髓可用来提炼骨油。硬骨中含有很多钙质，将其加工成骨泥、骨粉，可用作钙营养强化剂。

2. 肉的物理性质

肉的物理性质主要包括密度、比热容、热导率、颜色、气味、坚实度等，这些物理性质与肉的形态学、畜禽种类、品种、肥育方法、部位、宰前状态、冷冻、新鲜度等各种因素有关。部分物理学性质的检验可以用来判定肉的品质优劣。

（1）密度、比热容、热导率　肉的密度随所含脂肪数量而异，脂肪含量越高，密度越小；肉的比热容与其形态组成和化学组成有关；由于肉为非等方性物质，在各个方向具有不同的热导率。

（2）颜色　肉的颜色是由肌肉组织和脂肪组织的颜色决定的。屠宰后的肌肉颜色主要取决于肌红蛋白的数量以及肌红蛋白和氧结合的程度，此外还与畜禽的种类等前述因素以及屠宰加工状况（如放血）、成熟腐败等有关。几种畜肉的颜色见表1－1－1。

表1－1－1　各种畜肉的颜色

动物名称	品种	颜色
牛	未阉老公牛	淡蓝色和暗红色
	阉公牛	鲜红色
	新生犊牛	淡玫瑰红色
	肉用牛	鲜红色
绵羊	老母羊	暗红色
	老公羊	暗红色
	成年羊	鲜红色或砖红色
	幼羊	玫瑰色
山羊	成年羊	淡红色、暗红色
猪	肥成年猪	淡红色
	未肥育猪	深红色
	未阉猪	深红色
	幼猪	淡红色、玫瑰色

（3）气味　各种畜禽肉具有各自独特的气味，气味的浓度和性质依所含的特殊挥发性脂肪酸的含量转移，且因畜禽种类等状况而有差异。家禽宰前饲养在有特殊气味的棚舍中，或饲料带有特殊气味，则肉中也会带有这种气味。在有其他气味的冷冻库房中存放时也会吸附其他气味。

（4）坚实度　肉的坚实度依畜禽的种类、年龄、性别等有所不同。未阉公牛肉是坚硬的、粗糙的，在肉的切面上呈粗粒状；阉过的公牛肉是致密、柔嫩油润的，

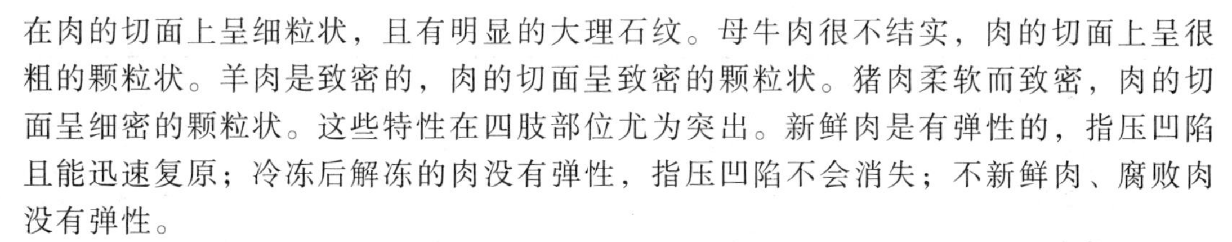
在肉的切面上呈细粒状，且有明显的大理石纹。母牛肉很不结实，肉的切面上呈很粗的颗粒状。羊肉是致密的，肉的切面呈致密的颗粒状。猪肉柔软而致密，肉的切面呈细密的颗粒状。这些特性在四肢部位尤为突出。新鲜肉是有弹性的，指压凹陷且能迅速复原；冷冻后解冻的肉没有弹性，指压凹陷不会消失；不新鲜肉、腐败肉没有弹性。

3. 肉的化学组成

肉的化学成分主要包括糖类、脂肪、蛋白质、浸出物、矿物质、维生素和水分等。肉的组成随动物的脂肪和瘦肉的相对数量而改变，肥度高，则蛋白质和水分的含量就比较低。不同部位的肉适于加工不同的肉制品，如腿肉适于加工火腿，肋条部分的肉则适于加工培根（烟熏肋肉）。

联合国粮农组织（FAO）公布的肉类的一般组成见表1-1-2。

表1-1-2　各种肉类的一般组成　单位:%（质量分数）

名　称	食用部分组成				
	糖类	蛋白质	脂肪	灰分	水分
牛肉（中等脂肪）	—	17.5	22.0	0.9	60.0
犊肉（中等脂肪）	—	18.8	14.0	1.0	66.0
猪肉（中等脂肪）	—	11.9	45.0	0.6	42.0
羊肉（中等脂肪）	1.0	15.7	27.7	0.8	56.0
马肉（中等脂肪）	—	20.0	4.0	1.0	74.0
鸡肉	—	22.2	12.6	1.0	66.0
鸭肉	—	16.2	30.0	1.0	52.8

（1）糖类　糖类在动物组织中含量很少，它以游离或结合的形式广泛存在于动物组织或组织液中。例如，葡萄糖是提供肌肉收缩能量的来源，核糖则是细胞核酸的组成成分，而葡萄糖的聚合体——糖原则是动物体内糖的主要贮存形式。

糖原又称动物淀粉，肌肉及肝脏是糖原的主要贮存部位。糖原在肝脏中的含量最高达2%～8%。在动物体内不断地进行着糖原的合成与分解。宰后肌肉中糖原的分解代谢，在肉与肉制品的贮藏及加工中有重要意义。

（2）脂肪　在动物体内脂肪分布很广。一般家畜体内脂肪含量为其活重的10%～22%，肥育阶段可高达30%以上。动物脂肪富含硬脂酸、软脂酸和油酸，此外，尚有少量其他脂肪酸。动物脂肪内脂肪酸的组成见表1-1-3。

表1-1-3　动物脂肪的脂肪酸构成　单位:%（质量分数）

脂肪酸	猪脂	牛脂	羊脂
月桂酸	—	0～0.2	—
豆蔻酸	0.7～1.1	2～8	1～4
软脂酸	26～32	24～33	20～26

续表

脂肪酸	猪脂	牛脂	羊脂
硬脂酸	12~16	14~29	—
花生酸	—	0.4~1.3	—
豆蔻酸	0~0.3	0.4~0.6	—
油酸	41~50	39~50	36~47
亚油酸	3~14	0~5	3~5
亚麻酸	0~1	0~0.5	—
花生四烯酸	0.4~3.0	0~0.5	—

此外，脂肪中含有磷脂。磷脂暴露在空气中极易氧化变色，且产生异味，加热会促进其变化。如猪肉、牛肉中的脑磷脂在加热时，会产生强烈的鱼腥味。磷脂变黑时，伴有酸败现象，严重地影响肉和肉制品的质量。固醇和固醇酯也广泛存在于动物体中，每100g瘦猪肉、牛肉和羊肉中含总胆固醇70~75mg。

（3）蛋白质　哺乳动物的肌肉占动物体的40%左右，肌肉中的蛋白质含量约为20%。肌肉中的蛋白质因其生物化学性质或在肌肉组织中的存在部位不同，可以区分为肌浆蛋白质、肌原纤维蛋白质和间质蛋白质。

①肌浆蛋白质：肌浆是指肌细胞中环绕并渗透肌原纤维的液体和悬浮于其中的各种有机物、无机物以及亚细胞的细胞器如肌核、肌粒体、微粒体等。通常将磨碎的肌肉压榨便可挤出肌浆。肌浆的含量因饲养管理、动物品种、肌肉类型以及抽提的方法而异，一般占肉蛋白质总量的20%~30%，其中包括肌溶蛋白、肌红蛋白、球蛋白X以及肌粒中的蛋白质等。这些蛋白质易溶于水或低离子强度的中性盐溶液中，是肉中最易提取的蛋白质，又因其提取液黏度很低，故常称为肌肉的可溶性蛋白质。

②肌原纤维蛋白质：肌原纤维是骨骼肌的收缩单位，由细丝状的蛋白质凝胶组成。这些细丝平行排列成束，直接参与收缩过程，去掉之后，肌纤维的形状和组织遭到破坏，故常称为肌肉的机构蛋白质或肌肉的不溶性蛋白质。肌原纤维蛋白质的含量随肌肉活动而增加，并因静止或萎缩而减少。而且，肌原纤维中的物质与肉的某些重要品质特性（如嫩度）密切相关。

肌原纤维蛋白质占肌肉蛋白质总量的40%~60%，它主要包括肌球蛋白、肌动蛋白、肌动球蛋白，此外还有原肌球蛋白和2~3种调节性结构蛋白质。

③间质蛋白质：间质蛋白质又称基质蛋白质，主要存在于结缔组织中，它们均属于硬蛋白类，其中主要的是胶原蛋白和弹性蛋白。

a. 胶原蛋白：胶原蛋白在结缔组织中含量特别丰富，如在肌腱等胶原纤维组织中，其约占总固体量的85%。胶原纤维广泛分布于皮、骨、腱、动脉壁以及哺乳动物肌肉组织的肌内膜、肌束膜和肌外膜之中。胶原蛋白是机体中最丰富的简单蛋白质，相当于机体总蛋白质的20%~25%。

胶原蛋白中含有大量的甘氨酸，约占总氨基酸残基量的1/3；脯氨酸和羟脯氨酸也较多。此外尚有少量的羟赖氨酸。后两者为胶原蛋白中特有的氨基酸，一般蛋白质多不含这两种氨基酸或含量甚微。色氨酸、酪氨酸及蛋氨酸等营养上必需的氨基酸含量甚少，故此种蛋白质是不完全蛋白质。

胶原蛋白质质地坚韧，不溶于一般溶剂，但在酸和碱的环境中可膨胀。胶原蛋白不易被胰蛋白酶、糜蛋白酶所消化，可被胃蛋白酶及细菌所产生的胶原蛋白酶所消化。此外，胶原蛋白与水共热至62～63℃时，发生不可逆收缩，于80℃水中长时间共热，则形成明胶，易于消化。

b. 弹性蛋白：弹性蛋白在很多组织中与胶原蛋白共存，它是构成黄色的弹性纤维的蛋白质，但在皮、腱、肌内膜、脂肪等组织中含量很少，而在韧带与血管（特别是大动脉壁）中含量最多，约占其弹性组织总固体量的25%。弹性蛋白弹性较强，在化学上很稳定，不溶于水，即使在水中煮沸后，也不能分解成明胶。弹性蛋白不被结晶的胰蛋白酶、胰凝乳蛋白酶、胃蛋白酶所作用，但可被无花果蛋白酶、木瓜蛋白酶、菠萝蛋白酶和胰弹性蛋白酶所水解。

（4）浸出物　构成活体的物质有水、蛋白质、肽、各种低分子含氮化合物、脂类、糖类、无机物、色素、维生素、酸、醛、酮、醇等，从这些物质中除去蛋白质、脂类、色素等而剩余的肽、游离氨基酸和其他低分子含氮化合物、糖、酸（高分子脂肪酸除外的有机酸）等，易溶于无机或有机溶剂中，这些就是所谓的浸出物成分。在调制浸出物时，必须除去作为活体主要成分的蛋白质。因而，当使用无机或有机的蛋白质沉淀剂除去蛋白质时，从沉淀后的溶液中所分离出来的成分也可认为是浸出物成分，但是其中所含有的无机盐和维生素，一般是不列入浸出物成分的。

（5）矿物质　肉类中矿物质（灰分）的含量一般为0.8%～1.2%，几种肉类的矿物质含量见表1-1-4。由表可见，各种肉类的矿物质含量无重大的种类差异，此外，同一种类的不同部位的矿物质的含量通常变化也很小。

矿物质含量主要与肉的水分及蛋白质部分有关，因此瘦肉要比脂肪组织含有更多的矿物质。肉中的钙含量较低，从营养观点来看，肉不是这一元素的主要来源。钾和钠几乎全部存在于软组织及体液之中。在活体中，钾主要分布于细胞内，而钠分布于细胞外；动物死后，则较均匀地分布在细胞内外。除上述元素外，肉中尚含有微量的锰、铜、锌、镍等，其中锌对肉的持水性有影响。

表1-1-4　　肉中的矿物质含量

名称	灰分含量/%	含量/(mg/100g)					
		Ca	P	Fe	Na	K	Mg
羊肉	1.2	10	147	1.2	75	295	15
猪肉	1.2	9	175	2.3	70	285	18
牛肉	0.8	11	171	2.8	65	355	18
小牛肉	1.0	11	193	2.9	90	320	15
鸡肉	1.1	11	190	1.5	42	340	24
鸭肉	1.1	11	145	4.1	45	325	18

（6）维生素　肉类中各种维生素含量见表1－1－5。由表可见，猪肉维生素B_1的含量比其他种肉类要多得多，而牛肉的叶酸含量又比猪肉和羊肉高。肉是B族维生素的良好来源，这些维生素主要存在于瘦肉中。猪肉中的维生素B_1含量受饲料影响，在0.3%～1.5%之间；牛、羊等反刍动物肉的维生素含量不受饲料影响。

表1－1－5　100g鲜肉中的维生素含量

种类	维生素A /IU	维生素B_1/mg	维生素B_2 /mg	烟酸 /mg	泛酸 /mg	生物素 /μg	叶酸 /μg	维生素B_6/ mg	维生素B_{12}/μg	维生素C /mg	维生素D /IU
牛肉	微量	0.07	0.20	5	0.4	3	10	0.3	2	0	微量
小牛肉	微量	0.1	0.25	7	0.6	5	5	0.3	0	0	微量
猪肉	微量	1.0	0.20	5	0.6	4	4	0.6	2	0	微量
羊肉	微量	0.15	0.25	5	0.5	3	3	0.4	2	0	微量
肝(牛)	20000	0.30	0.30	13	8	100	100	0.7	50	30	45
鸡肉	微量	0.09	0.09	8.0	0.4	3	3	0.4	1.5	0	微量
鸭肉	微量	0.15	0.15	4.7	0.4	4	4	0.3	1.8	0	微量

（7）水　水是肉中含量最多的组成成分。畜禽越肥，水分的含量越少；老年动物比幼年者含量少，如小牛肉含水72%，成年牛肉则为45%。各种不同肥瘦的肉类含水量见表1－1－6。

表1－1－6　不同肉的含水量

种类	肥度	水分含量/%
猪肉	肥	47.9
	中等	61.1
	瘦	68.5
牛肉	肥	61.1
	中等	68.5
	瘦	74.2
羊肉	肥	60.3
	中等	65.4
	瘦	71.1
鸡肉	肥	63.7
	中等	70.0
	瘦	70.8
鸭肉	肥	48.2
	中等	59.1

①肉中水分存在的形式：肉中的水分绝大部分不是以自由状态存在，其存在形式大致分为三种：结合水、不易流动的水和自由水。

②肉的持水性：所谓持水性一般是指肉在冻结、冷藏、解冻、腌制、绞碎、斩拌、加热等加工处理过程中，肉的水分以及添加到肉中的水分的保持能力。

持水性的高低直接关系到肉制品的质地，而通常在加工中所失掉的水分和被保持的水分主要是指不易流动的水。不易流动的水的量，大致由两个因素决定：物理因素：蛋白质凝胶的网状结构的间隙中所封闭的水；化学因素：蛋白质分子所具有的引力。

决定持水性的重要因素是凝胶结构和蛋白质所带净电荷的数量。由此可推断，蛋白质本身的变性与否，与持水性有密切关系。

4. 肉的成熟

刚刚屠宰后的动物的肉是柔软的，并具有很高的持水性，经过一段时间的放置，肉质变得粗糙，持水性也大为降低。继续延长放置的时间，则粗糙的肉又变成柔软的肉，持水性也有所恢复，而且风味也有明显的改善。肉的这种变化过程称为肉的成熟。在肉的成熟过程中因糖原分解生成乳酸，使肉 pH 降低，故肉的成熟又称排酸。

肉的成熟实际上是在动物体死亡后，体内继续进行着的生命活动作用的结果，它包括一系列的生物化学变化和物理化学变化，由于这种变化，肉类变得柔软，并具有特殊的鲜香风味。

（1）肉的成熟过程　肉的成熟大致可分为三个阶段，即僵直前期、僵直期、解僵期（僵直后期）。

①僵直前期：在此阶段，肌肉组织是柔软的，但是由于血液循环停止，肌肉组织供氧不足，糖原不能再完全氧化成二氧化碳和水，而是通过糖酵解生成乳酸。与此同时，肌肉组织中的三磷酸腺苷（ATP）和磷酸肌酸含量下降。随着乳酸的生成和积累，畜禽肌肉组织的 pH 由原来刚屠宰时的正常生理值 7.0～7.4，逐渐降低到屠宰后的酸性极限值 5.4～5.6。到此 pH 时，一般糖原已耗尽。当 pH 降至 5.4 后，由于糖酵解酶被钝化的原因，即使仍有糖原也不能再被分解。

屠宰后肉的 pH 下降速度和程度受许多因素的影响，如动物的种类、个体的差别、肌肉的部位以及屠宰前状况、环境温度等。环境温度对牛肉 pH 下降速度的影响如图 1－1－6 所示。

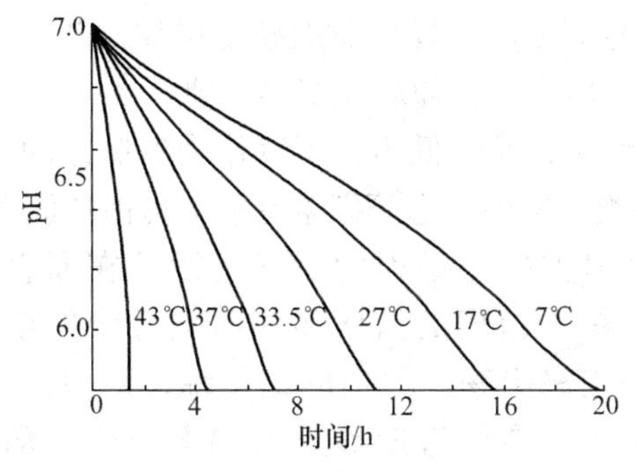

图 1－1－6　环境温度对宰后牛背长肌 pH 下降速度的影响

动物屠宰前的状况对屠宰后 pH 的下降有明显影响，若宰前处于饥饿状态或经剧烈挣扎处于疲劳状态，则其糖原含量必然降低，糖酵解后所得的乳酸含量较低，极限 pH 较高。这样的肉品质较次，色较暗，组织干燥且紧密，易受微生物作用而腐败。畜肉在僵直形成期间的化学、物理变化如图 1－1－7 和图 1－1－8 所示。

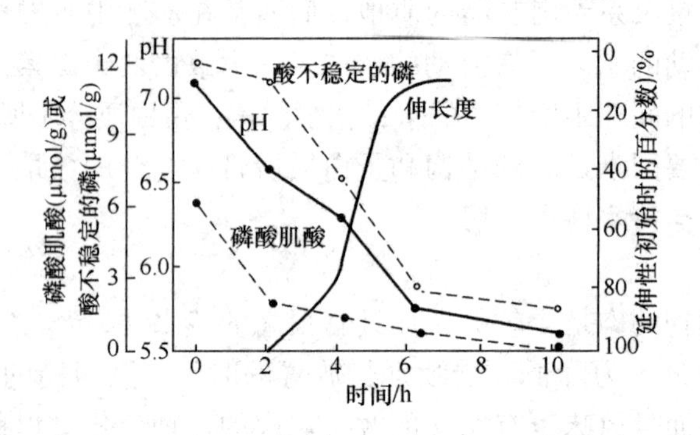

图 1－1－7　僵直形成期肉中的化学和物理变化（1）

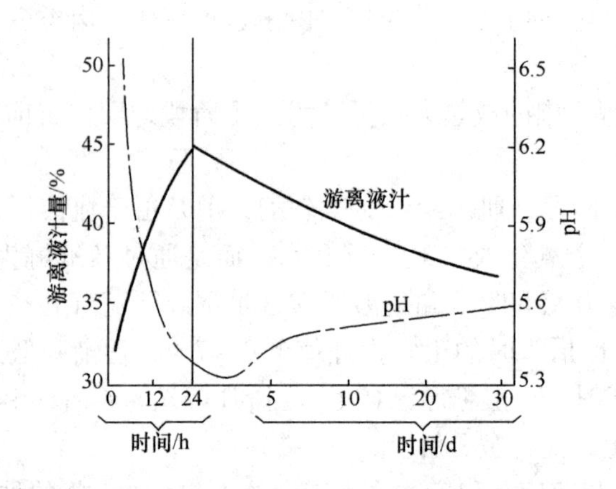

图 1－1－8　僵直形成期肉中的化学和物理变化（2）

②僵直期：随着糖酵解作用的进行，肌肉 pH 降低，当达到肌原纤维主要蛋白质肌球蛋白的等电点时，因酸变性而凝固，导致肌肉硬度增加。此外，由于肌动球蛋白的收缩而导致肌纤维缩短和变粗，肌肉失去伸展性变得僵硬。

在僵直期，肉的持水性差，风味低劣，不宜作为肉制品的原料。僵直状态的持续时间（僵直期）与动物的种类、宰前状态等因素有关。禽肉的僵直期远短于畜肉。

③解僵期：解僵期是肉类成熟过程的后期阶段。在僵直期形成的乳酸、磷酸积聚到一定程度后，导致组织蛋白酶的活化而使肌肉纤维发生酸性溶解，并分解成氨基酸等具有芳香、鲜味的肉浸出物，肌肉间的结缔组织也因酸的作用而膨胀、软化，从而导致肌肉组织重新回软。在僵直期形成的 IMP 经磷酸酶作用后变为肌苷。肌苷进一步被核苷水解酶作用而生成次黄嘌呤，使肉的香味增加。随着僵直的解除，肉

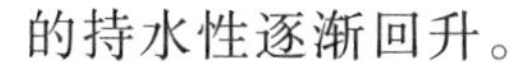

的持水性逐渐回升。

（2）加速成熟的方法　在冷藏条件下，肉的成熟需要较长的时间。为了加速肉的成熟，人们研究了各种化学、物理的人工嫩化方法。

①抑制宰后僵直发展的方法：在宰前给予胰岛素、肾上腺素等，减少体内糖原含量，动物宰后乳酸处于低水平，pH 处于高水平，从而抑制了僵直的形成，使肉有较好的嫩度。

②加速宰后僵直发展的方法：用高频电或电刺激，可在短时间内达到极限 pH 和最大乳酸生成量，从而加速肉的成熟。电刺激一般采用 60Hz 交流电，电压 550～700V、电流 5A 效果最佳。

③加速肌肉蛋白质分解的方法：采用宰前静脉注射蛋白酶，可使肌肉中胶原蛋白和弹性蛋白分解从而使肉嫩化。常用的蛋白酶有木瓜蛋白酶、菠萝蛋白酶、无花果蛋白酶等。

④机械嫩化法：通过机器上许多锋利的刀板或尖针压肉片或牛排。机械嫩化主要用于畜肉组织的较老部位，如牛颈肉、牛大腿肉等。机械嫩化可使肉的嫩度提高 20%～50%，而且不增加烹调损失。

5. 肉的腐败

肉类因受外界因素作用而产生大量人体所不需要的物质时称为肉类的腐败，它包括蛋白质的腐败、脂肪的酸败和糖的发酵几种作用。

（1）导致肉类腐败的因素　肉类的腐败是肉类成熟过程的继续。动物宰后，由于血液循环的停止，吞噬细胞的作用也停止，这就使得细菌有可能繁殖和传播到整个组织中。

健康动物的血液和肌肉通常是无菌的，肉类的腐败，实际上是由外界感染的微生物在其表面繁殖所致。此表面微生物沿血管进入肉的内层，进而深入到肌肉组织，产生许多对人体有害甚至使人中毒的代谢产物。

（2）腐败肉的特征　由于腐败，肉蛋白质和脂肪发生了一系列变化，同时外观也有了明显的改变，色泽由鲜红变成暗褐甚至黑绿，失去光泽显得污浊，表面黏腻，从轻微的正常肉的气味发展到腐败臭气甚至令人致呕的臭气，失去弹性，有的放出气体，有的长霉。畜肉和禽肉鲜度感官鉴定的卫生标准见表 1－1－7 和表 1－1－8。

表 1－1－7　鲜猪肉的感官指标

感官指标	一级鲜度	二级鲜度
色泽	肌肉有光泽，红色均匀，脂肪洁白	肌肉色稍暗，脂肪缺乏光泽
黏度	外表微干或微湿润，不粘手	外表干燥或粘手，新切面湿润
弹性	指压后的凹陷立即恢复	指压后凹陷恢复慢且不能完全恢复
气味	具有猪肉正常气味	稍有氨味或酸味
煮沸后肉汤	透明澄清，脂肪团聚于表面，具有香味	稍有浑浊，脂肪呈小滴形式浮于表面，无鲜味

表 1-1-8　　鲜鸡肉感官指标

感官指标	一级鲜度	二级鲜度
眼球	眼球饱满	眼球皱缩凹陷，晶体稍浑浊
色泽	皮肤有光泽，因品种不同呈淡黄、淡红、灰白或灰黑色等，肌肉切面发光	肌肉色泽转暗，肌肉切面有光泽
黏度	外表微干或微湿润，不粘手	外表干燥或粘手，新切面湿润
弹性	指压后的凹陷立即恢复	指压后凹陷恢复慢且不能完全恢复
气味	具有鲜鸡肉正常气味	无其他异味，腹内有轻度不愉快气味
煮沸后肉汤	透明澄清，脂肪团聚于表面，具特有香味	稍有浑浊，脂肪呈小滴形式浮于表面，香味差或无鲜味

6. 肉类在加工过程中的变化

（1）在腌制过程中的变化　腌制是用食盐、硝酸盐、亚硝酸盐、糖及其他辅料对原料肉进行处理的工艺，其目的在于提高肉制品的贮藏性、风味、色泽、持水性等性能。

①色泽的变化：腌制过程中硝酸盐被亚硝基化细菌作用还原成亚硝酸盐，亚硝酸盐与肉中的乳酸作用产生游离的亚硝酸，亚硝酸不稳定，分解产生 NO，NO 与肌红蛋白（Mb）结合形成粉红到鲜艳亮红的一氧化氮肌红蛋白（NO-Mb）。

②持水性的变化：前已述及，持水性是指在加工过程中，肉的水分以及添加到肉中的水分的保持能力。腌制过程中，食盐和聚磷酸盐所形成的一定离子强度的环境使肌动球蛋白结构松弛，提高了肉的持水性。

（2）在加热过程中的变化

①风味的变化：生肉的香味是很弱的，但是加热后，不同种类动物的肉产生很强的特有风味。这是由于加热所导致肉中的水溶性成分和脂肪的变化造成的。在肉的风味里有共有的部分，也有因肉的种类不同而特有的部分。前者主要是水溶性成分，后者则是因为不同种肉类的脂肪和脂溶性物质的不同，由加热而形成的特有的风味。肉的风味在一定程度上因加热的方式、温度和时间而不同。

较老的动物的肉比幼小的有更强的风味，例如成牛肉有特有的滋味，而小牛肉相比则显得乏味。再者，同一动物的不同部位肌肉之间也有差别，如腰肌风味没有隔肌风味好。此外，动物宰后的极限 pH 越高，则风味越差。

②色泽的变化：肉受热作用颜色发生变化，这个变化受加热方法、加热时间、加热温度等影响，但以温度的影响最大。颜色的变化是由于肉中的色素蛋白质所引起的。除色素蛋白质的变化外，还有焦糖化作用和美拉德反应等影响肉和肉制品的色泽。

③肌肉蛋白质的变化：肉经加热后，则有多量的液汁分离，体积缩小，这是构成肌纤维的蛋白质因加热变性发生凝固而引起的。

由于加热，肉的持水性降低，降低幅度随加热温度而不同。图 1-1-9 所示为牛肉加热时持水性和 pH 的变化。20~30℃时持水性没有发生变化，30~40℃时则持水性逐渐降低，40℃以上则急速下降，到 50~55℃时基本停止，但在 55℃以上还会出现继续下降的情况，此时并不像 40～50℃那样下降急速，到 60～70℃基本结束。肉 pH 也因加热而变化，随着加热温度的上升，pH 也在上升。与持水性的变化同样，pH 的变化也可分成为 40～50℃以上和 55℃以上两个阶段。

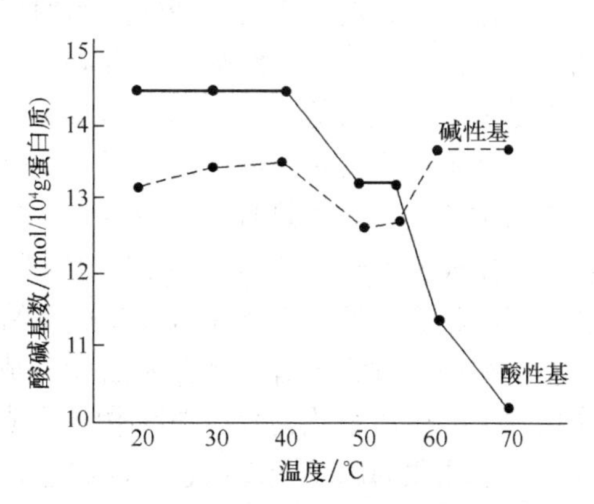

图 1－1－9　牛肉加热时持水性和 pH 的变化

从改变加热肉的 pH 来研究持水性（见图 1－1－10），可以看到从 pH3～8 的范围内，60℃以上加热，则加热肉的持水性要较生肉低，这可能表明，即使由于 pH 的变化，也不能打开由牢固的侧链（例如双硫键）所引起的凝集。在比较低的温度，40～50℃加热时，持水性因 pH 而有所不同。在等电点偏碱时，肉的持水性降低，偏酸时相反，持水性比生肉升高。后者可能是参与凝集反应的侧链的盐键因 pH 的变化而发生断裂，造成结构松懈的原因。

肉的持水性最低时的 pH 是等电点，此等电点随加热温度的上升而向碱性方向移动（见图 1－1－11），这种现象表明肉蛋白质因加热而酸性基团减少。

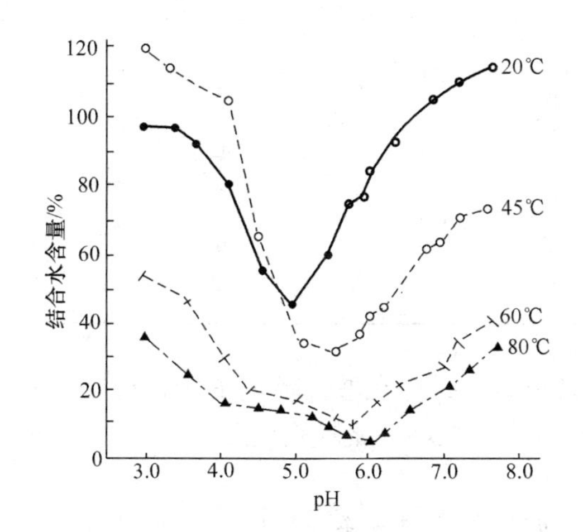

图 1－1－10　温度对 pH 和结合水含量的影响

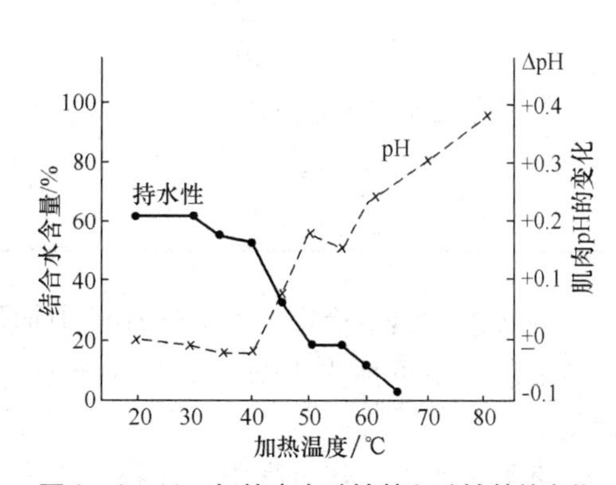

图 1－1－11　加热肉中酸性基和碱性基的变化

对加热肉蛋白质酸性和碱性基团的研究结果见图 1－1－11，20～70℃的加热过程中，碱性基的数量几乎没有什么变化，但酸性基大约减少 2/3。

在生肌肉中，结缔组织含量多，则肉质坚韧，但经过 70℃以上在水中长时间加热，结缔组织多的肉反而比结缔组织少的肉柔嫩，这是由于结缔组织受热而软化的过程，在决定肉的柔嫩度方面起着更为突出作用的缘故。

④浸出物的变化：在热加工中，蛋白质变性和脱水的结果，从肉中分离出汁液，汁液中含有浸出物。这些浸出物溶于水、易分解，并赋予煮熟肉特征口味。

煮制过程中，约1/3的肌酸转化为肌酐。肌酐与肌酸有适当的量比时，可以形成较好的风味。但煮制形成肉鲜味的主要物质还是谷氨酸和肌苷酸。加热而产生的肉的气味被认为是由氨基酸或低分子的肽与糖反应的生成物。对抽提透析物中的氨基酸或糖分别加热时，都不产生气味；但将两者混合加热时，则此气味产生。

⑤脂肪的变化：加热时，脂肪融化，包被着脂肪的结缔组织由于受热收缩而给脂肪细胞一个比较大的压力，因而使细胞膜破裂，融化的脂肪流出组织。随着脂肪的融化，某些与脂肪相关联的挥发性化合物释放，给肉和汤增加了补充香气。

脂肪在加热过程中有一部分水解，生成脂肪酸，因而使酸值有所增加。同时也有氧化作用发生，生成氧化物及过氧化物。水煮加热时，如肉量过多或剧烈沸腾，易使脂肪乳浊化，乳浊化的肉汤变为白色浑浊状态，脂肪易被氧化，生成二羟硬脂酸类的羟基酸，从而使肉汤带有不良气味。畜肉类内部温度被加热到70～80℃时，脂肪急速氧化，风味降低。最开始起反应的部分是脂蛋白和磷脂。但过度加热时，畜肉的脂肪氧化速度却减缓。

⑥维生素和矿物质的变化：维生素在加热过程中的变化是氧化及受热所引起。肉类中各主要维生素的破坏因素见表1－1－9。加热能促进氧分子活化而使氧化作用加剧。

表1－1－9　破坏维生素的因素

维生素	氧化影响	受热影响
维生素A	有	无
硫胺素（维生素B_1）	无	无
核黄素（维生素B_2）	无	无
烟酸（维生素PP）	无	无
抗坏血酸（维生素C）	有	无
维生素D	有	无

硫胺素对热不稳定，在碱性环境中加热时易被破坏，但在酸性环境中比较稳定。在肉制品制造中可损失15%～25%的硫胺素、核黄素，烟酸、吡哆醇也因加热而损失一定量。

肉类在水煮加热过程中，矿物质损失较多，如在预煮过程中，猪肉（中等肥度，下同）中矿物质约损失总含量的34.2%，羊肉损失38.8%，牛肉损失48.6%。在油炸过程中平均损失3%左右。

（二）蛋类

禽蛋是用途最多的一种天然食物。禽蛋从营养角度看是最完美的食品之一，也是世界各地区普遍食用的几种食品之一。蛋液经过均质处理和巴氏杀菌后，或进行包装制成新鲜液蛋和冷冻蛋制品，或经过脱水成为干燥蛋制品。在西方国家，蛋品工业几乎只涉及到鸡蛋的加工，是食品工业的重要组成部分，加工过程中对蛋制品的质量控制要做到加工后的蛋制品不仅卫生，而且要有良好的色泽和风味。蛋品所特有的性能使蛋品在焙烤食品、糖果和面条等许多食品中成为不可替代的重要原料。

1. 蛋的构造

蛋由三个主要部分构成，即蛋壳（shell）［包括其膜（membrane）］、蛋白（albumem）和蛋黄（yolk），每只鸡蛋平均质量为55~60g。新下的蛋蛋壳约占蛋质量的11%，蛋白约占58%，蛋黄约占31%。图1-1-12所示为蛋的构造。

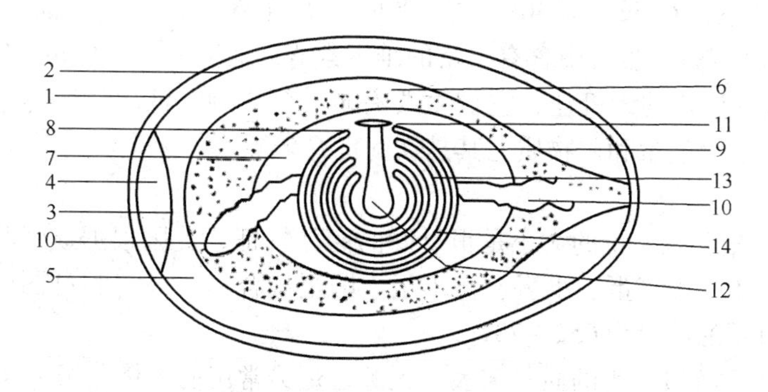

图1-1-12 蛋的构造

1—蛋壳 2—蛋壳膜 3—蛋白膜 4—气室 5—外稀蛋白 6—外稠蛋白 7—内稀蛋白 8—内稠蛋白 9—蛋黄膜 10—系带 11—胚盘 12—蛋黄芯 13—白色蛋黄 14—黄色蛋黄

蛋壳的主要成分是碳酸钙，覆有一层在母鸡下蛋时沉积在上面的胶质薄层（蛋白质）；紧接蛋壳下面的是外壳膜和内壳膜。当一只鸡蛋刚生下来而且还是热的时候，它的内容物是饱和的；而当蛋冷却后，内容物便收缩，在内壳膜和外壳膜之间形成一个小空间，这就是气室，通常在鸡蛋大头的一端。

鸡蛋的蛋白由4部分构成，打开鸡蛋后，可以看到一层像水一样的东西，称为外稀蛋白（outer thin albumen）；其次是像凝胶一样的一层，称为外稠蛋白（outer firm albumen），再下一层称为内稀蛋白（inner thin albumen）；最里一层称为系带层（chalaziferou layer），其两端成为像绳索一样的由稠蛋白绞成的带状物，称为系带（chalazaes）。系带通常有两条，在蛋黄的两边各有一条。系带为蛋黄提供了可以绕其旋转的轴，同时也起着约束蛋黄运动、保持蛋黄位于鸡蛋中心的作用。

2. 蛋的组成

鲜蛋的主要成分列于表1-1-10中。

表1-1-10 鸡蛋的组成

部位	比例/%	各成分含量/%			
		水	蛋白质	脂肪	灰分
全蛋	100	65.5	11.8	11.0	11.7
蛋白	58	88.0	11.0	0.2	0.8
蛋黄	31	48.0	17.5	32.5	2.0
蛋壳	11	碳酸钙	碳酸镁	磷酸钙	有机质
		94.0	1.0	1.0	4.0

蛋白的组成虽然大部分是水，但其中12%的固体是高质量蛋白质。蛋白中通常不含脂类物质，矿物质含量变化很大。蛋白是维生素 B_2 的丰富来源。

蛋黄的总固体含量一般为52%，在蛋的贮藏期间，水分从蛋白中转移到蛋黄内，使蛋黄含量增加。蛋黄中固形物的主要成分是蛋白质和脂肪，蛋黄中脂肪含量的变化主要取决于母鸡的品系，在32% ~36%的范围内。蛋黄类的组成是甘油三酯65%、磷脂28.3%、胆固醇5.2%。蛋黄中含有丰富的维生素A、维生素D、维生素E和维生素K以及1.1%（以灰分计）的无机盐，它们主要有磷、钙、钾、铁。从营养学角度看，鸡蛋是脂肪、蛋白质、维生素和矿物质尤其是铁的良好来源。

3. 蛋的等级

（1）蛋的质量等级　蛋的大小是很重要的商品特征，美国根据质量将鲜蛋分为特大蛋、超大蛋、大蛋、中等蛋、小蛋、特小蛋。鲜蛋最合理、最有利可图的是中等大小质量的蛋，即每打蛋的质量为652 ~737g。

（2）蛋的品质等级　蛋的质量与大小无关，蛋最常用的质量分级方法是照蛋（candling），即将蛋拿到光源周围照射。在强光照射下进行观察可以发现蛋有许多缺陷，如“肉点”。“肉点”来源于母鸡的输卵管，照蛋时可以看到较大的肉点，据此剔去这种蛋，但是一些带很小肉点的蛋则可能被漏检。

美国根据鸡蛋的品质将其分为两大类，即净壳蛋和污壳蛋。净壳蛋又分为超级蛋、上等蛋、中等蛋和次等蛋4个类别；而污壳蛋又分污壳蛋和次污壳蛋两个类别，见表1-1-11。净壳蛋和污壳蛋之间，均以蛋壳、气室、蛋白、蛋黄和胚胎5个指标来判定，它们除蛋壳指标用外观检查外，其他指标均用照光法检查。

表1-1-11　鸡蛋分类

分类	蛋壳	气室	蛋白	蛋黄	胚胎
超级蛋	清洁、坚固、完整、色泽一致	深度3.2mm以下不移动	澄清而浓厚	略明显	毫无发育
上等蛋	清洁、坚固、完整、色泽可以不一致	深度6.4mm以下不移动	清洁而浓厚	略明显	毫无发育
中等蛋	清洁完整	深度9.6mm以下略能移动	不很浓厚	明显而略能移动	略发育
次等蛋	清洁完整	深度9.6mm以下移动自如，或由许多小泡组成	稀薄	照视明显，无黑影，移动自如	显著发育但无血管
污壳蛋	附有污物，但完整	深度9.6mm以下移动或略能移动	不很浓厚	显著而能移动	略发育
次污壳蛋	附有污物，但完整	深度9.6mm以下移动自如，或由许多小泡组成	很稀薄	显著而黑暗，移动自如	显著发育但无血管

4. 蛋的保藏

鲜蛋从生下来起质量就开始降低，蛋白里放出二氧化碳，通过蛋壳小孔（shell pores）逸出。蛋黄吸收蛋白中的水分，同时脂类又从蛋黄中缓慢地移动到蛋中，改变了蛋白的性能。

控制温度是减少蛋品质损害的最重要方法，贮存的最佳温度应稍高于蛋的冰点，一般采用-1℃、相对湿度80%保存较理想，能够将蛋的水分损失控制在最小程度。虽然控制温度和湿度是保藏蛋的最好方法，但还可以采用其他方法作为保藏的辅助手段，如蛋壳涂油处理会封闭蛋壳上的微孔，减少蛋白中二氧化碳的损失。

延长鸡蛋贮存期的另一种方法为热稳定法（thermostabilization），即将鸡蛋浸在热水中或热油中一段时间，使蛋壳内表面凝固一薄层蛋白封闭蛋壳上的微孔，这种热处理并有一些杀死蛋壳表面细菌的作用。在保存蛋的质量方面，还有风味问题，如果蛋靠近别的原料存放，像苹果、橙子和柑橘等，蛋便吸收外来的气味。任何有强烈风味的东西都有可能使蛋的风味受到污染。

（三）水产原料

1. 水产原料的特性

（1）水产原料的多样性　水产原料种类很多，有节足动物、软体动物、棘皮动物、脊椎动物等。水产原料品种复杂，种类不同，可食部分的组织、成分也不同。同一种类的鱼，由于鱼体大小、年龄、成熟期、渔期、渔场等不同，其组成也不同。

（2）水产资源的多变性　水产原料一部分由人工养殖，一部分靠天然提供，后者因资源量和资源所在，没有充分把握，又因渔期、渔场、渔获量不定，造成原料供给的不稳定性。

（3）鱼体大小、部位对成分的影响　鱼肉的组成因年龄、性别、大小、部位而异。鱼体部位不同，脂肪含量有明显的差别，脂肪一般是腹部、颈部肉含量多，背部、尾部肉含量少，水分的含量则相反。鱼体中除普通肉外，还有暗红色的肉称为血合肉。血合肉在不同种类的鱼中所占的比例不同，一般中上层洄游鱼的血合肉比例较高，底栖鱼较少。同一鱼体部位不同血合肉比例也不相同，越是接近尾部血合肉比例越大。

（4）不同季节鱼体成分的变化　鱼体成分随季节有很大的变化，因此一年中鱼类有一个味道最佳的时期。洄游鱼类在索饵洄游时，鱼体肥度增加，肌肉中脂肪含量增加，鱼肉味道鲜美，鱼体脂肪含量在产卵后迅速降低，风味随之变差。贝类中牡蛎的蛋白质和糖原含量也随季节变化，在冬季含量最多，味最鲜美。

（5）容易腐败变质　鱼肉比畜肉更容易腐败变质，因为家畜一般在清洁的屠宰场屠宰，并立即除去内脏；而鱼类在渔获后并不立即清洗处理，常常带着容易腐败的内脏和鳃等运输。鱼类在渔获时容易造成死伤，而且鱼体组织比陆上动物的弱，外皮薄，鳞片易脱落，易感染；鱼体表面被覆的黏液是细菌的良好培养基，这些是鱼类容易发生腐败的原因。

2. 鱼肉的物理性质

（1）密度　鱼肉成分中水分占极大的比例，其密度与水相近，在1000kg/m^{3}左右。

鱼体不同部位的肉、脂肪含量不同的肉，其密度会有所增减。

（2）冰点　鱼肉中的水分呈溶液状态，冰点低于0℃，一般海水鱼的冰点为 -20～-0.6℃，淡水鱼的冰点为 -0.7～-0.2℃。

（3）比热容　一般无机物和有机物的水溶液的比热容大都小于水的比热容，其浓度越大，比热容越小。鱼肉的比热容为3.3494～3.7681kJ/(kg·K)。

（4）结冰潜热　原料鱼的结冰潜热取决于原料组织中的水分含量。鱼肉的结冰潜热比水小，鱼肉含水分68%时，结冰潜热约为2.3027kJ/kg。

（5）热导率　鱼肉的热导率根据鱼的种类而不同，可按一般食品的热导率0.4885W/(m·K) 计算。

3. 鱼贝类的主要化学成分

鱼贝类主要成分中，水分占70%～80%，蛋白质占15%～20%，脂肪占1%～10%，糖类占05%～1.0%，矿物质占1.0%～1.5%。但是，鱼贝类的种类很多，其年龄、性别、季节、营养状态等不同，成分含量也不同，各成分的含量超出了上述范围的也不少。

一般洄游鱼脂肪含量随季节的变化比底栖鱼大。据报道，鲱含脂量为2%～22%，沙丁鱼为2%～12%，鲑为0.4%～14.0%，差别很大。在积蓄脂肪的季节里，水分减少；反之，在脂肪减少的季节里，水分增加，两者之和多在80%左右。

鱼类与其他动物的不同点是含血合肉组织。血合肉的成分与普通肉很不相同，一般是水分和含氮量少，而脂肪、肌肉色素、结缔组织较多。

蛋白质、碳水化合物、灰分等的含量与脂肪和水分相比，变化较小。由于贝类是以糖原代替脂肪而成为贮存物质，因而碳水化合物含量可达5%以上。

（1）蛋白质　鱼类肌肉中的蛋白质含量因种类及年龄的不同而不同，新鲜鱼肉中含15%～23%的蛋白质。以同一种鱼体来看，蛋白质含量全年大体保持一定数值，不像水分和脂肪因季节而变动较大。

鱼肉蛋白质的氨基酸组成，无论是普通肉还是血合肉，都极其相似，尤其是丝氨酸、苏氨酸、蛋氨酸、胱氨酸、酪氨酸、苯丙氨酸、色氨酸、精氨酸等，几乎看不出鱼种间的差异。甲壳类中色氨酸和精氨酸的含量与鱼肉相比稍有差异，软体动物中贝类和鱿鱼的甘氨酸、酪氨酸、脯氨酸、赖氨酸含量也与鱼类有差异。甲壳类肌肉蛋白质中的缬氨酸、赖氨酸含量相当低。此外，贝类的蛋氨酸、苯丙氨酸、组氨酸含量比鱼类和甲壳类低，精氨酸含量比其他水产品高。

（2）脂肪　鱼类组织中有较多的脂肪，存在于皮下组织、肠间膜、脏器间的结缔组织、肝脏、头盖腔中，内脏中脂肪含量以肝脏为最多。从肌肉组织看，一般是腹肉比背肉、颈肉比尾肉、表层肉比内层肉、血合肉比普通肉的脂肪含量高。

鱼油的碘价一般要比陆上动、植物油高，生活在冷水区域的鱼类比生活在暖水区域的鱼类鱼油的碘价有升高倾向。一些海产鱼贝类的脂肪中富含DHA（二十二碳六烯酸）、EPA（二十碳五烯酸），见表1-1-12。DHA和EPA的保健生理功能，已受到研究者的重视。

表 1-1-12　　几种鱼贝类的 DHA 和 EPA 含量　　单位:%

名称	DHA	EPA
太平洋鲱鱼油	12.9	2.3
秋刀鱼油	11.4	5.1
南极磷虾	7.3	16.5
墨鱼肝油	15.2	10.2

（3）浸出物的含量　肌肉浸出物的含量一般为2%～5%，可分为含氮成分和不含氮成分，一般前者居多。含氮量以红肉鱼类为多；非蛋白态氮量以鲨、鳙类为多，并随墨鱼和甲壳类、红肉鱼类、白肉鱼类顺序依次减少。鲨、鳙类含有多量的非蛋白态氮，主要是由于含有多量的尿素和氧化三甲胺（TMAO）所致。

软体动物肌肉的浸出物含量为5%～6%，氮化合物及游离糖的含量见表1-1-13。

表 1-1-13　　软体动物肌肉浸出物含量

种类	浸出物含量/%	浸出物态氮含量/(mg/100g)	氨态氮含量/(mg/100g)	游离糖含量（以葡萄糖计）/(mg/100g)
鱿鱼	5.08	509	201	35
鲍鱼	5.35	438	340	92
文蛤	5.81	496	242	240
姥蛤	6.34	573	409	329
牡蛎	5.24	348	271	263

（4）色素

① 肌肉色素：红肉鱼中，除鲑、鳟类外，肌肉的红色素由肌红蛋白和血红蛋白构成，白肉鱼几乎不含红色素。鲑、鳟类的肌肉色素为脂溶性的类胡萝卜素类色素，大部分是虾青素。虾青素广泛分布在水产动物中，鱼皮和甲壳类特别多。

② 血液色素：动物由于种类不同血液色素种类也显著不同。鱼类的血液色素和哺乳动物一样为血红蛋白，软体动物、节足动物的血色素主要为含铜的血蓝蛋白，是甲壳类的虾、蟹，软体动物的墨鱼、章鱼等的血液色素。还原型的血蓝蛋白为无色，氧化型的为蓝色。

③ 皮的色素：鱼类的皮中有黑色色素细胞、黄色色素细胞、红色色素细胞、白色色素细胞等，由于它们的配比、收缩和扩张，使鱼呈现出微妙的色彩。鱼皮中主要色素是黑素、各种类胡萝卜素、胆汁色素等。有的鱼的表皮呈银光，这主要是鸟嘌呤在尿酸中沉淀，受到光线折射的缘故。这种鸟嘌呤是人造珍珠的涂层材料。

黑素广泛分布于鱼的表皮、墨鱼的墨囊中，是酪氨酸经氧化和聚合等过程生成的复杂化合物。黑素在体内和蛋白质结合而存在，由于氧化和聚合程度的不同其呈现黑色乃至褐色，或由于其他色素的共存而呈现蓝青色。

鱼皮的红和黄呈色物质，主要是类胡萝卜素、红色的虾青素、黄色的叶黄素，此外还有蒲公英黄质、玉米黄质等。

（5）呈味成分　食品的鲜味成分至少有三种，即谷氨酸、肌苷酸和琥珀酸，它们是需要被重视的物质。鲜味的核心成分是谷氨酸、IMP、AMF 和 ATP 等，它们之间有协同增效作用，由于量和质的变化，风味有所变化。从侧面加强这个核心的有甘氨酸、丙氨酸、脯氨酸、甜菜碱、琥珀酸等。由于种类和组成的不同而产生各种各样有细微差别的风味。糖原本身无味，但可以给出浓厚感和持续感。

鱼贝类有美味最佳时期，研究认为此时期是在产卵期之前。蟹的美味最佳期与糖原含量最大时期一致，而且此期间浸出物中的鲜味成分增加，脂质的含量增加。

（6）其他成分　近年来的研究表明，水产动物中含有多种生物活性物质，例如鲨鱼软骨中含有酸性黏多糖，又称 6－硫酸软骨素，它具有抗肿瘤、抗凝血、降血脂等作用；姥鲨肝中含有角鲨烯，它具有抗肿瘤及防治心血管疾病的功能。

4. 鱼贝类的死后变化

鱼贝类死后其体内的各种变化仍在进行，过程大致可分为僵直、自溶和腐败三个阶段。

（1）僵直期　一般鱼死后僵直持续时间比哺乳动物短。由于死亡前经历不同，僵直从死后 1～7h 开始，持续到 5～22h。疲劳的鱼比钩获的鱼死后僵直时间早，肉质也低劣，因此，对于渔获时疲劳的鱼，应立即处理，采用冰藏或低温贮藏。

（2）自溶期　经过死后僵直期后，肌肉逐渐变软，这是由于肌肉中酶的作用所致。自溶作用是指鱼体自行分解的过程。在自溶过程中，体内蛋白质逐渐分解成为氨基酸之类的物质，为腐败菌繁殖提供了有利条件。因此，在自溶阶段，鱼贝类的鲜度就已在下降。在低温保藏中，酶的活性受到抑制，可使自溶作用减缓甚至完全终止。

（3）腐败期　严格地说，鱼体微生物的繁殖分解实际上从死后即缓慢开始，是与死后僵直和自溶同时进行的。但是，僵直和自溶阶段，鱼体微生物的繁殖和含氮物的分解缓慢，微生物数量增加不多，特别在僵直阶段更是如此。到自溶后期，分解产物逐渐增多，微生物繁殖加快，到一定程度即进入腐败阶段。

腐败过程中，肌肉组织中的蛋白质、氨基酸被分解为氨、三甲胺、硫化氢、吲哚及尸胺等，当上述腐败产物积累到一定程度，鱼体即产生具有腐败特征的臭味，同时鱼体的 pH 也增加，从中性变成碱性。因此，鱼在腐败后即完全失去食用价值。

5. 鱼贝肉在加工过程中的变化

（1）物理变化

①冷冻的变化：鱼肉冷却到 0℃ 左右时，不会有太大的变化。温度进一步下降，肌肉中的水分开始冻结，肉质变硬。同一种鱼因肉的鲜度不同，其冰点也不同。一般鲜度高的冰点偏低，这是由于新鲜肉比鲜度下降的肉中结合水的比例高，自由水中的溶质浓度高的缘故。水冻结成冰以后，体积增加约 8.7%。鱼的冻结体积的变化可能带来组织的损伤，损伤程度依冰结晶的大小、数量和分布而不同。

②加热的变化：鱼贝肉蒸煮时，当肉温达到 35～40℃ 时，透明的肉质变成白浊色的肉；继续加热到 50～60℃ 以上时，组织收缩，重量减少，含水量下降，硬度增加。

鱼贝肉在加热时的重量减少，因加热温度、时间、鱼种、鱼体大小、鲜度等而不同。一般45℃左右是鱼贝类重量减少的第一阶段，65℃附近是重量急剧减少的第二阶段。一般硬骨鱼肉在100℃蒸煮10min，重量减少15%～25%；墨鱼和鲍鱼等，重量减少可达35%～40%。鱼体大、鲜度好的减重较少。表1－1－14所示为鱼肉加热时重量减少与鱼体大小、鲜度的关系。

表1－1－14　　鱼肉加热时重量减少与鱼体大小和鲜度的关系

鱼体大小	鲜度减少量/%（质量分数）		
	良好	一般	不良
大型鱼	11.5	15.7	21.0
中型鱼	13.2	18.5	24.4
小型鱼	13.2	20.3	30.0

一般鱼肉加热，从50℃左右开始硬度逐渐增加。加热时硬度变化随鱼种而不同，鲣鱼、金枪鱼较硬；鲽鱼和鳕鱼不太硬；墨鱼和章鱼加热前很柔软，加热后的硬度明显增大。煮熟肉的硬度与水分含量有密切关系，鲣鱼在生肉时含水分量就较少，而墨鱼在加热时会强烈脱水。

③盐渍的变化：鱼肉盐渍时，食盐渗入肌肉的同时，肉的水分和重量发生变化，同时肉质变硬。食盐渗入鱼肉的速度和最高渗入量，受食盐浓度、温度、盐渍方法、食盐的纯度、原料鱼的性质等影响。原料鱼脂肪含量高时，皮下脂肪层厚，明显妨碍盐分的渗入；鲜度也影响盐分渗入；鱼体有无表皮，在盐渍初期同样会影响食盐的渗入，见表1－1－15。

表1－1－15　　表皮对食盐渗入的影响

表皮	盐渍肉中的食盐量/%			
	1d	4d	7d	13d
有	1.7	11.9	18.9	20.3
无	9.7	19.8	20.2	20.3

（2）化学变化

①蛋白质的变化：鱼类肌肉蛋白质的加热变性与畜肉相似，但比畜肉的稳定性差；与畜肉一样发生汁液分离、体积收缩、胶原蛋白水解成明胶等。加热时由于蛋白质的硫基暴露，在海产鱼类中会使氧化三甲胺还原为三甲胺；同时，含硫氨基酸分解会产生硫化氢。冷冻鱼肉贮藏时，以肌球蛋白类的不溶性变化为主要特征。原料鱼的状况和贮藏条件对其有着重要影响。试验表明，鲜度差的鱼比鲜度好的鱼在贮藏中变性迅速。

鱼种所带来的蛋白质变性上的差别，尚未有明确的解释。如果以鱼糕的形成能力强弱比较，冻藏耐受性较强的鱼有：鰤鱼、旗鱼、金枪鱼、方头鱼、鲨鱼等；冻藏耐受性较差的有：狭鳕鱼、鲽鱼、石首鱼、箭鱼等。

减轻变性的措施有：使用适当的包装，将原料鱼进行充分漂洗除去无机盐类，添加糖类、聚磷酸盐、抗氧化剂等。

肌原纤维蛋白质在不同离子强度的盐溶液中会表现出不同的形态，但在盐浓度比较高的情况下，则表现为变性。关于食盐浓度对变性的影响，研究结果报告并不太一致，可能与盐渍方法、试样形态、原料种类等的差别有关。

②脂肪的变化：在低温贮藏中，脂肪由于其自身脂肪酶的作用发生水解。脂肪酶主要存在于内脏中，肌肉血合肉脂肪酶的作用比普通肉的高 1.2 ~ 1.8 倍。鱼体在水中加热，皮下脂肪的一部分脱离组织，浮在水面上，其量与鱼体的肥度有关。脂肪和水一起，在高温高压下处理发生水解。罐头杀菌时，酸价会升高，且随温度的升高、时间的增长而升高加大。

③变色：

a. 冷冻红肉鱼的褐变：冷冻的金枪鱼肉在贮藏中发生的褐变，是由于肌红蛋白氧化的结果，该过程同时伴随有构成肌红蛋白的珠蛋白的变性。鱼肉比畜肉的变化要明显。一般鱼肉肌红蛋白的自动氧化速度比哺乳动物大 2.4 ~ 4.0 倍，并且在 pH 下降时受到的影响更加显著。

b. 金枪鱼肉的变绿：蒸煮的金枪鱼肉有时产生淡绿色到灰绿色的变色，这种变色与 TMAO 有关。肌红蛋白、TMAO 和半胱氨酸在厌氧下加热形成类似胆绿蛋白的绿色色素。小泉氏研究了冬季渔获的金枪鱼的尾肉的 TMAO 含量与蒸煮后鱼体的绿肉具有相关性，相关系数为 0.71。TMAO - N 含量在 7 ~ 8mg/100g 以下的鱼体，蒸煮后肉色正常；含量在 13mg/100g 以上的鱼体，大多有绿肉。

c. 类胡萝卜素的褪色：鲑、鳟鱼类在冷冻、盐藏中褪色，主要是由于类胡萝卜素的氧化。鲷类等红色鱼在冰藏中表皮褪色也属于这种原因。使用 BHA 类抗氧化剂对防止褪色有不错的效果。

d. 酶褐变：虾类在冰藏或冷冻贮藏中，表面往往产生黑斑，使商品价值降低。其原因是酪氨酸在酶的作用下发生氧化。为了防止虾的黑变，可使用亚硫酸氢钠。一般方法是先去头，洗净后把虾浸在 1.25% 硫酸氢钠水溶液中 1min，充分沥去水分后冰藏。此外，采用 0.5% 的植酸溶液护色，效果良好。

e. 非酶褐变：是由美拉德反应所引起的褐变，在不同的情况下，有时需要，有时要避免。例如，一些红烧类的加工产品，常需要利用美拉德反应所生成的色泽和香气；而在更多的加热、干燥、贮藏中则需尽量避免，以防止色泽变褐变暗。

f. 由重金属离子引起的变色：铁、铜离子会促进脂肪和类胡萝卜素的氧化，活化酚酶和催化美拉德反应进行。除间接参加反应外，自身也能直接形成各种着色体，引起食品变色。罐藏虾、蟹、墨鱼等的罐壁硫化腐蚀变黑就是比较突出的实例。

g. 微生物引起的变色：很多微生物能产生色素，在食品中繁殖引起变色，盐藏鱼的变红即是由微生物所引起。

6. 鱼贝类的保鲜

由于鱼贝类易于腐败变质，为了保证鱼贝类原料的鲜度和减少损耗，必须采取保鲜措施。保鲜的方法主要是冷却保鲜法，其次是微冻保鲜法。抗菌素（金霉素、土霉素

等）保鲜法在许多国家已不允许使用。

（1）冰冷却法　冰冷却（即碎冰冷却，又称冰鲜、冰藏）是新鲜鱼类保藏中使用最普遍的方法。如果鱼类的保冷温度为0～0.3℃，保鲜期为7～12d。鱼类冰冷却法又可分为撒冰法和水冰法。撒冰法是将碎冰直接撒到鱼体表面的方法。其优点是简便可行，熔融的冰水又可洗涤鱼体表面，除去黏液和细菌，还有防止鱼体表面氧化和干燥的作用。

水冰法即先用冰把清水或清海水降温（清水0℃，海水－1℃），然后把鱼类浸泡在冰水中。其优点是冷却速度快，应用于死后僵直快的或捕获量大的鱼，如鲐鱼、沙丁鱼等。

一般对淡水鱼可用淡水加冰，也可用海水加冰；而对海水鱼则只用海水加冰，主要原因是防止海水鱼的变色。加冰的量主要决定于鱼的重量、水的重量及其初温。

当往海水中加淡水冰时，其盐度会下降，故加冰时必须加盐。如不加盐，则可把淡水冰放入聚乙烯薄膜袋中，这样可保持海水的盐度不变。

水冰法一般用于鱼体迅速降温，待鱼体冷却到0℃时即取出，改为撒冰保藏。否则，浸的时间过长，鱼肉会吸水膨胀，导致变质。因此，并不是整个保鲜过程都用水冰法。

（2）冷却海水冷却法　冷却海水冷却法是把捕获后的鱼类保藏在0～1℃的冷却海水中的一种保鲜方法。采用冷却海水保鲜，操作简单，鱼体冷却快，保鲜效果较好。但此法也和水冰法有相类似的缺点，鱼体吸收水分和盐分后会膨胀、带咸味、变色等。

在冷却海水保鲜时，采用CO_2进行饱和冷却海水的处理，可延长鱼类的保鲜期，并能提高鱼品的质量。

（3）微冻保鲜法　采用微冻使渔获物在－3℃下保藏，保鲜期可达20～30d，比冰藏法延长保藏时间2.0～2.5倍。由于微冻时，鱼体中水分部分冻结，冰结晶长大缓慢，只要鱼新鲜，就不会对其组织有明显的破坏。在微冻时，细菌繁殖停止，脂肪氧化减慢。解冻时鱼体汁液流失少，鱼体表面色泽好。

7. 鲜度判定法

水产品种类繁多，因种类不同腐败进行的程度也不同，同一体内不同部位也有显著差别，所以鲜度判定应综合几种方法进行。

（1）感官法　感官检查的判定标准见表1－1－16。

表1－1－16（1）　鱼类感官判定标准

项目	新鲜	较新鲜	不新鲜
眼部	眼球饱满，角膜透明、清亮	角膜起皱，稍变浑浊，有时稍溢血发红	眼球塌陷，角膜浑浊，眼腔被血浸润
鳃	色泽鲜红，鳃丝清晰，黏液透明，无异味	开始变暗，呈暗红色或紫红色，黏液带有酸味	呈褐色至灰白色，附有浑浊黏液，带酸臭味和陈腐味
肌肉	坚实有弹性，以手指压后凹陷立即消失，肌肉的横断面有光泽，无异味	肌肉稍松软，手指压后凹陷不能立即消失，稍有酸腥味，横断面无光泽	松软无弹性，手指压后凹陷不易消失，易于骨刺分离，有霉味及酸味

续表

项目	新鲜	较新鲜	不新鲜
体表	带透明黏液，鳞片鲜明有规则，贴附鱼体牢固，不易脱落（鲳鲫例外）	黏液增加，不透明，有酸腥味，鱼鳞光泽较差，易脱落	黏液污秽，鳞无光泽易脱落，并有腐败味
腹部	完整不膨胀，内脏清晰可辨，无异味	完整，膨胀不明显，内脏清晰，稍有酸腥味	不完整，膨胀破裂或变软凹下，内脏黏液不清，有异味
水煮试验	鱼汤透明、油亮，气味良好	汤稍浑浊，脂肪稍乳化，气味及口味较正常	汤浑油，脂肪乳化，气味和口味不正常

表1-1-16（2）　贝类感官判定标准

项目	新鲜	不新鲜
软体类	色泽鲜艳，表皮呈原有色泽，黏液多，体形完整，肌肉柔软而光滑	色泽发红，无光泽，表面发黏，略有臭味
贝壳类	受刺激时贝壳紧闭，两贝壳相碰时发出实响	贝壳易张开，两贝壳相碰时发出空响或破坏
蟹类	蟹壳纹理清楚，用手指夹持背腹，两面平置，脚爪伸直不下垂，肉质坚实，体垂，气味正常	蟹壳纹理不清，蟹脚下垂并易脱落，体轻发出腐臭味
虾类	外壳光泽，半透明，肉质紧密，有弹性，甲壳紧密附着虾体，色泽气味正常	外壳失去光泽，浑油，肉质松软，无弹性，甲壳与虾体分离，从头部起逐渐发红，头脚易脱落，散发氨臭味

（2）细菌学方法　测定鱼体的细菌数判定腐败程度，受采样部位的影响较大，且操作较复杂，易出现实验误差。Tarr 认为，1g 肌肉细菌数在 10^5 个以下为新鲜，10^5 ~ 10^6 个为初期腐败，1.5×10^6 个以上为腐败。

（3）物理学方法　物理学方法是根据鱼体硬度、鱼肉汁黏度、电阻、眼球水晶体浑浊度等进行测定的方法，但随鱼种、个体不同差异很大。

（4）化学方法

①测挥发性盐基氮（volatile basic nitrogen，VBN）量：采用凯氏半微量蒸馏法或康威氏微量扩散法测定鱼贝肉的 VBN 含量，极新鲜者为 5 ~ 10mg/100g，新鲜者为 15 ~ 25mg/100g，初期腐败者为 30 ~ 40mg/100g，腐败者为 50mg/100g 以上。该法不适用于板腮鱼类。

②测三甲胺量：测定三甲胺含量，一般认为三甲胺含量在 4 ~ 6 mg/100mg 以上者为腐败。该法不适于淡水鱼。

③测 *K* 值：*K* 值是以水产动物体内核苷酸的分解产物测定其鲜度的一种指标。

$$K(\%)=\frac{HxR+Hx}{ATP+ADP+AMP+IMP+HxR+Hx}\times100 \qquad (1-1-5)$$

式中 HxR——肌苷含量；

Hx——次黄嘌呤含量。

K 值可利用液相色谱法、比色法、鲜度试纸法测定。

据内山等人测定的结果，刚杀死的鱼 K 值为（3.5±1.9）%，生鱼片为（18.7±4.0）%，市售鲜鱼为（34.0±2.7）%。

④测 pH：鱼死后，鱼肉 pH 下降，达到最低值后，随着鲜度降低 pH 回升。当 pH 上升到6.2左右，认为是初期腐败。但是因鱼种、部位不同，初期腐败的 pH 也有差异。

第二节 食品的冷却与冷藏

一、食品低温保藏的基本原理

食品的腐败变质主要是由于微生物的生命活动和食品中的酶所进行的生物化学反应所造成的，食品低温保藏是利用低温来控制微生物生长繁殖、酶的活动及其他非酶变质因素的一种方法。

（一）低温对微生物的影响

1. 低温与微生物的关系

任何微生物都有一定的正常生长和繁殖的温度范围。根据微生物对温度的耐受程度，可将微生物分为嗜冷菌、嗜温菌和嗜热菌，各自的适应生长温度见表1-1-17。温度越低于各自的适宜温度，它们的活动能力也越弱，故降低温度就能减缓微生物生长和繁殖的速度。温度降低到最低生长点时，它们停止生长并出现死亡。许多嗜冷菌和嗜温菌的最低生长温度低于0℃，有时可达-8℃；温度越接近最低生长温度，微生物生长延缓的程度就越明显。当温度降到最低生长点后，再进一步降温时，就会导致微生物死亡，不过在低温下，它们的死亡速度比在高温下缓慢很多。值得注意的是，食品低温保藏时，细菌总数虽有所下降，但和高温热处理相比并不相同，因它本身并非有效的杀菌措施，低温的作用主要是延缓或阻止食品腐败变质。

表1-1-17 微生物的适宜生长温度 单位：℃

类群	最低温度	最适温度	最高温度	举例
嗜冷菌	-10~5	10~20	20~40	水和冷库中的微生物
嗜温菌	10~15	25~40	40~50	腐败菌、病原菌
嗜热菌	40~45	55~75	60~80	某些引起罐头食品腐败的微生物

冻结或冰冻介质可以促使微生物死亡。食品经冷冻并维持在-18℃以下的条件储藏，几乎可以阻止所有微生物的生长，但长期处于低温中微生物能产生新的适应性。有的细菌在-20℃时有1个菌种仍可发育；霉菌中最低发育温度为-12℃。在

稍低于冰点以下温度存放的食品中，如浓缩果汁、烟熏肋肉、冰淇淋以及某些水果类食品中都发现了微生物。

2. 低温导致微生物活力减弱和死亡的原因

在正常情况下，微生物细胞内各种生化反应总是相互协调一致。但各种生化反应的温度系数各不相同，因而降温时这些反应将按照各自的温度系数（即倍数）减慢，这样就破坏了各种反应原来的协调一致性，影响了微生物的生活机能。温度降得越低，失调程度也越大，从而破坏了微生物细胞内的新陈代谢，以致它们的生活机能受到了抑制甚至达到完全终止的程度。

温度下降至冻结点以下时，微生物及其周围介质中水分被冻结，使细胞质黏度增大，电解质浓度增高，细胞的pH和胶体状态改变，使细胞变性，加之冻结的机械作用使细胞膜受损伤，这些内外环境的改变是微生物代谢活动受阻或致死的直接原因。

（二）低温对酶活性的影响

食品中含有许多酶，它是生命机体组织内的一种特殊蛋白质，负有生物催化剂的使命。一些酶是食品自身所含有的，而另一些则是微生物在生命活动中产生的，这些酶是食品腐败变质的主要因素之一。酶的活性受多种条件所制约，其中主要是温度。不同的酶有各自最适的温度范围，大多数酶的适宜活动温度为30～40℃，动物体内的酶需稍高的温度（37～40℃），植物体内的酶需稍低的温度（30～37℃）。温度的升高或降低，都会影响酶的活性。一般而言，在0～40℃范围内，温度每升高10℃，酶的作用速度将增加1～2倍；当温度高于60℃时，绝大多数酶的活性急剧下降；当温度达到80～90℃时，几乎所有酶的活性都遭到了破坏。而当温度低于最适温度范围时，温度每下降10℃，酶的活性会削弱1/3～1/2。当温度降到0℃时，酶的活性大部分被抑制。但酶对低温的耐受力很强，如氧化酶、脂肪酶等能耐－19℃的低温，－20℃的低温对酶并不起完全的抑制作用，酶仍能保持部分活性，因而，催化作用实际上没有停止，只是进行得非常缓慢而已，但这足以达到长期贮藏保鲜食品的目的。所以商业上一般采用－18℃作为贮藏温度。实践证明，对于多数贮藏在－18℃的食品在几日至几个月内是安全的。不过应当注意，对于冻制的植物性食品，在解冻时保持着活性的酶将重新活跃起来，加速食品变质。为了将冷冻（或速冻）、冻藏和解冻过程中食品内不良变化降到最低的程度，植物性食品常经漂烫预处理，预先将酶的活性完全破坏掉，再行冻制。由于过氧化物酶的耐热性比接触酶强，预煮时常以过氧化物酶的活性被破坏的程度作为漂烫所需时间的依据。

（三）低温对其他变质因素的影响

引起食品变质的原因除了微生物及酶促化学反应外，还有其他一些因素的影响，如氧化作用（油脂的酸败）、生理作用、蒸发作用、机械损害、低温冷害等，而低温可以使这些变化降到最低程度。

总之，无论是细菌、霉菌、酵母菌等微生物引起的食品变质，还是由酶引起的变质以及其他因素引起的变质，在低温的环境下，均可以延缓、减弱它们的作用。但低温并不能完全抑制它们的作用，即使在冻结点以下的低温，食品进行长期贮藏，其质量仍然有所下降。

（四）植物性食品和动物性食品低温保藏的区别

低温保藏能有效地减缓酶和微生物的活动，是一种保存食品原有新鲜度的有效方法。但是适宜的贮藏温度要根据所贮藏的食品种类和贮藏的要求来确定。食品种类不同，对食品保藏的工艺要求也不同。从实践经验来看，常见的食品大致可以归纳为两类：①贮存期内仍然保持原有生命力的，如新鲜果蔬。②已失去生命力的，如肉、禽、鱼以及果蔬加工制品。

保持生命力的食物同时也具有免疫力，即防止微生物的侵袭。为此，低温保藏主要就是保持它们的最低生命力，利用免疫性以防止微生物性腐败变质，同时减缓其固有酶的活动，推迟成熟时间。果蔬采收后，像在生长期内一样，仍然保持着生命力，进行着呼吸作用。采收前，它们代谢所需要的营养料由生长植株源源不断地供应，其中也有一部分可来自预先积蓄于组织内的营养料。但是采收后，营养料的正常供应断绝，果蔬只能利用采收前积贮于组织内的营养料维持其生命活动，包括继续向成熟方向进展的生化变化，不过只能分解不再合成，直至营养料消耗殆尽，以致果蔬组织全部瓦解而变质。因此，新鲜果蔬一般常用冷藏保鲜，其目的就是减缓酶的活动，延长分解时间，以便能在最长时间内保持它们的生命力，得以保持它们的新鲜度。但是一些果蔬不宜在过低的温度下贮藏，否则品质就会恶化。如瓜类和番茄在4℃的温度下就会失去生命力。一般来说，番茄、香蕉、柠檬、南瓜、甘薯、黄瓜等只能在10℃以上的温度中贮藏，才能保持良好的品质。

无生命的食品比有生命的食物容易受到微生物的侵袭，并导致微生物性腐败变质。为此，低温保藏的工艺要求就是要阻止所有能导致食品腐败变质的微生物和菌的有害活动，因而对贮藏工艺条件的要求更高、更严。无生命的动物性食品同样也会受到它本身固有酶活动的影响，其中能催化食品水解和氧化的酶是最重要的控制对象。动物脂肪氧化的结果是食品酸败，酸败常成为新鲜或冻制动物性食品贮藏期受限制的主要因素。有些种类的动物所含脂肪的稳定性比另一些差，故动物食品的贮藏期还决定于脂肪的性能。例如，牛肉脂肪比较稳定，而猪肉和鱼的脂肪很不稳定，因而牛肉的贮藏期就比猪肉和鱼长得多。

食品低温保藏时，固有酶活动的减弱才能对水解和氧化加以控制。若采用不透气材料包装动物性食品，则因隔绝了空气和食品表面的接触，进一步降低它的氧化速率。新鲜果蔬不宜用不透气材料密封包装，这是因为新鲜果蔬仍保持着生命力，采用不透气性材料密封后易使之窒息而失去生命力，失去生命力的果蔬就会迅速恶化。

冷却和冷藏是低温保藏中一种行之有效的食品保藏方法。冷却是冷藏的必要前处理，其本质上是一种热交换过程，冷却的最终温度在食品的冰点以上。冷藏是冷却后的食品在冷藏温度（常在冰点以上）下保持食品品质的一个储藏方法。在人们追求天然、新鲜、营养的前提下，食品的冷藏显得越来越重要。果蔬食品的冷藏可尽量延缓它们的生命代谢过程，利用其本身的免疫性防止微生物的入侵和繁殖，推迟成熟时间，保持其新鲜程度。冷却肉的生产从胴体分割、剔骨、包装、运输、贮藏到销售的全过程应始终处于严格温度（0～4℃）监控之下，尽可能地防止微生物污染。这样不仅降低了初始菌数，肉毒梭菌和金黄色葡萄球菌等病原菌不能分泌毒素，而且由于温度较低，冷却肉的持水性、嫩度和鲜味等都得到最大限度的保持，所以冷却肉保持了肉品新鲜度，肉嫩味美、营养价值高，已经成为作为肉类市场的主要产品。

冷却和冷藏可以减缓食品的变质速度，但对大多数食品并不能像加热、脱水、辐射、发酵或冷冻所能做到的那样长时间地防止食品变质。如冷却肉上仍污染有一些嗜冷菌，如单核细胞增生李斯特菌（*Listeria monocytogenes*）和假单胞菌属（*Pseudomonas*）等，它们在冷藏条件下仍然会大量生长和繁殖，最终导致冷却肉发生腐败变质。表1-1-18为植物和动物组织在不同温度下的一般有效贮藏期。冷藏温度的冷库常称为高温冷库，贮期一般从几天到数周，并随贮藏食品种类及其进库时的状态而不同。如牲畜肉、鱼、家禽和许多水果、蔬菜等易腐食品的有效贮藏期为7~10d，耐贮藏食品的贮藏期则可长达6~8个月甚至1年以上。而在22℃或更高的温度下，这些易腐食品会在一天之内或不到一天即可腐败。冷藏不仅用于短期贮藏，而且对适当延长易腐食品及其原料的供应时间及调节季节性产品的加工高峰发挥一定的作用。

表1-1-18　几种食品在不同温度下的储藏期　单位：月

食品种类	贮藏温度/℃			
	-7	-12	-18	-23
猪肉	1.5以下	4	8~10	12~15
牛肉	2以下	6~8	16~18	18~24
羊肉	—	5.7	14~16	16~18
家禽	—	4	8~10	12~15
高脂鱼	0.8	4	6~8	10~12
低脂鱼	1.5	6	10~12	14~16
鲜虾	—	6	12	16~18
蔬菜：四季豆、青豌豆、花菜	—	4~6	8~12	16~18
甘蓝	0.5~1.0	6~8	14~16	24以上
水果（浸在添加维生素C的糖水中）	—	3~4	8~10	12~24
橙汁	—	10	27	—

二、食品冷却和冷藏时的变化

（一）食品冷却的目的和温度范围

冷却是水果、蔬菜等植物性食品冷加工的常用方法。由于水果、蔬菜等植物性食品是有生命的有机体，在储藏过程中还在进行呼吸作用，放出呼吸热使其温度升高而加快衰老过程，因此必须冷却来除去呼吸热而延长储存期。另一方面，水果、蔬菜的冷却应及时进行，以除去田间热，使呼吸作用自摘收后就处于较低水平，以保持水果、蔬菜的品质。对于草莓、葡萄、樱桃、生菜、胡萝卜等品种，摘收后早一天处理，往往可以延长储存期2~4周。但是，马铃薯、洋葱等品种由于收获前生长在地下，收获时容易破皮、碰伤，因此需要常温下养好伤后再进行冷却储藏。

应当强调指出，果蔬类植物性食品的冷却温度不能低于发生冷害时的界限温度，否则会使果蔬正常的生理机能受到障碍，出现冷害。

水产品的腐败变质是由于体内所含酶及身体表面附着的微生物共同作用的结果。无论是酶或是微生物，其作用都要求有适宜的温度和水分含量。鱼类经捕获死亡后，其体温处于常温状态。由于其生命活动的停止，组织中的糖原进行无氧分解生成乳酸：

$$(C_6H_{10}O_5)_n + nH_2O \rightarrow 2n\ (C_3H_6O_3) + \text{能量}$$

在形成乳酸的同时，磷酸肌酸分解为无机磷酸和肌酸：

$$\text{肌酸} \sim P + ADP \rightarrow ATP + \text{肌酸}$$

$$ATP \rightarrow ADP + Pi + 30.54kJ$$

由于分解过程都是放热反应，产生大量的热量使鱼体温度升高2~10℃。如果不及时冷却排除这部分热量，酶和微生物的活动就会大大增强，加快鱼体的腐败变质速度。渔获后立即冷却到0℃的鱼，第7天进入初期腐败阶段；而渔获后放置在18~20℃鱼舱中的鱼，1天后就开始腐败。由此可见，及早冷却与维持低温对水产品的储藏都具有极其重要的意义。

食品冷加工的温度范围，虽然也有例外情况，但大致可按表1-1-19来划分。在它们各自的温度范围内，分别称为冷却食品、冻结食品、微冻结食品和冷凉食品。一般可根据食品的用途等的不同，选择适宜的温度范围。对于鱼舱内，卸货后才冷却，对冷却食品温度来说，活体食品和非活体食品均可采用；对于其他温度范围，只能以非活体食品作为对象。

表1-1-19　食品冷却和冻结的温度范围

名称	冷却食品	冻结食品	微冻结食品
温度范围/℃	0~15	-30~-12	-3~-2
备注	冷却但未冻结	冻结坚硬	稍微冻结

冷却食品的温度范围上限是15℃，下限是0~4℃。在此温度范围内，温度越低储藏期越长的概念只是用于水产类和动物食品。对于植物性食品来说，其温度要求在冷害界限温度之上，否则会引起冷害，造成过早衰老或死亡。

微冻食品以前我国也称作半冻结食品，近几年基本上统一称为微冻食品。微冻是将食品品温降到比起冰点温度低2~3℃并在此温度下储藏的一种保鲜方法。与冷却方法相比较，微冻的保鲜期是冷却的1.5~2.0倍。

（二）食品的冷却介质

在食品冷却冷藏加工过程中，与食品接触并将食品热量带走的介质，称为冷却介质。冷却介质不仅转移食品放出的热量，使食品冷却或冻结，而且有可能与食品发生负面作用，影响食品的成分与外观。

用于食品冷藏加工的冷却介质有气体、液体和固体三种状态。不论是气体、液体还是固体，都要满足以下条件：良好的传热能力；不能与食品发生不良作用，不得引起食品质量、外观的变化；无毒、无味；符合食品卫生要求，不会加剧微生物对食品的污染。

1. 气体冷却介质

常用的气体冷却介质有空气和二氧化碳。

（1）空气

①空气的性能特点：空气作为冷却介质，应用最为普遍，它具有以下优点：

a. 空气无处不在，可以无价使用。

b. 空气无色、无味、无臭、无毒，对食品无污染。

c. 空气流动性好，容易形成自然对流、强制对流，动力消耗少。

d. 若不考虑空气中的氧气对脂肪的氧化作用，空气对食品不发生化学作用，不会影响食品质量。

②空气作为冷却介质的缺点：

a. 空气对脂肪性食品有氧化作用。

b. 空气作为冷却介质，由于其导热系数小、密度小、对流传热系数小，故食品冷却速率慢。但空气流动性好，可加大风速，提高对流传热系数。

c. 空气通常处于不饱和状态，具有一定的吸湿能力。在用空气作为冷却介质时，食品中的水分会向空气中扩散引起食品的干耗。

③空气的状态参数：空气由干空气和水蒸气组成，所以空气又称湿空气。虽然空气中水蒸气的含量少，但它可以引起空气湿度的变化，从而影响到食品的质量。与食品冷却冷藏有关的湿空气状态参数有：空气的温度、相对湿度。空气的温度可直接使用普通的水银温度计或酒精温度计进行测量，但一般水银温度计比酒精温度计要准确些。空气的相对湿度表征了空气的吸湿能力，相对湿度越大，空气越潮湿，吸湿能力越差；相对湿度越小，空气越干燥，吸湿能力越强。在食品冷藏过程中，空气的相对湿度是很重要的物理参数。相对湿度低，有助于抑制微生物的活动，但食品的干耗大；相对湿度高，可以减少食品的干耗，但微生物容易繁殖。因此，冷库中必须保持合理的相对湿度。

测量湿度的仪器称为湿度计。常用的湿度计有干湿球湿度计、露点湿度计、毛发湿度计、电阻湿度计等类型。

（2）二氧化碳　二氧化碳很少单独用作冷却介质，主要和其他气体按不同比例混合一起用于果蔬等活体食品的气调储藏中。二氧化碳可以抑制微生物尤其是霉菌和细菌的生命活动。

二氧化碳具有很高的溶解于脂肪中的能力，从而减少脂肪中氧气的含量，延缓氧化过程。二氧化碳气体比空气重，比热容和导热系数都比空气小。在常压下，二氧化碳只能以固态或气态形式存在。固态二氧化碳称为干冰，在101.3kPa（1atm）下于－79.8℃升华，且1kg干冰吸收的热量大约为冰融化潜热的2倍。

2. 液体冷却介质

与气体冷却介质相比，液体冷却介质具有以下优点：液体的热导率和比热容都比气体大，因此，食品冷却时间短，速度快；不会引起食品的干耗。

但液体冷却介质也存在以下几点不足：液体密度大、黏度大，强制对流消耗的动力多；容易引起食品外观的变化；需要花费一定的成本，不能无价使用。

常用的液体冷却介质有水、盐水、一些有机溶剂及液氮等。

（1）水　水作为冷却介质只能将食品冷却至接近0℃，因而限制了水作为冷却介质的使用范围。

海水中含有多种盐类，其中包括氯化钠和氯化镁，这使海水的冰点降低到-1.0～-0.5℃。同时，海水具有咸味和苦味，也限制了海水的使用范围。

（2）盐水　盐水作为冷却介质应用比较广泛，经常使用的盐水有NaCl、$CaCl_2$、$MgCl_2$等。与食品冷藏关系密切的盐水的热物性主要是密度、冰点、浓度、比热容、热导率、动力学黏度等。各参数之间存在以下关系：盐水的比热容、热导率随着盐水浓度的增加而减小，随着盐水温度的升高而增大；盐水动力学黏度、密度随着盐水浓度的增加而增大，随着盐水温度的升高而减小。

在食品冷藏中，合理地选择盐水浓度是很重要的，总的原则是：在保证盐水在盐水蒸发器中不冻结的前提下，尽量降低盐水的浓度。盐水浓度越大，黏度就越大，盐水循环消耗的动力就越多。同时由于盐水比热容、热导率随着盐水浓度的增大而减小，盐水的对流换热系数减小，制取一定量的冷量时，盐水的循环量增大，也要多消耗功。因此，要合理选择盐水浓度。为了保证盐水在盐水蒸发器表面不结冰，通常使盐水的温度比制冷剂的蒸发温度低6～8℃。

盐水在工作过程中，容易从空气中吸收水分，使盐水浓度逐渐降低，冰点升高。当盐水冰点高于制冷剂蒸发温度时，会在传热面上析出一层冰膜，降低蒸发器的传热效率。如果盐水在管内结冰，严重时会使管子破裂。因此，在盐水工作过程中，应定期检查盐水浓度，根据情况及时加盐，保证盐水处于规定浓度。

（3）有机溶剂　用作食品冷却介质的有机溶剂主要有甲醇、乙醇、乙二醇、丙二醇、甘油、蔗糖、转化糖溶液等。这些有机溶剂具有的特点是：低温时黏度不增加过多，对金属腐蚀性小，无臭、无毒、无味，所以这些有机溶剂都是良好的食品冷却介质。除食盐、甘油、乙醇、糖、丙二醇外，其他介质均不宜与食品相接处，只能作为间接冷却介质。各液体冷却介质的性质见表1-1-20。

表1-1-20　冷却介质的含量及极限温度

冷却介质	含量/%	极限温度/℃	冷却介质	含量/%	极限温度/℃
食盐	23.0	-21.2	乙二醇	60.0	-46.0
氯化钙	29.0	-51.0	丙二醇	60.0	-60.0
氯化镁	21.6	-32.5	甘油	33.4	-44.4
甲醇	78.3	-139.9	蔗糖	62.4	-13.9
乙醇	93.5	-118.3	转化糖	58.0	-16.6

(4) 液氮　液氮在101.3kPa (1atm) 下蒸发温度为-196℃，制冷能力为405kJ/kg。近年来，液氮用于食品冷冻冷藏工程中比较多。由于低温液氮的制冷能力很大，在用液氮冻结食品时，除了利用液体的蒸发潜热外，还要想办法充分利用低温氮气的制冷能力。

3. 固体冷却介质

常用的固体冷却介质有冰、冰盐混合物、干冰、金属等。

(1) 冰　冰有天然冰、机制冰、冰块、碎冰之分。根据需要又可制成片状、雪花状、管状及小块状等形状，使用非常方便。近年来，防腐冰开始广泛应用。

纯冰的熔点为0℃，通常只能制取4~10℃的低温，不能满足更低温的要求。用冰盐混合物可以制取低于0℃的低温。

(2) 冰盐混合物　将冰与盐均匀混合，即为冰盐混合物，最常用的是冰与食盐的混合物。除食盐外，与冰混合的盐还有氯化铵、氯化钙、硝酸盐、碳酸盐等。除冰外，干冰与有机溶剂也能组成冰盐混合物。各种冰盐混合物及其能够制取的低温详见表1-1-21。

表1-1-21　各种冰盐混合物及极限温度

冰盐混合物的成分	质量配比	极限温度/℃
冰或雪:食盐	2:1	-20
冰或雪:食盐:氯化铵	5:2:1	-25
冰或雪:食盐:氯化铵:硝酸钾	21:10:5:5	-28
冰或雪:硫酸	3:2	-30
冰或雪:食盐:硝酸铵	12:5:5	-32
冰或雪:盐酸	8:5	-32
冰或雪:硝酸	7:4	-35
冰或雪:氯化钙	4:5	-40
冰或雪:结晶氯化钙	2:3	-45
冰或雪:碳酸钾	3:4	-46

(3) 干冰　与冰相比，干冰作为冷却介质有如下优点：制冷能力大，单位质量干冰的制冷能力是冰的2倍；在101.3kPa (1atm) 下，干冰升华为二氧化碳，不会使食品表面变湿；101.3kPa (1atm) 下干冰升华温度为-78.9℃，远比冰的融点低，冷冻速度快；干冰升华形成的二氧化碳，降低了食品表面的氧气浓度，能延缓脂肪的氧化，抑制微生物的生命活动。但干冰成本高，其应用受到一定的限制。

(4) 金属　金属作为冷却介质，最大的特点是热导率大，热导率的大小表征了物体导热能力的高低。在制冷技术中，使用最多的是钢、铸铁、铜、铝及铝合金。但在食品工业中，广泛使用的是不锈钢。表1-1-22是金属的热导率与比热容。

表 1－1－22　金属的热导率与比热容

金属	热导率/[W/(m·℃)]	比热容/[J/(kg·℃)]
铝合金	160	788
铜	405	297
碳钢	65	460
不锈钢	14	502

(三) 食品冷却中的传热

食品的冷却过程是热量从食品中传递到冷却介质中，使食品温度下降的过程。根据热力学定义，热量总是从高温物体传递到低温物体，只要有温差存在，就会有热量传递的发生。

传热有 3 种基本方式：对流、传导与辐射。食品在冷却过程中，食品表面与冷却介质之间的传热以对流换热和辐射换热为主，但食品内部的传热是以导热的方式进行的。

1. 食品冷却速率与时间

食品的冷却速度就是食品温度下降的速度。由于食品内各部位不同，在冷却过程中温度下降的速度也不同，整个食品的冷却速度只能以平均温度下降速度来表示。

2. 食品降温曲线

食品内部温度的分布是向上方凸的曲线，离表面越近，温度梯度越大，因此冷却速度也越大。图 1－1－13 表示平板状食品的表面温度（T_S）、中心温度（T_C）、表面与中心之间的温度（T_M）及平均温度（$\overline{T}$）的下降情况。从图 1－1－13 可以看出，表面温度下降的速度最快，中心温度下降的速度最慢，特别是冷却的开始阶段，食品中心部位的温度下降得特别缓慢。

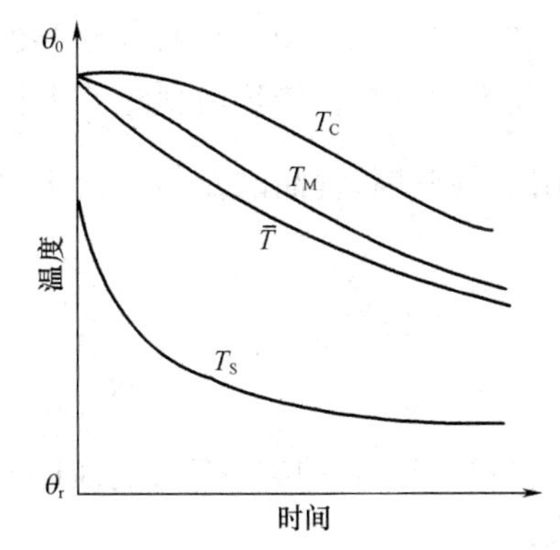

图 1－1－13　平板状食品的冷却曲线

图 1－1－13 所示为食品冷却速度与冷却时间的关系。食品的冷却速度与冷却介质的温度有关，冷却介质温度越低，冷却速度越大。但当食品温度逐渐降低，与冷却介质之间的温差减小后，食品的冷却速度也减小了，食品的冷却速度是随时间而发生变化的。

3. 食品冷却时间计算公式

食品的冷却速度和时间与许多因素有关，经过理论推导，各种形状食品的冷却速度和时间的计算公式如下：

（1）平板状食品

$$\overline{v} = (T_0 - T_r)\kappa\frac{\mu^2}{\delta^2}e^{-\kappa\frac{\mu^2}{\delta^2}t} \qquad (1-1-6)$$

式中　δ——平板状食品的厚度，m；

T_0——平板状食品的初温，℃；

T_r——冷却介质的温度,℃;
t——冷却时间，s;
κ——导热系数（$\kappa = \frac{\lambda}{c\rho}$）;
μ——常数，由$\frac{\alpha}{\lambda}\delta$的值决定。

如果把κ看成常数，则可根据上式推导出平板状食品从初始温度T_0下降到平均温度T时所需的冷却时间的计算公式：

$$t = \frac{2.3\lg\frac{T_0 - T_r}{T - T_r}}{\kappa\frac{\mu^2}{\delta^2}} \quad (1-1-7)$$

对平板状食品，μ^2可近似地表示为：

$$\mu^2 = \frac{10.7\frac{\alpha}{\lambda}\delta}{\frac{\alpha}{\lambda}\delta + 5.3} \quad (1-1-8)$$

平板状食品冷却时间的近似计算公式：

$$t = \frac{c\rho}{4.65\lambda}\delta(\delta + \frac{5.3\lambda}{\alpha})\lg\frac{T_0 - T_r}{T - T_r} \quad (1-1-9)$$

（2）圆柱状食品　圆柱状食品的圆周面都一样地被冷却。圆柱状食品的冷却与平板状食品不同的是，传热面积随着半径发生变化，它内部的传热面积与半径成正比，其他均相同。圆柱状食品的μ与平板状食品一样，也是由$\frac{\alpha}{\lambda}\delta$来决定的，$\mu^2$可近似地表示为：

$$\mu^2 = \frac{6.3\frac{\alpha}{\lambda}\delta}{\frac{\alpha}{\lambda}\delta + 3.0} \quad (1-1-10)$$

将式（1-1-10）带入式（1-1-7）可得出计算圆柱状食品冷却时间的近似计算公式：

$$t = \frac{c\rho}{2.73\lambda}\delta(\delta + \frac{3.0\lambda}{\alpha})\lg\frac{T_0 - T_r}{T - T_r} \quad (1-1-11)$$

（3）球状食品　球状食品的表面都是一样地被冷却。球状食品的冷却与圆柱状食品相同的是，传热面积随着半径变化，它内部的传热面积与半径成正比，其他也相同。冷却时间的计算式也与平板状食品相同，只是球状食品的μ与$\frac{\alpha}{\lambda}\delta$的关系可近似地表示为：

$$\mu^2 = \frac{11.3\frac{\alpha}{\lambda}\delta}{\frac{\alpha}{\lambda}\delta + 3.7} \quad (1-1-12)$$

将式（1-1-12）带入式（1-1-7）可得出球状食品冷却时间的近似计算公式：

$$t = \frac{c\rho}{2.73\lambda}\delta(\delta + \frac{3.7\lambda}{\alpha})\lg\frac{T_0 - T_r}{T - T_r} \qquad (1-1-13)$$

（四）食品冷却与冷藏时的变化

1. 水分蒸发

食品在冷却时，不仅食品的温度下降，而且食品中汁液的浓度会有所增加，食品表面水分蒸发，出现干燥现象。当食品中的水分减少后，不但造成质量损失（俗称干耗），而且是植物性食品失去新鲜饱满的外观，当减重达到5%时，水果、蔬菜会出现明显的凋萎现象。肉类食品在冷却储藏中也会因水分蒸发而发生干耗，同时肉的表面收缩、硬化，形成干燥皮膜，肉色也有变化。鸡蛋在冷却储藏中，因水分蒸发而造成气室增大，使蛋内组织挤压在一起而造成质量下降。为减少水果、蔬菜类食品冷却时的水分蒸发量，要根据它们各自的水分蒸发性，控制其适宜的温度、湿度及风速。表1-1-23所示为根据水分蒸发特性对果蔬类食品进行的分类。

表1-1-23　　水果、蔬菜类食品的水分蒸发特性

水分蒸发特性	水果、蔬菜的种类
A型（蒸发小）	苹果、柑橘、柿子、梨、西瓜、葡萄、马铃薯、洋葱
B型（蒸发中）	白桃、栗、无花果、番茄、甜瓜、莴苣、萝卜
C型（蒸发大）	樱桃、杨梅、龙须菜、叶菜类、蘑菇

动物性食品如肉类在冷却储藏中因水分蒸发造成的干耗情况见表1-1-24。

表1-1-24　　冷却储藏中肉类胴体的干耗　　单位：质量分数/%

时间	牛	小牛	羊	猪	时间	牛	小牛	羊	猪
12h	2.0	2.0	2.0	1.0	48h	3.5	3.5	3.5	3.0
24h	2.5	2.5	2.5	2.0	8d	4.0	4.0	4.5	4.0
36h	3.0	3.0	3.0	2.5	14d	4.5	4.6	5.0	5.0

注：$T=1℃$，$\varphi=80\% \sim 90\%$，$v=0.2m/s$。

肉类水分蒸发的量与冷却室内的温度、相对湿度及流速有密切关系，还与肉的种类、单位质量表面积大小、表面形状、脂肪含量等有关。

2. 冷害

在冷却贮藏时，有些水果、蔬菜的品温虽然在冻结点以上，当贮藏温度低于某一界限温度时，果蔬正常的生理机能遇到障碍失去平衡，这种现象称为冷害。冷害症状随品种的不同而各不相同，最明显的症状是表皮出现软化斑点和核周围肉质变色，如西瓜表面凹进、鸭梨的黑心病、马铃薯的发甜等。表1-1-25列举了一些水果、蔬菜发生冷害的界限温度与症状。

表 1-1-25　常见水果、蔬菜的冷害界限温度与症状

种类	界限温度/℃	症状
香蕉	11.7~13.8	果皮变黑、催熟不良
西瓜	4.4	凹斑、风味异常
黄瓜	7.2	疤斑、水浸状斑点、腐败
茄子	7.2	表皮变色、腐败
马铃薯	4.4	发甜、褐变
番茄（熟）	7.2~10.0	软化、腐烂
番茄（生）	12.3~13.9	催熟果颜色不好、腐烂

另有一些水果、蔬菜在外观上看不出冷害的症状，但冷藏后再放到常温中，则丧失了正常的促进成熟作用的能力，这也是冷害的一种。例如，香蕉放入低于11.7℃的冷藏室内一段时间，拿出冷藏室后表皮变黑成腐烂状，而生香蕉的成熟作用能力则已完全失去。产地在热带、亚热带的果蔬容易发生冷害。

应当强调指出，需要在低于界限温度的环境中放置一段时间冷害才能显现，症状出现最早的品种是香蕉，如黄瓜、茄子一般则需要10~14d时间。

3. 移臭（串味）

有强烈香味或臭味的食品，与其他食品放在一起冷却贮藏时，其香味或臭味就会传给其他食品。例如，洋葱与苹果放在一起冷藏时，臭味就会传到苹果上。这样，食品原有的风味就会发生变化，使食品品质下降。有时，一间冷藏室内放过具有强烈气味的物质后，室内留下的强烈气味会传给接下来放入的食品。如放入洋葱后，虽然洋葱已出库，但其气味会传给随后放入的苹果。要避免上述这种情况，就要求在管理上做到专库专用，或在一种食品出库后严格消毒和除味。另外，冷藏库还具有一些特有的臭味，俗称冷藏臭，这种冷藏臭也会传给冷却食品。

4. 生理作用

水果、蔬菜在收获后仍是有生命的活体。为了便于运输和贮存，果蔬一般在收获时尚未完全成熟，因此收获后还有一个后熟过程。在冷却贮藏过程中，水果、蔬菜的呼吸作用、后熟作用仍在继续进行，体内各种成分也不断发生变化，如淀粉和糖的比例、糖酸比、维生素C的含量等，同时还可以看到颜色、硬度等的变化。

5. 脂类的变化

冷却冷藏过程中，食品中所含的油脂会发生水解、脂肪酸的氧化、聚合等复杂的变化，其反应生成的低级醛、酮类物质会使食品的风味变差、味道恶化，使食品出现变色、酸败、发黏等现象。

6. 淀粉老化

淀粉在适当湿度下，在水中糊化形成均匀的糊状溶液，但是在接近0℃的低温范围内，糊化了的淀粉分子又老化。老化的淀粉不易被淀粉酶作用，所以也不易被人体消化吸收。水分含量在30%~60%的淀粉容易老化，含水量在10%以下的干燥状态及在大量水中的淀粉则不易老化。

淀粉老化作用的最适温度是2~4℃。例如，面包在冷却贮藏时，淀粉迅速老化，质构和味道变差。又如马铃薯放在冷藏陈列柜中贮存时，也会有淀粉老化的现象发生。当贮存温度低于-20℃或高于60℃时，均不会发生淀粉老化现象。因为低于-20℃时，淀粉分子间的水分急速冻结，形成了冰结晶，阻碍了淀粉分子间的相互靠近而不能形成氢键，所以不会发生淀粉老化的现象。

7. 微生物的增殖

食品中的微生物主要有细菌、霉菌和酵母菌。食品中的细菌若按温度划分可分为低温细菌、中温细菌、高温细菌，详见表1-1-17和图1-1-14。在冷却、冷藏状态下，细菌，特别是低温细菌的繁殖和分解作用并没有被充分抑制，只是速度变得缓慢了一些，其总量还是增加的，若时间较长，就会使食品发生腐败。

低温细菌的繁殖在0℃以下变得缓慢，但如果要它们停止繁殖，一般来说温度要降到-10℃以下，对于个别低温细菌，在-40℃的低温下仍有繁殖现象。图1-1-15所示为随着品温变化鳕鱼肉中低温细菌（无芽孢杆菌）的繁殖情况。

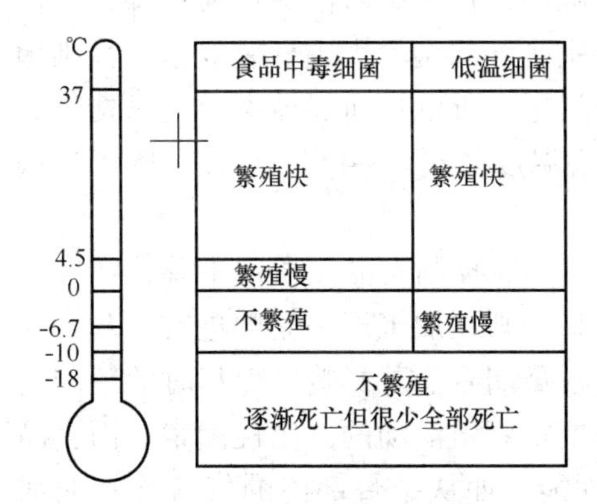

图1-1-14 食品中毒细菌与低温细菌的繁殖温度区域

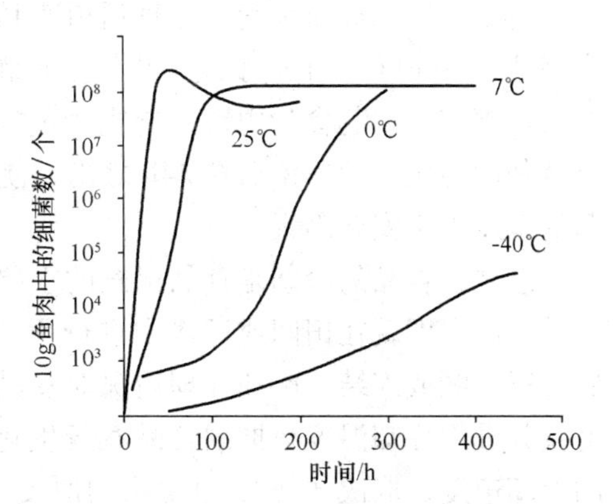

图1-1-15 不同品温鳕鱼肉中低温细菌（无芽孢杆菌）的繁殖情况

8. 冷却收缩

宰后的牛肉在短时间内快速冷却，肌肉会发生显著收缩现象，以后即使经过成熟过程，肉质也不会十分软化，这种现象称为冷却收缩。一般来说，宰后10h内，肉温降低到8℃以下，容易发生寒冷收缩现象。但这温度与时间并不固定。成牛与小牛，或者同一头牛的不同部位的肉都有差异。例如，成牛肉温低于8℃，而小牛则肉温低于4℃时发生冷却收缩。按照过去的概念，肉类宰杀后要迅速冷却，但近年来由于冷却肉的销售量不断扩大，为了避免冷却收缩的发生，国际上正研究不引起寒冷收缩的冷却方法。

三、食品的冷却

（一）冷却目的

食品冷却的目的是快速排出食品内部的热量，使食品温度在尽可能短的时间内（一般数小时）降低到高于食品冻结温度的预定温度，从而及时地减缓食品中微生物的生长繁殖和生化反应速度，保持食品的良好品质及新鲜度，延长食品的贮藏期。

食品的冷却一般是在食品的产地进行的。易腐食品在刚采收或屠宰后就开始冷藏最为理想，然后在运输、堆放、保藏和销售期间始终保持在低温的环境中，这不仅是为了阻止微生物性腐败，而且也是保持食品原有品质的需要。某些具有代谢活性的水果、蔬菜，它们不仅通过呼吸放热，而且使代谢产物从一种形式转化为另一种形式。如采摘后24h冷却的梨，在0℃下储藏5周也不会腐烂，而采摘后经96h后才冷却的梨，在0℃下储藏5周就有30%的梨腐烂。甜玉米的甜度丧失也是代谢产物转化的结果。甜玉米在0℃中贮存1d时它的糖分消耗量可达8%，贮存4d时它的糖分消耗量则达22%。在20℃中只要贮存1d，甜玉米内的糖分消耗量就可以达到26%。如果在夏天，它的消耗量更多。所以采收时立即进行有效冷却就能延长贮运时间，降低贮运中的消耗，提高贮存的安全性，并允许在成熟度较高时采收，从而提高了加工、装罐或速冻后食品的风味和品质。

再如经宰杀放血和简单处理后就直接上市的热鲜肉，在屠宰后没有快速冷却，肉温常高达37~40℃，正适于微生物的生长和繁殖，特别是沙门菌、大肠杆菌等嗜温性细菌的大量繁殖，引起食物中毒，造成严重的食品安全问题。所以目前倡导生肉的消费形式以冷却肉为主，即屠宰后在24h之内，使胴体的中心温度降到0~4℃，从而消除了致病菌的繁殖等不安全因素。

总之，食品的冷却是食品保鲜的重要措施。为了及时控制食品品质的下降，常在果蔬采收后立即就在田间或运输中进行预冷。动物屠宰后则在加工厂中立即进行冷却，随后进行冷藏或冻结。冷却处理情况对食品品质及其耐藏期有显著影响，冷却时的冷却速度及其最终冷却温度是抑制食品本身生化变化和微生物繁殖活动的决定性因素。而食品的冷却速度，取决于被冷却食品的厚度和热传导性能。如从牛臀部肉的气流冷却曲线（图1-1-16）可明显看出，在相同的冷却时间，胴体最厚的部位的温度最高，因此，在确定胴体冷却终点时，应以最厚的部位为准，即后腿的中心部位。

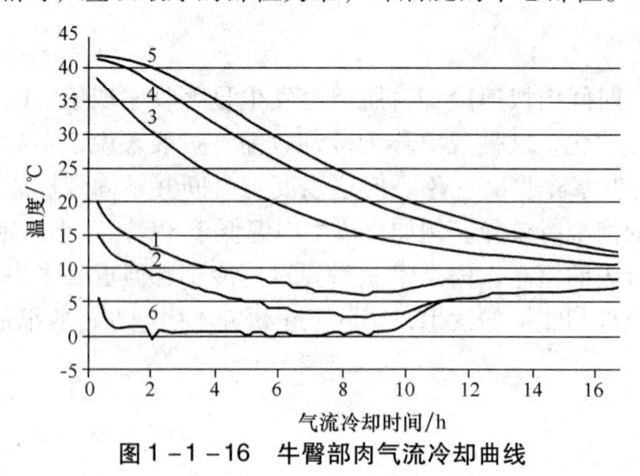

图1-1-16 牛臀部肉气流冷却曲线

1—臀部肉表面 2—臀部肉与冷空气换热的表面 3—臀部肉50mm深处 4—臀部肉100mm深处 5—臀部肉150mm深处 6—空气循环 0~10h为急速冷却，10h后为温度保持

（二）食品冷却方法

常用的食品冷却方法有冷风冷却、冷水冷却、碎冰冷却、真空冷却等。具体使用时，应根据食品的种类及冷却要求的不同，选择其适用的冷却方法。表1-1-26是上述冷却方法的一般使用对象。

表1-1-26　冷却方法与使用对象

冷却方法	肉	禽	蛋	鱼	水果	蔬菜	烹调食品
冷风冷却	○	○	○		○	○	○
冷水冷却		○		○	○	○	
碎冰冷却		○		○	○	○	
真空冷却						○	

1. 冷风冷却法

冷风冷却法是利用低温冷空气流过食品表面使食品温度下降的一种冷却方法。它的使用范围较广，常被用来冷却水果、蔬菜、鲜蛋、乳品以及肉类、家禽等的冷却或冻结前的预冷处理。

冷风冷却法可先用冰块或机械制冷使空气降温，然后冷风机将被冷却的空气从风道中吹出，在冷却间或冷藏间中循环，吸收食品中的热量，促使其降温。空气冷却法的工艺效果主要决定于空气的温度、相对湿度和流速等。其工艺条件的选择要根据食品的种类、有无包装、是否易干缩、是否快速冷却等来确定。

（1）空气温度　冷却的空气温度越低，食品的冷却速度越快。但是预冷食品时所采用的温度必须处在允许食品可逆变化的范围内，以便食品回温后仍能恢复它原有的生命力。为此，冷却香蕉、青番茄、柠檬等空气温度不宜低于10℃。一般食品预冷时所采用的空气温度不应低于冻结温度，以免食品发生冻结。

（2）空气相对湿度　预冷室内的相对湿度因预冷食品的种类（特别是有无包装）而各异。用不透气的容器包装食品预冷时，室内的相对湿度影响不大。用潮湿容器包装的食品预冷时，预冷室内相对湿度首先就会上升，只有包装表面自由水分蒸发完后，室内的相对湿度才会迅速下降。未包装的食品预冷时因它的温度和蒸气压较高，就会迅速失去水分，从而冷却初期预冷室内就会充满雾气，此时应加速空气流动和食品冷却，促使食品温度和水蒸气压尽快下降，以免水分损耗过多，造成食品萎缩。一般来说，容易干缩的食品预冷时应维持较高的相对湿度，或放在冰水中冷却，以减少冷却时水分损耗。基于相同的原因，鸡蛋有时先用轻质矿物油浸渍，而后才进行预冷。还有将食品和冰块混装在一起，再在冷库内冷却，这样缓慢融化的冰块就能保持食品表面湿润状态，以免过分脱水。

（3）空气流速　加速空气流动有利于及时带走水蒸气，以免食品表面聚积冷凝水。预冷室内空气流速一般为1.5~5.0m/s，有人认为食品周围的空气流速2.5m/s是获得良好结果的最低值，而真正的快速冷却时空气流速应超过5m/s。有时也有采用空气自然对流进行预冷。

鲜蛋冷却应在专用的冷却间内完成。蛋箱码成留有通风道的堆垛，在冷却开始时冷却空气温度与蛋体温度相差不能太大，一般低于蛋体温度2～3℃，随后每隔1～2h将冷却间空气温度降低1℃左右，冷却间空气相对湿度在75%～85%，流速在0.3～0.5m/s。通常情况下经过24h的冷却，蛋体温度可达1～3℃。

不同种类的食品，其冷却工艺不同。

果蔬的空气冷却可在冷藏库的冷却间内进行。冷风机将冷空气从风道中吹出，冷空气流经库房内的水果、蔬菜表面吸收热量，然后回到冷风机的蒸发器中，将热量传递给蒸发器，空气自身温度降低后又被风机吹出。如此循环往复，不断地吸收水果、蔬菜的热量并维持其低温状态。冷风的温度可根据选择的贮藏温度进行调节和控制。水果、蔬菜冷却初期空气流速一般在1～2m/s，末期在1m/s以下，空气相对湿度一般控制在85%～95%之间。根据水果、蔬菜等品种的不同，将其冷却至各自适宜的冷藏温度，然后将冷却后的水果、蔬菜移至冷藏间进行冷藏。

畜肉的空气冷却方法是在一个冷却间内完成全部冷却过程，冷却空气温度控制在0℃左右，风速为0.5～1.5m/s。为了减少干耗，风速不宜超过2m/s，相对湿度控制在90%～98%之间。冷却终了，胴体后腿肌肉最厚处的温度应在4℃以下。整个冷却过程应在24h内完成。

一般禽肉冷却工艺要求空气温度2～3℃，相对湿度为80%～85%，风速为1.0～1.2m/s。经7h左右可使禽胴体温度降至5℃以下。若适当降低温度，提高风速，冷却时间可缩短至4h左右。

近年来，由于冷却肉的销售量不断扩大，肉类的冷风冷却装置使用普遍。冷风冷却装置中的主要设备为冷风机。随着制冷技术的不断发展，冷风机的开发制造工作也发展迅速。图1－1－17给出了5种不同吸、吹风形式的冷风机，根据冷风机不同的吸、吹风形式，可布置成不同的冷风冷却室。图1－1－18和图1－1－19所示为5种冷风冷却系统的布置形式。

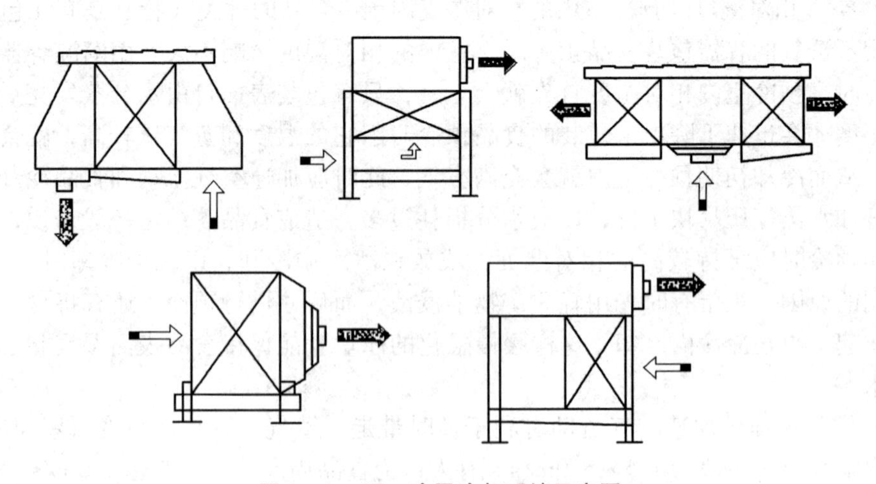

图1－1－17　冷风冷却系统示意图

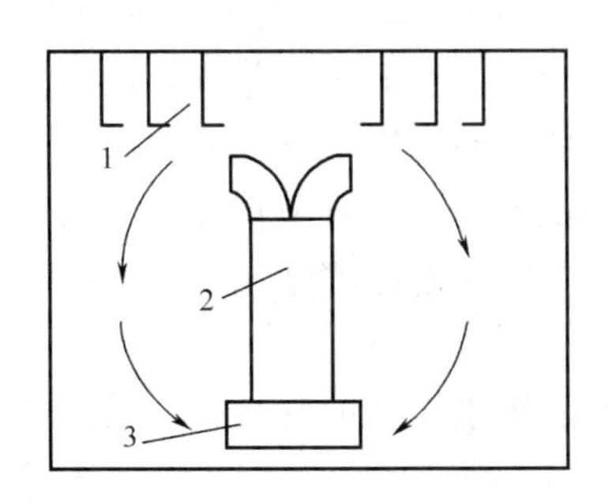

图 1－1－18　肉类冷风冷却装置简图

1—吊钩　2—风道　3—冷风机

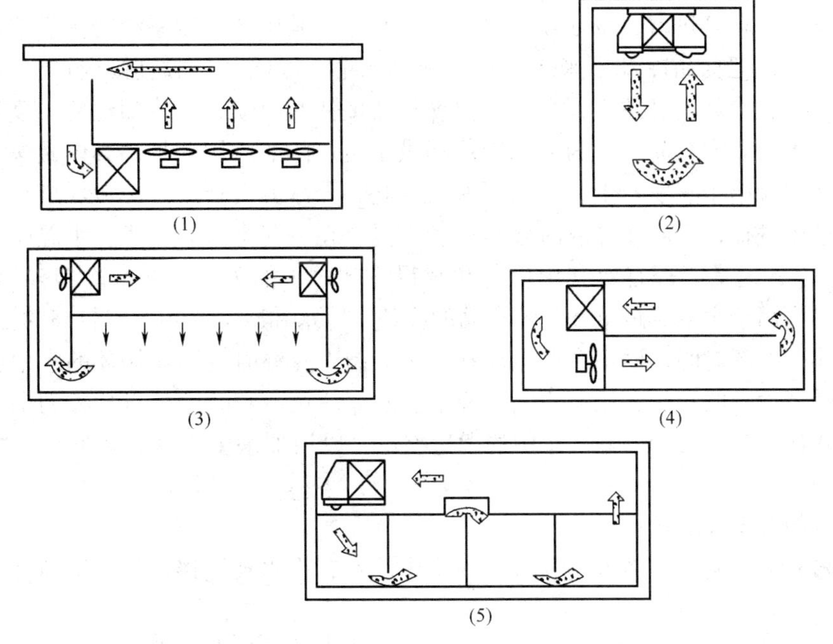

图 1－1－19　冷风冷却系统示意图

在肉类的冷却工艺上也进行了新的研究，主张采用变温快速二段冷却法：第一阶段是在快速冷却隧道或冷却间内进行，空气流速为 2m/s，空气温度较低，一般在 －1 ～ 5℃。经过 2 ～4h 后，胴体表面温度降到 －2℃，而后腿中心温度还有 16 ～20℃。然后在温度为 －1 ～1℃的空气自然循环冷却间内进行第二阶段的冷却，经过 10 ～14h 后，半白条肉内外温度基本趋向一致，达到平衡温度 4℃时，即可认为冷却结束。整个冷却过程在 14 ～18h 之内可以完成。

最近国外推荐的二段冷却温度更低，第一阶段温度达到 －35℃，在 1h 内完成；第二阶段冷却室空气温度在 －20℃。整个冷却过程中，第一阶段在肉类表团形成不大于 2mm 的冻结层，此冻结层在 20h 的冷却过程中一直保持存在，研究认为这样可有效减小干耗。

采用二段冷却法的优点是：干耗小，平均干耗量为1%；肉的表面干燥，外观好，肉味佳，在分割时汁液流失量少。但由于冷却肉的温度为0～4℃，在这样的温度条件下，不能有效地抑制微生物的生长繁殖和酶的作用，所以只能作为1～2周的短期贮藏。

冷风冷却还可以用来冷却禽、蛋、调理食品等。冷却时通常把被冷却食品放于金属传送带上，可连续作业。冷却装置可使用图1－1－19（5）所示系统并配上金属传送带。

冷风冷却可广泛地用于不能用水冷却的食品上，其缺点是当室内相对湿度低时，被冷却食品的干耗较大。

2. 冷水冷却法

冷水冷却是通过低温水把被冷却的食品冷却到指定的温度的方法。冷水冷却可用于水果、蔬菜、家禽、水产品等食品的冷却。特别是对一些易变质的食品更适合。冷水冷却通常用预冷水箱来进行，水在顶冷水箱中被布置于其中的制冷系统的蒸发器冷却，然后与食品接触，把食品冷却下来。如不设预冷水箱，可把蒸发器直接设置于冷却槽内，在此种情况下，冷却池必须设搅拌器，由搅拌器促使水流动，使冷却池内温度均匀。现代冰蓄冷技术的研究与完善，为冷水冷却提供了更广阔的应用前景。具体做法是在冷却开始前先让冰凝结于蒸发器上，冷却开始后，此部分冰就会释放出冷量。机械制冷降温可在贮冷槽中进行，而碎冰降温时碎冰可和水混合在一起由水泵吸入。水温应尽可能维持在0℃左右，这是能否有效利用设备和获得冷却效果的关键。冷水冷却多用于鱼类、家禽，有时也用于水果、蔬菜和包装食品的冷却。冷水和冷空气相比有较高的传热系数，可以大大缩短冷却时间，而不会产生干耗。机械制冷降温时在不断循环的水中容易滋长微生物并受到食品的污染，故需不断补充清洁水。冰块冷却时水可以从冰的融化中不断得到补充并让过量水自动外溢。水中的微生物也可以用加杀菌剂（如含氧化合物）的方法进行控制。

冷水冷却有3种形式：

（1）浸渍式　被冷却食品直接浸在冷水中冷却，冷水被搅拌器不停地搅拌，以致温度均匀。

（2）洒水式　在被冷却食品的上方，由喷嘴把冷却了的有压力的水呈散水状喷向食品，达到冷却的目的。

（3）降水式　被冷却的水果在传送带上移动，上部的水盘均匀地像降雨一样地降水，这种形式适用于大量处理。

如上所述，用液体冷却食品需要的时间比用空气冷却的时间短得多。近年来国外设计有投资费用低廉，长达10m的移动式高效水冷装置，可供冷却芹菜、芦笋、桃、梨、樱桃等果蔬。

盐水也常用作冷却介质来冷却食品，它不宜和一般食品直接接触，因为即使有微量盐分渗入食品内就会带来咸味和苦味，只可用于间接接触的冷却。但用海水冷却鱼类，特别是在远洋作业的渔轮，采用降温后的无污染低温海水冷却鱼类，不仅冷却速度快，鱼体冷却均匀，而且成本也可降低。

冷水冷却比冷风冷却速度快，而且没有干耗。缺点是被冷冻的食品之间易交叉感染。

3. 碎冰冷却法

冰是一种很好的冷却介质，它有很强的冷却能力。在与食品接触过程中，冰融化成水要吸收334.53kJ/kg的相变潜热，使食品迅速冷却。冰价格便宜、无害，易携带和储藏。碎冰冷却能避免干耗现象。

用来冷却食品的冰有淡水冰和海水冰。一般淡水鱼用淡水冰来冷却，海水鱼可用海水冰冷却。淡水冰可分为机制块冰（块重100kg或120kg，经破碎后用来冷却食品）、管冰、片冰、米粒冰等多种形式，按冰质可分成透明冰和不透明冰。不透明冰是因为形成的冰中含有许多微小的空气气泡而导致不透明。从单位体积释放的冷量来讲，透明冰要高于不透明冰。海水冰也有多种形式，主要以块冰和片冰为主。随着制冰机技术的完善，许多作业渔船可带制冰机随制随用，但要注意，不允许用被污染的海水及港湾内海水来制冰。

常用碎冰的体积质量和比体积见表1-1-27。

表1-1-27　常用碎冰体积质量和比体积

碎冰的规格/cm	体积质量/(kg/m^3)	比体积/(m^3/T)
大冰块（约10×10×5）	500	2.00
中冰块（约4×4×4）	550	4.82
细冰块（约1×1×1）	560	1.78
混合冰（大冰块和细冰块混合比为0.5~12）	625	1.60

为了提高碎冰冷却的效果，要求冰要细碎，冰与被冷却食物的接触面积要大，冰融化后产生的水要及时排出。

在海上，渔获物的冷却一般有加冰法（干法）、水冰法（湿法）及冷海水法3种。

加冰法要求在容器的底部和凹壁先加上冰，随后层冰层鱼、薄冰薄鱼。最上面的盖冰冰量要充足，冰粒要细，撒布要均匀，融冰水应及时排出以免对鱼体造成不良影响。

水冰法是在有盖的泡沫塑料箱内，以冰加冷海水来保鲜鱼货。海水必须先预冷到-1.5~1.5℃，再送入容器或舱中，再加鱼和冰，鱼必须完全被冰浸没。用冰量根据气候变化而定，一般鱼与水之比为（2~3）:1。为了防止海水鱼在冰水中变色，用淡水冰时需加盐，如乌贼鱼要加盐3%。淡水鱼则可用淡水加淡水冰保藏运输，不需加盐。水冰法操作简便，用冰省，冷却速度快，但浸泡后肉质较软弱，易变质，故从冰水中取出后仍需冰藏保鲜。此法适用于死后易变质的鱼类，如竹刀鱼。

冷海水法主要是以机械制冷的冷海水来冷却保藏鱼。与水冰法相似，水温一般控制在-1~0℃。冷海水法可大量处理鱼，所用劳力少、卸货快、冷却速度快。缺点是有些水分和盐分被鱼体吸收后使鱼体膨胀，颜色发生变化，蛋白质也容易被损耗；另外因舱体的摇摆，鱼体易相互碰撞而造成机械伤害等。冷海水法目前在国际上被广泛地用来作为预冷手段。

4. 真空冷却法

真空冷却又称减压冷却，它的原理是水分在不同的压力下有不同的沸点，详见表1-1-28。由表可见，只要改变压力，就可改变水分的沸腾温度，真空冷却装置就是根据这个原理设计的。

表 1-1-28　　水的压力与蒸气压

沸腾温度/℃	压力/kPa	沸腾温度/℃	压力/kPa
100	101.32	5	0.87
60	19.93	1	0.66
40	7.38	-5	0.40
20	2.34	-10	0.26
10	1.23	-30	0.038

真空冷却装置中配有真空冷却槽、制冷装置、真空泵等设备，详见图1-1-20。设备中配有的制冷装置，不是直接用来冷却蔬菜的。由于水在压力666.6Pa、温度1℃下变成水蒸气时，其体积要增大近20万倍，此时即使用二级真空泵来抽，也不能使真空冷却槽内的压力维持在666.6Pa。制冰装置的作用是让水汽重新凝结于蒸发器上而排出，保持了真空冷却槽内压力的稳定。

真空冷却主要用于蔬菜的快速冷却。收获后的蔬菜，经过挑选、整理，放入有孔的容器内，然后放入真空槽内，关闭槽门，启动真空冷却装置。当真空槽内压力降低至666.6Pa时，蔬菜中的水分在1℃下迅速汽化。水变成水蒸气时吸收2253.88U/kg的汽化潜热，使蔬菜本身的温度迅速下降到1℃。图1-1-21所示为生菜的冷却曲线，生菜从常温24℃冷却到3℃，冷风冷却需要25h，而真空冷却只需要0.5h。

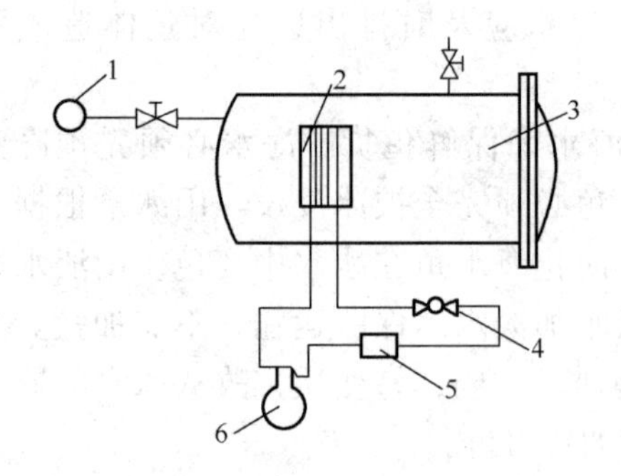

图1-1-20　真空冷却装置示意图

1—真空泵　2—冷却器　3—真空冷却槽
4—膨胀阀　5—冷凝器　6—压榨机

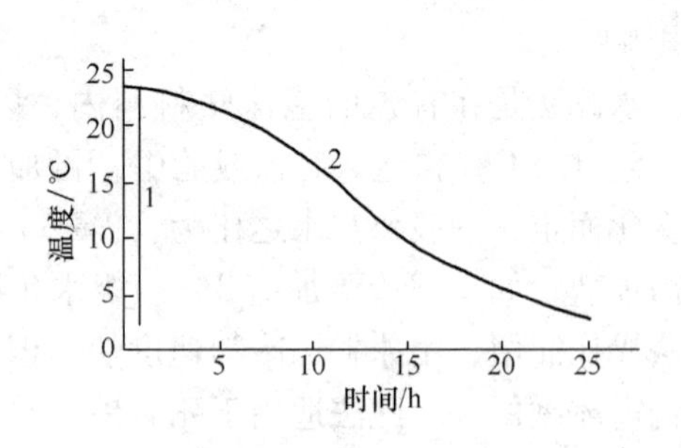

图1-1-21　生菜的冷却曲线

1—真空冷却　2—常温冷却

真空冷却方法的优点是冷却速度快、冷却均匀，特别是对菠菜、生菜等叶菜效果最好。某些水果和甜玉米也可用此方法预冷。这种方法的缺点是能耗大，设备投资和操作费用都较高，除非食品预冷的处理量很大和设备使用期限长，否则使用此方法并不经济。在国外一般都用在离冷库较远的蔬菜产地。

四、食品的冷藏

（一）空气冷藏法

空气冷藏法是人们所讲的传统冷藏法，它是用空气作为冷却介质来维持冷藏库的低温，在食品冷藏的过程中，冷空气以自然对流或强制对流的方式与食品换热，保持食品的低温。

1. 自然空气冷藏法

自然空气冷藏法是利用自然的低温空气来储藏食品的。要达到这个目的，必须建立通风储藏库，它借内外空气的互换使室内保持一定的低温。在寒冷季节容易达到这个要求，温暖季节则难以达到。一般当每年深秋气温下降后，将储藏库的门窗打开，放入冷空气，等到室温降到所需要的温度时，又将门窗关闭，即可装入果蔬进行储藏。通风库效果不如冷库，但费用较低。如我国许多地方采用地下式通风库，库身 1/3 露于地面上，2/3 处于地面之下，用以储藏苹果等。同时通风储藏库的四周墙壁和库顶具有良好的隔热效能，可削弱库外过高或过低温度的影响，有利于保持库内温度的稳定。通风库的门窗以泡沫塑料填充隔热较好，排气筒设在屋顶，可防雨水，筒底可自由开关。

2. 机械空气冷藏法

目前大多数食品冷藏库多采用制冷剂机械冷藏的方法。制冷剂有氨、氟利昂、二氧化碳、甲烷等。在工业化的冷库中，氨是最常用的制冷剂，它具有较理想的制冷性质。氨很适合于作为 -65℃以上温度范围内的制冷剂。现在密封技术已能保证氨不泄漏，具有较强的可靠性和安全性。因为氨的气味较大，即使有少量的氨泄露，也会马上提示检修人员及时修理。

用制冷剂需有一套装置，这就是制冷压缩机。以压缩式氨冷气机为例，其主要组成部分有：压缩机、冷凝器和蒸发器。用氨压缩机将氨压缩为高压液态，经管道输送进入冷库，在鼓风机排管内蒸发，成为气态氨时，便会大量吸热而使库内降温。将低压氨气输送返回氨压缩机，加压使之恢复为液态氨，并采用水冷法移去氨液化过程所释放的热量，这样反复循环，便将库房内热量移至库外。这种制冷方式是通过机械完成的，利用空气作冷却介质，故热传导较慢。

（二）空气冷藏工艺

食品冷藏的工艺效果主要决定于贮藏温度、空气相对湿度和空气流速等。这些工艺条件则因食品种类、贮藏期的长短和有无包装而异。表 1 - 1 - 29 所示为部分食品的冷藏工艺要求。

表 1-1-29　部分食品的冷藏工艺要求

品名	最适条件		储藏期	冻结温度/℃
	温度/℃	相对湿度/%		
苹果	-1.14~0.40	90	3~8个月	-1.6
西洋梨	-1.1~0.6	90~95	2~7个月	-1.5
桃	-0.6~0	90	2~4周	-1.6
杏	-0.6~0	90	1~2周	-0.9
李子	0.6~0	90~95	2~4周	-1.0
油桃	0.6~0	90	2~4周	-0.8
樱桃	-1.1~0.6	90~95	2~3周	-0.9
柿子	-1.1	90	3~4个月	-1.3
杨梅	0	90~95	5~7d	-2.2
甜瓜	2.2~4.4	85~90	15d	-0.8
西瓜	7.2~10.0	85~90	3~4周	-0.9
香蕉（绿果）	4.0~10.0	80~85	2~3周	-0.9
木瓜	13.3~14.4	85	1~3周	-0.8
菠萝	7.2	85~90	2~4周	-0.9
番茄（绿熟）	7.2~12.8	85~90	1~3周	-1.1
黄瓜	7.2~10.0	85~90	10~14d	-0.5
茄子	7.2~10.0	90~95	1周	-0.5
青椒	7.2~10.0	90	2~3d	-0.8
扁豆	0	90~95	7~10d	-0.6
菜花	0	90~95	2~4周	-0.6
白菜	0	90~95	2个月	-0.8
蘑菇	10.0	90	3~4d	-0.6
牛肉	3.3~4.4	90	3周	-0.6
猪肉	-1.1~0	85~90	3~7d	-0.9
羊肉	0~1.1	85~90	5~12d	-2.2~1.7
家禽	-2.2~1.1	85~90	10d	-2.2~1.7
鲜鱼	0~1.1	90~95	5~20d	-3.9
蛋类	0.5~4.4	85~90	9个月	-1.0~2.0
全蛋粉	-1.7~0.5	尽可能低	6个月	-0.56
蛋黄粉	1.7	尽可能低	6个月	-
奶油	7.2	85~90	9个月	-

1. 贮藏温度

贮藏温度是冷藏工艺条件中最重要的因素。贮藏温度不仅是指冷藏库内空气温度，更为重要的是指食品温度。食品的贮藏期是贮藏温度的函数。在保证食品不至于冻结的情况下，冷藏温度越接近冻结温度则贮藏期越长。因此选择各种食品的冷藏温度时，食品的冻结温度极其重要。例如，葡萄过去所采用的贮藏温度为1.1℃。自从发现其冻结温度为-2.8℃以后，就普遍采用更低一些的贮藏温度，以致贮藏期延长了两个月。有些食品对贮藏温度特别敏感，如果温度高于或低于某一临界温度，常会有冷藏病害出现。

在冷藏过程中，冷藏室内温度应严格控制。任何温度变化都有可能对食品造成不良后果。因而为了尽可能控制好温度变化，冷藏库应具有良好的绝热层，配置合适的制冷设备。温度变化对维持冷藏室内的相对湿度也极为重要。温差加大，使食品表面出现来自空气的冷凝水，并导致发霉。

2. 空气相对湿度

冷藏室内空气的相对湿度对食品的耐藏性有直接的影响。冷藏室内空气既不宜过干也不宜过于潮湿。低温的食品表面如与高湿空气相遇，就有水分冷凝在其表面上。冷凝水分过多，食品容易发霉、腐烂。空气相对湿度过低，食品中水分就会迅速蒸发并出现萎缩。冷藏时大多数水果适宜的相对湿度为85%～90%。绿叶蔬菜和根菜类蔬菜适宜的相对湿度可高至90%～95%。而坚果在70%相对湿度下比较合适。干态颗粒食品（如乳粉、蛋粉）及吸湿性强的食品（如果干等）宜在非常干燥的空气中贮藏（表1-1-29）。

3. 空气流速

冷藏室内的空气流速也极为重要。空气流速越大，食品和空气间的蒸气压差就随之增大，食品水分的蒸发率也就相应增大。如空气流速倍增，则水分的损耗也将增大1/3。在空气湿度较低的情况下，空气流速将对食品干耗产生严重的影响。只有相对湿度较高而空气流速较低时，才会使水分的损耗降到最低程度。但是过高的相对湿度对食品品质并非有利。所以空气流速的确定原则是，及时将食品所产生的热量（如生化反应热或呼吸热和从外界渗入室内的热量）带走，并保证室内温度均匀分布，冷藏室内仍应保持有速度最低的空气循环，使冷藏食品脱水干耗现象降到最低程度。冷藏食品若覆盖有保护层，室内的相对湿度和空气流速不再成为主要影响因素。如分割肉冷藏时常用塑料袋包装，或在其表面上喷涂不透蒸汽的保护层；番茄、柑橘一类果蔬也可浸涂石蜡，以减少其水分蒸发，并增添光泽。

第三节　果蔬产品的气调贮藏

一、气调贮藏的原理

（一）气调贮藏的基本原理

气调贮藏是在冷藏的基础上，降低贮藏环境中氧气的含量，增加贮藏环境中二氧化碳气体的含量，以进一步提高贮藏效果的方法，简称CA贮藏（controlled atmosphere storage），包含着冷藏和气调的双重作用。

最初是在不冷藏的条件下，采用仅控制气体成分的方法贮藏水果，虽然贮藏效果比普通贮藏稍好一些，但并不理想，这种方法称为气体贮藏（gas storage）。20世纪40年代，才正式产生了CA贮藏。后来又出现了MA贮藏（modified atmosphere storage），指的是利用包装等方法，使水果通过自身的呼吸，降低氧气的含量，提高二氧化碳气体的含量，来改变包装内的气体成分。自从CA贮藏诞生后，CA贮藏有了很大的发展，1977年美国苹果的气调贮藏量就已占全部贮藏量的38%以上。在过去很长一段时期，气调贮藏只限于苹果和梨的贮藏，后来不仅向其他果蔬和花卉发展，甚至肉禽产品也开始采用气调贮藏。

1. 气调贮藏的优缺点

总的来说，气调贮藏可延长某些果蔬的贮藏期限，改善其贮藏效果，其优点如下：

（1）抑制果蔬中叶绿素的分解，保绿效果显著。

（2）抑制果蔬中果胶的水解，保持硬度效果好。

（3）抑制果蔬中有机酸的减少，能较好地保持果蔬的酸度。

（4）抑制水果中乙烯的生成和作用，从而抑制水果的后熟。

此外，气调贮藏还有抑制马铃薯发芽、蘑菇开伞等效果。

当然气调贮藏也有其缺点：

（1）不能适用于所有的果蔬，有一定的局限性。即使适合气调贮藏，不同种类、品种的果蔬所要求的最适气体的组成是不相同的。

（2）气调库对气密性要求很高，又要增加一套调整气体组成的装置，因而建筑和所需设备的费用较高，贮藏成本要增加。

2. 气调贮藏中低氧浓度的生理作用

（1）使果蔬的呼吸强度和底物的氧化作用降低。

（2）延缓后熟，使果蔬产品的贮藏期因而延长。

（3）能够延缓叶绿素的分解。

（4）减少贮藏过程中乙烯的生成量。

（5）延缓产品中不溶性果胶物质的分解。

但是过低的氧浓度会造成无氧呼吸，引起果蔬生理病害。所以，在贮藏中要根据果蔬的种类，选择适宜浓度的二氧化碳浓度。降低氧和提高二氧化碳浓度是气调贮藏的关键，高氧促进果蔬成熟，高二氧化碳则抑制成熟，低氧和高二氧化碳浓度能够抑制成熟作用。由氨基环丙烷羧酸（aminocyclopropane－carboxylic acid）转变为乙烯必须有氧，降低氧浓度就能够减少乙烯的产生，例如氧的浓度约为2.5%时，能够使乙烯的生成量减少一半。二氧化碳是乙烯的竞争抑制剂，能够取代乙烯的受体位置，使乙烯失去作用。二氧化碳还能够阻止生长素的积累，因为乙烯的产生过程必须有生长素的促进作用，当缺乏生长素时，乙烯生成将受到阻碍。

适量的CO_2还可以抑制有些真菌孢子的萌发生长。但要达到20%～50%的CO_2才有抑制作用。在这样高浓度的二氧化碳中，一般果蔬无法忍受，细胞会受到严重伤害。

正常空气中，O_2和 CO_2的浓度分别为21%和0.03%，其余为 N_2等气体。采后的新鲜果蔬进行着正常的以呼吸作用为主导的新陈代谢活动，表现为吸收并消耗 O_2，同时释放大约等量的 CO_2并释放出一定量的热量。因此，适当降低 O_2浓度和增加 CO_2浓度，可以改变环境中气体成分的组成。在该环境下，新鲜果蔬的呼吸作用就会受到抑制，降低其呼吸强度，推迟呼吸高峰的出现时间，延缓新陈代谢的速度，可以减少营养成分和其他物质的损耗，从而推迟了成熟衰老，为保持新鲜果蔬的质量奠定生理基础。同时，较低浓度 O_2和较高浓度的 CO_2能够抑制乙烯的合成，削弱乙烯的生理作用，也利于新鲜果蔬贮藏期的延长。此外，适宜的低 O_2和高 CO_2浓度能够抑制某些生理性病害和病理性病害的产生和发展，从而减少产品在贮藏过程中的腐烂损失。因此，气调贮藏能更好地保持果蔬原有的色、香、味、质地等特性以及营养价值，有效地延长新鲜果蔬产品的贮藏期和货架期。

需要说明的是，适宜的低 O_2和高 CO_2浓度的贮藏效果是在适宜的低温下才能够实现。贮藏环境中的 O_2、CO_2和温度以及其他影响果蔬贮藏效果的因素存在着显著的交互效应，它们会保持一定的动态平衡，形成适合某种果品或蔬菜长期贮藏的气体组合条件。因此，适合一种产品的适宜气体组合可能有很多个。表 1－1－30 所示为部分果蔬的气调贮藏条件。

表 1－1－30　　部分果蔬的气调贮藏条件

种类	温度/℃	相对湿度/%	O_2浓度/%	CO_2浓度/%	贮藏期
番茄	12	85～90	2～4	2～4	55～60d
花椰菜	0	95	2～4	8	3～4 个月
蒜薹	0	95 以上	2～5	0～8	8～9 个月
甜椒	8～12	80～90	2～5	0～5	60～70d
青椒	9	90～95	3	5	2 个月
辣椒	9～10	95	2～5	2～5	30d
芹菜	0	90～95	13～14	7～8	77d
香菜	1	95	13～14	4～5	4 个月
黄瓜	10～13	95	2～5	2～5	30～40d
胡萝卜	1	95	3	5～7	6 个月
生菜	1	95	3	5～7	10d
生姜	13	95	2～5	2～5	6～8 个月
马铃薯	3	85～90	3～5	2～3	8～10 个月
大蒜	0	85～90	3～5	3～5	7～8 个月
豌豆(带荚)	0	95～100	10	3	4 周
莴苣	0	90～95	3～5	2～3	2～3 周
山药	3	90～95	4～7	2～4	8 个月

续表

种类	温度/℃	相对湿度/%	O_2浓度/%	CO_2浓度/%	贮藏期
苹果	0~1	85~95	2~5	2~5	6~8个月
巴梨	0	90~95	0.5~2.0	0	6~8个月
沙梨	0	90~95	0.5~2.0	0	6~9个月
香梨	-1	90	3~5	1.0~1.5	240d
20世纪梨	0	85~92	5	4	9~12个月
丁洋梨	0	95	4~5	7~8	3个月
桃	0	85~90	3	5	6周
猕猴桃	0~1	90~95	5	2	6~7个月
樱桃	0~2	90~95	3	10	4周
栗子	0.5	85以上	2~5	0~5	6~8个月
李子	0	80~95	3~5	2~5	1.0~1.5个月
柿子	-1	90	3~5	8	3~4个月
葡萄	-1	90	2	3	6个月
草莓	0	95~100	10	5~10	4周
鲜枣	-2	90	3~4	1	2个月
山楂	-1	90	5	3	7个月
哈密瓜	3~4	70~80	3~5	1.0~1.5	4个月
荔枝	1~3	90~95	5	5	45~60d
龙眼	0	90~95	5	5	3个月
香蕉	12~14	90~95	2~3	0~5	2个月
菠萝	7	85	2	0	40d
芒果	10~12	85	3~5	2.5~10.0	40d

（二）气调贮藏的类型

气调贮藏可以分为两大类，即人工气调贮藏（controlled atmosphere storage，CA）和自发气调贮藏（modified atmosphere storage，MA）。

1. 人工气调贮藏

人工气调贮藏是指根据产品的需要和人们的意愿来调节贮藏环境中的气体成分的浓度并保持稳定的一种气调贮藏方法。CA由于O_2和CO_2的比例能够得到严格控制，而且能做到与贮藏温度密切配合，技术先进，因而贮藏效果好。

2. 自发气调贮藏

这种方法利用水果本身的呼吸作用，使贮藏环境中的氧气减少，二氧化碳增加。当二氧化碳的浓度过大时，可用气体洗涤器（也称二氧化碳脱除器）除去；当氧气不足时，可吸入新鲜空气来补充。这是一种旧式的气调贮藏法。

气调贮藏经过几十年的不断探索和研究完善，特别是20世纪80年代以后有了新的发展，开发出一些有别于传统气调的新方法，如低氧CA、低乙烯CA、双维（动态、双变）、CA（two dimensional CA）等，丰富了气调理论和技术，为生产实践提供了更多的选择。

（三）气调贮藏的条件

气调贮藏，在控制贮藏环境中O_2和CO_2含量的同时，还要控制贮藏环境的温度，并且使三者得到适当的配合。

实践证明，在对果蔬进行气调贮藏时，在相对较高的温度下，也能够获得较好的贮藏效果。这是因为人们设法抑制了果蔬的新陈代谢，尤其是抑制了呼吸代谢过程，所以新鲜果蔬能够较长时间地保持其新鲜状态。这些抑制新陈代谢的手段主要是降低温度，提高CO_2浓度和降低O_2浓度等。可见，这些措施属于适度地应用果蔬生命活动的逆境。任何一种果蔬产品，其抗逆性都有一定的限度。例如，一些品种的苹果常规冷藏的适宜温度是0℃，如果对其进行气调贮藏，在0℃下再加以高CO_2和低O_2环境条件，苹果可能会因承受不住这三方面的抑制而出现病症。因此，这些苹果为避免CO_2伤害，在气调贮藏时，贮藏温度可提高到3℃左右。绿熟番茄在20～28℃下进行气调贮藏的效果，与其在10～13℃普通空气中贮藏效果相仿。由此看出，气调贮藏对热带和亚热带果蔬来说有着非常重要的意义，因为它可以在较高的贮藏温度下避免发生冷害。当然较高温度也是有限的，气调贮藏必须有适宜的低温配合，才能获得更好的效果。

气调贮藏中的气体成分和温度等条件，不仅对个别贮藏产品会产生影响，而且各因素之间也会发生制约关系，这些因素对贮藏产品起着综合影响，即交互作用。贮藏效果的好与坏正是交互作用是否能够被正确运用的反映，气调贮藏必须重视这种效果。要取得良好的贮藏效果，O_2、CO_2和温度必须达到最佳的配合。而当其中一个条件发生改变时，另外的条件也要做出相应的调整，这样才可以仍然维持一个适宜的综合贮藏条件。不同的贮藏产品都有各自最佳贮藏条件组合，但是这种最佳组合不是一成不变的，当其中某一条件发生改变时，我们可以通过调整另外的因素来弥补由这一因素的改变所造成的不良影响。因此，同一贮藏产品在不同条件下或不同的地区，会有不同的条件组合，都能够达到较为理想的贮藏效果。

在贮藏中，低O_2能够起到延缓叶绿素分解的作用，配合适量的CO_2则保绿效果更好，这就是O_2与CO_2两因素的交互效应。当贮藏温度升高时，就会加速产品中叶绿素的分解，也就是高温的不良影响抵消了低O_2及适量CO_2保绿的作用。

在气调贮藏前如果给以高浓度的CO_2处理，有助于加强气调贮藏的效果。人们在实验室和生产中发现，有一些刚采摘的果蔬产品对高CO_2和低O_2的耐受性强，而且贮藏前期的高CO_2处理对抑制产品的新陈代谢和成熟衰老有良好效果。

美国华盛顿州1977年贮藏金冠苹果，有16%经过高浓度CO_2的处理，其中90%用于气调贮藏。另外，将采后的果实放在12～20℃下，CO_2浓度维持在90%，经1～2d可以杀死大部分甲壳虫，而对苹果没有损伤。经CO_2处理后的金冠苹果贮藏到2月份，其硬度明显高于未处理的苹果，风味也更好。1975年Couey等人报道，金冠苹果在气调贮藏前，如果用20% CO_2处理10d，既可以保持硬度，也可以减少有机酸的损失。

气调贮藏前对产品用低 O_2 条件进行处理，也能对果蔬产品的贮藏起到良好效果。澳大利亚 Kno Xfield 园艺研究所 Little 等人（1978 年）用斯密斯品种（Grannysmith）苹果作材料，在贮藏前将苹果置于 O_2 浓度 0.2% ~0.5% 的条件下处理 9d，然后继续贮藏在 CO_2:O_2 为 1.0:1.5 的条件下。实验结果表明，对于保持苹果的硬度和绿色，以及防止褐烫病和红心病，都能达到良好效果，与 Fidler（1971 年）在橘和苹果上得到的实验结果相同。因此，采用低 O_2 处理或贮藏，可以成为气调贮藏中提高果实耐贮性的有效措施。

在不同的贮藏期控制不同的气调指标，使其能够适应果实从健壮向衰老变化中对气体成分的适应性也在不断变化的特点，从而有效地延缓新陈代谢过程，保持更好的品质，此法为动态气调贮藏（dynamic controlled atmosphere，DCA）。西班牙 Ahque（1982 年）在金冠苹果贮藏的实验中，第一个月维持 O_2 与 CO_2 的浓度比为 3:0，第二个月为 3:2，以后均为 3:5，温度为 2℃，相对湿度为 98%，贮藏 6 个月时比一直贮于 3:5 条件下的果实保持了较高的硬度，含酸量也较高，呼吸强度较低，各种损耗均较少。

二、气调库及其设备

（一）气调库

气调贮藏的实施主要是封闭和调气两部分。调气是创造并维持产品所要求的气体组成，封闭则是杜绝外界空气对所创造的气体环境的干扰破坏。目前，我国国内的气调贮藏方法，按其封闭的设施不同可分为两类：一类是气调贮藏库（简称气调库）贮藏法，另一类是塑料薄膜气调贮藏法。

1. 气调库的工作系统

一座完整的气调库应该由库体结构、气调、制冷和加湿系统构成，见图 1－1－22。

2. 气调保鲜库的构造及作用

气调贮藏库首先要有机械冷库的作用，还必须有密封的特性，以便能够创造一个气密环境，确保库内气体组成的稳定。因此，气调库除了具有冷库的保温系统和隔潮系统外，还必须有良好的密封系统，赋予库房良好的气密性。

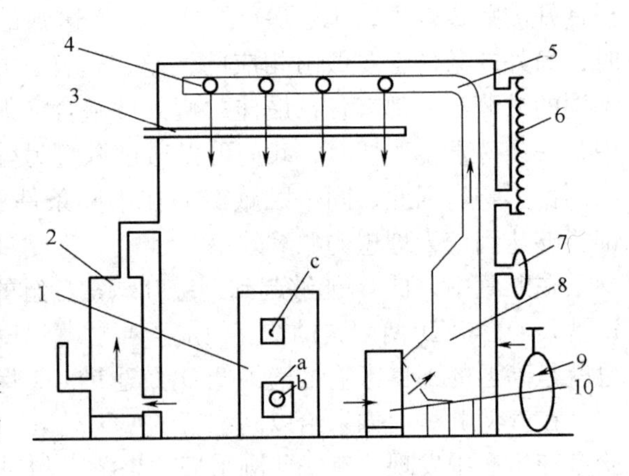

图 1－1－22　气调库构造示意图

a—气密筒　b—气密孔　c—观察窗
1—气密门　2—CO_2 吸收装置　3—加热装置
4—冷气出口　5—冷风管　6—呼吸袋
7—气体分析装置　8—冷风机
9—N_2 发生器　10—空气净化器

气调保鲜库是气调间和辅助建筑的总称，包含气调间、预冷间、常温走廊、技术走廊、月台、整理间、机房、配电室、控制室、值班室、泵房、循环水池等。此外，还需要有一些辅助设施，比如包装材料库、质检室、办公室、发电

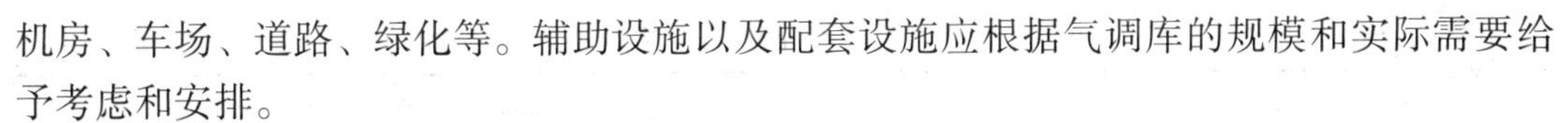

机房、车场、道路、绿化等。辅助设施以及配套设施应根据气调库的规模和实际需要给予考虑和安排。

（1）气调间　气调间是果蔬贮藏保鲜的场所。果蔬采收后，仍然保持着生命活动和新陈代谢，呼吸作用就是这种生命活动最明显的表现。在一定范围内，温度越高，果蔬的呼吸作用越强，衰老越快。所以多年来传统果蔬保鲜冷库一直采用降温的方法来延长果蔬贮藏期。气调间就是在低温高湿的贮藏环境中，适当降低氧的含量和提高 CO_2 的浓度，来抑制果蔬的呼吸强度，从而更好地延长贮藏期。

（2）预冷间　预冷间就是用来对果蔬冷却加工的库房。果蔬产品在进行气调贮藏前，需要去除田间热，防止某些生理病害。果蔬产品在预冷间应及时、逐步地降温冷却。

（3）常温走廊　常温走廊就是果蔬进出各个气调间的通道，并且能够起到沟通各气调间、便于装卸果蔬的作用。在小型果蔬气调库中，因气调间数量少，可以不设常温走廊，而是与月台或整理间合并，减少总投资。

（4）技术走廊　技术走廊是气调库特有的建筑形式之一，通常设置在常温走廊或整理间的上部。它的主要作用是使管理人员观察库内果蔬贮藏的情况和库内设备运行情况，也是制冷、气调、水电等管道及阀门安装、调试、操作、维修的场所。

（5）月台　气调库月台供装卸货物之用，有（铁路与公路）月台之分。小型气调库只设公路月台。

（6）整理间　果蔬入库前，需要进行挑选、分级、过磅、装箱，出库时需要挑选、包装、过磅。整理间是果蔬出入库期间的临时堆入场所。整理间一般要靠近气调间，与库内常温走廊相通，以便货物进出库。

（7）机房　机房包括制冷机房、气调机房和加湿机房。机房内设施的布置必须符合工艺流程，流向应该通畅，连接管路要短，便于安装和操作管理，并应留有适当的面积用作设备部件拆卸检修。尽可能地使设备安装紧凑，并充分利用机房的空间，以节约建筑面积，降低建筑投资的费用。

（8）配电室及控制室　一般小型气调库配电室应该尽量靠近机房，库内温度、湿度以及气体成分的检测、控制都在控制室里集中安装，便于操作管理。采用计算机操作和控制时，应在控制室内设置空调器。变配电间及控制对防火要求极为严格，室内通风、采光条件要好。

（9）循环水池　用来提供和收集制冷系统、气调设备的冷却水、库房冷风机的冲霜用水。水池通常采用钢筋混凝土结构，在小型气调库中，也可以采用玻璃钢水箱。水池或水箱应设补水、溢流和排污口装置。

3. 气调库的设计

（1）气调库的制冷系统设计依据　小型果蔬气调库单位制冷负荷估算见表 1－1－31。

（2）气调库气体系统的设计依据　要使气调库内达到所需的气体成分并保持相对稳定，除要求维持结构具有一定的气密性能外，还必须有相应的设备、管道及阀门等组成的系统能够调节气体。

表 1-1-31 小型果蔬气调库单位制冷负荷估算

气调间规模	气调间温度/℃	单位制冷负荷/(W/t)	
		冷却设备负荷	机械负荷
100t 以下气调库	0~2	260	230
300t 气调库		230	210

①自然降 O_2：在气调库严格的气密条件下，果蔬放入气调库后，库门封闭，果蔬与外界隔离。由于果蔬自身的呼吸作用，库内空气中的 O_2 浓度会逐渐降低。经过 21d 基本上可以建立起 3% O_2 浓度的气调工况。

②快速降 O_2：为了达到良好的气调贮藏效果，要求果蔬入库速度要快，以便让果蔬在尽可能短的时间内进入气调贮藏状态。一般采用专门的制 N_2 设备，其特点是降 O_2 速度快、时间短。一般情况下需要 2~3d，甚至只需要 1d 的时间就能把库内 O_2 浓度降至所规定的范围。

（3）加湿系统的设计依据　与普通果蔬冷库相比，气调贮藏的储藏期较长（通常为普通贮藏时间的 1.5~2.0 倍），果蔬水分蒸发较多。为了抑制果蔬贮藏中水分的蒸发，降低贮藏环境与果蔬之间水蒸气的分压差，要求气调贮藏环境中具有最佳的相对湿度，这对于减少果蔬的干耗和保持果蔬的鲜脆有着重要的意义。

由于气调库的维护结构具有气密性，同时在整个运行期间不允许随便开门，实际上外界对气调库内的湿度影响非常小。在这种情况下，影响库内相对湿度的因素主要有两个：一是果蔬释放的水蒸气；二是库内气体中的水蒸气在风机的冷却表面上发生的冷凝。这两种因素决定了库内相对湿度的高低。

4. 气调库的建造

气调库的建筑结构可分为砌筑式（土建）和彩镀夹心板装配式两种。砌筑式气调库的建筑结构基本上与普通冷库相同，是用传统的建筑保温材料砌筑而成，或者将冷藏库改造而成。在库内的内表面增加一层气密层，气密层直接敷设在围护结构上。这种砌筑式气调库相对投资较小，但施工周期长。装配式气调库采用的彩镀夹心保温板是由工厂化生产，在施工现场只需要进行简单的拼装，建设周期短，投资比砌筑式略高，而气密层施工较砌筑式方便可靠。除砌筑式和装配式之外，还有一种气调库是夹套式，一般是在原冷藏库内加装一层气密结构，降温冷藏仍用原有的设施，气调则在这层气密结构内进行。

1000t 以上的大中型气调库包括气调间、预冷间、常温走廊、技术走廊、整理间、制冷和气调机房及控制室、变配电间、泵房及月台等。此外，还有办公室、库房、质检室、道路、围墙等辅助设施。

良好的气密性是气调贮藏的首要条件，因为它关系到气调库建设的成败。满足气密性要求的措施是在气调库房的维护结构上敷设气密层，气密层的设置是气调贮藏库设计和建筑中的关键。气密层所用材料的选择原则是：①材质均匀一致；②材料的韧性和机械强度大；③性质稳定；④能够抵抗微生物的侵染；⑤可连续施工；⑥黏结牢固。气调库建筑中作为气密材料的有钢板、铝合金板、铝箔沥青纤维板、胶合板、玻璃纤维、增强塑料及塑料薄膜，各种密封胶、橡皮泥、防水胶布等。

在建成的库房内现场喷涂泡沫聚氨酯（聚氨基甲酸酯），可以获得性能良好的气密结构并兼有良好的保温性能，因此在生产实践中得到普遍应用。

气调贮藏库的气密特性使其库房内外容易形成一定的压力差。为保持库内压力的相对平稳，保障气调库的安全运行，库房设计和建造时须设置压力平衡装置。用于压力调节的装置主要有压力平衡器和缓冲气囊（呼吸袋）。

另外，各种管道穿过墙壁进入库内的部位都需加用密封材料，不能漏气。

气调库运行期间，要求稳定的气体成分，管理人员不宜经常进入库房对产品、设备及库体状况进行检查。因此，气调库设计和建造时，必须设置取样（产品和气体）孔和观察窗。

5. 气调库的气密性检验

气调库要做到绝对的气密是很困难的，允许有一定的气体通透性，但不能超出一定的标准。气调库建成后或在重新使用前都要进行气密性检验，检验结果如不符合规定要求，应当查明原因，进行修补使其密封，达到气密标准后才能使用。

（二）气调库的主要设备

1. 制冷设备

现代的气调库设计，一般希望将库内温度波动控制在±0.5℃范围内，所以围护结构要求有较大的热阻，以减小外界的影响。此外，库内蒸发器的设计也应采用大面积低温差的冷风机方案。蒸发温度与库温温差控制在5℃范围内，以减小蒸发器的结霜量。目前，乙二醇的冷水机组被有的厂家采用，不但可提高温度的控制精度，还大大简化了制冷管路结构。为使气调过程中制冷机能够经济运行，气调库围护结构的隔热层应比一般高温库厚。

2. 加湿设备

由于气调库内果品的贮藏期长，充入的氮气也很干燥，果品水分蒸发较多，为降低贮藏环境与果品间的水蒸气分压差，抑制水分的蒸发，保持气调库中较高的相对湿度（95%左右），减少干耗，一般的气调库需要设置加湿器。加湿器分超声波和离心式两种。超声波加湿器利用高频振荡电流作用在换能头上，产生高频震荡波，使水雾化。为了防止换能头结垢，最好使用经过处理的软化水。离心式加湿器利用高速旋转的叶轮将水流打成水雾。其对水质的要求不高，但容易产生水滴，使加湿效果降低。

3. 制氮降氧设备

利用制氮机产生的95%~98%纯度的氮气，置换（稀释）气调库中的气体。目前气调库使用的制氮机有碳分子筛物理吸附式和中空纤维膜分离式两种，都是以空气为原料。前者利用双塔中的碳分子筛对氧、氮分子的不同的吸附速率，通过加压来吸附氧、减压解析氧，不断地在双塔中变压切换制氮。后者利用高分子材料制成的中空纤维膜，它由上万根乃至数十万根直径在50~500μm的中空纤维并列成束，两端均禁锢环氧树脂，形成膜滤芯，放入一外壳内，当有压缩空气通过时，由于氧、水蒸气透过膜的速率快，形成富氧排放到大气中，而大部分氮气由于透过膜的速率慢而留在膜内，形成较高纯度的成品气。它具有结构简单、容易操作、制氮速度快、无易损运动部件、体积小、质量轻、噪声低等一系列优点，是一种高效、新型的制氮设备。

4. 二氧化碳脱除机

果蔬在气调过程中，一般要求 CO_2 的浓度控制在 1% ~5% 的范围内。CO_2 脱除机（又称洗涤器）用来当库内 CO_2 浓度过高时将浓度降至气调参数要求的最佳范围。

现在国内外生产的 CO_2 脱除机均采用活性炭作为吸附剂，CO_2 含量很高的库，气用风机抽入活性炭罐内吸附，经过数分钟吸附饱和后，用空气脱附再生，循环使用。脱附的气体送入大气中。现代的 CO_2 脱除机，可以用可编程序控制器 PLC 对吸附和再生交替进行。活性炭吸附 CO_2 的量是温度的函数，并与 CO_2 的浓度成正比。通常以 0℃、3% 的 CO_2 浓度为标准，用其在 24h 内的吸附量作为主要经济技术指标。

5. 乙烯脱除装置

乙烯是果品本身的一种新陈代谢产物，外部环境中例如烟囱排放的烟雾，汽车尾气、某些工厂的废气中也含有一定数量的乙烯。它是一种能促进水果呼吸，加快成熟衰老的植物激素。一些对乙烯非常敏感的果品，如猕猴桃、香蕉等，必须把贮藏条件下的乙烯浓度脱至阈值以下，一般达到 0.02mg/L 的水平；苹果、梨等采用低乙烯气贮藏，贮藏效果会大大提高；对乙烯不敏感的果品，气调贮藏不必安装乙烯脱除装置。

常用高锰酸钾作为强氧化剂来脱除乙烯，以氧化铅、分子筛等多孔性材料作载体，制成一次性使用的复合材料，放入库内、包装箱或闭路循环系统中，将乙烯脱除。

6. 自动控制设备

气调库在整个贮藏期内都必须精确测量和控制各间库的气体成分，目前国内外气调设备生产企业都设计制造出相应的自动控制设备，使测量和控制工作大部分实现了自动化。用一台计算机可控制 30 间左右气调间，每间气调间都可以按果品的品种设定各自的气调参数，并能够进行自动巡回检测和自动调节，也可通过显示器监控整个气调工艺流程，所有设定和实时测定 O_2、CO_2、温度、湿度等数据都具有显示贮存、查询、报警、打印等功能。

7. 相关测试仪器

（1）奥氏（ORSAT）气体分析仪　可以检测 O_2 和 CO_2 的浓度。其检测原理是：取一定量（体积）的被测气体，用两种不同的液态吸收剂分别吸收其中的 O_2 和 CO_2，根据气体量（体积）变化，能够求出被测气体中 O_2 和 CO_2 的浓度。奥视仪是一种原始型手工检测仪器，需要在测定时携带笨重易碎的各种液瓶、量筒和多种试剂，操作麻烦，精确度受人为影响较大，现在已很少采用了。

（2）氧电极氧气测试仪　氧电极的工作原理基于极谱电极原理，根据一定浓度电解质溶液中的电流－电压曲线证实，在 －0.18 ~0.15V 范围内，电流和氧浓度成正比。氧电极传感器以铂为阴极（氧检定极）、阳极为铅或银，聚四氟乙烯薄膜将阴极端与电解质隔开。其中氧的渗透量与薄膜内外的气体分压成正比。此传感器又称氧电池，是一种电化学扩散闲置型金属电池。用这种传感器制成的氧气测试仪，分辨率高达 0.1%，测试精度为 0.2%。仪器出厂前用含氧量为 4% 左右的高精度标准气进行标效，使用中用空气进行标准校对（21.0%）。传感器的寿命一般在两年以上。

（3）红外二氧化碳测试仪　由于 CO_2 分子在特定波长上可发生强烈的红外吸收。当一定强度的红外光通过一定浓度的待测的混合气体时，入射光强度与透过后的剩余强度

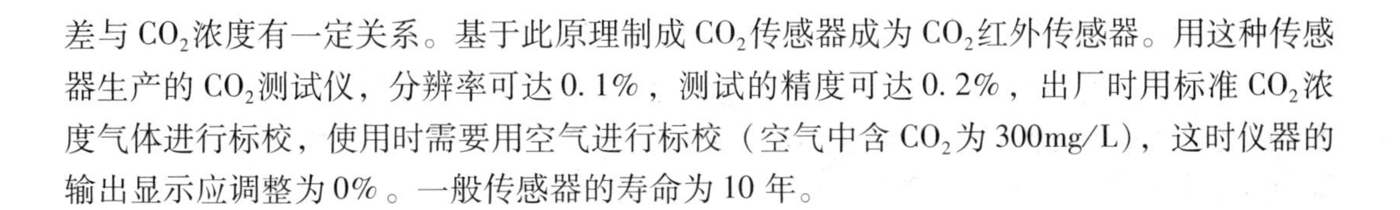

差与 CO_2浓度有一定关系。基于此原理制成 CO_2传感器成为 CO_2红外传感器。用这种传感器生产的 CO_2测试仪，分辨率可达0.1%，测试的精度可达0.2%，出厂时用标准 CO_2浓度气体进行标校，使用时需要用空气进行标校（空气中含 CO_2为 300mg/L），这时仪器的输出显示应调整为0%。一般传感器的寿命为 10 年。

三、气调贮藏的管理

（一）气体指标

气调贮藏按人为控制气体种类的多少可分为单指标、双指标和多指标三种情况。

单指标是指仅控制贮藏环境中的某一种气体如 O_2、CO_2或 CO 等，而对其他气体则不加调节。有些贮藏产品对 CO_2很敏感，则可采用 O_2单指标，即在气调贮藏中只控制 O_2的含量，CO_2被全部吸收。O_2单指标必然是一个低指标，因为当没有 CO_2存在时，O_2影响植物呼吸的阈值大约为7%。O_2单指标必须低于7%，才能有效地抑制贮藏产品的呼吸强度。对于多数果品蔬菜来说，单指标的效果有时候难以达到很理想的贮藏效果。但这一方法只对被控制气体浓度的要求较高，因而管理较简单，操作也比较简便，容易推广。需要注意的是被调节气体浓度低于或超过规定指标时，有可能导致生理伤害的发生。属于这一类的有低 O_2气调贮藏和利用贮前高 CO_2后效应气调，短时间处理后再进行正常气调贮藏等。

双指标是指对常规气调成分的 O_2和 CO_2两种气体（也可能是其他的两种气体成分）均加以调节和控制的一种气调贮藏方法。依据气调时 O_2和 CO_2浓度多少的不同又有三种情况：O_2、CO_2 浓度和为21%、>21%、<21%。新鲜果蔬气调贮藏中以第三种的应用最为广泛。在我国习惯上把气体含量在2%~5%称为低指标，5%~8%称为中指标。一般来说，低 O_2低 CO_2指标的贮藏效果较好。

第一种情况下新鲜果蔬要以糖为有氧呼吸的底物，呼吸熵约为1。所以贮藏产品在密封空间内，呼吸消耗掉的 O_2与释放出的 CO_2的体积相等，也就是两者之和近似于21%。如果气体组成被定为两种气体之和为21%，例如10% O_2、11% CO_2，或6%的 O_2、15% CO_2，管理起来就很方便。只要把果蔬产品封闭后经一定时间，当 O_2浓度降至要求指标时，CO_2就会上升到要求的指标。此后定期或连续地从封闭贮藏环境中排出一定体积的气体，同时也充入等量的新鲜空气，这样就可以大体上维持这个气体配比。这是气调贮藏发展初期常用的指标。它的缺点是，如果 O_2较高（>10%），CO_2就会偏低，不能充分发挥气调贮藏的优越性；如果 O_2较低（<10%），又可能因 CO_2过高而发生 CO_2中毒现象。将 O_2和 CO_2控制在相接近的水平（二者各约10%），简称高 O_2高 CO_2指标，可用于一些果蔬的贮藏，但是大多数情况下效果不如低 O_2低 CO_2好。这种指标对设备要求比较简单。

多指标不仅控制贮藏环境中的 O_2和 CO_2，同时还对其他贮藏效果有关的气体成分比如乙烯、CO 等进行调节。这种气调方法贮藏效果好，但调控气体成分的难度提高，对调气设备的要求也较高，设备的投资也较大。

（二）气体的调节

气调贮藏环境内从刚封闭时的正常气体成分转变到要求的气体指标，是一个降 O_2 和升 CO_2 的过渡期，可称为降氧期。降 O_2 之后，则是 O_2 和 CO_2 稳定在规定指标的稳定期。降 O_2 期的长短以及稳定期的管理，关系到果蔬贮藏效果的好坏。

1. 自然降 O_2 法（缓慢降 O_2 法）

封闭后依靠果蔬产品自身的呼吸作用使 O_2 浓度逐步减少，同时积累 CO_2。

（1）放风法　每隔一定时间，当 O_2 降至指标的低限或 CO_2 升高到指标的高限时，开启贮藏帐、袋或气调库，部分或全部换入新鲜空气，然后再对其进行封闭。

（2）调气法　双指标总和小于21%和单指标的气体调节，将超过指标的 CO_2 在降氧期除去，当 O_2 降至指标后，定期或连续输入适量的新鲜空气，同时继续吸除多余的 CO_2，使两种气体能够稳定在要求的指标。

自然降 O_2 法中的放风法，属于简便的气调贮藏方法。此法在整个贮藏期间 O_2 和 CO_2 含量总在不断变动，实际不存在稳定期。在每一个放风周期内，两种气体都有一次大幅度的变化。在每次临放风前，O_2 降到最低点，CO_2 升至最高点，放风后，O_2 则升至最高点，CO_2 降至最低点。即在一个放风周期内，中间一段时间 O_2 和 CO_2 的含量比较接近，在这之前是高 O_2 低 CO_2 期，之后是低 O_2 高 CO_2 期。在这首尾两个时期对贮藏产品可能会带来很不利的影响。然而，整个周期内两种气体的平均含量比较接近，对于一些抗性较强的果蔬，如果采用这种气调法，其效果远优于常规冷藏法。

2. 快速降氧法

为了克服自然降氧法降氧速度慢的缺点，可通过丙烷气体的燃烧来迅速减少氧气，增加二氧化碳气体。这个燃烧过程通常在气体发生器内进行。燃烧后生成的气体经冷却水冷却后，再送入库内。这种方法降氧速度快，能迅速建立起所需的气体组成；对库房的气密性要求可降低一些；中途可打开库门进出货。缺点是成本较高，需要消耗大量的燃料和冷却水，操作也比较复杂。

3. 混合降氧法

由于用气体发生器降低氧气含量和增加二氧化碳含量，要不断地供给丙烷等燃料，增加了运行费用。为了降低费用，可在开始时采用快速降氧法，使气调贮藏库内的气体组成迅速达到既定要求，然后再用自然降氧法加以运行管理。这种方法可节省日常运行费用，但投资费用节省不了。

4. 充气置换降氧法

为了尽快达到水果气调贮藏所需的气体组成，可在贮藏开始时制氮机制取的氮气通过管道充入库内，在充氮气的同时将含氧气较多的库内气体通过另一管道排出，如此反复充放，即可将库内的氧气含量降至5%左右，然后通过水果自身的呼吸作用继续降低氧气并提高二氧化碳的浓度，以达到调节库内气体成分的目的。现在较先进的制氮机是中空纤维膜制氮机，这种制氮机的核心是一组极细的膜纤维组件，将洁净的压缩空气通过膜纤维组件就可将氧气和氮气分开。

也可利用液氮和液态二氧化碳经过节流阀减压气化，向库内充入氮气和二氧化碳气体，使库内的氧气含量迅速减少，然后再用自然降氧法运行管理。

5. 硅窗气调法

硅窗气调法就是在聚乙烯塑料薄膜帐上镶嵌一定比例面积的硅橡胶薄膜，然后将水果箱放在薄膜帐内。硅橡胶是一种有机硅高分子聚合物，其薄膜具有比聚乙烯薄膜大200倍的透气性能，而且对气体透过有选择性，氧气和二氧化碳气体可在膜的两边以不同速度穿过，因此塑料薄膜帐内的氧气的浓度可自动维持在3%～4%，二氧化碳的浓度则维持在4%～5%，很适合水果气调贮藏的要求。硅窗气调法可在普通的果蔬冷藏室中对水果进行气调贮藏，无需特殊的设备，操作管理也很简单。

具体操作是将水果一箱箱地放在塑料薄膜帐内，然后用细绳在帐上捆牢，帐内就会自动形成水果气调贮藏所需的气体组成，同时帐内空气保持湿润，可大大减少水果的水分蒸发损失。

快速降氧设备和二氧化碳脱除机有多种形式，应用比较普遍而且容易操作的是“催化燃烧降氧机”和“活性炭二氧化碳脱除机”。这是山西省煤炭化学研究所设计的，性能达到国外同类产品的水平。

（三）气调库的管理

1. 温度、湿度管理

气调贮藏库的温度、湿度管理与机械冷库基本相同，可以借鉴。

塑料薄膜在封闭贮藏时，一方面是袋内部湿度比较高，另一方面产品仍然有较明显的脱水现象。解决这一问题的关键在于力求保持库温的稳定，尽量减小封闭（帐）内外的温差。

2. 库房管理

库房管理的重点是围护结构气密性的检测和补漏。每年产品入库之前，应对气密性全面检查以便及时修补。在补漏结束后再对气调库进行整体加压实验，直到确认气密性达到工艺要求为止。

3. 安全管理

气调库安全管理主要包括设备安全管理、水电防火安全管理、库体安全管理和操作人员人身安全管理等，下面只介绍后两方面的管理。

（1）库体安全管理　除防水、防冻、防火之外，重点是防止温度效应。在库体进行降温试运转期间绝对不允许关门封库，因为过早封库，库内温度骤降，必然增大库内外压差，当这种压差达到一定限度后将会导致库体崩裂，使贮藏无法进行。正确的做法是当库温稳定在额定范围之后再封闭库门，然后进行正常的气调操作。

（2）人身安全管理　指操作人员进入气调库的安全问题。进库人员必须戴好O_2呼吸器，并确认呼吸畅通后方可入库操作。入库必须二人同行，库外应留人观察库内操作人员的动向，以防万一。果蔬出库前必须打开库门自然通风2d以上或强制通风2h以上，确认库内O_2含量已达18%以上时方可入库。

第四节 食品的冻结

食品的冻结是指将食品的温度降低到食品冻结点以下的某一预定温度（一般要求食品的中心温度达到-15℃或以下），使食品中的大部分水分冻结成冰晶体的一种食品冷加工方式。常见的冻结食品（frozen food），不仅有只经过初加工的新鲜状态的肉、禽、水产品、去壳蛋、水果、蔬菜等，还有不少加工品，如面食、点心、冰淇淋、果汁以及种类丰富的预制冻结食品（prepared frozen food）和预调理冻结食品（precooked frozen food）等，合理冻结的食品在大小、形状、质地、色泽和风味方面一般不会发生明显的变化。目前冻结食品已经发展成为方便食品中的重要成员，在国内外已经成为家庭、餐馆、食堂膳食中常见的食品物料。直到目前为止，还没有一种食品保藏方式在使用上和食味上能像预制冻结或预调理食品那样方便、新鲜，一般只要解冻和加热后即可食用。当然冻结食品也有其局限性，如需要制冷设备，需要专用的冻藏库、机械制冷运输车、冷冻食品陈列柜、家用电冰箱等一系列的冷链，才能充分保证冻结食品的最终质量。

一、食品的冻结

冻结是指在低温条件下使食品中的水冻结成冰结晶的一种食品冷加工方式。这种冷加工技术能使食品做较长时间的储藏而不会腐败变质。鱼、肉、禽及加工食品没有生命，对微生物的侵入无抵御能力，也不能控制体内酶的作用，一旦被微生物污染很容易腐败变质。因此，食品要想长期储藏，必须经过冻结处理。

食品在冻结状态下，无流动的水分，微生物得不到赖以生存所必需的水分，且反应物质失去了借以扩散移动的介质，食品可做较长时间的储藏。一般情况下，防止微生物繁殖的临界温度是-12℃，实际经验表明大部分冻结食品当使用温度达到-18℃时能储藏一年而不失去商品价值，且储藏温度越低越好，品质保持越好，储藏期越长。因此，冻结是食品冷加工的重要内容，也是冻藏食品不可缺少的前提条件。如何把食品冻结过程中水变成冰结晶及低温造成的影响减小或抑制到最低程度，是冻结工序中必须考虑的技术关键。

（一）食品冻结理论

1. 冻结曲线

在低温介质中，随着冻结的进行，食品的温度逐渐下降。图1-1-23所示为冻结期间食品的温度与时间的关系曲线。

不论何种食品，其冻结曲线在性质上都是相似的。曲线分三个阶段：

第一阶段，食品的温度从初温降低至食品的冻结点，这时食品放出的热量是显热，此热量与全部放出的热量比较，其值较小，所以降温速度快，冻结曲线较陡。

第二阶段，食品的温度从食品的冻结点降低至-5℃左右，这时食品中的大部分水结成冰，放出大量的潜热（每千克的水结成冰时，放出约334.72kJ的热量）。整个冻结过程中食品的绝大部分热量在此阶段放出，因此食品在该阶段的降温速度慢，冻结曲线平坦。

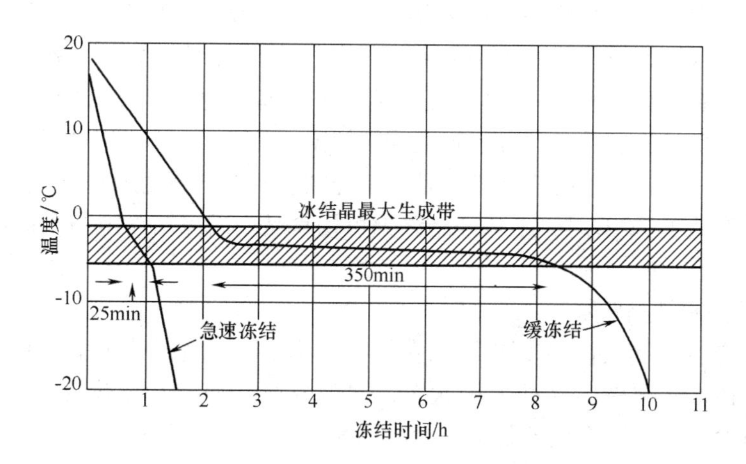

图1-1-23 冻结曲线与冰结晶生成带

第三阶段，食品的温度从－5℃左右继续下降至终温，此时放出的热量一部分是由于冰的降温，另一部分是由于残余少量的水继续结冰。这一阶段的冻结曲线也比较陡峭。

冻结曲线平坦段的长短与传热介质的传热快慢关系很大。传热介质传热快，则第二阶段的曲线平坦段短。图1-1-24所示为以冷盐水为传热介质的冻结曲线和以冷空气为传热介质的冻结曲线，可以看出，以冷盐水为传热介质的食品冻结速度快。

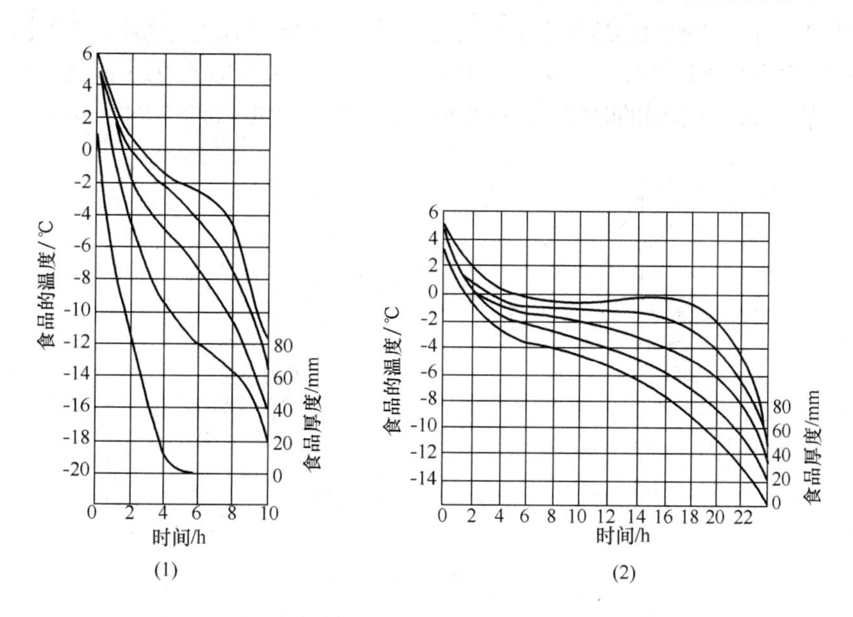

图1-1-24 以盐水和空气为冷冻介质的冷冻曲线
（1）在盐水中冻结 （2）在空气中冻结

从图1-1-24还可看出，食品在冻结过程中，同一时刻的温度始终是食品表面最低，越接近中心层越高。在食品的不同部位，食品温度下降的速度是不一样的。

冻结曲线的一般情况就是这样。此曲线并未将食品中水分的过冷现象表示出来，若有过冷现象时则食品温度在第一阶段内将低于冰点而后再提高到冰点。实际上，在传热介质温度很低，食品表面传热系数很大的情况下，食品表面层中最初的冰晶形成的速度特别快，因此只有在很薄的食品表面层并在很短的时间内才会产生过冷现象。

计算冻结过程的放热量时，必须知道冻结终温。从图1－1－24可以看出，食品的表面、中心和所有中间各点上的冻结终温是不一样的，实际计算时只能采用平均冻结终温。当食品中心温度低于－5℃时，平均冻结终温可用食品表面冻结终温与食品中心冻结终温的算术平均值来表示。

2. 结晶条件和结晶曲线

（1）结晶条件　当液体温度降到冻结点时，液相与结晶相处于平衡状态。而要使液体转变为结晶体就必须破坏这种平衡状态，也就是必须使液相温度降至稍低于冻结点，造成液体的过冷。因此过冷现象是水中有冰结晶生成的先决条件。

在降温过程中，水的分子运动逐渐减慢，以致它的内部结构在定向排列的引力下，逐渐趋向于形成近似结晶体的稳定性聚集体，只有温度降低到开始出现稳定性晶核时，或在振动的促进下，才会立即向冰晶体转化并放出潜热，使温度回升到水的冰点。水在降温过程中开始形成稳定性晶核时的温度或在开始回升的最低温度称为过冷临界温度或过冷温度。过冷温度总是比冰点低，当温度回升到冰点后，只要液态水仍在不断地冻结，并放出潜热，水冰混合物的温度就不会低于0℃，只有全部水分都冻结后，其温度才会迅速下降。

多数要进行冻结处理的食品含水量比较高，因此它们的冻结与水结冰的情况大致接近。但是食品中还含有可溶性溶质，故实际上更复杂。图1－1－25所示为牛肉薄片在－18℃以下的冻结室冻结时，按不同的时间测得的牛肉薄片的温度变化和冻结水量的曲线。

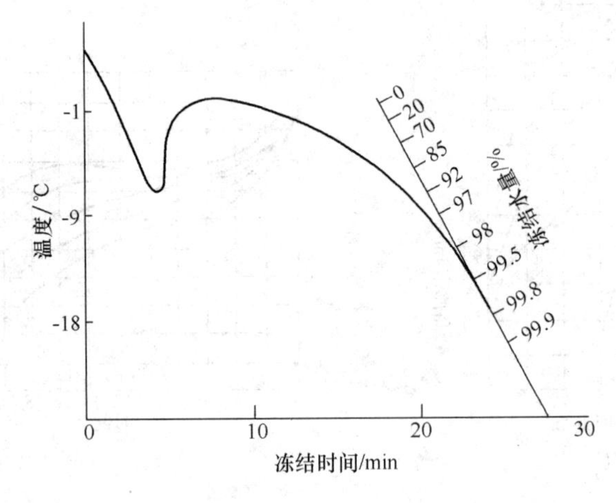

图1－1－25　牛肉薄片冻结时的过冷状态和冻结水量

牛肉薄片首先从它的初温下降到低于牛肉冻结点的过冷温度，然后随着热量的散发，开始出现稳定性晶核，或在振动的促进下牛肉薄片中的水分开始冻结形成冰晶体，并放出潜热，促使其温度回升，直到它的冻结点为止。由于牛肉薄片中的水分中含有可溶性固形物，因此其冻结点低于0℃。从图1－1－25可以看出，当牛肉薄片的温度为－4℃

时，水分冻结量达70%左右；温度继续下降到－9℃左右时，还有3%的水分未冻结；即使牛肉薄片的温度降低到－18℃时，也不是全部水分都被冻结。也就是说，还剩下少量未冻结的高浓度溶液。只有当食品的温度降低到低共熔点时，食品中的水分才会全部冻结成固体。低共熔点就是在降温过程中，食品组织内的溶液浓度增加到一定程度后不再改变（即不再有冰晶体析出），水和它所溶解的盐类共同结晶并冻结成固体时的温度。必须注意的是，食品中溶液的浓度只有递增到低共熔液所要求的浓度时才会在低共熔点冻结固化。实际上食品的低共熔点为－65～－55℃，而冻结食品的温度仅为－30～－12℃，因此冻结食品中的水分并未完全被冻结。

各种食品的过冷温度也并不相同，如禽、肉、鱼为－5～－4℃，牛乳为－6～－5℃，蛋类为－13～－11℃。

（2）结晶曲线　水的冻结即是结晶的过程，在这个过程中有两种现象发生，一是晶核的形成，一是以晶核为中心的晶体的成长。冰结晶形成的过程也是这样，随着温度的降低，晶核生成数和晶体的成长有着各不相同的速度。图1－1－26所示为结晶生长曲线，简称结晶曲线。该曲线表明随温度不同，晶核生成数和晶体成长速度的情况。

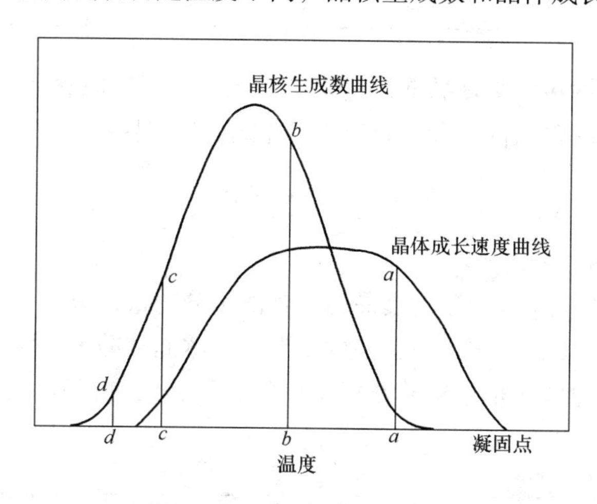

图1－1－26　晶体生长曲线

当温度比较高时，产生的晶核数少，如在温度为 *a* 时的 *aa* 线上，晶核数少，而结晶成长的速度较快，晶核产生的速度落后于晶体成长的速度。这时的情况是少量的晶核和晶体的大量成长，结果是在这个温度下形成少量的大型结晶。

bb 线上，晶核生成数很多，晶体成长速度也很快，所以这时的冰结晶状态是大量的晶核和由晶核成长起来的大小参差不齐的结晶。

cc 线上，晶核数相当多，而晶体成长慢，结果是较小的冰晶占有较大的数量。

dd 线上是温度降低到一定的低温后逐渐转变为玻璃体状态，因此，仅形成极少量的晶核，不存在晶核的成长。

结晶曲线作为一个动态的描述，说明了在不同冻结温度下冰结晶的形成和大小。

3. 冻结水量和冰结晶最大生成带

根据拉乌尔第二定律，冰点降低与溶质的浓度成正比，浓度每增加1mol/L，冰点下降1.86℃。食品中的水分不是纯水而是含有有机物和无机物的溶液。这些物质包括盐类、糖类、酸类以及更复杂的有机大分子如蛋白质，还有微量的气体。因此，食品的温度要降到0℃以下才产生冰晶，此冰晶开始出现的温度就是食品的冻结点。由于食品种类不同，溶解的溶质浓度等的不同，各种食品的冻结点也不相同。一般食品的冻结点为-3.0～-0.6℃，见表1-1-32。

表1-1-32　几种常见食品的冻结点

品种	冻结点/℃	含水率/%	品种	冻结点/℃	含水率/%
牛肉	-1.7～-0.6	71.6	葡萄	-2.2	81.5
猪肉	-2.8	60	苹果	-2	87.9
鱼肉	-2.0～-0.6	70～85	青豆	-1.1	73.4
牛乳	-0.5	88.6	柑橘	-2.2	88.1
蛋白	-0.45	89	香蕉	-3.4	75.5
蛋黄	-0.65	49.5			

食品的水分冻结率指的是食品冻结过程中，在某一温度时食品中的水分转化成冰晶体的量与在同一温度时食品内所含水分和冰晶体的总量之比：

$$\omega = \frac{m_2}{m_1 + m_2} \times 100\% \qquad (1-1-14)$$

式中　ω——食品的水分冻结率,%；

m_1——食品冻结至某一温度时食品内所含的水分的量，kg；

m_2——食品冻结至同一温度时食品内所形成的冰晶体的量，kg。

食品的水分冻结量常用根据实验数据得出的经验公式进行推算，当温度在-30℃以上时，此经验公式为：

$$\omega = \frac{A}{1 + \frac{B}{\lg\{(273 - T) + [1 - (273 - T_d)]\}}} \times 100\% \qquad (1-1-15)$$

式中　ω——热力学温度为T时食品的水分冻结率,%；

T——冻结食品的热力学温度，K；

T_d——食品冻结点的热力学温度，K；

A、B——常数，分别为1.105和0.31（适用于肉类）。

如果食品的冻结点为-1℃左右，则式（1-1-15）可简化成：

$$w = \frac{A}{1 + \frac{B}{\lg(273 - T)}} \times 100\% \qquad (1-1-16)$$

大多数食品的水分含量都比较高，而且大部分水分都在-5～-1℃的温度范围内冻结，这种大量形成冰结晶的温度范围称为冰结晶最大生成带。在冰结晶最大生成带，食品放出大量的潜热，使食品的温度下降得不明显。该阶段的热交换对食品冻结速度的影响很大。一般认为，食品的中心温度在冰结晶最大生成带的温度范围内（-5 ~ -1℃）停留的时间不超过30min就达到了快速冻结的要求。

4. 冰结晶的形成和分布

不论是一瓶牛乳、一块肉或一个蘑菇，都不会转瞬间同时均匀地冻结，也就是说液体绝不会同时立即从液态转变成固态。例如，将一瓶牛乳放入冻结室内，瓶壁附近的液体首先冻结，而且最初完全是纯水形成冰晶体。随着冰晶体的不断形成，牛乳中未冻结部分的无机盐类、蛋白质、乳糖和脂肪的含量就相应增浓。随着冻结的不断进行，牛乳冻结的温度不断下降，含有溶质的溶液也就随之不断冻结，未冻结部分溶液的浓度不断增浓，最后在牛乳中部核心位置上还会有未冻结的高浓度溶液残留下来。温度降到足够低（达到低共熔点）时，最后牛乳也有全部冻结固化的可能。

动植物组织的水分存在于细胞和细胞间隙，或呈结合状态，或呈游离状态。在冻结过程中，当温度降低到食品的冻结点时，那些和亲水胶体结合较弱或存在于低浓度溶液中的部分水分，主要是处于细胞间隙内的水分，就会首先形成冰晶体。这样，冰晶体附近的溶液浓度增加，与细胞内的汁液形成渗透压力差；同时由于水结成冰，体积膨胀，对细胞会产生挤压作用；再者由于细胞内的汁液的蒸气压大于冰晶体的蒸气压（见表1-1-33），使得细胞内的水分不断地向细胞外转移，并聚积在细胞间隙内的冰晶体的周围，这样存在于细胞间隙内的冰晶体就不断地增大。

表1-1-33　几种温度下水与冰的蒸气压

温度/℃	水的蒸气压/Pa	冰的蒸气压/Pa	温度/℃	水的蒸气压/Pa	冰的蒸气压/Pa
0	610.5	610.5	-20	125.7	103.5
-5	421.7	401.7	-25	80.9	63.5
-10	286.5	260.0	-30	51.1	38.1
-15	191.5	165.5	-40	18.9	12.9

食品的冻结速度对冰结晶的大小、形状、数量和分布状况影响很大，见表1-1-34和表1-1-35。

表1-1-34　龙须菜的冻结速度对冰晶大小的影响

冻结方法	冻结介质的温度/℃	冻结速度顺序	冰结晶的大小/μm		
			长度	宽度	厚度
液氮	-196	(1)	5 ~ 15	0.5 ~ 5.0	0.5 ~ 5.0
干冰	-80	(2)	29.2	18.2	6.1
盐水	-18	(3)	29.7	12.8	9.1
平板	-40	(4)	320.0	163.0	87.6
空气	-18	(5)	920.0	544.0	324.4

表 1-1-35　食品的冻结速度对冰晶大小、数量等的影响

冻结速度通过 -5~0℃的时间	冰晶体				冰层推进速度 v_1 与水移动速度 v_2
	位置	形状	大小（直径×长度）/μm	数量	
5s	细胞内	针状	(1~5) × (5~10)	极多	$v_1 >> v_2$
1.5min	细胞内	杆状	(0~20) × (20~50)	多数	$v_1 > v_2$
40min	细胞内	柱状	(50~100) ×100 以上	少数	$v_1 < v_2$
90min	细胞外	块粒状	(50~200) ×200 以上	少数	$v_1 << v_2$

从表 1-1-35 可以看出，缓慢冻结时，冰结晶大多在细胞的间隙内形成，冰晶量少而粗大。快速冻结时，冰结晶大多在细胞内形成，冰晶量多而细小。

5. 冻结速度的评价

将两瓶加有颜料的水各自放入冷空气和冷盐水中冻结，前者冻结需 72h，后者仅需 3h；在所得的冻块中，颜色的分布也各不相同。缓慢冻结的冻块中外层几乎无色，越靠近中心，色泽越浓；快速冻结的冻块中，外层呈淡色，颜色差的梯度不像缓慢冻结的那么悬殊。这说明水溶液冻结时，冻结速度越快，冻结溶液内溶质的分布越均匀。溶液或液态食品开始冻结时，理论上只有纯溶剂在它的外层周围冻结，并形成脱盐（或较纯）的冰结晶，这就相应提高了冻结层附近的溶质浓度，这样就会在尚未冻结的溶液内产生浓度差和渗透压力差。因此，在浓度差的作用下，溶质就会向溶液中部扩散，而溶剂则在渗透压力差的作用下，逐渐向冻结层附近溶液浓度较高的方向转移。这样，随着冻结过程的进行，溶液或液态食品内不断地进行着扩散渗透平衡。随着溶液温度的不断下降，未冻结层内的溶质浓度不断地增加。又因为扩散作用是在溶液或液态食品开始冻结后才发生，冻结层分界面的位移速度 $\frac{dx_d}{dt}$ 必然大于溶质的扩散速度 $\frac{dx_t}{dt}$。这样，溶质在冻结溶液内的重新分布或分层化，完全取决于冻结层分界面的位移速度和溶质扩散速度的对比关系。冻结层分界面的位移速度越快，冻结溶液内的溶质分布就越均匀，然而在冻结引起扩散的情况下，即使冻结层分界面高速度地位移，也难以使冻结溶液内的溶质达到完全均匀的分布。冻结层分界面的位移速度越慢，冻结溶液内的溶质分布就越不均匀，同样，即使冻结层分界面非常缓慢地位移，也很难使最初形成的冰晶体达到完全脱盐（或无溶质）的程度。

正是由于上述规律，在冷冻浓缩果汁一类的液态食品时，就很难从果汁中分离出纯水，因此在冷冻浓缩过程中果汁的损耗量就比较大。

在食品缓慢冻结的过程中，当温度下降到食品的冻结点时，食品组织细胞间隙内的水分就会首先形成冰结晶，冰结晶附近的溶液浓度增加，与细胞内的汁液形成渗透压力差；同时由于水结成冰，体积膨胀，对细胞会产生挤压作用；另外细胞内汁液的蒸气压大于冰晶体的蒸气压，使细胞内的水分不断地向细胞外转移，这样就会使细胞内的溶液浓度不断增加，细胞内的原生质脱水后形成的高浓度电解质会引起蛋白质胶体溶液的变性作用。在食品冻结过程中从细胞内向细胞间隙内转移的这部分水分会在细胞间隙内冻

结成冰晶体，当食品解冻时这些汁液很难被原生质重新吸收回去，从而形成汁液流失。

食品的冻结速度对这些从食品组织细胞内向细胞外转移的水分影响很大。冻结速度快，则食品组织细胞内向细胞外转移的水分少，能使细胞内那些尚处于原来状态的汁液迅速形成冰结晶。反之，冻结速度慢，则食品组织细胞内向细胞外转移的水分多，这样不仅形成的冰结晶颗粒大，而且也造成细胞内溶液的浓缩。

大多数冻结食品只有在全部或几乎全部冻结的情况下，才能保证良好品质。食品内若还有未冻结的核心或部分未冻结区存在，就极易出现色泽、质地和其他方面的变质现象。残留的高浓度的溶液是造成部分冻结食品变质的主要原因。浓缩导致的主要危害大致如下：

（1）溶液中产生溶质结晶，例如冰淇淋冻结时就会因为乳糖的浓度太高而产生乳糖结晶，其质地会出现沙粒感。

（2）在高浓度的溶液中若仍有大量的溶质未沉淀出来，蛋白质就会因盐析而变性。

（3）有些溶质呈酸性，浓缩后会使 pH 下降到蛋白质的等电点以下，导致蛋白质凝固。

综上所述，对冻结食品而言，大粒冰结晶和浓缩引起的危害都很大，因此快速冻结是保证冻结食品质量的重要因素。快速冻结的主要优点如下：

（1）食品冻结后形成的冰晶体颗粒小，对食品组织细胞的破坏性也小。

（2）食品组织细胞内的水分向细胞外转移较少，因而细胞内汁液的浓缩程度较低。

（3）食品的温度可以迅速降低到微生物的最低生长温度以下，阻止微生物对食品的分解作用，同时可以迅速降低食品中酶的活性，提高食品的稳定性。

快速冻结对于水果、蔬菜来说特别重要，因为果蔬的细胞壁很脆弱，它们在缓慢冻结时会受到严重损害。动物组织的细胞膜的韧性和弹性都比植物组织的好，肉类对冻结速度的敏感性不像水果、蔬菜那么强。家禽缓慢冻结时，外观容易变成暗黑色的；水产品鱼虾类腐败变质速度较快，因此对家禽和水产品也应尽可能快速冻结。

有些食品本身虽不是由细胞构成，但冰结晶的形成对其品质同样有影响，例如冰淇淋的冻结泡沫体。缓慢冻结制成的冰淇淋，冰结晶颗粒大，质地很粗糙，不像快速冻结制成的那么细腻，而且大粒冰晶体会破坏冰淇淋内的气泡，使冰淇淋在贮藏过程中出现容积收缩的缺陷。冰结晶颗粒的增大也有积极的一面，例如在果蔬汁的冷冻浓缩中，利用重结晶促进冰晶的成长以利于冰晶与液相分离。

（二）食品的玻璃态

根据热力学观点，水存在着三种稳定状态：液态、固态和气态。一般来说，水在固态时，是以稳定的结晶态存在的。但在某些特定条件下降温使液态转变为固态时，会出现两种不同的状态——晶态和非晶态（non - crystalline）。非晶态又称“无定型态”（amorphous），是指物质所处的一种非平衡、非结晶状态，当饱和条件占优势并且溶质保持非结晶时，此时形成的固体就是无定型态。食品处于无定型态时，其稳定性不会很高，但却具有优良的食品品质。因此，食品冷冻加工的任务就是在保证食品品质的同时使食品处于亚稳态或处于相对于其他非平衡态来说比较稳定的非平衡态。

复杂的食品与其他生物大分子（聚合物）往往是以无定型态存在的。在食品冻结和冻藏加工过程中，食品中的水溶性成分容易形成镶嵌着冰晶的“玻璃态”，因此，有必要了解食品原料的玻璃态转化现象及产生的机理。

1. 基本概念

表观黏度大于10^{12}Pa·s（水的黏度的10^{15}倍）的物质称为固体。自然界中固体主要有两种存在形式：晶体和玻璃体（又称非晶体）。物质中质点（原子、离子或分子及其基团）呈有序排列或具有格子构造特征的称为晶体；物质中质点不作规则排列或只具有“近程有序”，但不具有晶体的“远程有序”结构特征的称为玻璃体。晶体和玻璃体在宏观上都呈现出固体的特征，具有确定的体积和形状，并对改变体积和形状有阻力。两者的本质区别在于其内部微观质点的排列有无周期性重复，在玻璃态固体材料中，原子、离子或分子的排列是无规则的。如图1－1－27所示，从微观角度上看，玻璃态物质的X射线散射曲线介于晶体曲线与液体曲线之间，并与液体曲线更相似，玻璃态和液态同属“近程有序，远程无序”的结构，只不过玻璃体比液体“近程有序”程度要高。但玻璃态固体不像液体那样会流动，却像晶体那样能够保持自己的形状。

液体固化可以通过两种途径实现，图1－1－28分别表示了这两条完全不同的固化途径。一是在冷却速率足够低的情况下不连续地固化成晶体，即结晶作用。结晶发生在凝固点（或熔点）温度T_m，液体向晶体的转化可由晶态固体的体积突然收缩，即$V(T)$的不连续来表明，这是经常采用的到达固态的路径。二是在足够高的冷却速率下连续地固化成非晶体（玻璃体），即玻璃化作用。此时，液体遵循另一条途径到达固相，即经过T_m时并不发生相变，液相一直保持到较低的温度T_g。这种发生在玻璃态转化温度T_g附近的液态向玻璃态的转化过程，并不存在体积的不连续性，而代之以$V(T)$曲线斜率的减小。几乎所有凝聚态物质，包括水和含水溶液都普遍具有玻璃态的形成能力。

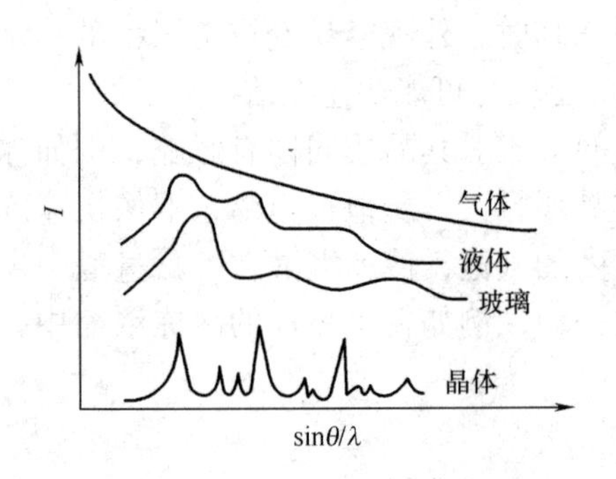

图1－1－27　气体、液体、玻璃和晶体的X射线散射曲线示意图

θ—散射角　λ—X射线波长　I—散射线强度

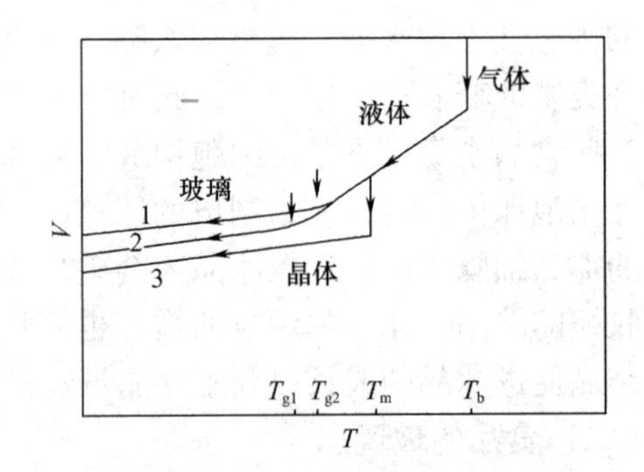

图1－1－28　两种固化途径

1，2—到达非结晶固态的途径（冷却速率1＞2）

3—到达结晶态的途径

由于玻璃态转变是一个非平衡的动力过程，所以玻璃态的形成主要取决于动力学因素，即冷却速率的大小。只要冷却速率“足够快”，且达到“足够低”的温度，几乎所有物质包括水和含水溶液在内的所有凝聚态物质都能从液体过冷到玻璃态固体。这里，“足够低”是指必须冷却到$T < T_g$，“足够快”是指冷却过程迅速通过$T_g < T < T_m$结晶区

的时间必须很短，以至于不发生晶化，即冷却速率要快于结晶的成核速率和晶体的长大速率。实现“足够快”是可能的，因为结晶需要时间，即首先要形成晶化核心（成核过程），然后沿着晶核和液相的界面向外生长（晶核生长过程）。如果在形成临界晶核所需时间之前温度能够降低到低于 T_g，或者说，冷却速率快于结晶的成核速率和晶体长大速率时，那么过冷液体最终将固化成玻璃体。

如图 1－1－28 所示，当冷却速率 1 >2 时，有 $T_{g2} > T_{g1}$，即玻璃态转化温度 T_g 随冷却速率的增快而升高。同样地，加热时玻璃态转化温度 T_g 随加热速率的增快而升高。由此可见，玻璃态转化的动力学特征，不仅表现在非晶态固体的形成取决于“足够快”的冷却速率，而且还表现在玻璃化温度本身随冷却速率的变化而变化。因此，玻璃态转化温度是一个既与热力学有关又与动力学有关的参数。

2. 食品聚合物的存在状态及分子运动模式

食品材料的分子与人工合成聚合物的分子间有着最基本、最普遍的相似性，食品和食品材料是典型的聚合物系统。随着温度由低到高，无定型食品聚合物经历玻璃态、橡胶态、黏流态三个不同的状态。

玻璃态是指既像固体一样具有一定的形状和体积，又像液体一样分子间排列只是“近程有序”，因此它是非晶态或无定型态。橡胶态是指大分子聚合物转变成柔软而具有弹性的固体（此时还未融化）时的状态，分子具有相当的形变。它也是一种无定型态，在受到外力作用时表现出很大形变，外力解除后形变可以恢复。根据链段运动状态的不同，橡胶态的转变过程又可细分为三个区域：玻璃态转变区、橡胶态平台区、橡胶态流动区。黏流态是指大分子聚合物链段和整个分子链均能自由运动，表现出类似一般液体的黏性流动的状态。

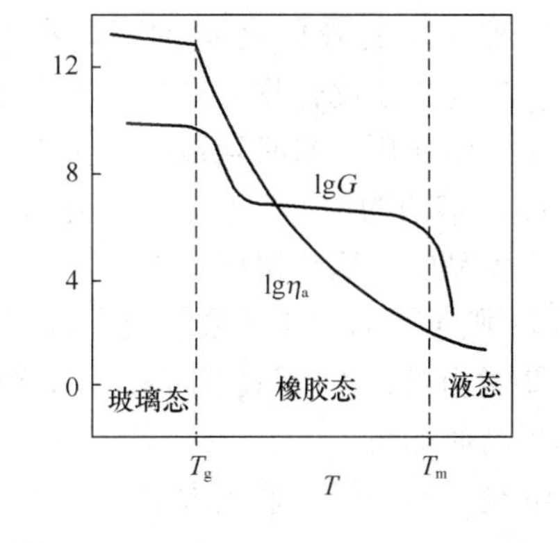

图 1－1－29 大分子聚合物体系温度与流变性质的关系

G—弹性剪切模量（Pa）

η_a—表观黏度（Pa・s）

不同的存在状态各自表现出不同的分子运动模式，如图 1－1－29 所示。

（1）玻璃态　当 $T < T_g$ 时，大分子聚合物的分子热运动能量很低，只有较小的运动单元，如侧基、支链和链节能够在小尺度的空间（即自由体积很小）运动，而分子链和链段均处于被冻结状态，形变很小，类似于坚硬的玻璃，因此称为玻璃态。

（2）橡胶态

①玻璃态转变区：当 $T = T_g$ 时，分子热运动能量增加，链段运动开始被激发，玻璃态开始逐渐变到橡胶态，此时大分子聚合物处于玻璃态转变区域。玻璃态转变发生在一个温度区间内而不是在某一个特定的单一温度处。发生玻璃态转变时，食品体系不放出潜热，不发生一级相变，宏观上表现为一系列物理和化学性质的急剧变化，如食品体系的比体积、比热容、膨胀系数、热导率、折光指数、黏度、自由体积、介电常数、红外

吸收谱线和核磁共振吸收谱线宽度等都发生突变或不连续变化。

②橡胶态平台区：当 $T_g < T < T_m$ 时，分子的热运动能量足以使链段自由运动，但由于邻近分子链之间存在较强的局部性的相互作用，整个分子链的运动仍受到很大抑制，此时，聚合物柔软而具有弹性，黏度约为 $10^7 Pa \cdot s$，处于橡胶态平台区。橡胶态平台区的宽度取决于聚合物的相对分子质量，相对分子质量越大，该区域的温度范围越宽。

③橡胶态流动区：当 $T = T_m$ 时，分子热运动能量可使大分子聚合物整个分子链开始滑动，此时的橡胶态开始向黏流态转变，除了具有弹性外，出现了明显的无定型流动性，此时大分子聚合物处于橡胶态流动区。

④黏流态：当 $T > T_m$ 时，不仅大分子聚合物链段能自由运动，整个分子链都可以运动，出现类似一般流体的黏性流动，大分子聚合物处于黏流态。

3. 影响食品玻璃化温度的因素

（1）冷却历程对食品玻璃化温度的影响　玻璃化转变温度（T_g）随着冷却速率的变化而变化。冷却速率快，玻璃化转变温度较高；反之，冷却速率慢，则玻璃化转变温度较低。

（2）水对食品玻璃化温度的影响　对亲水性和含无定型区的高聚、低聚和单聚食品，水是一种特别有效的增塑剂。当水增加时，T_g 下降。一般每加入 1% 水，T_g 下降 5 ~ 10℃，这是由于混合物的平均相对分子质量降低导致的。要注意的是，水的存在并不一定产生增塑作用，水必须被吸收至无定型区时才会起作用。

（3）溶质的类型对食品玻璃化温度（T_g 和 T_g'）的影响

①食品的玻璃化温度（T_g 和 T_g'）强烈地取决于体系的溶质种类和水分含量，而观察到的 T_g' 则主要取决于溶质种类和仅稍微取决于最初的水分含量。

②当相对分子质量较小时（<3000），食品的玻璃化温度（T_g 和 T_g'）随相对分子质量的提高而提高。

③当相对分子质量较大时（>3000），食品的玻璃化温度（T_g 和 T_g'）与相对分子质量无关。

4. 玻璃化温度与食品稳定性

玻璃态物质的黏度非常高，可以阻止所有分子的流动，控制各种变化。但对于混合组分形成的玻璃态，一些构成玻璃态的小分子物质仍然可以发生扩散作用，不过，由于此时分子的移动速率非常慢，所以大多数化学反应一般可忽略，但有些反应（如脂类的氧化反应），还可以缓慢地进行。由于食品在玻璃态时具有很高的黏度，未冻结的水分子被高黏度的食品体系所束缚，因此，这种水分不具有反应活性，使整个食品体系以不具有反应活性的非结晶性固体形式存在。因此，当食品温度在 T_g 以下时具有高度的稳定性。此时，食品的稳定性可采用 $T - T_g$ 值表示。值越大，则稳定性越小；值越小，则稳定性越大。

5. 食品玻璃化温度的测定方法

食品玻璃化温度主要的测定方法包括：差示扫描量热法（DSC 法）、动态力学分析法（DMA 法）、动态力学热分析法（DMTA 法）。另外，热机械分析（TMA）、热高频分析（TDEA）、热刺激流（TSC）、松弛图谱分析（MA）、光谱法、电子自旋共振谱

(ESR)、核磁共振(NMR)、磷光光谱法、高频光谱法等同样可以测定食品的玻璃化温度。

(三)食品在冻结时的变化

对冻结食品质量能产生较大影响的工艺条件主要有两个:冻结温度和冻结速度。

冻结食品的温度不能任意选择,对食品进行冻结必须选择一个合适的温度条件。冻结食品的终温确定需要考虑以下几个方面的因素:

食品质量的安全性:有些嗜冷性微生物在-8℃下仍能缓慢生长;有些酶类在-10~-7℃水分没有完全冻结的条件下仍有活性;有些非酶变化在低温下仍能进行。从这些方面考虑,冻结温度越低,食品质量的安全性越有保障。

冻藏、进出货及转运过程中温度波动:正常情况下冷库允许温度波动±1℃,在大批量的出货、进货或者货物转运情况下冷库允许温度波动±5℃左右。从这些方面考虑,冻结温度越低也同样能防止温度波动造成食品的不耐储藏。

食品在冻结时由于水结成了冰晶,可能会引起的变化包括:物理变化、化学变化、组织变化、生物和微生物的变化等。

1. 物理变化

(1)体积膨胀、产生内压 水在4℃时体积最小,因而密度最大,为1000kg/m³。如果把4℃时单位质量的水的体积定为1,当高于或低于4℃时单位质量的水的体积都要增大。0℃时水结成冰,其体积是4℃时水的1.09倍,约增加9%,在食品中体积约增加6%。不同温度时水和冰的质量体积见表1-1-36。冰的温度每下降1℃,其体积收缩0.010%~0.005%。即使温度降低至-185℃,也远比4℃时水的体积要大得多。二者相比,膨胀比收缩大得多,所以含水分多的食品冻结时体积会膨胀。比如,牛肉的含水量为70%,水分冻结率为95%,则牛肉的冻结膨胀率为:$0.70 \times 0.95 \times 0.09 = 0.060$或6.0%。

表1-1-36 水和冰在不同温度时的质量体积

状态	温度/℃	质量体积/(m^3/kg)	状态	温度/℃	质量体积/(m^3/kg)
水	100	1.043430×10^{-3}	水	0	1.000132×10^{-3}
水	20	1.000273×10^{-3}	冰	0	1.090000×10^{-3}
水	4	1.000000×10^{-3}	冰	-185	1.085300×10^{-3}

食品冻结时,首先是表面水分结冰,然后冰层逐渐向内部延伸。当内部的水分因冻结而体积膨胀时,会受到外部冻结层的阻碍,于是产生内压,即冻结膨胀压,纯理论计算其数值可高达8.7MPa。当外层受不了这样的内压时就会破裂,逐渐使内压消失。在采用温度很低的液氮冻结,食品的厚度较大时产生的龟裂就是此内压造成的。图1-1-30所示为厚27cm的牛肉在-37℃的冷空气中冻结时的冻结曲线与冻结膨胀压曲线。

从图1-1-30可以看出,当食品通过-5~-1℃冰结晶最大生成带时,冻结膨胀压升高到最大值。外部肉质抵抗不住此压力时会产生龟裂,内压迅速下降。当食品厚度大、含水率高、表面温度下降极快时易产生龟裂。日本为了防止因冻结内压引起冻品表面的

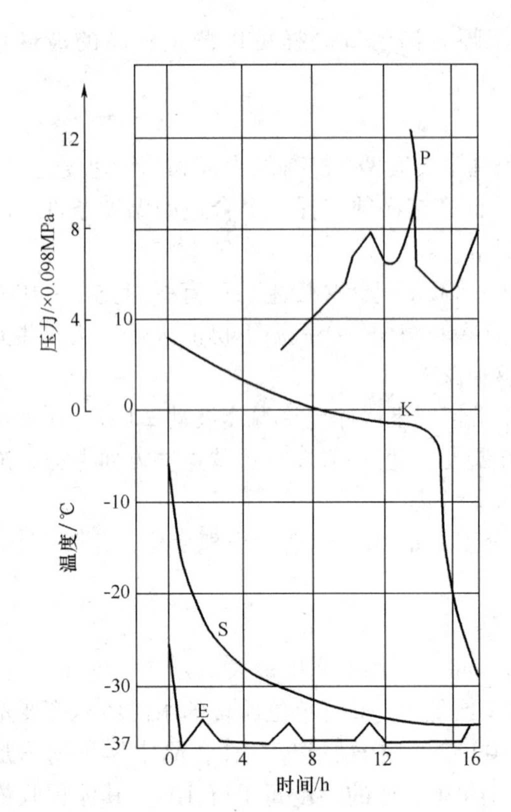

图1-1-30　牛肉冻结时的冻结曲线与冻结膨胀压曲线

K—肉中心部分的冻结曲线　E—空气温度曲线
P—冻结膨胀压曲线　S—肉表面冻结曲线

龟裂，在用-40℃的氯化钙盐水浸渍或喷淋冻结金枪鱼时，采用均温处理的二段冻结方式，先将鱼体降温至中心温度接近冻结点，取出放入-15℃的空气或盐水中使鱼体各部位温度趋于均匀，然后再用-40℃的氯化钙盐水浸渍或喷淋冻结至终点，可防止鱼体表面龟裂现象的发生。

此外，冻结过程中水变成冰晶后，体积膨胀使体液中溶解的气体从液相中游离出来，加大了食品内部的压力。冻结鳕鱼肉的海绵化，就是由于鳕鱼肉的体液中含有较多的氮气，随着水分冻结的进行成为游离的氮气，其体积迅速膨胀产生的压力将未冻结的水分挤出细胞外，在细胞外形成冰结晶所致。这种细胞外的冻结，使细胞内的蛋白质变性而失去保水能力，解冻后不能复原，成为富含水分并有很多小孔的海绵状肉质。严重的时候，用刀子切开后其肉的断面像蜂巢，食味变淡。

（2）物理特性的变化

①比热容：比热容是单位质量的物体温度升高或降低1K（或1℃）所吸收或放出的热量。在一定压力下水的比热容为4.18kJ/(kg·K)，冰的比热容为2.0kJ/(kg·K)。冰的比热容约是水的1/2。

食品的比热容因含水量而异，含水量多的食品比热容大，含脂量多的食品比热容小。对一定含水量的食品，冻结点以上的比热容要比冻结点以下的大，见表1-1-37。比热容大的食品在冷却和冻结时需要的冷量大，解冻时需要的热量也多。

表1-1-37　常见食品的比热容

食品种类	含水率/%	比热容/［kJ/(kg·K)］	
		冻结点以上	冻结点以下
肉（多脂）	50	2.51	1.46
肉（少脂）	70~76	3.18	1.71
鱼（多脂）	60	2.84	1.59
鱼（少脂）	75~80	3.34	1.80
鸡（多脂）	60	2.84	1.59

续表

食品种类	含水率/%	比热容/[kJ/(kg·K)]	
		冻结点以上	冻结点以下
鸡（少脂）	70	3.18	1.71
鸡蛋	70	3.18	1.71
牛乳	87~88	3.93	2.51
稀奶油	75	3.55	2.09
奶油	10~16	2.68	1.25
水果蔬菜	75~90	3.34~3.76	1.67~2.09

食品比热容的近似计算公式（Siebel式）为：

$$c_f = 3.35\omega + 0.84(\text{冻结点以上}) \tag{1-1-17}$$

$$c_f' = 1.26\omega + 0.84(\text{冻结点以下}) \tag{1-1-18}$$

式中 ω——食品中水分的含量。

该近似计算式的计算值与实测值有很好的一致性。但在食品冻结过程中，随着时间的推移，冻结率在不断变化，会对食品的比热容带来影响。因此，需要根据食品的品温求出冻结率，对比热容进行修正。

②热导率：构成食品主要物质的热导率见表1-1-38。水的热导率为0.6W/(m·℃)，冰的热导率为2.21W/(m·℃)，约为水热导率的4倍。其他成分的热导率基本上是一定的，但因为水在食品中的含量是很高的，当温度下降，食品中的水分开始结冰的同时，热导率就变大，食品的冻结速度加快。

另一方面，冻结食品解冻时，冰层由外向内逐渐融化成水，热导率减少，热量的移动受到抑制，解冻速度就变慢。食品的热导率还受含脂量的影响，含脂量高则热导率小。此外，热导率还与热流方向有关，当热的移动方向与肌肉组织垂直时，热导率小，平行时则大。

表1-1-38　构成食品物质的密度与热的特性

物质	密度/(kg/m^3)	比热容/[kJ/(kg·℃)]	热导率/[W/(m·℃)]	物质	密度/(kg/m^3)	比热容/[kJ/(kg·℃)]	热导率/[W/(m·℃)]
水	1000	4.182	0.60	糖类	1550	1.57	0.25
冰	917	2.11	2.21	无机物	2400	1.11	0.33
蛋白质	1380	2.02	0.20	空气	1.24	1.00	0.025
脂肪	930	2.00	0.18				

（3）体液流失　食品经过冻结、解冻后，内部冰晶融化成水，如不能被组织、细胞吸收恢复到原来的状态，这部分水分就分离出来成为流失液。流失液不仅是水，还包括溶于水的成分，如蛋白质、盐类、维生素类等。体液流失使食品的质量减少，营养成分、

风味也受损失。因此，流失液的产生率成为评定冻品质量的指标之一。

解冻时水分不能被组织吸收，是因为食品中的蛋白质、淀粉等成分的持水能力，因冻结和冻藏中的不可逆变化而丧失，由保水性变成脱水性所致。体液的流出是由于肉质组织在冻结过程中产生冰结晶受到的机械损伤所造成的。损伤严重时，肉质间的空隙大，内部冰晶融化的水通过这些空隙向外流出；机械损伤轻微时，内部冰晶融化的水因毛细管作用被留在肉质中，加压时才向外流失。冻结时食品内物理变化越大，解冻时体液流失也越多。

一般来说，如果食品原料新鲜，冻结速度快，冻藏温度低且波动小，冻藏期短，则解冻时流失也少。若水分含量多，流失液也多。如鱼和肉比，鱼的含水量高，故流失液也多。叶菜类和豆类相比，叶菜类流失多。经冻结前处理，如加盐、糖、磷酸盐时流失液少。食品原料切得越细小，流失液越多。

（4）干耗　食品冻结过程中，因食品中的水分从表面蒸发，造成食品的质量减少，俗称“干耗”。干耗不仅会造成企业很大的经济损失，还给冻品的品质和外观带来影响。例如日宰2000头猪的肉联厂，干耗以2.8%或3%计算，年损失600多吨肉，相当于15000头猪。

干耗发生的原因是冻结室内的空气未达到水蒸气的饱和状态，其蒸气压小于饱和水蒸气压，而鱼、肉等含水量较高，其表面层接近饱和水蒸气压，在蒸气压差的作用下食品表面水分向空气中蒸发，表面层水分蒸发后内层水分在扩散作用下向表面层移动。由于冻结室内的空气连续不断地经过蒸发器，空气中的水蒸气凝结在蒸发器表面，减湿后常处于不饱和状态，所以冻结过程中干耗在不断进行着。

食品冻结过程中的干耗可用下式表示：

$$q_m = \beta A\ (p_f - p_a) \tag{1-1-19}$$

式中　q_m——单位时间内的干耗量，kg/h；

β——蒸发系数，kg/(h·m^2·Pa)；

A——食品的表面积，m^2；

p_f——食品表面的水蒸气压，Pa；

p_a——空气的水蒸气压，Pa。

式（1-1-19）表明，蒸气压差大，表面积大，则冻结食品的干耗也大。如果用不透气的包装材料将食品包装后冻结，由于食品表面的空气层处于饱和状态，蒸气压差减小，就可减少冻结食品的干耗。

此外，冻结室中的空气温度和风速对食品干耗也有影响。空气温度低，相对湿度高，蒸气压差小，食品的干耗也小。金华肉联厂曾做过试验，冻结室内空气温度从-8℃经过20h分别降至-21℃和-25℃，整个降温过程始终保持温差3~4℃，比较二者之间的干耗，终温降至-25℃的干耗为1.659%，降至-21℃的干耗为2.4%，二者相差0.75%。故降低冻结室的温度可减少食品的冻结干耗。

对风速来说，一般概念是风速加大，干耗增加。但如果冻结室内是高湿、低温，加大风速可提高冻结速度，缩短冻结时间，食品也不会过分干耗。

2. 组织变化

蔬菜、水果类植物性食品在冻结前一般要进行烫漂或加糖等前处理工序，这是因为植物组织在冻结时受到的损伤要比动物组织大。

植物细胞的构造与动物细胞不同。植物细胞内有大的液泡，它使植物组织保持高的含水量，但结冰时因为含水量高，对细胞的损伤大。植物细胞的细胞膜外还有以纤维素为主的细胞壁（动物细胞只有细胞膜），细胞壁比细胞膜厚又缺乏弹性，冻结时容易被胀破，使细胞受损伤。此外，植物细胞与动物细胞内的成分不同，特别是高分子蛋白质、碳水化合物含量不同，有机物的组成也不一样。由于这些差异，在同样的冻结条件下，冰结晶的生成量、位置、大小、形状不同，造成的机械损伤和胶体损伤的程度也不同。

新鲜的水果、蔬菜等植物性食品是具有生命力的有机体，在冻结过程中其植物细胞会被致死，这与植物组织冻结时细胞内的水分变成冰结晶有关。当植物冻结致死后，因氧化酶的活性增强而使果蔬褐变。为了保持原有的色泽，防止褐变，蔬菜在速冻前一般要进行烫漂处理，而动物性食品因是非活性细胞则不需要此工序。

3. 化学变化

（1）蛋白质冻结变性　鱼、肉等动物性食品中，构成肌肉的主要蛋白质是肌原纤维蛋白质。在冻结过程中，肌原纤维蛋白质会发生冷冻变性，表现为盐溶液蛋白质的溶解度降低、ATP 酶活性减小、盐溶液的黏度降低、蛋白质分子产生凝集使空间立体结构发生变化等。蛋白质变性后的肌肉组织，持水力降低，质地变硬，口感变差，作为食品加工原料时，加工适宜性下降。如用蛋白质冷冻变性的鱼肉作为加工鱼糜制品的原料，其产品缺乏弹性。

蛋白质发生冷冻变性的原因目前尚不十分清楚，但可认为主要是由下面的一个或几个原因共同造成的。

①冻结时食品中的水分形成冰结晶，被排除的盐类、酸类及气体等不纯物就向残存的水分移动，未冻结的水分成为浓缩溶液。当食品中的蛋白质与盐类的浓缩溶液接触后，就会因盐析作用而发生变性。

②慢速冻结时，肌细胞外产生大冰晶，肌细胞内的肌原纤维被挤压，集结成束，并因冰晶生成时蛋白质分子间失去结合水，肌原纤维蛋白质互相靠近、蛋白质的反应基团互相结合形成各种交联，因而发生凝集。

③脂类分解的氧化产物对蛋白质变性有促进作用。脂肪水解产生游离脂肪酸，但很不稳定，其氧化结果产生低级的醛、酮等产物，促使蛋白质变性。脂肪的氧化水解是在磷脂酶的作用下进行的，此酶在低温下活性仍很强。

④鳕鱼、狭鳕等鱼类的体内存在特异的酶的作用，它能将氧化三甲胺分解成甲醛和二甲基苯胺。甲醛会促使鳕鱼肉的蛋白质发生变性。

上述原因是互相伴随发生的，通常因食品种类、生理条件、冻结条件不同，而由其中一个原因起主导作用。

（2）变色　食品冻结过程中发生的变色主要是冷冻水产品的变色，从外观上看通常有褐变、黑变、褪色等现象。水产品变色的原因包括自然色泽的分解和产生新的变色物质两方面。自然色泽被破坏，如红色鱼皮的褪色、冷冻金枪鱼的变色等，产生新的变色物质如虾类的黑变、鳕鱼肉的褐变等。变色不但使水产品的外观变差，有时还会产生异味，影响冻品的质量。

4. 生物和微生物的变化

（1）生物　生物是指小生物，如昆虫、寄生虫之类，经过冻结都会死亡。牛肉、猪肉中寄生的无钩绦虫、有钩绦虫等的胞囊在冻结时都会死亡。猪肉中的旋毛虫的幼虫在 -15℃下20d后死亡。大麻哈鱼中的裂头绦虫的幼虫在 -15℃下5d死亡。由于冻结对肉类所带有的寄生虫有杀死作用，有些国家对肉的冻结状态作出规定，如美国对冻结猪肉中旋毛虫的幼虫规定了温度和时间条件，见表1-1-39。联合国粮农组织（FAO）和世界卫生组织（WHO）共同建议，肉类寄生虫污染不严重时，须在 -10℃温度下至少储存10d。

表1-1-39　　杀死猪肉中旋毛虫的幼虫温度和时间条件

肉的厚度/cm	时间/d		
	-15℃	-23.3℃	-29℃
15以内	20	10	6
15~68	30	20	16

日本人有吃生鱼片的习惯。在荷兰，人们也常生吃鲱鱼。为了杀死鱼肉中寄生虫的幼虫，荷兰以法律的形式规定，用于生吃的鱼，厂商须履行在 -20℃条件下冻结24h的义务。

（2）微生物　引起食物腐败变质的微生物有细菌、霉菌和酵母，其中与食品腐败和食物中毒关系最大的是细菌。微生物的生长、繁殖需要一定的环境条件，温度就是其中一个重要条件。当温度低于最适温度时，微生物的生长受到抑制；当温度低于最低温度时，微生物即停止繁殖。引起食物中毒的细菌一般是中温菌，在10℃以下繁殖缓慢，4.5℃以下停止繁殖。霉菌和鱼类的腐败菌一般是低温菌，在0℃以下繁殖缓慢，-10℃以下停止繁殖。

冻结阻止了微生物的生长、繁殖。食品在冻结状态下储藏，冻结前污染的微生物数随着时间的延长会逐渐减少，但冻结不能杀死污染的微生物，只要温度回升，微生物就很快繁殖起来。所以食品冻结前要尽可能减少细菌污染，才能保证冻结的质量。

食品在 -10℃时大部分水已冻结成冰，剩下的溶液浓度增高，水分活性降低，细菌不能繁殖，所以 -10℃对冻结食品来说是最高的温度界限。国际冷冻协会（IIR）建议为防止微生物繁殖，冻结食品必须在 -12℃以下储藏。为防止酶及物理变化，冻结食品的冻藏品温必须低于 -18℃。

冻结阻止了细菌的生长、繁殖，但由于细菌产生的酶和食品自身的酶还有活性，尽管活性很小可是还有作用，它使生化过程仍然缓慢进行，降低了食品的品质，所以冻结食品的储藏仍有一定期限。

（四）食品冻结装置

用于食品的冻结装置多种多样，按使用的冷却介质以及与食品的接触状况可分为四类：吹风冻结装置、平板冻结装置、低温液体冻结装置和超低温液体冻结装置。

1. 吹风冻结装置

用冷空气作为冷却介质对食品进行冻结是现在应用最广泛的冻结方法。空气的热导率小，空气与食品之间的对流传热系数也小，因此食品在冷空气中冻结的时间较长。增大风速能使对流传热系数提高，从而提高冻结速度、缩短冻结时间。吹风冻结装置内的空气温度为 -46 ~ -23℃，风速为 3 ~10m/s。吹风冻结装置包括隧道式冻结装置、传送带式冻结装置、螺旋带式冻结装置和流态化冻结装置。

（1）隧道式冻结装置　这是一种多用途的冻结装置（图 1 -1 -31），特别适用于产品繁多的生产单位。典型的产品有纸盒装的全鸡、菠菜和炖肉等包装产品，以及肉馅饼、肉丸等无包装产品。

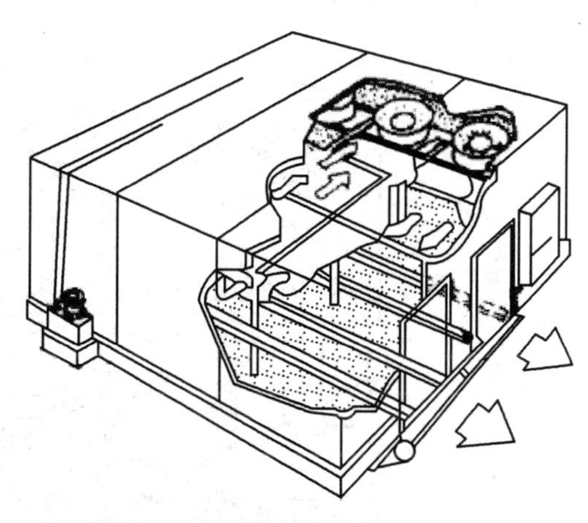

图 1 -1 -31　隧道式冻结装置

如图 1 -1 -31 所示，被冻食品放在托盘内，托盘放在带轮子的搁架车上，每辆车上有 2 ×20 个托盘。搁架车由液压推动机构在轨道上依次推进冻结隧道。位于冷却器上的风机使冷空气向下流经搁架车上的食品，与食品热交换过的空气从搁架车上折回到风机处。当搁架车离开冻结隧道后，可将冻好的食品从托盘中取出，把搁架车送回装料站。

（2）传送带式冻结装置　这是一种连续式的冻结装置（图 1 -1 -32），适用于场地狭小的工厂，其典型产品是鱼条、鱼块、各种马铃薯制品等。

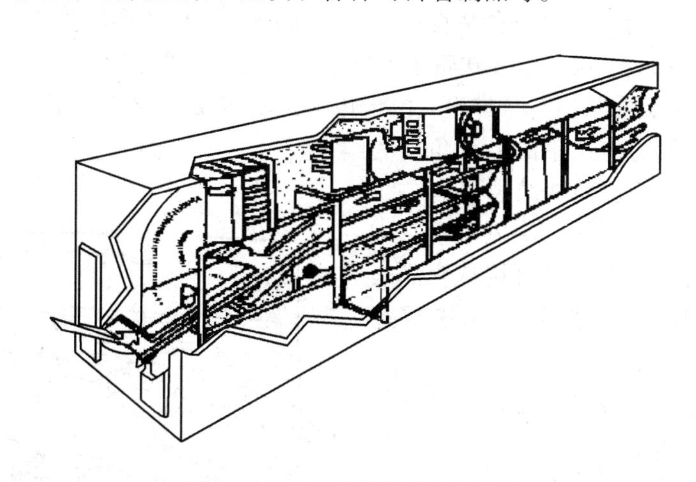

图 1 -1 -32　传送带式冻结装置

这种冻结装置是利用垂直冷气流强制通过食品，与之进行良好的热交换。由生产线来的食品应厚薄均匀地加到最上层的传送带上，否则在食品分布较薄处冷空气的阻力较小，大部分气流将由此通过，造成所谓气流短路。冻结装置内的空气温度为 -40 ~ -35℃，食品由进料口输入该装置的最上层传送带，经受冷气流的快速冷却，到该层末端时跌到第二层传送带上，又往回传送，逐渐冻结，到末端滑入第三层传送带上，直至冻好后从出料滑槽输出。

（3）螺旋带式冻结装置　这也是一种连续冻结装置（图1-1-33），适用于冻结时间为10~180min的各种食品，如肉馅饼、鱼糕、鱼条、鸡块、鱼块、盘菜、水果馅饼、汉堡鸡、纸杯冰淇淋等。该装置占地面积小。

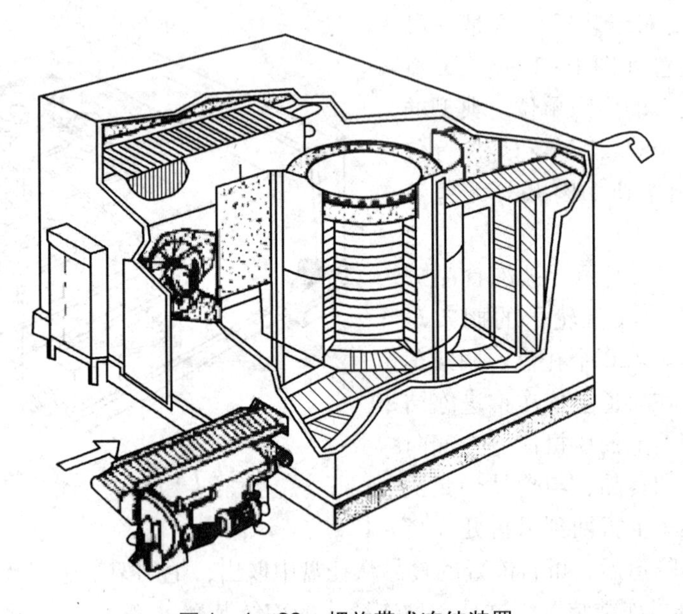

图1-1-33　螺旋带式冻结装置

如图1-1-33所示，被冻食品直接放在传送带上，根据需要也可采用冻结盘（铝盘、塑料盘或纸盘），食品随着传送带进入冻结装置后，由下盘旋传动而上，并在传送过程中冻结，冻好的食品从出料口排出。由于传送带是连续的，它从出料口又折回到进料口。这种冻结装置的传送带的上升角度为2°，几乎接近水平。这种冻结装置有一个别出心裁的冷风循环系统，冷风可垂直向下吹过所有各层传送带，且直接从食品表面吹过，其干耗比一般冻结装置减少约50%。

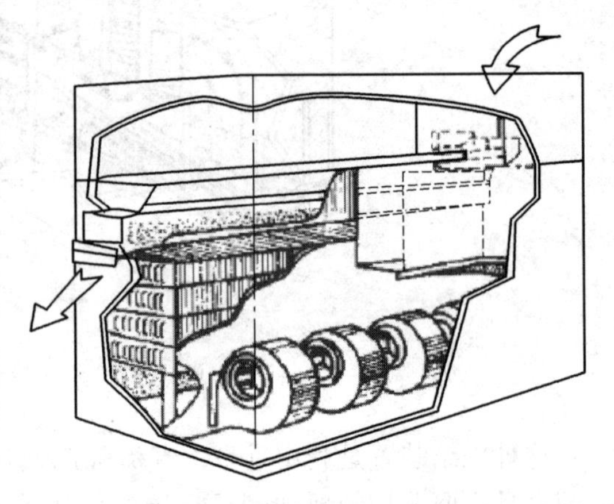

图1-1-34　流态化冻结装置

（4）流态化冻结装置　这是一种专用于食品单体速冻的装置（图1-1-34）。所谓单体速冻是把食品一个个地冻结，而不互相冻成一团。冻品的质量好，分装和销售都比较方便。

如图1-1-34所示，在隔热的壳体中设置了长条形的金属制槽道，槽道底面开有许多小孔，槽道的侧面或下方设有蒸发器组和离心风机，-30℃左右的冷风以6~8m/s的风速从槽底小孔吹出，置于槽道内的待冻食品（形状和大小应比较均匀）被上升的冷气流吹动，悬浮在气流中而彼此分离，呈翻滚浮游状态，出现流态化现象。在一定的风速下，冷空气形成气垫，悬浮的食品颗粒好像流体般自由流动，当食品从进料口加入槽道后（槽道向出料口倾斜），就向低的一端移动，于是食品就在这低温气流中一边移动一边冻结。由于食品在冻结过程中呈悬浮分离状态，因而实现了单体速冻。

这种冻结装置适用于直径约40mm或长约125mm的食品，如豌豆、豆角、胡萝卜丁、整蘑菇或蘑菇片以及切成块、片、条状的蔬菜、草莓、蓝莓、无核小红葡萄、苹果片、菠萝片、炸马铃薯条、虾仁、肉丁和米饭等。

2. 平板冻结装置

平板冻结装置是以若干块平板蒸发器为主体组成的冻结设备（图1-1-35）。它的工作原理是将食品放在各层金属平板之间，并借助油压系统使平板与食品紧密接触，此空心金属平板的通道内流动着低温工质（氨、氟里昂或盐水），由于金属平板有良好的导热性能，被夹紧的食品可被迅速冻结。当食品两面加压时（接触压力一般为6.865~29.42kPa），其表面传热系数为92.9~174.3W/(m^2·K)。

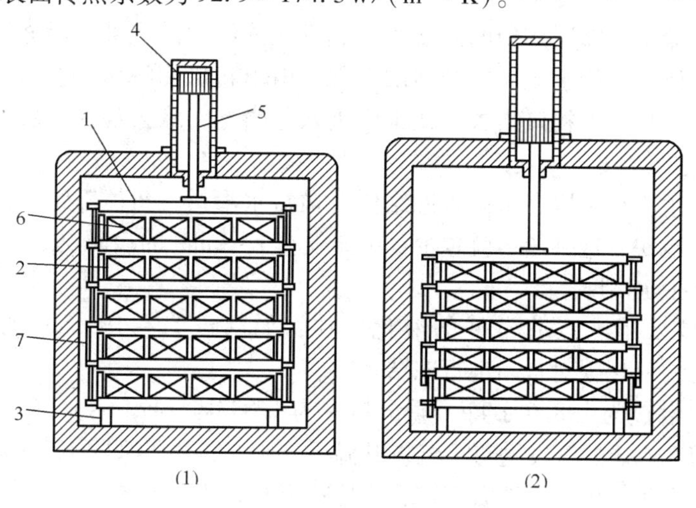

图1-1-35 卧式平板冻结装置

（1）冻结前 （2）冻结时

1—冷却板 2—螺栓 3—底栓 4—活塞 5—水压升降机 6—包装食品 7—板架

平板冻结装置主要适用于分割肉、鱼类、虾及其他小包装食品等的快速冻结。对厚度小于50mm的食品来说，冻结快、干耗小，冻品质量高。平板冻结装置有卧式和立式两种，卧式平板冻结装置的冻结平板是水平安装的，一般有6~16块平板。立式平板冻结装置的平板直立平行排列，一般有20块平板。现在国外已创制出各种自动装卸料的平板冻结装置，降低了劳动强度，并提高了劳动生产率。

3. 低温液体冻结装置

低温液体的传热性能很好，液态介质还能和形态不规则的食品如龙虾、蘑菇等密切接触，冻结速度很快，若对低温液体再加以搅拌，则冻结速度还可进一步提高。

常用的低温液体有氯化钠、甘油和丙二醇溶液。例如，23%的氯化钠溶液，温度可降低至-21℃还不会冻结。盐水静止时的表面传热系数 $h=232.3$ [W/(m^2·K)]，流动时 $h=232.6+1419v$ [W/(m^2·K)]，其中 v 为盐水流速（m/s）。

法国曾研制成一种独特的盐水冻结装置，如图1-1-36所示。该装置由玻璃钢制成，避免了腐蚀；冻结速度快，当盐水温度为-20～-19℃时，对每千克25～40条的沙丁鱼从初温4℃冻至-13℃，仅需15min。

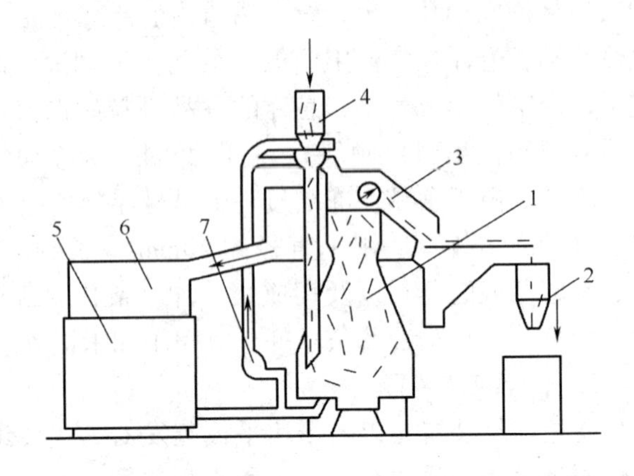

图1-1-36 连续式盐水冻结装置

1—冻结器 2—冻鱼出料口 3—滑道（分离器） 4—进料口 5—盐水冷却器 6—除鳞器 7—盐水泵

如图1-1-36所示，鱼在进料口与输送来的经过盐水冷却器冷却的冷盐水一起进入冻结器的底部，经冻结后的鱼因为相对密度减轻而上浮，随盐水流向冻结器的上部，由出料机构将鱼送至滑道，在这里鱼和盐水分离，冻好的鱼从出料口出去。盐水则进入除鳞器，除去鳞片等杂物后进入盐水冷却器中再冷却。

使用这种盐水冻结装置，鱼体未冻结前会被盐水渗透，鱼体冻结后冰层会阻止盐的渗透。冻结速度越快，这种渗透就越少，咸味仅在1～2mm的表面层。

4. 超低温液体冻结装置

这种方法是采用沸点非常低的液化气体，如沸点为-195.8℃的液氮和沸点为-78.9℃的液态二氧化碳对食品进行冻结。

液氮的汽化潜热为198.6kJ/kg，质量热容为1.033kJ/(kg·K)。每千克液氮与食品接触时可吸收198.6kJ的蒸发潜热，若再升温至-20℃，还可吸收181.6kJ的显热，两者合计可吸收380.2kJ的热量。液氮冻结装置呈隧道状，中间是不锈钢丝制的网状传送带，隧道外以聚氨酯泡沫塑料隔热，见图1-1-37。

待冻食品从传送带输入端输入，依次经过预冷区、冻结区和均温区，冻好后从另一端输出。在预冷区，搅拌风机将-10～-5℃的氮气搅动，使之与食品接触，食品经充分换热而预冷。而排气风机则使氮气与食品的移动方向呈逆向流动，以充分利用氮气的冷量。食品进入冻结区后，受到雾化管喷出的雾化液氮喷淋而被冻结。液氮在冻结室外以34.3kPa的压力送入冻结区。在设计时必须保证液氮呈液滴状而不是呈气态和食品接触。食品通过均温区时，其表面和中心温度渐趋均匀一致。5cm厚的食品经过10～30min即可完成冻结，其表面温度为-30℃，中心温度达-20℃，冻结每千克食品的液氮耗用量为0.7～1.1kg。液氮的冻结速度极快，在食品表面与中心会产生极大的瞬时温差，造成食品龟裂，所以过厚的食品不宜采用，厚度一般应小于10cm。

液氮冻结装置构造简单，使用寿命长，可实现超快速冻结，而且食品几乎不发生干

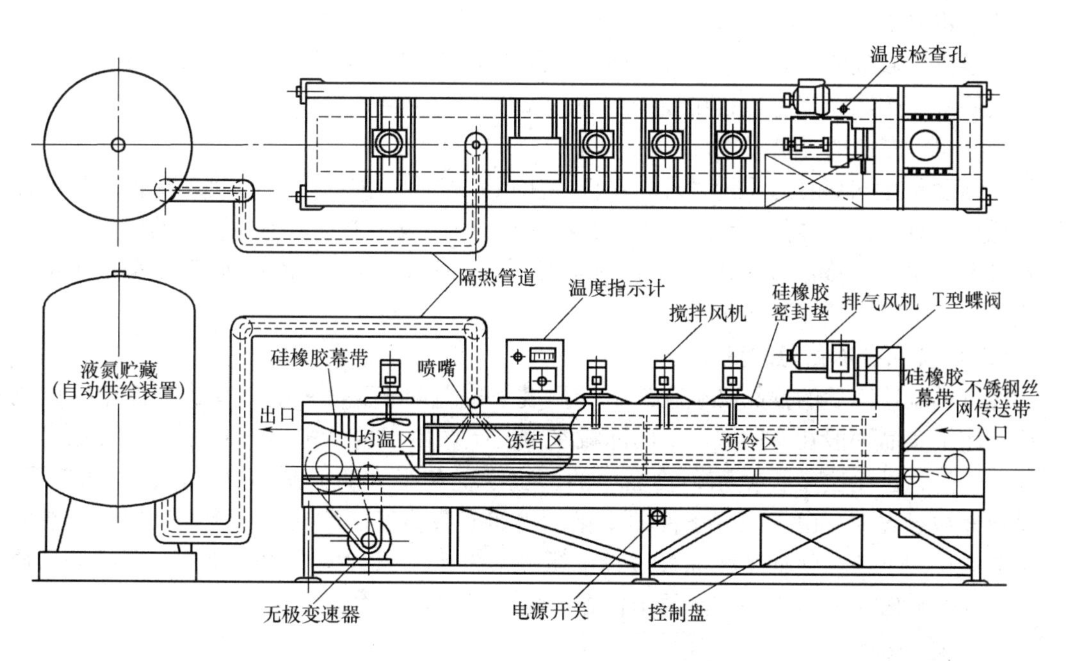

图 1－1－37　喷淋式液氮冻结装置

耗，不发生氧化变色，很适宜于冻结个体小的食品，主要问题是冻液的成本高。

液态二氧化碳在大气压下于－78.9℃蒸发沸腾，每千克可吸收574.3kJ的潜热。如蒸发后温度再上升到－20℃，以质量热容0.84kJ/(kg·K)计算，还可吸收49.5kJ的显热，二者合计可吸收623.8kJ的热量。液态二氧化碳也用来冻结食品。

二、食品的冻藏

食品的冻藏指的是将经过冻结的食品放在低于食品的冻结点的某一合适温度下贮藏。

在贮藏期间已失去生命的食品，例如已屠宰的牲畜，属于死体。这类食品已失去免疫力，无法抵抗外界微生物的侵袭；同时由于机体死亡，组织内的自溶分解酶发挥作用，很容易导致这类食品在短期内分解变质。对于这类食品，冷却冷藏只是短期贮藏的手段。要达到长期贮藏的目的，就必须对这类食品进行冻结冻藏。也就是说，只有足够的低温（低于食品的冻结点）才能长期保藏这类食品。

（一）食品冻藏的技术管理

食品冻藏的技术管理主要是根据食品的种类、贮藏期的长短等选择合适的冻藏温度。在通常情况下，冻藏室的温度要保持在－18℃以下，温度波动不得超过1℃，在大批冻藏食品进出冻藏室过程中，冻藏室内的温度升高不得超过4℃。

食品短期冻藏的适宜温度一般为－18～－12℃，长期冻藏的适宜温度一般为－23～－18℃。含脂肪的食品冻藏时，温度一般宜在－23℃以下。经过冻结的食品进入冻藏室时，其平均温度应与冻藏温度相同，以免冻藏温度回升。

如果将食品冻结到－18℃以下并在该温度下冻藏，能较好地保持食品的原始品质，并获得合适的贮藏期。有不少的方法能将食品冻结到－29℃甚至更低一些，费用也不贵，可是在贮藏、运输和销售过程中要维持－29℃以下的温度，则费用昂贵，所以实际上通常选用－18℃左右的冻藏温度。

冻结食品在冻藏时的质量管理，不仅要注意贮藏期（因为贮藏时间越长，冻品的品质降低量的累积也越多），更重要的是要注意冻藏温度及其波动对冻品质量的影响。从某种意义上来说，冻藏温度及其稳定性对冻品质量的影响不亚于冻结速度对冻品质量的影响。

（二）食品在冻藏时的变化

经过低温速冻后的食品必须在较低的温度下冻藏起来，才能有效保证其冻结时的高品质。冻结食品一般在－18℃以下的冻藏室中贮藏。由于食品中90%以上的水分已冻结成冰，微生物已无法生长繁殖，食品中的酶也已受到很大的抑制，故可较长时间贮藏。但是在冻藏过程中，由于冻藏条件的变化，比如冻藏温度的波动，冻藏期又较长，在空气中氧的作用下还会使食品在冻藏过程中缓慢地发生一系列的变化，使冻藏食品的品质有所下降。贮藏时间对冷冻产品的结构和特性的影响是至关重要的。

1. 干耗与冻结烧

在冻藏室内，由于冻结食品表面的温度、室内空气温度和空气冷却器蒸发管表面的温度三者之间存在着温度差，因而也形成了水蒸气压差，冻结食品表面如高于冻藏室内空气的温度，冻结食品进一步被冷却，同时由于存在水蒸气压差，冻结食品表面的冰结晶升华，这部分含水蒸气较多的空气，吸收了冻结食品放出的热量，密度减小向上运动，当流经空气冷却器时，就在温度很低的蒸发管表面水蒸气达到露点和冰点，凝结成霜。冷却并减湿后的空气因密度增大而向下运动，当遇到冻结食品时，因水蒸气压差的存在，食品表面的冰结晶继续向空气中升华。

这样周而复始，以空气为介质，冻结食品表面出现干燥现象，并造成质量损失，称为干耗。冻结食品表面冰晶升华需要的升华热是由冻结食品本身供给的，此外还有外界通过围护结构传入的热量。冻藏室内电灯、操作人员发出的热量等也供给热量。

当冻藏室的围护结构隔热不好、外界传入的热量多，冻藏室内收容了品温较高的冻结食品、冻藏室内空气温度变动剧烈、冻藏室内蒸发管表面温度与空气温度之间温差太大，冻藏室内空气流动速度太快等都会加剧冻结食品的干耗现象。开始时仅仅在冻结食品的表面层发生冰晶升华，食品表面出现脱水多孔层不断加深，造成质量损失，而且冰晶升华后留存的细微空穴大大增加了冻结食品与空气的接触面积。在氧的作用下，食品中的脂肪氧化酸败，表面发生黄褐变，使食品的外观损坏，食味、风味、质地、营养价值都变差，这种现象称为冻结烧。

冻结烧部分的食品含水率非常低，接近2%～3%，断面呈海绵状，蛋白质脱水变性，并易吸收冻藏库内的各种气味，食品质量严重下降。

为了减少和避免冻结食品在冻藏中的干耗与冻结烧，在冷藏库的结构上要防止外界热量的传入，提高冷库外墙围护结构的隔热效果。国外夹套冷库可以使由外围结构传入的热量在夹套中及时被带走，不再传入库内，使冻藏室的温度保持稳定。如果冻结食品的温度能与库温一致的话，可基本上不发生干耗。

对一般冷库来讲，要维护好冷库的外围结构，减少外界热量传入；将冷库的围护结构外表面刷白，减少进入库内的辐射热量；维护好冷藏门和风幕，在库门处加挂棉门帘或硅橡胶门帘，减少从库门进入的热量，减少开门的时间和次数，减少不必要进入库房的次数，库内操作人员离开时要随手关灯，减少外界热量的流入。在冷库内要减少库内温度与冻品温度和空气冷却器之间的温差，合理地降低冻藏室内的空气温度和保持冻藏室较高的相对湿度，温度和湿度不应有大的波动。

对于食品本身来讲，其性质、形状、表面积大小等对干耗与冻结烧都会产生直接的影响，但很难使它改变。从工艺控制角度出发，可采用加包装或镀冰衣和合理堆放的方法。冻结食品使用包装材料的目的通常有三个方面：卫生、保护表面和便于解冻。

包装通常有内包装和外包装之分，对于冻品的品质保护来说，内包装更为重要。由于包装把冻结食品与冻藏室的空气隔开，防止了水蒸气从冻结食品中移向空气，抑制了冻品表面的干燥。为了达到良好的保护效果，内保护材料不仅应具有防湿性、气密性，还要求在低温下柔软，具有一定的强度和安全性。常用的内包装材料有聚乙烯、聚丙烯、聚乙烯与玻璃纸复合、聚乙烯与聚酯复合、聚乙烯与尼龙复合、铝箔等。食品包装时，内包装材料要尽量紧贴冻品，如果两者之间有空气间隙，水蒸气蒸发、冰晶升华仍可能在包装袋内发生。

镀冰衣主要用于冻结水产品的表面保护，特别是用于多脂肪鱼类。因为多脂鱼类含有大量高度不饱和脂肪酸，冻藏中很容易氧化而使产品发生油烧现象。镀冰衣可让冻结水产品的表面附着一层薄的冰膜，在冻藏过程中由冰衣的升华替代冻鱼表面冰晶的升华，使冻品表面得到保护。同时，冰衣包裹在冻品的四周，隔绝了冻品与周围空气的接触，这样能防止脂类和色素的氧化，使冻结水产品可做长期贮藏。冻鱼镀冰衣后再进行内包装，可取得更佳的冻藏效果。在镀冰衣的清水中加入糊料或被膜剂，如褐藻酸钠、羧甲基纤维素、聚丙烯酸钠等可以加强冰衣，使附着力增强，不易龟裂。对于采用冷风机的冻藏间来说，商品都要包装或镀冰衣。库内气流分布要合理，并要保持微风速（不超过 0.2～0.4m/s）。

此外，在冻藏室内要增大冻品的堆放密度和堆垛密度和堆垛体积。因为干耗主要发生在货堆周围外露部分，使货堆内部空气相对湿度接近饱和，对流传热受到限制，则不易出现干耗。提高冻藏库装载量也相当重要。60t 容重，-10℃的冻藏库储藏牛肉，装满时每年的干耗量为 2%，堆装量为 20% 时干耗量则增至 8.4%。如果在货垛上覆盖帆布篷或塑料布，可减少食品干耗。

2. 冻藏食品的冰结晶成长

在冻藏阶段，除非起始冷冻条件产生的冰晶总量低于体系热力学所要求的总量，否则在给定温度下，冰晶总量为一定值。同时冰晶数量将减少，其平均尺寸将增大。这是冰晶与未冻结基质间表面能变化的自然结果，也是晶核生长需求的结果。无论是恒温还是变温条件，趋势都是表面的冰晶含量下降。温度波动（如温度的上升）会使小冰晶的相对尺寸降低幅度比大冰晶的大。在冷却循环中，大横截面的冰晶更易截取返回固相的水分子。在冻藏阶段，冰晶尺寸的增大会产生损伤，从而使产品质量受损。再者，在冻藏过程中，相互接触的冰晶聚集在一起，导致其尺寸增大，表面积减小。当微小的冰晶相互接触时，此过程最为显著，一般情况是相互接触的冰晶会结合成一个较大的冰晶。

重结晶是冻藏期间反复解冻和再结晶后出现的一种结晶体积增大的现象。储藏室内的温度变化是产生重结晶的原因。通常，食品细胞或肌纤维内汁液浓度比细胞外高，故它的冻结温度也比较低。贮藏温度回升时，细胞或肌纤维内部冻结点较低部分的冻结水分首先融化，经细胞膜或肌纤维膜扩散到细胞间隙内，这样未融化冰晶体就处于外渗的水分包围中。温度再次下降，这些外渗的水分就在未融化的冰晶体的周围再次结晶，增大了它的冰晶体积。

重结晶的程度直接取决于单位时间内温度波动次数和程度，波动幅度越大，次数越多，重结晶的情况越剧烈。因此，即使冻结工艺良好，冰结晶微细均匀，但是冻藏条件不好，经过重复解冻和再结晶，就会促使冰晶体颗粒迅速增大，其数量则迅速减少，以致严重破坏了组织结构，使食品解冻后失去了弹性，口感风味变差，营养价值下降，见表1-1-40。

表1-1-40　冻藏过程中冰晶体和组织结构的变化情况

冻藏天数/d	冰晶体直径/μm	解冻后的组织状态	冻藏天数/d	冰晶体直径/μm	解冻后的组织状态
刚冻结	70	完全回复	30	110	略有回复
7	84	完全回复	45	140	略有回复
14	115	组织不规则	60	160	略有回复

即使在良好的冻藏条件下仍然难免会发生温度波动，这只能要求在冻藏室内预定的温度波动范围内，尽量维持较稳定的储藏温度。如使用现代温度控制系统时，要求在一定温度循环范围内及时地调整温度。因此，冻藏室内的温度经常从最高到最低反复地进行，一般大约2h一次，每月将循环360次。在-18℃的冻藏室内，温度波动范围即使只有3℃之差，对食品的品质仍然会有损害。温差超过5℃的条件下解冻将会加强“残留浓缩水”对食品的危害。在有限传热速率影响下，冻藏室的温度不论如何波动，食品内部都会出现滞后或惰性现象，故食品内部温度波动范围必然比冻藏室小。在-18℃的储藏室内温度波动范围虽然只有几度，但大多数冻制食品需要长期储藏，小冰晶向大冰晶以蒸气的形式发生转移的数量就越多，这样就会产生明显的危害。

3. 色泽的变化

（1）脂肪的变色　多脂肪鱼类如大麻哈鱼、沙丁鱼、带鱼等，在冻藏过程中因脂肪氧化会发生黄褐变，同时鱼体发黏，产生异味，丧失食品的商品价值。

（2）蔬菜的变色　蔬菜在速冻前一般要将原料进行烫漂处理，破坏过氧化酶，使速冻蔬菜在冻藏中不变色。如果烫漂的温度与时间不够，过氧化酶失活不完全，绿色蔬菜在冻藏过程中会变成黄褐色，如果烫漂时间过长，绿色蔬菜也会发生黄褐变。这是因为蔬菜叶子中含有叶绿素而呈绿色，当叶绿素变成脱镁叶绿素时，叶子就会失去绿色而呈黄褐色，酸性条件会促使这个变化。蔬菜在热水中烫漂时间过长，蔬菜中的有机酸溶入水中使其变成酸性的水，会促使上述变色反应的发生。所以正确掌握蔬菜烫漂的温度和时间，是保证速冻蔬菜在冻藏中不变颜色的重要环节。

（3）红色鱼肉的褐变 红色鱼肉的褐变，最有代表性的是金枪鱼肉的褐变。金枪鱼是一种经济价值较高的鱼类，日本人有食金枪鱼肉生鱼片的习惯。金枪鱼肉在 -20℃下冻藏2个月以上，其肉色由红色向暗红色、红褐色、褐红色、褐色转变，作为生鱼片的商品价值下降。这种现象的发生，是由于肌肉中的亮红色的氧化肌红蛋白在低氧压下被氧化生成褐色的高铁肌红蛋白的缘故。冻藏温度在 -35℃以下可以延缓这一变化，如果采用 -60℃的超低温冷库，保色效果更佳。

（4）虾的黑变 虾类在冻结储藏中，其头、胸、足、关节及尾部常会发生黑变，出现黑斑或黑箍，使商品价值下降。产生黑变的原因主要是氧化酶（酚酶）在低温下仍有一定活性，使酪氨酸氧化，生成黑色素所致。黑变的发生与虾的鲜度有很大关系。新鲜的虾冻结后，因酚酶无活性，冻藏中不会发生褐变；而不新鲜的虾，其氧化酶活性化，在冻结储藏中会发生黑变。

（5）鳕鱼肉的褐变 鳕鱼死后，鱼肉中的核酸系物质反应生成核糖，然后与氨基化合物发生美拉德反应，聚合生成褐色的类黑精，使鳕鱼肉发生褐变。-30℃以下的低温储藏可防止核酸系物质分解生成核糖，也可防止美拉德反应发生。此外，鱼的新鲜度对褐变有很大的影响，因此一般应选择鲜度好、死后僵硬前的鳕鱼进行冻结。

（6）箭鱼的绿变 冻结箭鱼的肉呈淡红色，在冻结储藏中其一部分肉会变成绿色。绿变现象的发生，是由于鱼的鲜度下降，细菌作用生成的硫化氢与血液中的血红蛋白或肌红蛋白反应，生成绿色的硫血红蛋白或硫肌红蛋白造成的。绿色肉发酸，带有异臭味，无法食用。

（7）红色鱼的褪色 含有红色表皮色素的鱼类如红娘鱼，在冻结储藏过程中常可见到褪色现象。这是鱼皮红色色素的主要成分类胡萝卜色素被空气中的氧氧化的结果。这种褪色在光照下加速。降低冻藏温度可推迟红色鱼的褪色。此外，用不透紫外光的玻璃纸包装，用0.1%~0.5%的抗坏血酸钠溶液浸渍后冻结，并用此溶液镀冰衣，可以防止红色鱼的褪色。

4. 冻藏中的化学变化

（1）蛋白质的冻结变性 食品中的蛋白质在冻结过程中会发生冻结变性。在冻藏过程中，因冻藏温度的变动，冰结晶长大，会挤压肌原纤维蛋白质，使反应基互相结合形成交联，增加了蛋白质的冻结变性程度。通常认为，冻藏温度低，蛋白质的冻结变性程度小。钙、镁等水溶性盐类会促进鱼类蛋白质冻结变性，而磷酸盐、糖类、甘油等可减少鱼肉蛋白质的冻结变性。

（2）脂类的变化 含不饱和脂肪酸多的冻结食品必须注意脂类的变化对品质的影响。鱼类脂肪酸大多为不饱和脂肪酸，特别是一些多脂鱼，如鲱鱼、鲭鱼等，其高度不饱和脂肪酸的含量更多，主要分布在皮下靠近侧线的暗色肉中，即使在很低的温度下也保持液体状态。鱼类在冻藏过程中，脂肪酸往往因冰晶的压力由内部转移到表层中，因此很容易在空气中氧的作用下发生自动氧化，产生酸败臭。当与蛋白质的分解产物共存时，脂类氧化产生的羰基与氨基反应，脂类氧化产生的游离基与含氮化合物反应，氧化脂类互相反应，产生褐变，使鱼体的外观恶化，风味、口感及营养价值下降。由于这些变化主要是由脂类氧化引起的，因此可采取降低冻藏温度、镀冰衣等措施加以防止。

5. 溶质结晶及 pH 变化

经初始冷冻后，许多溶质在未冻结相中均为过饱和溶液，很快它们便会结晶或沉淀。这将改变溶质的相对含量及实际浓度，并最终改变其离子强度。由于改变了缓冲组分的比率，pH 也会发生变化。因这些因素影响其他分子的稳定性，因此溶液中分子的特性将随总成分的改变而继续发生变化。

6. 其他因素引起的变化

冻藏对植物组织体系非常重要的冷冻损伤的影响包括蛋白质沉淀、脂类氧化、聚合物聚集、色素氧化或水解。例如，叶绿素转变成脱镁叶绿素后将严重影响其感官。冷冻前的热处理如果不充分，能加速某一过程，在储藏期间，催化反应将继续进行，并产生大量不受欢迎的产物。具有代表性的酶为：脂酶、脂肪氧化酶、过氧化物酶、多酚氧化酶以及白芥子中的胱氨酸裂解酶。不充分的漂烫会使酶的活性残留，为了适当控制漂烫过程，有必要鉴别出何种酶使产品的色泽及风味发生变化。在不宜进行漂烫处理的场合，必须采取其他必要的措施抑制有害的酶催化过程。

这些措施常常与延长室温储藏农产品的方法相类似。目前存在许多有效的抑制剂。并非所有的品质下降过程均由酶催化作用产生，因此根据该过程的化学机理，对于非酶过程的抑制也是很有必要的。且在冻藏期间，每一过程均有一个特征速率，如果可能，有必要选择储藏条件使此特征速率最小化。可以确信，在冻藏期间，通过使储藏温度接近或低于最大冻结浓缩玻璃态（在体系冻结时产生）的特征转变温度，许多重要的品质降级速率能被控制到最小化。

（三）冻藏食品的贮存期

1. 冻结食品的冻藏温度和实用贮藏期

对于已冻结的食品来说，冻藏温度越低，品质保持也越好。但是考虑到设备费、电费等日常运转费用时，就存在一个经济性问题。另外有些农产品，渔获物都是一年一度的收获或渔获，食品的冻藏期太长没有多大的意义。-18℃对于大部分冻结食品来讲是最经济的冻藏温度，在此温度下大部分冻结食品可作约一年的冻藏而不失去商品价值。

冻藏食品使用高品质期和实用贮存期两个概念来表示食品在冻藏中的品质保持时间。高品质期（high quality life，HQL）是指在所使用冻藏温度下的冻结食品与在-40℃下的冻藏食品相比较，当采用科学的感官鉴定方法刚刚能够判定出二者的差别时，此时所经过的时间就是该冻藏温度下的高品质期。实用贮存期（practical storage life，PSL）是指经过冻藏的食品，仍保持着对一般消费者或作为加工原料使用无妨的感官品质指标时所经过的冻藏时间。1972 年国际制冷学会（IIR）所推荐的各种冻结食品的冻藏温度和实用贮藏期见表 1-1-41。

我国目前对冻结食品采用的冻藏温度大多为-18℃。随着人们对食品质量的要求越来越高，近年来国际上冻结食品的冻藏温度逐渐趋向低温化，一般都是-30～-25℃，特别是冻结水产品的冻藏温度更低。美国学者认为冻结水产品的冻藏温度应在-29℃以下。

表 1-1-41 冻结食品的冻藏温度和实用贮藏期

冻结食品	贮藏期/月			冻结食品	贮藏期/月		
	-18℃	-25℃	-30℃		-18℃	-25℃	-30℃
牛白条肉	12	18	24	少脂肪鱼	8	18	24
小牛白条肉	9	12	24	多脂肪鱼	4	8	12
羊白条肉	9	12	24	加糖的桃、杏或樱桃	12	18	24
猪白条肉	6	12	15	不加糖的草莓	12	18	24
加糖的草莓	18	>24	>24	冰淇淋	6	12	18
柑橘类或其他水果汁	24	>24	>24	蛋糕	12	24	>24
扁豆	18	>24	>24	菜花	15	24	>24
胡萝卜	18	>24	>24	甘蓝	15	24	>24
虾	6	12	12	带穗芯的玉米	12	18	24
龙虾和蟹	6	12	15	豌豆	18	>24	>24
虾（真空包装）	12	15	18	菠菜	18	>24	>24
牡蛎	4	10	12	鸡（去内脏、包装）	12	24	24
奶油	6	12	18				

2. 冻结食品的 TTT 概念

以冻结状态流通的冻结食品，其品质主要取决于四个因素：原料固有的品质、冻结前后的处理和包装、冻结方式、冻结产品在流通过程中所经历的温度和时间。

美国西部农产品利用研究所 Arsdel 等人以 1948—1958 年所做的实验为基础，总结出了冻结食品的可接受性与冻藏温度、冻藏时间的关系，这就是冻结食品的 TTT（time - temperature tolerance）概念。由 TTT 概念可知，品质优秀的冻结食品的品质变化主要取决于冻藏温度，冻藏温度越低，则优秀品质保持的时间越长。大多数冻结食品的品质稳定性或实用贮藏期是随着冻藏温度的降低而呈指数关系地增大，如图 1-1-38 所示。图中的曲线表示几种冻结食品在可被消费者所接受的前提下，冻藏温度与实用贮藏期之间的关系，这样的曲线称为 TTT 曲线。

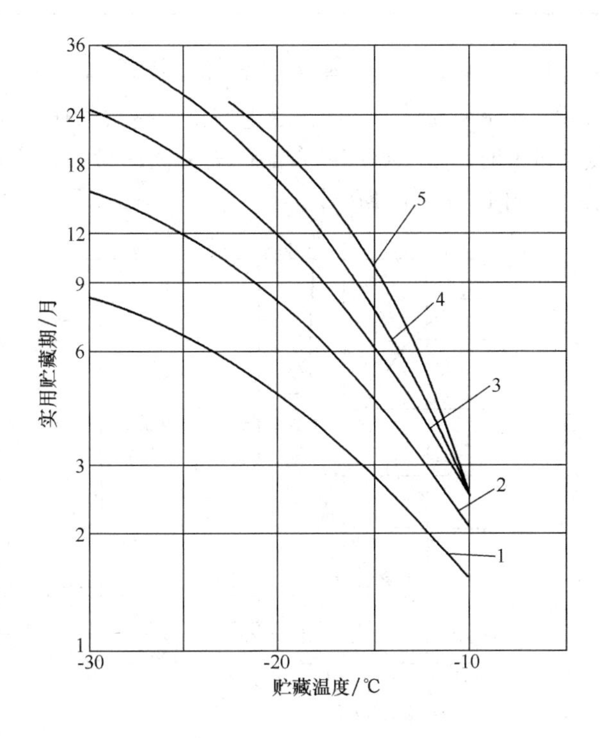

图 1-1-38 冻结食品的 TTT 曲线

1—多脂肪鱼（鲑）和炸仔鸡 2—少脂肪鱼
3—四季豆和汤菜 4—青豆和草莓 5—木莓

假定某冻结食品在某一冻藏温度下的实用贮藏期为 A 天，那么在此温度下，该冻结食品每天的品质下降量为$\frac{1}{A}$。当冻品在该温度下实际贮藏了 B 天，则该冻结食品的品质下降量为 B。再假定该冻结食品在不同的冻藏温度下贮藏了若干不同的时间，则该冻结食品的累计品质下降量为$\sum_{i=1}^{n}\frac{1}{A_i}B_i$。例如，有一个冻结食品从生产到消费共经历了七个阶段共 241d 的贮藏，其品质下降量的计算见表 1-1-42。

表 1-1-42　某冻结食品在流通期间的温度、时间与品质的关系

序号	阶段	流通温度/℃	实用贮藏期/d	每天品质降低率	流通时间/d	品质降低量
①	生产者保管中	-30	435	0.0023	150	0.345
②	运输中	-25	370	0.0027	2	0.005
③	批发商保管中	-24	357	0.0028	60	0.168
④	送货中	-20	250	0.0040	1	0.004
⑤	零售商保管中	-18	208	0.0048	14	0.067
⑥	搬运中	-9	53	0.0189	1/6	0.003
⑦	消费者保管中	-12	110	0.0091	14	0.127
	累计				241	0.719

从表中可以看出，某冻结食品从生产到消费共经历了七个阶段不同的温度和时间，累计品质下降量为 0.719，这说明该冻结食品还有 0.281 的剩余冻藏性。当累计品质下降量超过 1 时，说明该冻结食品已失去商品价值，不能再食用了。将 TTT 的计算用图形表示，如图 1-1-39 所示。

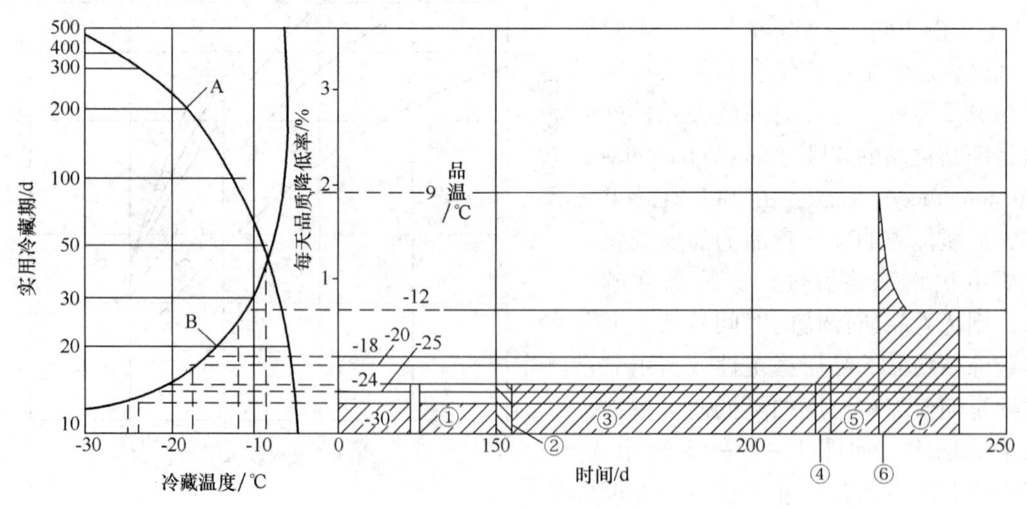

图 1-1-39　TTT 计算图一例

A—实用贮藏期曲线　B—每天品质降低率曲线

图中①～⑦见表 1-1-42

食品生产出来后，一般都在包装上印有生产日期，但消费日期距离生产日期短并不能保证冻结食品的质量一定是好的。如果将冻结食品放在不适宜的温度下流通，冻结食品的质量会很快地下降。因此，冻结食品与罐头食品不同，不能以生产日期作为品质判断的依据。

从 TTT 概念可知，冻结食品生产出来后，为了使其优秀品质尽量少降低，一直持续到消费者手中，就必须使冻结食品从生产到消费之间的各个环节都保持在适当的低温状态。这种从生产到消费之间的连续低温处理环节称为冷链。

三、食品回热和解冻

（一）冷藏食品的回热

冷藏食品的回热，就是在冷藏食品出冷藏室前，保证空气中的水分不会在冷藏食品表面冷凝的条件下，逐渐提高冷藏食品的温度，最后达到与外界空气温度相同的过程。实际上，回热就是冷却的逆过程。

如果对冷藏食品不进行回热，就让其出冷藏室，当冷藏食品的温度在外界空气的露点以下时，附有灰尘和微生物的水分就会冷凝在冷藏食品的冷表面上，使冷藏食品受到污染。冷藏食品的温度回升后，微生物特别是霉菌会迅速生长繁殖。同时由于食品温度的回升，食品内的生化反应加速，食品的品质会迅速下降甚至腐烂。当然，如果出冷藏室后的食品立即食用，则可免去回热处理。

为了保证回热过程中食品表面不会有冷凝水出现，最关键的问题是要求与冷藏食品的冷表面接触的空气的露点温度必须始终低于冷藏食品的表面温度，否则食品表面就会有冷凝水出现。食品干表面的温度对空气状态变化的影响如图 1－1－40 所示。

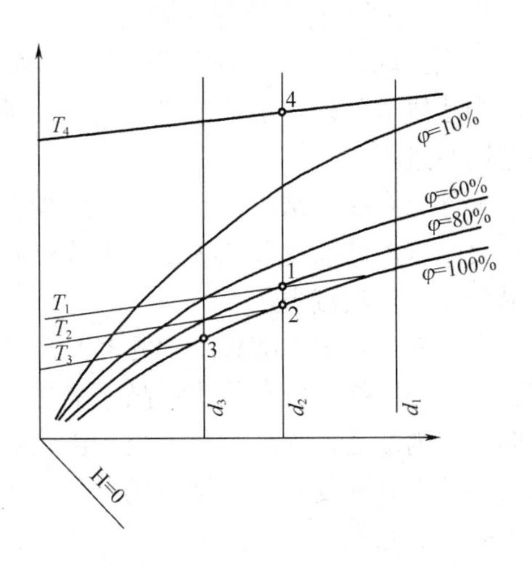

图 1－1－40 食品干表面温度对空气状态变化的影响

假定和冷藏食品表面相接触的空气状态在图 1－1－40 上为点 4（其温度为 T_4，湿含量为 d_2），如果它与温度为 T_2 的食品干表面（即食品表面全无水分蒸发）相接触，则空气温度 T_4 就沿着 d_2 等湿线下降到与食品温度 T_2 相等，此时食品表面的空气处于饱和状态，也就是说 T_2 为该空气状态的露点温度。若食品干表面的温度为 T_3，则空气温度会进一步沿 $\varphi = 100\%$ 的饱和相对湿度线，下降到与 T_3 等温线相交为止，这样空气中的湿含量由 d_2 下降到 d_3，因此食品表面就有冷凝水出现。若食品干表面的温度为 T_1，则空气状态点 4 沿着 d_2 等湿线下降到与 T_1 相交于点 1，此点上空气的相对湿度不饱和（为 80% 左右），所以食品表面就不会有冷凝水出现。

实际上冷藏食品的表面未必是干表面，所以在回热过程中暖空气不但向食品传递热量使其温度回升，而且还吸收了食品表面所蒸发的水分，这样空气不仅温度下降，而且湿含量也增加了，如图1－1－41所示。显然在$H-d$图（湿焓图）上空气状态沿1″—2′发生变化。

在回热过程中，为了避免食品表面出现冷凝水，暖空气的相对湿度不宜过高；但为了减少回热过程中食品的干耗，暖空气的相对湿度也不宜过低。

为了避免回热过程中空气中的水分冷凝在食品表面，当暖空气状态从点1″降至2′时，就要重新加热，提高其温度，降低其相对湿度（沿等湿线上升），直到空气状态达到点2″为止。这样周而复始，直到食品温度上升到比外界空气的露点温度稍高为止。在实际应用时，当食品温度回升到比外界空气温度低3～5℃即可。

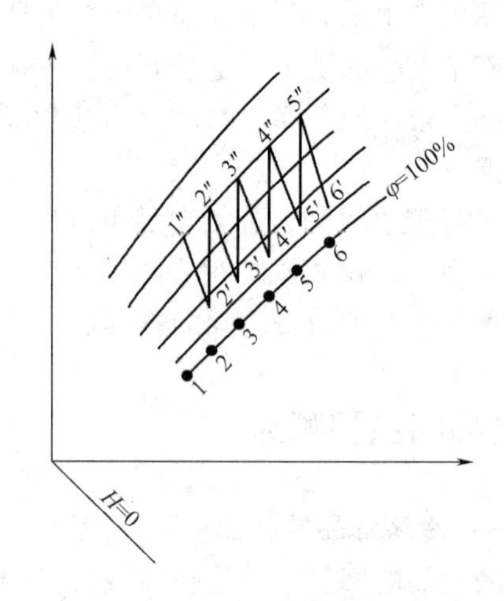

图1－1－41　冷藏食品回热时空气状态在$H-d$图上的变化示意图

（二）冻藏食品的解冻

解冻就是使冻藏食品内冻结的水分重新变成液态，恢复食品的原有状态和特性的过程。解冻实际上是冻结的逆过程。

1. 食品解冻时应注意的问题

解冻是冻结食品在消费前或进一步加工前必经的步骤。不过有的冻结食品如冰淇淋、雪糕和冰棒等除外。小型包装的速冻食品如速冻蔬菜等的解冻，还常和烹调加工结合在一起同时进行。

大部分食品冻结时，水分或多或少会从细胞内向细胞间隙转移，因此尽可能恢复水分在食品未冻结前的分布状态是解冻过程中很值得重视的问题。若解冻不当，极易引起食品的大量汁液流失。

在解冻过程中，随着温度的上升，食品细胞内冻结点较低的冰结晶首先融化，然后细胞间隙内冻结点较高的冰结晶才融化。由于细胞外的溶液浓度比细胞内低，水分就逐渐向细胞内渗透，并且按照细胞亲水胶质体的可逆程度重新吸收。但是，实际上要使冻结食品的水分恢复到未冻结前的分布状态并非易事。因为①细胞受到冰晶体的损害后，显著降低了它们原有的持水能力。②细胞的化学成分，主要是蛋白质的溶胀力受到了损害。③冻结使食品的组织结构和介质的pH发生了变化，同时复杂的大分子有机物质有一部分分解为较为简单的和持水能力较弱的物质。

某肉类食品的冻结和解冻曲线如图1－1－42所示。

从图1－1－42可以看出，肉类食品的冻结曲线与其解冻曲线有相似之处，即在－5～－1℃的冰结晶最大生成带，肉中心的温度变化都比较缓慢。所不同的是肉中心在解冻过程中通过－5～－1℃温度区的温度变化比肉中心冻结时的温度变化要缓慢得多。在食品与传热介质之间的温度差、对流放热系数和食品的厚度都相同的情况下，食品在

解冻过程中通过 $-5\sim-1$℃温度区的速度较慢的原因，是由于食品中的冰结晶融化成水，其质量热容变大，而热导率变小。若要快速解冻，就必须使冻结食品快速通过 $-5\sim-1$℃温度区。

冻结食品解冻时的汁液流失量与诸多因素有关。快速冻结的食品，解冻时汁液流失量少；低温冻藏的食品，解冻时汁液流失量也较少；牲畜、鱼类和家禽的肉的 pH 越接近其蛋白质的等电点，解冻时的汁液流失量也越大；食品的解冻速度越慢，解冻时的汁液流失就越少。

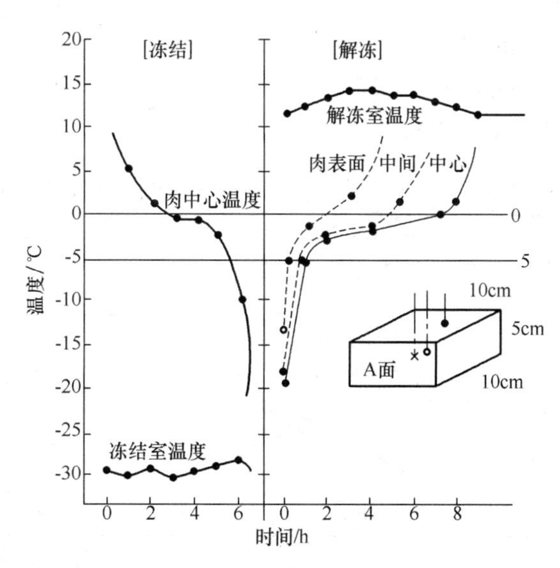

图 1－1－42　某肉类食品的冻结和解冻曲线

○肉表面深 1cm × 肉中间深 2.5cm，距 A 面 2.5cm

●肉中心深 2.5cm，距 A 面 5cm

缓慢解冻时，食品组织之所以能最大程度地恢复其原来的水分分布状态，是由于细胞间隙内的冰结晶的冻结点较高，解冻较慢。缓慢解冻时，这部分的冰结晶可以边缓慢地解冻，边向细胞内渗透，而不至于因全部冰结晶同时解冻而造成汁液大量外流。

动物组织一般不像植物组织那样易受到冻结和解冻的损害。水果最易受到冻结的损害，蔬菜次之。冻鱼解冻时的汁液流失比肉、禽大，而家禽比起牲畜肉易受冻结的损害。牲畜肉只要其 pH 远离其蛋白质的等电点，解冻时能保持其良好的持水能力。

食品冻结时，最浓的溶液总是最后冻结，因而也就最先解冻。这样，食品解冻时食品和高浓度溶液的接触时间就增长，从而加强了浓缩带来的危害，因此缓慢解冻也存在着对食品品质不利的因素。

食品解冻时，由于温度的升高以及空气中的水分在冻结食品冷表面上的凝结，都会加剧微生物的生长繁殖，加速生化变化，而且这些变化远比未冻结食品强烈得多。这主要是由于食品冻结后，食品的组织结构在不同程度上受到冰结晶的破坏，这为微生物向食品的内部入侵提供了方便。食品解冻时的温度越高，微生物越容易生长活动并导致食品的腐败变质。因此，在解冻过程中应设法将微生物活动和食品的品质变化降到最缓慢的程度。为此，首先必须尽一切可能降低冻结食品的污染程度。其次，在缓慢解冻时尽可能采用较低的解冻温度。

最近由冷冻显微镜观察，细胞吸水过程是极快的，所以目前已倾向快速解冻。现在已成功地对不少冻结食品采用了快速解冻技术，不但缩短了解冻时间，而且缩短了微生物增殖的时间。解冻对全蛋冻品内微生物的影响见表 1－1－43。

解冻终温取决于冻品的用途。用作加工原料的冻品，半解冻状态（即中心温度 -5℃）就可以了，以能用刀切断为准，此时食品的汁液流失较少。解冻介质的温度不宜过高，一般不超过 10～15℃。但是对蔬菜类食品如青豆等，为了防止淀粉老化，宜采用蒸汽、沸水、热油等高温解冻并且煮熟。冻结前经过加热烹调等处理的方便食品，快速解冻的效果比缓慢解冻的好。大多数水果供生食之用，因此冻结水果不宜采用沸煮解冻法。绝大多数的冻结水果只有在正好全解冻时，食用质量最佳。冻结水果可采用低温条件的快速解冻。

表1-1-43　解冻对全蛋冻品内微生物的影响

解冻方法		解冻所需时间/h	解冻时微生物增量/%
空气	26.7℃	23	1000
	21.1℃	36	750
	7.2℃	63	225
水	16.6℃流水	15	250
	21.1℃流水	12	300
	15.6℃搅拌水	9	40
微波加热解冻		15（min）	几乎没有

注：全蛋冻品为13.6kg的大包装。

2. 食品解冻的方法

从能量的提供方式和传热的情况来看，解冻方法可以分为两大类：一类是采用具有较高温度的介质加热食品物料，传热过程是从食品物料的表面开始，逐渐向食品物料的内部（中心）进行；另一类是采用介电或微波场加热食品物料，此时食品物料的受热是内外同时进行。

（1）空气解冻法　空气解冻法是采用温热的空气作为加热介质，将要解冻的食品物料置于热空气中进行加热升温解冻。空气的温度不同，物料的解冻速率也不同。0～4℃的空气为缓慢解冻，20～25℃则可以达到较快速的解冻。由于空气的比热容和导热率都不大，在空气中解冻的速率不高。在空气中混入水蒸气可以提高空气的相对湿度，改善其传热性能，提高解冻的速率，还可以减少食品物料表面的水分蒸发。解冻时的空气可以是静止的，也可以采用鼓风。当采用高湿空气解冻时，空气的相对湿度一般不低于98%，空气的温度可以在-3～20℃的范围，空气的流速一般为3m/s。但在使用高湿空气时，应注意防止空气中的水分在食品物料表面冷凝析出。

（2）水或盐水解冻法　水和盐水解冻都属于液体解冻法。由于水的传热特性比空气好，食品物料在水或盐水中的解冻速率要比在空气中快很多。类似液体冻结时的情况，液体解冻也可以采用浸渍或喷淋的形式进行。水或盐水可以直接和食品物料接触，但应以不影响食品物料的品质为宗旨，否则食品物料应有包装等形式的保护。而鱼片、鱼糜制品不适宜用此法解冻，因为鱼片、鱼糜中的营养物质会被水浸出，冻品也易受到水的污染。解冻时水或盐水的温度一般在4～20℃，盐水一般为食盐水，盐的浓度一般为4%～5%，盐水解冻主要用于海产品。盐水还对物料有一定的脱水作用，如用盐水解冻海胆时，海胆的适度脱水可以防止其出现组织崩溃。

（3）冰块解冻法　冰块解冻法一般是采用碎冰包围欲解冻的食品物料，利用接近水

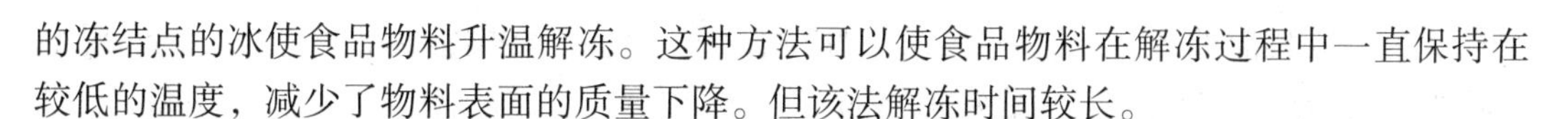

的冻结点的冰使食品物料升温解冻。这种方法可以使食品物料在解冻过程中一直保持在较低的温度，减少了物料表面的质量下降。但该法解冻时间较长。

（4）水蒸气凝结解冻法　水蒸气凝结解冻又称真空解冻。在真空状态下水在低温时就沸腾，沸腾时形成的水蒸气遇到更低温度的冻品时就在其表面凝结成水珠，蒸汽凝结成水珠时放出相变潜热，使冻结食品解冻。此法适用于鱼、鱼片、各种肉、果蔬、蛋、浓缩状食品。此法解冻比空气解冻的效率提高2~3倍。冻结食品采用该法解冻时，不会发生氧化和干耗，汁液流失也少。

（5）板式加热解冻法　板式加热解冻法与板式冻结法相似，是将食品物料夹于金属板之间进行解冻。此法适合于外形较为规整的食品物料，如冷冻鱼糜、金枪鱼肉等，其解冻速率快，解冻时间短。

（6）微波解冻法　见本篇第五章第一节微波技术。

（7）高压静电解冻法　高压静电解冻法是用10~30kV的电场作用于冰冻的食品物料，将电能转变成热能，从而将食品物料加热。这种方法解冻时间短，物料的汁液流失少。

除了上述的解冻方法外，近年来人们一直在寻找新的解冻方法，如超声波解冻等。

第五节　食品的冷链流通

一、食品冷链

食品冷链（food cold chain）是指从生产到销售，用于易腐食品收集加工、贮藏、运输、销售直到消费前的各种冷藏工具和冷藏作业过程的总和。它是随着科学技术的进步、制冷技术的发展而建立起来的，是以冷冻工艺学为基础、以制冷技术为手段的低温物流过程。目前食品冷藏链由食品的冷冻加工、冷冻贮藏、冷藏运输及配送和冷冻销售4个方面构成。

冷链物流的适用范围包括：蔬菜、水果、肉、禽、蛋、水产品、花卉产品等初级农产品；速冻食品、禽、肉、水产等包装熟食、冰淇淋和乳制品；快餐原料以及特殊商品药品等。冷链的建设要求把所涉及的生产、运输、销售、经济和技术性等各种问题集中起来考虑，协调相互间的关系，以确保易腐农产品的加工、运输和销售，保证食品品质和安全，减少食品损耗，防止污染。

（一）食品冷链主要环节

食品冷链中的主要环节有：原料前处理环节、预冷环节、速冻环节、冷藏环节、流通运输环节、销售分配环节等，如图1-1-43所示。

原料前处理、预冷、速冻这三个环节都是食品冷加工环节，我们可以称其为冷藏链中的“前端环节”；冷藏环节，主要是冷却物冷藏和冻结物冷藏，这是冷藏链的“中端环节”；销售分配环节，是冷藏链的“末端环节”，而流通运输则贯穿在整个冷藏链的各个环节中。原料前处理、预冷、速冻，对冷藏链中冷食品（指冷却和冻结食品）的质量影响很大，因此，前端环节是非常重要的。

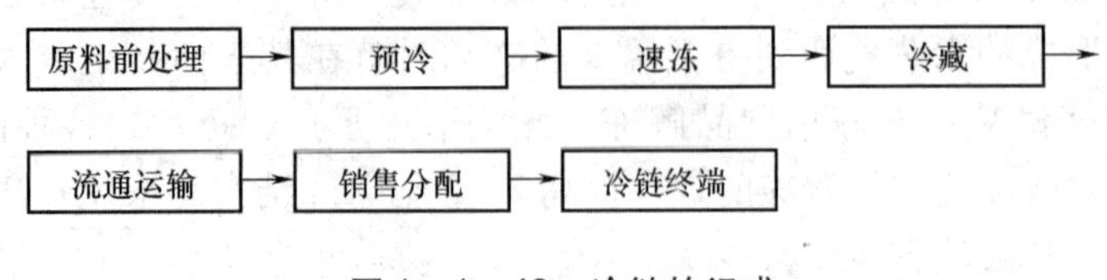

图1-1-43　冷链的组成

（二）食品冷藏链主要设备构成

贯穿在整个冷藏链各个环节中的各种装备、设施，主要有原料前处理设备、预冷设备、速冻设备、冷藏库、冷藏运输设备、冷冻冷藏陈列柜（含冷藏柜）、家用冷柜、电冰箱等，如图1-1-44所示。

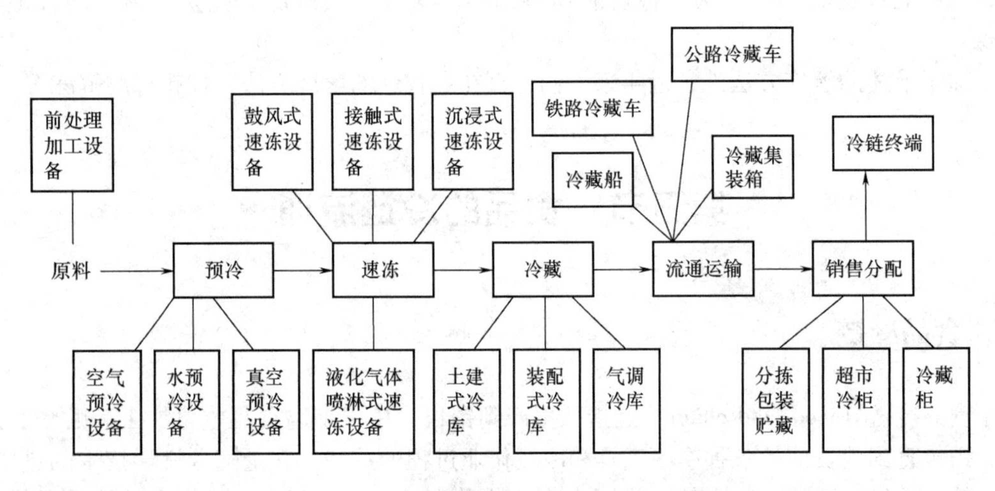

图1-1-44　组成食品冷藏链的装备、设施

（三）冷藏链的特点

由于食品冷藏链是以保证易腐食品品质为目的，以保持低温环境为核心要求的供应链系统，所以它比一般常温物流系统的要求更高，也更加复杂。首先，它比常温物流的建设投资要大很多，它是一个庞大的系统工程，以冷藏库建设为例，一个中型冷藏库的造价是同样规模的常温仓库的2~3倍；其次，易腐食品的时效性要求冷藏链各环节具有更高的组织协调性，冷藏链运行的关键是不能出现断链；最后，食品冷藏链的运行成本始终和能耗成本相关联，有效控制运作成本与食品冷藏链的发展密切相关。

（四）食品冷藏链的发展状况与展望

资料表明，水果和蔬菜总量的50%，肉、鱼、奶等易腐食品的100%都需要冷藏，这样才能减少损耗。冷藏链是保持食品原有色、香、味的重要手段，而且成本较低，保鲜时间较长。美国人巴尔里尔（A. Barrier）和英国人莱迪齐（J. Aruddich）于1884年分别提出食品依托冷链流通的方法。到20世纪30年代，欧洲和美国的食品冷藏链已经初步建立。1958 年，美国人阿萨德等提出了保证冷冻食品的 3T 概念，即冷藏链中贮藏和流通的时间（time）、温度（temperature）、产品耐藏性（tolerance）；随后美国人左尔提出了冷冻食品品质保证的 3P 概念，即原料（products）、加工工艺（processing）、包装（package）；后来又有人提出了冷却（chilling）、清洁（clean）、小心（care）的 3C 原则。这些概念不仅成为低温食品加工流通与冷链设施建设所遵循的理论技术依据，而且奠定了低温食品和冷链发展与完善的理论基础。

我国的冷链产生于 20 世纪 50 年代的肉食品外贸出口。冷冻食品随着冷藏链的不断完善而发展，迅速发展的冷冻食品产业又促进了冷藏链的进步，冷藏链对食品的品质至关重要。目前我国食品冷冻、冷藏行业主要分布在畜产品加工制造业、水产品加工制造业、果蔬加工业、速冻食品制造业、冷冻饮品生产制造业以及上述各类产品的流通领域。2010 年国家发展改革委编制并发布了《农产品冷链物流发展规划》，标志着冷链物流作为一个新的专业领域得到认可。中国物流技术协会冷链物流专业委员会促进我国冷链物流行业走向全面合作和逐步规范的道路，加强了国家标准化委员会的冷链物流（标准）分技术委员会的工作，为今后我国冷链物流行业的发展奠定了基础。

二、食品冷藏链运输设备

冷冻运输设备是指在保持一定低温的条件下运输冷冻食品所用的设备，是冷藏装置与交通工具相结合的冷藏装置，是食品冷藏链的重要组成部分。从某种意义上说，冷冻运输设备是可以移动的小型冷藏库。运输用冷藏装置目前主要有冷藏汽车、铁路冷藏车、冷藏集装箱、冷藏船等。由于同交通工具相结合，运输用冷藏装置具有如下特点。

（1）厢体采用金属结构　运输用冷藏装置的厢体采用金属骨架，内外侧多采用薄钢板或铝合金板，中间填充隔热材料。厢体要有足够的强度和刚度，在装卸货物时经受重压，同时还要便于叉车或吊车的使用。

（2）装备负荷变化大　运输冷藏装备可以随运输工具昼夜行进。白天环境温度高而且厢体还要受到太阳的辐射，冷藏装置的负荷大；夜晚环境温度低，冷藏装置负荷小。此外，冷藏装置的载货品种与装载量的变化大，货物的热容量也不同，这样也导致装置的负荷变化大。

（3）制冷方式多　运输用冷藏装置可以用于长途运输，也可以用于短途运输，因而其制冷方式多种多样。冷藏装置有采用制冷机的机械制冷式，有采用蓄冷剂的冷板式，有采用冰或盐混合物的冰冷式，也有采用向厢内喷液的一次扩散式等制冷方法。

隔热层具有良好的防潮措施　运输用冷藏装置运载货物的周期短，操作频繁，舱（厢）内的空气温度易受装卸货物的影响，使得舱（厢）内空气的温度可能高于隔热层表面的温度，使与此表面接触的空气含水量达到饱和程度，水蒸气分压高于隔热层内部的水蒸气分压，这就可能使水蒸气渗入隔热层中，影响隔热层的隔热性能，因此，隔热层必须具有良好的防潮措施。

（一）冷藏汽车

冷藏汽车广义上泛指运输易腐货物的专用汽车，是公路冷藏运输的主要工具，按专用设备功能可将其细分为保温汽车、冷藏汽车和保鲜汽车。只有隔热车体而无制冷机组的称为保温汽车；有隔热车体和制冷机组且厢内温度可调范围的下限低于-18℃，用来运输冻结货物的称冷藏汽车；有隔热车体和制冷机组（兼有加热功能），厢内温度可调范围在0℃左右，用来运输新鲜货物的称为保鲜汽车。

按制冷方式又可将冷藏汽车分为冰冷冷藏车、机械冷藏车、冷冻板制冷冷藏车、干冰制冷冷藏车和液氮冷藏车等。

1. 机械制冷冷藏汽车

机械冷藏汽车车内带有蒸气压缩式制冷机组，采用直接吹风冷却，车内温度实现自动控制，很适合短、中、长途特殊冷藏货物的运输。

这种冷藏汽车带有蒸气压缩式制冷机组，通常安装在车厢前端，称为车首式制冷机组。大型货车的制冷压缩机配备专门的发动机（多数情况下用汽油发动机，以便利用与汽车发动机同样的燃油）。小型货车的压缩机与汽车共用一台发动机。压缩机与汽车共用一台发动机时，车体较轻，但压缩机的制冷能力与车行速度有关，车速低时，制冷能力小。通常用40km/h的速度设计制冷机的制冷能力。为在冷藏汽车停驶状态下驱动制冷机组，有的冷藏汽车装备一台能利用外部电源的电动机。

空气冷却器通常安装在车厢前端，采用强制通风方式。冷风贴着车厢顶部向后流动，从两侧及车厢后部下到车厢底面，沿底面间隙返回车厢前端。这种通风方式使整个食品货堆都被冷空气包围着，外界传入车厢的热流直接被冷风吸收，不会影响食品的温度。为了形成上述冷风循环，食品要堆放在木板条上，在货垛的顶部与四围留有一定的间隙，作为冷空气循环通路。

运输冷却水果、蔬菜时，果蔬放出呼吸热，除了在货堆周围留有间隙以利通风外，还要在货堆内部留有间隙，便于冷风把果蔬放出的呼吸热及时带走。运输冻结食品时，没有呼吸热放出，货垛内部不必留间隙，只要冷风能在货堆周围循环即可。

车厢内的温度用恒温器控制，使车厢内的温度保持在与规定温度偏离±2℃的范围内。冷藏汽车壁面的热流量与外界温度、车速、风力及太阳辐射有关。停车时太阳辐射的影响是主要的；行车时空气流动的影响是主要的。最常用的隔热材料是聚苯乙烯泡沫塑料和聚氨酯泡沫塑料。厢壁的传热系数通常小于0.6W/(m^2·℃)。

机械制冷冷藏汽车的优点是：车内温度比较均匀稳定，车内温度可调，运输成本较低。其缺点是：结构复杂，易出故障，维修费用高；初期投资高；噪声大；大型车的冷却速度慢，时间长，需要融霜。

2. 液氮制冷冷藏汽车

液氮冷藏汽车主要由汽车底盘、隔热车厢和液氮制冷装置构成，利用液氮汽化吸热的原理，使液氮从-196℃汽化并升温到-20℃左右，吸收车厢内的热量，实现制冷并达到给定的低温。

液氮制冷装置主要由液氮容器、喷嘴及温度控制器组成。由液氮容器供给的液氮由喷嘴喷出，汽化过程吸收大量热量，使车厢降温。根据厢内温度，恒温器自动地打开或关闭液氮通路上的电磁阀，调节液氮的喷射，使厢内温度维持在规定温度 ±2℃范围内。液氮汽化时，容积膨胀600倍，即使货堆密实，没有通风设施，也能使氮气进入货堆内，使车内温度达到均匀。为了防止车厢内压力升高，车厢上部装有排气管，供氮气排出车外。由于车厢内空气被氮气置换，长途运输冷却水果、蔬菜时，可能对果蔬的呼吸作用产生一定影响。运输冻结食品时，氮气置换了空气，有助于减少食品的氧化。由于运输时间一般不很长，减少食品氧化的优点并不明显。

液氮冷藏汽车的优点：装置简单，初投资少；降温速度很快；无噪声；与机械制冷装置比较质量大大减小。缺点：液氮成本较高；运输途中液氮补给困难，长途运输时必须装备大的液氮容器，减少有效载货量。

3. 干冰制冷冷藏汽车

车厢中装有隔热的干冰容器，可容纳100kg或200kg干冰。干冰容器下部有空气冷却器，用通风使冷却后的空气在车厢内循环。吸热升华的气态二氧化碳由排气管排出车外，车厢中不会蓄积二氧化碳气体。

由空气到干冰的传热是以空气冷却器的金属壁为间壁进行的，干冰只在干冰容器下部与空气冷却器接触的一侧进行升华。根据车内温度，恒温器调节通风机的转速，即靠改变风量调节制冷能力。

干冰制冷冷藏汽车的优点：设备简单，投资费用低；故障率低，维修费用少，无噪声。缺点：车厢内温度不够均匀，冷却速度慢，时间长，干冰的成本高。

4. 冷冻板制冷冷藏车

冷冻板中装有预先冻结成固体的低温共晶溶液，外界传入车厢的热量被冷冻板中的共晶溶液吸收，共晶溶液由固态转变为液态，实现冷藏汽车的降温。只要冷冻板的块数选择合理，就能保证运输途中车厢内维持规定的温度。

蓄冷的方法通常有两种：①利用集中式制冷装置，即当地现有的供冷藏库用的或具有类似用途的制冷装置。拥有冷冻板冷藏汽车很多的地区，可设立专门的蓄冷站，利用停车或夜间使冷冻板蓄冷。②借助于装在冷藏汽车内部的制冷机组，停车时借助外部电源驱动制冷机组使冷冻板蓄冷。

从有利于厢内空气对流来方面来讲，应将冷冻板安装在车厢顶部，但这会使车厢重心升高，不平稳。出于安全上的考虑，一般将冷冻板安装在车厢两侧。冷冻板本身重量很大。机械制冷冷藏车，即使制冷机带有专用发动机，机组重量不过300～400kg。要使4t的冷冻板冷藏车保持－18℃，所用冷冻板的重量达800～900kg，使有效载重量减少。

冷冻板冷藏汽车的优点：设备费用比机械式的少；可以利用夜间廉价的电力为冷冻板蓄冷，降低运输费用；无噪声；故障少。缺点：冷冻板的数量不能太多，蓄冷能力有限，不适于超长距离运输冻结食品；冷冻板减少了汽车的有效容积和载货量；冷却速度慢。

5. 保温汽车

保温汽车不同于以上4种冷藏汽车，它没有制冷装置，只在壳体上加设隔热层。这种汽车不能长途运输冷冻食品，只能用于市内由批发商店或食品厂向零售商店配送冷冻食品。

国产保温车的车体用金属内外壳，中夹聚苯乙烯塑料板为隔热层，传热系数为

0.47～0.80W/(m^2·℃)，装货容积8～21m^3，载重量2～7t。在我国冷藏企业中，只有很少一部分企业修有铁路专用线，能用冷藏火车、保温火车，绝大部分企业主要用保温汽车将冷冻加工后的食品运往分配性冷藏库或零售商店。由分配性冷藏库送往销售网点或由港口冷藏库运到码头也主要靠保温汽车。

6. 冷藏车的热负荷计算

冷藏车的热负荷Q_0是由以下几部分组成：通过箱体维护结构传入的热量Q_1、车厢各处缝隙泄露传入车厢的热量Q_2、太阳辐射进入车厢的热量Q_3、车内食品的呼吸热Q_4、开门漏热量Q_5和车厢内照明与风机的发热量Q_6。

（1）箱体维护结构的传热量Q_1

$$Q_1 = KA(\theta_h - \theta_n) \tag{1-1-20}$$

式中 K——箱体结构的传热系数，W/(m^2·℃)；

A——箱体外表面面积，m^2；

θ_h——环境空气温度，常用使用环境最高温度计算，℃；

θ_n——车厢内空气温度，℃。

（2）车厢各处缝隙泄漏传入车厢的热量Q_2

$$Q_2 = \frac{1}{3600}\beta\rho V[c_\rho(\theta_h - \theta_n) + r(\varphi_1 d_1 - \varphi_2 d_2)] \tag{1-1-21}$$

式中 β——车厢漏气系数；

ρ——车厢内空气密度，kg/m^3；

V——车厢内容积，m^3；

r——水蒸气的凝固热，J/kg；

φ_1、φ_2——车厢外、内空气的相对湿度，%；

d_1、d_2——车厢外、内饱和空气的绝对湿度，kg/kg。

实际计算时，也可采用经验公式：

$$Q_2 = (0.1 \sim 0.2)Q_1 \tag{1-1-22}$$

（3）太阳辐射进入车厢的热量Q_3

$$Q_3 = KA_f(\theta_f - \theta_n)t_1/24 \tag{1-1-23}$$

式中 A_f——车厢表面受太阳辐射的面积，一般取车厢总传热面积的30%～40%，m^2；

θ_f——车厢外表面受太阳辐射的平均温度，$\theta_f = \theta_h + 20$，℃；

t_1——每昼夜日照时间，常取12～16，h。

（4）车内食品的呼吸热Q_4

$$Q_4 = m\Delta H t_2 \tag{1-1-24}$$

式中 m——车内食品的质量，kg；

ΔH——单位质量的食品在单位时间内的呼吸热，W/(kg·h)；

t_2——车内食品的保冷时间，h。

（5）开门漏热量Q_5

$$Q_5 = \alpha Q_1 \tag{1-1-25}$$

式中 α——开门频度系数。

运输途中不开门时，$\alpha=0.25$；开门6次以下时，$\alpha=0.5$；开门次数为7~12次时，$\alpha=0.75$；开门次数为12次以上时，$\alpha=1$。

（6）车厢内照明灯与风机电机产生的热量 Q_6

$$Q_6 = \sum P_i t_3/24 \qquad (1-1-26)$$

式中 P_i——照明灯、风机电机等的功率，W；

t_3——运输时照明灯和风机等每天使用的时间，h。

（7）冷藏车的热负荷 Q_0

$$Q_0 = Q_1 + Q_2 + Q_3 + Q_4 + Q_5 + Q_6 \qquad (1-1-27)$$

（二）冷藏火车

在食品冷藏运输中，铁路冷藏车具有运输量大、速度快的特点，在食品冷藏运输中占有重要地位。良好的冷藏火车应具有良好的隔热性能，并设有制冷、通风和加热装置。它能适应铁路沿线和各个地区的气候条件变化，保持车内食品必要的贮运条件，在要求的时间完成食品运送任务。冷藏火车是我国食品冷藏运输的主要承担者。

铁路冷藏车分为冰冷藏车、机械冷藏车、冷冻板式冷藏车、无冷源保温车、液氮和干冰冷藏车，其中以机械冷藏车和冰冷藏车在我国使用最为广泛。

1. 冰制冷冷藏火车

加冰铁路冷藏车具有一般铁路棚车相似的车体结构，但设有车壁、车顶和地板隔热、防潮结构，装有气密性好的车门。我国铁路典型加冰保温车有B11、B8、B6B型等。其车壁用厚170mm、车顶用厚196mm的聚苯乙烯或聚氨酯泡沫塑料隔热防潮，地板采用玻璃棉及油毡复合结构防潮，还设有较强的承载地板和镀锌铁皮防水及离水格栅灯设施。

这种冷藏火车的冷源是冰或冰盐，置于车厢两端，利用冰或冰盐混合物的融解热，使车内温度降低。以纯冰作冷源的加冰保温车，由于冰的融解温度为0℃，所以只能运送贮运温度在0℃以上的食品如蔬菜、水果、鲜蛋之类。然而当冰盐混合物作冷源时，由于在冰上加盐，盐吸收水而形成水溶液，并与未融冰形成两相（冰、水）混合物，因为盐水溶液的冰点低于0℃，则使两相混合物中的冰也在低于0℃以下融解。试验证明，混合物的融解温度最低可降到-8~-4℃或更低的温度。此时，可以适应鱼、肉等的冷藏运输条件。

加冰冷藏火车结构简单，造价低，冰和盐的冷源价廉易购，但车内温度波动较大，温度调节困难，使用局限性较大。而且行车沿途需要加冰、加盐，影响列车速度，融化的冰盐水不断溢流排放，腐蚀钢轨、桥梁等，近年已被机械冷藏车等逐步取代。

2. 机械制冷冷藏火车

铁路机械冷藏车是以机械式制冷装置为冷源的冷藏车，它是目前铁路冷藏运输中的主要工具之一。按供冷方式分为整列车厢集中供冷和每个车厢分散供冷两种类型。铁路机械冷藏车具有制冷速度快、温度调节范围大、车内温度分布均匀和运送迅速等特点。在运输易腐食品时，工况要求如下：对未预冷的果蔬，能从25~30℃冷却到4~6℃；在0~6℃的温度下运送冷却物；在-12~-6℃的温度下运送冻结物；在11~13℃的温度下运送香蕉等货物。机械铁路冷藏车适应性强，能实现制冷、加热、通风换气，以及融霜的自动化。新型机械冷藏车还设有温度自动检测、记录和安全报警装置。

铁路机械冷藏车一般以车组出现，车厢长 15～21m、宽 2.8～3.1m、高 3.1～4.4m，有效装载容积 70～90m^3，载质量 30～40t。采用聚苯乙烯或发泡聚氨酯作隔热层，围护结构的传热系数为 0.29～0.49W/(m^2·℃)。制冷机为双级氟利昂半封闭式压缩机，其标准产冷量为 10.5～24.4kW。

冷空气在冷藏车厢内的均匀分布十分重要。利用通风机强制空气流经蒸发器，冷却后的空气沿顶板与厢顶形成的风道流动，并从顶板上开设的缝隙沿着车厢侧壁从上向下流动，冷空气流过食品垛后温度升高，由垛下的回风道被通风机吸回，重新冷却。行车时车内温度基本上可由一台制冷机组维持，另一台制冷机组备用。必要时可同时启动 2 台制冷机组。

为了在很低的外界温度下运行时保持规定的车厢温度，有的冷藏火车配备有电加热装置。

3. 冷冻板制冷冷藏火车

冷冻板冷藏车是在一节隔热车体内安装冷冻板而成的。冷冻板内充注一定量的低温共晶溶液，当共晶溶液充冷冻结后，即贮存冷量，并在不断融解的过程中吸收热量，实现制冷。铁路冷冻板冷藏车的冷冻板装在车顶或车壁上。充冷时可以地面充冷，也可以自带制冷机充冷；低温共晶溶液可以在冷冻板内反复冻结、融解，循环使用，制造成本低，运行费用小。

冷板式冷藏车的缺点是要求车站设置充冷站，而充冷站的设置又涉及投资与合理布局等问题。为了克服冷板车的缺点而产生了机械冷板式冷藏车。

机械冷板式冷藏车是在车上设置制冷机组，靠车站地面电源供电，驱动制冷机组为冷板充冷。制冷机组采用风冷式压缩冷凝机组，在冷板中装有蒸发器并与制冷机组相连。充冷时只需开启制冷机即可使冷板中的低共晶溶液冻结。

4. 干冰制冷冷藏火车

若食品不宜与冰、水直接接触，也可用干冰代替水和冰。可将干冰悬挂在车厢顶部或直接将干冰放在食品上。运输新鲜水果、蔬菜时，为了防止水果、蔬菜发生冻害，不要将干冰直接放在水果、蔬菜上，两者要保持一定的间隙。

用于冰冷藏运输新鲜食品时，空气中的水蒸气会在干冰容器表面上结霜。干冰升华完后，容器表面的霜会融化成水滴落到食品上，为此，要在食品表面覆盖一层防水材料。

5. 液氮制冷冷藏火车

液氮冷藏车是在具有隔热车体的冷藏车上装设液氮贮罐而成的。罐中的液氮通过喷淋装置喷射出来，突变到常温常压状态，并汽化吸热，造成对周围环境的降温。氮气在标准大气压下 -196℃ 液化，因此在液氮汽化时便产生 -196℃ 的低温，并吸收 199.2 kJ/kg的汽化潜热而实现制冷。液氮制冷过程吸收的汽化潜热和温度升高吸收的热量之和，即为液氮的制冷量，其值为 385.2～418.7kJ/kg。液氮冷藏车兼有制冷和气调的作用，能较好地保持易腐食品的品质。

（三）冷藏船

冷藏船主要用于渔业，尤其是远洋渔业。远洋渔业的作业时间很长，有的长达半年以上，必须用冷藏船将捕捞物及时冷冻加工和冷藏。此外，由海路运输易腐食品也必须用冷藏船。

船舶冷藏包括渔业冷藏船、商业冷藏船、海上运输船的冷藏货舱和船舶伙食冷库，此外还包括海洋工程船舶的制冷及液化天然气的贮运槽船等。

渔业冷藏船通常与海上捕捞船组成船队，船上制冷装置为本船和其他船舶的渔获物进行冷却、冷冻加工和贮运。商业冷藏船作为食品冷藏链中的一个环节，完成各种水产品或其他冷藏食品的转运，保证运输期间食品必要的运送条件。运输船上的冷藏货舱主要担负进出口食品的贮运。船舶伙食冷库为船员提供各类冷藏食品，满足船舶航行期间船员生活的必需。此外，各类船舶制冷装置还为船员在船上制作所需的冷饮和冷食。

现在国际上的冷藏船分3种：冷冻母船、冷冻运输船、冷冻渔船。冷冻母船是万吨以上的大型船，有冷却、冻结装置，可进行冷藏运输。冷冻运输船包括集装箱船，它的隔热保温要求很严格，温度波动不超过±5℃。冷冻渔船一般是指备有低温装置的远洋捕鱼船或船队中较大型的船。冷藏船包括带冷藏货舱的普通货船和只有冷藏货舱的专业冷藏船，此外还有专门运输冷藏集装箱的船和特殊货物冷藏运输船。

船舶冷藏需具有隔热结构良好且气密的冷藏舱船体结构，必须通过隔热性能试验鉴定或满足平均传热系数不超过规定值的要求，其传热系数一般为0.4～0.7W/(m^2·K)；具有足够的制冷量，且运行可靠的制冷装置与设备，以满足在各种条件下为货物的冷却或冷冻提供制冷量；船舶冷藏舱结构上应适应货物装卸及堆码要求，设有舱高2.0～2.5m的冷舱2～3层，并在保证气密或启闭灵活的条件下，选择大舱口及舱口盖；船舶冷藏的制冷系统有良好的自动控制，保证制冷装置的正常工作，为冷藏货物提供一定的温湿度和通风换气条件；船舶冷藏的制冷系统及其自动控制器、阀件技术等比陆用要求更高，如性能稳定性、使用可靠性、运行安全性、工作抗震性和抗倾斜性等。

冷藏船上一般都装有制冷装置，用船舱隔热保温。船用制冷设备及备用机的主要要求应以我国《钢制海船入级与建造规范》为依据，渔船应以我国《钢制海洋渔船建造规范》为依据，所有设备配套件均应经船舶检验部门检验并认可后方能装船。

（四）船舶冷藏货舱

我国海上冷藏运输任务主要由冷藏货船承担。冷藏货舱按冷却方式分为两种，即直接冷却和间接冷却。

直接冷却时，制冷剂在冷却盘管内并直接吸收冷藏舱内的热量，其热量的传递是依靠舱内空气的对流作用。直接冷却按照空气的对流情况，又有直接盘管冷却和直接吹风冷却两种，前者舱内空气为自然对流，后者为强迫对流。强迫对流冷却的冷却效率高，舱内降温速度快，温湿度分布均匀，易于实现自动融霜，但其能耗较大，运行费高，货物干耗大，结构也较复杂。

间接冷却时，制冷剂在盐水冷却器内先冷却盐水（即载冷剂），然后通过盐水循环泵，把低温盐水送至冷藏舱内的冷却盘管，实现冷藏舱的降温。冷藏舱的降温是通过盐水吸热，相对制冷剂而言是间接获得热量。间接冷却根据其空气对流特点，也有间接吹风冷却和间接盘管冷却之分，其特点类同于直接吹风冷却和直接盘管冷却。

（五）冷藏集装箱

集装箱是国内外公认的一种经济合理的运输工具，在海、陆、空运输中占有重要地位和作用。冷藏集装箱技术和冷藏集装箱运输更具有特殊的意义。大力发展集装箱运输是我国交通运输的既定技术政策。

冷藏集装箱是一具有良好隔热、气密，且能维持一定低温要求，适用于各类易腐食品的运送、贮存的特殊集装箱。

冷藏集装箱主要有保温集装箱、外置式冷藏集装箱、内藏式冷藏集装箱、气调冷藏集装箱、液氮和干冰冷藏集装箱，采用镀锌钢结构，箱内壁、底板、顶板和门由金属复合板、铝板、不锈钢板或聚酯-胶合板制造。大多采用聚氨基甲酸酯泡沫作隔热材料。常用的隔热材料有玻璃棉、聚苯乙烯、发泡聚氨酯等。

目前，国际上集装箱尺寸和性能都已标准化，标准集装箱基本上是三类：20×8×8，20×8×8.6，40×8×8.6（长×宽×高，单位 ft，1ft = 0.3048m）。使用温度范围为 -30℃（用于运送冻结食品）到12℃（用于运送香蕉等果蔬），更通用的范围是 -30 ~ 20℃。我国目前生产的冷藏集装箱主要有两种外形尺寸：6058mm × 2438mm × 2438mm 和 12192mm × 2438mm × 2896mm。

冷藏集装箱必须具有良好的隔热性能。内藏式冷藏箱的制冷装置必须稳定可靠，通用性强，并配有实际温度自动检测记录和信号报警装置。冷藏集装箱具有装卸灵活、货物运输温度稳定，货物污染、损失低，适用于多种运载工具等优点。此外，集装箱装卸速度很快，使整个运输时间明显缩短，降低了运输费用。

按照运输方式冷藏集装箱可分为海运和陆运两种。船舶冷藏集装箱是专门用于运送冷冻货和冷藏货的集装箱。海运和陆运冷藏集装箱的外形尺寸没有很大差别，但陆地运输的特殊要求又使两者有着一些差异。如海运冷藏集装箱的制冷机组用电是由船上统一供给，不需自备发电机，因此机组结构简单、体积小、造价低，但当其卸船后，就得靠码头供电才能继续制冷，如要转入陆路运输时，就必须增设发电机组，国际上常规做法是采用插入式发电机组。

用冷藏集装箱运输的优点是：可用于多种交通运输工具进行联运，中间无需货物换装，而且货物可不间断地保持在所要求的低温状态，从而避免了食品质量的下降；集装箱装卸速度很快，使整个运输时间明显缩短，降低了运输费用。

冷藏集装箱的冷却方式很多，多数利用机械制冷机组，少数利用其他方式（冰、干冰、液化气体等）。集装箱应保证冷空气在箱内循环，使温度分布均匀。集装箱内部应容易清洗，且不会因用水洗而降低隔热层的隔热性能。底面应设排水孔，能防止内外串气，保持气密性。对机械制冷的冷藏集装箱，应保证制冷压缩机既可用各自的动力机驱动，也可以用外部电源驱动。

（六）航空运输

航空冷藏运输是现代冷藏链中的组成部分，是市场贸易国际化的产物。航空运输是所有运输方式中速度最快的一种，但是运量小、运价高，往往只用于急需物品、珍贵食品、生化制品、药品、苗种、观赏鱼、花卉、军需物品等的运输。

1. 运输速度快

飞机作为现代速度最快的交通工具，是冷藏运输中的理想选择，特别适用于远距离的快速运输。然而飞机往往只能运行于机场与机场之间，冷藏货物的进出机场还要有其他方式的冷藏运输来配合，因此，航空冷藏运输一般是综合性的，采用冷藏集装箱，通过汽车、列车、船舶、飞机等联合连续运输。

2. 冷藏集装箱

航空冷藏运输是通过装在冷藏集装箱进行的。除了使用标准的集装箱外，小尺寸集装箱和一些专门行业非国际标准的小型冷藏集装箱更适合于航空运输，因为它们既可以减少起重装卸的困难，又可以提高机舱的利用率，对空运的前后衔接都带来方便。

3. 不消耗电能，采用液氮、干冰制冷

由于飞机上动力电源困难、制冷能力有限，不能向冷藏集装箱提供电源或冷源，因此空运集装箱的冷却方式一般是采用液氮和干冰。在航程不太远、飞行时间不太长的情况下，可以采取对货物适当预冷后，保冷运输。由于飞机飞行的高空温度低，飞行时间又短，货物的品质能够较好地保持。

（七）利用冷冻运输设备的注意事项

（1）运输冻结食品时，为减少外界侵入热量的影响，要尽量密集码放。装载食品越多，食品的热容量就越大，食品的温度就越不容易变化。运输新鲜水果、蔬菜时，果蔬有呼吸热放出。为了及时移走呼吸热，货垛内部应留有间隙，以利于冷空气在货垛内部循环。无论冻结食品还是新鲜食品，整个货垛与车厢或集装箱的围护结构之间都要留有间隙，供冷空气循环。

（2）加强卫生管理，避免食品受到异味、异臭及微生物的污染。运输冷冻食品的冷藏车，尽量不运其他货物。

（3）冷冻运输设备的制冷能力只用来排除外界侵入的热流量，不足以用来冻结或冷却食品，因此冷冻运输设备只能用来运输已经冷冻加工的食品。切忌用冷冻运输设备运输未经冷冻加工的食品。

三、食品冷藏链销售设备

冷藏陈列柜作为食品冷藏链销售设备是菜场、副食品商场、超级市场等销售环节的冷藏设施，也是食品冷藏链建设中的重要一环。随着冷冻食品的发展，冷冻陈列柜已成为展示产品品质、直接和消费者见面的、方便的销售装置。

（一）对商业冷冻陈列销售柜的要求

（1）具有制冷设备，有隔热处理，能保证冷冻食品处于适宜的温度下。

（2）能很好地展示食品的外观，便于顾客选购。

（3）具有一定的贮藏容积。

（4）日常运转与维修方便。

（5）安全、卫生、无噪声。

（6）动力消耗少。

（二）商业冷冻陈列销售柜的种类

根据陈列销售的冷冻食品，冷冻柜可分为冻结食品用与冷却食品用两类。

根据陈列销售柜的结构形式，冷冻柜可分为：卧式敞开式、立式多层敞开式、卧式封闭式、立式多层封闭式。

（三）各种冷冻陈列销售柜的结构与特性

1. 卧式敞开式冷冻陈列销售柜

敞开式冷冻陈列销售柜的上部敞开，开口处有循环冷空气形成的空气幕，防止外界热量侵入柜内。由围护结构传入的热流也被循环冷空气吸收，对食品没有直接影响。对食品影响较大的是由开口部侵入的热空气及辐射热。当为冻结食品时，内外温差很大，辐射热流较大。当食品包装材料为塑料或纸盒时，黑度大约为0.9，辐射热流密度可达116W/m^2。辐射热被表层食品吸收后，以对流方式传给循环的冷空气，因此，柜内最表层食品的表面温度高于空气幕温度。高出的度数与空气幕的空气流量及温度有关，一般为5～10℃。

当用铝箔包装时，因其黑度很小，辐射热流也很小，表层食品的温度接近空气幕的温度。当食品为冷却食品时，由于内外温差小，辐射换热影响较小。当室内空气流速大于0.3m/s时，侵入销售柜内的空气量会明显增加，影响销售柜的保冷性能。美国有关资料建议，室内空气速度应小于0.08m/s。侵入柜内空气量多时，还会增加冷却器的结霜，增加融霜次数。

在整个销售柜内温度自下而上逐渐降低。当包装袋内存在空气时食品的下表面往上表面扩散，并在上表面结霜。

2. 立式多层敞开式冷冻陈列销售柜

与卧式敞开式冷冻销售柜相比，立式多层敞开式冷冻陈列销售柜的单位占地面积的内容积大，商品放置高度与人体高度相近，便于顾客购货。卧式敞开式冷冻陈列销售柜中的冷空气较重，不易逸出柜外。立式多层敞开式冷冻销售柜很难使密度较大的冷空气不逸出柜外。为此，在冷风幕的外侧，再设置一层或两层非冷却空气构成的空气幕，较好地防止了冷空气与柜外空气的混合。销售冷却食品时，柜内外空气密度差小。

侵入立式多层敞开式冷冻销售柜中的外界空气量多，制冷机的制冷能力要大一些，空气幕的风量也要大一些。此外，还要控制空气幕的风速分布，以求达到较好的隔热效果。

由于立式多层敞开式冷冻销售柜的空气幕是垂直的，外界空气侵入柜内的数量受外界空气流动速度影响较大。外界空气的温度、湿度直接影响到侵入柜内的热负荷。为了节能，要求柜外空气温度在25℃以下，相对湿度在55%以下，空气流速在0.15m/s以下。

3. 卧式封闭式冷冻陈列销售柜

开口处设有2层或3层玻璃构成的滑动盖，玻璃夹层中的空气起隔热作用。在箱体内壁外侧（即靠隔热层一侧）埋有冷却排管。通过围护结构传入的热流被冷却排管吸收，不会传入柜内。通过滑动盖传入柜内的热量有辐射热和取货时侵入柜内的空气带入的热量。这些热量通过食品由上而下地传递至箱体内壁，再由箱体内壁传给冷却排管。因此，自上而下温度逐渐降低，这与敞开式销售柜内的温度分布正好相反。在小包装食品内部，也存在同样的温度分布，上表面温度高，下表面温度低。若包装袋内有空气，水蒸气将从上表面向下表面扩散，并在下表面处结霜。

4. 立式多层封闭式冷冻陈列销售柜

紧靠立式多层封闭式冷冻陈列销售柜柜体后壁有冷空气循环用风道，冷空气在风机作用下强制地在柜内循环。柜门为 2 层或 3 层玻璃，玻璃夹层中的空气具有隔热作用。由于玻璃对红外线的透过率低，虽然下柜门很大，传入的辐射热并不多，直接被食品吸收的辐射热就更少。

5. 半敞开式冷冻陈列销售柜

半敞开式冷冻陈列销售柜多为卧式小型销售柜，外形很像卧式封闭式冷冻销售柜，不同之处是没有滑动盖。在箱体内部的后壁上侧装置有翅片冷却管束，用以吸收开口部传入柜内的热量。至于通过围护结构传入的热量，则由箱体内壁外埋设的冷却排管吸收，这与卧式封闭式是一样的。因此，整个箱体内的温度分布均匀，小包装食品的结霜情形，都与卧式封闭式冷冻陈列销售柜相同。

（四）各种冷冻陈列销售柜的比较

表 1－1－44 所示为各种冷冻陈列销售柜的比较。

1. 单位长度的有效内容积

就单位长度的有效内容积而言，立式为卧式的 2 倍以上，同为卧式，敞开式又稍大于封闭式。对于卧式封闭式，出于保冷性能上的要求，不能很宽。而卧式敞开式，由于开口处有空气幕，宽度可大一些。

表 1－1－44 中立式封闭式的制冷机是内藏的，制冷机占用了部分容积，所以立式封闭式单位长度的有效内容积比立式敞开式稍小一些。

表 1－1－44　各种冷冻陈列销售柜的特性比较

类型特性	封闭式		敞开式	
	卧式	立式	卧式	立式
单位长度的有效内容积	100	230	110	240
单位占地面积的有效内容积	100	220	85	190
单位长度消耗的电力	100	200	145	330
单位有效容积消耗的电力	100	90	130	140

注：以卧式封闭式陈列柜的性能指标为 100 进行比较。

2. 单位占地面积的有效内容积

该指标由大到小的顺序为：立式多层封闭式、立式多层敞开式、卧式封闭式、卧式敞开式。无论卧式还是立式，敞开式都比封闭式小 15% 左右。这是因为在敞开式中为了使冷空气循环，需要设置风道，在立式多层敞开式中，要设置2~3层空气幕，占用了相当的容积。如果立式多层封闭式不采用内藏式制冷机的话，其单位占地面积的有效容积会更大。

3. 单位长度消耗的电力

无论是卧式还是立式，敞开式单位长度消耗的电力都是封闭式的1.5倍左右。无论是敞开式还是封闭式，立式大约是卧式的2倍。这4种形式的冷冻销售柜的单位长度耗电量与单位长度的有效内容积的大小顺序相同。

4. 单位有效内容积消耗的电力

该指标由小到大的顺序为：立式多层封闭式、卧式封闭式、卧式敞开式、立式多层敞开式。可见，封闭式比敞开式节省电力。同为敞开式，立式与卧式相差不大；同为封闭式，立式与卧式相差也不大。

冷冻陈列销售柜是食品冷藏链的重要组成部分，是使冷冻食品在销售环节处于适宜温度必不可少的设备，因此保冷应是它的基本性能。在影响冷冻销售柜保冷性能的因素中，辐射换热与对流侵入热量是2个主要因素。一定要注意减少辐射换热量，不要距离热源太近，不要有过强的照明，夜间要罩上保护套，食品包装材料的黑度要尽量小。超级市场中往往设置空调系统，这不光是为了使顾客舒适，也是为了减少侵入冷冻陈列销售柜中的热流量。

（五）家用冰箱

家用冰箱虽然不属于食品冷藏链销售设备，但它作为冷冻食品冷藏链的终端，是消费者食用前的最后一个贮藏环节。食品冷藏链作为一个整体，家用冰箱是一个不可缺少的环节。冷冻食品和冻结食品贮存于家用冰箱中，由于微生物繁殖受到抑制，可较长时间地保持食品原有的风味和营养成分，延长保鲜时间。

家用电冰箱通常有2个贮藏室：冷冻室和冷藏室。冷冻室用于食品的冻结贮藏，存放冷冻食品和需进行较长时间贮藏的食品。冷冻室温度，单门冰箱冻结器温度一般为二星级，即-12℃；双门冰箱三星级，即-18℃。冻结食品在冷冻室中的贮藏期以1个月左右为宜，时间过长，会因发生干燥和氧化等作用，使冻结食品的颜色、风味发生变化，造成食品的质量下降。

冷藏室用于冷却水产品的贮藏，温度为0~10℃，在这样的温度范围内，微生物的繁殖已受到一定程度的抑制，但未能完全停止繁殖，因此冷藏室中的冷却水产品只能作短期贮藏，通常存放当天或最近几天内即要食用的蔬菜食品。冷藏室也可作为冻结食品食用前的低温解冻室，由于空气温度低，解冻食品的质量好。在一些新型的家用电冰箱中还有冰温室或微冻室，使食品的温度可保持在0℃以下、冻结点以上的冰温范围，或-3~-2℃的微冻状态下贮藏，可延长冷却食品的贮藏时间，并可取得更好的保鲜效果。

四、HACCP在食品冷链流通中的应用

食品的质量、安全风险来源于两方面：一是食品生产过程中原材料和制成品的

质量问题，即食品在生产过程中由于技术、工艺使用不当和管理不当而产生的质量问题；另一方面便是在食品流通过程中，由于管理不当或流通设施设备与技术水平落后引起的食品安全问题，即食品本身没有质量安全问题，而在流通过程中出现了质量安全问题。由此可见，食品物流过程也是涉及食品质量安全水平的关键环节之一，要真正提高我国食品的质量、安全水平，必须大力发展我国的食品物流，用现今的食品物流管理理念和技术，如采用危害分析与关键控制点（HACCP）技术、现代化的食品物流设施设备（如冷藏链设施设备等）对食品物流配送全过程进行安全质量控制。

（一）HACCP 食品安全管理体系概述

HACCP（hazard analysis critical control point）即危害分析与关键控制点，是一种保证食品安全、维护人们健康的质量控制系统。随着对 HACCP 食品安全管理体系认同性的提高，HACCP 的应用领域在不断拓宽，不仅仅局限于生产和加工企业，其应用范围可以扩展到整个供应链，即对从田间到餐桌的整个流通过程实行有效的监控和预防，将温湿度等品质调控因子的影响，以及诱发危害的各因素的影响控制到最小限度。

HACCP 食品安全管理体系是以良好操作规范（GMP）为基础的质量保证体系，它首先对原材料（包括加工用水和空气）及整个加工工艺甚至消费者的消费过程进行危险性分析，确定需要控制的关键环节，然后在生产中按照 GMP 进行重点控制，最后用食品安全性经典检验方法（细菌总数、大肠菌群数及致病菌检验等）对最终产品检验，看产品是否达到国家标准。HACCP 食品安全管理体系运行前，首先依据以下七个原则，制定出 HACCP 食品安全管理体系操作的具体步骤并按照它在食品加工中进行操作、检查和记录。分别为：进行危害性和危险性分析；确定关键控制点；拟定关键控制限度；拟定监控关键控制限度的程序；拟定在关键控制点发生偏差时采取的纠正措施；建立 HACCP 食品安全管理体系的档案系统；建立验证 HACCP 系统正常工作的评价程序。

（二）HACCP 在冷藏链物流中的运用

HACCP 食品安全管理体系是在生产过程中，对原材料、生产工序以及影响产品安全的人为因素进行分析，找出潜在危害并确定关键控制环节，建立并完善监控程序和监控标准，采取规范的纠正措施，将可能发生的食品安全危害消除在生产过程中。将 HACCP 提出的预防性思维应用在食品流通过程中，从物流的过程入手来分析食品物流中可能对食品安全构成威胁的危害，并对关键点予以控制，在危害发生前采取相应的措施以减少危害带来的损失，而不仅仅通过最终的检验来保证食品安全。

1. 冷链物流的组成

由图 1－1－45 可见，生鲜食品从原供应地开始，经过采购、验收、运输、装卸搬运等一系列操作之后到达工厂进行生产，然后进行运输、配送、分拣、销售等操作，食品经过配送中心、中间商最终到达消费者手中，在整个过程中必须进行严格控温，保证食品质量。

2. 危害分析

根据物流的基本职能现将冷链物流分为以下几个作业环节：采购验收、装卸搬运、

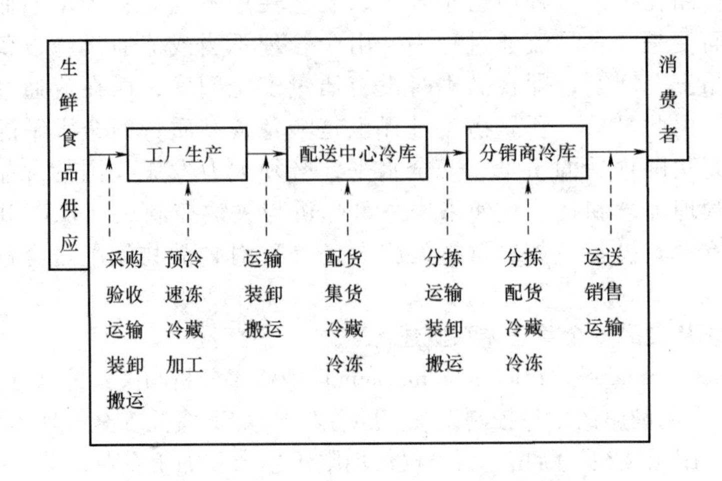

图1-1-45　生鲜食品全程冷链操作流程

运输配送、储存、分拣、流通加工。从生物性、化学性、物理性3种角度对每个环节中的潜在危害进行分析，结果见表1-1-45。

表1-1-45　冷链物流的危害分析

作业环节	潜在危害
采购验收	环境污染、动植物病毒感染、农药残留、添加剂及配料问题；操作不当引入杂质；货物数量、品类不符，储存条件不当
装卸搬运	细菌繁殖，食品变质、变味；操作不当、包装破损、杂质进入引起污染
运输配送	控温不当或在途时间过长导致食品变质；不同质食品集中运输引发的交叉污染，运输设备消毒不净引发的污染，不合理堆放导致货物倾倒、损坏及杂质进入，货物被盗、遗失
贮存	贮存区温、湿度不当引发食品变质；不同质食品集中储存引发的交叉污染，储区微生物数量未达标准；不合理堆放导致货物倾倒、损坏及杂质污染
分拣	分拣区控温不合理引发食品变质；作业人员及设备携带有害微生物及化学污染物导致食品污染变质；危险作业导致破损及杂质的进入
流通加工	温度、湿度、微生物数量不达标造成食品污染；作业时间过长，货物数量过多引发的食品变质、变味；工作人员及设备携带有害微生物及化学污染物

3. 关键控制点确定

关键控制点确定是确定食品安全与不安全的临界点，只要所有的关键控制点均控制在安全范围内，食品品质将是安全的。而在质量控制过程中判定是否是危害点时，可以借助关键控制点决定树（见图1-1-46），按顺序回答问题的原理来判定。

4. 建立HACCP计划表记录

表1-1-46所示为在危害分析的基础上制定的HACCP计划表。

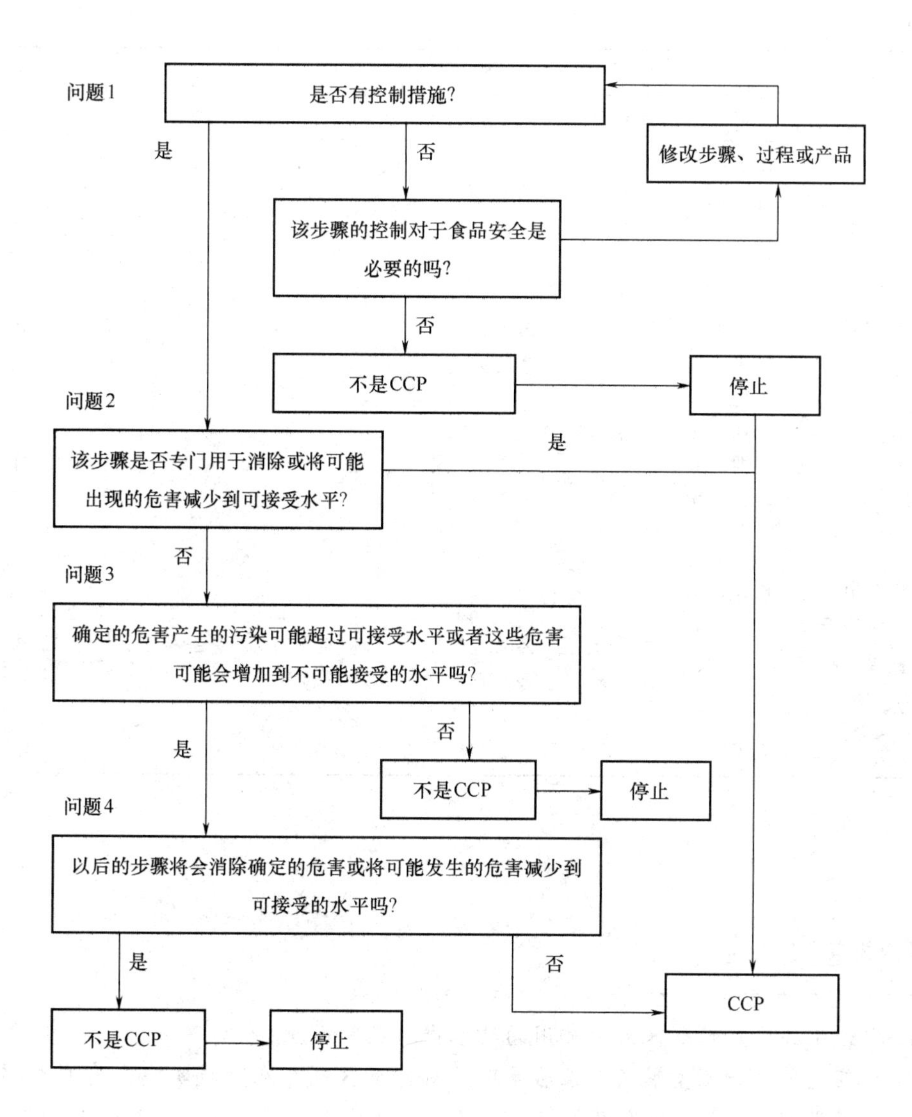

图1-1-46 关键控制点决定树

表1-1-46 **HACCP计划表**

关键控制点	显著危害	关键限值	监控				纠偏措施	记录	验证
			对象	方法	频率	人员			
采购验收	食品中的传染病菌、有害菌等	国家相应的标准	传染病菌、有害菌	检查三证	每批商品	商品验收员	拒收退货	验收监测记录	每日审核、每周抽检
装卸搬运	细菌繁殖、食品变质、变味	温度和作业时间限制	温度时间、作业人员	观察温度、记录时间	每次作业	作业管理人员	调整温度、速度	作业记录	每次作业后审核

续表

关键控制点	显著危害	关键限值	监控				纠偏措施	记录	验证
			对象	方法	频率	人员			
运输配送	微生物及化学污染	运输工具温度控制标准	微生物化学传染物	采用温度监控仪器	每批商品	操作人员	及时调整温度、更换工具	温度监控记录	食品准确性检测
储存	细菌繁殖交叉污染	国家储存标准	细菌储存特写	保持清洁分区存储	每批商品	仓储人员	及时清洁、分区存放	储存记录	区位准确性检测
分拣	微生物及化学污染	作业操作技术规范	温度、速度、作业人员	观察温度记录时间	每批商品	分拣人员	调整温度、提高速度	分拣记录	作业后审核
流通加工	清洗用水或挑拣不干净造成的污染，微生物繁殖	商品质量规范、挑拣技术规范国家标准	商品质量含菌量	肉眼观察食品检测	每批商品	车间质检员	丢弃不合格产品	质检记录	每日审核每批抽检

【思考题】

1. 简述果蔬采后贮藏保鲜中常用的技术措施及其原理。
2. 跃变型与非跃变型果实在采后生理上有什么区别？在贮藏实践上有哪些措施可调控果蔬采后的呼吸作用？
3. 阐述休眠现象对某些蔬菜贮藏的有利作用。
4. 简述屠宰后肉的生物学变化过程及其机理。
5. 简述鱼贝类死后的变化。
6. 引起食品腐败变质的主要因素有哪些？食品的低温冷藏对这些因素有何影响？
7. 冷却和低温冷藏对食品的品质会产生怎样的影响？
8. 食品冷却方法有哪几种？分别适用于哪些食品？
9. 食品冷藏中需要控制的因素有哪些？控制不当会对食品造成哪些影响？
10. 果蔬气调贮藏的原理有哪些？
11. 气调贮藏管理中气体指标如何确定？
12. 气调库设计建造过程中应注意的问题？
13. 对气调贮藏的管理提出一些合理化建议。

14. 影响冻制食品最后的品质及其耐藏性的因素有哪些?
15. 一般来说，速冻与缓冻相比，哪一个更适合用于食品保藏? 其优点是什么?
16. 影响冻结速度的因素有哪些? 冻结对食品品质有何影响?
17. 食品冻结及冻结食品解冻各有哪些方法?
18. 对解冻后食品品质影响的因素有哪些?
19. 食品物料的冻藏过程应控制的因素有哪些?
20. 影响冻制食品最后的品质及其耐藏性的因素有哪些?
21. 什么是冷链? 冷链的适用范围是什么?
22. 冷链常用运输设备分为几大类?
23. 举例说明 HACCP 食品安全管理体系在冷链物流中的应用。

参考文献

[1] 赵晋府. 食品工艺学. 北京: 中国轻工业出版社, 2009
[2] 潘永贵. 现代果蔬采后生理. 北京: 化学工业出版社, 2009
[3] 刘宝林. 食品冷冻冷藏学. 北京: 中国农业出版社, 2010
[4] 李延云. 果蔬贮藏实用技术. 北京: 中国轻工业出版社, 2010
[5] 王丽琼. 果蔬贮藏与加工. 北京: 中国农业大学出版社, 2008
[6] 刘新社. 果蔬贮藏与加工技术. 北京: 化学工业出版社, 2009
[7] 张存莉. 蔬菜贮藏与加工技术. 北京: 中国轻工业出版社, 2008
[8] 谢晶. 食品冷藏链技术与装置. 北京: 机械工业出版社, 2010
[9] 关志强. 食品冷冻冷藏原理与技术. 北京: 化学工业出版社, 2010
[10] 赵晋府. 食品技术原理. 北京: 中国轻工业出版社, 2007

第二章　食品的热处理

【学习指导】

明确食品热处理的目的和要求；了解食品传热的方式及传热曲线类型；了解食品加热杀菌时间的推算方法；熟悉三条曲线概念、热杀菌条件的表达方式；掌握影响食品热处理的因素、微生物主要耐热性参数（*D* 值、*F* 值、*Z* 值及 *RTR* 值）的概念及其实际含义；掌握等效热处理条件的换算方法与实际应用；掌握食品热处理（杀菌）合理性的判别方法及其实际应用；了解食品热处理装置，熟悉常用热处理设备的特性及其应用，初步掌握热处理设备的合理选择。

第一节　食品加工中的热处理

一、热处理的作用

热处理（thermal processing）是食品加工中最重要的处理方法之一，主要用于改善食品品质，获得新型的食品，延长食品贮藏期。食品热处理的方法有多种，所采用的热处理参数也各不相同，需要根据实际需要和预期目标进行合理选择。热处理过程对微生物、酶和食品成分的作用以及传热的原理和规律有相同或相近之处。在食品加工中热处理的作用主要表现为：

1. 灭菌作用

在热处理过程中可以不同程度地杀死微生物，主要是致病菌与腐败菌等其他有害的微生物，从而控制由于微生物作用引起的食品变质，达到保证食品安全、延长食品贮藏期的目的。

2. 钝化酶

热处理过程在杀灭微生物的同时使酶失活，从而控制由于酶作用引起的食品变质，达到延长食品贮藏期的目的。

3. 改善食品的品质和特性

通过热处理可以达到如下目标：赋予食品特有的品质，如焙烤制品特有的色泽、膨化食品的质地；提高食品中营养成分的可消化性和可利用率；方便后续操作，如猪肉、牛肉的预煮，可以固化蛋白质，方便切片（块）操作；起到蒸、煮和调味的作用，使食品在热处理中完成生变熟的过程，同时完成调味作用。对于一些含有有害成分或不良风味的食品，热处理还能够破坏或去除食品中不需要或有害的成分或因子，如大豆中的胰蛋白酶抑制因子、新鲜黄花菜中的秋水仙碱等。

在热处理过程中不可避免地带来一些不利食品品质的影响，如部分营养成分损失、色泽的变化等，尤其是热敏性食品，所以需要合理选用热处理方法，严格热处理操作。

二、热处理类型与特点

食品热处理的类型很多，分类的方式也有多种，可根据处理方式、处理目的或工艺等不同方式进行分类。目前一般按加工工艺进行分类，分为热烫（预煮）、焙烤/焙烧、热挤压、热杀菌、热脱水、蒸发/蒸馏等。

1. 热烫（预煮）

热烫又称烫漂、杀青、预煮，其主要作用是破坏或钝化食品中导致食品质量变化的酶类，以保持食品原有的品质，防止或减少食品在加工和保藏中由酶引起的食品色、香、味的劣化和营养成分的损失。热烫处理除破坏酶的活性外还具有一定的杀菌和洗涤作用，可以减少食品表面的微生物数量，降低农药残留量。对于罐装食品，热烫可以排除食品组织中的气体，使食品装罐后形成良好的真空度及减少氧化作用；热烫还能软化食品组织，方便食品往容器中装填，保证罐头的固形物含量；烫漂也起到一定的预热作用，有利于提高和保证装罐后罐内食品的温度，缩短杀菌升温的时间。此外，一些蔬菜在热烫时加入食盐，不仅可减少溶解氧，而且对蔬菜有一定的护色作用。热烫还可以除去或减少某些蔬菜的不良风味，如菠菜的涩味、芦笋的苦味、花菜的土腥味等，从而改善产品品质。

烫漂处理主要应用于蔬菜和某些水果，通常是蔬菜和水果冷冻、干燥或罐藏前的一种前处理工序。

预煮处理主要用于肉禽加工中，其主要目的是方便后序操作。预煮多以热水为介质，温度常采用沸点，以方便温度的控制。预煮时间视食品原料的特性、大小及后续操作要求等因素而定。

2. 热杀菌

热杀菌是以杀灭不符合要求的微生物为主要目的的热处理形式，根据热处理温度的不同可分为巴氏杀菌（pasteurization）和商业杀菌（sterilization）。

巴氏杀菌的处理温度通常在100℃以下，典型的巴氏杀菌条件是62.8℃、30min，达到同样的巴氏杀菌效果，可以有不同的温度、时间组合。

商业灭菌一般简称为热杀菌，通常是将食品加热到一定的温度并维持一定的时间，杀灭不符合要求的微生物，达到“商业无菌（commercial sterilization）”的状态。商业无菌是指食品经过适度的热杀菌后，不含有致病的微生物，也不含有在通常温度下能在其中繁殖的非致病性微生物，这种状态称作商业无菌。所以说商业无菌并没达到绝对无菌。达到商业无菌所需要的热处理条件取决于食品原料所污染的微生物的种类、数量、食品的酸度、食品的成分、包装状况以及热杀菌设备的形式等因素。

3. 热挤压

挤压是将食品物料放入挤压机中，物料在螺杆的挤压下被压缩并形成熔融状态，然后在卸料端通道模具出口被挤出的过程。热挤压则是指食品物料在挤压的过程中还被加热。热挤压也被称为挤压蒸煮（extrusion cooking）。挤压是结合了混合、蒸煮、揉搓、剪切、成型等几种单元操作的过程。

挤压是一种新的加工技术，挤压可以产生不同形状、质地、色泽和风味的食品。热挤压是一种高温短时的热处理过程，它能够减少食品中的微生物数量并钝化酶，但无论是热挤压或是冷挤压，其产品的保藏主要是靠其较低的水分活性和其他条件。

挤压处理具有下列特点：挤压食品多样化，可以通过调整配料和挤压机的操作条件直接生产出满足消费者要求的各种挤压食品；挤压处理的操作成本较低；在短时间内完成多种单元操作，生产效率较高；便于生产过程的自动控制和连续生产。

4. 热脱水

热脱水是指在控制条件下运用热能，以蒸发的形式除去食品中通常存在的大部分水。

脱水的主要目的是通过适度脱水降低水活度，以控制微生物的生长和酶的活性，从而延长食品的货架期，如牛乳的脱水，果蔬的脱水等。

有的食品物料经过非水介质加热脱水后，如油炸脱水后赋予食品特有的质地、香气和色泽。油炸脱水根据热介质的使用程度的不同分为油炸和煎炸。油炸是将食品置于热油中进行加热，其表面的温度迅速升高，水分以蒸汽的形式蒸发，随着加热过程的进行，蒸发层向食品内部移动，形成脆性外皮。煎炸是指用少量的油加热食品，表面脱水。加热后，煎炸油的温度比用水煮的温度高，煎炸食物需时较短。

5. 焙烤和焙烧

焙烤和焙烧本质上是同一种单元操作，二者都是使用热气来改变食品的食用品质。焙烤（baking）应用于主要成分为面粉和谷物的食品，而焙烧（roasting）则应用于肉类和坚果等。焙烤和焙烧的第二个目标是通过杀灭微生物和降低食品表面的水分活度达到防腐的目的。咖啡豆的焙烧不同于二者，其受热温度为165～250℃，要通过焦糖化反应形成咖啡的滋味和气味。

6. 蒸发和蒸馏

蒸发和蒸馏的目的是分离食品中某些特定的成分来提高食品的价值。这两种单元操作都是利用食品中各成分蒸气压（挥发性）的不同，用热量除去其中一种或多种成分，取得分离效果。

蒸发或是沸煮浓缩，是指通过沸煮去掉水蒸气的方法除去液态食品中的部分水分。蒸发用于食品干燥、冷冻灭菌前的预浓缩以减少其重量和体积。这样可以节省后续工序中的能源消耗及储藏、运输和分销的成本；也可以为消费者或生产者带来方便。蒸发可大幅度增加食品中固形物的含量，降低水活度，可以取得防腐的效果。通过正确选择设备和操作可以尽量减少剧烈的热处理引起的食品品质变化。蒸发的能源成本比其他浓缩方式如冷冻浓缩高，但可获得较高的浓缩水平。

尽管蒸馏在化学工业中的应用很普遍，但它在食品加工中大多局限于烈性酒的生产及挥发性风味和芳香成分的分离，如蒸汽蒸馏生产精油。含有挥发性不同的各种成分的食品受热时，蒸气压较高的成分首先被分离出来，这些分离出来的成分被称为“溜出液”，而那些挥发性较低的成分则称为“底液”或残余物。

第二节　食品热处理的原理

一、加热对微生物的影响

（一）微生物与食品的变败

食品中的微生物是导致食品不耐贮藏的主要原因。一般来说，食品原料都带有微生物，在食品的采收、运输、加工和保藏过程中，食品也有可能污染微生物。在一定条件下，这些微生物会在食品中生长、繁殖，使食品失去原有的或应有的营养价值和感官品质，甚至产生有害和有毒的物质。

细菌、霉菌和酵母都可能引起食品的变质，其中细菌是引起食品腐败变质的主要微生物。细菌中非芽孢细菌在自然界存在的种类最多，污染食品的可能性也最大，但这些菌的耐热性并不强，巴氏杀菌即可将其杀死。细菌中耐热性强的是芽孢菌，芽孢菌分为需氧的、厌氧的和兼性厌氧的。需氧和兼性厌氧的芽孢菌是导致罐头食品发生平盖酸败的原因菌，厌氧芽孢菌中的肉毒梭状芽孢杆菌常作为罐头杀菌的对象菌。酵母菌和霉菌引起的变质多发生在酸性较高的食品中，一些酵母菌和霉菌对渗透压的耐性也较高。

（二）微生物的生长温度和耐热性

不同微生物有不同的生长温度，微生物的最适生长温度见表1-2-1。大多数微生物以常温或稍高于常温为最适生长温度。当温度高于微生物的最适生长温度时，微生物的生长就会受到抑制，而当温度高到足以使微生物体内的蛋白质发生变性时，微生物即会出现死亡现象。

表1-2-1　微生物的最适生长温度与热致死温度　单位:℃

微生物	最低生长温度	最适生长温度	最高生长温度
嗜热菌	30~45	50~70	70~90
嗜温菌	5~15	30~45	45~55
低温菌	-5~5	25~30	30~55
嗜冷菌	-10~-5	12~15	15~25

一般认为，微生物细胞内蛋白质受热凝固而失去新陈代谢的能力是加热导致微生物死亡的原因，因此，细胞内蛋白质受热凝固的难易程度直接关系到微生物的耐热性。无论微生物的营养细胞，还是营养细胞与芽孢，其耐热性都有显著的差异，就是耐热性很强的细菌芽孢，其耐热性的变化幅度也相当大。微生物的这种耐热性是复杂的化学性、生理性以及形态方面的性质综合表现的结果。因此，微生物的耐热性首先受到其遗传性的影响，其次，与它所处的环境条件也是分不开的。加热前、加热时和加热后三个阶段对微生物耐热性都有影响，最重要的是加热时的各种条件，如酸、碱、盐、脂肪、水分

及温度等，所以说影响微生物耐热性的因素有很多，主要原因可归纳为三个，即微生物的种类、微生物生长和细菌（芽孢）形成的环境条件、热处理时的环境条件。

1. 微生物的种类

微生物的菌种不同，耐热性的程度也不同，而且即使是同一菌种，其耐热性也因菌株而异。正处于生长繁殖的微生物营养细胞的耐热性较它的芽孢弱。各菌种芽孢的耐热性也不相同，嗜热菌芽孢的耐热性最强，厌氧菌芽孢次之，需氧菌芽孢的耐热性最弱。同一菌种芽孢的耐热性也会因热处理前菌龄、培养条件、贮存环境的不同而异。例如，菌体在其最高生长温度生长良好并形成芽孢时，其芽孢的耐热性通常较高；实验室培养的芽孢都比在大自然条件下形成的芽孢耐热性要低；培养基中的钙离子、锰离子或蛋白胨都会使芽孢耐热性增高；热处理后残存芽孢经培养繁殖和再次形成芽孢后，新形成芽孢的耐热性就较原来的芽孢强；嗜热菌芽孢随贮藏时间增加而耐热性可能降低，但对厌氧性细菌影响较少，耐热性减弱的速度慢得多；也有多人发现菌龄对耐热性有影响，但缺乏规律性。

酵母菌和霉菌的耐热性都不很高，酵母（包括酵母孢子）在100℃以下的温度容易被杀死。大多数的致病菌不耐热。

表1-2-2是部分微生物的 *D* 值。表中数据表明微生物种类不同，其 *D* 值不同，说明其对热的抵抗能力不同，在相同的热杀菌温度下杀死90%所需要的时间不同。

表1-2-2 部分微生物的 *D* 值

微生物	*D* 值/min		
	121℃	100℃	65℃
低酸和中酸食品（pH>4.5）			
嗜热菌			
平盖酸败类（嗜热脂肪芽孢杆菌）	4.0~5.0		
产气腐败类（嗜热解糖芽孢杆菌）	3.0~4.0		
致硫臭类（致黑芽孢杆菌）	2.0~3.9		
嗜温菌			
肉毒杆菌（A型和B型）产芽孢类	0.10~0.20		
产芽孢类（包括PA3679）	0.10~1.50		
酸性食品（pH4.0~4.5）			
嗜热菌			
凝结芽孢杆菌（兼性嗜温菌）	0.01~0.07		
嗜温菌			
多黏芽孢杆菌、软化芽孢梭状芽孢杆菌		0.10~0.50	
厌氧丁酸菌、巴氏固氮梭状芽孢杆菌		0.10~0.50	
高酸食品（pH<4.0）			
非芽孢嗜温菌			
乳酸杆菌、明串株菌、酵母和霉菌			0.50~1.00

2. 微生物的数量（原始活菌数）

微生物的耐热性还与微生物的数量密切相关，微生物的数量越多，其对热的抵抗能力越强，在相同的热处理温度下使其全部死亡所需的时间就越长。有人用184g蘑菇罐头进行实验，具有不同芽孢浓度的罐头杀菌后的酸败情况见表1-2-3。

表1-2-3　　184g蘑菇罐头经杀菌保温后的酸败情况

杀菌条件	凝结芽孢杆菌芽孢浓度					
	5.8/g		63.8个/g		527个/g	
	A/B	C	A/B	C	A/B	C
10~20min/121℃	18/30	60%	24/30	80%	28/28	100%
10~25min/121℃	4/31	13%	24/30	80%	30/30	100%
10~30min/121℃	0/26	0	24/30	80%	30/30	100%

注：A—酸败罐数量，B—实验罐数量，C—酸败率。

从表中数据可以看出，罐头的酸败率随着罐头所含芽孢数量的增加而增加。

有人在玉米罐头中分别加入10g各含有60个和2500个平酸菌芽孢的食糖溶液，在121℃温度下杀菌70~90min，观察它们的杀菌效果，含有60个芽孢的罐头试样中，没有发现平盖酸败，而含有2500个芽孢的试样在70min、80min、90min的败坏率分别为95.8%、75.0%和54.2%，即菌数越多，全部死亡时间也随之而增长。由此可见，控制食品杀菌前被污染的菌数可有效缩短食品受热时间，对于食品品质的保存有着极为重要作用。

3. 微生物所处的环境

微生物所处的环境对于食品加工而言，是指食品的成分。食品中含有糖、酸、脂肪、水分、蛋白质、盐分、植物杀菌素等成分，这些成分对微生物的耐热性有着不同程度的影响。

(1) 酸（度）　酸对微生物的耐热性影响很大。食品的酸的存在对微生物耐热性有减弱的作用，而减弱的程度随酸度的不同而不同。一般来说酸度越高，pH越低，微生物及其芽孢的耐热性越弱。

图1-2-1为pH与芽孢致死时间的关系。图中结果表明，酸度越大，pH越低，芽孢致死时间越短。

表1-2-4所示为pH对三种食品中的肉毒梭状芽孢杆菌62A芽孢的 D 值的影响。表中数据表明三种食品中的肉毒梭状芽孢杆菌62A芽孢的 D 值都随pH的减小而缩短，说明酸度越高，杀灭90%的芽孢需要的时间越短。

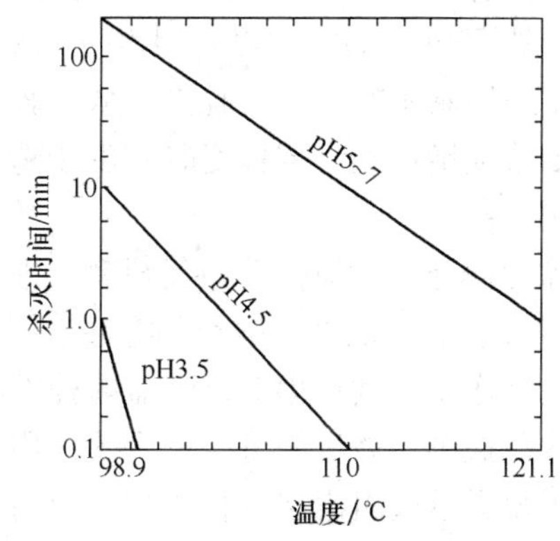

图1-2-1　pH与芽孢致死时间的关系

表1-2-4 pH对三种食品在116℃的肉毒梭状芽孢杆菌62A芽孢的D值影响

pH	D值/min		
	番茄酱和奶酪	通心面	西班牙米饭
4.0	0.128	0.127	0.117
4.2	0.143	0.148	0.124
4.4	0.163	0.170	0.149
4.6	0.223	0.223	0.210
4.8	0.226	0.261	0.256
5.0	0.260	0.306	0.266
6.0	0.491	0.535	0.469
7.0	0.515	0.568	0.550

以上实例都表明食品的酸度越高，pH越低，微生物及其芽孢的耐热性越弱。

酸使微生物耐热性减弱的程度还随酸的种类而异，一般认为乳酸对微生物的抑制作用最强，苹果酸次之，柠檬酸和醋酸稍弱。

由于食品的酸度对微生物及其芽孢的耐热性的影响十分显著，所以食品酸度与微生物耐热性这一关系在预包装食品（如罐头、饮料）的热杀菌中具有相当重要的意义。在实际生产中一般根据食品的酸度确定热杀菌的温度，平衡pH<4.6的酸性食品，可采用常压杀菌，即杀菌温度≤100℃；平衡pH≥4.6（A_w>0.85）的低酸性食品，应采用高温高压杀菌，即杀菌温度>100℃。酸化为热敏性食品降低热杀菌温度提供了有效途径，在加工中，通过适当的加酸或产酸提高食品的酸度，以抑制微生物（通常以肉毒杆菌芽孢为主）的生长，降低或缩短杀菌的温度或时间，此即为酸化食品。在酸化时注意食品酸化的适应性、酸化后口味的接受性及合理酸化方法的选择。

（2）食品中的糖（碳水化合物） 许多学者认为食品中糖的存在有增强微生物耐热性的作用。蔗糖浓度很低时对细菌芽孢的耐热性影响很小，高浓度的蔗糖对受热处理的细菌芽孢有保护作用。例如，大肠杆菌在70℃加热时，在10%的糖液中致死时间比无糖溶液增加5min，而浓度提高到30%时致死时间要增加30min。这是由于高浓度的糖液会导致细菌细胞中的原生质脱水，从而影响了蛋白质的凝固速度以致增强了芽孢的耐热性。蔗糖的浓度增加到一定程度时，由于造成了高渗透压的环境而又具有了抑制微生物生长的作用。

除蔗糖外，其他的糖如葡萄糖、果糖、乳糖、麦芽糖等的作用并不相同。

（3）食品中的盐 盐类的存在有时对微生物受加热损伤也具有保护作用，有时则又具有相反作用，其作用效果随盐的种类、浓度及菌种等因素的变化而有相当于大的差异。现将这些盐类对微生物可能产生的作用效果列举如下：

①盐类透过阻碍层（使微生物自身的酸与外界环境的渗透压保持平衡）的移动性因不同的盐类而有变化，并对细胞内的pH有影响。

②可以通过采用不同的添加浓度，将细胞内外的渗透压调节得恰到好处，从而减少

一些重要成分在加热过程中漏出细胞外。

③NaCl、KCl之类的盐，对蛋白质的水合作用影响效果明显。因此，可能对酶及其他重要蛋白质的稳定性产生影响。

④二价阳离子（如Ca^{2+}、Mg^{2+}等）与蛋白质结合生成稳定的复合体而有助于耐热性的增强。

⑤高浓度盐类的存在使水分活度降低，从而使细胞的耐热性增强，其原理与干燥作用相同。

食盐是盐类中最重要的一种盐，关于它对微生物耐热性的影响已有较多的研究，其影响效果因菌种、盐液浓度及其他环境条件而有变化。一般认为食品中低浓度的食盐（低于4%）对芽孢的耐热性有一定的增强作用，但随着食盐浓度的提高（8%以上）会使芽孢的耐热性减弱。浓度高于10%时微生物的耐热性则随着盐浓度的增加而明显降低。如果浓度高于14%时，一般细菌将无法生长。盐浓度的这种保护和削弱作用的程度，常随腐败菌的种类而异。例如，在加盐的青豆汤中做芽孢菌的耐热性试验，当盐浓度为3.0%～3.5%时，芽孢的耐热性有增强的趋势，盐浓度为1.0%～2.5%时芽孢的耐热性最强，而盐浓度增至4%时，影响甚微。其中肉毒杆菌芽孢的耐热性在盐浓度为0.5%～1.0%时，芽孢的耐热性有增强的趋势，当盐浓度增至6%时，耐热性不会减弱。

其他无机盐对细菌芽孢的耐热性也有影响。氯化钙对细菌芽孢耐热性的影响较食盐弱一些，而氢氧化钠、碳酸钠或磷酸钠等对芽孢有一定的杀菌力，这种杀菌力常随温度的提高而增强。因此，如果在含有一定量芽孢的食盐溶液中加入氢氧化钠、碳酸钠或磷酸钠时，杀死它们所需要的时间可大为缩短。通常认为这些盐类的杀菌力来自未分解的分子而并不来自氢氧根离子。

（4）脂肪　脂肪和油能增强微生物的耐热性。这是因为细菌的细胞是一种蛋白质的胶体溶液，此种亲水性的胶体与脂肪接触时，蛋白质与油脂两相间很快形成一层凝结薄膜，这样蛋白质就被脂肪所包围，妨碍了水分的渗入，造成蛋白质凝固的困难；脂肪又是不良的导热体也阻碍热的传导，因此增强了微生物的耐热性。例如，大肠杆菌在水中加热至60～65℃即可致死；在油中加热100℃下经30min才能死灭；即使在109℃下也需10min才能致死。

Molin和Snygg在大豆油、橄榄油、液态石蜡中对蜡状芽孢杆菌、肉毒梭菌E型芽孢的受热死亡经过进行了研究，发现蜡状芽孢杆菌的芽孢在磷酸盐缓冲液中，100℃时，D值不超过8min，但在脂类物质中，其耐热性显著增强，121.1℃时，D值为7～30min，而且因脂类物质种类的不同差异很大。不过，若在脂类物质中加入微量的水，就明显地促进了微生物受热死亡的速度。桑夫顿堡沙门菌、鼠伤寒沙门菌在巧克力中，大肠杆菌在大豆油中，其耐热性都有显著增强。

Sugiyama研究了不同链长脂肪酸对肉毒梭状芽孢杆菌的保护作用，证明了长链脂肪酸同短链脂肪酸相比是一种更好的保护剂。

但也有的试验结果表明，金黄色葡萄球菌、莓实假单胞菌在牛乳中，其耐热性不受其脂肪含量（14%～20%）的影响。而且，嗜热链球菌、生孢梭菌在奶油中的死亡率反而比在脱脂乳中高。还有，法兰克福香肠中的假单胞菌、微球菌等在脂类物质含量为11%～38%，其耐热性不受任何影响。

从上述结果得知，微生物在脂类物质中的耐热性远比在水系中强，但有时脂类物质对微生物耐热性的影响也可能会因食品成分及其他有关因素的存在而减小。

（5）水分　微生物在发育期的细胞含水量为75%～85%，孢子的含水量为6%～17%。这些水分在细胞中以自由水和结合水的状态存在，它与外界环境中的水分保持着平衡关系。因此，细胞外的水分无论是对细胞内的含水量，还是对细胞内所含水分的物理状态都具有重要的影响。

对于食品来说其含水量也不一样，差异更大，从百分之几到百分之几十，含水量范围极广。而在食品加工中，容易出问题的食品大部分都是含水量非常高的。因此，无论采取何种方式加热，都可以看作是以湿热的形式作用于微生物。但含水量低的原料，加盐、加糖食品，干燥食品，浓缩食品，油脂食品等并非处于水分丰富的状态。在对此类食品进行加热处理时，就不能将其与湿热的情况同等对待。而含水量介于湿热与干热之间的这个中间水分区域范围很宽，因此，对存在于这一区域中的微生物的耐热性变化要根据试验结果进行研究。

Murrel 和 Scott 研究了气相调湿加热处理，他们从典型的芽孢杆菌属和梭菌属中各选出三种，分别置于各种 RH 气相中，调节湿度，控制气相中的水分，再进行加热处理。采用110℃的温度条件下的 D 值对细菌芽孢的受热死亡情况进行了比较，由水分活度（Aw）的变化而引起的细菌芽孢的耐热性反应，可能因不同的菌种而有差异。但无论哪个菌种都表现出一致的趋势。在 Aw 0.2～0.4 的范围内，经过调湿的芽孢具有最强的耐热性（$D_{110}=2\sim24\text{h}$），若水分活度（Aw）降到0.2以下，其耐热性就相应减弱，表现为Aw0.0时，$D_{110}=30\text{s}\sim30\text{min}$；$Aw$ 0.4以上时，4个菌种的 D 值都显著下降；Aw 1.0时为最低。但凝结芽孢杆菌、嗜热脂肪芽孢杆菌的芽孢耐热性减弱不显著，在 Aw 1.0时比 Aw 0.0时的 D 值大。如E型肉毒梭状芽孢杆菌在0.1s以下，而凝结芽孢杆菌和嗜热脂肪芽孢杆菌则约为40min。E型肉毒梭菌在高湿度下的热敏感性极强，但当 Aw 0.2～0.4时，其 D_{110}值几乎与其他菌种无显著性差别。Reves 等人用密闭罐在相对湿度0.001%～100.000%的范围内研究了枯草芽孢杆菌黑色变种、蜡状芽孢杆菌、巨大芽孢杆菌、嗜热脂肪芽孢杆菌的耐热性，研究结果认为峰值出现在相对湿度为1.0%～50.0%。

在液相中较大的水分活度（Aw）范围内研究枯草芽孢杆菌的芽孢时（甘油溶液中），也得出了 Aw 0.2～0.4时，D_{95}有最高值。用食盐、糖等作为溶质来调节水分活度时，可调节范围比较窄，但随着水分活度的降低，其耐热性均有增强的趋势，如沙门菌属、大肠杆菌、荧光假单胞菌、金黄色葡萄球菌、肠球菌属、乳杆菌属、球形球拟酵母、鲁酵母等。

用嗜热脂肪芽孢杆菌的芽孢在 NaCl、LiCl、葡萄糖、甘油溶液和气相调湿的条件下，对其耐热性进行了比较。结果表明：水分活度的效果因溶质的不同而有变化，溶质为 NaCl 和葡萄糖时，水分活度在0.8以上，其耐热性变化很小；在 LiCl 溶液中，Aw 0.5时，D 值最小。相反在甘油溶液中及进行气相调湿时，当 Aw 0.2～0.5时，D 值最大。

表1-2-5是蛋粉、鱼蛋白浓缩粉和小麦粉的嗜热脂肪芽孢杆菌（*B. stearothermophilus*）芽孢的耐热性与水分活度的关系。

表1-2-5　　水分活度对嗜热脂肪芽孢杆菌芽孢的耐热性的影响

食品材料	水分（质量分数）/%	*A*w（20℃）	降低至4个对数周期的时间/min
蛋粉	40.3	0.98	15
	9.4	0.68	51
	4.3	0.33	460
	0.1	0	7
鱼蛋白浓缩粉	63.7	0.99	4
	10.7	0.68	32
	7.4	0.38	250
	0.1	0	36
小麦粉	45.6	0.99	9
	14.1	0.68	21
	9.3	0.33	99
	0.1	0	31

表中数据表明蛋粉、鱼蛋白浓缩粉和小麦粉均在*A*w 0.33/0.38时得出了最高的RTR_4（4*D*）值。

从以上所得结果可以看出，微生物随着其细胞水分受到束缚而越发不易遭受加热损伤，但无论是在气相还是在液相条件下，一旦超过某一临界值，其敏感性反而会增强。不过，可能会因菌种、芽孢的形成条件和溶质等因素的影响而有所变化。

芽孢对干热的抵抗能力比湿热的强，如肉毒芽孢杆菌的芽孢在干热条件下的杀灭条件是120℃、120min，而在湿热下为121℃、4~10min。

这种差异与芽孢在两种不同环境下的破坏机理有关：湿热下的蛋白质变性和干热下的氧化。由于氧化所需的能量高于变性，故在相同的热处理条件下，湿热下的杀菌效果高于干热。部分微生物在湿热与干热中耐热性的比较见表1-2-6。部分微生物芽孢在湿热杀菌时的*D*值和*Z*值见表1-2-7。

表1-2-6　　湿热与干热微生物耐热性的比较

菌　种	*D*值/min	
	湿　热	干　热
葡萄球菌属（*Staphylococci*） 微球菌属（*Micrococci*） 链球菌属（*Streptococci*）	55℃，30~45	110℃，30~65
鼠伤寒沙门菌（*Salmonella typhimurium*）	57℃，1.2	90℃，75
Sal. senftenberg 775W	57℃，30	90℃，36

续表

菌　　种	D值/min	
	湿　　热	干　　热
大肠杆菌（*Escherichia coli*）	55℃，20	75℃，40
枯草芽孢杆菌（*Bacillus subtilis* 5230）	120℃，0.08~0.48	120℃，154~295
嗜热脂肪芽孢杆菌（*B. stearothermophilus*）	120℃，4.00~5.14	120℃，15~19
芽孢杆菌（*Clastridium sporogenes* PA3679）	120℃，0.18~1.40	120℃，115~195
黑曲霉（*Bacillus*. sp. ATCC 27380）	80℃，61	125℃，139
分生孢子（*Aspergillus niger*）	55℃，6	100℃，100
厚垣孢子（*Humicola fuscoatra*）	80℃，108	120℃，30

表1-2-7　部分微生物芽孢在湿热杀菌时的*D*值和*Z*值

微生物	菌株号	温度/℃	D值/min	Z值/℃
蜡状芽孢杆菌	1	104~121	$D_{121}=0.03$	9.9
	2	116~129	$D_{121}=2.4$	7.9
凝结芽孢杆菌	604	115~125	$D_{120}=2.3$	7.2
圆芽孢杆菌	ATCC23301	85~90	$D_{90}=11$	7.8
冷解糖芽孢杆菌	ATCC23296	81~90	$D_{90}=4.5$	8.5
脂肪嗜热芽孢杆菌	NCIB8923	115~130	$D_{120}=5.8$	13.0
	NCIB8919	115~130	$D_{120}=5.3$	11.0
	NCIB8924	115~130	$D_{120}=1.0$	8.9
	ATCC7953	111~125	$D_{121}=2.1$	8.5
枯草芽孢杆菌	5230	77~121	$D_{121}=0.5$	14.0
	NCIB8054	85~95	$D_{95}=4.8$	9.3
臭气梭菌	NCTC505	80~95	$D_{90}=139$	6.8
肉毒芽孢杆菌	62A	104~113	$D_{113}=1.7$	11.0
溶组织梭菌	NCIB503	70~90	$D_{90}=12$	10.0
产气荚膜杆菌	NCTC8238	80~100	$D_{90}=120$	9.0
	NCTC8797	80~100	$D_{90}=15$	12~24
	NCTC8798	80~100	$D_{90}=36$	16.0
	NCTC3181	80~100	$D_{90}=5.0$	6.0
	NCTC8084	80~116	$D_{90}=4.5$	7.0
	NCTC10240	99~116	$D_{104}=1.4\sim5.2$	9.5~12.0
生芽孢梭菌	PA3679	104~132	$D_{104}=37$	9.8
	NCTC532	70~90	$D_{90}=34$	13.0

（6）蛋白质　蛋白质对微生物耐热性的影响有不同的报道。有的认为蛋白质及其有关物质对微生物具有保护作用，例如：有的细菌芽孢在2%的明胶介质中加热，其耐热性比不加明胶时增强2倍。但对其保护作用的机制尚不十分清楚。可以认为，由于蛋白质分子之间或蛋白质与氨基酸之间相互结合，从而使微生物蛋白质产生了稳定性。虽说这种保护现象是在细胞表面产生的，但也不能忽视在细胞内部也存在着蛋白质对细胞的保护作用。有的报道则认为蛋白质及其有关物质对微生物的耐热性无明显影响，也有的则认为对微生物的耐热性有削弱作用，如有的试验结果表明：蛋白胨、肉膏对产气荚膜梭菌的芽孢有保护作用；葡萄球菌、链球菌在全脂乳和脱脂乳中比在生理盐水中难以致死；蛋白胨、肉膏、酵母膏对大肠杆菌有保护作用；而且，氨基酸、蛋白胨、大部分蛋白质都对鸭沙门菌（*Sal. anatum*）有保护作用。但也有的研究结果认为半胱氨酸、酪蛋白对鸭沙门菌有相反作用，其原因尚不清楚。这与微生物的种类、数量，蛋白质及其相关物质的结构、浓度以及其他环境条件等因素有关，需要进一步研究。

（7）植物杀菌素　某些植物的汁液和它所分泌出的挥发性物质对微生物具有抑制和杀灭的作用，这种具有抑制和杀菌作用的物质称之为植物杀菌素。例如大蒜、洋葱等均含有植物杀菌素，它们具有一定的灭菌作用。

植物杀菌素的抑菌和杀菌作用因植物的种类、生长期及器官部位等的不同而异。例如红辣洋葱的成熟鳞茎汁比甜辣洋葱鳞茎汁有更高的活性，经红辣洋葱鳞茎汁作用后的芽孢残存率为4%，而经甜辣洋葱鳞茎汁作用后的芽孢残存为17%。

含有植物杀菌素的蔬菜和调味料很多，如番茄、辣椒、胡萝卜、芹菜、洋葱、大葱、辣根、大黄、胡椒、丁香、茴香、芥末和花椒等。

如果在罐头食品杀菌前加入适量的具有杀菌素的蔬菜或调料，可以降低罐头食品中微生物的污染率，就可以使杀菌条件适当降低。如葱烤鱼的杀菌条件就要比同规格清蒸鱼的低。

除上述成分影响微生物的耐热性外，介质中的一些其他成分也会影响微生物的耐热性，如SO_2、抗菌素、杀菌剂等抑菌物质的存在对杀菌具有促进和协同作用。

4. 热杀菌温度

杀菌温度与微生物的致死时间有着密切的关系，对于某一浓度的微生物来说，温度和时间决定它们的致死条件。试验证明微生物的热致死时间随杀菌温度的提高而呈指数关系缩短，如图1-2-2所示。

（三）微生物热致死的基本规律

1. 微生物的热致死规律（残存活菌曲线）

许多科学家曾对微生物及其芽孢的耐热性进行了研究。试验结果一致认为微生物及其芽孢的死亡数是随杀菌时间的延长按指数递减，也即微生物及其芽孢死灭的数量与杀菌时间之间的关系符合化学动力学中的一级反应动力学方程（微生物的热致死速度遵循化学动力学中的一级反应的规律）。在某一温度下，微生物及其芽孢的热致死规律的数学表达式为：

$$K = \frac{1}{t}\lg\frac{a}{b} \tag{1-2-1}$$

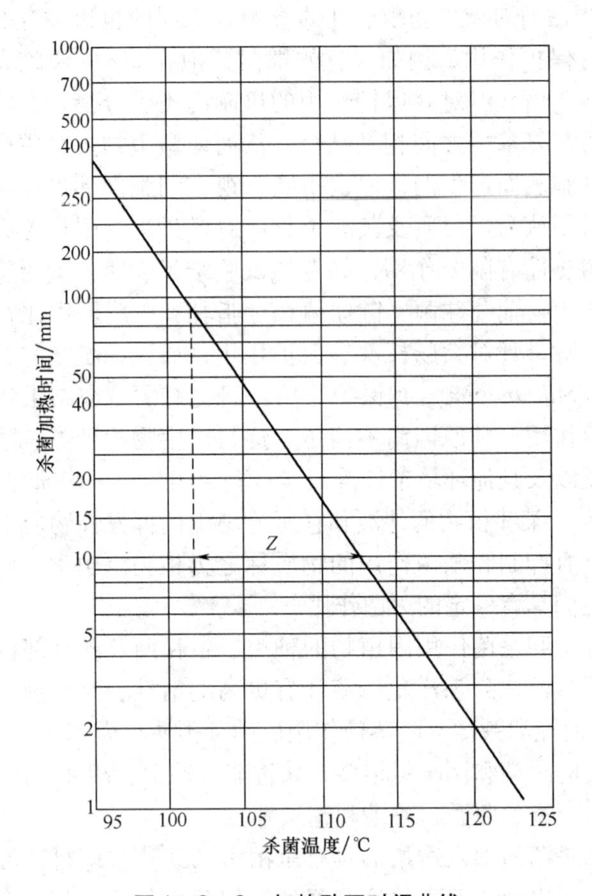

图 1－2－2　加热致死时间曲线

式中　K——死灭速度常数；

t——加热杀菌时间；

a——热杀菌前的菌数（芽孢浓度）；

b——经 t 时间热杀菌后残存的活菌数（芽孢浓度）。

微生物及其芽孢的热致死规律也可用曲线表达，即以物料单位值内（如每毫升、每克、每罐等）细胞数或芽孢数的对数值为纵坐标，以热处理时间为横坐标，就可以根据一定环境和一定致死温度热处理条件下不同时间所得的残存活菌数（$\lg b$）在半对数坐标图上画出相应的热致死速率曲线或残存活菌曲线（图 1－2－3）。该曲线为直线，而其斜率为 k，可用直线式表示。

如图 1－2－3 所示，A 点上原始菌数为 $\lg a$，经 t 分钟（BC 线）热处理后降至 B 点残存活菌数为 $\lg b$，如 AC 直线斜率为 $-k$，则：

$$-k=\frac{\lg a-\lg b}{-t}\quad \text{或}\quad t=\frac{\lg a-\lg b}{k}$$

$$\text{或}\quad \lg b=-kt+\lg a \tag{1-2-2}$$

这是残存活菌曲线的方程式。

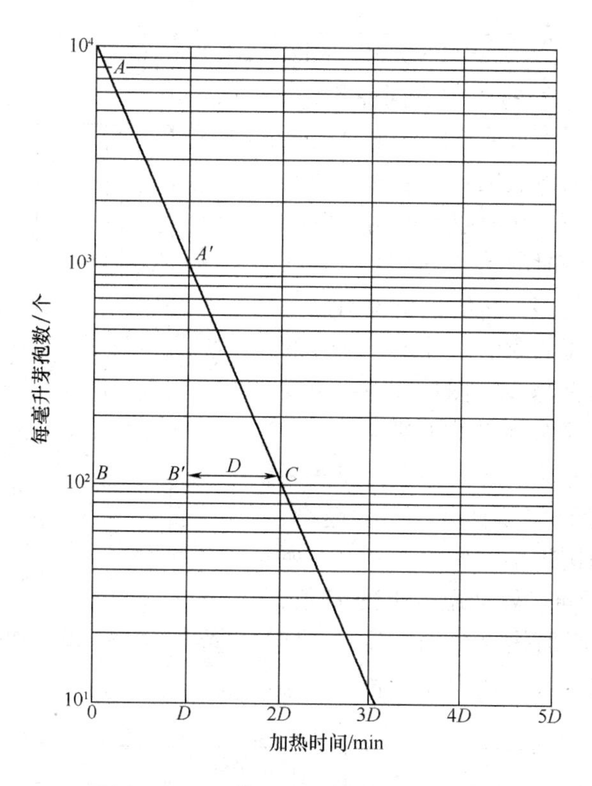

图 1－2－3 微生物的热致死速率曲线

从图 1－2－3 可以看出：残存活菌数减少一个对数周期（从 10000 减少到 1000 或从 1000 减少到 100），即菌数减少 90% 所需要的时间相同；这就是说对于某一种对象菌来说，在所定的热杀菌温度下，杀死 90% 所需要的加热杀菌时间是相同的。

2. 微生物耐热性参数 D 值（decimal reduction time）

D 值的定义就是在一定的温度条件下，使全部对象菌的 90% 被杀灭所需要的时间。也就是残存活菌曲线上活菌数减少一个对数周期需要的时间，所以 D 值在数值上等于残存活菌曲线斜率绝对值的倒数，即：

$$D = \frac{1}{K} \tag{1-2-3}$$

将式（1－2－3）代入式（1－2－2），并进行整理后得到 D 值的计算式：

$$D = \frac{t}{\lg a - \lg b} \tag{1-2-4}$$

［例 1］ 110℃时，原始菌数为 1×10^4 个，热处理 3min 后残存的活菌数为 1×10 个，求 D 值。

$$D = \frac{3}{\lg 10^4 - \lg 10} = \frac{3}{3} = 1(\min)$$

［例 2］ 从猪肝酱中分泌出来的 F. S 6210 菌，原始菌数为 1.25×10^5 个，经 121℃、8min 杀菌后，残存的活菌数为 16.64 个，求该菌在 121℃下的 D 值。

$$D = \frac{8}{\lg 1.25 \times 10^5 - \lg 16.64} = 2.06(\min)$$

D 值的大小因微生物的种类不同而不同。图1-2-4所示为A、B两种不同微生物的热致死速率曲线。图中曲线表明：D 值的大小反映微生物的耐热性程度，D 值越大说明该菌的耐热性越强，在同温同时的条件下，杀死的细菌越少，残存的活菌越多；D 值越小说明该菌的耐热性越弱，在同温同时的条件下，杀死的细菌越多，残存的活菌越少。图1-2-4曲线还表明 D 值的大小不受原始菌数的影响。

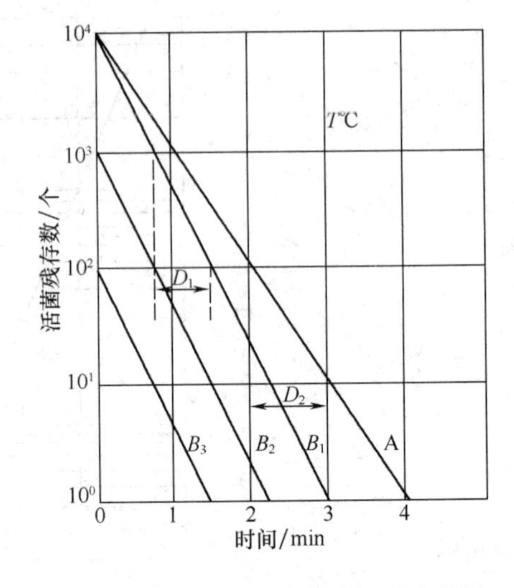

图1-2-4　微生物的热致死速率曲线

需特别注意的是：D 值的大小不受原始菌数的影响，但随热杀菌温度而变，温度越高，致死速率越大，D 值则越小，如图1-2-5所示。因此，为区别不同热处理温度下的 D 值，需在 D 的右下角标明加热杀菌的温度 T，即 D_T，如为121℃下的 D 值即用 D_{121} 表示。

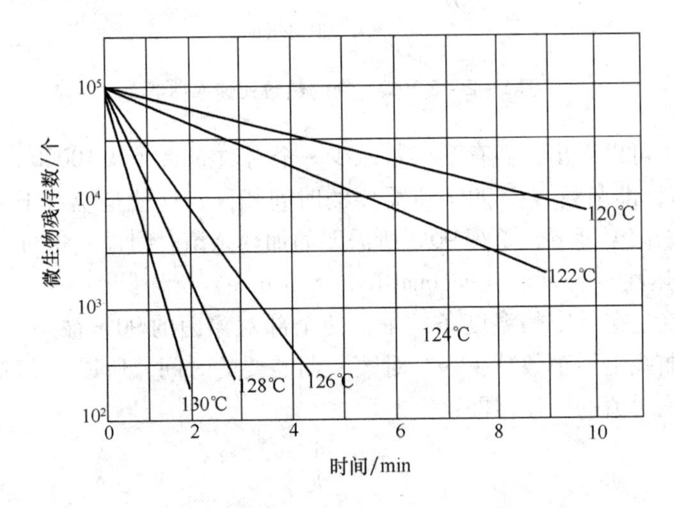

图1-2-5　不同温度微生物的热致死速率曲线

3. 加热致死时间与TDT曲线

加热致死时间（thermal death time，TDT）是指在某一恒定加热温度下，将某浓度的细胞或芽孢全部杀死所必需的最短热处理时间（min）。热致死时间TDT值的单位为min，通常习惯用 F 值来表示。由于致死时间随温度而变，所以在表达时需要在 F 的右下角注明热杀菌的温度，即 F_T。

微生物的加热致死时间随致死温度而异，温度越高，热致死时间越短；温度越低，热致死时间越长。专家们的试验结果表明热致死时间随温度而变的变化规律和加热致死规律一样，遵循化学动力学中的一级反应规律。这一关系同样可以用曲线反映，即以杀菌温度为横坐标，以致死时间为纵坐标在半对数坐标纸上绘制得到的曲线，如图1－2－6所示。

从图1－2－6可知，加热致死时间曲线反映的是某一浓度（N）的微生物致死所需要杀菌时间与杀菌温度的关系，所以又称致死温时曲线。

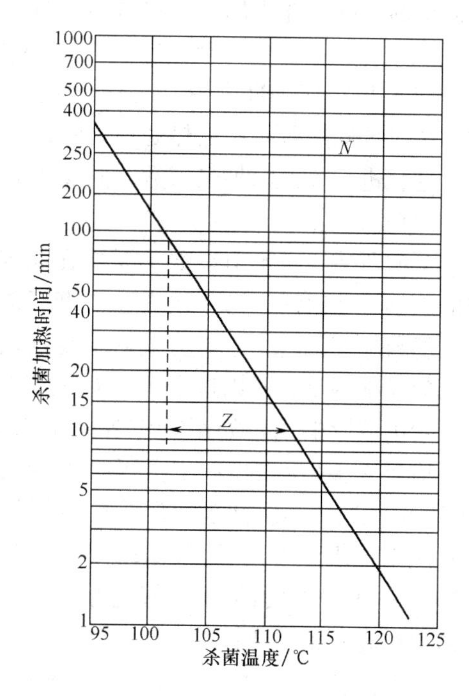

图1－2－6　加热致死时间曲线

Z值是使致死时间缩短一个对数周期（1/10）所需要提高的温度度数，是反映微生物耐热性的又一个参数。根据Z值的实际含义及TDT曲线的规律可知，Z值在数值上等于TDT曲线斜率绝对值的倒数。如取热致死时间为t、热杀菌温度为T，它们的数学关系式为：

$$\lg \frac{t}{t'} = \frac{T' - T}{Z} \qquad (1-2-5)$$

式中　T、T'——不同的热杀菌温度，℃；

t、t'——T和T'温度时的加热致死时间，min；

Z——$\lg \frac{t}{t'} = 1$时相应的$T' - T$值，它在图1－2－6中则为致死时间减少一个对数周期时所改变的温度（℃），即直线横过一个对数周期时所改变的温度（℃）。

通常T'用121.1℃（国外用250℉）作为标准温度，而该温度下的加热致死时间t'则用符号“F”表示，式（1－2－5）可以用下式表示。

$$\lg \frac{t}{F} = \frac{121.1 - T}{Z} \qquad (1-2-6)$$

4. 加热减数时间和拟TDT曲线

加热减数时间是指在某规定的热处理温度下，将对象菌（细菌或芽孢）数减少到某一程度（10^{-n}）所需要的加热杀菌时间（min）。例如，将对象菌减少到原菌数的1/10、1/100、1/1000等。如前已述及，在某一确定温度下，不论对象菌原始菌数为多少，它们减少到原菌数的1/10的时间，就是杀灭原菌数90%的时间，也就是D值。减少到原菌数的1/100，即相当于对象菌致死速率曲线通过两个对数周期所需要的时间，即为$2D$；减少到原菌数的1/1000，即相当于通过3个对数周期所需要的时间，即为$3D$。以此类推，由此可以知道，TRT实际上是D值的扩大值。

根据Ball的建议，通常以递减指数n来表示菌数减少的程度，并在“TRT”的右下角加以标注，即以TRT_n表示。如将对象菌数减少到原始菌数的百万分之一，所需要的时间即用TRT_5表示。如前所述，由加热减数时间的实际含义可知，将对象菌数减少到10^{-n}

所需要的时间，即为加热减数时间（TRT_n值）：

$$TRT_n = nD \tag{1-2-7}$$

如 $n=1$，即 $TRT_1 = D$，而 $n=n$ 时，$TRT_n = nD$。因此，TRT_1为加热致死速率曲线横过一个对数周期所需的加热处理时间，而 TRT_n为曲线横过 n 个对数周期所需的热处理时间。这就进一步说明加热减数时间实为 D 值的扩大值，与 D 值一样 TRT_n值也不受原始菌数的影响。

如前所述，TDT 值或 F 值是指在规定的温度下，使某一浓度的对象菌全部死灭所需要的加热杀菌时间。这是建立在"彻底杀灭规定数量的微生物"的基础上的数值，当对象菌的数量变化时，TDT 值或 F 值也随之改变。而在实际生产中对象菌数多变，正确控制菌数异常困难，所以这个 TDT 值或 F 值的实际应用价值就有所限制了。而 TRT 值是不受原始菌数影响的，如用它作为确定杀菌工艺条件的依据，显然比受原始菌数影响的 TDT 值或 F 值便利的多。但要将 TRT_n值看作 F 值的关键是递减指数 n 的取值大小，只要 n 值足够大，即残存活菌数足够的小，小到能保证食品安全的程度，此时的 TRT_n值就可以看成是致死时间 F 了。如果以'm'为原始菌数的指数，试验结果表明当 n 与 m 的差值为 2～3 时，此时的 TRT_n值就可以看成是将原始菌数为 $a=10^m$ 的对象菌全部杀死所需要的致死时间了，即：

$$TRT_n = F_T = nD_T$$

也就是说当 n 足够大时，致死时间就是 nD，即：

$$F_T = nD_T \tag{1-2-8}$$

式中　D_T——任意温度 T 下的 D 值（相当于 TRT_1）；

F_T——任意温度 T 下的致死时间（相当于 TRT_n）。

例如某对象菌的原始菌数 $a=1\times10^7$ 个，取 $n=10$，在规定的温度下经过 TRT_{10}分钟杀菌后残存的活菌数 $b=10^{-3}$个，即残存 0.001 个菌，此时的 TRT_{10}就可以认为是将 $a=1\times10^7$的对象菌全部杀死的致死时间 F。

由于当 n 值足够大时，TRT_n 值就视为致死时间 F 或 TDT 值，那么此时的杀菌温度与所需时间的关系同样符合 TDT 曲线的规律，故将式（1-2-8）代入式（1-2-6）得：

$$\lg\frac{nD_T}{nD_{121}} = \frac{121-T}{Z}$$

或

$$\lg nD_T = -\frac{T}{Z} + \left(\lg nD_{121} + \frac{121}{Z}\right) \tag{1-2-9}$$

这就是加热减数时间 TRT 与加热温度 T 之间的关系式。

若以加热减数时间为纵坐标，加热温度为横坐标在半对数坐标纸上做图，所得的曲线就是加热减数时间曲线（TRT 曲线）。

当 n 值变化时，只是截距项有所变化，而直线的斜率不变，不同的 n 得到的是一组平行线段。

当 $n=1$ 时，式（1-2-9）为：

$$\lg D_T = -\frac{T}{Z} + \left(\lg D_{121} + \frac{121}{Z}\right) \tag{1-2-10}$$

这是 D 值与 T 的关系式。若以 D 值为纵坐标，加热杀菌的温度为横坐标在半对数坐标纸上做图，所得的曲线是拟致死温时曲线，如图 1-2-7 所示。它常代替 TDT 曲线使用。

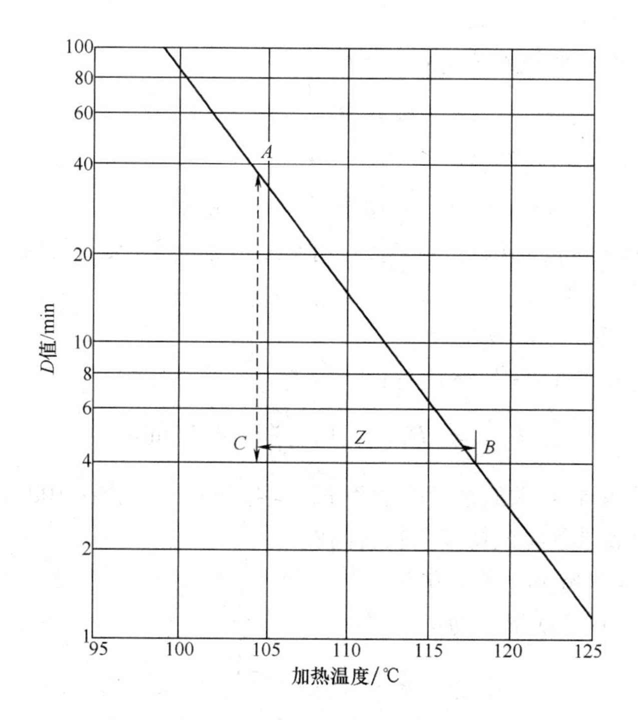

图 1-2-7 拟致死温时曲线

5. 微生物热致死规律的实际应用

（1）递减指数 n 的实际应用　在实际生产中，热杀菌必须在保证食品安全的基础上使食品受热的时间最短，尤其是热敏性食品这一点更为重要。有时为控制食品受热时间而又必须达到预期的杀菌效果以保证食品的安全就设定递减指数 n，实际上就是控制杀菌前食品所污染的菌数。

对于低酸性食品因其易污染肉毒梭状芽孢杆菌，通常取 $n=12$，这就意味着要保证该食品的杀菌效果，杀菌前污染的原始菌数应该控制在 $a=10^9 \sim 10^{10}$ 个，此时的致死时间 F 计算为：

$$F_{121.1} = \mathrm{TRT}_{12} = 12D_{121.1} = 12 \times 0.21 = 2.52(\mathrm{min})$$

也就是说，对于原始菌数 $a<10^{10}$ 个的低酸性食品，在 121.1℃下经过 2.52min 的热杀菌，既能保证食品安全（达到预期杀菌效果）又能保证食品品质（受热时间最短）。

对于易被耐热性强于肉毒梭状芽孢杆菌的嗜热脂肪芽孢杆菌污染时，一般取 $n=4 \sim 5$。

（2）同效热杀菌条件的换算　对于某一种食品而言，要达到相同的杀菌效果可以采用不同的杀菌条件，而采用不同的热杀菌条件食品受到热损伤的程度是不同的。在实际生产中会有由于各种原因而需要进行同效热杀菌条件的换算，如为减少热损伤而提高杀菌温度等。下面列举一些换算实例。

[例3] 全脂牛乳中的嗜热杆菌芽孢 D_{121} 为30s，Z 值为10.5℃，请计算150℃的 D 值。

解：已知 $D_{121}=30s$　$Z=10.5℃$

将式（1-2-10）变换形式为：

$$D_T = D_{121} \times 10^{\frac{121-T}{Z}}$$

将已知条件代入上式，得：

$$D_{150} = D_{121} \times 10^{\frac{121-150}{10.5}} = 0.000865(\text{min})$$

[例4] 若全脂牛乳的杀菌程度要求达到递减指数 n 为9，那么在121℃下需要加热多长时间，请计算 F_{121} 值。

解：已知 $D_{121}=30s$　$n=9$

将已知条件代入式（1-2-8）得：

$$F_{121} = nD_{121} = 9 \times \frac{30}{60} = 4.5(\text{min})$$

[例5] 设全脂牛乳要求的杀菌强度为 $F_{121}=4.5\text{min}$，问若在100℃、150℃下杀菌，要达到同样的杀菌效果各应该持续多长时间？

解：已知 $F_{121}=4.5\text{min}$　$Z=10.5℃$

将式（1-2-6）变换形式为：

$$F_T = F_{121} \times 10\,\frac{121-T}{Z}$$

将已知条件代入上式得：

$$F_{100} = F_{121} \times 10\,\frac{121-T}{Z} = 4.5 \times 10^{\frac{121-100}{10.5}} = 450(\text{min})$$

$$F_{150} = F_{121} \times 10\,\frac{121-T}{Z} = 4.5 \times 10^{\frac{121-150}{10.5}} = 0.0078(\text{min})$$

6. 温度系数与 Z 值的关系

一般加热处理时温度对各种化学反应的影响，包括食品中酶的催化反应和食品品质变化在内都是用温度系数来表达。在杀菌时，温度对微生物致死速度的影响也可以用温度系数来表达。

温度系数就是两种不同温度时反应速率的比值，用 $Q_{\Delta T}$ 表示。一般取温度差 $\Delta T=10℃$，这时的温度系数为：

$$Q_{10} = \frac{K_{T+10}}{K_T} \tag{1-2-11}$$

式中　K_{T+10}——加热温度为 $T+10$℃时的反应速度常数；

K_T——加热温度为 T℃时的反应速度常数。

在一定温度下，某一种菌的死灭数量和杀灭这种菌的时间遵循化学动力学中一级反应的关系，其反应速度常数见式（1-2-1）。因此，温度差为 $T_2-T_1=\Delta T$ 时微生物致死温度系数为：

$$Q_{\Delta T} = K_2/K_1 = t_1/t_2 \tag{1-2-12}$$

按式（1－2－10），将时间、温度分别以 t_1、t_2 和 T_1、T_2 代入：

$$\lg \frac{t_1}{t_2} = \frac{T_2 - T_1}{Z} \tag{1-2-13}$$

根据式（1－2－12）和式（1－2－13）可得：

$$\lg Q_{\Delta T} = \frac{T_2 - T_1}{Z} \tag{1-2-14}$$

因此，温度差为10℃时温度系数和 Z 值关系如下：

$$\lg Q_{10} = \frac{10}{Z} \quad 或 \quad Z = \frac{10}{\lg Q_{10}} \tag{1-2-15}$$

已知嗜热脂肪芽孢杆菌的 $Z = 10$℃、$Q_{10} = 10$，青豆过氧化物酶 $Z = 26$℃、$Q_{10} = 2.5$，分别测定嗜热脂肪芽孢杆菌和青豆过氧化物酶在不同温度时的 D 值，就可以做出拟 TDT 曲线，如图 1－2－8 所示。

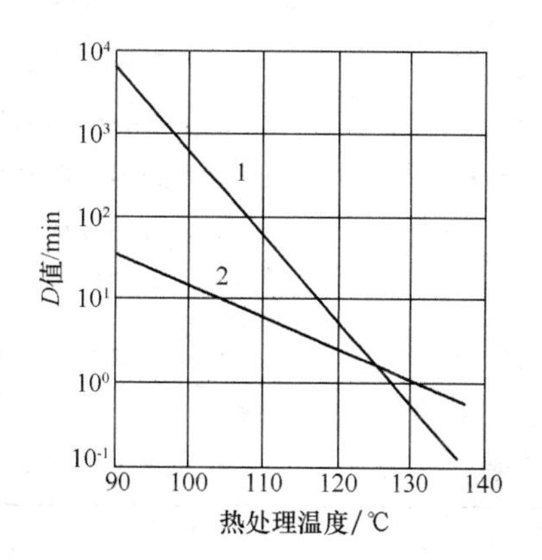

图 1－2－8　嗜热脂肪芽孢杆菌与青豆过氧化物酶的拟致死温时曲线

1—嗜热脂肪芽孢杆菌　2—青豆过氧化物酶

从图 1－2－8 曲线可以看到，125℃为两条直线的交点。当杀菌温度低于 125℃时，微生物的致死时间比酶完全失活所需的时间长，在这种情况下，杀菌以微生物为对象，可以保证酶完全失活；但温度高于 125℃时，微生物死灭所需的时间比酶钝化所需要的时间短，因而，若仍以微生物为对象进行杀菌，酶就不能完全失活。所以在采用高温（温度高于 125℃）短时杀菌时，酶的钝化将成为首要问题，有必要进行酶的钝化测定，从而保证食品不发生酶引起的变质。

二、加热对酶的影响

（一）酶和食品的质量

食品中含有酶类，酶是引起食品品质下降的另一个主要因素。食品在加工和贮藏过程中除了微生物作用引起的腐败变质外，就是酶导致的品质变化。不同的食品所含的酶种类不同，酶的活力与特性也有差异，引起食品品质变化的类型及程度也不同，但主要体现在食品的感官和营养方面的质量降低。如过氧化物酶能催化维生素 C 氧化而破坏其生理功能；能催化不饱和脂肪酸的过氧化物裂解，产生不良气味的羰基化合物；还能催化类胡萝卜素漂白和花青色脱色等。又如莲藕中的多酚氧化酶和过氧化物酶催化氧化莲藕中的多酚类物质而使莲藕由白色变为粉红色，其品质下降；脂肪氧合酶氧化不饱和脂肪酸，会引起亚油酸、亚麻酸和花生四烯酸这些必需脂肪酸含量降低，同时产生过氧自由基和氧自由基，这些自由基将使食品中的类胡萝卜素（维生素 A 的前体物质）、生育酚（维生素 E）、维生素 C 和叶酸含量等减少。这些酶主要是氧化酶类和水解酶类，包括过氧化物酶、多酚氧化酶、脂肪氧合酶、抗坏血酸氧化酶等。表 1 - 2 - 8 所示为部分与食品质量降低有关的酶类及其作用。

表 1 - 2 - 8　　与食品质量降低有关的酶类及其作用

酶的种类	酶的作用
过氧化物酶类	导致蔬菜变味，水果褐变
多酚氧化酶	导致蔬菜和水果的变色、变味以及维生素的损失
脂肪氧合酶	破坏蔬菜中必需脂肪和维生素 A，导致变味
脂肪酶	导致油脂和含油脂食品、乳和乳制品、肉和肉制品的水解酸败
多聚半乳糖醛酸酶类	破坏和分离果胶物质，导致果汁失稳或果实过度软烂
蛋白酶类	影响鲜蛋和干蛋制品的贮藏，导致水产品组织软烂，影响面团的体积和质构
抗坏血酸氧化酶	破坏蔬菜和水果中的维生素 C
硫胺素酶	破坏肉、鱼中的维生素 B_1
叶绿素酶类	破坏叶绿素，导致绿色蔬菜褪色

不同食品中所含的酶的种类、酶的活力和特性等的差异有时是显著的。以过氧化物酶为例，在不同的水果和蔬菜中酶活力相差很大，其中辣根过氧化物酶的活力最高，其次是芦笋、马铃薯、萝卜、梨、苹果等，蘑菇中过氧化物酶的活力最低。与大多数蔬菜相比，水果中的过氧化物酶活力较低。又如大豆中的脂肪氧合酶相对活力最高，绿豆和豌豆的脂肪氧合酶活力相对较低。

过氧化物酶在果蔬加工和保藏中备受关注，它作为果蔬热烫终点控制的指标酶。这是因为它是导致果蔬变色、变味的主要酶类，它的活力直接影响着果蔬产品的品质。还因为过氧化物酶是最耐热的酶类，以过氧化物酶的钝化作为热处理对酶破坏程度的指标，当食品中过氧化物酶在热处理中完全失活时，其他酶的活性也就丧失。但最近的研究也提出，对于某些食品（蔬菜）的热处理灭酶而言，破坏导致这些食品质量降低的酶，如豆类中的脂肪氧合酶（lipoxygenase）比过氧化物酶与豆类变味的关系更密切，对于这些食品的热处理以破坏脂肪氧合酶为灭酶指标更合理。

（二）酶的最适温度和热稳定性

酶是由生物活细胞所产生的，具有高效的催化活性和高度特异性的蛋白质，又称为生物催化剂。生物体在新陈代谢过程中，几乎所有的化学反应都是在酶的催化下进行的，生鲜食品也不例外。各种酶促反应要求一定的 pH、温度等温和的条件，而温度对酶反应有明显影响，任何一种酶都有其最适合的作用温度，改变温度也将改变酶的活性和酶促反应的速度。

温度与酶的关系从两方面看，一方面由于温度的提高可以使酶的活性增强，从而使酶促反应加速。速度与温度之间的关系可用温度系数 Q_{10} 来表示，一般其温度系数 Q_{10} 为 2 ~ 3。另一方面因为酶的化学本质是蛋白质，在热作用下会变性而失活。酶失活速度与温度之间的关系可用温度系数 Q_{10} 来表示，在临界温度范围内 Q_{10} 可达 100。因此，随着温度的提高，酶催化反应速率和失活速度同时增大，但是由于它们在临界温度范围内的 Q_{10} 的不同，后者较大，因此，在某个关键性的温度下，失活的速度将超过催化的速度，此时的温度即酶活性的最适温度。这里需要指出的是任何酶的最适温度都不是固定的，而是受到 pH、共存盐类等因素的影响。

当温度低于其最适的作用温度的范围内，随着温度的升高，酶活力也增加，而高于其最适的作用温度时将使酶失活。酶的这种热失活规律与细菌的热致死时间曲线相似，我们也可以做出酶的热失活时间曲线。因此，同样可以用 D 值、F 值及 Z 值来表示酶的耐热性。其中 D 值表示在某个恒定的温度下使酶失去其原有活性的 90% 时所需要的时间，Z 值是使热失活时间曲线横过一个对数周期所需改变的温度，F 值是指在某个恒定温度和环境条件下使某种酶的活性完全丧失所需的时间。

从图 1-2-8 可以看出，过氧化酶的 Z 值大于细菌芽孢的 Z 值，这表明升高温度对酶活性的损害比对细菌芽孢的损害更轻。

对于温度与酶催化反应速率之间的关系还可以用 Arrhenius 方程来定量地描述：

$$K = Ae^{-E_a/(RT)} \tag{1-2-16}$$

式中 K——反应速率常数；

E_a——反应活化能；

A——频率因子或 Arrhenius 因子。

式（1-2-16）两边取对数即得：

$$\lg K = \lg A - \frac{E_a}{2.3RT} \tag{1-2-17}$$

尽管 E_a 与温度有关，但是在一个温度变化较小的范围内考察温度对催化反应速率的影响时，$\lg K$ 与 $1/T$ 之间呈直线关系。

在酶的热失活研究中发现有些酶的失活具有明显的双相特征。图 1-2-9 所示为甜玉米中的过氧化物酶在 88℃ 下的失活曲线。

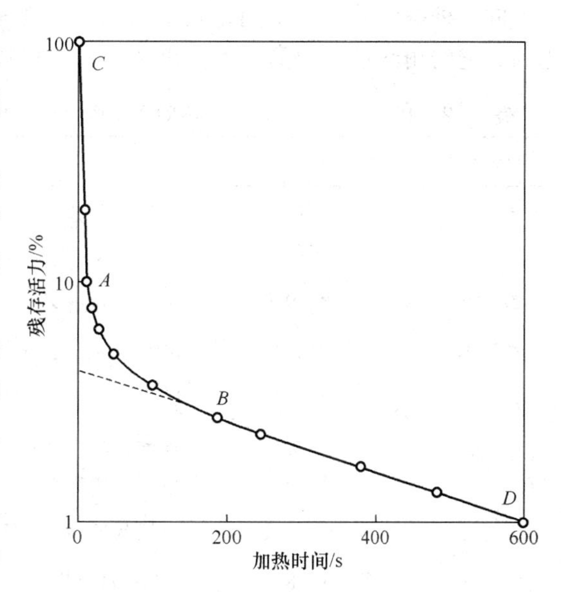

图 1-2-9 甜玉米中的过氧化物酶在 88℃下的失活曲线

从图 1-2-9 可以看出，甜玉米中的过氧化物酶在 88℃ 下的失活具有明显的双相特征，其中的每一相都遵循一级反应动力学。图中的前一线性部分（CA）代表酶的热不稳定部分的失活，而后一线性部分（BD）代表酶的热稳定部分的失活。

酶的耐热性受酶的种类和来源、环境（如 pH）及热处理温度等因素的影响。酶的种类及来源不同，耐热性相差也很大（见表1-2-9）。酶对热的敏感性与酶分子的大小和结构复杂性有关，一般来说，酶的分子越大，结构越复杂，它对高温就越敏感。

表1-2-9　几种来源不同的氧化酶的耐热性

酶	来源	pH	D_T/min
过氧化物酶	豌豆	自然	(D_{121}) 3.0
	芦笋	自然	(D_{121}) 0.20（不耐热部分） (D_{121}) 350（耐热部分）
	黄豆（带荚）	自然	(D_{100}) 1.14
	黄豆（不带荚）	自然	(D_{95}) 0.75
脂肪氧合酶	黄豆（带荚）	7.0	(D_{100}) 0.32
	黄豆（带荚）	9.0	(D_{100}) 0.5
	黄豆（不带荚）	7.0	(D_{95}) 0.39
多酚氧化酶	马铃薯	自然	(D_{100}) 2.5

食品中绝大多数的酶是耐热性一般的酶，如酯酶和大蒜素酶等，其作用的温度范围为0~60℃，最适的温度在37℃，通常对温度的耐性不超过65℃。果胶甲酯酶、植酸酶、叶绿素酶、胶原酶等是耐热性中等的酶类，还包括一些真菌酶类，如淀粉酶；作为牛乳和乳制品巴氏杀菌的指示酶的碱性磷酸酶也属此类，这些酶在40~80℃时可以起作用。食品中的过氧化物酶的耐热性也较高，通常被选作热烫的指示酶。

同一种酶，若来源不同，其耐热性也可能有很大的差异。植物中过氧化物酶的活力越高，它的耐热性也较高。不同果蔬中过氧化物酶的耐热性特征见表1-2-10。

表1-2-10　不同果蔬中过氧化物酶的耐热性

酶的来源	Z/℃	说明
辣根	17	不耐热部分
	27	耐热部分
豌豆	9.8、9.9	两相失活的Z值
菠菜	13	pH6，分离酶
	17.5~18.0	pH4~8，粗提取液
甘蓝	9.6	丙酮粉水提取液，不耐热部分占58%~60%
	14.3	丙酮粉水提取液，耐热部分占40%~42%
青刀豆	7.8~15.3	不同的品种；pH5.8~6.3，温度105.8~133.6℃完全失活
茄子	11.8	pH 5.03；热处理6s，温度117.2℃完全失活
樱桃	6.8	pH3.46；均浆；热处理6s，温度77.2℃完全失活

pH、水分含量、加热速率等热处理的条件参数也会影响酶的热失活。一般食品的水分含量越低，其中的酶对热的耐性越高，谷类中过氧化物酶的耐热性最明显地体现了这一点。这意味着食品在干热的条件下灭酶的效果比较差。加热速率影响到过氧化物酶的再生，加热速率越快，热处理后酶活力再生的越多。采用高温短时（HTST）的方法进行食品热处理时。应注意酶活力的再生。食品的成分，如蛋白质、脂肪、碳水化合物等都可能会影响酶的耐热性。

三、加热对食品品质的影响

加热对食品品质的影响具有双重性，有对食品品质有利的作用，也有对食品品质不利的作用。

1. 加热对食品品质的有利作用

热处理可以破坏食品中不需要的成分，如禽类蛋白中的抗生物素蛋白、豆科植物中的胰蛋白酶抑制素。热处理可改善营养素的可利用率，如蛋白质的变性可提高其在体内的可消化性；又如加热可使淀粉糊化，可以改善糖类物质的营养品质，如生产方便面，其淀粉已经糊化，用开水冲泡后即可食用，既方便摄食，又易于人体吸收。热处理可改善食品的感官品质，如美化口味、改善组织状态、产生悦目的颜色等。

传统加热方式是食物的外部温度较内部的温度高，食物中的热传导的方向由外向内，食物的最高温度发生在表面，而食物表面由于水分的散失以及高温的影响而促进美拉德反应的进行，所以易于形成香味化合物及色素。在此高温表层上，水蒸气密度在接近食物表面处最高，其压力驱使水蒸气向中心移动，食物仍可保持相当的水分，使得所产生的香味物质在食品中得以保留。

2. 加热对食品品质的不利作用

加热对食品成分产生的不良后果也是很明显的，这主要体现在食品中热敏性营养成分的损失和感官品质的劣化。加热处理虽然可提高蛋白质的可消化性，但蛋白质的变性使蛋白质（氨基酸）易于和还原糖发生美拉德反应而造成损失，降低蛋白质的营养特性；对于某些食品会由于美拉德反应而导致色变，有时候还会产生不良气味或有害物质。热加工会使蛋白质中氢键和某些非共价键（例如离子键、范德华键）断裂，破坏了它的二级或更高级的天然结构，从而形成变性状态。加热还能使蛋白质之间发生共聚形成稳定的聚集物。热加工时，蛋白质也可以超越聚集作用而形成沉淀或明胶化，甚至发生降解。沉淀时，食品中蛋白质保水量下降，但明胶化时，水进入蛋白冻胶的母体，保水量增加。热降解使肽链水解，氨基酸遭到破坏。所以，过分的或不适当的热加工会降低蛋白质的功能性质和可消化性。

对于碳水化合物和脂肪，人们一般不考虑它们在热处理中的损失量，而特别注意其降解反应产物的有关特性，如还原糖焦糖化反应产物的毒性等。

在热加工时，食品中脂类所发生的化学变化与食品的成分和加热的条件有关。缺氧时，主要发生热解反应；富氧时，除了非氧化性热解反应外，同时还发生氧化反应。热解产物主要是一些正烷烃、单烯烃，对称的酮类以及脂肪酸、含酰基的甘油等，其中产生相当数量的三碳烷烯烃，并有丙烯醛、CO_2、CO等。不饱和脂肪酸的氧化反应一般认为是一种自由基反应，它氧化后所形成的过氧化物作为一种自氧化的原始产物，会进一步经过许多复杂的分解和化合，产生数以万计的化合物，主要包括醇、酮、醛、半醛和酸等，这些产物的分子质量不同，有不同的香味阈值和不同的生理学作用。

脂类在超过200℃时可发生氧化聚合，影响肠道的消化吸收，尤其是高温氧化的聚合物对人体极为有害。在食品加工中，高温氧化的聚合物很少出现，那些氧化后足以危害人体健康的油脂和含油食品，大都因为它们的感官性状变得令人难以接受而不再被食用。然而值得提出的是，在食品加工和餐馆的油炸操作中，由于加工不当，油脂长时间高温加热和反复冷却后再加热使用，致使油脂颜色越来越深，并且越变越稠，这种黏度的增加即与油脂的热聚合物含量有关。据检测，经食品加工后抛弃的油脂中常含有高达25%以上的多聚物，应当引起注意。2002年4月瑞典国家食品管理局和斯德哥尔摩大学研究人员率先报道，在一些油炸和烘焙的淀粉类食品，如炸薯条、炸马铃薯片、谷物、面包等中检出丙烯酰胺（acrylamide）；之后挪威、英国、瑞士和美国等国家也相继报道了类似结果。由于丙烯酰胺具有潜在的神经毒性、遗传毒性和致癌性，因此食品中丙烯酰胺的污染引起了国际社会和各国政府的高度关注。

热处理造成营养素的损失研究最多的对象是维生素。脂溶性的维生素一般比水溶性的维生素对热较稳定。通常情况下，食品中的维生素C、维生素B_1、维生素D和泛酸对热最不稳定。

对热处理后食品感官品质的变化，人们也尽可能采用量化的指标加以反映。食品营养成分和感官品质指标对热的耐性也主要取决于营养素和感官指标的种类、食品的种类，以及pH、水分、氧气含量和缓冲盐类等一些热处理时的条件。食品质量属性的大部分变化都可以采用一级动力学来评价。表1-2-11所示为一些食品成分及品质的热破坏参数（Z值和D值等）。

表1-2-11　一些食品成分及品质的热破坏参数

食品成分及品质的热破坏参数	来　源	pH	Z/℃	D_{121}/min	温度范围/℃
硫胺素	胡萝卜泥	5.9	25	158	109~149
	豌豆泥	天然	27	247	121~138
	羊肉糜	6.2	25	120	109~149
核黄素	—	—	31.1	—	—
维生素C	液态复合维生素制剂	3.2	27.8	1.12d	3.9~70
维生素B_{12}	液态复合维生素制剂	3.2	27.8	1.94d	3.9~70
维生素A	液态复合维生素制剂	3.2	40	12.4d	3.9~70
叶酸	液态复合维生素制剂	3.2	36.7	1.95d	3.9~70
D-泛酸	液态复合维生素制剂	3.2	31.1	4.46d	3.9~70
甲硫氨酸	柠檬酸钠缓冲液	6.0	18.6	8.4	81.1~100

续表

食品成分及品质的热破坏参数	来　源	pH	Z/℃	D_{121}/min	温度范围/℃
赖氨酸	大豆	—	21	786	100～127
肌苷酸	缓冲液	3	18.9	—	60～97.8
IMP	缓冲液	4	21.4	—	60～97.8
	缓冲液	5	22.8	—	60～97.8
叶绿素 a	菠菜	6.5	51	13.0	127～149
	菠菜	天然	45	34.1	100～130
叶绿素 b	菠菜	5.5	79	14.7	127～149
	菠菜	天然	59	48	100～130
花青素苷	葡萄汁	天然	23.2	17.8	20～121
甜菜苷	甜菜汁	5.0	58.9	46.6	50～100
类胡萝卜素	红辣椒	天然	18.9	0.038	52～65
色泽（－a/b）	青豆	天然	39.4	25.0	79.4～148.9
	芦笋	天然	41.7	17.0	79.4～148.9
	青刀豆	天然	38.9	21.0	79.4～148.9
美拉德反应	苹果汁	天然	25	4.52h	37.8～130
非酶褐变	苹果汁	天然	30.5	4.75h	37.8～130
品尝质量	玉米	天然	31.7	6.0	79.4～148.9
胰蛋白酶抑制素	豆奶	—	37.5	13.3	93.3～121.1

在实际生产中，可以根据食品质量的变化特性，制定热加工条件，避免过度加工而造成产品质量不必要的下降。

第三节　食品的热传递

一、食品的热传递方式

罐头的热杀菌是食品热处理技术的典型应用，下面我们将以罐头的热杀菌为例讨论有关热处理中的一些理论问题。

对食品进行热处理时，热量通过温差而发生转移的传递方式有传导、对流和辐射三种。传导（conduction）是热量从物体的这一部分向那一部分或向紧密接触的另一物体所发生的转移。这种现象单是由组成物质的分子之间的热运动引起的，是固体中或紧密相接触的物体间相互传热的主要形式。对流（convection）是流体物质所特有的传热方式，当液体或气体中存在着某种程度的温差时，温度不同的两个部分就会通过其密度差而发生混合，在这些流体物质中，这种混合比通过传导更容易使温度均匀一致。任何物体，都以其温度相应地从表面散发着热能，这就是辐射（radiation）。辐射出的热能到达另一物体时，一部分被其表面反射，一部分被该物体吸收转化为热量使物体的温度升高，一部分则透过物体而散失。而对大多数食品而言在热处理过程中主要为传导传热和对流传热两种。

在这些传热形式中，有时热量是单独以某一种形式进行传递，有时则是以两种或两种以上的形式同时进行的。在食品加热处理（杀菌）时，不同状态的食品将以不同的方式进行热的传递。对于预包装食品（如罐头），根据预包装内容物的特性其传热方式有以下几种：

（1）对流传热　即在整个热处理过程中，都以对流的方式进行热传递，一般为液体食品，如果汁、蔬菜汁、汤类等食品。

（2）传导传热　即在整个热处理过程中，都以传导的方式进行热传递，一般为固态的、黏度或稠度高的预包装食品，如午餐肉罐头、烤鸭等。

（3）传导－对流结合方式传热　即在整个热处理过程中，先以传导的方式进行热传递，后用对流的方式进行热传递。以这种结合方式进行热传递的食品通常具有“剪切稀化”的流变特性，其在加热初期黏稠度比较大，表现固体的特性，以传导的方式进行热传递；随着加热的进行，物料温度升高发生稀化而具有流动性，表现出一般流体的特性，则以对流传热的方式进行热传递，如果酱、再制奶酪等。

（4）对流－传导结合方式传热　即在整个热处理过程中，先以对流的方式进行热传递，后用传导的方式进行热传递。以这种结合方式进行热传递的食品通常具有“热变稠”的流变特性，加热初期表现一般液体的流变特性，具有流动性故以对流的方式进行热传递；随着加热的进行，物料温度升高发生稠化作用而失去流动性，表现出一般固体的特性，则以传导的方式进行热传递，如甜玉米、番茄汁及其他浓稠的汤汁罐头等。

（5）诱发对流传热　即需要借助于外力如机械力量产生对流。以这种方式进行热传递的食品通常也具有“剪切稀化”的流变特性，在搅拌、振动等机械力量作用下黏性减少流动性增加，所以当给予一定机械外力时就以对流方式进行热传递。如八宝粥，当使用回转式热杀菌时，在回转重力的作用下产生搅拌、振动，流动性大大增加，在热杀菌过程中产生强力的对流。这类食品当杀菌结束冷却静置一段时间后又会恢复原来的不易流动状态。

二、食品传热的测定

食品传热的测定就是指对热处理全过程中食品温度的测定，主要包括食品温度测定的目的、测定方法及测定结果的表达三个方面。

（一）食品温度测定的目的

在热处理过程中由于食品的种类、热物性不同，其受热传热的方式也不同，传热的效果自然就不同，最终导致在整个热处理过程中食品温度的不同。如需了解食品在热处理（杀菌）过程中的受热情况，需先了解食品在热处理过程中的温度变化，因此必须测定食品温度。通过食品温度的测定不仅可以了解食品热处理时的传热特性，还可以评价热杀菌效果，从而制定合理的热处理（杀菌）工艺条件，既保证食品的安全又避免食品遭受不必要的热损伤。

（二）食品温度测定方法

对于非预包装食品的热处理，如果汁的瞬时杀菌、牛乳的巴氏杀菌等，通常在热处理设备或管路相应的位置安装温度计就可在线即时测定食品物料的温度。

对于预包装食品（如罐头），容器内各点食品的温度是不均一的、多变的，要准确地评价预包装食品在热处理中的受热程度，必须找出能代表预包装容器内食品温度变化的温度点，通常人们选容器内传热最慢一点为温度测定点，而这一传热最慢点被称为冷点，加热时该点的温度最低，又称最低加热温度点（slowest heating point），冷却时该点的温度最高。热处理时，若处于冷点的食品达到热处理的要求，则预包装容器内其他各处的食品也肯定达到或超过要求的热处理程度。预包装食品冷点的位置与食品的传热情况密切有关。一般来说，以传导方式进行传热的预包装食品，由于传热的过程是从容器壁传向容器内的中心处，所以其容器内食品冷点位置在几何中心如图 1-2-10（1）所示。以对流方式进行传热的预包装食品，由于容器内食品发生对流，热的食品上升，冷的食品下降，食品的冷点将向下移，通常在容器内的中心轴上，距离底部的距离为容器高的 10%～15%，如图 1-2-10（2）所示。以传导-对流结合方式或以对流-传导结合方式进行热传递的预包装食品，在整个热处理过程中冷点的位置是随其传热方式的变化而改变的。一般传导-对流结合型预包装食品（complex heating products）的冷点位于对流和传导两冷点之间，由两者比值决定，通常取离罐底约为罐高 25% 的罐内中心线点为测定点。特殊罐头食品如束状装、层叠装、纸包食品等以及在杀菌釜内放置的位置如竖放或横放等需预先试测才能确定冷点位置。要特别指出的是在罐头工厂的实际生产中，人们习惯用“中心温度”代替“冷点”。

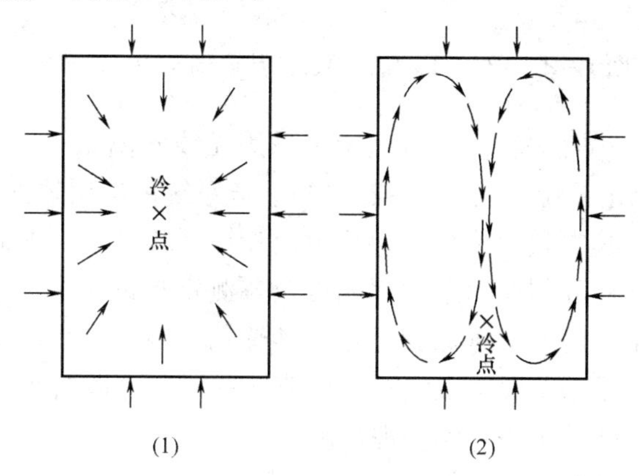

图 1-2-10　对流与传导传热时的冷点

（1）传导　（2）对流

预包装食品冷点温度的测定必须使用专用的中心温度测定仪，该测定仪主要有有线和无线两种。早期的中心温度测定仪均为有线测定仪，主要由热电偶、电压计、转换开关、冰瓶组成（见图1－2－11），热电偶与预包装食品的连接见图1－2－12。现在多用电位计取代电压计进行温度测定。如用CTD型数字温度计或Z9CD－F型温度记录仪时，因仪器内已装有温度补偿装置，不再需要用冰瓶作为冷端（即测定电位差的基准），直接将所测得的温度显示出来，并能在测定后读出杀菌时的F值。

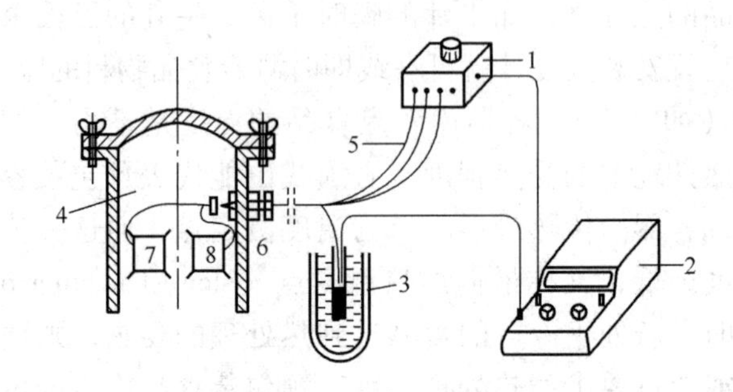

图1－2－11　测定罐头食品温度的装置

1—转换开关　2—电压计　3—冰瓶　4—杀菌釜　5—导线　6—热电偶　7，8—罐头样品

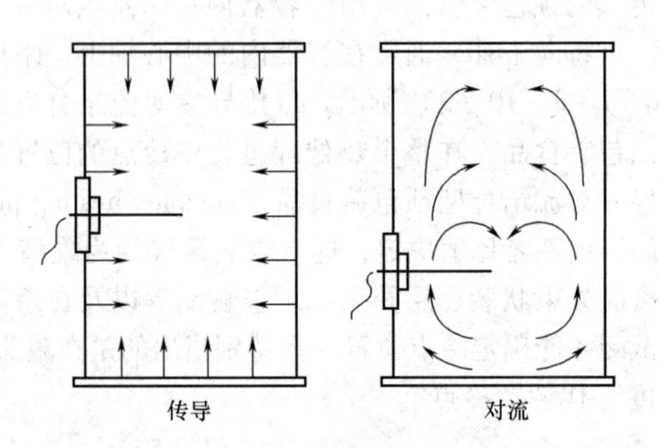

图1－2－12　测定食品温度的热电偶与罐头的连接

目前，大型罐头厂、大学、食品研究所多采用无线测温系统，如丹麦的Ellab Track Sense－Pro无线温度测定系统（见图1－2－13）。该系统由应用软件、读数台和微记录系统三个主要部分组成，其中微记录系统包括电池、探针传感器（见图1－2－14）、记录器三部分。由传感器探针分别探测杀菌锅温度及各测定点罐头中心温度并将测得的数据贮存于记录器，杀菌结束后通过读数台将数据转输给计算机，由数据处理系统计算出罐藏食品的杀菌值，并显示杀菌曲线及实际杀菌值——F_0值。根据实际测得的F_0值及食品的种类、标准杀菌值判断杀菌条件的合理性。

罐头中心温度测定的有线系统（如E－Val Flex）与无线测试系统的主要区别在于其测试点与Ellab标准温度计连接通过热电偶导线，将测试过程中获得的信息传输，系统具有8～16个热电偶通道，传输的信息（温度、压力）通过数据处理系统计算并显示在液晶显

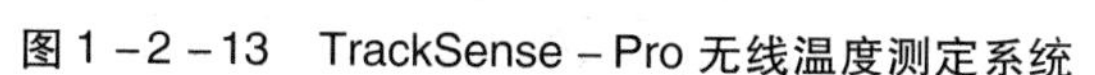

图1-2-13 TrackSense-Pro无线温度测定系统

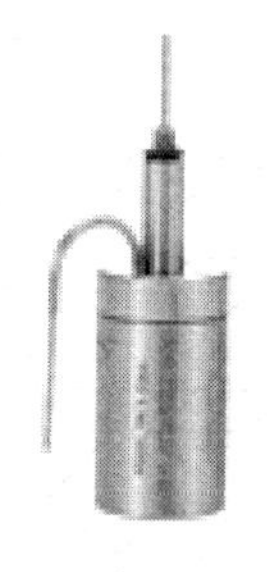

图1-2-14 探针传感器

示屏上，4行显示的液晶显示器自动滚动显示所有在使用通道的信息，更新频率为2s。显示每个通道的时间、温度、压力和F_0值。其最大特点是能实时显示相关信息。测定时，探头的安装同无线系统，但热电偶导线需要穿过杀菌釜，然后与Ellab标准温度计连接。

每次测温的试样以4~6个预包装食品为宜，最多不应超过10个，以免测温时间相隔太长。测预包装食品初温时应先摇匀，以便取得一致的温度。热处理过程中应另用热电偶测定杀菌釜内温度变化情况。冷却时测温应和热处理时一样，直至预包装容器内温度降低至40~80℃为止。

（三）食品温度测定结果的表达

食品热处理过程中进行全程的温度测定，测定的结果通常用曲线的形式来表达，即将所测定到的在整个热处理（杀菌）过程中食品的温度变化数据描绘在坐标图上而得到的曲线，这种曲线就是传热曲线。传热曲线通过时间与温度的关系反映食品中某一点的热能变化。

1. 食品的传热曲线（heat penetration curve）

传热曲线是将测得罐内冷点温度变化画在半对数坐标上所得的曲线。

科学家对热处理过程中食品温度与热处理时间之间的关系进行了大量的研究，结果表明，在热处理过程中热杀菌温度（θ_s）与食品冷点温度（θ_m）的差的对数值与热处理时间呈直线关系，即$\lg(\theta_s-\theta_m)$与t呈直线关系。做图时，以热杀菌温度与所测得的冷点温度之差的对数值为纵坐标，热杀菌时间为横坐标，做出相应的加热曲线（冷却曲线），如图1-2-15所示。该传热曲线还不够直观，从纵坐标上看到的是温度差，不能从曲线上直观看到各热处理时间所对应的冷点温度。为了避免在纵坐标轴上用温差表示，可将图1-2-15所示传热曲线翻转180°，并在纵（对数）坐标直接标注所测得的冷点温度，但对数坐标上最高线标出的温度应比杀菌温度低1℃，如图1-2-16所示。

需要指出的是，这种反转180°后的曲线只用于直观观察食品在热处理过程中的温度变化情况，在进行理论研究如分析食品传热速率，计算直线斜率等必须用前种方法做的传热曲线。

冷却时的传热曲线与加热时的传热曲线一样，但不需要再将半对数坐标反转，只须将对数轴上最低线标为高于冷却水温度1℃的温度数，再依次向上标出其他温度，如图1-2-17所示。这是因为冷却时食品温度降得很低，它和冷却水温度差越小，食品降温速度也越慢，它和对数值变值规律完全一致。

θs=121℃
300
200
100
70
50
30
20
10
7
5
3
2
1
θs-θm/℃
-79
21
51
71
91
101
111
114
116
118
119
120
θm/℃
0
10
20
30
40
50
杀菌时间/min

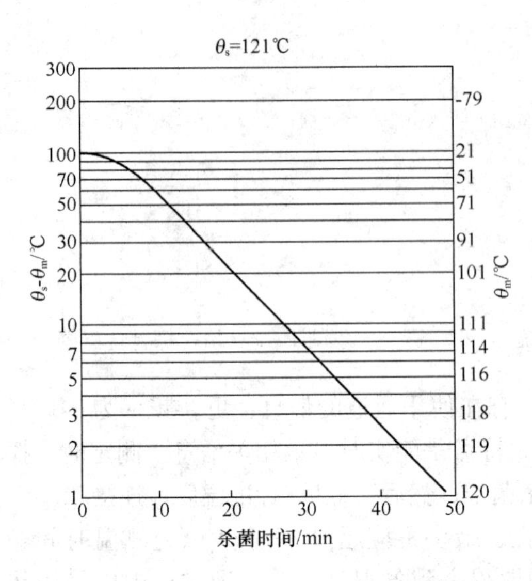

图 1-2-15　$\theta_s-\theta_m$ 与 t 的半对数坐标传热曲线

θs=121℃
120
119
118
116
114
111
101
91
71
51
21
-79
θm/℃
0
10
20
30
40
50
杀菌时间/min

图 1-2-16　θ_m 与 t 的半对数坐标传热曲线

120
110
100
90
80
70
60
50
40
30
29
28
27
26
25
24
23
22
温度/℃
fc=22(24.5-2.5)
1个对数周期
0
5
10
15
20
25
时间/min

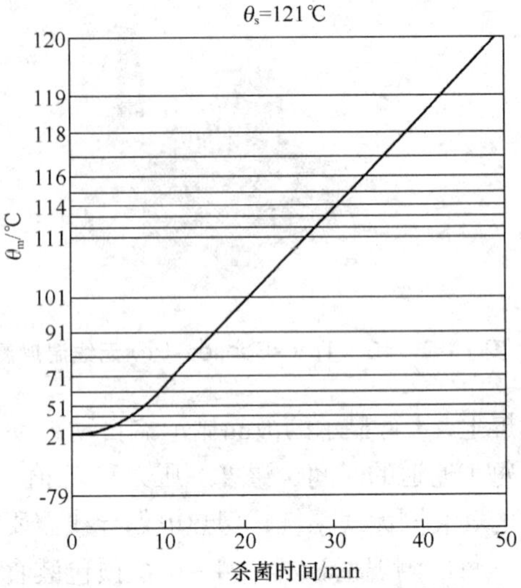

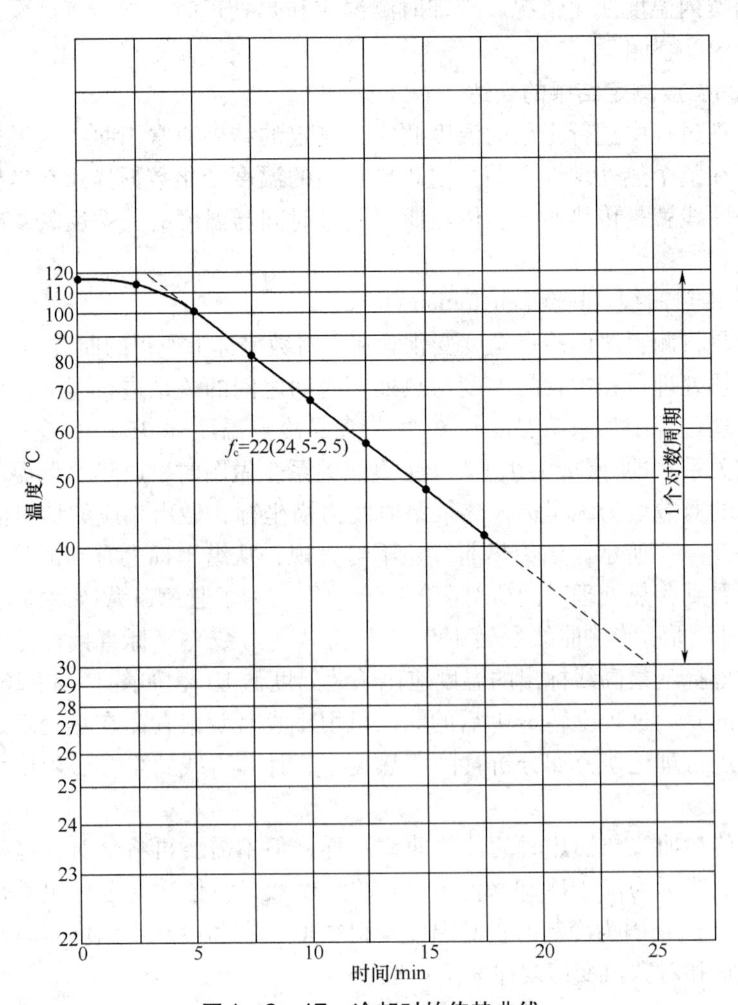

图 1-2-17　冷却时的传热曲线

由图1-2-15至图1-2-17加热和冷却时的传热曲线可以看到，在半对数图上做出的加热杀菌和冷却时的传热曲线，除加热和冷却最初阶段外，都呈直线，直线斜率分别用f_h和f_c表示，都为直线横过一个对数周期需要的加热和冷却时间（min）。f_h和f_c分别表示加热杀菌时的速率和冷却速率。

2. 传热曲线的类型

食品的传热曲线依据其热处理过程中温度的变化速率可分为直线型传热曲线和折线型传热曲线两种。

（1）直线型传热曲线或称简单加热曲线（simple heating curve） 纯粹对流型和传导型食品传热曲线都属于此类，不过前者的f_h和f_c小而后者的大。图1-2-18是典型的直线型传热曲线。这是因为这类食品在整个热处理过程中以同一种方式进行热的传递，所以除热处理最初始阶段外，传热速率不变。

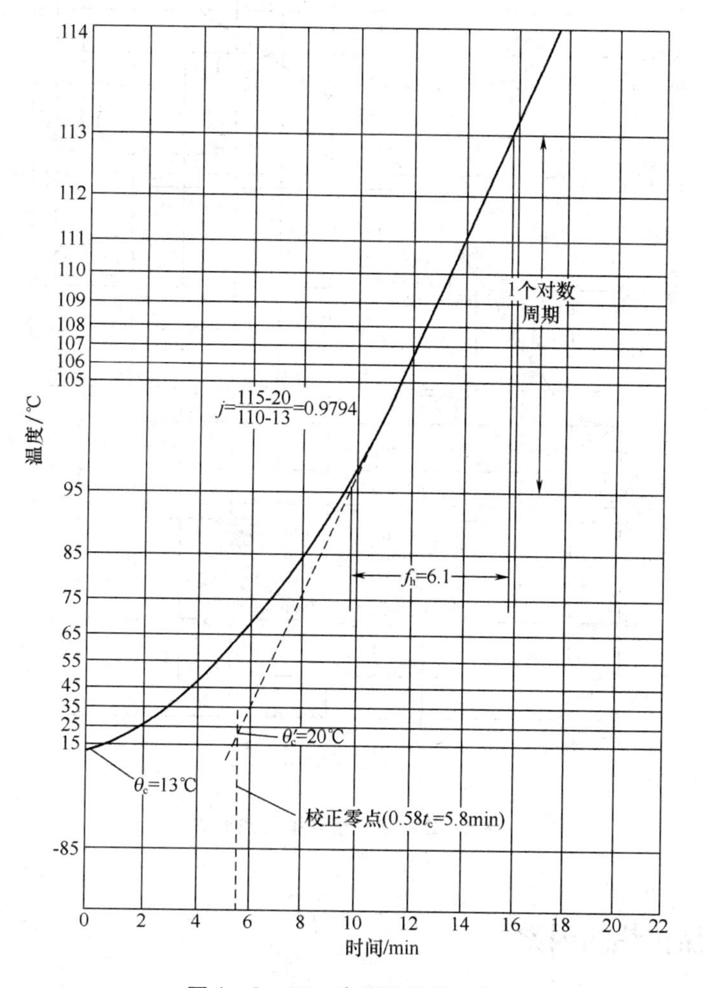

图1-2-18 直线型传热曲线

（2）折线型传热曲线（broken heating curve） 如前所述，某些食品在热处理过程中其热的传递方式是变化的，有的先以对流的方式进行热传递，后用传导的方式进行热传递；

而有的则先以传导的方式进行热传递，后用对流的方式进行热传递，若将这类食品的热传递曲线描绘出来，就是一个由两条斜率不同的直线所构成的图像。这两条渐近线的交点称作转折点（break），两直线斜率不同，反映出热杀菌过程中食品性质发生了变化，传导－对流传热结合型食品的传热曲线属于这种类型。这种热传递曲线就称作转折型半对数加热曲线（break logarithmic heating curve）。此时，直线的最初部分与简单型半对数加热曲线相似，而另一条直接是以转折点为原点，具有不同的斜率，如图1－2－19所示。

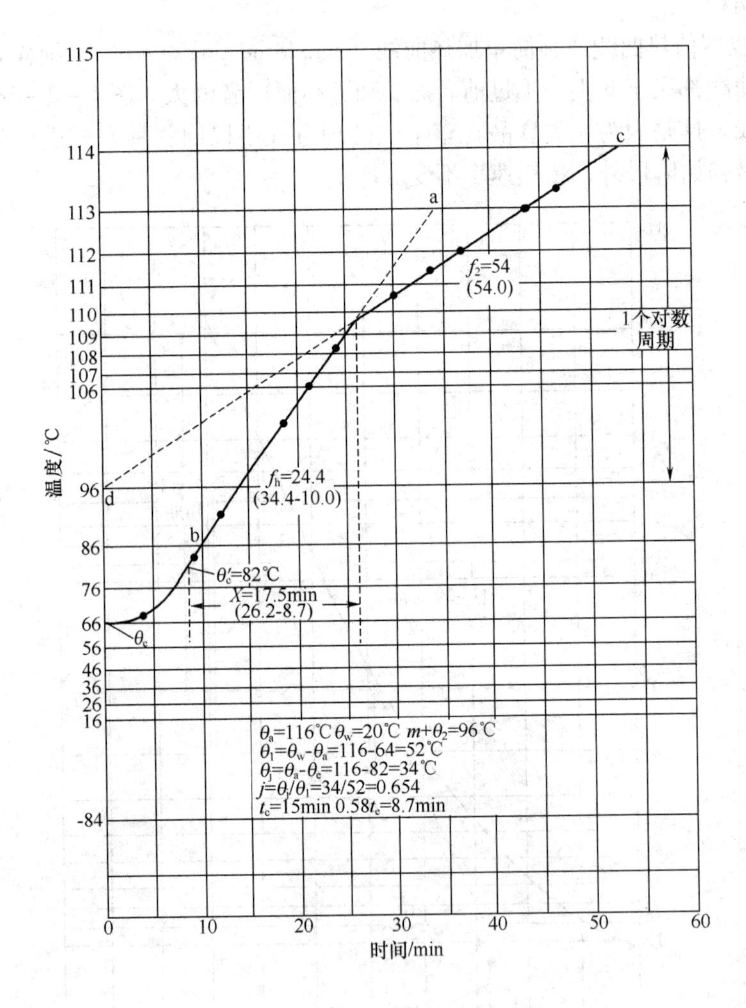

图1－2－19 折线型传热曲线

三、影响食品传热的因素

因为食品的热处理是一个受热传热的过程，热杀菌时低温罐头不断从加热介质（如蒸汽或沸水）中接受热能，逐步向罐内传递，罐内各点的温度因热量的不断积累而不断上升。罐内温度上升的速度取决于热量传递的速度，影响热量传递速度的因素就直接影响罐头的杀菌。要合理制定热处理条件就必须了接影响预包装食品温度变化的因素。这些影响因素可以归纳为以下几点。

（一）预包装容器内食品的物理性质

与传热有关的食品物理特性主要是形状、大小、浓度、黏度、密度等。食品的这些性质不同，传热的方式就不同，传热速度也将随之不同。

如前所述，加热杀菌时一般固态或高黏度食品在容器内处于不流动状态，以传导方式传热，速度较缓慢。如午餐肉等肉糜类，加有浓厚调味液的蔬菜肉类混合食品，水分含量较少的干装食品如豆沙、枣泥罐头等。苹果酱的传热速度较慢，其温度远滞后于杀菌釜的温度，如图 1－2－20 所示。

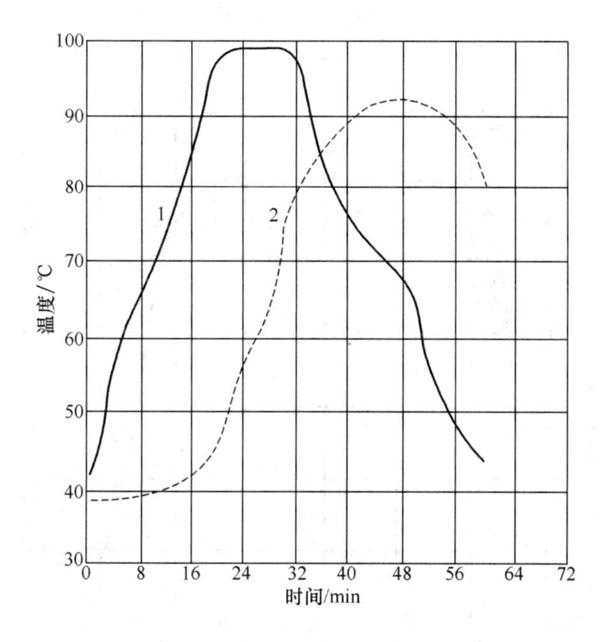

图 1－2－20　苹果酱传热曲线

1—杀菌釜　2—苹果酱

液体食品具有良好的流动性，如果汁、牛乳、蔬菜汤等，进行对流传热，传热速度快。图 1－2－21 所示玻璃罐装樱桃汁传热速度很快，除杀菌初期温度滞后于杀菌釜外，其温度与杀菌釜温度一致。

液体和固体混装预包装食品，传热情况复杂，其传热速度与固体食品的形状、大小、排列方式等有关。

一般认为加热过程中不易裂解的小块形、颗粒、条形食品易于流动，以对流传热为主，速度快一些；竖装食品（如芦笋）与横装食品（如菠萝圆片）相比，前者更利于对流。大多数肉汤和清汤罐头以及大多数糖水、盐水、清水果蔬罐头如盐水青刀豆、蘑菇罐头和糖水桃罐头都属于加热迅速的对流传热型罐头，图 1－2－22 所示的片状蘑菇罐头就是这类罐头典型的传热情况。

食品中淀粉和果胶等物质含量的增高会增加食品的黏度，从而减低食品的流动性，

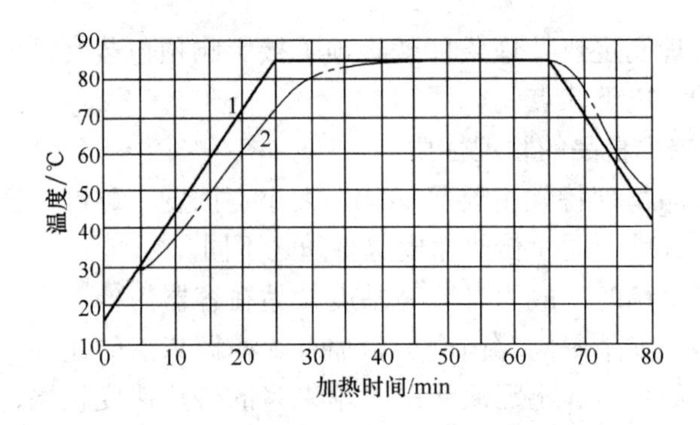

图 1-2-21　玻璃罐装樱桃汁传热曲线

1—杀菌釜　2—樱桃汁

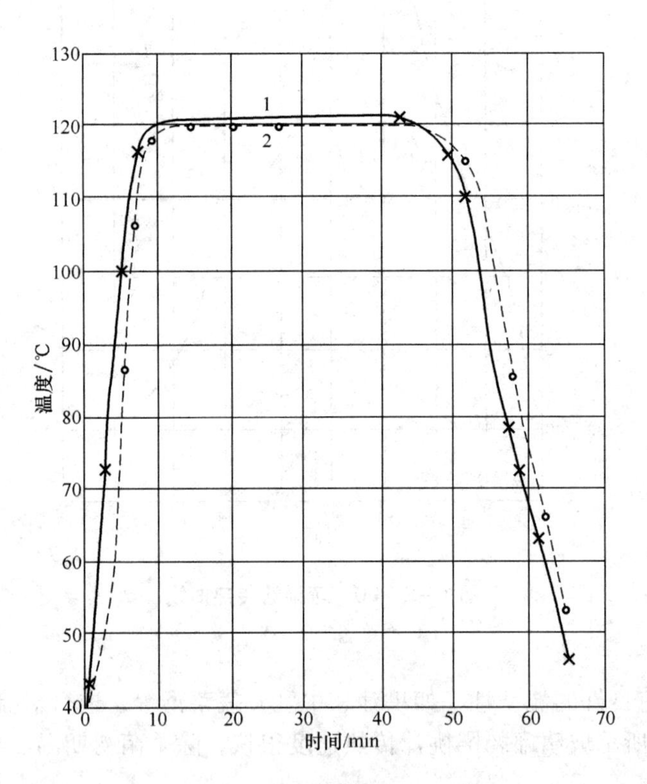

图 1-2-22　片状蘑菇罐头传热曲线

1—杀菌釜　2—片状蘑菇罐头

降低食品的传热速度。图 1-2-23 所示为不同浓度糖液的传热曲线。

图 1-2-23 曲线表明，在同一加热杀菌温度下，浓度分别为 30%、60% 和 70% 糖水的传热速度的情况，其传热速度随糖液浓度增加而减慢，传热方式也随之从对流传热逐步向着传导传热转移。

（二）食品初温（initial temperature）

食品初温指的是装入杀菌釜后开始杀菌时食品的温度。根据 FDA 的要求，加热开始

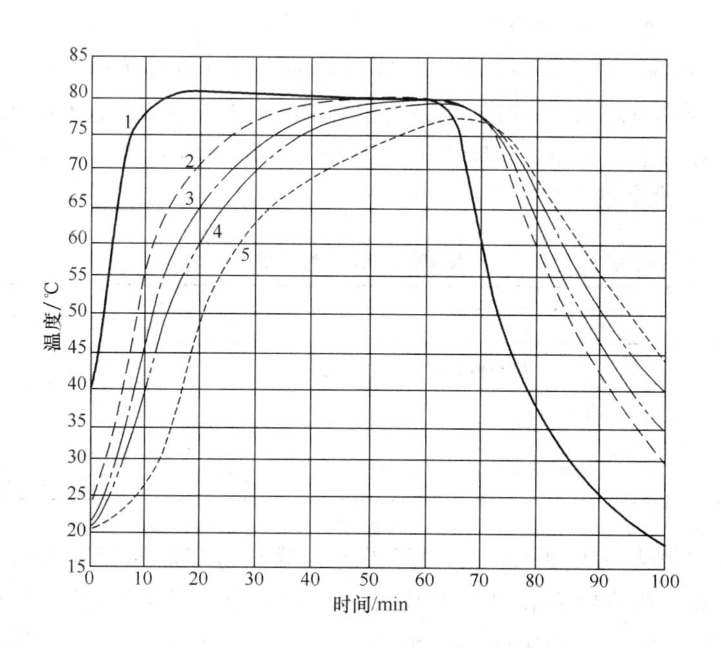

图1-2-23　不同浓度糖液的传热曲线

1—杀菌釜　2—水　3—30%糖水　4—60%糖水　5—70%糖水

时，每一锅杀菌的罐头其罐头初温以第一个密封完的罐头的温度为准。食品初温直接影响传热效果，尤其是传导型罐头食品加热时初温的影响极为显著。从到达杀菌温度的时间来看，初温高的就比初温低的短，表1-2-12是两种初温不同的玉米罐头同时在121℃温度下加热杀菌的传热效果，初温由21.1℃提高到71.1℃，温度达到115.6℃所需要的时间由80min缩短为40min。

表1-2-12　两种初温不同的玉米罐头传热效果比较

杀菌温度/℃	初温/℃	冷点到达115.6℃所需要的时间/min
121	21.1	80
121	71.1	40

对于对流型罐头，尤其是对流强烈的罐头食品，食品初温对加热时间可以说几乎没有明显的影响。如初温为16℃和70℃的葡萄汁罐头加热到杀菌温度需要的时间都在28～29min以内，而杀菌釜温度上升到杀菌温度的时间也需20min。

从理论计算的结果得知，冷装食品比热装食品加热时间要增加20%左右。因此，传导型传热的罐头保证罐头的初温对于增强杀菌效果极为重要，而对于对流传热型的影响小。

（三）预包装容器的物理性质

热处理过程中预包装容器的材料厚度、导热性、容器的厚度、几何尺寸等都与热传递速度密切相关。

1. 容器材料的物理性质和厚度

在预包装食品的加热杀菌中，热量从容器外向容器内食品传递，容器的热阻自然要影响传热速度。容器的热阻 σ 取决于罐壁的厚度 δ 和热导率 λ，它们的关系式为 $\sigma=\delta/\lambda$，可见容器壁厚度 δ 的增加和热导率 λ 的减小都将使热阻 σ 增大。金属罐和玻璃罐的罐壁厚度、热导率及其热阻见表 1-2-13。

表 1-2-13　几种常见容器的热阻

罐种类	壁厚 δ/m	热导率 λ/[W/(m·K)]	热阻 σ/(m^2·K/W)
马口铁罐	0.0003	46.52	6.4×10^{-6}
玻璃罐	0.004	0.58	6.9×10^{-3}
铝罐	0.0002	203.5	9.8×10^{-7}

表 1-2-13 数据表明玻璃罐的热导率比铁罐小得多而厚度则大得多，故玻璃罐的热阻也大得多。从热导率和厚度对比关系来看，铁罐罐壁厚度的变化对热阻的影响就不及玻璃罐罐壁厚度的影响大，前者影响不大。但是热力杀菌时食品传递热量的方式会改变热阻对罐头食品传热速度或加热时间的影响。导热型食品罐头杀菌时加热时间决定于食品的导热性而不决定于罐壁热阻，而对流传热型食品罐头杀菌时却决定于容器的热阻。

加热介质首先向罐壁传递热量（其放热系数为 $a_{介}$），其后则以导热方式通过罐壁（罐壁热阻为 $\delta_{容}/\lambda_{容}$）向罐内传递。在对流传热型食品罐头内，热量则以对流方式从罐壁传递至它的几何中心，其散热系数为 $a_{食}$ 和热阻为 $1/a_{食}$。总热阻则为 $1/K_{导}=1/a_{介}+\delta_{容}/\lambda_{容}+1/a_{食}$。至于 $(1/a_{介}):(\delta_{容}/\lambda_{容}):(1/a_{食})$ 的热阻比，铁罐为 100:1:100，而玻璃罐则为 100:800:100。这就说明在对流传热型食品罐头内玻璃罐罐壁热阻对传热有决定性的影响，而铁罐罐壁热阻则无影响。在导热型食品罐头内，热量以导热方式从罐壁传递至容器的几何中心，其热阻为 $\delta_{容}/\lambda_{容}$，总热阻为 $1/K_{导}=1/a_{介}+\delta_{容}/\lambda_{容}+\delta_{食}/\lambda_{食}$。至于 $(1/a_{介}):(\delta_{容}/\lambda_{容}):(\delta_{食}/\lambda_{食})$ 的比值，铁罐为 100:1:2500。这说明在导热型食品罐头内食品导热性对传热起着决定性影响。总之，容器种类和罐壁厚度对对流传热型罐头食品的加热杀菌时间有很大影响，而食品的导热性对导热型罐头食品的加热杀菌时间有很大影响。

2. 容器几何尺寸（container geometry）

容器大小对传热速度或加热杀菌时间也有影响，其影响取决于预包装食品单位容积所占的罐外表面积（S/V）及容器壁至冷点的距离。容器增大，其单位容积所占的表面积相应减少，单位时间内它所接受的热量也随之减少，升温就慢，同时容器壁至冷点的距离增大，热由容器壁传递至冷点的所需时间就要延长。图 1-2-24 就表明 1000g 罐头的传热就比 500g 罐头慢。又如 9124 和 7114 型铁罐，它们的容积各为 908.2cm^3 和 464.5cm^3，表面积各为 443.9cm^2 和 294.08cm^2，因此单位容积所占的表面积各为 0.49cm^2/cm^3 和 0.63cm^2/cm^3。显然，9124 罐型单位容积所占表面积小于7114罐型。如装入导热性为0.465W/(m·K)的肉制品时，则热量从罐壁传递至几何中心处的热阻各为0.11W/K和0.0828W/K，故装肉制品的9124型罐头的热阻比7114型罐头大。

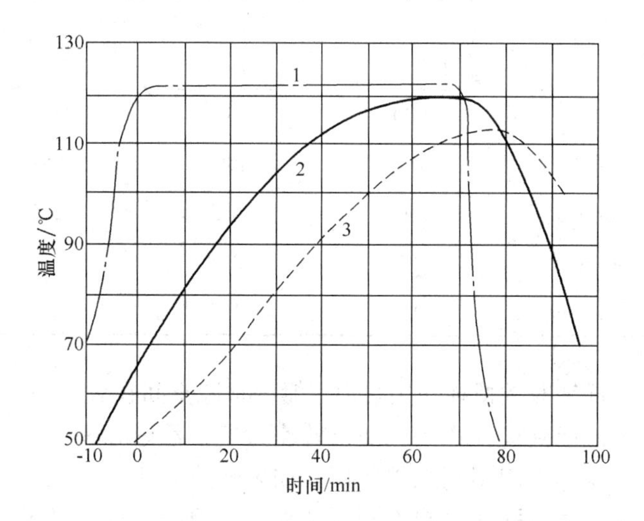

图1-2-24 容器尺寸对传导性食品传热的影响

1—杀菌釜 2—500g罐头 3—1000g罐头

(四) 热杀菌釜的形式

目前，我国罐头厂采用的热杀菌釜按其在杀菌过程中是否运动分为静止式杀菌釜和运动式杀菌釜两大类。静止式杀菌釜在整个热杀菌过程中杀菌釜及釜中的预包装食品静止不动，它又分为立式和卧式两类。运动式杀菌釜目前多数采用回转式杀菌釜，在热杀菌过程中杀菌釜做一定速度的回转运动，杀菌釜内的预包装食品也做相应的运动。表1-2-14为3kg茄汁黄豆罐头采用静止杀菌与回转杀菌的比较。

表1-2-14 静止杀菌和回转杀菌的比较

杀菌温度/℃	杀菌方式	达到罐内温度的时间/min			
		107℃	110℃	113℃	116℃
116	静止	200	235	300	—
	回转，4r/min	12	13.5	17	—
121	静止	165	190	220	260
	回转，4r/min	10	11.5	13	16

表1-2-14中的数据表明，回转式杀菌传热明显快于静止杀菌。罐头食品在回转式杀菌设备内杀菌，处于不断旋转状态中，因而其传热速度比在静止式杀菌设备内迅速，也比较均匀。它对传导-对流型食品罐头及流动性较差的层装罐头如桃片、番茄、叶菜

等尤其有效，见表1-2-15。表1-2-15中数据不但进一步说明回转式杀菌传热明显快于静止杀菌，同时也说明回转杀菌时杀菌釜的回转速度也影响传热的效果。

表1-2-15　　番茄罐头的静止杀菌和回转杀菌的比较

杀菌温度/℃	转动情况	达到罐内温度所需时间/min			
		107.2℃	111℃	112.7℃	115.5℃
115.5	静止	200	235	300	—
121.1	静止	160	190	220	260
115.5	30r/min	9	10.5	12.5	—
115.5	4r/min	12	13.5	17	—
121.1	4r/min	10	11.5	13	—

对于黏稠食品，回转时的搅拌作用是由于罐内顶隙空间在罐头中发生位移而实现的。只有转速适当时，才能起到搅拌作用。如果转速太慢，不论罐头转到什么位置，罐头顶隙始终处在最上端，这样就起不到搅拌作用；如果转速太快，则产生离心力，这样罐头顶隙始终处在最里边一端，同样也起不到搅拌作用。因此，转速过慢或过快都起不到促进传热的作用。

对于块状、颗粒状食品，回转时能使罐内食品颗粒或块在液体中移动，而起到搅拌作用。水果罐头采用11r/min的转速为宜，但大块食品的转速宜慢，利用大块食品自身的重力在液体中起落，促进对流。小颗粒食品，如玉米、青豆等，以采用高转速为宜，转速快使颗粒能较快地移动，提高传热速度。对于像午餐肉等那些无法流动的固态食品回转杀菌并没有意义。

选用回转转速时，不仅要考虑传热速度，还应注意食品的特性，以保证食品品质。对娇嫩食品，转速不宜太快，否则容易破坏食品原有的形态。

（五）热杀菌温度

热杀菌温度是指杀菌时规定的热杀菌釜应达到的最高温度。

杀菌温度越高，杀菌温度与罐内食品温度之差越小，热的穿透作用越强，食品温度上升越快。表1-2-14数据说明，杀菌温度提高，容器内食品温度到达时间就缩短。当采用静止杀菌时，杀菌温度由116℃提高到121℃，罐内食品到达113℃所需的时间由300min缩短到220min。

（六）其他

除以上各种因素外，还有其他的影响因素，如预包装食品的装填量、顶隙度、真空度、容器内汁液和固形物的比例、食品成熟度、食品原料的加工方法、加热时食品的特性（如有无颗粒体沉积于罐底）、加热前容器内食品温度的分布情况、杀菌釜的装满度、装笼的方式（如条装食品宜直立装笼，层装宜横卧装笼）、杀菌釜内蒸气喷射孔的位置及喷射压力、杀菌釜的温度分布等，都有不同程度的影响，必须加以注意。

第四节 食品热处理条件的确定

一、合理热处理条件的制定原则

食品热处理条件视热处理的目的、食品本身的热物性等多种因素而异，但其基本原则是一致的，那就是在达到热处理目的的基础上尽可能减少食品的热损伤。对于热杀菌而言，要遵循在保证食品安全性的基础上，尽可能地缩短加热杀菌的时间，以减少热力对食品品质影响的原则。所以说，正确合理的热杀菌条件应该是既能杀灭不符合要求的微生物，并使酶失活，又能最大限度地保持食品原有的品质。如预包装食品罐头的热杀菌，其热杀菌工艺条件的确定，也就是确定其必要的杀菌温度、杀菌时间。工艺条件制定的原则是在保证罐藏食品达到商业无菌的基础上，尽可能地缩短加热杀菌的时间，以减少热力对食品品质的影响。对于热烫等热处理，则须遵循在满足热加工要求的基础上尽可能减少食品的受热作用。

二、食品热处理条件的确定

1973 年 7 月 24 日美国药物与食品管理局（FDA）颁布了“热加工罐头低酸性食品”（Thermally Processed Low - Acid Foods Packaged in Hermetically Sealed Containers）的法令，详细规定了所有关于低酸性食品罐头的安全事项，如原料卫生、处理操作、杀菌设备、杀菌操作及记录、卷封检查以及杀菌管理等，各罐头厂要严格遵守。外国向美国出口的罐头厂也同样必须执行。其中一项就是杀菌操作及记录，上报杀菌的 F 值。从此，其他国家和地区也陆续制定了相关规定，如台湾地区于 1973 年制定并颁发了《低酸性食品罐头杀菌规范》。大陆出口厂家按规定向出口国或地区提供罐头的杀菌 F 值。用 F 值来说明其杀菌的程度，用 F 值来判定杀菌是否达到要求，用 F 值来确定热杀菌条件。

（一）热杀菌条件合理性的判别

热杀菌条件的合理性通常是通过热杀菌值 F 的计算来判断。杀菌值又称杀菌致死值、杀菌强度，它包括安全杀菌 F 值和实际杀菌条件下的 F 值两个内容。实际杀菌 F 值是指在某一实际杀菌条件下的总的杀菌效果（在实际杀菌过程中预包装食品罐头的冷点温度是变化的），简称杀菌值，常用 F_0 值表示，以区别于安全杀菌 F_s 值。安全杀菌 F_s 值是指在某一恒定的热杀菌温度下（通常以 121℃ 为标准温度），杀灭一定数量（浓度）的微生物或芽孢所需要的加热时间。安全杀菌 F_s 值又称标准 F 值，它被作为判别某一热杀菌条件合理性的标准值。通过这两个杀菌值的比较，来判定杀菌条件的合理性：若实际杀菌 F（F_0）值小于安全杀菌 F_s 值，说明该热杀菌条件不合理，热杀菌不足或杀菌强度不够，在这一热处理条件下进行热处理，处理后的食品达不到预期的杀菌效果，仍存在着由微生物和酶引起的食品变败的危险，存在着不安全因素，热处理条件必须进行修正，应该适当地提高杀菌温度或延长杀菌时间。若实际杀菌 F（F_0）值等于或略大于安全杀菌 F_s

值，说明该热杀菌条件合理，达到了预期的杀菌要求，对于预包装食品罐头来说就是达到了商业灭菌的要求，在规定的保存期内罐头不会出现由微生物或酶引起的变败，是安全的。若实际杀菌 F（F_0）值比安全杀菌 F_s 值大很多，说明该热杀菌条件也不合理，热杀菌过度或杀菌强度过大，使食品遭受了不必要的热损伤，热处理条件必须进行修正，应该适当地降低杀菌温度或缩短杀菌时间，使食品最大限度的减少热损伤，以提高和保证食品品质。

要比较两个杀菌值，首先要计算出这两个 F 值。

（二）热杀菌值计算

1. 安全杀菌 F 值（F_s）计算

各种罐头食品的安全杀菌 F 值随其原料的种类、来源、加工方法、加工卫生条件的不同而异。因为罐头食品的种类、来源、加工方法及加工卫生条件等的不同使罐内食品在杀菌前的微生物污染情况不同，即所污染的微生物种类、数量不同。要进行安全杀菌 F 值的计算，首先必须弄清食品在热杀菌前的污染情况，以确定杀灭对象及其菌数。所以对杀菌前的食品要进行微生物检测，检测出食品中经常被污染的微生物种类及数量，然后从检验出的微生物中选择一种耐热性最强的腐败菌或致病菌作为该食品热杀菌要杀灭的对象，这一对象菌的耐热性就是安全杀菌 F_s 值计算的依据之一。在选择对象菌时，一定要注意其代表性，做到只要杀灭了这一对象菌，就能保证杀灭预包装食品中的所有致病菌和能在容器内环境中生长的腐败菌，达到商业灭菌的要求。一般来说，pH≥4.6 的低酸性食品，首先应以肉毒梭状芽孢杆菌为主要杀菌对象，对于某些常出现耐热性更强的嗜热腐败菌或平酸菌的低酸性罐头食品则应以该菌为对象菌；而 pH 小于 4.6 的酸性食品，则常以耐热性较弱的一般性细菌（如酵母）作为主要杀菌对象。某些酸性食品如番茄及番茄制品也常出现耐热性较强的平酸菌如凝结芽孢杆菌，此时应以该菌作为杀菌对象。计算安全杀菌 F_s 值的另一依据是对象菌的数量，所以在选择对象菌的同时，根据微生物检测的情况（数量）及工厂的实际卫生条件确定食品在热杀菌前对象菌的数量。

选定了对象菌，知道了对象菌在热杀菌前的数量就可以按式（1－2－18）计算安全杀菌 F 值。

$$F_T = D_T(\lg a - \lg b) \tag{1-2-18}$$

式中 F_T——在恒定的热杀菌温度 T 下，杀灭一定浓度的对象菌所需要的热杀菌时间，min；

D_T——在恒定的热杀菌温度 T 下，使 90% 的对象菌死灭所需要的热杀菌时间，min；

a——杀菌前对象菌的菌数（对于预包装罐头食品，也可以是每罐的菌数）；

b——杀菌后残存的活菌数（对于预包装罐头食品，也可以是罐头的允许变败率）。

［例 1］甲厂生产 425g 蘑菇罐头，根据工厂的卫生条件及原料的污染情况，通过微生物的检测，选择以嗜热脂肪芽孢杆菌为对象菌，并设每克内容物在热杀菌前含嗜热脂肪芽孢杆菌菌数不超过 2 个。经 121℃ 杀菌、保温、贮藏后允许变败率为 0.05% 以下，问在此条件下蘑菇罐头的安全杀菌 F 值为多大？

解：查表 1-2-2 得知，嗜热脂肪芽孢杆菌在蘑菇罐头中的耐热性参数 $D_{121}=4.00\text{min}$。

杀菌前对象菌的菌数：$a=425\times2=850$（个/罐）

允许变败率：$b=0.05\%=5\times10^{-4}$

$$F_s=D_{121}(\lg a-\lg b)=4\times(\lg850-\lg5\times10^{-4})$$
$$=4\times(2.9294-0.699+4)=24.92\ (\text{min})$$

对于某些热敏性食品，其对热敏感却又必须高温杀菌，此时将通过控制对象菌的原始菌数来控制其受热的时间，以保证这类食品在热杀菌过程中既能达到杀菌的要求，又能将热损伤控制在可以接受的极限之内。此时的安全杀菌 F 值用式（1-2-19）进行计算。

$$F_T=\text{TRT}_T=nD \qquad (1-2-19)$$

式中 TRT_T——在热杀菌温度 T（℃）下，将对象菌数减少到原始菌数的 10^{-n} 时所需要的热杀菌时间，min；

n——对象菌的递减指数。

对于某一种具体的对象菌来说，限定 n 值，也就意味着限定了热致死时间 F_T 值。当热致死时间 F_T 值被限定后，要保证安全达到预期的杀菌效果，只能控制对象菌的原始菌数。如 n 值限定为 5，就意味着原始菌数必须控制在 $10^7\sim10^8$ 的水平。

由上述 F_s 值的计算式可知，F_s 值是指在恒定温度下的热杀菌时间，也就是说是在瞬间升温、瞬间降温冷却的理想条件下的杀菌时间。而在实际生产中，各种预包装食品罐头的热杀菌不可能做到瞬间升温、瞬间降温冷却，都必须有一个升温、恒温和降温的过程，预包装食品罐头温度是随热杀菌时间延续而变化的，而当食品的温度高于对象菌适宜生长的最高温度，各温度对微生物都有一定的热致死作用，只是作用大小的差异，温度高致死作用强，温度低，致死作用弱。通常从 90℃ 开始计算致死作用，90℃ 以下的致死作用很小，忽略不计，做为安全系数。那么整个杀菌过程的总杀菌效果就是各个温度下的杀菌效果之总和。因此，只要将理论计算的 F_s 值合理地分配到实际杀菌的升温、恒温和降温三个阶段，就可以制定出合理的热杀菌条件；也可根据理论计算的 F_s 值和现拟用杀菌条件下的实际杀菌值及实际杀菌条件下总的杀菌效果 F_0 值的比较结果来判断现用杀菌条件的合理性，来修正现用的热杀菌条件。

2. 实际杀菌 F_0 值的计算

在实际生产中，整个热杀菌过程中预包装容器内的食品温度是在不断变化的。在热杀菌初期，食品的温度随杀菌釜温度的升高而上升。在恒温杀菌过程中食品的温度继续上升或恒定不变，取决于食品的状态与传热方式。对于以对流方式传热的食品，如果汁温度与杀菌釜相近，其温度恒定不变；而对于以传导方式传热的食品，如午餐肉其温度远远低于杀菌釜的温度，因而在恒温杀菌期间食品的温度仍在继续上升。在冷却阶段，食品的温度则随着冷却的进行而降低。正是由于在热杀菌过程中食品的温度不断变化，所以要计算实际杀菌条件下的杀菌 F_0 值，首先必须测定食品温度，掌握食品在整个热杀菌过程中的温度变化数据。一般用中心温度测定仪进行测定。根据所测得的食品中心温度计算实际杀菌 F_0 值。

实际杀菌F_0值的计算有求和法、图解法等多种，需要根据食品温度测定仪器的种类、所测得的中心温度数据等实际情况合理选用计算方法。

（1）求和法　顾名思义，是将所测得的整个杀菌过程的各个温度下的杀菌效果相加，得到整个杀菌过程的总杀菌效果。然而，正如前所述，温度不同对微生物的热致死作用不同，其杀菌效果不能比较，也不能求和。所以，对整个热杀菌过程的杀菌效果求和，需要与安全杀菌F值进行比较，首先要把各个温度下的杀菌效果换算成同一温度下的杀菌效果。换算式为：

$$L_T = \frac{1}{10^{\frac{121-T}{Z}}} \tag{1-2-20}$$

式中　L_T——致死率值（lethal rate）。L_T是换算系数，它表明在T温度下经单位时间杀菌相当于在121℃下的杀菌效果。在数值上与通过$F_{121}=1$这一点的TDT曲线上各温度下的致死时间t的倒数相当；

Z——对象菌的耐热性参数。

L_T可以根据对象菌的耐热性参数Z值和热杀菌温度T用式（1-2-20）计算得到，也可以查表得到。表1-2-16是$F_{121}=1$min时各致死温度的致死率值，表1-2-17为$F_{100}=1$min时各致死温度的致死率值。

表1-2-16　$F_{121}=1$min时各致死温度的致死率值［$L_T=\lg^{-1}(T-121)/Z$］

T/℃ \ Z值/℃	致死率值L_T										
	7.0	7.5	8.0	8.5	9.0	9.5	10.0	10.5	11.0	11.5	12.0
91.0	0.000	0.000	0.000	0.000	0.000	0.001	0.001	0.001	0.002	0.002	0.003
92.0	0.000	0.000	0.000	0.000	0.001	0.001	0.001	0.002	0.002	0.003	0.004
93.0	0.000	0.000	0.000	0.001	0.001	0.001	0.002	0.002	0.003	0.004	0.005
94.0	0.000	0.000	0.000	0.001	0.001	0.001	0.002	0.003	0.004	0.004	0.006
95.0	0.000	0.000	0.001	0.001	0.001	0.002	0.003	0.003	0.004	0.005	0.007
96.0	0.000	0.000	0.001	0.001	0.002	0.002	0.003	0.004	0.005	0.007	0.008
97.0	0.000	0.001	0.001	0.002	0.002	0.003	0.004	0.005	0.007	0.008	0.010
98.0	0.000	0.001	0.001	0.002	0.003	0.004	0.005	0.006	0.008	0.012	0.012
99.0	0.000	0.001	0.002	0.003	0.004	0.005	0.006	0.008	0.010	0.012	0.014
100.0	0.001	0.002	0.002	0.003	0.005	0.006	0.008	0.010	0.012	0.015	0.018
101.0	0.001	0.002	0.003	0.004	0.006	0.008	0.010	0.012	0.015	0.018	0.022
102.0	0.002	0.003	0.004	0.006	0.008	0.010	0.013	0.016	0.019	0.022	0.026
103.0	0.003	0.004	0.006	0.008	0.010	0.013	0.016	0.019	0.023	0.027	0.032
104.0	0.004	0.005	0.007	0.010	0.013	0.016	0.020	0.024	0.028	0.033	0.038
105.0	0.005	0.007	0.010	0.013	0.017	0.021	0.025	0.030	0.035	0.041	0.046

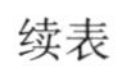

续表

Z 值/℃ T/℃	致死率值 L_T										
	7.0	7.5	8.0	8.5	9.0	9.5	10.0	10.5	11.0	11.5	12.0
105.5	0.006	0.009	0.012	0.015	0.019	0.023	0.028	0.033	0.039	0.045	0.051
106.0	0.007	0.010	0.013	0.017	0.022	0.026	0.032	0.037	0.043	0.050	0.056
106.5	0.008	0.012	0.015	0.020	0.024	0.030	0.035	0.042	0.048	0.055	0.062
107.0	0.010	0.014	0.018	0.023	0.028	0.034	0.040	0.046	0.053	0.061	0.068
107.5	0.012	0.016	0.021	0.026	0.032	0.038	0.045	0.052	0.059	0.067	0.075
108.0	0.014	0.018	0.024	0.030	0.036	0.043	0.050	0.058	0.068	0.074	0.083
108.5	0.016	0.022	0.027	0.034	0.041	0.048	0.056	0.064	0.073	0.082	0.091
109.0	0.019	0.025	0.032	0.039	0.046	0.055	0.063	0.072	0.081	0.090	0.100
109.5	0.023	0.029	0.037	0.044	0.053	0.062	0.071	0.080	0.090	0.100	0.110
110.0	0.027	0.034	0.042	0.051	0.060	0.070	0.079	0.089	0.100	0.111	0.121
110.2	0.029	0.036	0.045	0.054	0.063	0.073	0.063	0.094	0.104	0.115	0.126
110.4	0.031	0.039	0.047	0.057	0.066	0.077	0.087	0.098	0.109	0.120	0.131
110.6	0.033	0.041	0.050	0.060	0.070	0.080	0.091	0.102	0.113	0.125	0.136
110.8	0.035	0.044	0.053	0.063	0.074	0.084	0.095	0.107	0.118	0.130	0.141
111.0	0.037	0.046	0.056	0.067	0.077	0.089	0.100	0.112	0.123	0.135	0.147
111.2	0.040	0.049	0.060	0.070	0.081	0.093	0.105	0.117	0.129	0.141	0.153
111.4	0.043	0.052	0.063	0.074	0.086	0.098	0.110	0.122	0.134	0.146	0.158
111.6	0.045	0.056	0.069	0.078	0.090	0.102	0.115	0.127	0.140	0.152	0.165
111.8	0.048	0.059	0.071	0.083	0.095	0.108	0.120	0.133	0.146	0.158	0.171
112.0	0.052	0.063	0.075	0.087	0.100	0.113	0.126	0.139	0.152	0.165	0.178
112.2	0.055	0.067	0.079	0.092	0.105	0.118	0.132	0.145	0.158	0.172	0.185
112.4	0.059	0.071	0.084	0.097	0.111	0.124	0.138	0.152	0.165	0.179	0.192
112.6	0.063	0.076	0.088	0.103	0.117	0.131	0.145	0.158	0.172	0.186	0.200
112.8	0.067	0.083	0.094	0.108	0.123	0.137	0.151	0.169	0.180	0.194	0.207
113.0	0.072	0.086	0.100	0.115	0.129	0.144	0.158	0.173	0.187	0.202	0.215
113.2	0.077	0.091	0.106	0.121	0.136	0.151	0.166	0.181	0.195	0.210	0.224
113.4	0.082	0.097	0.112	0.128	0.143	0.158	0.174	0.189	0.204	0.218	0.233
113.6	0.088	0.103	0.119	0.135	0.151	0.166	0.182	0.197	0.212	0.227	0.242
113.8	0.094	0.110	0.126	0.142	0.158	0.175	0.191	0.206	0.222	0.237	0.251
114.0	0.100	0.117	0.133	0.150	0.167	0.183	0.200	0.215	0.231	0.246	0.261

续表

Z值/℃ T/℃	致死率值 L_T										
	7.0	7.5	8.0	8.5	9.0	9.5	10.0	10.5	11.0	11.5	12.0
114.2	0.107	0.124	0.141	0.158	0.1.76	0.192	0.209	0.225	0.241	0.250	0.271
114.4	0.114	0.132	0.150	0.167	0.185	0.202	0.219	0.235	0.251	0.267	0.282
114.6	0.122	0.140	0.158	0.177	0.194	0.212	0.229	0.246	0.262	0.278	0.293
114.8	0.130	0.149	0.168	0.186	0.205	0.223	0.240	0.257	0.273	0.289	0.304
115.0	0.139	0.158	0.179	0.197	0.215	0.234	0.251	0.268	0.285	0.301	0.316
115.2	0.148	0.169	0.188	0.208	0.227	0.245	0.263	0.280	0.297	0.313	0.329
115.4	0.158	0.179	0.200	0.219	0.239	0.257	0.275	0.293	0.310	0.326	0.341
115.6	0.169	0.191	0.211	0.232	0.251	0.270	0.288	0.306	0.323	0.339	0.355
115.8	0.181	0.203	0.224	0.244	0.264	0.284	0.302	0.320	0.337	0.353	0.369
116.0	0.193	0.215	0.237	0.258	0.278	0.298	0.316	0.334	0.351	0.367	0.383
116.2	0.206	0.229	0.251	0.272	0.292	0.312	0.331	0.349	0.366	0.382	0.393
116.4	0.220	0.244	0.266	0.288	0.208	0.328	0.347	0.365	0.382	0.398	0.414
116.6	0.235	0.259	0.282	0.304	0.324	0.344	0.363	0.381	0.398	0.414	0.430
116.8	0.261	0.275	0.299	0.320	0.341	0.361	0.380	0.393	0.415	0.431	0.447
117.0	0.268	0.293	0.316	0.338	0.359	0.379	0.398	0.416	0.433	0.449	0.464
117.2	0.287	0.311	0.335	0.357	0.378	0.398	0.417	0.435	0.451	0.467	0.482
117.4	0.306	0.331	0.355	0.377	0.398	0.418	0.437	0.454	0.471	0.486	0.501
117.6	0.327	0.352	0.376	0.398	0.419	0.439	0.457	0.474	0.491	0.506	0.521
117.8	0.349	0.374	0.398	0.420	0.441	0.460	0.479	0.496	0.512	0.527	0.541
118.0	0.372	0.398	0.422	0.444	0.464	0.483	0.501	0.518	0.534	0.548	0.562
118.2	0.398	0.423	0.447	0.468	0.489	0.507	0.525	0.541	0.556	0.571	0.584
118.4	0.425	0.450	0.473	0.494	0.514	0.532	0.550	0.565	0.580	0.594	0.607
118.6	0.454	0.479	0.501	0.522	0.541	0.559	0.575	0.591	0.605	0.618	0.631
118.8	0.485	0.509	0.531	0.561	0.570	0.587	0.603	0.617	0.631	0.644	0.656
119.0	0.518	0.541	0.562	0.582	0.599	0.616	0.631	0.645	0.658	0.670	0.681
119.2	0.553	0.575	0.596	0.615	0.631	0.646	0.661	0.674	0.686	0.697	0.708
119.4	0.591	0.612	0.631	0.648	0.664	0.679	0.692	0.704	0.715	0.726	0.736
119.6	0.637	0.651	0.668	0.684	0.699	0.712	0.724	0.736	0.746	0.756	0.764
119.8	0.674	0.692	0.708	0.722	0.736	0.748	0.759	0.769	0.778	0.786	0.794
120.0	0.720	0.736	0.750	0.762	0.774	0.785	0.794	0.803	0.811	0.819	0.825

续表

Z值/℃ T/℃	致死率值 L_T										
	7.0	7.5	8.0	8.5	9.0	9.5	10.0	10.5	11.0	11.5	12.0
120.2	0.769	0.782	0.794	0.805	0.815	0.824	0.832	0.839	0.846	0.852	0.858
120.4	0.827	0.832	0.841	0.850	0.858	0.865	0.871	0.877	0.882	0.887	0.891
120.6	0.877	0.884	0.891	0.897	0.902	0.908	0.902	0.916	0.920	0.923	0.926
120.8	0.936	0.940	0.944	0.947	0.950	0.953	0.955	0.957	0.959	0.961	0.962
121.0	1.000	1.000	1.000	1.000	1.000	1.000	1.000	1.000	1.000	1.000	1.000
121.2	1.068	1.063	1.059	1.056	1.053	1.050	1.047	1.045	1.043	1.041	1.039
121.4	1.141	1.131	1.122	1.114	1.108	1.102	1.096	1.092	1.087	1.083	1.080
121.6	1.218	1.202	1.189	1.176	1.166	1.157	1.148	1.141	1.134	1.127	1.122
121.8	1.301	1.278	1.259	1.141	1.227	1.214	1.202	1.192	1.484	1.174	1.166
122.0	1.389	1.359	1.334	1.299	1.292	1.274	1.259	1.245	1.232	1.222	1.212
122.2	1.484	1.445	1.413	1.384	1.359	1.338	1.318	1.101	1.286	1.272	1.259
122.4	1.585	1.537	1.496	1.461	1.436	1.404	1.380	1.359	1.341	1.324	1.308
122.6	1.693	1.634	1.585	1.542	1.506	1.473	1.445	1.420	1.398	1.378	1.359
122.8	1.808	1.738	1.679	1.628	1.584	1.547	1.541	1.484	1.458	1.434	1.413
123.0	1.931	1.848	1.773	1.719	1.668	1.624	1.585	1.551	1.520	1.492	1.468
123.2	2.062	1.965	1.884	1.815	1.756	1.704	1.660	1.620	1.585	1.553	1.525
123.4	2.202	2.089	1.955	1.916	1.848	1.789	1.738	1.693	1.652	1.617	1.585
123.6	2.352	2.222	2.113	2.022	1.945	1.878	1.820	1.769	1.723	1.683	1.647
123.8	2.512	2.362	2.239	2.135	2.046	1.971	1.905	1.848	1.777	1.752	1.711
124.0	2.683	2.512	2.371	2.245	2.154	2.069	1.995	1.931	1.874	1.823	1.778
124.2	2.865	2.671	2.512	2.379	2.268	2.172	2.189	2.017	1.954	1.898	1.848
124.4	3.060	2.840	2.661	2.512	2.387	2.280	2.219	2.108	2.037	1.975	1.920
124.6	3.268	3.020	2.818	2.652	2.512	2.393	2.291	2.202	2.125	2.056	1.995
124.8	3.490	3.211	2.985	2.799	2.644	2.512	2.399	2.301	2.215	2.140	2.073
125.0	3.728	3.415	2.162	2.955	2.783	2.637	2.512	2.404	2.310	2.228	2.154
125.2	3.981	3.631	3.350	3.120	2.929	2.768	2.630	2.512	2.401	2.318	2.239
125.4	4.252	3.861	3.548	3.293	3.082	2.905	2.754	2.625	2.512	2.413	2.326
125.6	4.541	4.105	3.785	3.477	3.244	3.049	2.884	2.742	2.619	2.512	2.417
125.8	4.850	4.365	3.981	3.670	3.414	3.201	3.020	2.865	2.731	2.615	2.512
126.0	5.179	4.462	4.217	3.875	3.594	3.359	3.162	2.994	2.848	2.721	2.610

表1-2-17　F_{100}=1min时各致死温度的致死率值［L_T=lg^{-1}（T-100）/Z］

Z值/℃ T/℃	致死率值L_T										
	4.0	5.0	6.0	6.5	7.0	7.5	8.0	8.5	9.0	9.5	10.0
74	0.000	0.000	0.000	0.000	0.000	0.000	0.001	0.001	0.001	0.002	0.003
75	0.000	0.000	0.000	0.000	0.000	0.000	0.001	0.001	0.002	0.002	0.003
76	0.000	0.000	0.000	0.000	0.000	0.001	0.001	0.002	0.002	0.003	0.004
77	0.000	0.000	0.000	0.000	0.001	0.001	0.001	0.002	0.003	0.004	0.005
78	0.000	0.000	0.000	0.000	0.001	0.001	0.002	0.003	0.004	0.005	0.006
79	0.000	0.000	0.000	0.001	0.001	0.002	0.002	0.003	0.005	0.006	0.008
80	0.000	0.000	0.000	0.001	0.001	0.002	0.003	0.004	0.006	0.008	0.010
81	0.000	0.000	0.001	0.001	0.002	0.003	0.004	0.006	0.008	0.010	0.013
82	0.000	0.000	0.001	0.002	0.003	0.004	0.006	0.008	0.010	0.013	0.016
83	0.000	0.000	0.001	0.002	0.004	0.005	0.007	0.010	0.013	0.016	0.020
84	0.000	0.001	0.002	0.003	0.005	0.007	0.010	0.013	0.017	0.021	0.025
85	0.000	0.001	0.003	0.005	0.007	0.010	0.013	0.017	0.022	0.026	0.032
86	0.000	0.002	0.005	0.007	0.010	0.014	0.018	0.023	0.028	0.034	0.040
87	0.001	0.003	0.007	0.010	0.014	0.018	0.024	0.030	0.036	0.043	0.050
88	0.001	0.004	0.010	0.014	0.019	0.025	0.032	0.039	0.046	0.055	0.063
89	0.002	0.006	0.015	0.020	0.027	0.034	0.042	0.051	0.060	0.070	0.079
90	0.003	0.010	0.022	0.029	0.037	0.046	0.056	0.067	0.077	0.089	0.100
91	0.006	0.016	0.032	0.041	0.052	0.063	0.075	0.087	0.100	0.113	0.126
92	0.010	0.025	0.046	0.059	0.072	0.086	0.100	0.115	0.129	0.144	0.158
93	0.018	0.040	0.068	0.084	0.100	0.117	0.133	0.150	0.167	0.183	0.200
94	0.032	0.063	0.100	0.119	0.139	0.158	0.178	0.197	0.215	0.234	0.251
95	0.056	0.100	0.147	0.170	0.193	0.215	0.237	0.258	0.278	0.298	0.316
96	0.100	0.158	0.215	0.242	0.268	0.293	0.316	0.338	0.359	0.379	0.398
97	0.178	0.251	0.316	0.346	0.373	0.398	0.422	0.444	0.464	0.483	0.501
98	0.316	0.398	0.464	0.492	0.518	0.541	0.562	0.582	0.599	0.616	0.631
99	0.562	0.631	0.681	0.702	0.720	0.736	0.750	0.763	0.774	0.785	0.794
100	1.000	1.000	1.000	1.000	1.000	1.000	1.000	1.000	1.000	1.000	1.000
101	1.778	1.585	1.468	1.425	1.389	1.359	1.334	1.311	1.292	1.274	1.259
102	3.162	2.512	2.154	2.031	1.931	1.848	1.778	1.719	1.668	1.624	1.585
103	5.623	3.981	3.162	2.894	2.683	2.512	2.371	2.254	2.154	2.069	1.995
104	10.00	6.310	4.642	4.125	3.728	3.415	3.162	2.955	2.783	2.637	2.512

续表

T/℃ \ Z值/℃	致死率值 L_T										
	4.0	5.0	6.0	6.5	7.0	7.5	8.0	8.5	9.0	9.5	10.0
105	17.78	10.00	6.813	5.878	5.179	4.642	4.217	3.875	3.594	3.360	3.162
106	31.62	15.85	10.00	8.377	7.197	6.310	5.623	5.080	4.642	4.281	3.981
107	56.23	25.12	14.68	11.94	10.00	8.577	7.499	6.661	5.995	5.456	5.012
108	100.0	39.81	21.54	17.01	13.89	11.66	10.00	8.733	7.743	6.952	6.310
109	177.8	63.10	31.62	24.24	19.31	15.85	13.34	11.45	10.00	8.859	7.943
110	316.2	100.0	46.42	34.55	26.83	21.54	17.78	15.01	12.92	11.29	10.00
111	562.3	158.5	68.13	49.24	37.28	29.29	23.71	19.68	16.68	14.38	12.59
112	1000	251.2	100.0	70.17	51.79	39.81	31.62	25.81	21.54	18.33	15.85
113	1778	398.1	146.8	100.0	71.97	54.12	42.17	33.84	27.83	23.36	19.95
114	3162	631.0	215.4	142.5	100.0	73.56	56.23	44.37	35.94	29.76	25.12
115	5623	1000	316.2	203.1	138.9	100.0	74.99	58.17	46.42	37.93	31.62

整个杀菌过程中总的杀菌 F_0 值：

$$F_0 = t_p \sum_{n=1}^{n} L_T \tag{1-2-21}$$

式中 F_0——实际杀菌条件下的总杀菌强度；

t_p——各温度下持续的时间间隔，即食品中心温度测定仪测定时各测量点间的时间间隔；

n——测定点数；

L_T——致死率值。

注意：用某一温度下的 D 值计算的 F_s 值，在计算 F_0 值时也应该用同一温度下的致死率值表。如用100℃时的 D 值计算的 F_s 值，在计算 F_0 值时就用 F_{100} 的致死率表查得各温度下的 L_T 值，或用公式计算 $[L_T = \lg^{-1}(T-100)/Z]$。

（2）图解法　从上述求和公式不难看出计算得到的是一个近似值，因为在实际杀菌过程中温度的变化是连续的，而不可能在某个温度下停留 t 分钟。要求精确值就要用定积分计算，当停留时间 $t \to 0$ 时，对整个杀菌时间求定积分才能得到精确值。其公式为：

$$F_0 = \int_1^0 L_T \mathrm{d}t \tag{1-2-22}$$

用定积分计算就需要知道函数关系。L_T 也就是时间 t 的复合函数，但还没有建立具体的函数关系式，所以不能用式（1-2-22）计算精确的杀菌值 F_0，但可以用图解法求得精确的杀菌值 F_0。即根据中心温度测定数据，用式（1-2-20）计算出不同热杀菌时间 t 时的 T 相应的 L_T 值，通过做杀菌值曲线（L_T-t 曲线），用称重法或数格法计算出精确的 F_0 值。

目前，采用的中心温度测定仪不管是有线测温系统还是无线测温系统都在测定温度的同时计算出相应的 F_0 值。

［例 2］某厂生产 425g 蘑菇罐头，根据计算的 F_s 值制定的两个杀菌式为 10—23—10min/121℃和 10—25—10min/121℃，分别进行热杀菌试验，并测得食品中心温度的变化数据如下表。试问所拟杀菌条件是否合理?

杀菌式 1：10—23—10min/121℃		杀菌式 2：10—25—10min/121℃	
时间/min	食品中心温度/℃	时间/min	食品中心温度/℃
0	47.9	0	50
3	84.5	3	80
6	104.7	6	104
9	119	9	118.5
12	120	12	120
15	121	15	121
18	121	18	121
21	121.2	21	120.5
24	121	24	121
27	120	27	120.7
30	120.5	30	120.7
33	121	33	121
36	115	36	120.5
39	108	39	115
42	99	42	109
45	80	45	101
—	—	48	85

解：已知对象菌的特征参数 Z = 10℃，D_{121} = 4.00min，时间间隔 t_p = 3min，F_s = 24.92min。

①求和法计算 F_0 值：根据两种杀菌式测得的食品中心温度，查表 1－2－16 得各中心温度所对应的 L_T 值，并将其代入式（1－2－21）：

$$F_0 = t_p \sum_{n=1}^{n} L_T$$

$$\begin{aligned} F_{01} &= t_p(L_{T1} + L_{T2} + L_{T3} + L_{T4} + \cdots + L_{Tn}) \\ &= 3 \times (0 + 0 + 0.0230 + 0.6309 + 0.7943 + 1 + 1 + 1.0490 + 1 + 0.7943 \\ &\quad + 0.8913 + 1 + 0.2512 + 0.0501 + 0.0063 + 0) \\ &= 25.5\ (\text{min}) \end{aligned}$$

$$
\begin{aligned}
F_{02} &= t_p(L_{T1} + L_{T2} + L_{T3} + L_{T4} + \cdots + L_{Tn}) \\
&= 3 \times (0 + 0 + 0.0200 + 0.5624 + 0.7943 + 1 + 1 + 0.8913 + 1 + 0.9328 \\
&\quad + 0.9328 + 1 + 0.8913 + 0.2512 + 0.0631 + 0.0100 + 0) \\
&= 28.1\ (\text{min})
\end{aligned}
$$

②图解法计算 F_0值：将各温度下的 L_T值与时间 t 在坐标纸上做杀菌值曲线，纵坐标为致死率 L_T，横坐标为杀菌时间 t，曲线与横轴所围的面积即为预包装食品罐头整个杀菌过程中总的杀菌 F_0值。两个杀菌式的杀菌值曲线如图 1－2－25 所示。

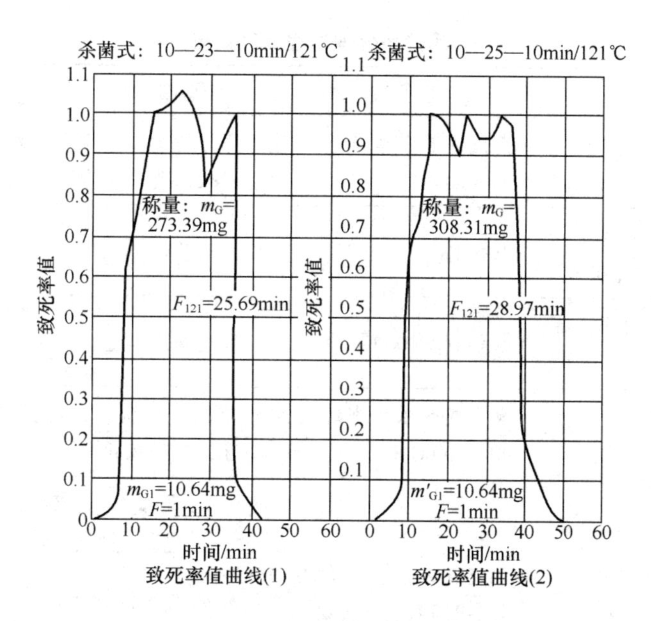

图 1－2－25　425g 蘑菇罐头的杀菌值曲线

用称重法称得 $F_0 = 1\text{min}$ 时的面积重 10.64mg，两杀菌式曲线与横轴所围的面积分别为 273.39mg 和 308.31mg，它们所代表的 F_0值为：

$$F_{01} = 273.39/10.64 = 25.69\ (\text{min})$$

$$F_{02} = 308.31/10.64 = 28.97\ (\text{min})$$

3. 合理性判别

$F_{01} = 25.5\ (25.69) > F_s = 24.92$，所以杀菌式 1 合理。

$F_{02} = 29.1\ (28.97) >> F_s = 24.92$，所以杀菌式 2 不合理，杀菌过度。

从以上计算结果判定，根据甲厂的卫生条件，微生物污染等情况计算的安全杀菌值 $F_s = 24.92\text{min}$，又根据蘑菇罐头的传热情况等初步制订的两个杀菌式并测得中心温度，计算出实际杀菌条件下的 F_0值分别为 25.5（25.69）min 和 29.1（28.97）min。按照实际杀菌 F_0值略大于安全杀菌值为合理的原则，杀菌式 1 为合理的杀菌工艺条件。确定甲厂生产 425g 蘑菇罐头的热杀菌条件为：$\dfrac{10\text{—}23\text{—}10\text{min}}{121℃}$。

在制定杀菌工艺条件时必须注意工厂所在地区的海拔高度，这对于沸水浴杀菌尤为重要。

第五节　食品热处理的方法与装置

食品热处理是指采用加热的方式来改善食品品质、延长食品贮藏期的食品处理方法技术。热处理目的不同，采用不同的热处理条件获得不同的热处理效果。表1-2-18为常用的热处理过程及其效果。

表1-2-18　常用的热处理过程及其效果

热处理	产　品	工艺参数	预期变化	不良变化
热烫	蔬菜、水果	蒸汽或热水加热到90～100℃	钝化酶、除氧、减菌，减少生涩味，改变质构	营养损失、流失，色泽变化
巴氏杀菌	乳、啤酒、水果、肉、面包	加热到75～95℃	杀灭致病菌	色泽变化，营养变化，感官变化
杀菌	乳、肉制品、蔬菜	加热到>100℃	杀灭微生物及其芽孢	色泽变化，营养变化，感官变化
蒸煮	蔬菜、肉、鱼	蒸汽或热水加热到90～100℃	钝化酶，改变质构，蛋白质变性，淀粉糊化	营养损失、流失，水分损失
烘烤	肉、鱼	干空气或湿空气加热>215℃	改变色泽，形成外壳，蛋白质变性，杀菌，降低水分	营养损失，有诱变性物质
	面包		形成外壳，淀粉糊化，结构和体积变化，水分减少，色泽变化	
油炸	肉、鱼、马铃薯	油加热到150～180℃	形成外壳，色泽变化，蛋白质变性，淀粉糊化	营养素损失，有诱变性物质

食品热处理方法很多，分类方法也各异。可按加热介质、热杀菌温度分类，也可按杀菌操作的连续程度分类。一般是按热处理温度进行分类，通常分为低温常压处理（杀菌）、高温高压处理（杀菌）、超高温处理（杀菌）等。

一、低温（常压）热杀菌技术

低温（常压）热处理技术通常是指在低温（<100℃）、常压条件下对食品进行热处理而达到杀菌目的的处理方法。杀菌条件及装置根据食品的特性、杀菌包装的程序（灌装前杀菌还是灌装后杀菌）以及包装类型等具体状况而定。

（一）间歇式低温杀菌技术与装备

巴氏杀菌是一种较为温和的热处理技术，处理温度变化很大，一般在60～85℃处理

30min ~ 15s。主要用于牛乳、啤酒、果酒或酱油等不宜进行高温长时间灭菌的液体食品，钝化可能造成产品变质的酶类物质，延长冷藏产品的货架期；杀灭食品物料中可能存在的致病菌营养细胞，以保护消费者的健康不受危害等目的。最经典的巴氏杀菌是液体乳的热处理，处理过程的最低目标是消除危害人类健康的普鲁士蓝杆菌和结核杆菌。巴氏杀菌还应用于果汁以钝化其中的酶，应用于啤酒以降低其中腐败菌的数量。巴氏杀菌杀灭全蛋液中的沙门菌和李斯特菌等微生物，以消除人们的卫生忧虑。

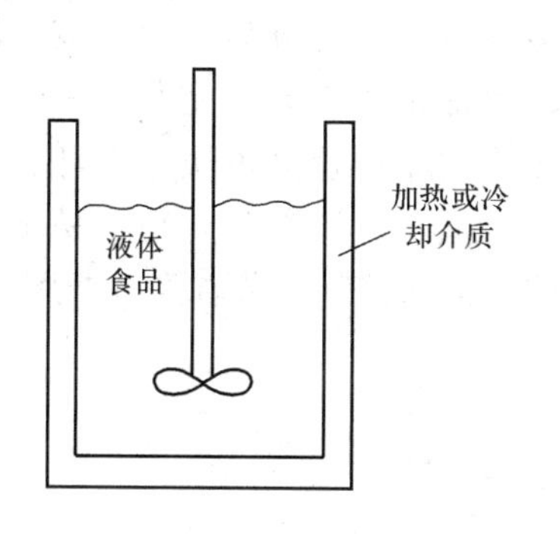

图1-2-26　间歇式巴氏杀菌装置示意图

小规模的先巴氏杀菌后灌装的液体产品多采用如图1-2-26所示，带有搅拌器热处理装置，其操作在一个配备有搅拌装置的容器中进行，将容器的夹套壁设计为在加热阶段可通入加热介质——蒸汽或热水，在冷却阶段可通入冷却介质。在处理的整个过程中，需要不断地搅拌液体产品，以保证物料温度能均匀地上升和下降到预定值。

间歇式巴氏杀菌系统相对便宜，适合需要在设定温度下保温较长时间的食品。其主要缺点是巴氏杀菌的产品需要冷藏，效率低、技术性强，操作管理费工。

对于先包装后杀菌的预包装食品，如罐头食品，可采用加热杀菌槽、杀菌车/釜等，利用蒸汽直接加热槽、车/釜中的水，热水再作为热介质与罐头进行热交换而完成食品的加热杀菌。用立式杀菌釜进行杀菌的也很多，如附有压缩空气系统及其他必要的附属装置，并经过耐压试验后，还可用于高温高压杀菌。立式杀菌釜之所以能长期普遍使用，是由于它既能常压杀菌又能高温高压杀菌。使用立式杀菌釜时一般应配上电动或手动起重葫芦，以起吊装有罐头的杀菌篮进出杀菌釜。立式杀菌釜特别适用于产品种类多而产量不大的企业。

（二）连续式巴氏杀菌技术与装备

对于先巴氏杀菌后包装的液体食品，最常用的是连续式高温短时系统。此法在72℃保持15s，用于牛奶消毒。该系统由六个主要部件组成，如图1-2-27所示。整个热处理过程分为三段完成，即待杀菌物料先进入热回收段与热杀菌后的物料进行热交换，使前者预热后者预冷；预热后的物料再进入加热段完成工艺要求的热杀菌并在此进行预冷却，最后进入冷却段，与冷介质进行热交换，达到工艺要求的冷却温度，结束杀菌操作进入下道工序。

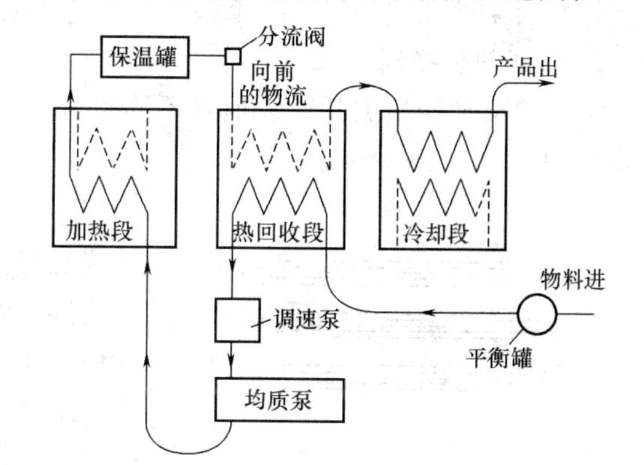

图1-2-27　连续式高温短时间巴氏杀菌系统示意图

在工厂实际使用的多为热交换器。根据冷热流体间的换热方式，换热器可分为三类：间壁式换热器、接触式换热器、蓄热式换热器。食品物料换热采用间壁式换热器。适用于流体食品杀菌的有管式热交换器和板式热交换器。

1. 板式热交换器

板式热交换器也称片式热交换器，应用的时间较长。板式热交换器如图1－2－28所示，是由厚度为1～2mm的金属薄片（可压成一定的波纹）纵向对应重合组成板组，片与片之间保持有3～5mm的间隙，紧固装配而成的一种装置，可使高温液体和低温液体从其间隙中交互流过。其结构可分为若干个加热、冷却段，通常分为三段。该多段式片式热交换器利用不同的介质进行加热或冷却，达到既保证杀菌效果又充分利用热能的目的。此种设备具有传热系数大、热能利用率高、加热后的流体食品可快速冷却、能较好地保存食品的营养、设备安装占用面积小、运转时内容量小、滞留时间短、易于将各流路分解并进行清洗（CIP）、易于调节流量大小、可进行自动控制、节省人工费用等特点，因此是果汁、牛乳低温杀菌的理想设备。

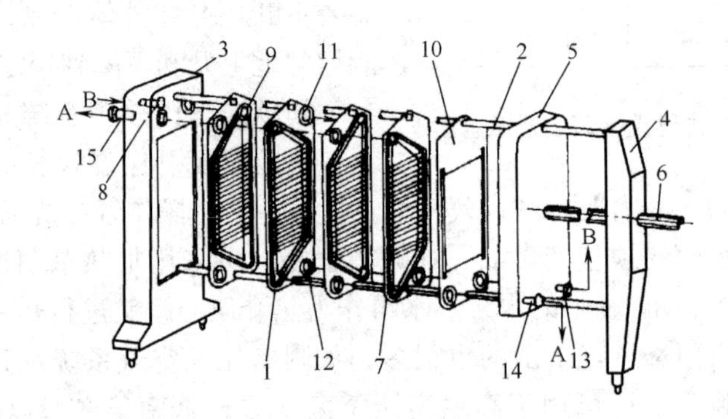

图1－2－28　板式热交换器结构示意图

1—传热板　2—导杆　3—前支架　4—后支架　5—压紧板　6—压紧螺杆　7—框架垫圈　8—连接管　9—上角孔　10—分界板　11—圆环垫圈　12—下角孔　13～15—连接管

片式热交换器的形式多样，可以根据需要进行设计，不仅用于低温热杀菌，也可用于高温短时杀菌和超高温瞬时杀菌，并可与无菌装罐系统配套使用。

2. 管式热交换器

管式热交换器根据其组装形式不同可分为列管式、蛇管式、盘管式、双管式、多管式等多种。

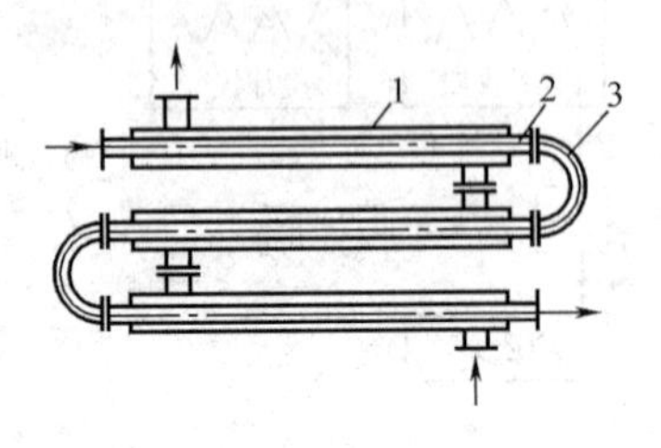

图1－2－29　列管式换热器

1—套管　2—内管　3—U形管

（1）列管式热交换器　图1－2－29为列管式热交换器，它是利用口径不同的标准管连接成为同心圆的套管，用180°的弯头将多段管串联而成，每一段套管为一管程，程数可根据传热要求而增减。每程套管的有效长度为4～6m，不能过长，否则管易向下弯，使环隙中的流体分布不均。管内为食品物料通道，管外与壳体的间隙为介质通道，两者通过换热管进行热交换。传热系数与管内外物料的流速成正比，因此物料多用泵压送。这种换热器由于密闭，热损失较小，设备费用低，是应用广泛的一种换热器。列管式换热器一般为卧式，立式容易生成气泡，仅用于特殊场合。换热器一般配有自动温度控制器，控制加热蒸汽量，以维持物料的杀菌温度。列管式换热器也有保温管，使物料在杀菌温度下保持一定时间。

列管式换热器可用于一般液体物料，更适合黏度较大或含有微粒的物料的杀菌，要指出的是在该情况下要注意物料流速减小时因过热而产生焦糊。在100℃以下温度杀菌可用热水和减压蒸汽加热。杀菌物料需要冷却时，可用同一形式的列管换热器，用水或冷却水进行冷却。

列管式换热器的优点为：构造简单，能耐高压，传热面积可根据需要而增减，适当地选择内、外径，可使流体的流速较大，且可作严格逆流，有利于传热。

（2）管壳式换热器　管壳式换热器由管束、管板、外壳、封头、折流板等组成，管程常有单程、双程、四程和六程。图1－2－30为单程管壳式换热器的原理图，一流体由左侧封头的接管进入器内，经封头与管板间的空间分配至各管内，经过管束，由另一端的封头接管流出换热器。另一流体由壳体的右侧接管进入，壳体内装有挡板，使流体在壳与管束之间沿挡板作折流动，而从另一端的壳体接管流出换热器。通常，把流体流经管束称为流经管程，该流体称为管程流体；流体流经环隙称为流经壳程，该流体称为壳程流体。由于管程流体在管束内只流过一次，故称为单程管壳式换热器。

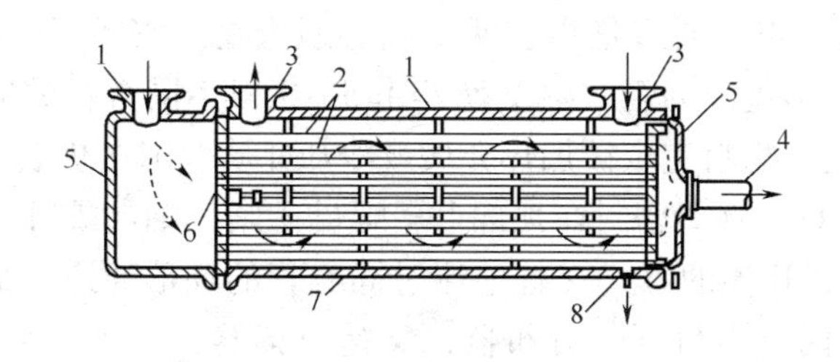

图1－2－30　单程管壳式换热器结构图

1—外壳　2—管束　3、4—接管　5—封头　6—管板　7—挡板　8—泄水管

管壳式换热器的优点是易于制造，生产成本低，适应性强，维修、清洗方便，对高压流体更适用。在食品工业中可用作预热器、加热器和冷却器。缺点是结合面较多，易发生泄漏现象。

图1－2－31为一种管壳式热交换器结构图。该设备主要用于牛乳、果汁等液体食品加热杀菌或冷却。它由加热管、前后盖、器体、旋塞、离心泵、压力表、安全阀等部件组成。壳体内装有不锈钢加热管，形成加热管束。壳体与加热管通过管板连接。物料用离心泵送入不锈钢加热管内，蒸汽通入壳体空间后将管内流动的物料加热，以达到杀菌的目的。物料的流动方向在两端封盖内变动，往返6次可达到杀菌温度。如未达到杀菌温度，可使物料回流再重新杀菌。

（3）多流道和多管道式热交换器　管式热交换器（tubler heat exchanger，THE）用于乳制品的巴氏杀菌和超高温处理。它不同于板式热交换器，在产品通道上没有接触点，可以处理含有一定颗粒的产品。颗粒的最大直径取决于管道的直径。在UHT处理

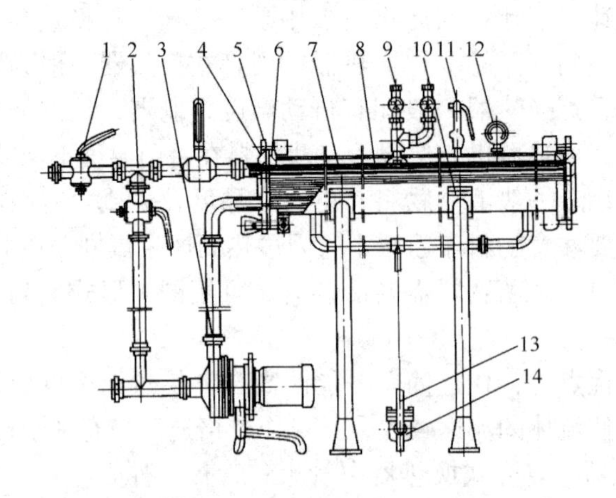

图1-2-31　管壳式热交换器结构图

1—旋塞　2—回流管　3—离心泵　4—两端封盖　5—密封圈　6—管板　7—加热管　8—壳体　9—蒸汽截止阀　10—支脚　11—弹簧安全阀　12—压力表　13—冷凝水排出管　14—疏水器

中，管式热交换器要比板式热交换器运行的时间长。从热传递的观点看，管式热交换器比板式热交换器的传热效率低。管式热交换器现有两种类型：多（单）流道和多（单）管道。

①多（单）流道：单一通道是指在两个同心通道之间密闭了一条环状的产品通道。如图1-2-32所示，多流道的管式热交换器由5~9根不同直径的同心管组成，这些同心管形成4~8个通道，物料完全被加热介质或冷却介质包围在热效率高且紧凑的结构之中。同心管通过双层O形环2密封在顶部上，螺母3紧固轴向螺杆4将其安装成一个整体。物料和传热介质以逆流的方式交替地流过同心管的环形通道。最外侧的通道流过的是传热介质。顶部的两个出口既是分布器，又是收集器，它将一种介质引入一组通道，又从另一端排出。波纹状构造的管子保证两种介质的紊流状态，以实现最大的传热效率。使用这种类型的管式热交换器可以直接加热产品并进行产品热回收。

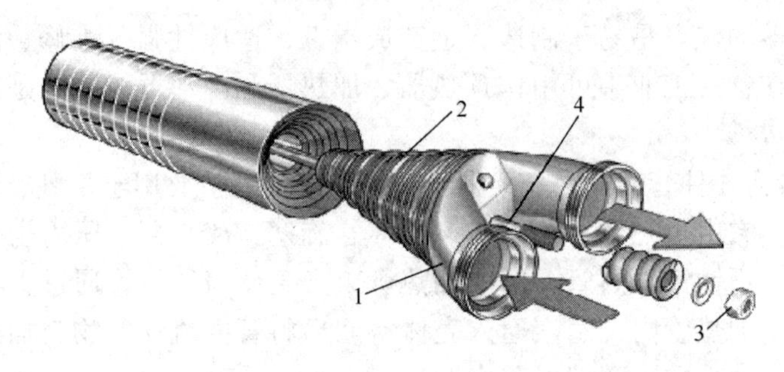

图1-2-32　多流道管式热交换器的一端

1—顶部　2—双层O形环　3—末端螺母　4—轴向螺杆

②多（单）管道：多管道的管式热交换器根据传统的列管式热交换器的原理设计，其产品流过一组平行的通道，冷热介质围绕在管道的周围，通过管道和壳体上的螺旋波

纹，产生紊流，实现有效的传热。该交换器的传热面是一组平行的波纹管或光滑管。这些管子焊接在管板的两端，如图 1－2－33 所示。管板与出口的管壳通过双层 O 形浮动环密封连接。旋开末端的螺栓，可以将产品管道从管壳中取出，这部分可以拆卸，以便检查。浮动密封减轻热膨胀的影响，而且还可以组合管壳中的产品管束，以适应不同的应用。单管是指只有一个进口管允许粒经小于 50mm 的颗粒物料通过。多（单）管道换热器适用于高压、高温下物料的加工。

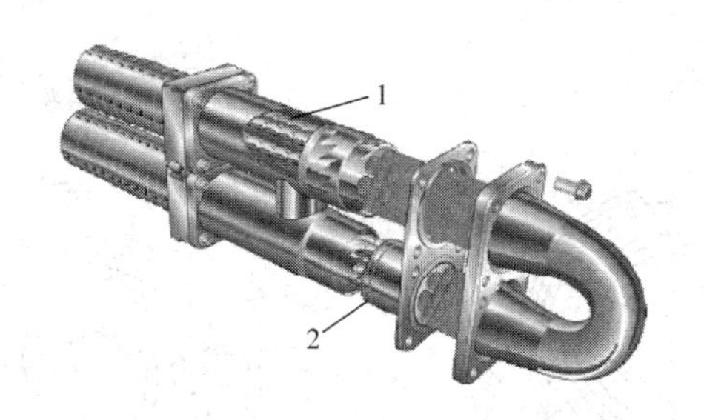

图 1－2－33 多管道的管式热交换器的末端

1—被冷却介质包围的产品管束 2—双 O 形环

多流道和多管道式热交换器根据生产的要求组合成为如图 1－2－34 所示的紧凑的换热器。由于操作时间长，这两种管式换热系统广泛地用于乳品加工。

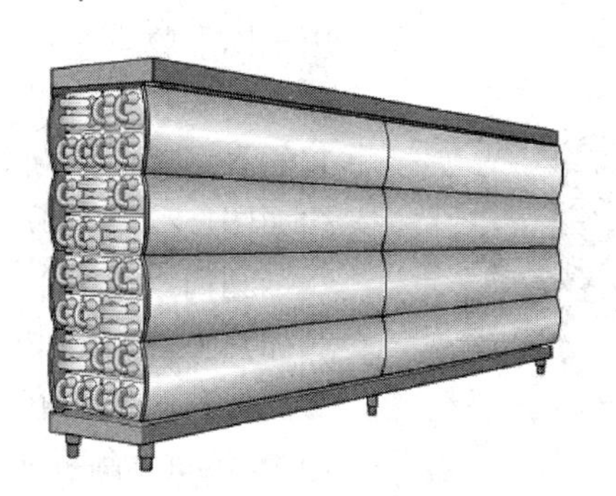

图 1－2－34 多流道和多管道式热交换器的组装

3. 螺旋板式换热器

如图 1－2－35 所示，螺旋板式换热器是由两块薄金属板焊接在一块分隔挡板上，然后卷成螺旋形。两块薄金属板在器内形成两条螺旋形通道，在顶部和底部焊有盖板或封头。冷热流体以严格的逆流流动。

螺旋板式换热器的优点是总传热系数高，因流体在流通中易成湍流，不易结垢和堵塞，且由于流体流速高，使悬浮物不易沉降；能利用低温热源，精密地控制温度，结构紧凑，制作方便。适合于含固体颗粒状或纤维状的物料及高黏度物料的热处理。其外形如图 1－2－36 所示。

4. 刮板式杀菌机

刮板式杀菌机是除上述用于液体食品连续杀菌设备外的又一连续杀菌设备，特别适

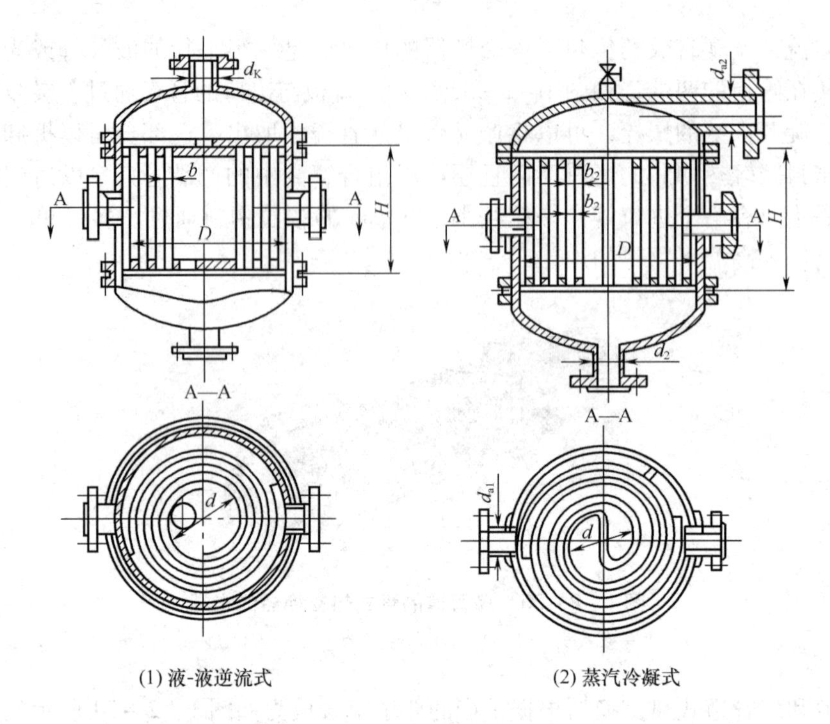

图 1-2-35　螺旋板式换热器结构图

图 1-2-36　螺旋板式换热器外形图

用于固形物含量多或高黏度和热敏性物料的杀菌。例如，用于果、肉、饮料的杀菌，无菌包装的果蔬浆的杀菌和冷却。刮板式杀菌机的结构如图1-2-37 所示，其主体是一个由两个不锈钢圆筒（或管）组成的双层圆筒，夹套内通过加热蒸汽，以内筒为传热面对物料进行加热。传热圆筒内有旋转的刮板轴，转速 300～1000r/min。刮板轴上对称排列两排活动板，物料由螺杆泵送入刮起板杀菌机内，在传热圆筒和刮板轴之间的环形空间内通过。刮板由于旋转时的离心力和物料的压力而张开，并紧贴传热筒的内壁，刮取并不断更新原料侧的传热面，使物料更好地传热而进行热交换，提高传热效果。同时，刮取下的物料立即被分散进入整个物料内，使冷热物料混合，加速传热过程并减少原料的受热影响。刮板杀菌机总传热系数高达 8000W/($m^2 \cdot K$)。在加热杀菌过程中系统内保持 0.2～0.3MPa 的压力，可以实现高温杀菌和无菌操作的目的。

对于先包装后杀菌的预包装食品，如罐头食品，可采用加热常压连续杀菌机，有单层、三层和五层之分，前两种使用较多。它的优点是生产能力大，传热效率较好，罐头受热较均匀（因罐头在杀菌过程中处于动态），能保证食品品质，操作简单。其缺点为制造时消耗钢材较多，占地面积大，用电量较大。故此设备大多用于生产能力较大的工厂中。图 1-2-38 所示为三层常压连续杀菌机简图，待杀菌的食品由 1 进入杀菌机，由

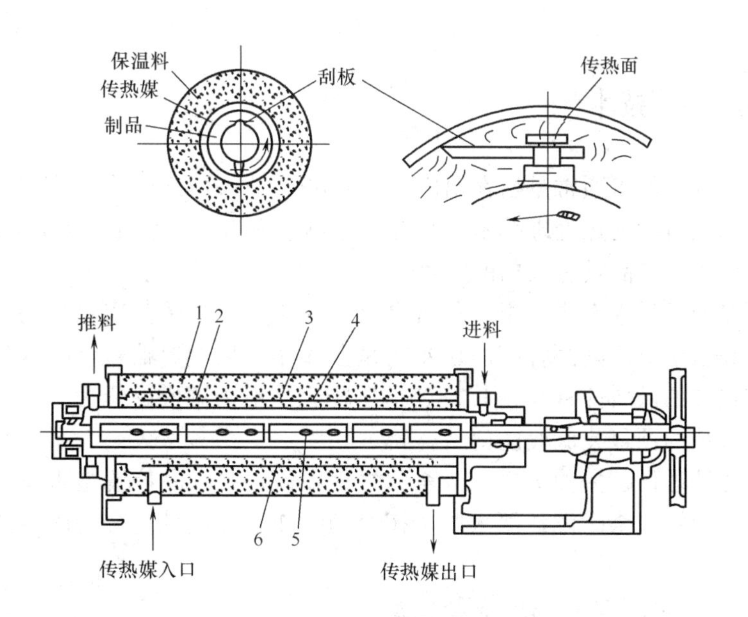

图 1-2-37　刮板式杀菌机结构图

1—保温料　2—加套　3—通道螺旋　4—刮板　5—传热管　6—物料通道

传送带从下往上运行并完成杀菌，最后通过出罐机构将完成操作的罐头导出进入下道工序。图 1-2-39 为常压喷淋连续杀菌机，采用循环热水喷淋杀菌、温水预冷、冷水冷却等多段处理，杀菌温度可自动控制，杀菌时间无级可调，广泛应用于各种瓶装、罐装酸性果汁饮料、电解质饮料、酒类、调味品等产品的杀菌冷却。

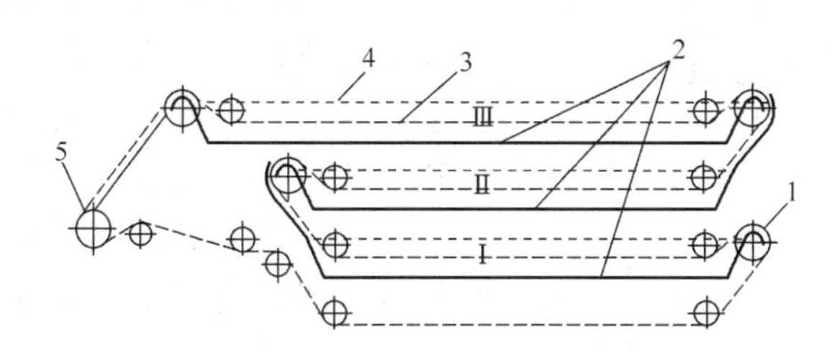

图 1-2-38　三层常压连续杀菌机示意图

1—进罐口　2—槽体　3—刮板输送链　4—水位线　5—出罐口

图 1-2-39　常压喷淋连续杀菌机外形图

二、高温高压杀菌技术

高温高压热处理技术通常是指在温度高于100℃、压力大于大气压条件下对食品进行热处理而达到杀菌目的的热处理技术。与低温加热杀菌相比，经过100℃以上的高温加热条件进行杀菌处理，产品具有长期的贮存性。

高温高压热处理技术主要用于预包装食品的热杀菌。按杀菌用热源的不同可分为高压蒸汽杀菌和高压水浴杀菌两种。高压水浴杀菌多用于玻璃容器包装、软包装及部分大罐形的金属罐包装的低酸性食品，其特点是比较容易平衡罐内的压力；高压蒸汽杀菌主要用于金属罐包装的预包装低酸性食品。

高温高压热处理设备多种多样，按杀菌过程中预包装食品位置是否发生变化分为静止式杀菌设备和回转式杀菌设备两大类；按杀菌操作的连续性，分为间歇式和连续式两大类。

（一）静止式（间歇式）高压杀菌设备

用于高温加热杀菌的静止式杀菌设备常用的有立式杀菌锅、卧式杀菌锅和回转式杀菌锅等多种，根据预包装食品的特性、包装材料的物性、罐形大小及生产规模等情况选择。

1. 立式高压杀菌锅

立式高压杀菌锅的装置如图1-2-40所示。这种压力杀菌锅装配有蒸汽供汽管、蒸汽控制系统、蒸汽散布管、排气阀、溢流管、压缩空气管及其他各种阀门类、温度计、温度记录控制仪、压力表等。立式压力杀菌锅，按其蒸汽供给方式又可分为底部蒸汽吹入式和上部蒸汽吹入式。

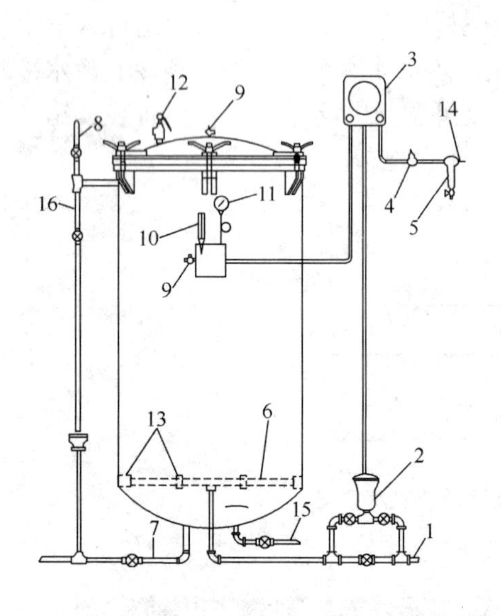

图1-2-40 立式高压杀菌锅结构图

1—进蒸汽管 2—自动蒸汽控制阀 3—温度记录控制仪 4—压缩空气过滤器 5—压缩空气调节阀 6—蒸汽散布管 7—排水管 8—进水管 9—排气阀 10—温度计 11—压力表 12—安全阀 13—杀菌笼隔架 14—压缩空气进口 15—进水管 16—溢流管

立式杀菌锅可用于加压杀菌也可以用于常压杀菌，适合于批量小、品种多的情况选用。在装卸待杀菌的预包装食品时，是通过提升机或滑车把装在杀菌笼（篮）中的食品送入杀菌锅中或从杀菌锅中卸出实现。在安装杀菌锅时，要将其一半安装在地面以下，使开口处比地面高出80～90cm。

对某些在高压蒸汽杀菌时容易出现容器变形的预包装食品，需要进行加压冷却，在恒温杀菌结束冷却水放入前通过压缩空气管通入压缩空气进行反压冷却。

2. 卧式高压杀菌锅

卧式高压杀菌锅的标准装置如图1-2-41所示。这种压力杀菌锅与立式杀菌锅相似，装配有蒸汽管、蒸汽散布管、排气阀、溢流管及其他各种阀门、仪表等，其蒸汽均为底部蒸汽吹入式，并要求蒸汽散布管贯穿整个杀菌锅。

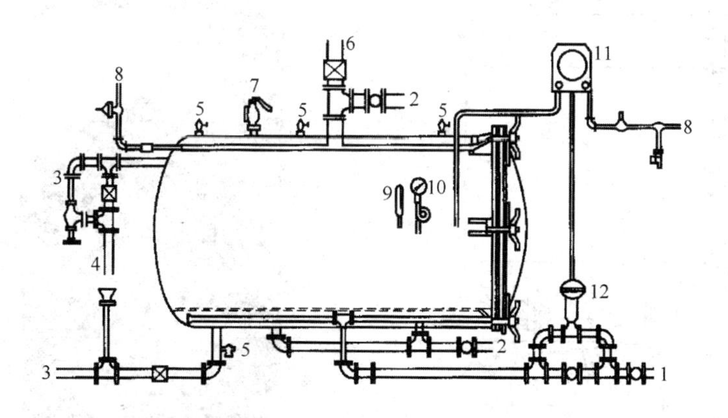

图1－2－41　卧式高压杀菌锅结构图

1－进蒸汽管　2—进水管　3—排水管　4—溢流管　5—泄气阀　6—排气阀　7—安全阀　8—压缩空气进口　9—温度计　10—压力表　11—温度记录控制仪　12—蒸汽压力控制阀

卧式杀菌锅一般只能用于高压杀菌，相对于立式锅容积大得多，适合于批量大的大中型工厂选用。使用时将密封好的罐头装入带轮的杀菌笼（篮），通过杀菌锅与地面的导轨直接推入杀菌锅内。

卧式杀菌锅一般都安装在地面上，大型装置可安装在低于地面20～30cm处，使杀菌锅内的导轨与地面平齐，以便用活动桥或移动车连接杀菌笼（手推车）。

不管是立式杀菌锅还是卧式杀菌锅，蒸汽或热水均可作为热源（由蒸汽加热，通过压缩空气控制热水温度），使用时应根据实际需要选择热处理工艺及相应的设备。

上述静止式（间歇式）杀菌锅是一个结构整体密封的容器，能保持杀菌锅内在完成杀菌过程中所需要的蒸汽压力，并能按要求精确地测量和记录杀菌时的温度和时间，所以，静止式杀菌系统配备有连续式时间温度记录仪和调整杀菌锅内蒸汽压力的控制装置，以便在整个杀菌过程中监控蒸汽压力和温度保持在正常的范围之内。

3. 无笼（篮）杀菌锅

无笼（篮）杀菌锅是在静止立式杀菌锅的基础上改进后的杀菌设备，其基本结构及操作流程见图1－2－42和图1－2－43。

无笼（篮）杀菌锅具有精确的结构设计和完善的密封，保证杀菌锅内设定的温度和压力。杀菌锅带有可使罐头自动进出杀菌锅的进口和出口。待杀菌罐头由传送带输送到杀菌锅顶部开放的入口，以随意的方式倾倒入杀菌锅，锅内预先放置了半锅热水作为缓冲层以保证罐头不因碰撞而出现瘪罐等现象。入罐结束杀菌锅密闭后经过规定温度和时间的热处理，然后打开杀菌锅的底部，让罐头进入流动的冷水中在传送过程中完成冷却操作。

4. 回转式杀菌设备

回转式杀菌锅外形如图1－2－44所示，分上下两部分，可以搅动容器，提高内容物

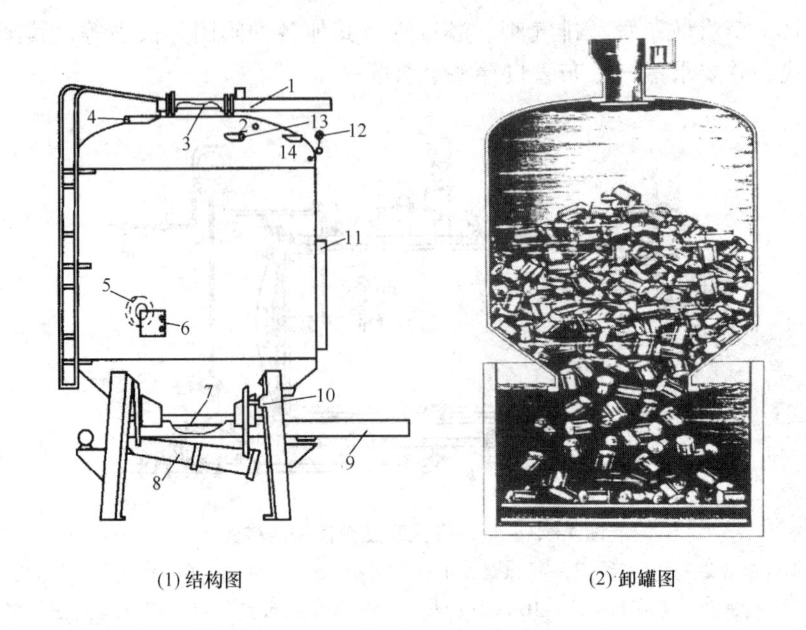

(1) 结构图　　　(2) 卸罐图

图 1-2-42　无笼高压杀菌锅

1—顶盖部件　2—空气进口　3—顶部密封圈　4—缓冲水进口　5—安全膜
6—温度计和压力表　7—底部密封圈　8—振动篮　9—卸罐板　10—振动篮调节器
11—水位计　12—压力表　13—溢水口　14—蒸汽进口

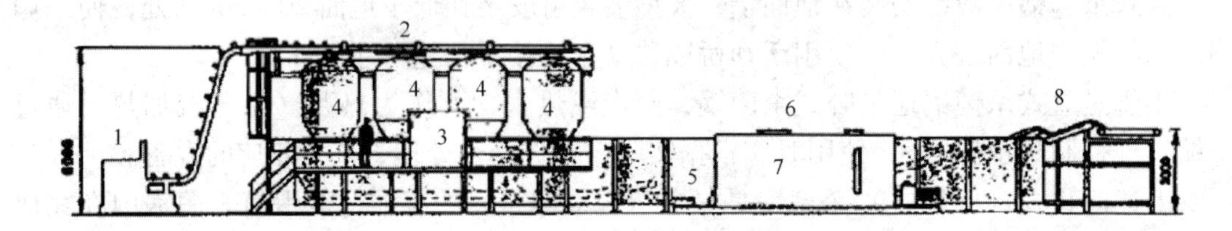

图 1-2-43　无笼高压杀菌锅工作流程图

1—封罐机　2—顶部平台　3—控制平台　4—加工罐　5—水泵
6—水冷却段　7—水回收站　8—传送带

的传热效率，能够在短时间内完成杀菌，加工出更优质的产品。这种杀菌锅利用蒸汽或加压热水作加热介质，其搅动方式有两种（图 1-2-45）：一种是使罐头上下翻筋斗回转；另一种是把罐头装在杀菌锅中的回转滚筒内，做螺旋状移动，使罐头绕轴心转动。

回转式杀菌锅除具有与静止式压力杀菌锅相同的主机和控制系统外，还需要有特殊的控制系统及报警系统。

Rhotomat 杀菌装置是一种应用广泛的回转式杀菌锅，这是荷兰斯托克（Stock）公司的一种加压热水循环式压力杀菌锅，如图 1-2-46 所示。在其上部设有一个热水贮水锅，该贮水锅用蒸汽吹入法按需要制备加压热水。将待杀菌的罐头送入下面的杀菌锅中，关上门密闭，从上部的热水贮水锅中将加压热水注入下面的杀菌锅中。在杀菌锅内，强制热水进行循环，同时，罐头沿圆周方向回转（6~45r/min）。

图1-2-44 回转式杀菌锅外形图

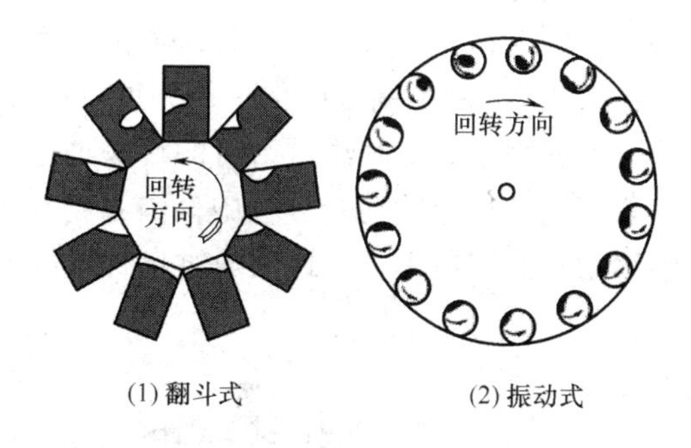

图1-2-45 回转式示意图

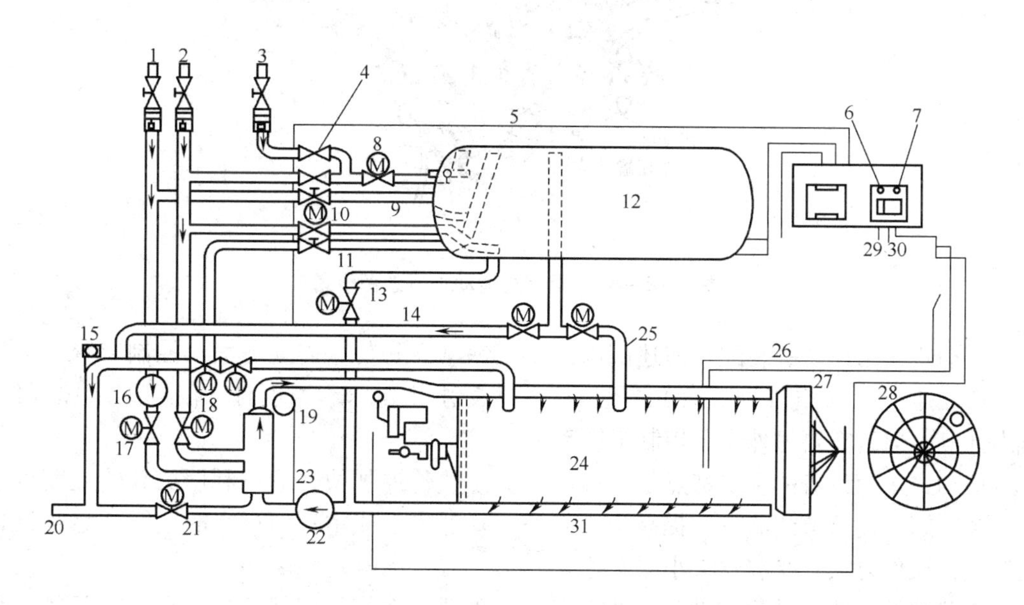

图1-2-46 Rhotomat杀菌装置管路流程示意图

1—冷却水管 2—蒸汽管 3—压缩空气管 4—通阀（蒸汽/压缩空气） 5—下锅温度指示计 6—上锅压力指示盘 7—上锅温度指示盘 8—装置压力阀 9—冷却水管 10—上锅加热管道 11—通气及减压控制阀 12—上锅 13—连接阀 14—小型通气阀 15—止回阀 16—冷却水阀 17—冷却水阀 18—加热阀 19—抑制阀 20—排水管 21—水阀 22—循环泵 23—循环管 24—下锅 25—小型连接管 26—温度计 27—压力计 28—转数记录器 29—上锅压力指示器 30—上锅温度指示器 31—循环

这种杀菌装置，可以严格地控制温度和压力，杀菌锅内的温度分布均匀，罐头内的传热效果也好。在冷却工艺中，先把冷却水注入杀菌锅，热水被压回到上部的热水贮水锅中。通过回转和循环，杀菌锅内的温度分布比静止式的均匀，再选择适当的回转转数，就能显著缩短杀菌时间，杀菌效果明显比静止式的好，蒸汽用量也少。

（二）连续式高压杀菌设备

1. 螺旋式搅动加压杀菌设备

螺旋式搅动加压杀菌设备是一种一边间歇性地搅动容器，一边进行杀菌的杀菌设备。设备直径约1.5m，长3.35～11.30m（长度可根据杀菌时间、生产速度及罐型来确定）。有的在137.8℃的杀菌温度下，每分钟可处理600罐。杀菌锅内侧有一个装有进罐台板的回转滚筒和固定螺旋，经过密封的罐头通过滚筒回转和螺旋上的簧片在装置内移动。罐头在杀菌锅内进行转动的过程中，内容物在一定温度的加压蒸汽中被加热，从杀菌锅的末端移动到冷却器中去，罐头通过自封式进出转移阀门送出，如图1－2－47所示。

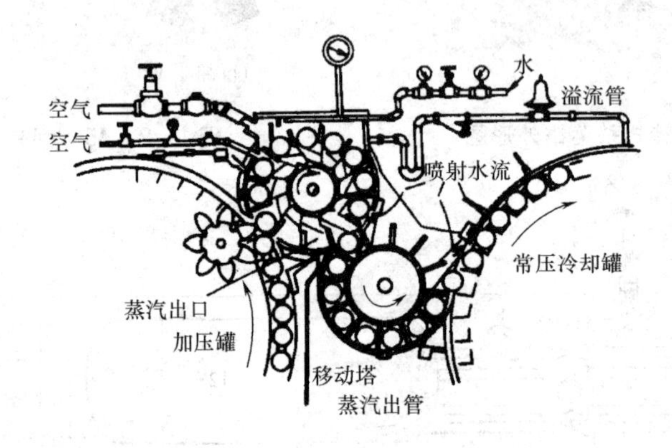

图1－2－47　螺旋式搅动加压杀菌设备

搅动式杀菌设备的装配与前述间歇式杀菌锅基本相似，需配备蒸汽控制装置、蒸汽供给口、通风口（空气排气管）、泄压阀、冷凝水排水管、温度计、温度记录控制仪、压力计等，但还需要另外安装控制报警系统。

搅动式杀菌设备的主要特点是其搅动可促使热传递加快，通过利用更高的温度可缩短杀菌时间，还可节约蒸汽，提高生产效率，降低生产成本；而存在的主要不足是设备投资大，操作复杂，受容器大小限制等。

杀菌开始之前，排除该设备中的空气十分重要。先打开底部的排水口，顶部风口和安全阀，在达到杀菌温度前，必须把杀菌锅内的空气和冷凝水排净。杀菌锅底部积存的冷凝水会妨碍自由滚动过程中罐头的转动，因此，在杀菌锅运转中，必须随时排除积水，而且在杀菌时，必须准确测定滚筒的转动速度并进行调节。

2. 水封式连续杀菌设备

水封式连续杀菌设备是法国ACB公司设计制造的卧连续杀菌设备，它不仅可用于罐装食品的杀菌，也能用于瓶装和袋装食品的杀菌。该设备用水封式转动阀门来控制压力，应用温度范围为100～143℃，压力为98.1～294.2kPa（1～3kg/cm^2），每分钟可处理软包装食品60～800个。图1－2－48是该设备的剖面图。

待杀菌的容器包装食品都载于链式传送带上，从水封转动阀2中通过，送入保持有一定温度的蒸汽加压杀菌室3中，在加压蒸汽中平行移动，依次向下层运动，最后从蒸汽室下部的预冷却区5中通过，在加压条件下进行预冷，再通过水封转动阀进入冷却传

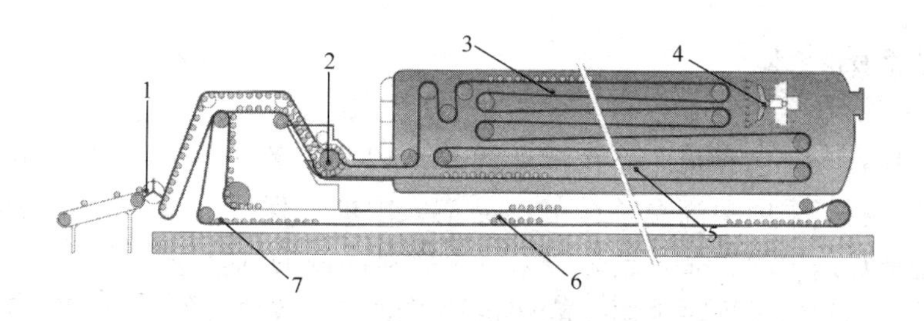

图1-2-48 水封式连续杀菌设备剖面图

1—罐或瓶自动传入口 2—罐或瓶同步水封转动阀 3—蒸汽杀菌室 4—鼓风机
5—预冷却区 6—冷却传送带 7—罐头出口

送带，经冷却水或喷淋水进行冷却后由出口7输出。

这种设备在对薄金属罐装食品、瓶装婴儿食品和袋装食品进行杀菌时，采用空气加压使容器内外的压力保持平衡，以免容器变形。水封转动阀是一个回转式压力密封装置，耐压强度为307.9kPa（3.14kg/cm^2），起着保持加压杀菌室的压力和防止漏水的作用。水封转动阀转动所排出的水可以把加压杀菌室内预冷过程中吸收的热量带走，排出的水集中在水封中，由此进行再循环。

杀菌时间可通过调节链式传送带的运行速度来确定，加压室内的蒸汽用鼓风机4进行搅拌，使蒸汽和空气的混合气体进行循环，以免产生局部性的温度差。传送带在蒸汽加压杀菌室和加压冷却室都保持有四个循环，可同时使大小不同的罐头回转搅动进行杀菌和冷却。

3. 静水压式连续杀菌装置

静水压式连续杀菌装置工作原理见图1-2-49，待杀菌罐头经传送系统在保持一定温度的蒸汽室内按设定时间进行杀菌，然后从冷却装置中通过，最后送出。蒸汽室的蒸汽压与预热塔（进罐柱）及冷却塔（出罐柱）的水柱保持着平衡。静水压式连续杀菌设备一般可处理多种规格的罐头，其优点是：蒸汽消耗量少，是传统方法的一半或不到一半；占地面积少，处理能力大；冷却水用量少；温度骤变幅度小，因而热冲击性就很小；处理过程中动作缓和，产品损伤少；可进行自动控制，工艺过程中处理均匀，节省劳力。

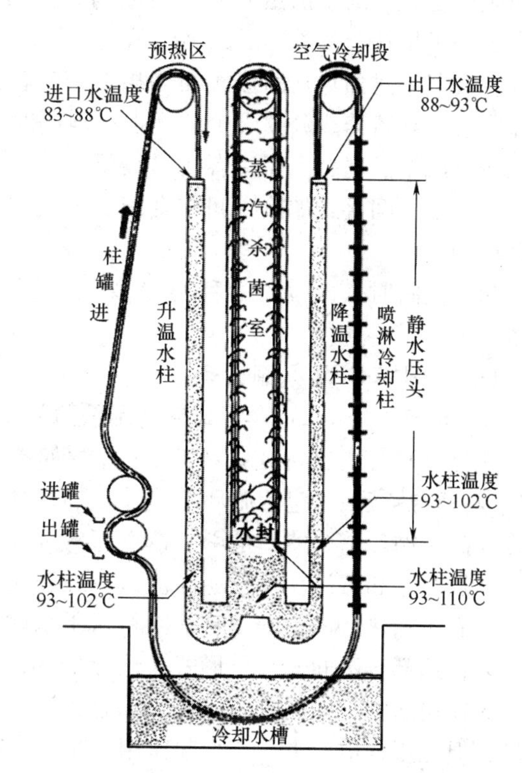

图1-2-49 静水压式连续杀菌装置示意图

三、超高温杀菌技术

超高温（UHT）杀菌是指产品在温度为135～150℃条件下，处理2～8s，以达到无菌要求的杀菌过程。采用超高温杀菌的产品最大限度地保持了食品原有的风味及品质，其品质优于普通热杀菌的产品。这是因为微生物对高温的敏感性远大于多数食品成分对高温的敏感性，故超高温短时杀菌，能在很短时间内有效地杀死微生物，并较好地保持食品应有的品质。UHT杀菌最早应用牛乳的杀菌，又用于液体食品的热杀菌。常规的超高温杀菌设备只适用于不含颗粒或含颗粒的粒度小于1cm的物料杀菌，对颗粒粒度大于1cm的物料，可采用欧姆（电阻）加热法结合超高温杀菌的方法进行处理。

按照物料与加热介质是否接触，超高温杀菌可分为直接混合式加热和间接式加热两类。直接混合式加热是采用高热纯净的蒸汽直接与待杀菌物料混合接触进行热交换，使物料瞬间加热至135～160℃。此过程不可避免地有部分蒸汽冷凝进入物料，同时又有部分物料中的水分因受热闪蒸而逸出。因为在物料水分闪蒸过程中，易挥发的风味物质会随之逸出，故该方式不适用于果汁杀菌，而常用于牛乳以及其他需要脱去不良风味的物料的杀菌。间接式加热是采用高压蒸汽或高压水为加热介质，热量经固体换热传递给待加热杀菌物料。由于加热介质不直接与食品接触，可较好地保持食品物料原有的风味，故广泛用于果汁、牛乳等的超高温杀菌。

直接混合式加热与间接式加热相比，前者具有加热速度快、热处理时间短、食品的色泽、风味和营养成分损失少的优点，但同时也因控制系统复杂和加热蒸汽需要净化而带来产品成本的提高。而后者成本较低，生产易于控制，但传热速率较低。在相同的热介质温度下，间接式加热时间较直接混合式加热时间长，使杀菌过程发生不利反应的可能性增加。

超高温瞬时杀菌设备的种类较多，下面按不同的加热方式分别介绍具有代表性的设备。

（一）间接UHT杀菌设备

1. 斯托克（Stork）套管式超高温杀菌装置

斯托克套管式超高温杀菌装置的流程如图1－2－50所示。

该系统热交换器包括循环杀菌器、加热器、冷却器、交互换热式预热器和交互换热式冷却器。循环杀菌器4是用不锈钢管弯成的环形套管，用以加热装置的清洗、消毒用水。加热时饱和蒸汽在外管逆向流过。在正常杀菌处理时，循环杀菌器不工作，产品只是经过而不加热。杀菌操作时，原料从平衡罐1经离心泵2送至高压泵3中，这是均化器的泵，这部分不同于普通形式，均化器阀没有直接与均化器泵相连，而是分开的。高压泵3在输送物料的同时，还提供均化器阀6、12的压力。物料虽然从循环杀菌器4中通过，但在正常情况下，它不起作用。物料经第一热交换器5加热至65℃，通过均化器阀6进入第二热交换器7加热至120℃，通过最终加热区8加热至135～150℃，然后经保温区9在冷却区10冷却到65℃，通过均化器阀12被均质，在冷却区11冷却至30℃，最后经冷却区13、14冷却后送至无菌灌装机。

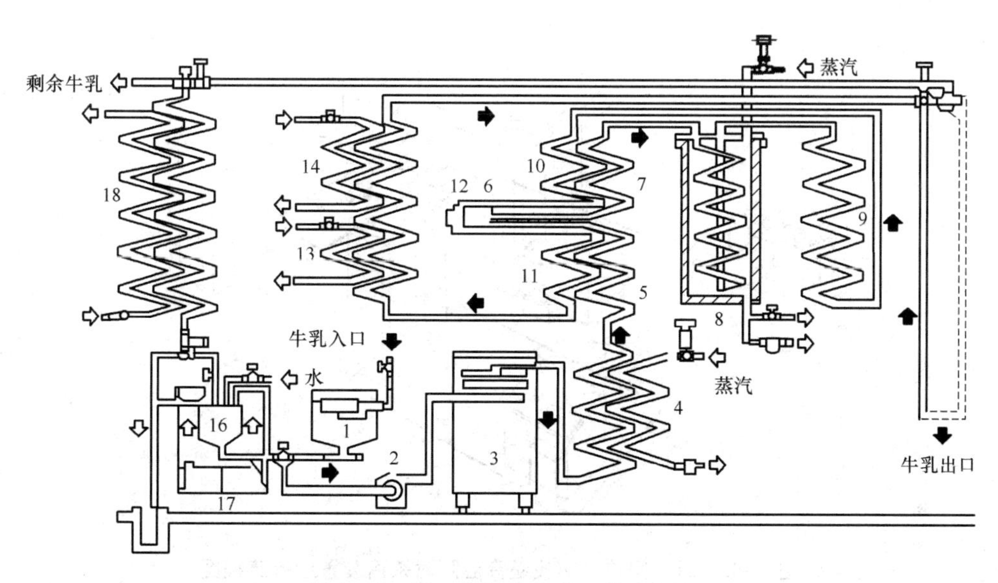

图1-2-50 斯托克无菌工艺流程图

1—平衡罐 2—离心泵 3—高压泵 4—循环杀菌器 5—第一热交换器 6—均化器阀（第一） 7—第二热交换器 8—最终加热区 9—保温区 10—热交换器的冷却区 11—热交换器的冷却区 12—均化器阀（第二） 13，14—冷却区 15—至无菌灌装机 16—清洗用循环罐 17—洗涤剂供给罐 18—预冷器

2. 阿法-拉伐（ALFA-LAVAL）超高温瞬时杀菌装置

阿法-拉伐超高温瞬时杀菌设备为带有片式换热杀菌器的超高温杀菌装置，适合于牛乳和果蔬汁等液体物料的超高温杀菌。物料经该装置杀菌处理后，无明显的蒸煮味，运行费用比直接加热法低得多，换热效率高，能耗低，装置所耗蒸汽较其他间接超高温杀菌装置少50%，比直接加热法少15%。装置所用冷却水温度可高达45℃，不必用冰水，因而进一步节能。该装置的流程如图1-2-51所示。

在物料进行杀菌处理前，整个装置必须进行彻底的杀菌处理，装置杀菌的每一步骤都按照预先编制的程序进行，先将热水加热至杀菌温度，然后热水沿着物料杀菌所经管路设备循环30min以上，随后将全部管路降温处理，冷却后沿线各个气动阀自动置于开启或关闭位置，准备开始生产。

物料杀菌时，平衡罐1中原料经加料泵输送到换热器2中的预热区段11。在预热区段，原料同已处理完毕向外输送的灭菌物料换热，使原料预热，灭菌物料冷却。物料预热后，送到普通均质机均质。物料经均质处理后，再注入换热器2的加热区段9与高压蒸汽喷射产生的高压热水换热，使物料加热到135~140℃。加热后物料通过保温管5，使物料在135~140℃下保温4s。经过保温的热物料，流入换热器2中到第一预冷区段12与流出的高压热水换热，使灭菌热物料预冷降温。经预冷的灭菌物料再进入冷却区段13，在该处与流入的原料（4~7℃）换热，使灭菌物料进一步冷却，同时进入的原料也得到相应的预热。经两次冷却的灭菌物料，温度为20~25℃，即可输送到灌装工段进行无菌灌装。杀菌结束后，立即按照预先编制的程序进行全线的原地清洗。其突出的优点一是

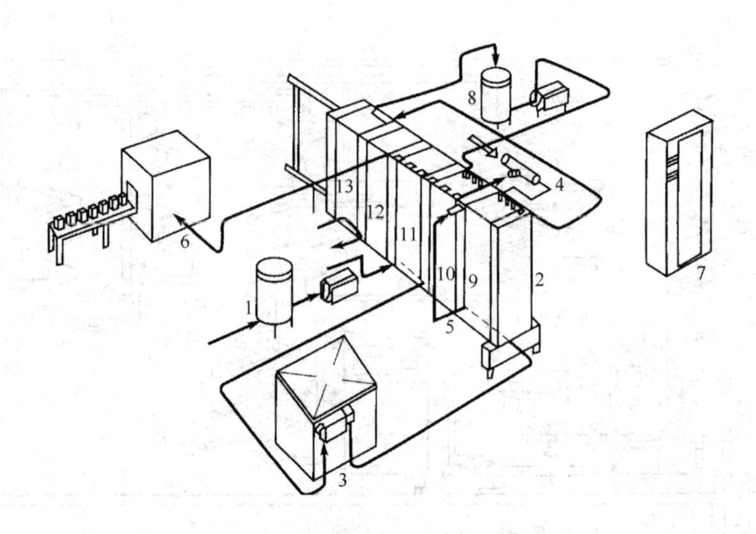

图1-2-51 阿法-拉伐超高温瞬时杀菌装置运行流程图

1—原料平衡罐 2—换热器 3—均质机 4—蒸汽喷射器 5—保温管 6—无菌包装机 7—控制仪表屏 8—热水计量槽 9—加热区段 10—交流换热区段（产品与热水换热） 11—交流换热区段（产品与原料乳换热） 12、13—外加冷却区段（用于产品冷却）

节能省水，通常物料的进料温度在4~7℃，出料温度在20~25℃，整个运行过程中仅加入少量热能就行了；二是有关动作全部自动控制进行。

（二）直接UHT杀菌设备

直接UHT杀菌设备主要由物料泵、蒸汽喷嘴或物料喷嘴、真空罐及各种控制仪表构成。其中最关键的是加热介质与物料相混合的装置。

CREPACO公司制造的一种物料注入式直接蒸汽喷射热交换器如图1-2-52所示，物料从上端由泵打入，蒸汽从中间喷入，杀菌的产品即从底部排出。

图1-2-53所示的是阿法-拉伐公司制造的蒸汽喷射器，其外形是一不对称的T形三通，内管管壁四周加工了许多直径小于1mm的细孔，蒸汽通过这些细孔并与物料流动方向呈直角，且强制喷射到物料中去。喷射过程中，物料和蒸汽均处于一定压力之下。为了防止物料在喷射器内发生沸腾，必须使物料保持一定压力。

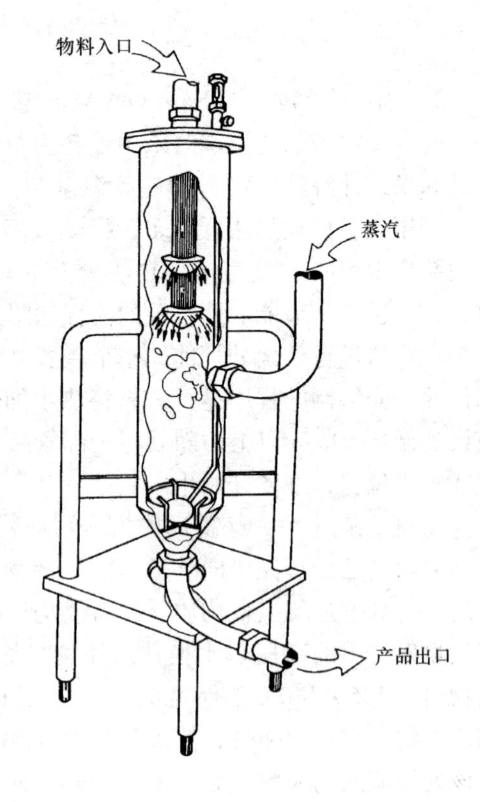

图1-2-52 注入式直接蒸汽喷射UHT杀菌设备

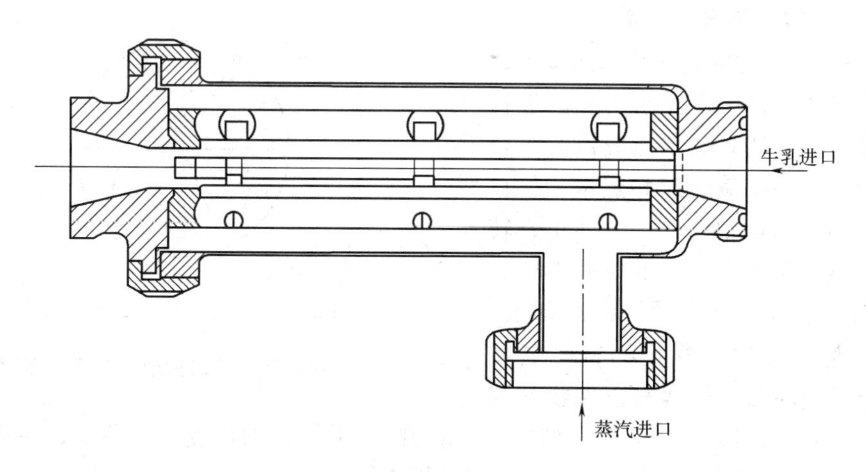

图1－2－53 蒸汽喷射器

四、热烫处理技术

热烫如前所述是一种温和强度的热处理，热处理条件视原料的特性及热处理目的而异。热烫设备也多种多样，但所用热源主要为热水和蒸汽两种类型。有些热烫设备用热水作为加热介质，有些设备用蒸汽作为加热介质，还有一些设备则热水和蒸汽兼用。下面介绍几种常用的热烫设备。

（一）单体蒸汽热烫机

单体蒸汽热烫机顾名思义是以蒸汽为热源用于单体食品热烫的设备，它分为加热和冷却两个区，如图1－2－54所示。单体食品由隧道式斗式升运机送入加热区并单层铺放，使用蒸汽加热食品，通过调节传送带速度保持加热时间。加热后的食品再由另一隧道式升运机输送到冷却区，在冷却区被含有一定湿含量的冷空气冷却，这种冷却方式可以减少食品中内容物的蒸发。采用单体蒸汽热烫使过氧化物酶完全失活而最大限度地保持食品原有品质，维生素C的保存率达到76%～85%。典型的单体蒸汽热烫机处理量为4500kg/h。

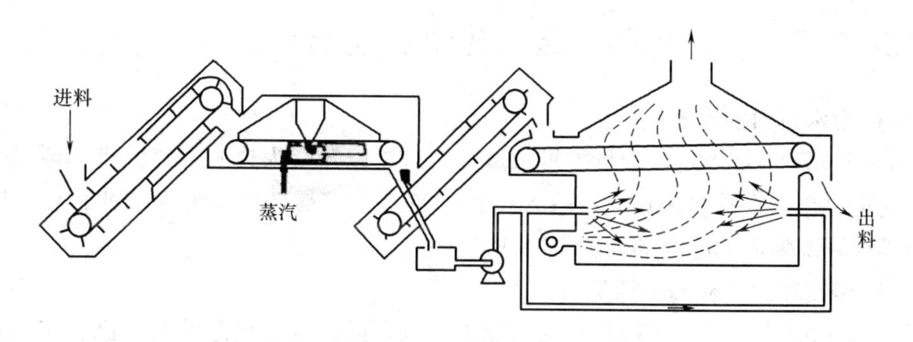

图1－2－54 单体蒸汽热烫机示意图

（二）回转式热水热烫器

图1－2－55为回转式热水热烫器，又称卷轴式热烫器，是以热水为热源进行热处理的设备。回转式热水热烫器的主要工作部件为带隔间的旋转鼓和热水槽，食品物料导入桶状结构中的一个隔间里，转入下部浸在热水中维持一定的时间；然后转出并移出该隔间，进入后续的冷却设施。通过维持热水温度来稳定物料的热烫温度，通过控制转鼓的转速来确保物料与热水的接触时间。在热烫过程中，物料在转动的同时沿转鼓的长度方向移动，所以，可调整转鼓的倾斜度，以改变物料从入口移动到出口的时间。

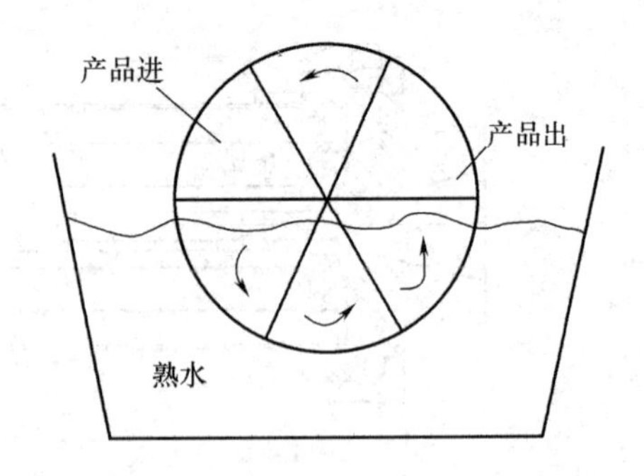

图1－2－55　回转式热水热烫器示意图

（三）隧道式热水热烫机

图1－2－56为隧道式热水热烫机，也是以热水为热源进行热处理的设备。整个热烫操作由预热、热烫、预冷和冷却四步完成。物料通过传送带进入隧道入口后依次在预热、热烫、预冷和冷却阶段接受不同温度水的喷淋。在热烫机的预热段，使用较高温度的水对物料进行喷淋；在热烫段，用预定热烫温度的热水对产品喷淋一定时间；随后，物料通过预冷却段；最后到最终冷却段。通过控制水温和接触时间实现热烫所要求的时间和温度；通过调节隧道传送带的速度控制热烫时间。

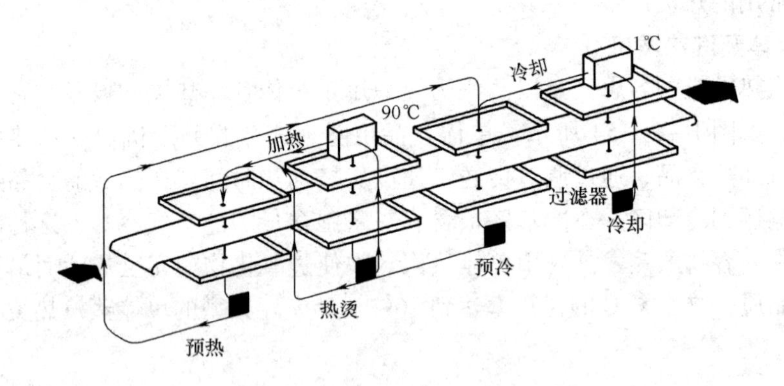

图1－2－56　隧道式热水热烫机示意图

（四）带水封口的热烫机

图1－2－57为带水封口的热烫机示意图。这是以蒸汽为热源的热烫机。传送带提升待热烫的物料自储水槽和水封入口进入密封的蒸汽室，最后送至另一端卸料后，物料在空气中或在系统附属的冷却部分进行冷却。

（五）带回转式进料阀的热烫机

图1－2－58为带回转式进料阀的热烫机，也是以蒸汽为热源的热烫机。在该热烫机中，物料由转动阀装置引入到传送带上。该阀的作用是控制传送带上物料的流量，同时

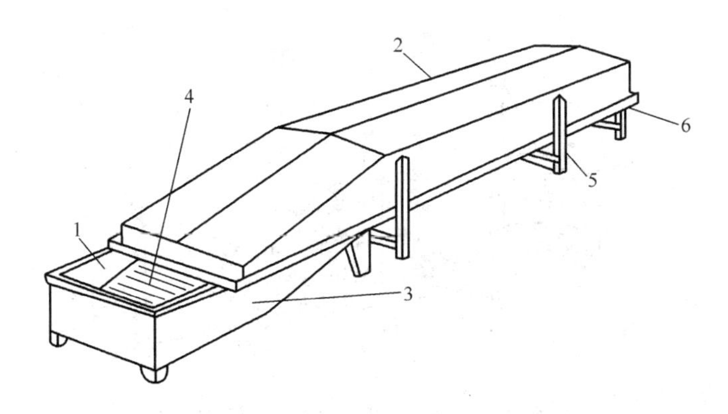

图1－2－57　带水封入口的热烫机示意图

1—水封口　2—蒸汽室　3—储水槽　4—传送带　5—支架　6—卸料口

控制热烫系统总的蒸汽消耗量。蒸汽在隧道内充分均匀分布，并利用多支管将蒸汽送至传送带的关键区段。物料从另一端的卸料口离开，并在邻近系统中进行冷却。

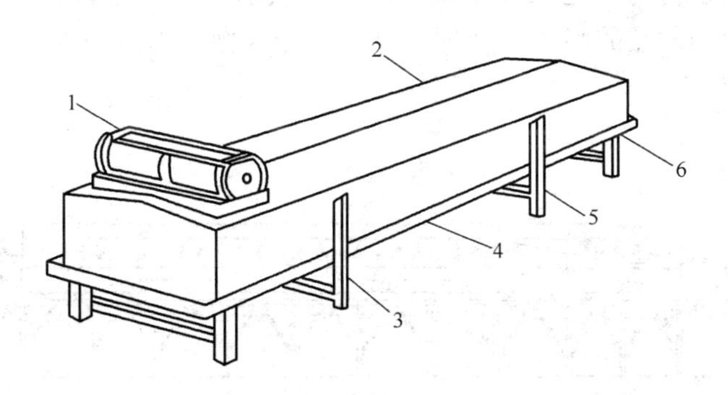

图1－2－58　带回转式进料阀的热烫机示意图

1—回转式进料阀　2—蒸汽隧道　3—支架　4—卸料口　5—支架　6—卸料口

（六）螺旋式连续预煮机

图1－2－59所示为螺旋式连续预煮机，主要由壳体、筛筒、螺旋、进料口、卸料装置和传动装置等组成。壳体8用不锈钢焊接而成。蒸汽从蒸汽管6通过电磁阀分几路从壳体底部进入预煮机直接对水进行加热。筛筒5安装在壳体内并浸没在水中，螺旋4安装于筛筒内的中心轴上，中心轴由电动机和变速装置1传动。工作时，原料由螺旋蒸煮机的进料斗2进入到筛筒5，全部浸没在热水中而受热预煮，然后从出料口10卸至斜槽11，最后流送到冷却槽。从溢流水出口9溢出的水用泵经管路送到贮存槽中，再回流到预煮机中使用，这个操作可由自控来完成。调节螺旋转速可得到不同的预煮时间。

（七）组合式热烫系统

图1－2－60所示为一种既可用蒸汽又可用热水的热烫设备。该设备使用三段式加热以获得最高的加热效果和达到最佳的质量控制。物料在传送带上首先通过蒸汽段，以迅

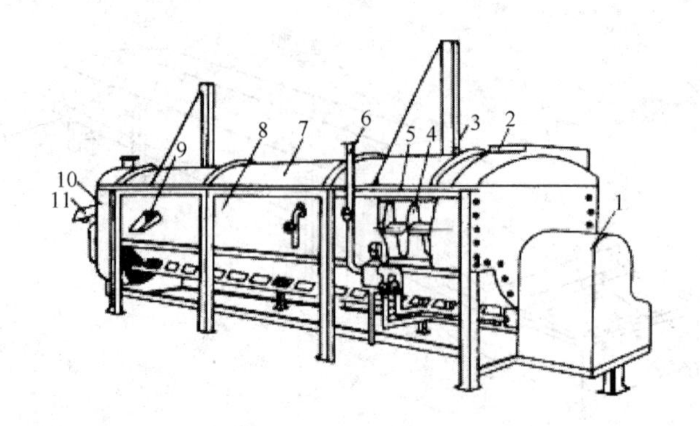

图1-2-59 螺旋式连续预煮机

1—变速装置 2—进料斗 3—支架 4—螺旋 5—筛筒 6—蒸汽管
7—盖子 8—壳体 9—溢流水出口 10—出料口 11—斜槽

速提升温度；第二阶段的热水喷淋保证了热水与物料间的稳定接触，使热传递达到最大；在第三阶段，传送带将物料送入热水中，以确保热水和各个物料粒子间的直接热传递。该设备适用于敏感型产品的轻柔式处理。热烫机分区操作以方便控制温度、去杂，并有利于营养素的保留。

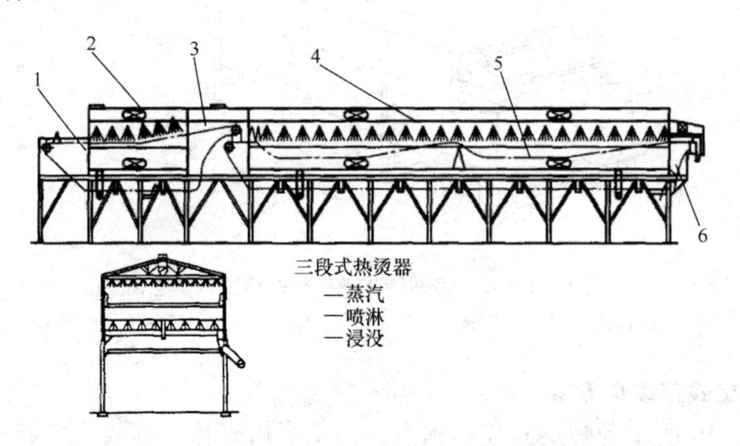

图1-2-60 蒸汽和热水联用的热烫机示意图

1—物料入口 2—蒸汽喷射段 3—传送带 4—热水喷淋段 5—热水浸没 6—物料出口

（八）单体快速热烫系统

单体快速热烫（individual quick blanch，IQB）是目前流行的一种热烫形式。如图1-2-61所示，这种热烫系统可分为三个阶段：第一段是加热，用蒸汽或热水作为加热介质，物料在传送带上铺散成一薄层以确保能快速加热；但在此阶段结束时，仅物料的表面具有相当高的温度，而物料中心部分的温度尚低。第二段为绝热保温，物料在绝热环境中维持恒温；在此阶段，慢速的传送带使得物料粒子堆积起来，强化了物料表面部分与中心部分之间的热交换，使内外温度均匀化。第三阶段是快速冷却，高速的传送带将物料粒子互相分离开，增加了与冷却介质的接触面积，以迅速降低温度。总之，用单体快速热烫可以增加物料加热的均匀性，更有效利用加热介质。

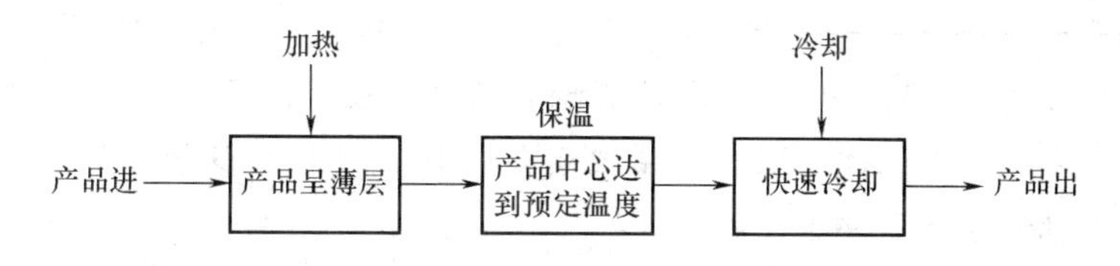

图1-2-61 单体快速热烫（1QB）系统示意图

（九）微波热烫设备

微波技术已经应用于热烫处理。图1-2-62是Microdry公司（Crestwood，Kentucky，USA）生产的一种配有60kW、915MHz功率发生器的隧道式平面炉，它安装了一个多模转换器，其大小可依据每小时所漂烫食品的体积进行调整。在这一系统中，可调节的微波功率在工业化应用中易于同生产线中的其他设备相匹配。在FCC指定的915MHz频率下，其输出功率可在0~60kW变化。功率发生器可以由一个机电逻辑继电器控制。

图1-2-62 Microdry公司隧道式平面微波炉

微波热烫与传统的热烫处理方式相比较，具有许多优点，主要表现为：由于微波热从食品材料的内部产生，升温速度快，便于控制，易于处理，利用微波加热食品是很有吸引力的；采用高频微波加热，能量传递快，加热速度快；由于微波能够穿透样品，加热可以在食品的内部完成，蔬菜、水果等食品的质量，如风味、质地、颜色和维生素能够得到更好地保持；使酶失活所需时间短，有效减少处理时间；可溶性营养成分流失少；可以避免热交换器壁表面产生污垢。但是在能量传递快速时，微波快速加热也会导致加热不均，这是微波热烫的主要不足。

【思考题】

1. 说明食品热处理的作用、要求及影响食品热处理的因素。
2. 微生物热致死的规律，微生物主要耐热性曲线参数（D 值、F 值、Z 值及 RTR 值）的概念及其实际含义。
3. 说明 D 值、TRT_n 值两者的关系及其实际意义。
4. 食品热杀菌条件制定的原则是什么？
5. 怎样从理论上判断杀菌条件的合理性，并举例说明其实际应用。
6. 如何进行等效热处理条件的换算？其具有什么实际意义？请举例说明其实际应用。
7. 食品传热曲线的概念及类型。
8. 食品热杀菌常用的方法、特点及其应用。
9. 反压冷却的概念与应用。
10. 热杀菌后的食品为什么要急速冷却？冷却时应注意什么问题？
11. 如何进行食品热处理时间的推算？
12. 通过热力杀菌技术以及设备的概述，说明技术创新与社会和经济的关系。
13. 通过计算说明杀菌温度测量与控制的重要性。
14. 利用网络搜索食品热处理的新技术、新设备，比较其特性及其应用。
15. 调查食品市场热处理食品，归纳总结食品种类、热处理方法、包装及其与保存期间的关系。
16. 选择一种食品进行常压和高压两种热处理，比较这两种热处理方法的差异。

参考文献

[1] 赵晋府．食品技术原理．北京：中国轻工业出版社，2002
[2] 曾庆孝．食品加工与保藏原理．北京：化学工业出版社，2007
[3] 夏文水．食品工艺学．北京：中国轻工业出版社，2007
[4] 许学勤译．食品工程导论．北京：中国轻工业出版社，2006
[5] 夏文水译．食品加工原理．北京：中国轻工业出版社，2001
[6] 宋纪蓉．食品工程技术原理．北京：化学工业出版社，2005
[7] 张裕中．食品加工技术装备．北京：中国轻工业出版社，2000
[8] 徐怀德．食品杀菌新技术．北京：科学技术文献出版社，2005
[9] 蒙秋霞等．食品加工技术——原理与实践．北京：中国农业大学出版社，2006
[10] 张慜．新型食品加工技术．北京：中国轻工业出版社，2010
[11] 杨瑞．食品保藏原理．北京：化学工业出版社，2006
[12] 刘建学．食品保藏原理．南京：东南大学出版社，2006

[13] 秦文，曾凡坤．食品加工原理．北京：中国质检出版社，2011
[14] 中国食品科技发展报告编委会．中国食品科技发展报告．北京：化学工业出版社，2009
[15] Dennis R. Heldman Richard W. Hartel. 食品加工原理（影印版）．北京：中国轻工业出版社，2007
[16] 高福成，王海欧等．现代食品工程高新技术．北京：中国轻工业出版社，1997
[17] 曾名湧．食品保藏原理与技术．北京：化学工业出版社，2010
[18] Stavros Yanniotis. Solving Problems in Food Engineering. New York：Springer，2008

第三章 食品的干燥

【学习指导】

本章重点掌握食品干燥过程中的传热与传质、食品干燥过程中所发生的物理化学变化及其与干燥食品品质的关系，以及冷冻干燥的优点；熟悉食品干燥主要方法的优缺点，主要的干燥设备及其适用范围。

第一节 食品干燥基础

食品干燥是指利用自然条件或人工控制的方法除去食品中一定数量的水分以抑制食品中微生物的生长繁殖、酶的活性和食品理化成分的变化，增长食品储藏性能的保藏方法。干燥主要包括自然干燥（如晒干、风干等）和人工干燥（如热风、真空、渗透、冷冻干燥等）。干燥食品具有水分活度低、保质期较长、食品质量减轻、体积缩小、节省包装和运输费用、便于携带、有利于商品流通等特点。

一、食品中水分的状态和水分活度

食品物料在干燥脱水前必须进行适当的预处理。一般的处理方法包括原料的洗涤、去皮、修整、切块（或切片）、热烫（或化学液浸泡），有些物料还需要粉碎、磨浆等，处理后的物料形态主要有块状、片状、条状、颗粒状、浆状等。这些干制前的食品物料状态可分为两大类：液态和湿固态。

液态物料包括溶液、胶体溶液和非均相的液态物料，如葡萄糖溶液、味精溶液、咖啡浸出液等水溶液，以及蛋白质溶液、果胶溶液等胶体溶液，而牛乳、蛋液、果汁等则为复杂的悬浮液。液态物料的主要特征是具有流动性，但有些液态物料非常黏稠，流动性很差，如膏糊状物料，这类物料的干燥在选择干燥工艺及设备时需考虑物料的流动性和可塑性。

固态湿物料是最常见的食品物料，包括晶体、胶体和生物组织体。食盐和食糖是最典型的晶体物料。胶体物料分为三类：弹性胶体、脆性胶体和具有胶质毛细孔的物料。第一类除去水分后会收缩，但仍保持其弹性，如明胶、洋菜、面团等；第二类除去水分后会变脆，干燥后可能转化为粉末，如骨骼等；第三类胶体的毛细管壁有弹性，脱水时要收缩，干燥后变脆，如面包皮等。

各种固体形态的动植物生物组织体是食品干燥中最常见的固态湿物料，如切片的肉类和鱼类、切丁的胡萝卜和马铃薯等。这类物料一般是各向异性的固态多相系统，其内部水分存在的状态非常复杂。

（一）食品物料中水分存在的形式

食品物料是水分同固体间架具有不同结合形式的体系。通常只是简单地将食品物料中的水分分为结合水和非结合水。但食品物料的体系类似于胶体体系，其中的水分子处在间架分子力场中，随水分子与间架距离增大，它们之间的结合力逐渐减弱。如果按水分与物料间架的结合形式可将物料中的水分划分为3种。

1. 化学结合水

化学结合水是经过化学反应后，按严格的数量比例，牢固地同固体间架结合的水分，只有在化学作用或特别强烈的热处理下（如煅烧）才能除去，除去它的同时会造成物料物理性质和化学性质的变化，即品质的改变。化学结合水在物料中的含量很少，为2.5%～10.0%，如乳糖、柠檬酸晶体中的结合水。一般情况下食品物料干燥不能也不需要除去这部分水分。化学结合水的含量通常是干制品含水量的极限标准。

2. 物理化学结合水

这部分水分包括吸附结合水、结构结合水及渗透压结合水，吸附结合水与物料的结合力最强。

吸附结合水是指在物料胶体微粒内、外表面上因分子吸引力而被吸着的水分。胶体食品物料中的胶体颗粒，与其他胶体相比，具有同样的微粒分散度大的特点，使胶体体系中产生巨大的内表面积，从而有极大的表面自由能，靠这种表面自由能产生了水分的吸附结合。应该指出，处于物料内部的某些水分子，受到各个方向相同的引力，作用的结果是受力为零。而处在物料内胶体颗粒外表面上的水分子在某种程度上受力不平衡，具有自由能。这种自由能的作用又吸引了更外一层水分子，但该层水分子的结合力比前一层要小。所以，胶体颗粒表面第一单分子层的水分结合最牢固，且处在较高的压力下（可产生系统压缩）。吸附结合水具有不同的吸附力，在干燥过程中除去这部分水分时，除应提供水分汽化所需要的汽化潜热外，还要提供脱吸所需要的吸附热。

结构结合水是指当胶体溶液凝固成凝胶时，保持在凝胶体内部的一种水分，它受到结构结合的束缚，表现出来的蒸气压很低。果冻、肉冻凝胶体即属此例。

渗透压结合水是指溶液和胶体溶液中，被溶质所束缚的水分。这一作用使溶液表面的蒸气压降低。溶液的浓度越高，溶质对水的束缚力越强，水分的蒸气压越低，水分越难以除去。

3. 机械结合水

机械结合水是食品湿物料内的毛细管（或孔隙）中保留和吸着的水分，以及物料外表面附着的润湿水分。这些水分依靠表面附着力、毛细力和水分黏着力而存在于湿物料中。这些水分上方的饱和蒸气压与纯水上方的饱和蒸气压几乎没有太大的区别，在干燥过程中既能以液体形式又能以蒸汽的形式移动。

食品湿物料在干燥中所除去的水分主要是机械结合水和部分物理化学结合水。在干燥过程中，首先除去的是结合力最弱的机械结合水，然后是部分结合力较弱的物理化学结合水，最后才是结合力较强的物理化学结合水。在干制品中残存的是那些结合力很强、难以用干燥方法除去的少量水分。

（二）食品物料湿含量的表示方法

食品湿物料无论是液态还是固态，其中水分以何种形式存在，均是固相与水的混合体系。在干燥工程计算上，湿物料中的水分含量有两种表示方法：一种是湿基湿含量；另一种是干基湿含量。

1. 湿基湿含量

湿基湿含量是以湿物料为基准，湿物料中水分占总质量的百分比。即

$$w = \frac{m}{m_0} \times 100\% \tag{1-3-1}$$

式中　w——湿基湿含量，%；

m——湿物料中水分的质量，kg；

m_0——湿物料的总质量（水分和干物质质量之和），kg。

干燥过程中，湿物料的总质量因失去水分而逐渐减小，用湿基水分含量进行计算时很不方便，因此采用干基湿含量的表示方法。

2. 干基湿含量

干基湿含量是以不变的干物质为基准，湿物料中水分与干物质质量的百分比。即

$$w' = \frac{m}{m_c} \times 100\% \tag{1-3-2}$$

式中　w'——干基湿含量，%；

m_c——湿物料中干物质的质量，kg。

上述两种湿含量的换算为：

$$w = \frac{w'}{1 + w'} \tag{1-3-3}$$

$$w' = \frac{w}{1 - w} \tag{1-3-4}$$

（三）水分活度

水分与物料之间存在着各种各样的结合而成为结合水，由拉乌尔定律可知，物料表面水分的蒸气压比同温度下纯水的蒸气压低，且不同的物料，由于固相组成的差异，即使具有相同的水分含量，在同一温度条件下，物料表面的水分蒸气压也不相同。为了综合说明物料中水分的这一性质，提出了水分活度的概念。

水分活度（A_w）是指物料表面水分的蒸气压与相同温度下纯水的饱和蒸气压之比。表示为：

$$A_w = \frac{p_v}{p_s} \tag{1-3-5}$$

式中　A_w——水分活度；

p_v——物料表面水分的蒸汽分压，Pa；

p_s——同温度下纯水的饱和蒸气压，Pa。

物料中自由水的蒸气压与同温度纯水的蒸气压接近，所以它的水分活度接近于1。对于理

想结合力为无限大的水分，其蒸气压可假设为0，所以它的水分活度趋近于0。实际上食品物料中水与固相的结合力不同，它们的水分活度在0～1之间。温度不变，A_w 增大，表示了物料中水分汽化能力增大，水分透过细胞膜的渗透能力增大，水分在物料内部扩散速率增大。

物料湿含量与水分活度之间的关系不仅与温度有关，而且与食品的种类有关。在一定温度下某食品物料的含水量与水分活度之间的关系曲线称为该食品的吸着等温线。图1－3－1所示为几种食品的吸着等温线，图1－3－2所示为马铃薯在不同温度下的水分吸着等温线。

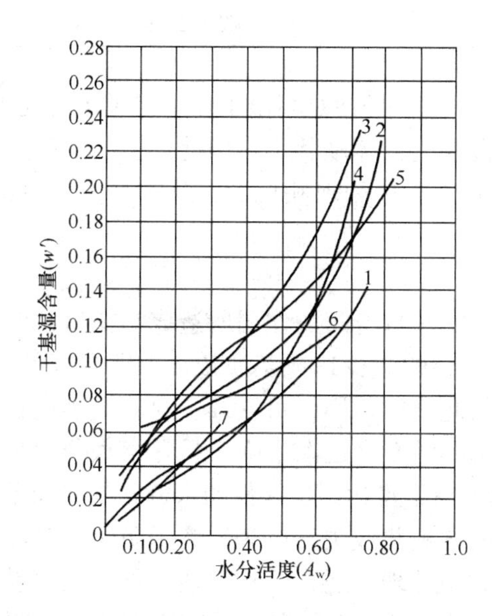

图1－3－1 几种食品在一定温度下的吸着等温线示意图

1—蛋粉（10℃） 2—牛肉（10℃）
3—鳕鱼（30℃） 4—咖啡（10℃）
5—淀粉凝胶（25℃） 6—马铃薯（28℃） 7—橙汁

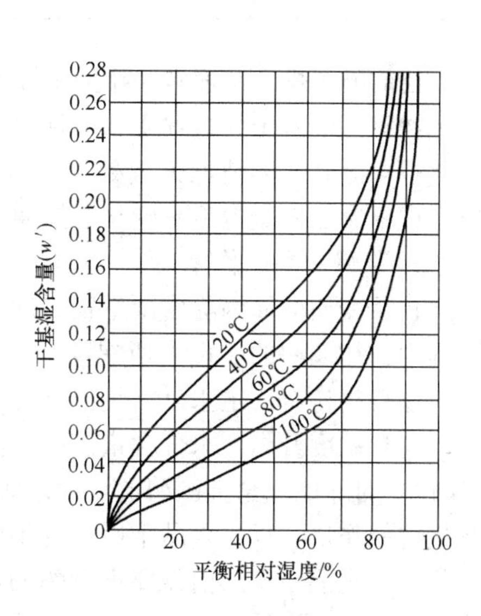

图1－3－2 马铃薯的水分吸着等温线示意图

（这里的平衡相对湿度即水分活度）

（四）水分活度与食品的保藏性

食品的腐败变质通常是由微生物作用和生物化学反应所造成，任何微生物进行正常的生长繁殖，以及多数生物化学反应都需要以水作为溶剂或介质。由于微生物种类不同，对环境水分含量的要求也各不相同，但它们所能利用的水分主要是物料中的非结合水分，称为有效水分。只有有效水分才能被微生物、酶和化学反应所触及。有效水分可用水分活度进行估量，也就是说，水分活度就是对基质内能够参与化学反应的水分的估量。

1. 干燥对微生物的作用

微生物生长繁殖与水分活度之间的依赖关系见表1－3－1。从食品的角度来看，大多数新鲜食品的水分活度在0.99以上，适合各种微生物生长。只有当水分活度降至0.75以下，食品的腐败变质才显著减慢，水分活度降到0.70以下，物料才能在室温下进行较长时间的贮存。

表 1-3-1 微生物与水分活度的关系

A_w	微生物的生长状况
<0.94	大多数细菌不能生长发育
<0.85	大多数酵母菌不能生长发育
0.70~0.74	大多数霉菌生长发育受到限制
<0.62	几乎没有能够生长发育的微生物

目前的干燥方法通常采用的干燥温度不是很高，即使是高温干燥，因脱水时间极短，微生物只是随着干燥过程中水分活度的降低慢慢进入休眠状态。因此，食品干燥过程不能代替食品必要的消毒灭菌处理，应该在干制工艺中采取相应的措施如蒸煮、烫漂等，以保证干制品安全卫生，延长货架期。

2. 干燥对酶的作用

食品变质的原因除由微生物引起外，还常因其自身酶的作用所造成。在通常的干燥过程中，初期酶的活性有所提高，这是由于水分的减少造成基质浓度、酶浓度的提高。此时物料仍持有一定水分，且温度并不高，因此酶的作用仍可继续。随着干燥过程的延伸，物料温度升高，水分含量进一步降低，酶的活性会逐渐下降。只有当水分含量降至1%以下时才能完全抑制酶的活性，而通常的干燥很难达到这样低的水分含量。同干燥对微生物的作用一样，食品干燥过程不能替代酶的钝化或失活处理。为了防止干制品中酶的作用，食品在干燥前需要进行酶的钝化或灭酶处理。通常酶在湿热条件下处理易于钝化，例如，在湿热100℃时1min几乎可使各种酶失活。但是酶在干热条件下却很难钝化，例如在干燥状态下，即便使用204℃温度处理，效果也很差。实际生产中一般是以耐热酶过氧化物酶的残留活性为参考指标，控制酶钝化的程度。

二、干燥介质的特性

在食品干燥生产中，从湿物料中除去水分通常采用热空气为干燥介质。研究干燥过程，有必要首先了解湿空气（空气和水蒸气的混合物）的各种物理性质以及它们之间的相互关系。

干燥过程中热空气既是载热体，又是载湿体。湿空气中的水蒸气量不断发生变化，而绝干空气的质量恒定。为计算方便，湿空气的各项参数均以单位质量的绝干空气为基准。

（一）湿度（湿含量）

空气中的水分含量用湿度来表示，有4种表示方法，即绝对湿度、相对湿度、饱和湿度和饱和湿度差。

1. 绝对湿度

绝对湿度是指单位质量绝干空气中所含的水蒸气的质量。表示为：

$$H = \frac{湿空气中水蒸气的质量}{湿空气中绝干空气的质量} = \frac{M_v n_v}{M_g n_g} = \frac{18n_v}{29n_g} \quad (1-3-6)$$

式中　H——空气的绝对湿度，kg/kg 绝干空气；

M_g——绝干空气的摩尔质量，kg/kmol；

M_v——水蒸气的摩尔质量，kg/kmol；

n_g——绝干空气的物质的量，kmol；

n_v——水蒸气的物质的量，kmol。

常压下湿空气可视为理想气体混合物，由分压定律可知，理想气体混合物中各组成的摩尔比等于分压比，则式（1-3-6）可表示为：

$$H = \frac{18p_w}{29(p - p_w)} = 0.622\frac{p_w}{p - p_w} \quad (1-3-7)$$

式中　p_w——湿空气中水蒸气的分压，Pa；

p——湿空气的总压，Pa。

由式（1-3-7）可知，湿空气的湿度与总压及其中的水蒸气分压有关。当总压一定时，则湿度仅由水蒸气的分压所决定。

2. 相对湿度

在一定的总压下，湿空气中水蒸气分压与同温度下纯水的饱和蒸气压之比称为相对湿度。表示为：

$$\varphi = \frac{p_w}{p_s} \quad (1-3-8)$$

式中　φ——空气相对湿度；

p_s——同温度下纯水的饱和蒸气压，Pa。

相对湿度可以用来衡量湿空气的不饱和程度。$\varphi = 1$，表示空气已达饱和状态，不能再接纳任何水分；φ 值越小，表示该空气偏离饱和程度越远，可接纳的水分越多，干燥能力也越大。可见空气的绝对湿度 H 仅表示其中水蒸气的含量，而相对湿度 φ 才能反映出空气吸收水分的能力。水的饱和蒸汽分压 p_s 可根据空气的温度在饱和水蒸气表查到，水蒸气分压可根据湿度计或露点仪测得的露点温度查得。

将式（1-3-8）代入式（1-3-7），得

$$H = 0.622\frac{\varphi p_s}{p - \varphi p_s} \quad (1-3-9)$$

空气达饱和状态时湿度为 H_s

$$H_s = 0.622\frac{p_s}{p - p_s} \quad (1-3-10)$$

由式（1-3-9）可知，在一定的总压下，知道湿空气的温度和湿度，就可以求出相对湿度。

3. 饱和湿度

饱和湿度是指在一定温度下，单位体积空气所能容纳的最大水蒸气量或水蒸气所具有的最大压力。空前的饱和湿度也称水分的饱和蒸气压，温度升高，饱和湿度增大，即

饱和蒸气压增大。

4. 饱和湿度差

空气的饱和湿度与同一温度下空气的绝对湿度之差为空气的饱和湿度差，即：饱和湿度差=饱和湿度－绝对湿度。饱和湿度差越大，则空气要达到饱和状态所能容纳的水蒸气量就越多，反之越少。因此，饱和湿度差是决定食品水分蒸发量的一个很重要的因素，饱和湿度差大则食品水分蒸发量就大，反之蒸发量就少。

（二）温度

传热介质的温度对干制速度和干制品的质量有明显的影响。用空气作为干燥介质时，提高空气温度，干燥加快。由于温度提高，传热介质和食品间的温度上升，热量向食品传递的速率加快，水分外溢速率因而加速。由于一定湿度的空气，随着温度的提高，空气相对饱和湿度下降，这会使水分从食品表面蒸发的驱动力更大。另外，温度升高，使水分扩散速率加快，内部干燥也加速。

湿空气的温度可用干球温度和湿球温度表示。用普通温度计测得的湿空气实际温度即为干球温度 θ。

在普通温度计的感温部分包以湿纱布，湿纱布的一部分浸入水中，使它经常保持润湿状态就构成了湿球温度计，如图 1－3－3 所示。将湿球温度计置于一定温度和湿度的湿空气流中，达到平衡或稳定时的温度称为该空气的湿球温度 θ_w。图 1－3－4 所示为湿球温度计测量的机理。

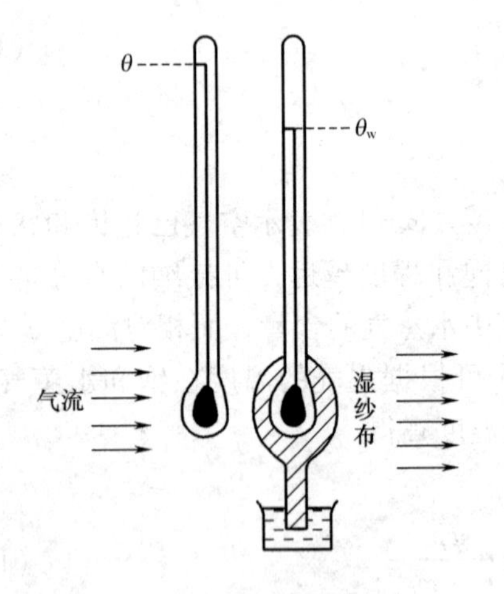

图 1－3－3　干、湿球温度计

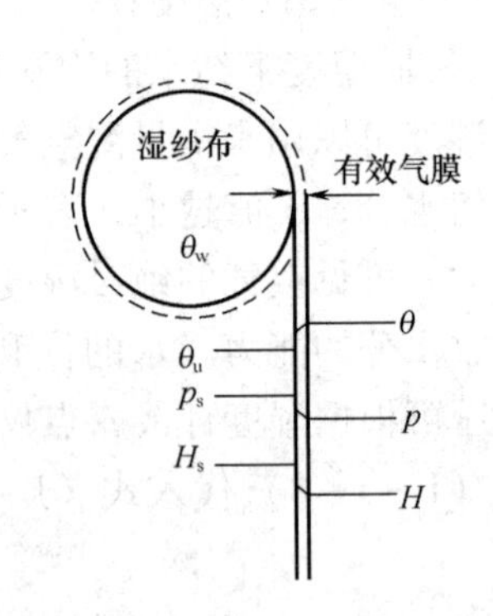

图 1－3－4　湿球温度计测定机理

湿球温度计所指示的平衡温度 θ_w，实质是湿纱布中水分的温度，该温度由湿空气干球温度 θ 及湿度 H 所决定。$\theta_w = f(H, \theta)$，当湿空气的温度 θ 一定时，若其湿度 H 越高，则湿球温度 θ_w 也越高；当湿空气达饱和时，则湿球温度和干球温度相等。不饱和空气的湿球温度低于其干球温度，测得空气的干、湿球温度后，就可以用下式推导出空气的湿含量。

单位时间内，空气传给湿纱布的热量为：

$$Q = \alpha A(\theta - \theta_w) \tag{1-3-11}$$

式中　Q——单位时间内，空气传给湿纱布的热量，即传热速率，kW；

α——空气与湿纱布之间的对流传热系数，kW/(m^2·K)；

A——湿纱布与空气的接触面积，m^2；

θ——空气的干球温度，℃；

θ_w——空气的湿球温度，℃。

单位时间内，湿纱布表面水分汽化量为：

$$N = k_h A(H_w - H) \tag{1-3-12}$$

式中　N——单位时间内，汽化水分的量，kg/s；

k_h——以湿度差为动力的传质系数，kg/(m^2·s)；

H——空气的湿度，kg水/kg绝干空气；

H_w——θ_w时空气的饱和湿度，kg水/kg绝干空气。

当达到热平衡时，空气传给湿纱布的热量等于水分汽化所需的热量，即

$$Q = r_w N \tag{1-3-13}$$

式中　r_w——水在湿球温度θ_w时的汽化潜热，kJ/kg。

将式（1-3-11）、式（1-3-12）代入式（1-3-13）得

$$\alpha(\theta - \theta_w) = r_w k_h (H_w - H)$$

整理得

$$\frac{H_w - H}{\theta - \theta_w} = \frac{\alpha}{k_h r_w} \tag{1-3-14}$$

$$H = H_w - \frac{\alpha}{k_h r_w}(\theta - \theta_w) \tag{1-3-15}$$

（三）空气流速

空气流速加快，食品干燥速率也加速。加快空气流速不仅因为热空气所能容纳的水蒸气量将高于冷空气而吸收较多的水分，还能及时将聚集在食品表面附近的饱和空气带走，以免阻止食品内水分进一步蒸发；同时还因为与食品表面接触的空气量增加，而显著加速食品中水分的蒸发。

在生产过程中，由于物料脱水干燥过程有恒速和降速阶段，为了避免食品干燥过程中形成湿度梯度，影响干燥质量，空气流速与空气温度在干燥过程中要互相调节控制。

（四）大气压力和真空度

在相同温度下，当大气压力达101.8kPa时，水的沸点为100℃，当大气压力达19.9kPa时，水的沸点为60℃。说明其他条件不变的情况下，大气压力降低，沸点下降，水的沸腾蒸发加快。在真空室内加热干燥，就可以在较低的条件下进行，同时提高产品的溶解性，较好地保存营养价值，增长产品的储存期。在牛乳的真空浓缩过程中，当真空室的压力在82.65~86.65kPa时，牛乳在45~55℃便会沸腾，水分很快被蒸发，提高了浓缩效率和溶解性。目前，麦乳精生产过程大多在真空室内用较低的加热温度加工成质地疏松的产品，使其溶解性增加。对于热敏性食品物料的脱水干燥，低温加热和缩短干燥时间对制品的品质极为重要。

三、食品物料与干燥介质间的平衡关系

（一）物料的水分活度与空气相对湿度之间的关系

根据水分活度的定义可知，测定水分活度可利用空气与物料的充分接触，达到空气中水蒸气分压和物料表面的水蒸气分压的平衡，此时的水蒸气分压与纯水的饱和蒸气压之比，即为水分活度。

将完全干燥的食品置于各种不同相对湿度的试验环境中，经过一定时间，食品会吸收空间的水蒸气水分，逐渐达到平衡。这时食品内所含的水分对应的相对湿度称为平衡相对湿度（equilibrium relative humidity）。根据水分活度的定义和相对湿度的概念，可以知道，这时的相对湿度即为水分活度。

必须指出，物料的水分活度与空气的平衡相对湿度是不同的两个概念，分别表明物料与空气在达到平衡后双方各自的状态。如果物料与相对湿度值比它的水分活度值大的空气相接触，即

$$A_w < \varphi$$

$$\frac{P_v}{P_s} < \frac{P_w}{P_s}$$

$$P_v < P_w$$

由于蒸气压差的作用，则物料将从空气中吸收水分，直至达到平衡，这种现象称为吸湿现象。如果物料与相对湿度值比它的水分活度值小的空气相接触，则物料将向空气中逸出水分，直至达到平衡，这种现象称为去湿现象。

上述过程是物料与空气中的水分始终处于一个动态的相互平衡的过程。

（二）平衡水分

由于物料表面的水蒸气分压与介质的水蒸气分压的压差作用，使两相之间的水分不断地进行传递，经过一段时间后，物料表面的水蒸气分压与空气中的水蒸气分压将会相等，物料与空气之间的水分达到动态平衡，此时物料中所含的水分为该介质条件下物料的平衡水分。平衡水分因物料种类的不同而有很大的差别，同一种物料的平衡水分也因介质条件的不同而变化。

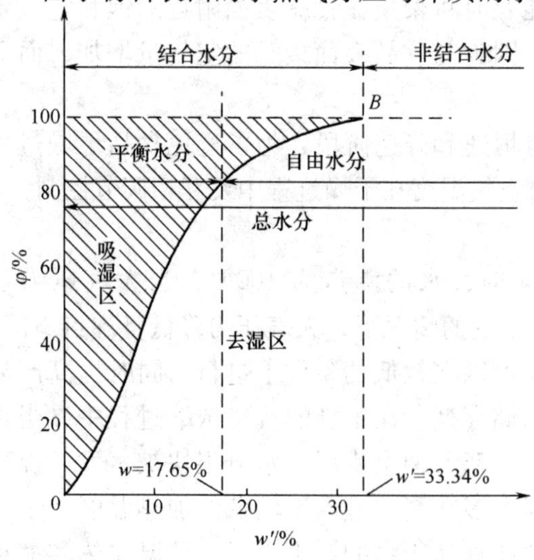

图1-3-5 平衡水分等温曲线

当空气的相对湿度为零时，任何物料的平衡水分均为零，即只有使物料与相对湿度为零的空气相接触，才有可能获得绝干的物料。若物料与一定湿度的空气进行接触，物料中总有一部分水分不能被除去，这部分水分就是平衡水分，它表示在该空气状态下物料能被干燥的限度。图1-3-5

所示为一种食品物料在温度 50℃时的平衡水分等温线。

被除去的水分包括两部分：一部分是结合水；另一部分是非结合水。所有能被介质空气带走的水分称为自由水分。

结合水与非结合水，平衡水分与自由水分是两个不同范畴的概念。水的结合与否是食品物料自身的性质，与空气状态无关；而平衡水分与自由水分除受物料的性质限制外，还与空气的状态有着极其密切的关系。

四、干燥特性曲线

食品物料干燥特性与干燥环境条件有着密切的关系。干燥环境条件可分为恒定干燥和变动干燥。所谓恒定干燥是指物料干燥时各参数保持稳定，如热风干燥时空气的温度、相对湿度及流速保持不变，物料表面各处的空气状况基本相同；真空干燥时真空度不波动及保持导热或辐射传热的条件恒定（包括热源温度、传热面与物料接触、辐射源的距离等）。在工业生产上，干燥条件多属于变动干燥条件，但当干燥情况变化不大时，仍可按恒定干燥情况处理。一般间歇操作较连续操作易保持干燥条件恒定。

食品物料干燥过程的特性可以由干燥曲线、干燥速率曲线及温度曲线来表达，而这些曲线的绘制是在恒定的干燥条件下进行的。

（一）干燥曲线、干燥温度曲线、干燥速率曲线

在干燥过程中，随着干燥时间的延续，水分被不断汽化，湿物料的质量不断减少。在不同的时刻记录物料的质量，直至物料质量不再变化为止（即达到平衡含水量）。由物料的瞬时质量计算出物料的瞬时湿含量为：

$$w' = \frac{m - m_c}{m_c} \times 100\% \tag{1-3-16}$$

式中　m——物料瞬时质量，kg；

m_c——物料的绝干质量，kg；

w'——物料的干基湿含量，%。

根据物料的平均干基湿含量 w' 与时间 t 的关系绘图，得典型的干燥曲线；将干燥过程中物料表面温度 θ 随时间 t 的变化关系绘图，得温度曲线，如图 1-3-6 所示。

物料的干燥速率是单位时间内、单位干燥面积上汽化水分的质量。

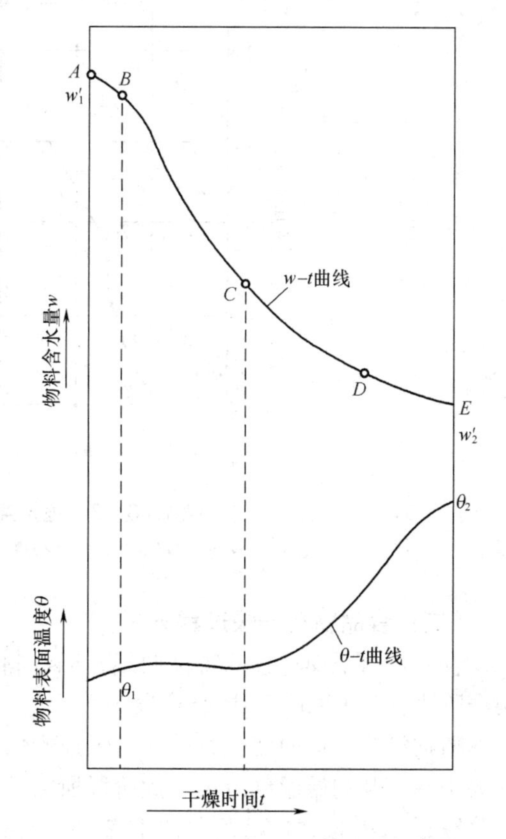

图 1-3-6　干燥曲线和干燥温度曲线

$$u = \frac{\mathrm{d}N}{A\mathrm{d}t} \tag{1-3-17}$$

式中　u——干燥速率，又称干燥通量，kg/(m^2·s)；

A——干燥面积，m^2；

N——汽化水分量，kg；

t——干燥时间，s。

因为

$$\mathrm{d}N = -m_c \mathrm{d}w' \tag{1-3-18}$$

上式中负号表示 w' 随时间增加而减少。

式（1-3-17）可改写为：

$$u = -\frac{m_c \mathrm{d}w'}{A\mathrm{d}t} \tag{1-3-19}$$

式（1-3-17）、式（1-3-19）即为干燥速率的微分表达式。式（1-3-19）中 m_c和 A 可由实验测得，$\frac{\mathrm{d}w'}{\mathrm{d}t}$ 为干燥曲线的斜率，图1-3-7所示为恒定条件下的干燥速率曲线。

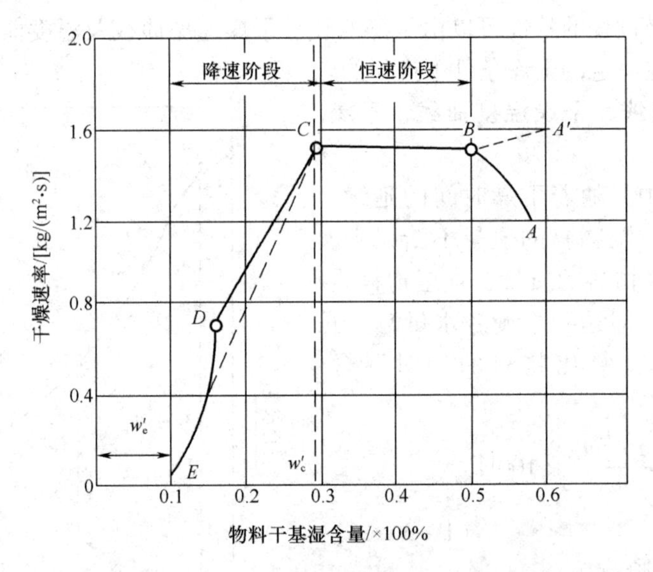

图1-3-7　恒定条件下的干燥速率曲线

C—临界点　w'_c—临界湿含量　E—平衡点　w'_e—平衡湿含量

（二）食品物料干燥过程分析

食品物料干燥过程的特性曲线，因物料种类的不同而有差异。一般将干燥过程分为两个阶段，图1-3-7中 ABC 段为第一阶段，其中 BC 段内干燥速率保持恒定，即基本上不随物料湿含量而变化，故称为恒速干燥阶段。而 AB 段为物料的预热阶段，它与物料的大小厚薄及初始温度有关。此阶段所需的时间极短，一般并入 BC 段内考虑。干燥的第二阶段是 CDE 段，在此阶段内干燥速率随物料湿含量的减小而降低，故称为降速干燥阶段。两个干燥阶段之间的交点 C 称为临界点。与该点对应的物料湿含量称为临界湿含量，

以 w'_c 表示。与点 E 对应的物料湿含量为操作条件下的平衡水分，此点的干燥速率为零。恒速阶段与降速阶段的干燥机理及影响因素各不相同，下面分别予以讨论。

1. 恒速阶段

在恒速干燥阶段，食品物料的表面非常润湿，即表面有充足的非结合水分，物料表面的状况与湿球温度计中湿纱布表面的状况相似，如此时的干燥条件恒定（空气温度、湿度、速度及气固的接触方式一定），物料表面的温度等于该空气的湿球温度，θ_w（假设湿物料受辐射传热的影响可忽略不计），而当 θ_w 为定值时，物料上方空气的湿含量 H_w 也为定值。故可将式（1-3-11）、式（1-3-12）改写为：

$$\frac{dQ}{dt} = \alpha A(\theta - \theta_w) \quad (1-3-20)$$

$$\frac{dN}{dt} = k_h A(H_w - H) \quad (1-3-21)$$

如上讨论，干燥是在恒定的空气条件下进行，随空气条件而变的 α 和 k_h 值均保持恒定不变，$(\theta-\theta_w)$ 及 (H_w-H) 也为定值，湿物料与空气间的传热速率和传质速率均保持不变，即物料水分在恒定温度下进行汽化，汽化的热量全部来自空气：

$$dQ = r_w dN \quad (1-3-22)$$

应予指出，在整个恒速干燥阶段中，水分从湿物料内部向其表面传递的速率与水分自物料表面汽化的速率平衡，物料表面始终处在润湿状态。一般来说，此阶段的汽化水分为非结合水分，与自由水分的汽化情况无异。显然，恒速干燥阶段的干燥速率的大小取决于物料表面水分的汽化速率，即决定于物料外部的干燥条件，所以恒速干燥阶段又称表面汽化控制阶段。

2. 降速阶段

干燥操作中，当物料的湿含量降至临界湿含量 w'_c 以后，便转入降速干燥阶段。在此干燥阶段中，水分自物料内部向表面汽化的速率低于物料表面水分的汽化速率，湿物料表面逐渐变干，汽化表面向物料内部移动，温度也不断上升。随着物料内部湿含量的减少，水分由物料内部向表面传递的速率慢慢下降，干燥速率也就越来越低。

降速干燥阶段中干燥速率的大小主要取决于物料本身的结构、形状和尺寸，而与外部的干燥条件关系不大，所以降速干燥阶段又称为物料内部迁移控制阶段。产生降速的原因大致有以下四个方面：

（1）实际汽化表面减小　随着干燥的进行，水分趋于不均匀分布，局部表面的非结合水分已先除去而成为“干区”。尽管此时物料表面的平衡蒸气压未变，(H_w-H) 未变，k_H 也未变，但实际汽化面积减小，以物料全部外表面计算的干燥速率下降。对于多孔性物料表面，孔径大小不等，在干燥过程中水分会发生迁移，小孔则借毛细管力自大孔中“吸取”水分，因而首先在大孔处出现干区。由局部干区而引起的干燥速率下降（图1-3-7中 CD 段）称为第一降速阶段。

（2）汽化表面的内移　当物料全部表面都成为干区后，水分的汽化表面逐渐向物料内部移动。物料内部此时的热、质传递途径加长，造成干燥速率下降（图1-3-7中 DE 段），称为第二降速阶段。

（3）平衡蒸气压下降　当物料中非结合水已被除尽，将汽化各种形式的结合水时，平衡蒸气压将逐渐下降，使传质推动力减小，干燥速率也随之降低。

（4）物料内部水分的扩散受阻　某些食品物料如面包等，在加热过程中，很快表面硬化，失去了汽化外表面。水分开始在物料内部扩散，该扩散速率极慢，且随含水量的减少而不断下降。此时干燥速率与汽化速率无关，与表面气－固两相的传质系数 k_H 无关。

有理论推导表明，此时水分的扩散速率与物料厚度的平方成反比，因此，降低物料厚度将有助于提高干燥速率。

3. 临界湿含量

物料在干燥过程中，恒速阶段与降速阶段的转折点称为临界点，此时物料的湿含量为临界湿含量。

若临界湿含量 w'_c 值越大，便会较早地转入降速干燥阶段，达到物料平衡湿含量所需的干燥时间越长。确定物料的 w'_c 值，对干燥速率和干燥时间的计算十分必要。由于影响两个干燥阶段的干燥速率的因素不同，确定 w'_c 值对于强化具体的干燥过程也有重要的意义。

临界湿含量随物料的性质、厚度及干燥条件的不同而异。例如，非多孔性物料的 w'_c 值比多孔性物料的为大。在一定的干燥条件下，物料层越厚，w'_c 值也越高，在物料平均湿含量较高的情况下就开始进入降速干燥阶段。了解影响 w'_c 值的因素，便于控制干燥过程。例如，减小物料厚度、料层厚度，对物料增强搅动，既可增大干燥面积，又可减小 w'_c 值，所以流化干燥设备（如气流和沸腾干燥）中物料的 w'_c 值一般较低。

物料的临界湿含量通常由实验来确定的，若无实测数据时，也可查有关手册参考。

五、干燥过程中的传热与传质

食品物料的干燥过程，是热量传递和质量传递同时存在的过程，伴随着传热（物料对热量的吸收）传质（水分在物料中的迁移），物料达到干燥的目的。热量和质量是通过物料内部和外部传递来实现的。

（一）物料外部的传热与传质

无论何种干燥方式，干燥介质均围绕在物料周围，在靠近物料的表面处形成所谓的界面层。这是因为在介质气流中心，气流速度是均匀的，速度梯度等于零；而在物料的表面处，由于气体与物料表面的摩擦造成了在离表面某一相当小的距离上流速降低，产生速度梯度，即与表面距离越小，气流速度越低。气流速度梯度的方向由物料表面指向介质气流。

从出现速度梯度的那一点到环绕表面这段距离，就是界面层的厚度。界面层厚度主要取决于被环绕表面的状态，与气体黏度成正比，与气体流速成反比。

界面层中，由于存在速度梯度，所以在距表面不同的距离处造成不同的温度降，即出现温度梯度。温度梯度与速度梯度的方向一致，且受介质导热性影响。

在界面层中还同时存在气体湿含量梯度（或称空气蒸汽分压梯度），该湿含量梯度的方向与速度和温度梯度方向相反，这就是说，越接近物料表面，形成界面层的气体湿含量（或气体中的蒸气分压）越大。

干燥过程中，界面层的存在造成了热量传递和质量传递的附加阻力，只有减少界面层厚度，才能提高干燥速率：而降低界面层的厚度，必须综合考虑界面层温度梯度、速度梯度及蒸气分压梯度的影响因素。在干燥的不同阶段，根据物料的性质和加工要求，适当提高物料温度和介质流速，强化蒸气压差，这是降低界面层厚度，实现物料外部传热与传质的有效途径。

（二）物料内部的传热与传质

物料干燥过程中，加热介质将热量传予物料表面，使其温度升高，表面的水分吸收热量后动能增加，最后达到蒸发而脱离物料表面。

物料表面受热的同时，物料本身又将热量自物料表面以传导的形式向温度较低的物料中心传递，并随这种传递的进行，能量逐渐减弱，即温度逐渐降低，这样在物料内部也存在一个由中心指向表面的温度梯度，处在不同温度梯度下的水分，具有不同的迁移势。干燥初期水分均匀分布于物料中，随着干燥的进行，表面水分逐渐减少，从而形成了自物料内部到表面的湿度梯度，促使水分在物料内部移动，湿度梯度越大，水分移动就越快。

采取任何干燥方式，这两种梯度场均存在于物料内部，故水分传递应是两种推动力共同作用的结果。另外，物料本身的导湿性也是影响水分内部扩散的一个重要因素。

干燥过程中，由于物料的温度梯度与湿度梯度方向相反，容易造成干燥不彻底和物料发生不理想的变化，常采用升温、降温、再升温、再降温的工艺措施来调节物料内部的温度梯度与湿度梯度的关系，强化水分的内部扩散。

（三）干燥过程的控制

合理地处理好物料内外部的传热与传质的关系即能有效地控制干燥过程的进行。

干燥的目的在于除去物料中的水分，而物料中的水分首先需要通过物料内部扩散移至物料表面，然后再由物料表面汽化脱除，所以表面汽化与内部扩散的速率共同决定了干燥的速率。

当表面汽化速率小于内部扩散速率时，因物料表面有足够的水分，物料表面的温度就可近似认为是干燥介质的湿球温度，水分的汽化也可认为是近于纯水表面的汽化，这时提高介质温度，降低介质湿度，改善介质与物料之间的流动和接触状况都有利于提高干燥速率。这种情况常出现在干燥初期。

当表面汽化速率大于内部扩散速率时，物料的干燥受内部扩散速率的限制，水分无法及时到达表面，造成汽化界面逐渐向内部移动，产生干燥层，使干燥的进行较表面汽化控制更为困难。要强化干燥速率就必须改善内部扩散因素。下述措施有利于提高干燥速率。

（1）减小料层厚度，缩短水分在内部的扩散距离。

（2）使物料堆积疏松，采用空气穿流料层的接触方式，以扩大干燥表面积。

（3）采用接触加热和微波加热的方法，使深层料温高于表面料温，温度与湿度梯度同向，加快内部水分的扩散。

表面汽化速率与内部扩散速率近于相等的情况在干燥中极其少见，此状态是恒速干燥中力求的目标。

第二节 干燥过程中食品物料的主要变化

物料在干燥过程中，由于温度的升高，水分的去除，必然要发生一系列的变化，这些变化主要是食品物料内部组织结构的物理变化，以及食品物料组成成分的化学变化。这些变化直接关系到干燥制品的质量和对贮藏条件的要求，而且不同的干燥工艺变化程度也有差别。

一、物理状态的变化

（一）干缩

任何脱水过程几乎都造成物料的收缩现象，原因在于水的去除使物料的内压（膨胀压）降低。一般来讲，未失去活性的细胞（如未烫漂的新鲜果蔬等），细胞中水分充盈，则内部膨胀压较大，脱水后细胞壁受力严重，干缩明显；而失去活性的细胞（如煮制过的肉类），已去除部分水分，其细胞壁渗透性有所改变，则内部膨胀压降低，脱水后细胞壁受力较轻，干缩也较小。

在理想的干燥过程中，物料发生的干缩应为线性收缩，即物料大小（长度、面积和体积）均匀地按比例缩小。实际上，食品物料的内部环境十分复杂，各个部位、各个方向的膨胀压并不一致，同时外界干燥环境对物料各部位的脱水也不尽相同，很难达到完全均匀的干缩。不同的食品物料，干缩的差异更大。物料干缩的程度及均匀性对其复水性有很大的影响，干缩程度小、收缩均匀的物料复水性较好，反之较差。

食品物料在干燥过程中，除发生永久的收缩变形外，还会出现组织干裂或破碎等现象。另外，在食品不同部位上所产生的不等收缩，又往往会造成物料奇形怪状的翘曲。

（二）表面硬化

干燥过程中造成物料表面硬化的原因主要是两个方面：一是食品干燥过程中，物料内部的溶质随水分向物料表面的不断移动而移动，即在表面积累产生结晶硬化现象，如含糖较高的水果及腌制品的干燥；二是由于干燥初期，食品物料与介质间温差和湿差过大，致使物料表面温度急骤升高，水分蒸发过于强烈，而使物料表面迅速达到绝干状态，形成一层干燥的薄膜，造成物料表面的硬化。物料表面出现的硬膜是热的不良导体，且渗透性差，又阻碍了物料内部水分的蒸发，使大部分水分封闭在物料内部，致使干燥速率急剧下降，对进一步干燥造成困难。

避免物料表面发生硬化的方法是调节干燥初期水分的外逸速度，保持水分蒸发的通畅性。一般是在干燥初期采用高温含湿较大的介质进行脱水，使物料表层附近的湿度不致变化太快。

（三）物料内部多孔性的形成

物料内部多孔的产生，是由于物料中的水分在干燥进程中被去除，原来被水分所占据的空间由空气填充，而成为空穴，干制品组织内部就形成一定的孔隙，而具有多孔性。干制品孔隙的大小及均匀程度对其口感，复水性等有重要影响。

固体物料的加压干燥和减压干燥，水分外逸迅速，内部能形成均匀的水分外逸通道和孔穴，具有较好的多孔状态；而常压干燥，由于水分的去除完全依赖加热蒸发，易于造成物料受热不均匀，形成表面硬化和不均匀的蒸发通道，出现大量的裂缝和孔洞，所以常压脱水对工艺条件及过程的要求非常严格。液体和浆状物料的干燥多利用搅拌产生泡沫以及使物料微粒化来控制其多孔的形成。泡沫的均匀程度、体积的膨胀程度以及微粒的大小决定了物料多孔性的优劣。

（四）热塑性

热塑性是指在食品干燥过程中，温度升高时食品会软化甚至有流动性，而冷却时会变硬的现象。糖分及果肉成分高的果蔬汁就属于这类食品。

高糖分食品的质构特征是一种无定型物质，类似玻璃，缺乏晶体所固有的特点。在较高温度下，物料具有流体的特征，黏稠但却容易流散。随着物温降低，黏度增大，物料滞厚而呈塑性。继续降低温度，物态固化，形成无定型固体，其组织结构大多呈光滑、致密状态。

糖浆或橙汁等高糖分物料通常在平锅或输送带上干燥，水分排除后，其固体物质呈热塑性黏质状态，黏结在干燥器上难以取下，当冷却后它会硬化成结晶体或无定型玻璃状而脆化，此时容易取下。据此特性，目前大多数输送带式干燥设备内常设有冷却区，以利于物料的转移。

二、化学性质的变化

食品物料干燥过程中，除物理状态变化外，同时也会发生一系列化学变化。这些化学变化对干制品的品质（如色泽、风味、质地、黏度、复水率、营养价值和贮藏期）产生影响。不同的原料，不同的干制工艺产生的化学变化也不同。但几种主要的化学变化，在所有的脱水过程中或多或少都会发生。

（一）干制对食品营养成分的影响

1. 蛋白质的变化

通常食品物料较长时间暴露在71℃以上的热空气中，对蛋白质有一些破坏作用。另外，氨基酸中以赖氨酸最不耐热。

2. 脂肪的变化

脱水过程中，食品物料中的油脂（特别是含油脂食品）极易发生氧化，干燥温度升高，脂肪的氧化严重。

3. 维生素的变化

脱水过程中，各种维生素的破坏和损失是非常值得注意的问题，直接关系脱水食品的营养价值。总的来讲，高温对食品物料中的维生素均有不同程度的破坏。抗坏血酸极易氧化损失；硫胺素对热十分敏感；未经酶钝化处理的蔬菜，在脱水时胡萝卜素的损耗量高达80%，如果脱水方法选择适当，可下降至5%。

4. 碳水化合物

果蔬含有较丰富的碳水化合物，而蛋白质和脂肪含量相对较少。果蔬中的果糖和葡萄糖在高温加工情况下易于分解损失。且高温条件下，碳水化合物含量高的食品，极易焦化；而缓解晒干过程中初期的呼吸作用也会导致糖分分解。在高温和储藏过程中，还原糖还会和氨基酸发生美拉德反应而产生褐变。因此，碳水化合物的变化会引起果蔬变质和成分损耗。

（二）食品色泽的改变

在干制过程中，由于高温作用，食品原有的色泽发生变化。碳水化合物参与的酶促褐变与非酶促褐变反应，是干制食品变成黄色、褐色或黑色的主要原因。酶促褐变可通过钝化酶活性和减少氧气供给来防止，如氧化酶在71.0～73.5℃、过氧化酶在90～100℃的温度下，即可破坏，所以对原料一般进行热烫处理或硫处理，以及盐水浸泡等。而非酶引起的褐变包括美拉德反应、焦糖化反应以及单宁类物质与铁作用生成黑色化合物（单宁酸铁）的结果。另外，单宁与锡长时间加热生成玫瑰色化合物。

其他色素在干燥过程中也会发生或多或少的变化。温度越高，处理时间越长，色素变化量越多。如叶绿素在受热条件下，失去一部分镁原子转化成脱镁叶绿素，呈橄榄绿。通常采用微碱条件控制镁的流失，来改善食品的品质。

（三）干制对食品风味的影响

脱水干制通常会使食品失去挥发性风味成分，如牛乳中的低级脂肪酸的挥发，特别是微量成分硫化甲基的损失，会使产品失去鲜奶的风味。牛乳中的乳清蛋白不耐高温，在加热70℃时，β-乳球蛋白和脂肪球膜蛋白发生热变性而产生巯基，出现“蒸煮味”。

防止食品干燥过程中风味物质的损失具有一定的难度。通常可以从干燥设备中回收或冷凝处理外逸的蒸汽，再加回到干制食品中，以尽可能保持其原有风味。此外，也可通过添加该食品风味剂，或干燥前在某些液体食品中添加树胶和其他包埋物质，将风味物质微胶囊化，以防止或减少风味损失。

总之，食品脱水干燥设备的设计应当根据前述各种情况加以考虑，尽可能做到在干制速率最高、食品品质损耗最小、干制成本最低的情况下，找出最合理的干燥工艺条件。

第三节　食品干燥方法

食品的干燥过程涉及复杂的化学、物理和生物学的变化，对产品品质和卫生标准要求很高，有些干燥制品还要求具有良好的复水性，使制品恢复到接近原先的外观和风味。因此要根据物料的性质（黏附性、分散性、热敏性等）和生产工艺要求，并考虑投资费用、操作费用等经济因素，正确合理地选用不同的干燥方法和相应的干燥装置。

在选用合理工艺条件时主要应考虑以下几个方面：

（1）食品干制过程中所选用的工艺条件必需使食品表面水分蒸发速率尽可能等于食品内部水分扩散率，同时力求避免在食品内部建立起和湿度梯度方向相反的温度梯度，以免降低食品内部水分扩散。

（2）在恒速干燥阶段，空气向物料提供的热量全部用于水分的蒸发，物料表面温度不会高于空气的湿球温度，因而物料内部不会建立起温度梯度。在这阶段内，应在保证食品表面水分蒸发不超过物料内部导湿性所能提供的扩散水分的原则下，尽可能提高空气温度，以加速食品的干燥。

（3）干燥过程中食品表面水分蒸发接近结束时，应降低食品表面水分蒸发速率，使其能和逐步降低了的内部水分扩散速率一致，以免食品表面层受热过度，导致不良后果。

（4）干燥末期干燥介质的相对湿度应根据预期干制品水分加以选用。

人工干制要求在较短的时间内采取适当的温度，通过通风排湿等操作管理，获得较高质量的产品。要达到这一目的，就要依据果蔬自身的特性，采用恰当的干燥工艺技术。

干燥装置按操作方式可分为间歇式和连续式干燥；按操作压力可分为常压干燥和真空干燥；按工作原理又可分为对流干燥、接触干燥、冷冻干燥和辐射干燥。其中对流干燥在食品工业中应用最多。

一、对流干燥

对流干燥又称热风干燥，是以热空气为干燥介质，将热量传递给湿物料，物料表面上的水分即行汽化，并通过表面处的气膜向气流主体扩散；与此同时，由于物料表面上水分汽化的结果，使物料内部和表面之间产生水分梯度差，物料内部的水分因此以气态或液态的形式向表面扩散。显然，热空气既是载热体又是载湿体。

对流干燥进行的必要条件是物料表面的水汽压强必须大于干燥介质（热空气）中的水汽分压。两者的压差越大，干燥进行得越快，所以干燥介质应及时将汽化的水汽带走，以便保持一定的传质（汽化）推动力。若压差为零，则无水汽传递，干燥操作也就停止了。图1-3-8所示为热空气与湿物料间的传热和传质情况。

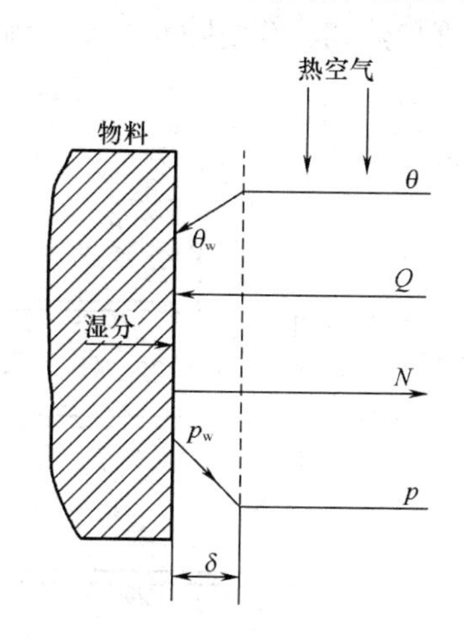

图1-3-8 热空气与湿物料间的传热和传质

N—物料表面汽化的水分量

Q—气体传给物料的热量

p—空气中水汽的分压

p_w—物料表面的水蒸气压

θ—空气主体的温度

θ_w—物料表面的温度 δ—气膜厚度

对流干燥是食品工业生产采用最为广泛的一种干燥方法，适用于各种食品物料的干燥，是本节讨论的重点。

（一）自然干燥

自然干燥是一种最为简便易行的对流干燥方法，它是利用自然条件，把食品物料平铺或悬挂在晒席、晒架上，直接暴露于阳光和空气中，食品物料获得辐射能后，自身温度随之上升，其内部水分因受热而向它表面的周围空气蒸发，因而形成水蒸气分压差和温度差，促使食品水分在空气自然对流中向空气中扩散，直到它的水分含量降低到和空气温度及其相对湿度相适应的平衡水分为止。显然，炎热和通风是自然干燥最适宜的气候条件。

自然干燥，方法简单，费用低廉，不受场地局限。我国广大农户多用于粮食谷物的晒干和菜干、果干的制作。由于这种干制品长时间在自然状态下受到干燥和其他各种因素的作用，物理化学性质发生了变化，以致生成了具有特殊风味的制品。我国许多有名的传统土特产品都是用这种方法制成的，例如干枣、柿饼、腊肉、火腿等。

自然干燥的缺点是干燥时间长；制品容易变色，维生素类破坏较大；受气候条件限制，如遇阴雨易于微生物繁殖；容易被灰尘、蝇、鼠等污染；难以规模生产。

（二）厢式干燥

厢式干燥设备由框架结构组成，四壁及顶底部都封有绝热材料以防止热量散失。厢内有多层框架，其上放置料盘，也有将湿物料放在框架小车上推入厢内的。厢式干燥根据传热形式不同又可分为真空厢式干燥和对流厢式干燥。真空厢式干燥多为间接加热或辐射加热，适用于干燥热敏性物料、易氧化物料或大气压下水分难以蒸发的物料，以及需要回收溶剂的物料。而对流厢式干燥，主要是以热风通过湿物料表面，达到干燥的目的。热风沿湿物料表面平行通过的称为并流厢式干燥；热风垂直通过湿物料表面的称为穿流厢式干燥。

厢式干燥器的排风口上可以安装调节风门，用以控制一部分废气排出，而另一部分废气经与新鲜空气混合后，进行再循环，以节约热能消耗。为了使物料干燥均匀，还可采用气流换向措施，以提高干品质量。

1. 并流厢式干燥

图1-3-9所示为典型并流厢式干燥器结构示意图。新鲜空气由鼓风机吸入干燥室内，经排管加热和滤筛清除灰尘后，流经载有食品的料盘，直接和食品接触，再由排气孔道向外排出。

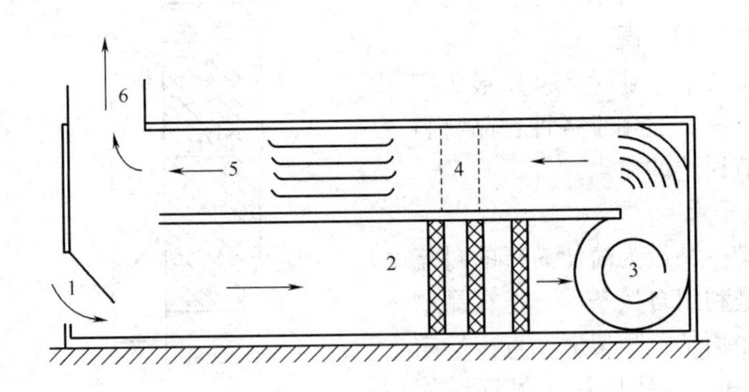

图1-3-9　并流厢式干燥器结构示意图

1—新鲜空气进口　2—排管加热器　3—鼓风机　4—滤筛　5—料盘　6—排气口

2. 穿流厢式干燥

如图1-3-10所示，穿流厢式干燥器的整体结构和主要组成部分与并流式相同，区别在于这种干燥器的底部由金属网或多孔板构成。每层物料盘之间插入斜放的挡风板，引导热风自下而上（或自上而下）均匀地通过物料层。

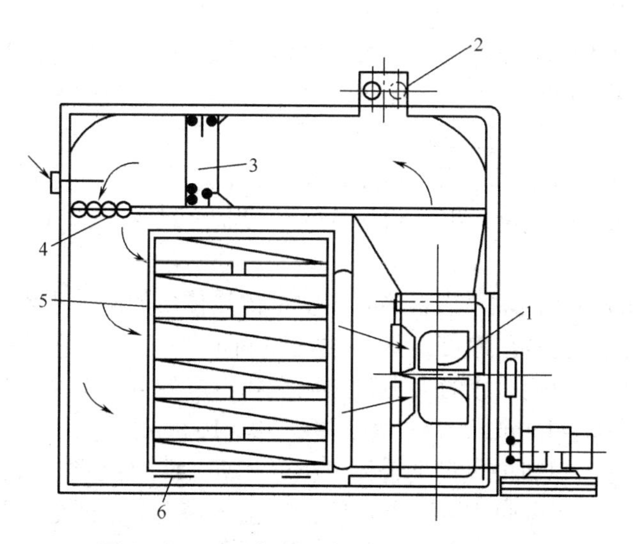

图 1－3－10　穿流厢式干燥器结构示意图

1—风机　2—排风口　3—空气加热器　4—整流板　5—料盘　6—台车固定件

这种干燥器，热空气与湿物料的接触面积大，内部水分扩散距离短，因此干燥效果较并流式好，其干燥速率通常为并流时的 3 ~ 10 倍。图 1 － 3 － 11 所示为麸素（面筋）分别用并流式和穿流式干燥时的干燥曲线对比。从图中可以看出，穿流式干燥比并流式干燥快 2 ~ 4 倍，但穿流式干燥器动力消耗大，对设备密封性要求较高。另外，热风形成穿流气流，容易引起物料飞散，要注意选择适宜风速和料层厚度。

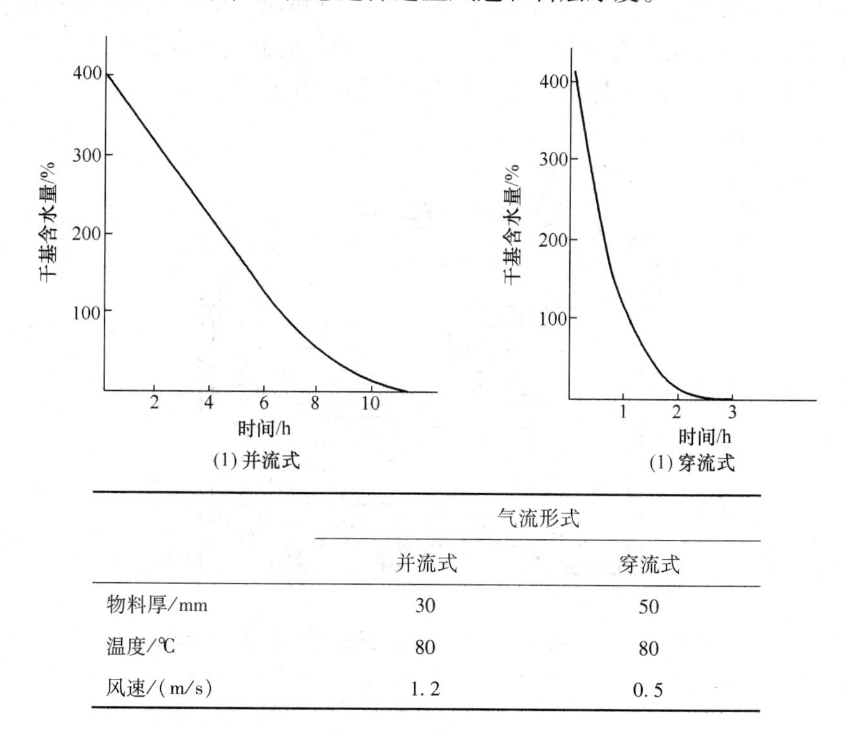

	气流形式	
	并流式	穿流式
物料厚/mm	30	50
温度/℃	80	80
风速/(m/s)	1.2	0.5

图 1－3－11　麸素用并流式和穿流式干燥时的速度对比

厢式干燥器属间歇性干燥设备，多用于固体食品物料的干燥。热风速度、物料层的间隔和厚度、风机风量以及是否多次加热空气和废气再利用，对厢式干燥器的热效率影响较大。

（1）热风速度　提高热风速度，传热速率加快，有利于缩短干燥时间，但是风速又必须小于能把物料带走的速度。根据物料物性和形状可在 0.5 ~ 3.0m/s 内选取。果蔬干燥的经验数据为 2.0 ~ 2.7m/s。

（2）物料层的厚度和间隔　物料层的厚度是传热传质的阻力因素，直接影响干品质量和干燥时间，因此，物料层厚度最好通过试验确定，一般为 20 ~ 50mm。物料层的间隔，决定了热风流向，影响风速的大小和热风在物料层的分配关系，也应认真考虑。支架间的距离一般为 100 ~ 150mm，料盘高度多为 40 ~ 100mm。

（3）风机的风量　风机的风量是选择风机的依据，也是提供有效供热的保证。风量值要根据理论计算，并考虑厢体结构和泄漏等因素。一般可用下式求风量：

$$Q = 3600uA/v \tag{1-3-23}$$

式中　Q——热风量，kg/h；

u——热风流速，m/s；

A——干燥室截面积，m^2；

v——湿空气的比体积，m^3/kg 绝干空气。

（4）多次加热空气和废气循环再利用　图 1 - 3 - 12 为多次空气加热并流厢式干燥器，图 1 - 3 - 13 是其干燥室内加热管的排列方式。空气进入厢体经加热管加热后，循箭头方向依次横经框架，和物料接触后成为废气由出口排出。空气出入口处都装有风门，根据需要在操作中可不同程度开启，使部分废气经处理后返回干燥器循环使用。从图1 - 3 - 14 的分析中，可以发现这种结构的干燥器具有许多优点。

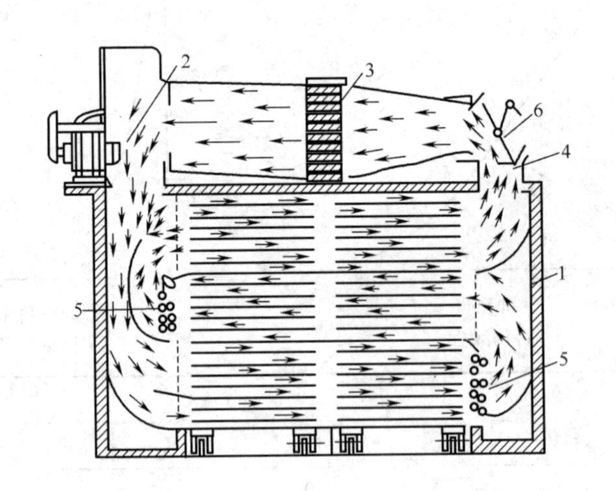

图 1 - 3 - 12　多次空气加热并流厢式干燥器结构示意图

1—干燥室　2—风机　3—空气预热器　4—废气出口　5—室内加热器　6—进风口

如果空气只经过一次预热，在干燥器内不再加热，其过程如图 1 - 3 - 14 中的折线

ABC 所示。其中 *AB* 为空气的预热过程，*BC* 是空气在干燥室中的变化过程。为了达到最终状态 *C*，进入干燥器的空气（点 *B*）必须预热到很高温度。这样做有时会影响后续干燥的稳定性，波及干品的质量，而且还要增加预热空气的费用。如果采用多次加热的办法，空气被预热到点 B_1 后，进入第一层框架与物料接触，沿线 B_1C_1 冷却并增湿到点 C_1；在进入到第二层框架前，再预热到 B_2，然后与其中的物料接触，沿线 B_2C_2 冷却；在进入第三层框架前又预热到点 B_3，最后成为废气排出时，其状态也是点 *C*。这样，与物料接触的空气温度不会太高，干燥速率比较均匀。在相同的初、终条件下，即 *A*、*C* 两点重合，一次预热和多次加热所需的空气量相同，即只与最初最终空气状态有关，而与所经历的途径无关。而且温度低，热损失减少。

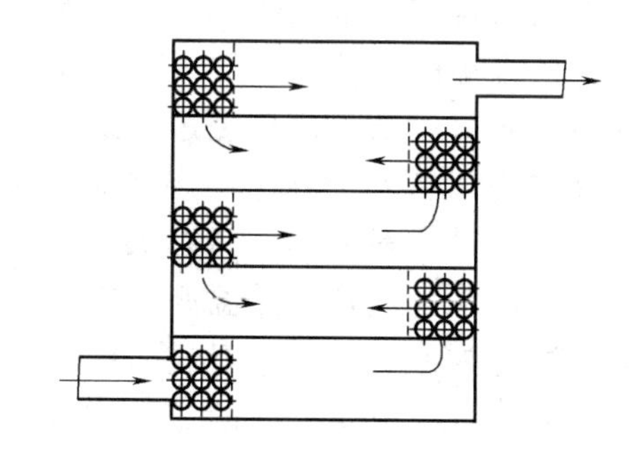

图1-3-13 干燥室内加热管的排列方式

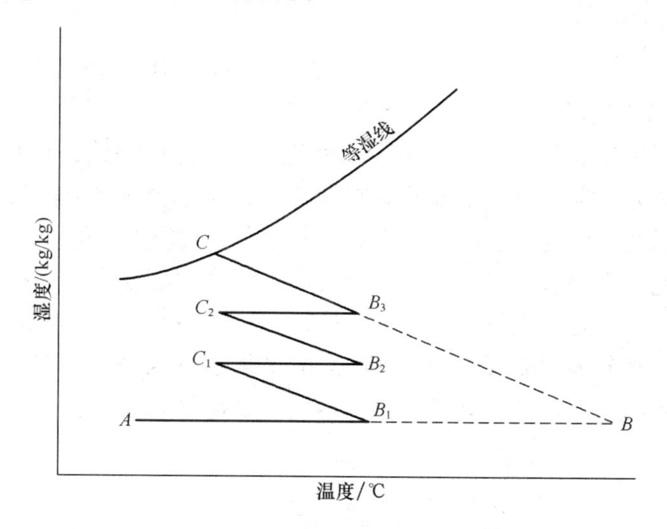

图1-3-14 具有中间加热的干燥过程

具有废气循环系统的干燥过程如图1-3-15所示。

状态点 *A* 的新鲜空气与状态点 *C* 的废气混合后的状态点为线 *AC* 上的点 *M*。点 *M* 的位置由新鲜空气和废气量的比例决定。按杠杆定律，废气量越大，则点 *M* 越靠近点 *C*，反之，将越靠近点 *A*。使状态点 *M* 的混合气加热到点 *B′*，通过干燥器后达到状态点 *C* 成为废气。可以看出，利用废气循环可以灵活、准确地控制空气进入干燥器的湿度和温度，使干燥推动力相对均匀，废气的余热利用又降低了能量消耗。

（三）隧道式干燥

厢式干燥器只能间歇操作，生产能力受到一定限制。隧道式干燥器是把厢式干燥器的厢体扩展为长方形通道，其他结构基本不变。这样就增大了物料处理量，生产成本降低，小车可以连续或间歇地进出通道，实现了连续的或半连续的操作。

被干燥物料装入带网眼的料盘，有序地摆放在小车的搁架上，然后进入干燥室沿通道向前运动，并只经过通道一次。物料在小车上处于静止状态，加热空气均匀地通过物料表面。高温低湿空气进入的一端称为热端，低温高湿空气离开的一端称为冷端；湿物料进入的一端称为湿端，而干制品离开的一端称为干端。

按物流与气流运动的方向，隧道式干燥器可分为顺流式、逆流式、顺逆流组合式和横流式。

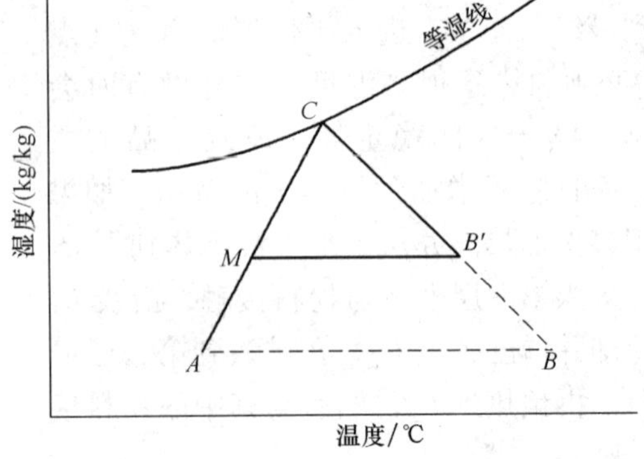

图 1-3-15　具有废气循环系统的干燥过程

1. 顺流式隧道干燥器

顺流式隧道干燥器如图 1-3-16 所示，物流与气流方向一致，它的热端是湿端，冷端为干端。其湿端处，湿物料与高温低湿空气相遇，此时物料水分蒸发迅速，空气温度也会急剧降低，因此入口处即使使用较高温度的空气（如 80~90℃），物料也不至于产生过热焦化。但此时物料水分汽化过速，物料内部湿度梯度增大，物料外层会出现轻微收缩现象。进一步干燥时，物料内部容易开裂，并形成多孔性。干端处，将干物料与低温高湿空气相处，水分蒸发极其缓慢，干制品的平衡水分也将相应增加，即使延长干燥通道，也难以使干制品水分降到 10% 以下。因此，吸湿性较强的食品不宜选用顺流式干燥方法。

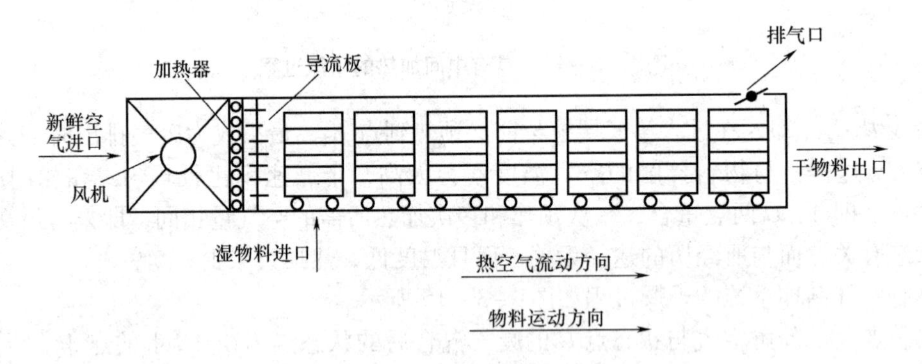

图 1-3-16　顺流式隧道干燥器示意图

2. 逆流式隧道干燥器

逆流式隧道干燥器如图 1-3-17 所示，物流与气流方向恰好相反，它的湿端为冷端，而干端则为热端。湿端处，湿物料与低温高湿空气相遇，水分蒸发速度比较缓慢，但此时物料含有最高水分，尚能大量蒸发。物料内部湿度梯度也比较小，因此不易出现表面硬化和收缩现象，而中心又能保持湿润状态。这对干制软质水果非常适宜，不会产生干裂流汁。干端处，物料与高温低湿空气相处，可加速水分蒸发，但物料接近干燥，实际上水分蒸发仍然比较缓慢。此时热空气温度下降不大，而干物料的温度则将上升到和高温热空气相近的程度。因此，干端处进口温度不宜过高，一般不超过66～77℃，否则停留时间过长，物料容易产生焦化。在高温低湿的空气条件下，干制品的平衡水分也将相应降低，可低于5%。

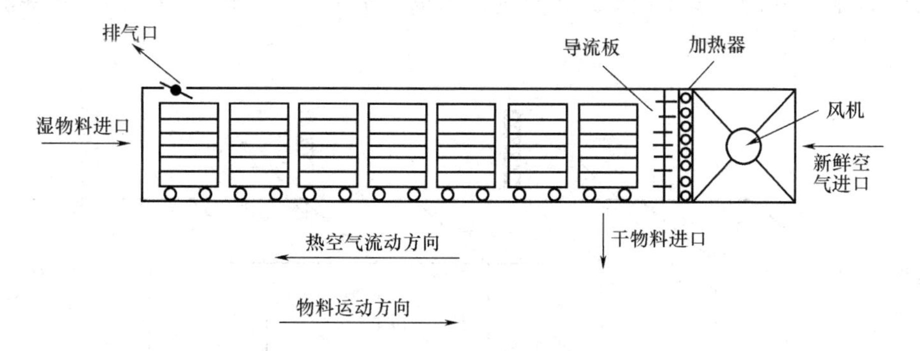

图1－3－17 逆流式隧道干燥器示意图

逆流干燥，湿物料载量不宜过多。因为干燥初期，水分蒸发速度比较缓慢，如若低温的湿物料载量过多，就会长时间与接近饱和的低温高湿空气相处，就有可能出现物料增湿现象而促进细菌迅速生长，造成物料腐败变质，甚至发酸发臭。设计和操作时，应该重视这个问题。

3. 顺逆流组合式隧道干燥器

这种方式吸取了顺流式湿端水分蒸发速率高和逆流式后期干燥能力强的两个优点，组成了湿端顺流和干端逆流的两段组合方式，如图1－3－18所示。

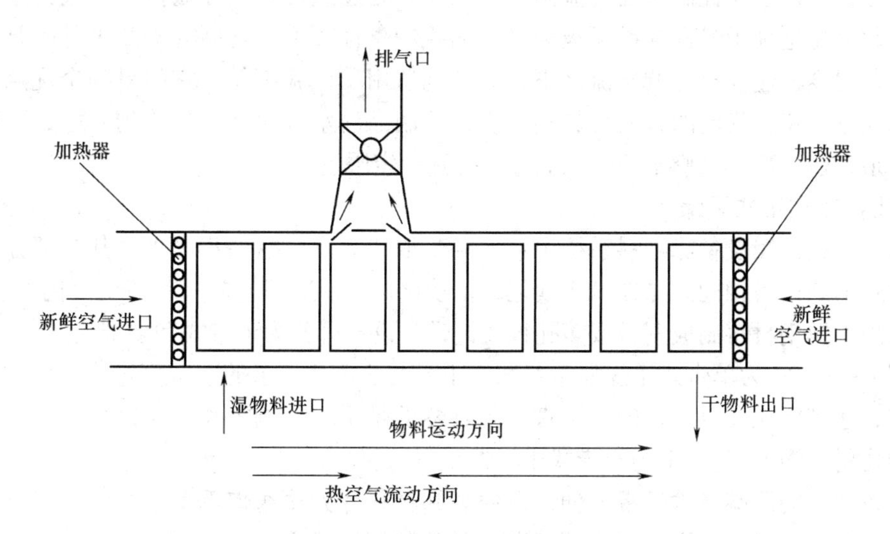

图1－3－18 顺逆流组合式隧道干燥器示意图

两段的长度可以相等，但一般情况下湿端顺流段的长度比干端逆流段短。它有两个热空气入口，分布在干湿两端，各干燥段的温度可以分别调节。废气由中央部位排出。

尽管在排气口附近的空气流速难以控制，但整个过程均匀一致，传热传质速率稳定，干品质量好。与等长的单一式隧道干燥器相比，生产能力提高，干燥时间缩短，因此食品工业生产普遍采用这种组合方式，但投资和操作费用高于单一式隧道干燥器。

4. 横流式隧道干燥器

上述三种方式的隧道干燥器，热空气均为纵向水平流动，还有一种横向水平流动的方式，如图 1-3-19 所示。

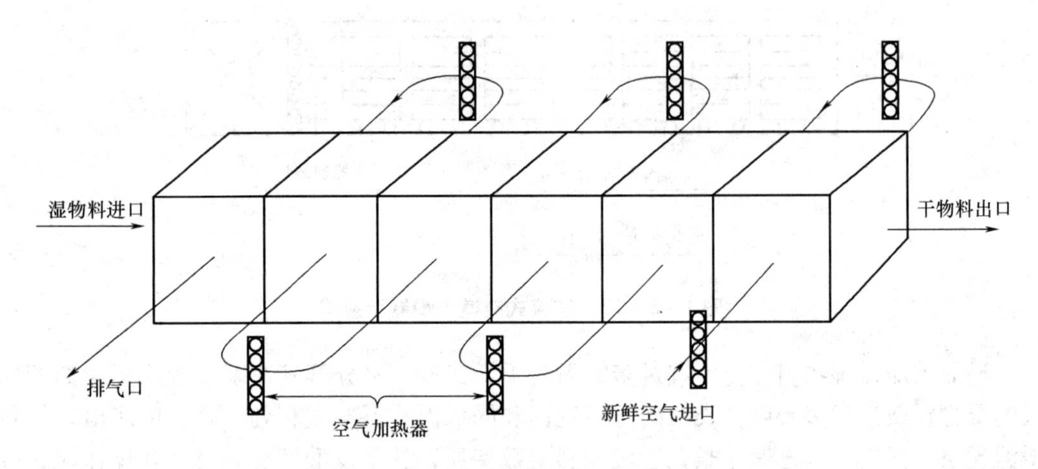

图 1-3-19 横流式隧道干燥器示意图

干燥器每一端的隔板是活动的，在料车进出的时候隔板打开让料车通过，而在干燥时，隔板切断纵向通路，靠换向装置构成各段之间曲折的气流通路。在马蹄形的换向处设加热器，可以独立控制该处气流温度。在换向处还经常安装独立控制气流再循环的装置。由此可见这种干燥器提供了极为灵活的控制条件，可使食品处于几乎是所要求的任何温度、湿度、速度条件的气流之下，故特别适用于试验工作。它的另一个优点是，每当料车前进一步，气流的方向便转换一次，故制品的水分含量更加均匀。但是这种设备结构复杂、造价高、维修不便，工业应用受到一定限制。

（四）输送带式干燥

输送带式干燥设备除载料系统由输送环带取代装有料盘的小车外，其余部分基本上和隧道式干燥设备相同。操作可连续化、自动化，特别适用于单一品种规模化工业生产。环带常用不锈钢材料制成网带或多孔板铰链带。设备可分为单带式和多带式。

图 1-3-20 为单带式干燥器示意图，干燥时热风从带子的上方穿过物料层和网孔进入下方，达到穿流接触的目的。单带式干燥器的带子不可能很长，所以只适用于干燥时间短的物料。图 1-3-21 为双带式干燥器示意图。

设备主体的两端有输送带外伸，以便装卸物料并为输送带重返干燥室提供方便。通常流经输送带网眼（或孔眼）和堆积其上的物料层的热空气，在前一区段内自下向上流动，在下一区段内则自上向下流动。有时设备内的气流也可以设计成向上和向下轮换交替流动，借以改善厚层湿物料干燥的均匀性。但最后一、二区段内的气流则宜自上而下流动，以免将轻质干料吹走。空气的输送常用离心式风机，安装在输送带的侧方，从带

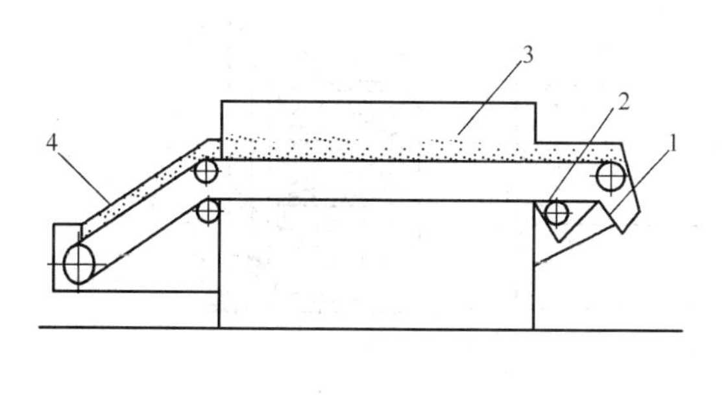

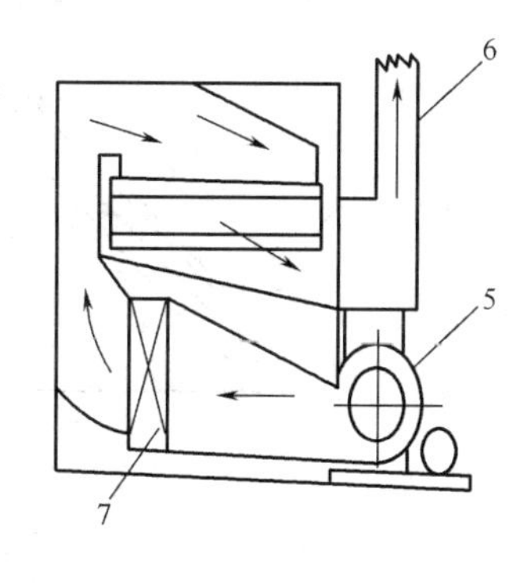

图1-3-20 单带式干燥器示意图

1—排料口 2—网带水洗装置 3—输送带 4—加料口 5—风机 6—排气管 7—加热器

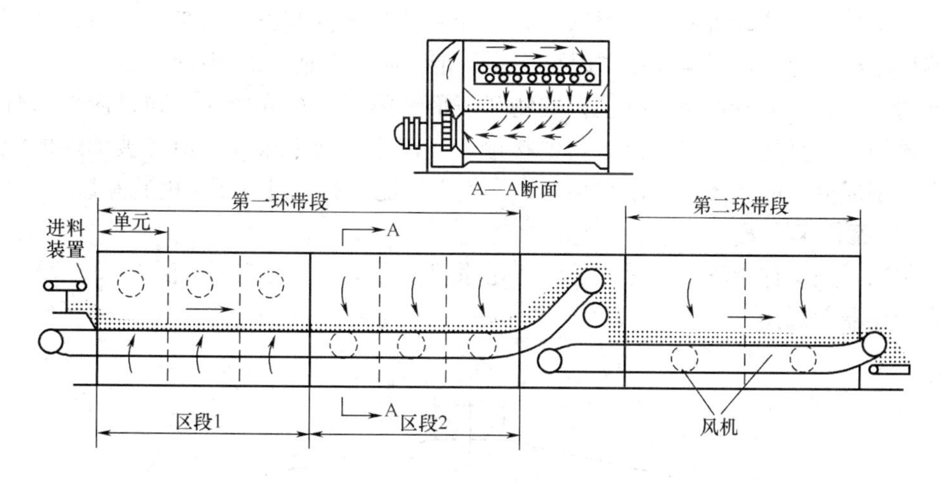

图1-3-21 双带式干燥器示意图

子上方或下方送气，排气的一方有一热空气联厢，为几台风机所共用。上下穿流的空气大部分进行循环，经风门改道进入下一个区域，不足部分由加热的新鲜空气来补充。分区交叉穿流，可以使不同区域内的空气的温度、湿度和速度都可以单独进行控制，为提高制品品质提供了方便。两条输送带串联组成，因而半干物料从第一输送带末端向着其下方的另一输送带上卸落时，物料不但混合了一次，而且还进行了重新堆积。物料的混合将改善干燥的均匀性，在物料容积因干燥而不断收缩的情况下，重新堆积还可大量节省原来需要的载料面积。例如，堆积在输送带上厚度为10cm的条状马铃薯层，待第一阶段干燥结束时，厚度仅为5cm。如物料重新堆积到25~30cm厚，那么在第二条输送带上所占的面积仅有以前的1/5或更少些就够了。

为了减少带式干燥设备的总长度，节约设备的占地面积，可将多条输送带上下平行放置做成多带式干燥器。这种干燥器不仅使物料多次翻转维持了通气性，还增加了堆积厚度，增大了比表面积，提高了降速阶段的干燥速率，如图1-3-22所示。

湿物料从最上层带子加入，随着带子的移动，依次落入下一条带子，最后干物料从

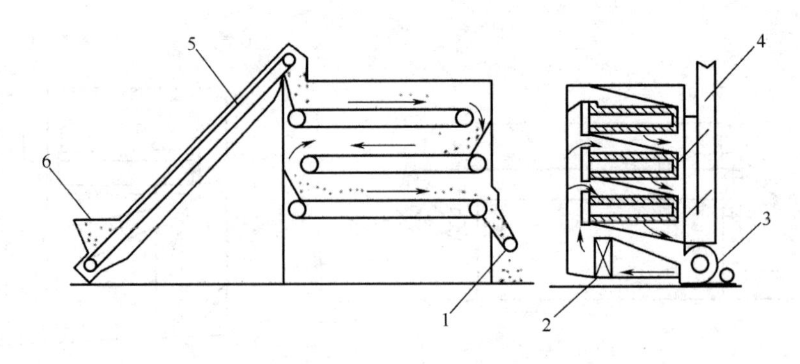

图1-3-22　多带式干燥器示意图

1—卸料装置　2—热空气加热器　3—风机　4—排气管　5—输送机　6—加料口

下部卸出。由图可见，相邻两条带子的运动方向必须相反，各带子的速度可以相等也可以不等。干燥介质从设备的下方引入，自下而上从带子的侧方进入带子上方，并穿流而下，然后排出。为了使干燥介质同时分配到各带，必须有适当的挡风板。

输送带式干燥的特点是，有较大的物料表面暴露于干燥介质中，物料内部水分移出的路径较短，并且物料与空气有紧密的接触，所以干燥速率很高。但是被干燥的湿物料必须事先制成分散的状态，以便减小阻力，使空气能顺利穿过带子上的物料层。

(五) 流化床干燥

流化床干燥又称沸腾床干燥，是流态化原理在干燥器中的应用。图1-3-23所示为流化床干燥器示意图。

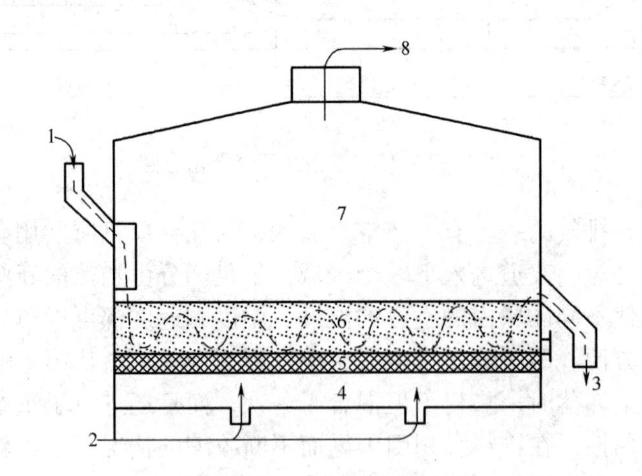

图1-3-23　流化床干燥器示意图

1—湿物料进口　2—热空气进口　3—干物料出口　4—通风室
5—多孔板　6—流化床　7—绝热风罩　8—排气口

在分布板上加入待干燥的食品颗粒物料，热空气由多孔板的底部送入使其均匀分散，并与物料接触。当气体速度较低时，固体颗料间的相对位置不发生变化，气体在颗粒层中的空隙中通过，干燥原理与厢式干燥器完全类似，此时的颗粒层通常称为固定床。当气流速度继续增加后，颗粒开始松动，并在一定区间变换位置，床层略有膨胀，但颗粒仍不能自由运动，床层处于初始或临界流化状态。当流速再增高时，颗粒即悬浮在上升的气流之中做随机运动，颗粒与流体之间的摩擦力恰与其净重力相平衡，此时形成的床层称为流化床。由固定床转为流化床时的气流速度称为临界流化速度。流速越大，流化床层越高；当颗粒床层膨胀到一定高度时，固定床层空隙率增大而使流速下降，颗粒又重新落下而不致被气流带走。若气体速度进一步增高，大于颗粒的自由沉降速度，颗粒就会从干燥器顶部吹出，此时的流速称为带出速度，所以流化床中的适宜气体速度应在临界流化速度与带出速度之间。流化床干燥适宜处理粉粒状食品物料。当粒径范围为30μm～6mm，静止物料层高度为0.05～0.15m时，适宜的操作气速可取颗粒自由沉降速度的0.4～0.8倍。如若粒径太小，气体局部通过多孔分布板，床层中容易形成沟流现象；粒度太大，又需要较高的流化速度，动力消耗和物料磨损都很大。在这两种情况下，操作气体的气流速度需要由实验来确定。

流化床干燥，物料在热气流中上下翻动，彼此碰撞和充分混合，表面更新机会增多，大大强化了气固两相间的传热和传质。虽然两相间对流传热系数并非很高，但单位体积干燥器传热面积很大，故干燥强度大。干燥非结合水分时，蒸发量为60%～80%，干燥结合水分，蒸发量也可达30%～50%，因此流化干燥特别适宜于处理含水量不高且已处在降速干燥阶段的粉粒状物料，比如对气流干燥或喷雾干燥后物料所留下的需要较长时间进行后期干燥的水分更为合适。对粉状物料含水量要求为2%～5%，粒状物料则要求10%～15%，否则物料的流动性变差。

如图1-3-24所示，流化床中的气固运动状态很像沸腾着的液体，并且在许多方面表现出类似液体的性质。如具有像液体那样的流动性能，固体颗粒可从容器壁的小孔喷出，并像液体那样，从一容器流入另一容器；再如，比床层密度小的物体可以很容易地推入床层，而一松开，它就弹起并浮在床层表面上；又如，当容器倾斜时，床层的上表面保持水平，而且当两个床层连通时，它们的床面自行调整至同一水平面；床层中任意两截面间的压强变化大致等于这两截面同单位面积床层的重力。

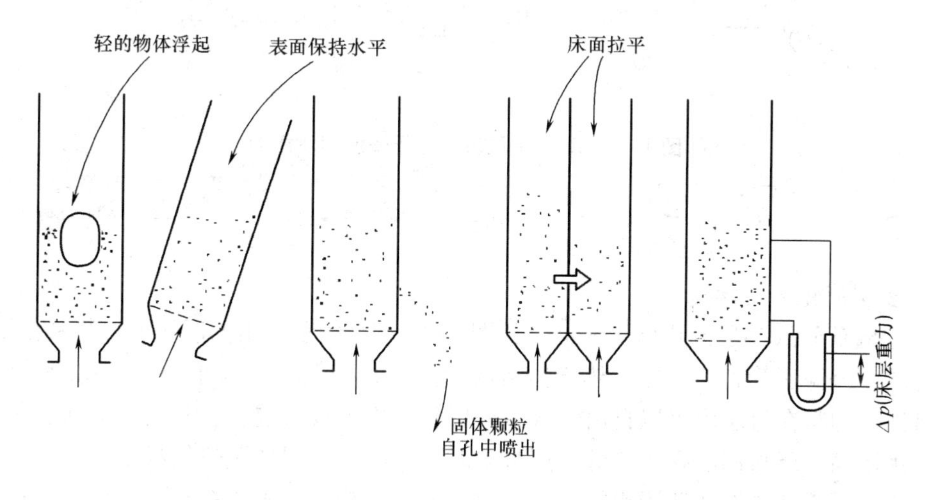

图1-3-24 流化床类似液体的特性

利用流化床这种类似液体的特性，可以设计出气固接触方式不同的流化床，食品工业常用的有单层流化床、多层流化床、卧式多室流化床、喷动流化床、振动流化床等。

流化床干燥器结构简单，便于制造，活动部件少，操作维修方便，与气流干燥器相比，气速低阻力小，气固较易分离，物料及设备磨损轻；与厢式干燥器和回转圆筒干燥器相比，具有物料停留时间短、干燥速率快的特点。但由于颗粒在床层中高度混合，可能会引起物料的返混和短路，对操作控制要求较高。为了保证干燥均匀，又要降低气流压力降，就要根据物料特性，选择不同结构的流化床干燥器。

1. 单层流化床干燥器

单层流化床结构简单，床层内颗粒静止高度不能太高，一般在300～400mm，否则气流压力降增大。由于床层单一，物料容易返混和短路，会造成部分物料未经完全干燥就离开干燥器，而部分物料又因停留时间过长而产生干燥过度现象。因此它适用于较易干燥，对产品要求又不太高的物料。主要优点是物料处理量大，生产能力高。

如图1－3－25所示，湿物料由输送机和加料器送入干燥器，空气经过滤后由风机送入加热器，加热后的气体进入流化床底部的分布板进行传热传质过程。干制品经溢流口由卸料管排出，干燥后空气中夹带的干料经旋风分离器分离后回收。

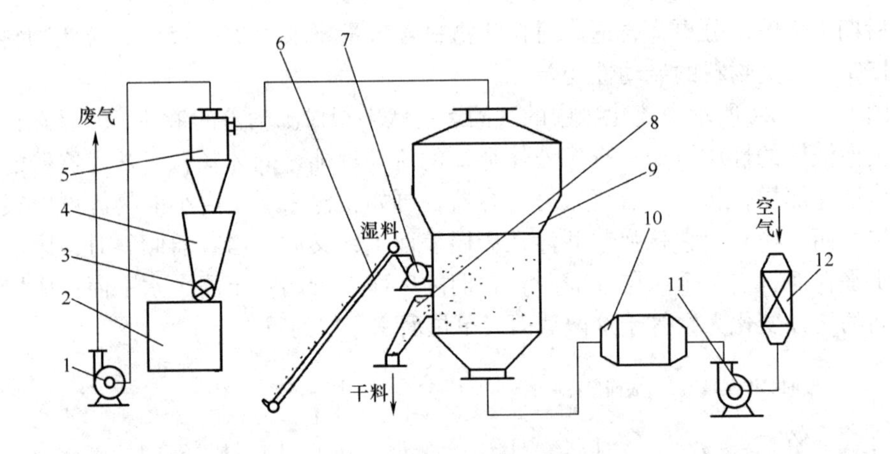

图1－3－25 单层流化床干燥流程示意图

1—风机 2—制品仓 3—星形下料器 4—集料斗 5—旋风分离器 6—带式输送机 7—加料器 8—卸料管 9—流化床 10—空气加热器 11—风机 12—空气过滤器

2. 多层流化床干燥器

（1）溢流管式多层流化床干燥器　如图1－3－26所示，由两层构成，物料由上部加入第一层，经溢流管到第二层；热气体由底部送入，经第二层及第一层与物料接触后从器顶排出。物料在每层内可以自由混合，但层与层之间没有混合。热气流分布比较均匀，热量利用率高，所得制品含水量低。层数多时，可将最上层作预热物料用。

溢流管干燥器具有逆流干燥特性。用它干燥小麦粉时，若粉粒粒径为0.07mm，水分含量13.6%，热风温度为130℃，静止床层高度为0.36m，每层料重为115kg，则所得制品含水量为2.4%，生产能力为350kg/h。一般溢流管下面装有调节装置，常见结构有：

①菱形堵头：如图1-3-27所示，调节堵头上下位置，可以改变下料孔自由截面积，从而控制下料量。这种结构由人工操作调节。

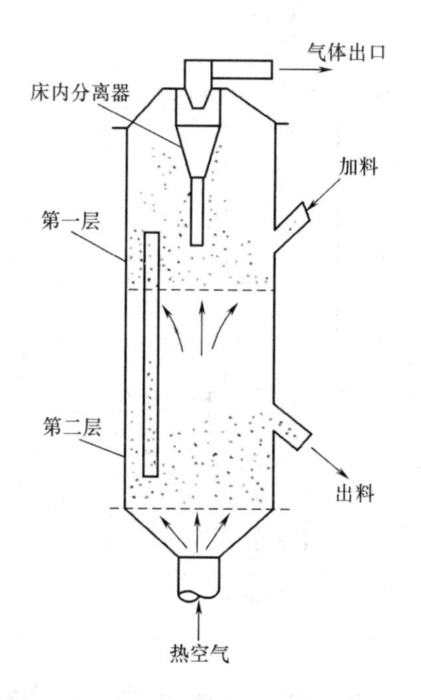

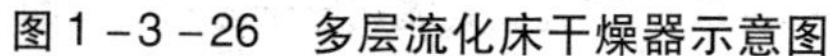
图1-3-26 多层流化床干燥器示意图

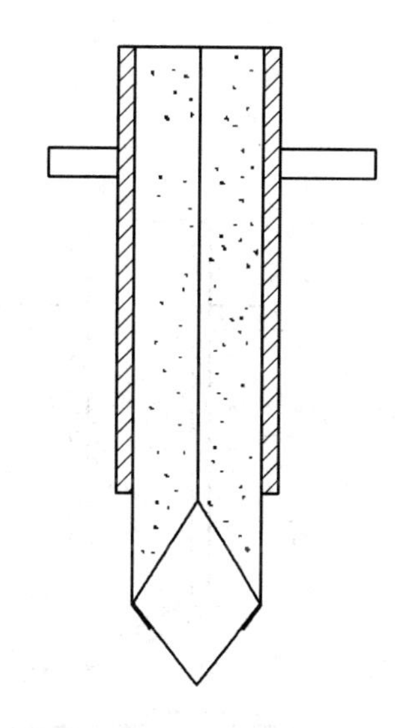
图1-3-27 菱形堵头

②铰链活门：如图1-3-28所示，根据溢流管中物料量的多少，可自动开大或关小活门，但需要注意活门轧死而失灵。

（2）穿流板式流化床干燥器 如图1-3-29所示，物料直接从筛板孔由上而下地流动，同时热气体则通过筛板孔由下而上运动，在每块筛板上形成流化床，故比溢流管式结构简单，但操作控制更为严格。主要问题是如何定量地控制物料转入下一层，操作不当会破坏沸腾床层。

为使物料能顺利地从筛板孔流下来，筛板孔径应比物料粒径大5~10倍，一般孔径为10~20mm，开孔率为30%~45%。颗粒粒径在0.5~5.0mm。这种干燥器一般每平方米床层截面可干燥1000~5000kg/h的物料。多层干燥器结构复杂，流体阻力也大。

3. 卧式多室流化床干燥器

如图1-3-30所示，干燥器的横截面为长方形，底部为多孔筛板，筛板开孔率一般为4%~13%，孔径为1.5~2.0mm。筛板上方有垂直挡板把干燥器分隔成多室，一般为4~8室，挡板可上下移动，以调节其与筛板的间隙。间距一般取床中静止物料高度的1/4~1/2。操作时，连续加料于第一室，物料然后沿挡板与筛板的间隙逐室通过，干燥后由卸料口卸出。热空气分别由进气支管通入各室，因此各室的空气温度、湿度和流量均可调节。例如，第一室中物料较湿，热空气流量可大些，最后一室可通入冷空气以冷却干燥产品，以便于包装和贮存。

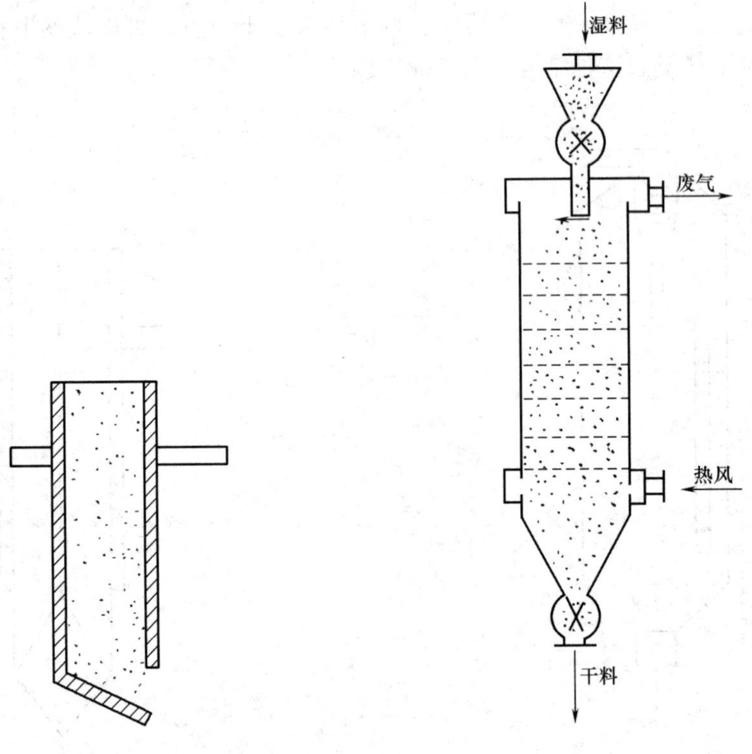

图1-3-28 铰链活门

图1-3-29 穿流板式流化床干燥器示意图

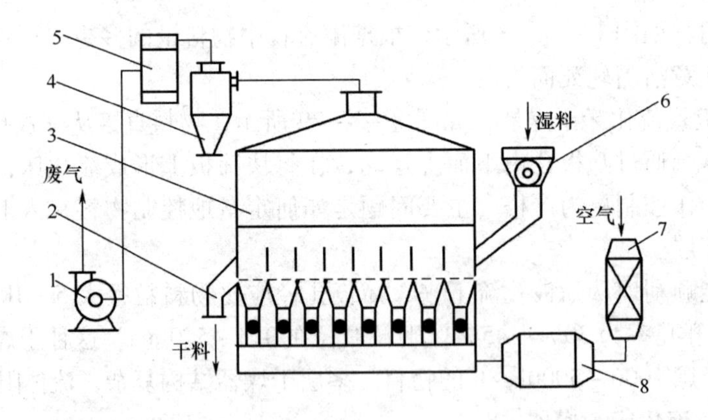

图1-3-30 卧式多室流化床干燥流程示意图

1—风机 2—卸料管 3—干燥器 4—旋风分离器 5—袋滤器
6—加料器 7—空气过滤器 8—空气加热器

卧式多室流化床干燥器对物料的适应性较大，食品工业常用来干燥汤粉、果汁颗粒、干酪素、人造肉等。另外，还可调节物料在不同室内的停留时间。与多层干燥器相比，干燥比较均匀，操作稳定可靠，流体阻力较低，但热效率不高。

4. 喷动流化床干燥器

水分含量高的粗颗粒和易黏结的物料，其流动性能差，可采用喷动流化床干燥法。图1-3-31为玉米胚芽喷动流化床干燥流程的实际例子。干燥器底部为圆锥形，上部为圆筒形。热气体以70m/s的高速从锥底进入，夹带一部分固体颗粒向上运动，形成中心通道。在床层顶部的颗粒好似喷泉一样，从中心向四周散落，落到锥底又被上升的气流喷射上去。如此循环以达到干燥要求为止。

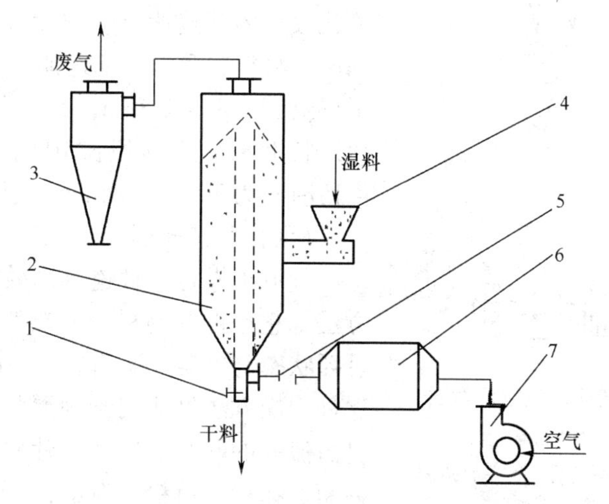

图1-3-31 玉米胚芽喷动流化床干燥流程示意图

1—放料阀 2—喷动床 3—旋风分离器 4—加料器 5—蝶阀 6—加热器 7—风机

湿玉米胚芽水分含量高达70%，且易自行黏结，采用喷动流化床干燥，效果非常理想。该设备操作为间歇式。

5. 振动流化床干燥器

振动流化床干燥器是一种新型的流化床干燥器，适合于干燥颗粒太大或太小、易黏结、不易流化的物料。此外，还用于有特殊要求的物料，如砂糖干燥要求晶形完整、晶体光亮、颗粒大小均匀等。用于砂糖干燥的振动流化床干燥器示意图如图1-3-32所示。

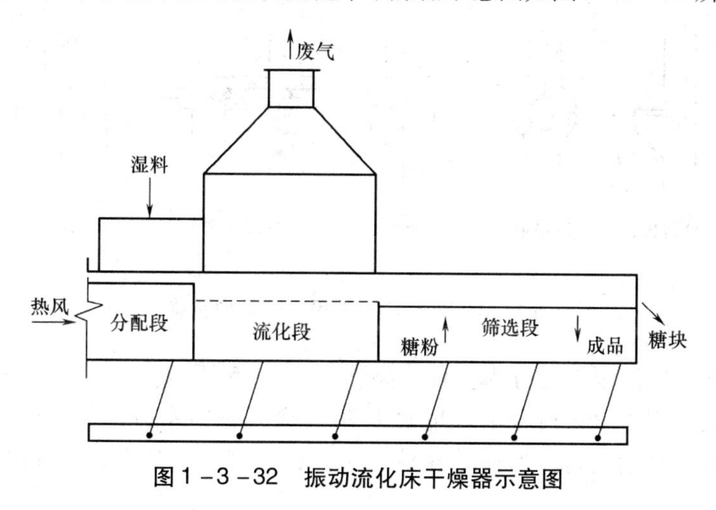

图1-3-32 振动流化床干燥器示意图

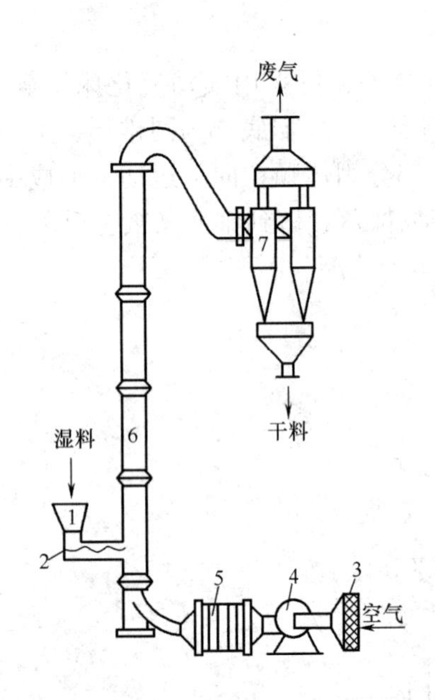

图 1-3-33　气流干燥流程示意图

1—料斗　2—螺旋加料器
3—空气过滤器　4—风机　5—加热器
6—干燥管　7—旋风分离器

干燥器由分配段、流化段和筛选段三部分组成。在分配段和流化段下面都有热空气进入。含水 4% ~6% 的湿砂糖，由加料器送入分配段，在平板振动的作用下，物料均匀地进入流化段，湿砂糖在流化段停留 12s，就可达到干燥要求，产品含水量为 0.02% ~0.04%。干燥后，物料离开流化段进入筛选段，筛选段分别安装不同网目的筛网，将糖粉和糖块筛选掉，中间的为合格产品。干燥器宽 1m、长 13m，其中分配段长 1.2m，流化段长 1.8m，筛选段长 10m，砂糖在干燥器内总停留时间为 70 ~80s，生产能力为 7.6t/h。

（六）气流干燥

气流干燥是一种连续高效的固体流态化干燥方法。它是把湿物料送入热气流中，物料一边呈悬浮状态与气流并流输送，一边进行干燥。显然，这种干燥方法只适用于潮湿状态下仍能在气体中自由流动的颗粒、粉状、片状或块状物料，如葡萄糖、味精、鱼粉、肉丁、薯丁等。图 1-3-33 所示为气流干燥流程示意图。

气流干燥器的主体是一根直立的圆筒（即干燥管），湿物料经加料器进入干燥管，与进入管内的热空气相遇，由于热气体作高速向上运动，使物料颗粒分散并悬浮在气流中。热气流与物料充分接触，并做激烈的相对运动，进行传热和传质使物料得以干燥，并随气流进入旋风分离器经分离后由底部排出，废气由顶部放空。气流干燥器稳定操作的关键是连续而均匀地加料，并将物料分散于气流中。图 1-3-34 所示为几种常见的固体加料器。

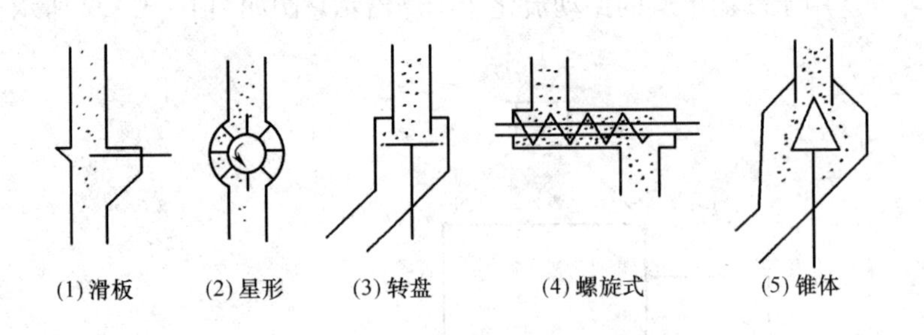

图 1-3-34　几种常用的固体加料器

按进料方式，气流干燥可分为三种，如图 1-3-35 所示。

直接进料式适用于湿物料分散性能良好和只除去表面水分的场合，如面粉、淀粉、汤粉。若湿物料含水量较高，加料时容易结团，可以将一部分干燥的成品返回到加料器

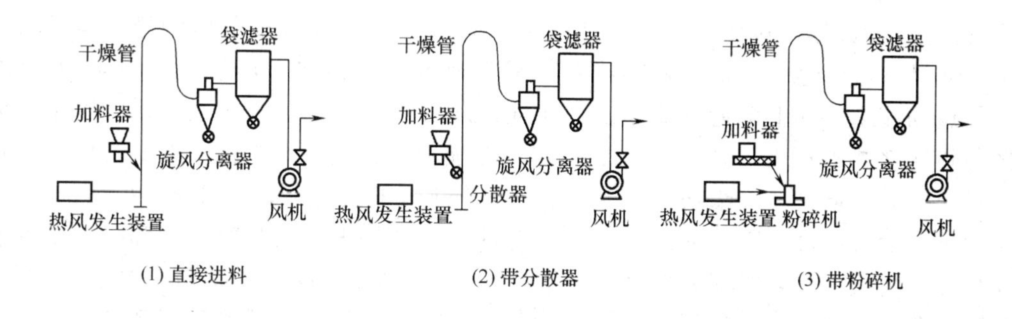

图 1-3-35　几种不同进料方式的气流干燥流程示意图

中与湿物料混合，以便有利于干燥；装有分散器的目的是打散物料，所以这种干燥器适合处理离心机、过滤机的滤饼以及咖啡渣、玉米渣等；装有粉碎机的进料方式，可使湿物料进一步粉碎，减小粒径，增加表面积，强化干燥。另外，粉碎机可使物料与热风强烈搅拌，故体积传热系数极大，在粉碎机中就有可能使 50% ~80% 的水分蒸发，因此可采用较高的进气温度以获得大的生产能力和高的传热效率。

气流干燥有以下特点：

（1）干燥强度大　干燥时物料在热风中呈悬浮状态，每个颗粒都被热空气所包围，因而能使物料最大限度地与热空气接触。同时气流速度较高，一般可达 20 ~40m/s，空气涡流的高速搅动，使气固边界层的气膜不断受到冲刷，减少了传热和传质的阻力。如果以单位体积干燥管内的传热来评定干燥速率，则体积传热系数比转筒干燥器大 20 ~30 倍，尤其是在干燥管前端或底部，因机械粉碎装置或风机叶轮的粉碎作用，效果更为显著。

（2）干燥时间短　大多数物料的气流干燥只需 0.5 ~2.0s，最长不超过 5s，而且因为是并流操作，所以即使是热敏性或低熔点物料也不会造成过热或分解而影响品质。

（3）散热面积小　对于完成一定的传热量，所需的干燥器的体积可以大大减小，能实现小设备大生产的目的。而热损失小，最多不超过 5%，因而热效率高，干燥非结合水分时，热效率可达 60%，干燥结合水分也可达 20% 左右。

（4）适用范围广　被干燥颗粒直径最大可达 10mm，湿物料含水量为 10% ~40%。由于操作稳定连续，故可以把干燥、粉碎、输送、包装等工序在内的整个过程在密闭条件下进行，以减少物料飞扬，防止污染，不但提高了制品品质，同时又提高了产品得率。

气流干燥的缺点是：由于气流速度高，对物料有一定的磨损，故对晶体形状有一定要求的产品不宜采用；气流速度大，全系统的阻力大，因而动力消耗大。普通气流干燥器的一个突出缺点是干燥管较长，一般在 10m 或 10m 以上。为了降低其高度，人们研究了颗粒在干燥管中的运动规律和传热机理。

当湿物料进入干燥管底部的瞬间，其上升速度为零，气流和颗粒间的相对速度最大。而后颗粒被上升气流不断加速，两者相对速度随之减小，直至气体与颗粒间的相对速度等于颗粒在气流中的沉降速度时，颗粒不再被加速而维持恒速上升至干燥器出口。也就是说，颗粒在气流干燥器中的运动，可分为起初的加速运动阶段和随后的恒速运动阶段。恒速运动阶段，气固间相对速度不变，颗粒干燥受气流的绝对运动影响不大。而且气流干燥一般是粉粒状物料，沉降速度很小，加上热空气的涡流和湍动，颗粒的运动速度实际上接近气流速度。此外，该阶段内的传热温差也小，所以恒速阶段的传热速率并不很大。从实验测定得知，在加料口以上 1m 左右的干燥管内，干燥速率最快，此时从气体传给物料的传热量占整个干燥管传热量的 1/2 ~ 3/4。其原因不仅是由于干燥管底部气固间的温差较大，更重要的是气固间的相对运动和接触情况有利于传热和传质。此阶段即为加速运动阶段，通常在加料口以上 1 ~ 3m 内完成。所以要提高气流干燥器的效率或降低干燥管的高度，就应尽量发挥干燥管底部加速阶段的作用，增加颗粒与气体间的相对速度。改进措施之一是把气流干燥器多级串联，这样既增加了加速阶段的数目，提高了干燥速率，又降低了干燥管的总高度，但此方法需要增加气体输送设备和分离设备。目前，国内多采用二级串联和三级串联，干燥含水量较高的物料如口服葡萄糖等。

除采用多级代替单级外，强化气流干燥有如下几种新型设备，如图 1 - 3 - 36 所示。

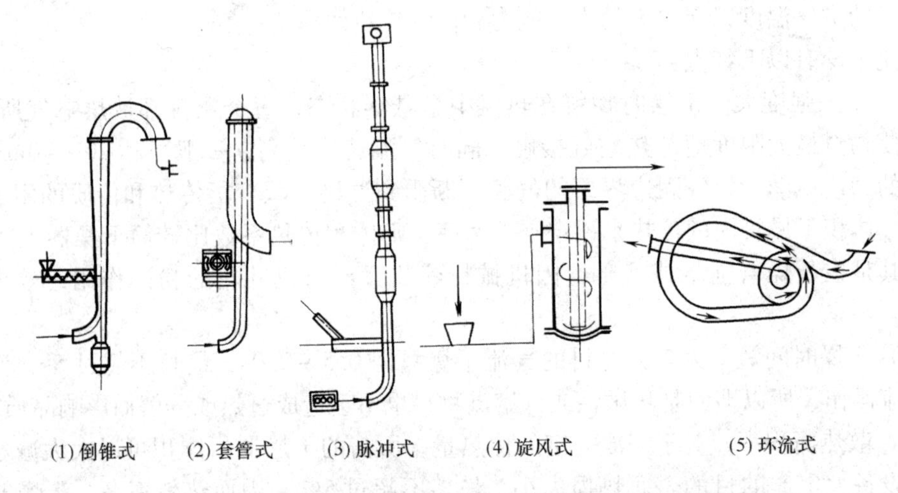

图 1 - 3 - 36　三种不同进料方式的气流干燥流程示意图

1. 倒锥式气流干燥器

干燥管呈倒锥形，上大下小，气流速度由下而上逐渐降低，不同粒度的颗粒分别在管内不同的高度中悬浮，互相撞击直至干燥程度达到要求时被气流带出干燥器。颗粒在管内停留时间较长，可降低干燥管的高度。

2. 套管式气流干燥器

干燥管分内管和外管，物料和气流一起由内管下部进入，颗粒在内管加速运动至终了时，由顶部导入内外管的环隙内，然后物料颗粒以较小的速度下降而排出。这种形式可以节约热量。

3. 脉冲式气流干燥器

采用直径交替缩小和扩大的脉冲管代替直管。物料首先进入管径小的干燥管中，气流速度较高，颗粒产生加速运动，当加速运动终了时，干燥管直径突然扩大，由于颗粒运动的惯性作用，此时的颗粒速度大于气流速度；当颗粒在运动过程中逐渐减速后，干燥管直径又突然缩小，便又被气流加速。如此交替地进行上述过程，永远不进入等速运动阶段，从而强化了传热和传质过程。

4. 旋风气流干燥器

这种干燥器的特点是气流夹带物料从切线方向进入器内，在干燥器的内管和外管之间产生旋转运动，使颗粒处于悬浮和旋转运动状态。由于离心加速作用，使气固间相对速度增大，即使在雷诺数较低的情况下，也能使颗粒周围的气体边界层处于高度湍流状态，因而强化了干燥过程。颗粒旋转时容易被粉碎，所以此类干燥器适用于不怕磨损的热敏性散粒状物料。

5. 环形气流干燥器

根据气流干燥混相流动中传热、传质的机理对设备进行了很多改进，出现了形状复杂的气流干燥器。环形气流干燥器就是其中的一种。干燥管设计成环状（或螺旋状），主要目的是延长颗粒在干燥管内的停留时间。

（七）喷雾干燥

将溶液、浆液或微粒的悬浮液在热风中喷雾成细小的液滴，在其下落的过程中，水分迅速汽化而成为粉末状或颗粒状的产品，称为喷雾干燥。喷雾干燥原理如图 1-3-37 所示。

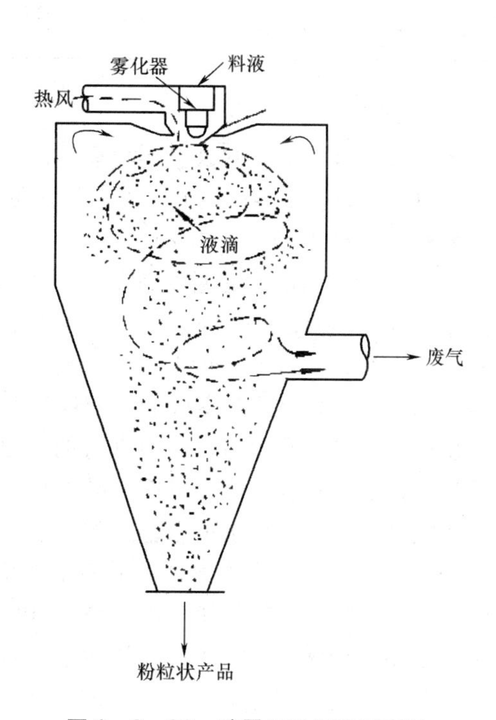

图 1-3-37 喷雾干燥原理示意图

料液由泵送至干燥塔顶，并同时导入热风。料液经雾化装置喷成液滴与高温热风在器内迅速进行热量交换和质量传递。干制品从塔底卸料，热风降温增湿后，成为废气排出。废气中夹带的细微粉粒用分离装置回收。

喷雾干燥装置由雾化器、干燥室、产品回收系统、供料及热风系统等部分组成。

雾化器的作用是将料液喷洒成直径为 10～60μm 的细滴，以获得很大的汽化表面，因此合理选择雾化器是喷雾干燥的关键环节。它不仅直接影响到产品品质，而且也在相当程度上影响干燥的技术经济指标。对热敏性食品的干燥，料液的雾化情况显得更为重要。常用的雾化器有压力式、离心式、气流式三种。食品工业多选择压力喷雾和离心喷雾。选型时，应根据生产要求、所处理物料的性质等具体情况而定。三种雾化器特点的比较见表 1-3-2。

表1-3-2　　雾化器的特点比较

形式	优　　点	缺　　点
离心式	①操作简单，对物料性质适应性较强，适宜于高浓度、高黏度物料的喷雾。②操作弹性大，在液量变化±25%时，对产品质量和粒度分布均无多大影响。③不易堵塞，操作压力低。④产品粒子呈球形，粒子外表规则、整齐	①喷雾器结构复杂，造价高，安装要求高。②仅适用于立式干燥机，且并流操作。③干燥机直径大。④制品密度小
压力式	①喷嘴结构简单，维修方便。②可采用多喷嘴(1~12个)，提高设备生产能力。③可用于并流、逆流、卧式或立式干燥机。④动力消耗低。⑤制品密度大。⑥塔径较小	①喷嘴易堵塞、腐蚀和磨损。②不适宜处理高黏度物料。③操作弹性小
气流式	①可制粒径5μm以下的产品，可处理黏度较大的物料。②塔径小。③并流、逆流操作均适宜	①动力消耗大。②不适宜于大型设备。③粒子均匀性差

1. 喷雾干燥的特点

（1）蒸发面积大　料液被雾化后，液体的比表面积非常大。例如，1L的料液可雾化成直径50μm的液滴146亿个，总表面积可达5400m^2。这样大的表面积与高温热空气接触，瞬时就可蒸发95%~98%的水分。因此完成干燥时间很短，一般只需5~40s。

（2）干燥过程液滴的温度较低　虽然采用较高温度范围的干燥介质（80~800℃），但其排气温度不会很高，因为液滴存在大量水分时，其温度不会超过热空气的湿球温度。对乳粉干燥为50~60℃，因此非常适合热敏性物料的干燥，能保持制品的营养、色泽和香味。制品纯度高且具有良好的分散性和溶解性。

由于干燥是在密闭的容器中进行的，故不会混入杂质和污染，制品纯度高。根据工艺要求选择适当的雾化器，可使产品制成粉状或保持与液滴相近的球状，故制品的分散性、疏松性好，可以在水中迅速溶解。

（3）过程简单、操作方便，适宜于连续化生产　喷雾干燥通常适用于湿含量40%~60%的溶液，特殊物料即使含水量高达90%，也可不经浓缩，同样一次干燥成粉状制品。大部分制品，干燥后不需要粉碎和筛选，简化了生产工艺过程。对于制品的粒度、密度、松散度及含水量等质量指标，可通过改变操作条件进行调整，且控制管理都很方便。干燥后的制品连续排料，结合冷却器和气力输送，可形成连续生产线，有利于实现大规模自动化生产。

喷雾干燥的主要缺点是：单位产品耗热量大，设备的热效率低。在进风温度不高时，一般热效率为30%~40%。介质消耗量大，如用蒸汽加热空气，每蒸发1kg水分需要2~3kg蒸汽。

2. 按气流方向分类

按喷雾和气体的流动方向分类，干燥器可分为并流式、逆流式和混流式，其工作原理示意图如图 1－3－38 至图 1－3－40 所示。

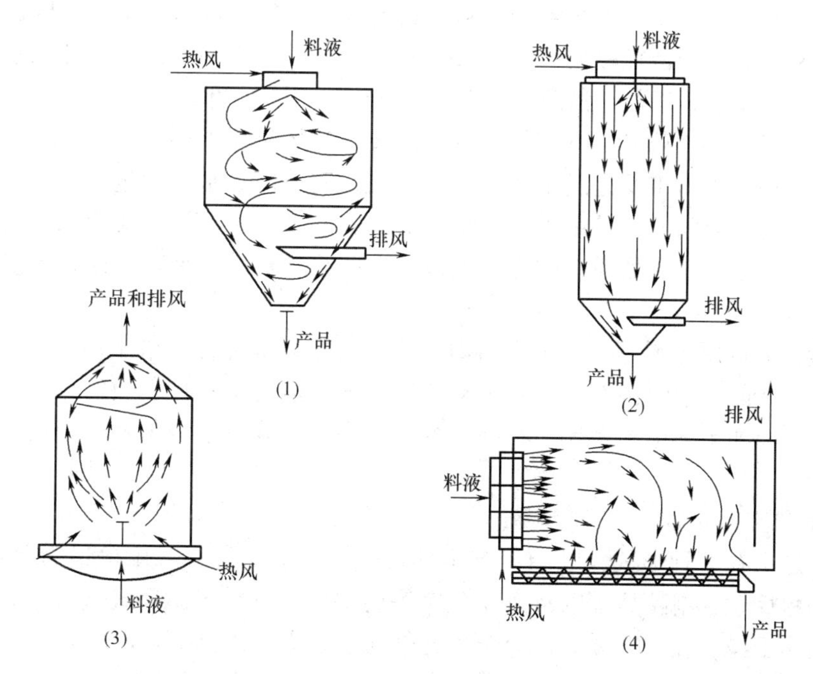

图 1－3－38 并流式喷雾干燥原理示意图

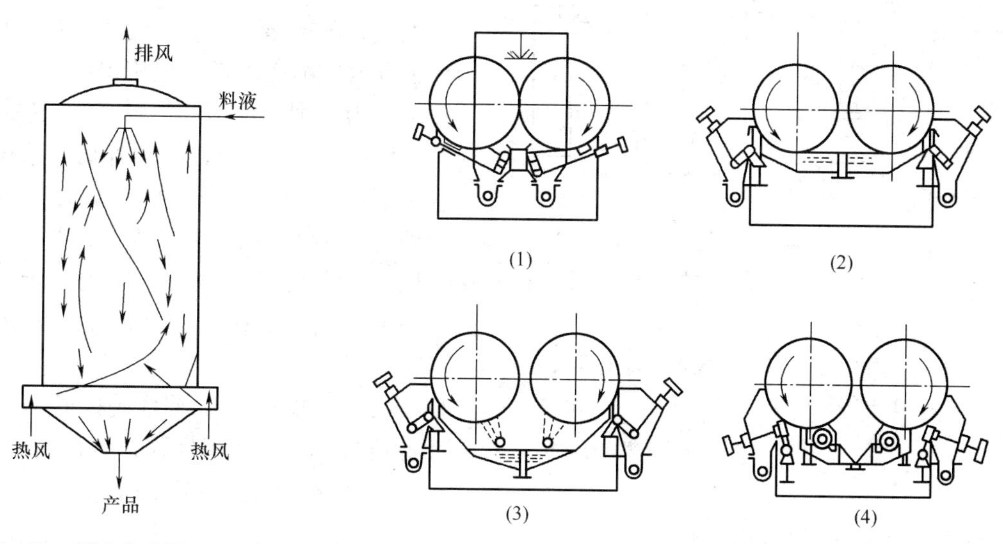

图 1－3－39 逆流式喷雾干燥原理示意图

图 1－3－40 混流式喷雾干燥原理示意图

（1）并流式喷雾干燥器 在干燥器内，液滴与热风呈同方向流动。由于热风进入干燥室内立即与喷雾液滴接触，室内温度急剧下降，不会使干燥物料受热过度，因此适宜于热敏性物料的干燥。目前，乳粉、蛋粉、果汁粉的生产，绝大多数都采用并流操作。图 1－3－38 中（1）、（2）为垂直下降并流型，这种形式塔壁粘粉比较少。图 1－3－38

中（3）为垂直上升并流型，这种形式要求干燥塔截面风速大于干燥物料的悬浮速度，以保证干料能被带走。由于在干燥室内细粒停留时间短，粗粒停留时间长，因此干燥比较均匀。但这种形式动力消耗较大。图1－3－38中（4）为水平并流型，热风在干燥室内运动的轨迹呈螺旋状，以便与液滴均匀混合，并延长干燥时间。

（2）逆流式喷雾干燥器　在干燥器内，液滴与热风呈反方向流动。其特点是高温热风进入干燥室内首先与将要完成干燥的粒子接触，使其内部水分含量降到较低程度；物料在干燥室内悬浮时间长，适用于含水量高的物料的干燥。设计这类干燥器时，应注意塔内气流速度必须小于成品粉粒的悬浮速度，以防粉粒被废气夹带。这种干燥器常用于压力喷雾场合。

（3）混流式喷雾干燥器　在干燥器内，液滴与热风呈混合交错流动。其干燥特性介于并流和逆流之间。它的特点是液滴运动轨迹较长，适用于不易干燥的物料，食品工业中也有应用。但如果干燥器设计的不好，容易造成气流分布不均匀及内壁局部粘粉严重的现象。

3. 按生产流程分类

喷雾干燥也有多种形式，其中最基本的形式是开放系统，采用也最为普遍。此外，为了满足物料性质、制品品质以及防止公害等要求，还有封闭循环式喷雾干燥系统，自惰循环式喷雾干燥系统、喷雾沸腾干燥系统和喷雾干燥与附聚造粒系统。

（1）开放式喷雾干燥系统　是指干燥介质在这个系统中只使用一次就排入大气，不再循环使用。图1－3－41所示为开放式喷雾干燥系统流程示意图。

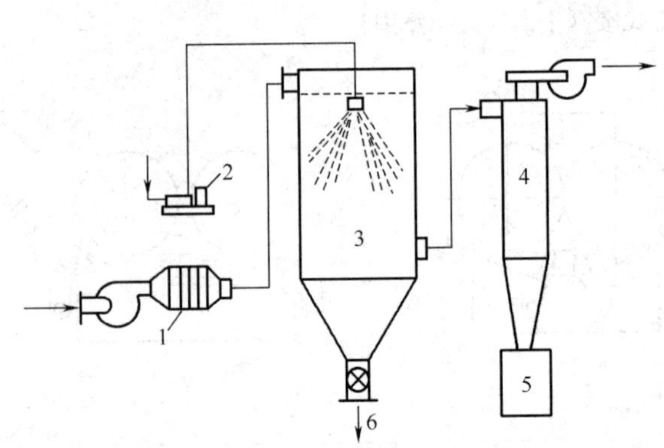

图1－3－41　开放式喷雾干燥系统

1—空气加热器　2—料泵　3—干燥塔
4—旋风分离器　5—成品罐　6—成品

为了使干燥塔内保持一定的负压（98～294Pa），防止粉尘外扬，系统中采用了两台风机。在风机入口处（或出口处）一般都装有调节阀，以便调整塔内压差。在食品工业上，乳粉、蛋粉、汤粉和其他许多粉末制品的生产都采用这种系统。

开放式喷雾干燥系统的特点是，设备结构简单，适用性强，不论压力喷雾、离心喷雾、气流喷雾都能使用。主要缺点是干燥介质消耗量比较大。

（2）封闭循环式喷雾干燥系统　该系统流程如图1－3－42所示。它的特点是，干燥介质在这个系统中组成一个封闭的循环回路，有利于节约干燥介质，回收有机溶剂，防止毒性物质污染大气。被干燥的料液往往是含有机溶剂的物料，或者是易氧化、易燃、易爆的物料，也适用于有毒的物料。因此，干燥介质大多使用惰性气体，如氮、二氧化碳等。从干燥塔排出的废气，经旋风分离器除去细微粒子，然后进入冷凝器。冷凝器的作用是将废气中的溶剂（或水分）冷凝下来。冷凝温度必须在溶剂最高允许浓度的露点以下，以保证冷凝效果。除去溶剂的气体经风机升压后，进入间接加热器加热后又变为热风，如此反复循环使用。

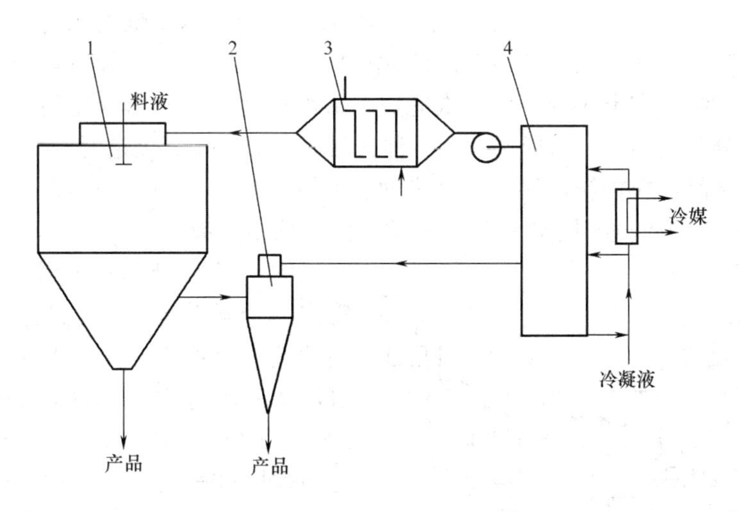

图1-3-42 封闭循环式喷雾干燥系统

1—干燥塔 2—旋风分离器 3—加热器 4—冷凝器

（3）自惰循环式喷雾干燥系统 如图1-3-43所示，该系统是封闭系统改进后的变形，也就是在这个系统中有一个自制惰性气体的装置。通过这个装置使可燃气体燃烧，除去空气中的氧气，将余下的氮和二氧化碳气体用作干燥介质，其中残留的氧量很少，一般不超过4%。从干燥室出来的废气送入冷凝器，除去其中的大部分水分。由于具有自惰过程，系统中必然产生过多气体，导致系统的压力升高。为了使系统中的压力能够平衡，在风机的出口风道处必须安装一个放气减压缓冲装置，以便压力增高到一定值时，将部分气体排入大气。

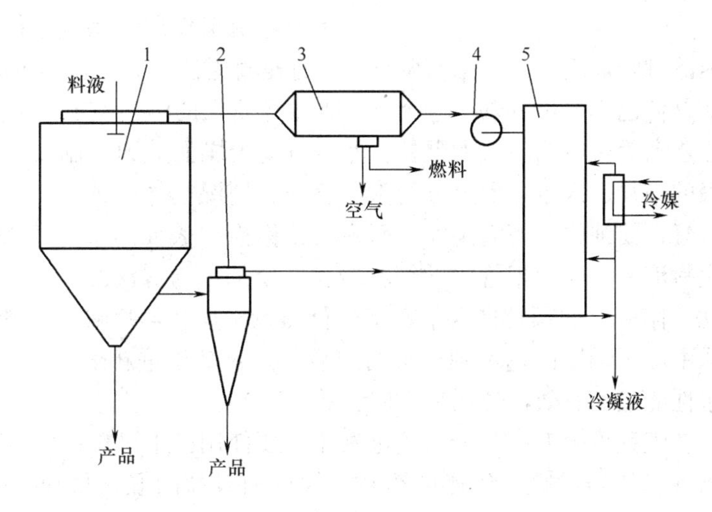

图1-3-43 自惰循环式喷雾干燥系统

1—干燥塔 2—旋风分离器 3—燃烧器 4—旁通出口 5—冷凝器

该系统适用于下述情况的料液干燥：干燥制品只能与含氧低的空气接触，以免引起氧化或粉尘爆炸；从干燥系统出来的废气量要尽可能少，而且必须净化以防止空气污染。

（4）喷雾沸腾干燥系统　这种系统是喷雾干燥与流化床干燥的结合。它利用雾化器将溶液雾化，喷入到颗粒做激烈运动的流化床内，借助干燥介质和流化介质的热量，使水分蒸发、溶质结晶和干燥等工序一次完成。溶液雾化以后，尚未碰到流化床内原有颗粒以前，已部分蒸发结晶，形成了新的晶种，而另一部分在雾化过程中尚未蒸发的溶液，便与床中原有结晶颗粒接触而涂布于其表面，使颗粒长大，并进一步得到干燥，形成粒状制品。这种干燥方法适用于能够喷雾的浓溶液或稀薄溶液。

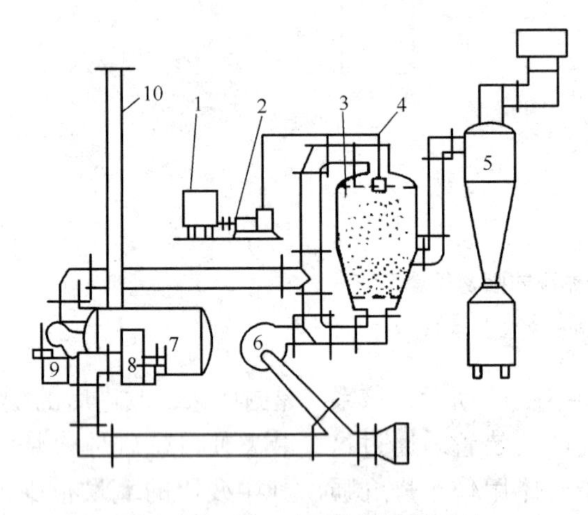

图1-3-44　喷雾沸腾干燥系统

1—保温缸　2—高压泵　3—干燥塔　4—雾化器　5—旋风分离器　6—辅助风机　7—热风炉　8—风机　9—燃料供给装置　10—烟囱

图1-3-44所示为用于干燥乳粉的喷雾沸腾干燥系统，其生产过程如下：浓缩后的乳液由离心泵送至保温缸，高压泵将乳液送入压力式喷嘴中进行雾化（压力为120～15000kPa）。新鲜空气经过滤后大部分由鼓风机送去与热风炉中的燃气进行热交换，变成200～210℃的热空气，然后将热空气分成两路：一路从干燥塔顶部进塔，作为喷雾的干燥介质；另一路与辅助风机引进的补充冷风混合后从塔底进入，作为流化介质使用。干燥后的乳粉则从塔的中部卸出，进入旋风分离器，分离出来乳粉落入收集桶。这种系统具有体积小、生产效率高等优点。

（5）喷雾干燥与附聚造粒系统　为了使分散且不均匀的粉粒能快速溶解，通常是通过附聚作用，制成组织疏松的大颗粒速溶制品，如速溶咖啡。附聚的方法有两种：一种是直通法；另一种是再湿法。

所谓再湿法是使已干燥的粉粒（基粉），通过与喷入的湿热空气（或蒸汽）或料液雾滴接触，使之逐渐附聚成为较大的颗粒，然后再度干燥而成为干制品。如图1-3-45所示，把要附聚的细粉送入干燥器上方的附聚管内，用湿空气（或蒸汽）沿切线方向进入附聚管旋转冷凝，使细粉表面润湿发黏而附聚，称为“表面附聚”再湿法；如用离心式雾化器所产生料液雾滴与附聚管内的细粉接触，使细粉与雾滴黏结而附聚，称为“液滴附聚”再湿法。附聚后的颗粒进入干燥室进行热风干燥，然后进入振动流化床冷却成为制品。流化床中和干燥器内达不到要求的细粉，汇入基粉重新附聚。再湿法是目前改善干燥粉粒复水性能最为有效、使用最为广泛的一种方法。

直通法的工艺流程见图1-3-46。直通法不需要使用已干燥粉粒作为基粉进行附聚，而是调整操作条件，使经过喷雾干燥的粉粒，保持相对高的湿含量6%～8%（湿基），在这种情况下，细粉表面自身的热黏性，促使其发生附聚作用。用直通法附聚的颗粒直径可达300～400μm。附聚后的颗粒进入下方的两段振动流化床。第一段为热风流化床干

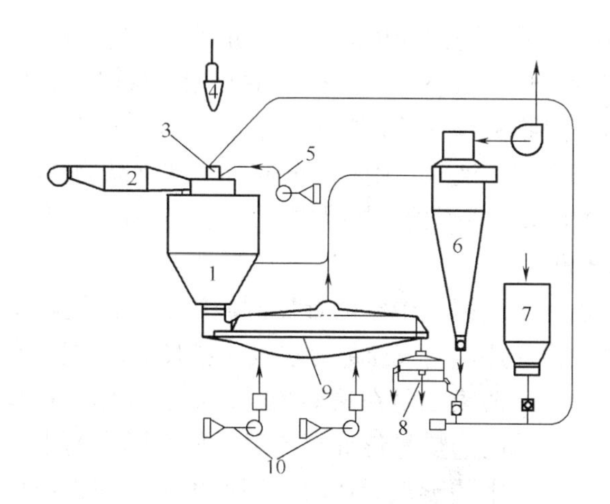

图1-3-45 喷雾干燥与附聚造粒系统（再湿法）

1—干燥塔 2—空气加热器 3—附聚管 4—离心式雾化器 5—湿热空气
6—旋风分离器 7—基粉缸 8—成品收集器 9—振动流化床 10—冷空气

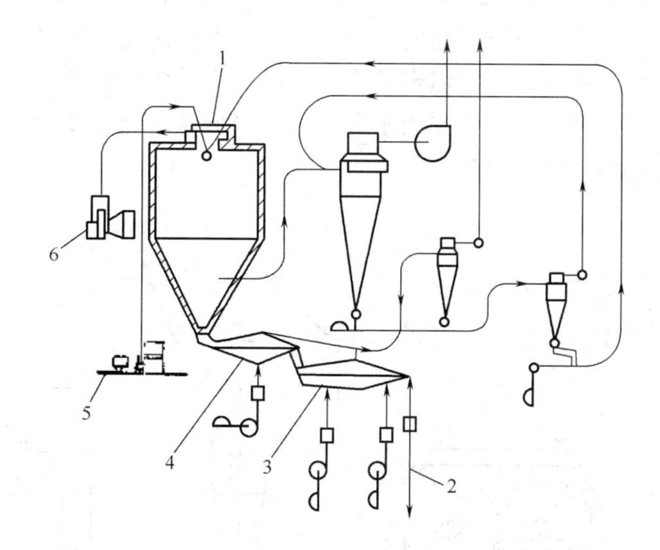

图1-3-46 喷雾干燥与附聚造粒系统（直通法）

1—雾化器 2—成品 3—冷却流化床 4—热风流化床 5—进料装置 6—空气加热器

燥，使其水分达到所要求的含量。第二段为流化冷却床，将颗粒冷却成为附聚良好、颗粒均匀的制品。在输送过程中，细的粉末以及附聚物破裂后产生的细粉，与干燥器主旋风分离器收集的细颗粒一起，返回到干燥室，重新进行湿润、附聚、造粒，使其有机会再次成为符合要求的大颗粒。

二、接触干燥

被干燥物料与加热面处于密切接触状态，蒸发水分的能量主要以传导方式进行的干燥称为接触干燥。接触干燥多为间壁传热，干燥介质可以选用蒸汽、热油或其他载热体，不像对流干燥那样必须加热大量空气，故热能的利用比较经济，但是被干燥物料的热导率一般很低。如果被干燥物料与加热面接触不良，热导率还会进一步降低。接触干燥的传热特性，决定了它仅适用于液状、胶状、膏状和糊状食品物料的干燥。

典型的接触干燥器是滚筒干燥器，按操作压力又可分为常压滚筒干燥和真空滚筒干燥。

（一）常压滚筒干燥

滚筒干燥器一般由一个或两个中空的金属圆筒组成，圆筒随水平轴转动，其内部由蒸汽或热水或其他载热体加热。当滚筒部分浸没在料浆中，或将料浆喷洒到滚筒表面时，因滚筒的缓慢旋转使物料呈薄膜状附在滚筒的外表面。筒体与料膜间壁传热的热阻，使其形成一定的温度梯度，筒内的热量传导至料膜，使料膜内的水分向外转移，当料膜表面的蒸汽压力超过环境空气中的蒸汽分压时，即产生蒸发和扩散作用。滚筒在连续转动过程中，其传热传质作用，始终由里至外，向同一方向进行。物料干燥到预期程度，用刮刀将其刮下。

图1－3－47所示为常压双滚筒干燥生产流程示意图。料膜干燥的全过程可分为预热、等速和降速三个阶段。料液成膜时为预热段，蒸发作用尚不明显。料膜脱离料液主体后，干燥作用开始，膜表面维持恒定的汽化速度。当膜内扩散速度小于表面汽化速度时，即进入降速干燥阶段。随着料膜内水分含量的降低，汽化速度大幅度下降。降速段的干燥时间占总时间的80%～98%。

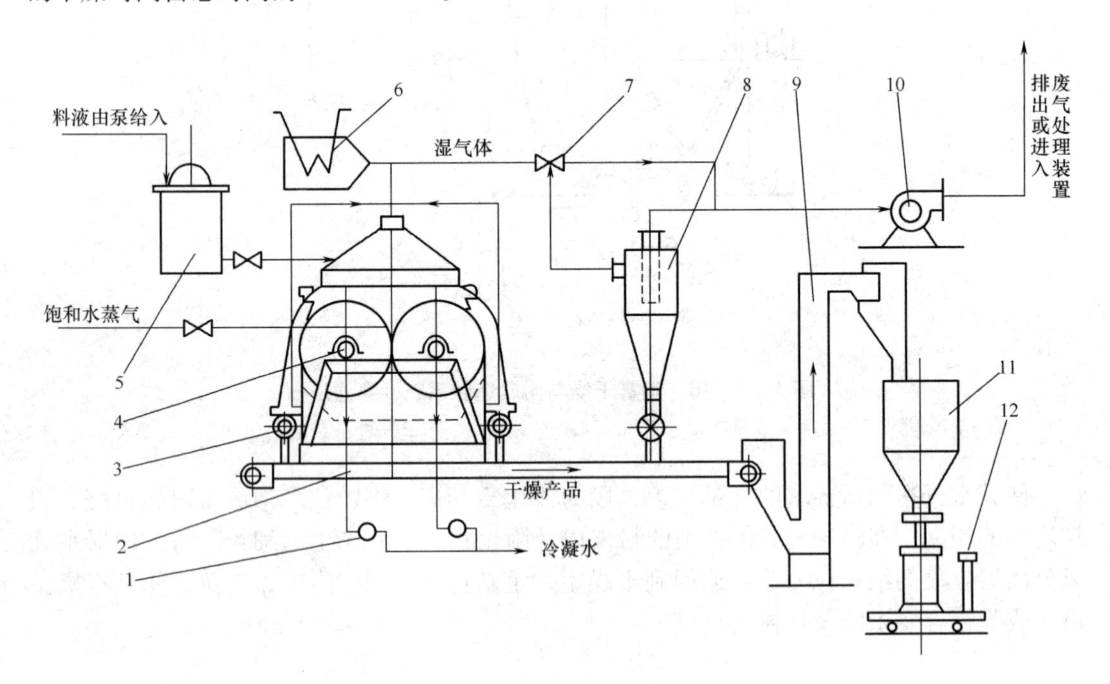

图1－3－47　双滚筒干燥生产流程示意图

1—疏水器　2—皮带输送机　3—螺旋输送机　4—滚筒　5—料液高位槽　6—湿空气加热器　7—切换阀　8—捕集器　9—提升机　10—风机　11—成品贮斗　12—包装计量

滚筒干燥器的加料方式，对料膜的形成、成膜厚度、干燥特性、干燥制品得率和品质都有直接影响。常用的加料方式如图1－3－48、图1－3－49所示。

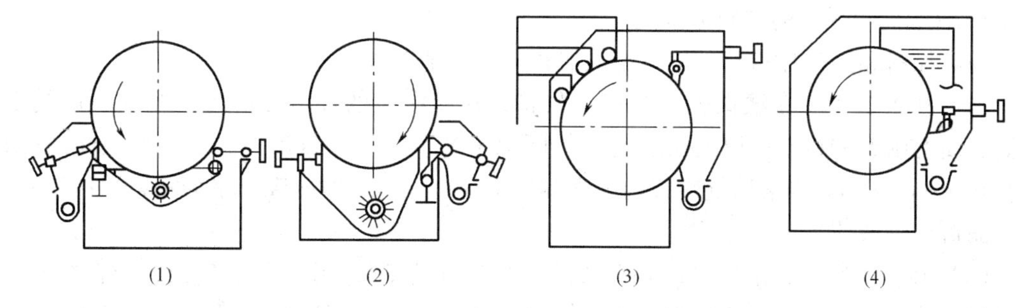

图1－3－48 单滚筒干燥器的加料方式

（1）浸没加料 （2）洒溅加料 （3）转筒加料 （4）侧向加料

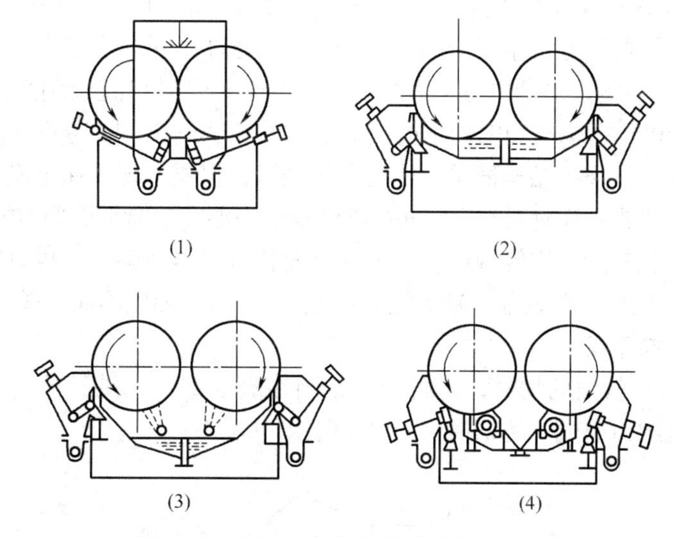

图1－3－49 双滚筒干燥器的加料方式

（1）中心加料 （2）浸没加料 （3）洒溅加料 （4）转筒加料

1. 单滚筒干燥器的加料方式

（1）浸没加料 在滚筒底部装有浅碟形液槽，用以供给料液。滚筒部分浸没在料液中，使料液呈膜状附着在滚筒表面上。这种加料方法需借助溢流管使液面保持恒定，而且必须注意，浸没深度改变，液膜厚度会随之改变。此外，为了防止料液浓度的变化，在槽内还装有冷却盘管。

（2）洒溅加料 在滚筒底部装有料槽，其中还装有两个带有很多叶片的转筒，借转筒旋转以使叶片飞溅料液，附着在滚筒表面上。这种加料方式对黏度高的料液不适用。

（3）转筒加料 在滚筒上部装有2～3只转筒，在转筒与滚筒间分别供给料液，转筒的安装位置可以通过滑块机构调节，以使其处于干燥效果最好的位置。这种加料装置对糊状物质的干燥最为合适。

（4）侧向加料 在滚筒的上侧部位装有进料箱，用压紧机构压紧在滚筒表面上，在滚筒与进料箱的可动面上装有衬板，使液体密封。这种方式在进料箱中也进行蒸发，所以适用于低浓度和有结晶生成的液体。

2. 双滚筒干燥器的加料方式

浸没加料和洒溅加料与单滚筒干燥器相同，其他两种为：

（1）中心加料　在滚筒上部装有加料箱，对于滚筒的旋转方向为内侧向下的情况，滚筒表面上附着的料液膜厚度由滚筒间的间隙来调节，可以自由控制，一般滚筒间隙控制在0.5～1.0mm。当滚筒旋转方向为内侧向上时，其运转时间隙几乎为零，适用浓缩时有结晶析出的液体。

（2）转筒加料　在滚筒底部装有液槽，液槽内安装有两个转筒，转筒浸没在料液中，转筒与滚筒之间保持一定的间隙。当转筒的转速高于滚筒转速时，可在滚筒表面上形成厚的液膜，反之则形成薄的液膜。这种加料方法适用于浓度高、黏度高的料液。

滚筒干燥为筒壁传导加热干燥，滚筒直径一般为0.5～1.5m，长度为1～3m，转速为1～5r/min，滚筒表面薄膜厚度为0.1～1.0mm。处理物料含水量范围为10%～80%，一般可干燥到3%～4%，最低可达0.5%左右。由于干燥时可直接利用蒸汽潜热，故热效率较高，可达70%～90%。单位加热蒸汽耗用量为1.2～1.5kg蒸汽/kg水。

常压滚筒干燥器，设备结构简单，热能利用经济，但要实现快速干燥，只有提高滚筒表面温度，因此要求被干燥物料在短时间内能够承受高温。滚筒干燥器与喷雾干燥器相比，具有动力消耗低、投资少、维修费用省、干燥温度和时间容易调节（可改变蒸汽温度和滚筒转速）等优点，但在生产能力、劳动强度和操作环境等方面则不如喷雾干燥器。

（二）真空滚筒干燥

为了处理热敏性较强的物料，可将滚筒密闭在真空室内，使干燥过程处在真空条件下，即构成真空滚筒干燥器，如图1-3-50所示。

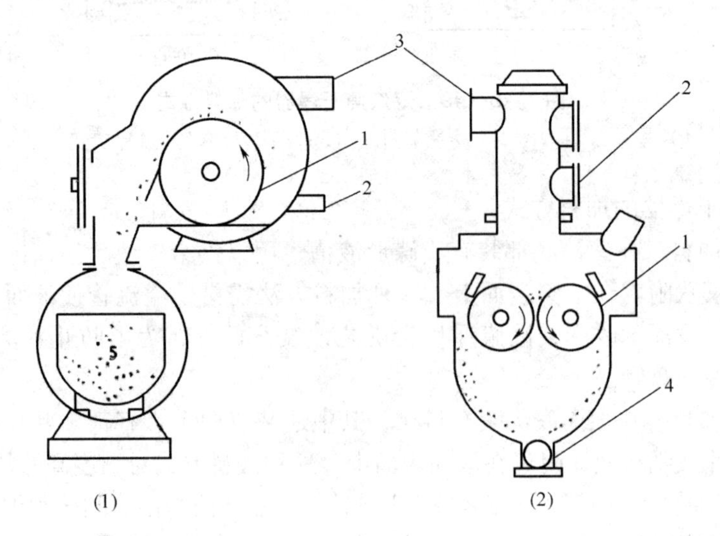

图1-3-50　真空滚筒干燥器结构示意图

（1）单滚筒式　（2）双滚筒式

1—滚筒　2—加料口　3—通冷凝真空系统　4—卸料阀　5—贮藏槽

真空滚筒干燥器也有单滚筒和双滚筒之分。真空滚筒干燥器的进料、卸料和刮料等操作都必须在干燥室外部来控制，因此这类干燥成本比较高。对于在高温下会熔化发黏，干燥后很难刮下，即使刮下也难以粉碎的物料，可使用刮料前先行冷却，使之成为较脆薄层的带式真空滚筒干燥器，如图 1－3－51 所示。

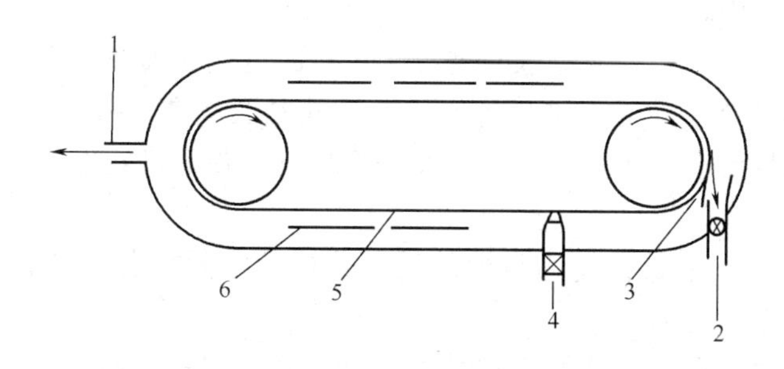

图 1－3－51　带式真空滚筒干燥器示意图

1—通真空冷凝系统　2—成品出口　3—刮刀　4—进料装置　5—输送带　6—辐射加热单元

干燥器的左端与真空系统相连接，器内的不锈钢输送带由两只空心滚筒支撑着并按顺时针方向转动。位于左边的滚筒为加热滚筒，有蒸汽通入内部，并以传导方式将移经该滚筒的输送带加热。位于右边的滚筒为冷却滚筒，有流动水通入内部进行循环，将移经该滚筒的输送带冷却。上下层输送带的侧部都装有红外线热源。供料装置连续不断地将料液涂布在下层输送带的底表面上，形成薄膜层。输送带从红外线接受辐射热后，以传导方式与料膜层进行热交换，使料膜内部产生水蒸气，汽化成多孔性状态后，由输送带移经加热滚筒传导加热，然后由红外线进一步辐射加热而迅速干燥，物料水分降至 2% 左右。当输送带移经冷却滚筒时，干料则因冷却而脆化，容易用刮刀刮下卸料。

这种干燥器非常适用于果汁、番茄汁浓缩液、咖啡浸出液等具有热粘接性、干燥后不易卸料、粉碎的食品，而且制品具有一定的速溶性，品质优良。

三、冷冻干燥

冷冻干燥是一种特殊形式的真空干燥方法。一般的真空干燥，物料水分是在液态下转化为水蒸气的；而冷冻干燥，物料水分则是在固态下，即从冰晶体直接升华成水蒸气。因此，冷冻干燥又称为升华干燥。

冷冻干燥保留了真空干燥在低温和缺氧状态下干燥的优点，与对流干燥和接触干燥相比较，可以在不同程度上避免物料干燥时受到的热损害和氧化损害，以及水分在液态下汽化使物料发生收缩和失形，因而冷冻干燥后的食品能够最大程度保持原有的物理、化学、生物学和感官性质不变。加水复原后，可恢复到原有的形状和结构，且可长期保藏。

冷冻干燥主要具有以下特点：

（1）冷冻干燥时，物料处于低温和真空状态，特别适用于热敏性食品和易氧化食品的干燥，可以保留新鲜食品的色、香、味，维生素 C 以及其他营养成分。

(2) 由于物料升华脱水之前，先经冻结处理形成了稳定的固体骨架，水分升华后，固体骨架基本维持不变，所以其干制品不会失去原有固体形状。物料中原水分存在的空间，又会使干制品形成多孔结构而具有非常理想的速溶性和快速复水性。

(3) 由于物料中的水分在预冻以后，以冰晶的形态存在，原来溶于水中的无机盐被均匀地分配在物料之中，而升华时，溶于水中的无机盐就地析出。这样就避免了一般干燥方法中因物料内部水分向表面扩散时携带无机盐而造成的表面硬化现象。

(4) 因物料处于冻结状态，水分升华所需热源温度不高，可采用常温或稍高于常温的加热载体即可满足要求。而且整个干燥设备往往不需要绝热处理，不会有很多热损失，所以热能利用率高。

(5) 物料在低压下干燥，使物料中的易氧化成分不致氧化变质，同时因低压缺氧，能灭菌或抑制某些细菌的活力。

冷冻干燥的主要缺点是，操作要在高真空和低温下进行，投资费用和操作费用都很大，因而产品成本高。但由于冻干后产品质量减轻了，运输费用减少了；能长期储存，减少了物料变质损失；对某些农副产品深加工后，减少了资源的浪费，提高了自身的价值。因此，使真空冷冻干燥的缺点又得到了部分弥补。

(一) 食品冷冻干燥的过程原理

1. 水的相平衡关系

水有三种聚集态（或称相态），即固态、液态和气态。三种相态之间达到平衡时必有一定的条件，称为相平衡关系，水的相平衡关系是研究和分析含水食品冷冻干燥过程原理的基础。

图1-3-52为水的相平衡示意图。曲线 *AC* 为固态和液态的界限称为熔解曲线或冰点曲线；曲线 *AB* 为液态和气态界限称为汽化曲线或冷凝曲线；曲线 *AD* 为固态和气态的界限称为升华曲线或凝聚曲线。在上述每条曲线上，两相可同时存在。在上述三条曲线相交的公共点 *A* 上，三相可同时存在，称为三相点（其温度为0.01℃，压力为610Pa）。在 *A* 点以上，进行恒压下的温度变化，例如沿着直线 *ab* 变化，可以导致三种相态的变化；进行恒温下的压力变化，如从 *c* 点到 *d* 点会引起沸腾和汽化。升华只有在三相点以下才可能发生，即在恒温（*gh* 线）下发生或在恒压（*ef* 线）下发生。

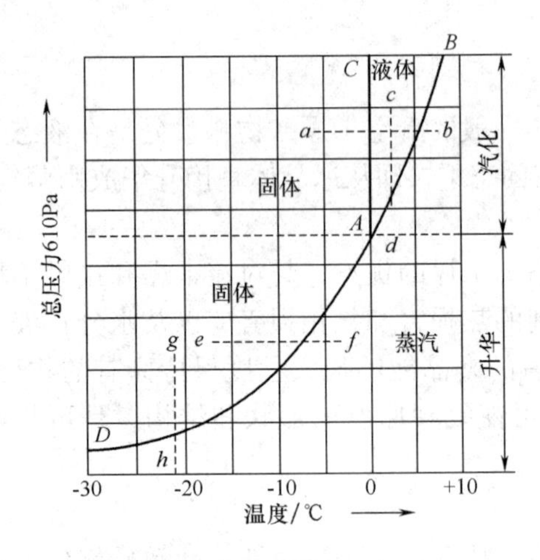

图1-3-52 水的相平衡示意图

实际上，食品内的水分必然会溶有溶质而形成水溶液。水溶液冻结时将会形成低共熔混合物，其三相点相对较低，而且随溶质性质不同而不同。

2. 食品的冻结

纯水冻结，如有冰的晶核存在，便在略低于0℃（常压下）开始结冰，若无晶核存在，则必须冷却至-39℃先形成晶核后再逐渐成冰。由此可见，冻结过程的开始，成核是必要的条件。

食品的冻结主要是水溶液冻结。对于水溶液的冻结，要明确溶液中溶质含量有个界限，这个界限就是溶液的低共熔浓度。当水溶液的浓度低于低共熔浓度时，冷却的结果表现为冰晶的析出，冰点逐渐下降而余下溶液的浓度越来越高，在理论上达到低共熔浓度为止；当水溶液浓度高于低共熔浓度时，冷却结果表现为溶质的不断析出，余下的溶液浓度越来越低，理论上也达到低共熔浓度时为止。因此，任何浓度的溶液冷却到最后，得到的除冰晶和溶质结晶以外，便是固化了的低共熔混合物。

食品原料基本来源于生物系统。生物系统物料的成分和结构都很复杂，而且生物聚合物的组织在很大程度上取决于水同原子团对水分子的亲和力。大量实验证明，生物组织中的一部分水分，即使在极低的温度下也不可能转化成冰。这种水分与生物聚合物之间有密切的交互作用，它的性质与主体水分大不相同。例如，通过氢键作用与生物聚合物极性基团相连接的水分，存在于非极性基团周围被覆的结构水分。此外，在冷却过程中，那些能够凝固成无定型状态而又不是冰晶状态的水分，也可归属于不可冻水分，称为玻璃化水分。许多实验也表明，在生物物料的冻结过程中，存在着一种玻璃体状态的过渡，而这种玻璃体状态过渡又与冷却速度等条件有关。冷却速度越快，玻璃体状态过渡越明显，所得无定型状态水分越多；反之，冷却速度越慢，玻璃体状态过渡越不明显，称为反玻璃体化现象。

生物物料冷冻时，生物细胞组织可能遭到破坏，而且细胞的破坏也与冷却速度有关。细胞的破坏表现为两种现象：

（1）机械效应　当细胞悬浮液被缓慢冷却时，冰晶开始出现于细胞外部的介质，于是细胞逐渐脱水，这种现象称为低温脱水收缩。而被快速冷却时，细胞内部发生结冰，而且冷却速度越快，若形成的冰晶体就越小，如果是超速冷却，则细胞内部水分出现玻璃体化现象。若形成的冰晶很大，将会对细胞组织产生严重的机械破坏，引起蛋白质变性，从而影响干制品的弹性和持水性，从这方面看，慢速冷却会形成大的冰晶，对冷冻干燥是不利的，但慢速冷却可使制品的多孔性好，升华时水蒸气容易逸出，干燥速度快。由此可见，选择冷却速度存在一个最适宜的范围。

（2）溶质效应　在冷却的最初阶段，水分的冻结会造成细胞间隙液体的浓缩，随之产生强电解质和其他溶质增浓，细胞内对离子的渗透性增加，因而细胞外离子便进入细胞，造成细胞膜破坏，并改变细胞内外的 pH。间隙液体溶质浓度越高，对细胞膜破坏越严重，但随着温度不断下降，破坏的速度也随之变慢。因此，溶质的破坏效应也必在某一温度下进行得最快，这一温度值应在冰点和全部间隙液体固化的温度之间。如果冷却时以较快的速度通过此温度之间的一段温度范围，那么溶质效应所产生的破坏效果可大大地减弱。

总的来说，生物物料的冻结，起决定作用的是冰晶的生长和细胞间液体的浓缩，关键是确定最佳的冷却速度，使机械效应和溶质效应的破坏程度降低到最小。冷却速度的快慢与采用的冻结温度有关，对多数食品物料一般采用 -40 ~ -30℃，对某些食品，为确保干燥，其温度还需要更低一些。

（二）食品冷冻干燥过程的传热和传质

真空冷冻干燥是先将湿物料冻结到共晶点温度以下，使水分变成固态的冰，然后在适当的温度和真空度下，使冰升华为水蒸气，再用真空系统的捕水器（水气凝结器）将水蒸气冷凝，从而获得干制品的技术。干燥过程是水的物态变化和移动的过程。由于这种变化和移动是发生在低温低压下，所以真空冷冻干燥的基本原理就是低温低压下传热传质的机理。

进行冷冻干燥的必要条件是，既要提供冰晶升华所需要的热量，又要及时将升华出来的水蒸气除去，因此包括了传热和传质两个方面。

已冻结的食品物料，不论其冻结体为块状、片状、粒状或其他任何形状，升华总是在表面开始的，升华的表面积就是冻结体的外表面积。在升华进行过程中，水分逐渐逸出，留下不能升华的多孔固体状基体，于是升华表面就逐渐向内部退缩。因此，在整个升华过程中总是存在着一定的升华表面，它把物料固相内部分成两个区域。在升华表面的外部，绝大部分水分已经升华，物料已被干燥，称为已干层；在升华表面内部，升华尚未进行，水分含量仍保持其初始值，称为冻结层。

实际上，上述两层之间不会存在明显的界限，从已干层到冻结层，界面内外的水分含量有一个逐渐过渡的区域，称为过渡区，如图1－3－53所示。过渡区内不再有冰晶存在，但它的水分含量仍明显高于已干层的最终含水量。实验指出，过渡区是很薄的，如果冻结层的温度很低，没有发生共熔物的熔解，那么过渡区内就不会产生物质流动和结构破坏现象，界限也就比较明显。

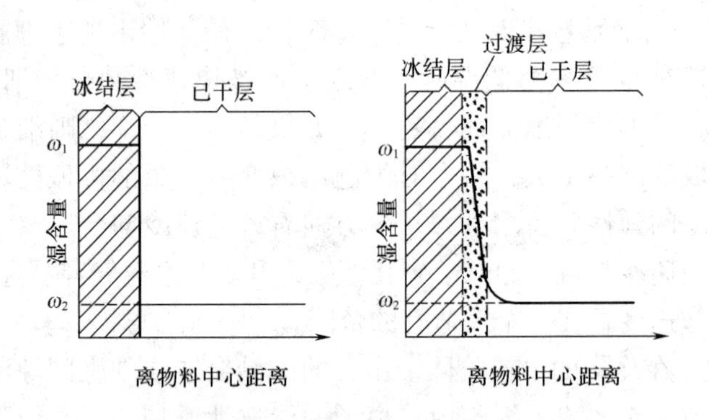

图1－3－53　冷冻干燥物料中的水分分布

冷冻干燥时，若传给升华表面的热量等于从升华表面逸出水蒸气扩散所需的热量，则升华表面的温度和压力均达到平衡，升华正常进行。若供给的热量不足，冰的升华夺去了物料自身的热量而使升华表面的温度降低，相应的平衡压力也降低，干燥速率放慢，若升华表面温度降到低于冰晶体的饱和水蒸气压（等于真空干燥室内的压力）相对应的温度，干燥则不能进行。提供足够的热量，可以加速干燥，但过度加热，逸出的水蒸气多于升华的水蒸气，多余的水蒸气便会聚集在升华表面，使其压力和温度升高，最终将可能导致制品熔化，还可能会引起：①物料溶液的自由沸腾，溶液中的挥发性芳香物质的损失增加。②起泡沫或充气膨胀。③液相沸腾的蒸汽流带走一些颗粒而造成损失。总之使干制品品质下降。但有些食品（如草莓）能够承受有限度的夹层融化，这对加快干燥速度是有利的。因此，可以在开始熔解温度和允许熔解温度两个极限温度之间确定一个温度工作带，如图1-3-54所示。

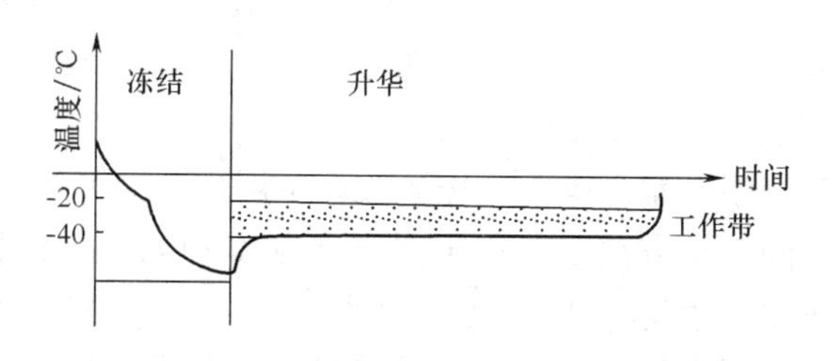

图1-3-54　草莓冷冻干燥中允许的温度工作带

传导和辐射是冷冻干燥所采用的主要传热方式。传导传热主要是利用载热体流经加热板壁来实现的，使用的载热体有水蒸气、水、矿物油、乙二醇等。辐射传热可利用各种辐射热源直接向被干燥物料表面照射，常用的辐射热有近红外线、远红外线、微波等。

采用的传热方式不同，被干燥物料层中的传热和传质的相对方向也有所不同。有如下三种代表性的基本情形，如图1-3-55所示。一为传热和传质沿同一途径，但方向相反；二为传热经过冻结层，而传质经过已干层；三为热量从冰的内部发生，而传质经过已干层。

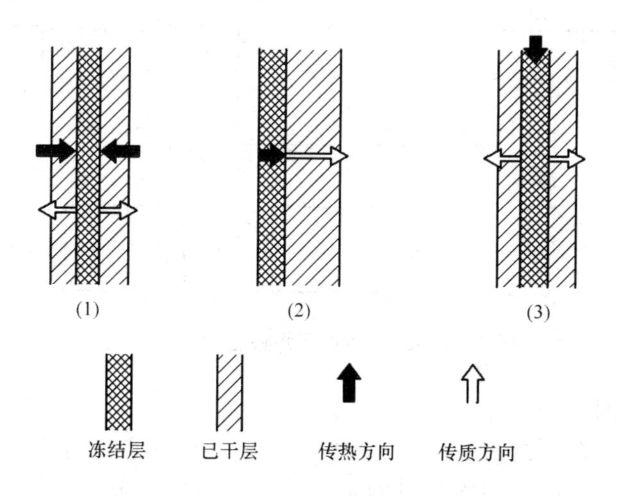

图1-3-55　物料内部的传热和传质示意图

图1-3-55（1）为一般辐射传热时发生的情况。辐射源向已干层表面照射加热，表面上获得的热量，再以传导方式通过已干层到达升华表面，被正在升华中的冰晶所吸收。升华出来的水蒸气也通过已干层向外逸出，到达外部空间。因此，传热与传质方向是相反的，内部冻结层的温度则决定于传热和传质的平衡。由此可见，一般辐射传热的特点是：随着干燥时升华表面逐步向内部退缩，已干层越来越厚，传热阻力和传质阻力同时增大。图1-3-55（2）是接触传热时的情况。在干燥进行中，热量通过冻结层的

传导到达升华表面，而升华了的水蒸气，则通过已干层扩散至外部空间。因此，传热和传质途径不一，而传递方向是相同的。界面的温度也决定于传热和传质的平衡。但是随着升华表面不断向内部退缩，已干层越来越厚，冻结层越来越薄，相应的传质阻力越来越大，传热阻力却越来越小。图 1 - 3 - 55（3）是微波加热时的情况。微波加热时的热量发生在整个物料层内部，冻结层和已干层都要发热，不需要靠温度梯度作为推动力来传递热量，但由于这两层的介电常数、介质损耗不同，产生在冻结层的热量要多得多。故内部产生的热量被升华中的水分吸收，传质在已干层内方向是向外的。

冷冻干燥时，常用的供热方法与一般干燥设备基本相同，大都将物料放在浅盘或输送带上，以接受传导热或辐射热。但在真空条件下，水分以固态形式直接升华，传热、传质阻力都相当大，因此干燥特性也与一般干燥有很大不同。

（三）食品冷冻干燥设备

真空冷冻干燥设备简称冻干机。从装置的技术特征来分，冷冻干燥设备由制冷系统、真空系统、冻结系统、加热系统、冷凝系统、干燥室（箱）等几部分组成，如图 1 - 3 - 56 所示。

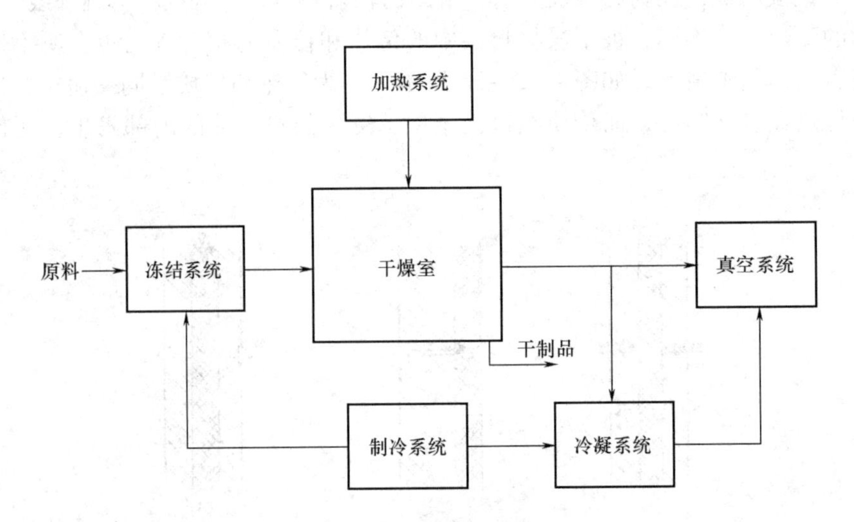

图 1 - 3 - 56　冷冻干燥设备组成示意图

1. 冻干箱的设计

冻干箱又称冻干仓或冻干室，是冻干机的核心部件。医药用冻干机的物料冷冻和干燥都在冻干箱内完成；食品用冻干机的物料预冻合格后，也在冻干箱内完成真空干燥。为完成上述功能，冻干箱内需要有加热和（或）制冷的隔板，需要有冷或热液体的导入，有电极引入部件，有观察窗等部件，还有些冻干机的补水器也布置在冻干箱内。

（1）冻干箱的箱体设计　冻干箱的箱体是严格要求密封的外压容器，如果带有消毒灭菌功能的冻干机，箱体还必须能承受内压。

（2）冻干箱的箱门设计　冻干箱门与箱体应采用相同材料，表面粗糙度要求相同。箱体与箱门之间采用有转动和平动两个自由度的铰链连接，O 形或唇形硅橡胶圈密封，硅橡胶圈应能耐 - 50 ~ 150℃的温度变化。

（3）隔板的结构设计　在冻干箱内要设计隔板，要求隔板表面加工平整，温度分布均匀，结构设计合理，便于加工制造。

（4）冻干箱上的其他部件　冻干箱上通常都设有观察窗、电极引入结构、真空规管接头、真空动密封等结构。

2. 捕水器的设计

捕水器又称水汽凝结器，是专抽水蒸气的低温冷凝泵。冻干机上的抽气系统，除采用水蒸气喷射泵之外，必须设置捕水器，以便抽除水蒸气，实现物料的干燥。

捕水器的性能应该包括捕水速率（kg/h）、捕水能力（kg/m^2）、永久性气体的流导能力（L/s）、功率消耗（kW/kg）、制造成本和运转费用等。这些性能和结构与安装位置有关。

捕水器是真空容器，因此，要满足外压容器的强度要求。筒体多设计成圆筒形；筒体和各连接部位的泄露应满足真空密封的要求。捕水器是专抽水蒸气的冷凝泵，因此，要有足够的捕水面积，以保证实现冻干要求的捕水器量。要有足够低的温度，以形成水蒸气从升华表面到冷凝表面的压力差，两表面的温度差最好在10℃左右。

捕水器的结构形式多种多样，冻干机上常用的捕水器可分为两大类，一类是管式换热器；另一类是板式换热器。

3. 冻干机的制冷系统

制冷系统是冻干机上提供冷量的装置。冻干机上需冷量的地方主要是冻干箱和水汽凝结器。两者既可以用一套制冷系统，也可以用各自独立的两套制冷系统。通常，冻干箱上多用间冷式循环，捕水器用直冷式循环。

制冷剂的选择：由于臭氧空洞和温室效应的问题，根据1986年蒙特利尔国际会议签约的规定，不再生产引起臭氧空洞的制冷剂。

4. 冻干机的加热系统

加热系统是提供第一阶段升华干燥的升华潜热和第二阶段干燥蒸发热能量的装置。

（1）热源　供给升华热的热源，应能保证传热速率满足冻结层表面既达到尽可能高的蒸气压，又不致使其溶化，所以热源温度与传热率有关。

冷冻干燥过程中所使用的热量都是从隔板上传出来的，隔板从热源得到的能量可能是直接的，也可能是用载热流体间接传来的，直热式热源以电为主，间接式热源有电、煤、天然气等。隔板将热量传递给物料的方式主要是热传导、热辐射和对流。

（2）供热方式　把热量从热源传递到物料的升华前沿，热量必须经过已干层或冻结层，同时升华出的水蒸气也要通过已干层才能排到外部空间。在真空条件下，经过这样的物料层无论是供送大量的升华潜热，还是排除升华的水蒸气，两者阻力都是很大的，因此，需采取多种方式提高传热和传质效率。

升华热的供应，原则上以在维持物品预定升华温度下，使升华表面既有尽可能高的水蒸气饱和压又不致有冰晶熔化现象为最好，这时干燥速度最快。

5. 冻干机的控制系统

冻干机的控制系统是指冻干机各部件正常工作，控制工艺参数准确运行，保证冻干工艺过程按时完成的核心部分。常用的控制系统有手动控制、半自动控制、全自动控制和网络控制四大类。前两种控制方式已经逐渐被淘汰，现阶段国内外生产的冻干机均已实现全自动控制，网络控制正在兴起。

冻干机的控制系统应该具有可靠性、通用性和易操作性。

（1）控制系统的基本功能　冻干机的控制系统应该具备以下功能：

①按制定好的冻干时序，控制真空系统上真空泵和阀门开启与关闭；开关制冷系统上的压缩机和阀门；开关加热系统上的电加热电源或流体加热的循环泵和阀门；开关液压系统上的泵和阀门；开关测量系统上各种仪表的电源等，使各系统完成协调运行。

②实时采集、显示和输出冻干机的运行状态和数据，使现场参数值随制定好的冻干工艺曲线趋势变化。

③随时存储和打印历史数据，能储存一定数量的冻干工艺曲线，对事故给出监测、报警和打印。

④保证设备安全运行，实现对产品质量和设备运行的保护。能实现自动和手动控制的切换。

（2）控制系统的基本结构　实现上述功能可采用不同的控制方式，包括不同的硬件配置和不同的软件程序，但其基本结构是大体相同的。

6. 冷冻干燥设备的分类

从操作形式分，冷冻干燥设备又可分为间歇式和连续式。

（1）间歇式冷冻干燥设备　间歇式冷冻干燥设备适用于多品种、小批量生产，特别适合季节性强的食品生产。物料干燥时的温度和真空度易于控制，因此食品工业采用极为广泛。缺点是装卸料操作都要单独占有时间，设备的利用率低；要满足一定产量的要求，往往需要多台单机，并要配备相应的附属系统。

间歇式冻干设备中的干燥箱与一般的真空干燥箱相似，属盘架式。物料可在箱外先行冻结，然后装入箱内，也可在干燥箱内直接冻结。低温冷凝器（冷阱）可装在箱内，也可装在箱外自成系统。

图1－3－57为一种典型的间歇式冻干设备示意图。其冻结、抽真空、加热升华、冷凝除霜和制冷循环等操作都是单独而间歇地进行的。冷阱与干燥室分开。操作时将欲干燥物料放入料盘后置入干燥室内，用图中右侧制冷系统进行冻结，冻结完毕后停止制冷剂循环，然后开始加热板加热，同时与冷阱接通，进行升华干燥作业。冷阱由图中左侧的制冷系统供冷，使升华出来的水蒸气在冷凝表面结霜。冷阱内的不凝结气体由真空泵抽出。

图1－3－58所示为一种内置冷阱的间歇式冻干设备。其特点是有两个冷阱交替进行冷凝和除霜。图中圆筒形干燥器内部的上方为干燥室，下方为冷凝室，中间由隔板隔开。隔板中间开有圆孔，通过下面的翼阀使干燥室交替与两个冷阱接通和关闭。两个冷阱的下面分别经控制阀门通向水蒸气发生器。该发生器内装有温度控制元件，将水温维持在一定范围内。发生器还装有溢流管，以控制规定液位。干燥操作中，当隔离翼阀处于图中所示实线位置时，左方的冷阱与干燥室相通而与蒸汽发生器隔绝，右方的冷阱与干燥室隔绝而与蒸汽发生器接通，这时左方的冷阱进行冷凝过程，右方的冷阱进入融霜阶段。反之，隔离翼阀处于图中虚线位置时，左、右冷阱所处的过程与上述相反。两个冷阱根

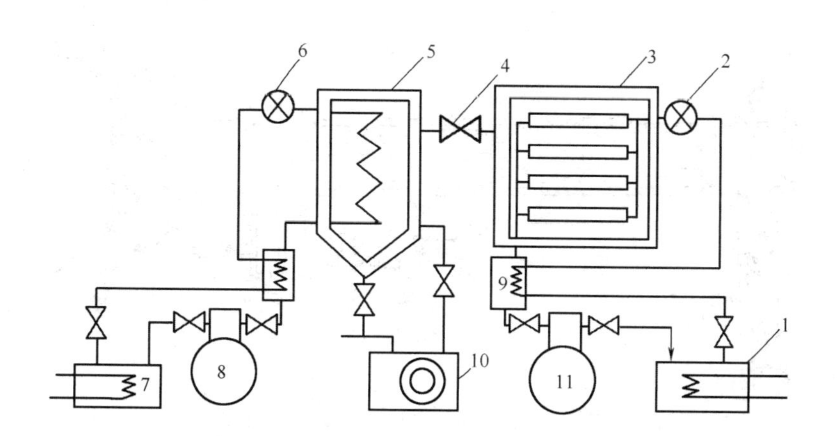

图 1-3-57　间歇式冻干设备示意图

1—冷凝器　2—膨胀阀　3—干燥室　4—水汽冷凝进口阀　5—冷阱　6—膨胀阀
7—冷凝器　8—制冷压缩机　9—热交换器　10—真空泵　11—制冷压缩机

据需要可随时进行切换使用，因而可以在不停机的条件下，避免冷凝表面积霜过厚而使冷凝效率大大下降。

（2）连续式冷冻干燥设备　这种设备处理能力大，适合单品种生产，尤其适用浆液状、颗粒状食品物料的干制。整个生产过程连续，便于实现自动化。但设备复杂庞大，投资费用高。连续式冻干设备的结构，关键在于连续进料和卸料时，要保持干燥室内的真空不被破坏。因此，连续式冻干设备必须装有密封装置，这种装置称为气塞，俗称闭风器。

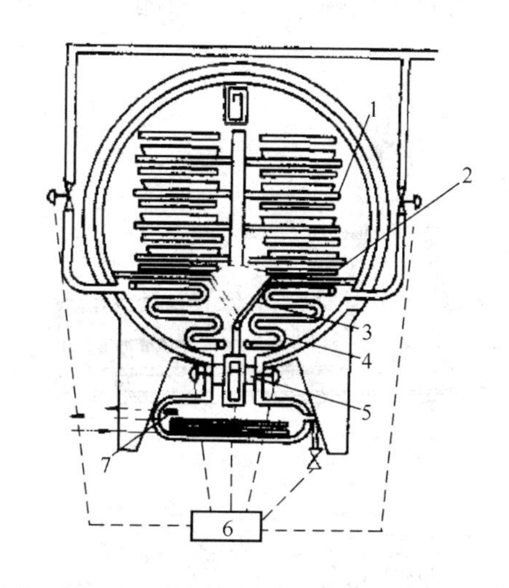

图 1-3-58　两个内置冷阱的冻干设备示意图

1—料盘　2—隔板　3—隔离翼阀　4—冷凝管
5—隔离元件　6—控制器　7—温度控制元件

图 1-3-59 所示为隧道式连续冻干设备。其干燥室由圆筒形的中央干燥室和断面比其大的扩大室两部分组成，沿干燥室全长内壁装有相互隔开的加热板，各加热板的温度根据需要可单独控制。

图 1-3-59 所示设备左端有进口闭风室，它通过阀门一侧与大气相通，另一侧与冷阱相连接。闭风室与右面的干燥室之间装有闸式隔离阀。从扩大室向侧面伸出有出口闭风室，它与周围各部分的连接与进口闭风室相似。设备的右端通过隔离阀装有与扩大室连通的两个冷阱。

操作时，打开设备左方的门盖，将装好冻结物料的小车推入闭风室，此时通往干燥室的隔离阀处于关闭状态，然后关闭门盖，进行抽气。当进口闭风室的压力与干燥室的压力相等时，即可开启隔离阀，料车自动沿运送轨道进入干燥室，然后将隔离阀再行关

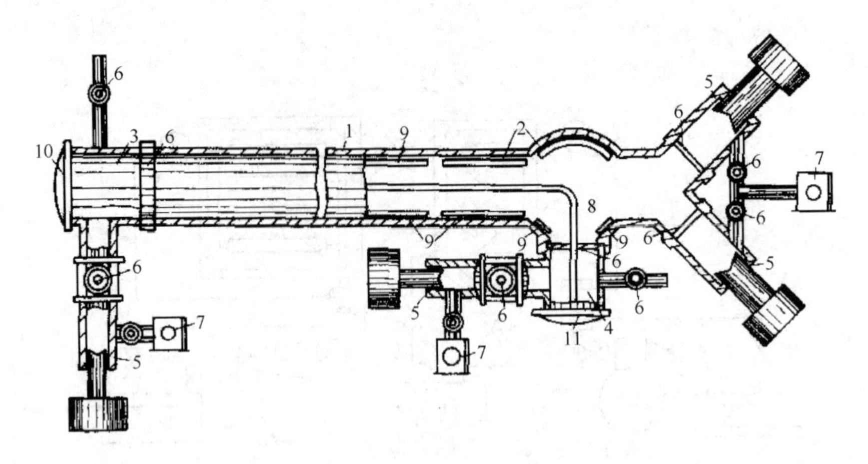

图1-3-59 隧道式连续冻干设备示意图

1—干燥箱 2—加热板 3—进口闭风室 4—出口闭风室 5—冷阱 6—阀门
7—真空泵 8—输送器轨道 9—加热板 10—物料入口 11—出料口

闭。接着将进口端的真空阀关闭，打开接通大气的阀门，使进口闭风室处于通常的大气压力状态，至此便完成了第一车物料送入干燥室的过程。连续生产时，上述过程一直重复进行下去，直到干燥室内全部装满料车时，其开工装车过渡阶段方告结束。之后便开始左端装车和右端出车同时进行的稳定连续生产阶段。

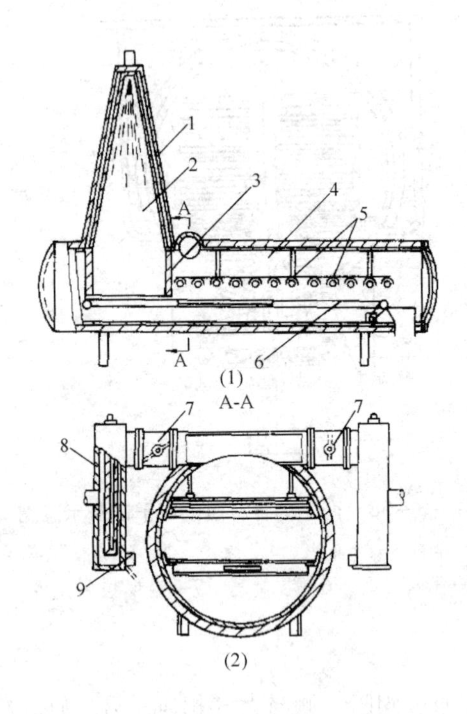

图1-3-60 冻结、干燥一体化的连续冻干设备示意图

(1) 主真空室剖视图 (2) A-A剖视图
1—冷却剂通道 2—冻结室 3—隔板
4—干燥室 5—红外线灯泡 6—输送带
7—蝶阀 8—冷阱 9—电动机

当料车在干燥室内一次次逐渐向右推进时，物料就受到室内加热元件的加热而不断升华干燥。随着已干层的逐渐增厚，所需的加热量相应减少。因此在干燥室内，从进口到出口各加热单元的温度是逐一下降的。

图1-3-60所示为包括物料冻结在内的全部连续式冻干设备。它由立式冻结室和卧式干燥室两部分共同组合成为一个整体的密闭真空室。在冻结室和干燥室之间，通过隔板的下缘间隙相互沟通。隔板的作用是防止两室之间冷量和热量传递过多，以及防止器内空气过度对流。

立式冻结室的壳体上环绕着螺旋形的冷却剂通道，冷却剂从下部进入，从上部引出。从冻结室上部装入的液体物料被充分雾化时，部分水分会立即蒸发而产生冷效应，再加上周围螺旋形通道中冷却剂的冷效应，雾滴温

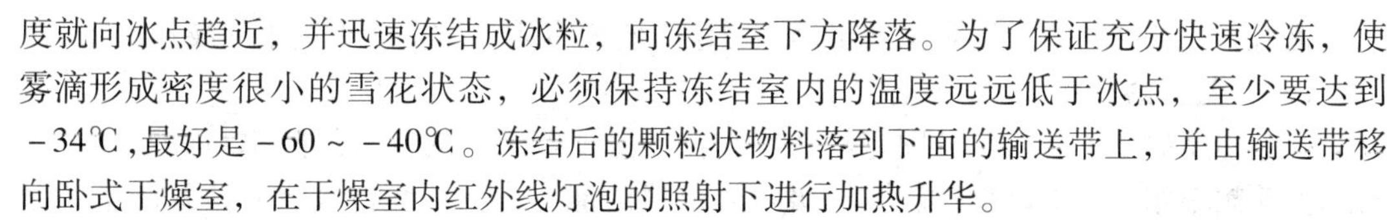

度就向冰点趋近，并迅速冻结成冰粒，向冻结室下方降落。为了保证充分快速冷冻，使雾滴形成密度很小的雪花状态，必须保持冻结室内的温度远远低于冰点，至少要达到-34℃，最好是-60～-40℃。冻结后的颗粒状物料落到下面的输送带上，并由输送带移向卧式干燥室，在干燥室内红外线灯泡的照射下进行加热升华。

升华干燥室的上方装有水蒸气排出管，排出管与干燥室交叉，管的两侧都接以冷阱，用两侧蝶阀的交替开启和关闭进行冷凝工作切换，以保持干燥操作的连续进行。

7. 真空冷冻干燥设备的选择

食品用冻干机的选择：食品冻干一般都采用辐射加热的大型冻干机。用户关心的重点应该是冻干产品的质量、产量、装机容量和能耗。在选定冻干机之前要货比三家，采用同一种物料去做冻干试验。冻干产品质量应检查均匀性和合格率，一般堆放在冻干机中间和周边的物料干燥程度会有差别，但不应相差太多，成品合格率必须在98%以上。冻干产品的产量涉及经营效益，相同冻干面积的冻干机，冻干同样的物料，花费的时间可能不同，冻干周期长的，冻干产品产量低，反之依然。装机容量和能耗是两回事，各生产冻干机的厂家给出的装机容量可能不是统一标准。有些厂家给出的装机容量只包括真空设备和加热设备，制冷设备另配；有些厂家给出的装机容量不包括真空设备和加热设备，因为采用的是水蒸气喷射真空泵和水蒸气加热，锅炉另配能源；还有些厂家给出的是包括冻干生产车间的全部电源。选择冻干机时一定要分析清楚，脱1kg水需要的能耗是最主要的指标。

8. 真空冷冻干燥工艺

根据被冻干物料的品种、成分、形状、状态、浓度、含水率、共晶点、共熔点、崩解温度等特性的不同，冻干工艺是不相同的；对于同一种物料，由于冻干机结构不同、极限真空度不同、加热方式不同、降温速率不同、板层之间温差不同、干燥室容积不同、补水器温度不同、补水能力不同，冻干工艺也不能相同；即使同一种物料，使用同一台冻干机，由于装量方式不同、装料量不同，冻干工艺也会有差别。因此，对于某种物料，测出其共晶点温度、共熔点温度、崩解温度，制定出冻干时序，给出冻干曲线，确定最佳工艺流程，将是保证冻干产品质量的重要措施。

尽管各种物料、各种性能不同的冻干机、各种不同的装料方式，使得冻干工艺各不相同，但其工艺流程都应该包括5大部分：前处理、预冻、升华干燥、解析干燥和后处理。这5部分的具体工艺条件，对于各种物料也有较大区别，需要认真研究。

四、辐射干燥

以辐射能为热源的加热方法，在食品的解冻、焙烤、杀菌和干燥生产中使用非常广泛。所谓辐射热是物体（辐射源）受热升温后，在其表面发射出不同波长的电磁波。这些电磁波一部分被制品吸收而转化为热能，使制品升温并产生必要的物理、化学和生物学变化。辐射干燥就是使物料水分逸出的物理变化过程。

食品物料吸收、反射和被辐射线透过的能力与食品物料的性质、种类、表面状况及射线的波长等因素有关。对于一定性质和种类的食品物料，则主要取决于辐射线的波长。

辐射干燥有红外线干燥和微波干燥等方法，它们本质的区别在于选用的波长不同。

（一）红外线干燥

构成物质的分子总以自己固有的频率在振动着，若入射的红外线频率与分子本身固有的振动频率相等，则该物质就具有吸收红外线的能力。红外线被吸收后，就产生共振现象，引起原子、分子的振动和转动，从而产生热，使物质温度升高。水、有机物和高分子物质具有很强的吸收红外线的能力，特别是水，因此，用红外线进行含水食品的干燥是非常合适的。又因为食品中很多成分在 3 ~ 10μm 的远红外区有强烈的吸收，所以食品干燥往往选择远红外线进行加热。

图 1 -3 -61 所示为远红外干燥器示意图。干燥器的壳体和输送装置与一般干燥设备差别不大，主要区别是加热元件不同。

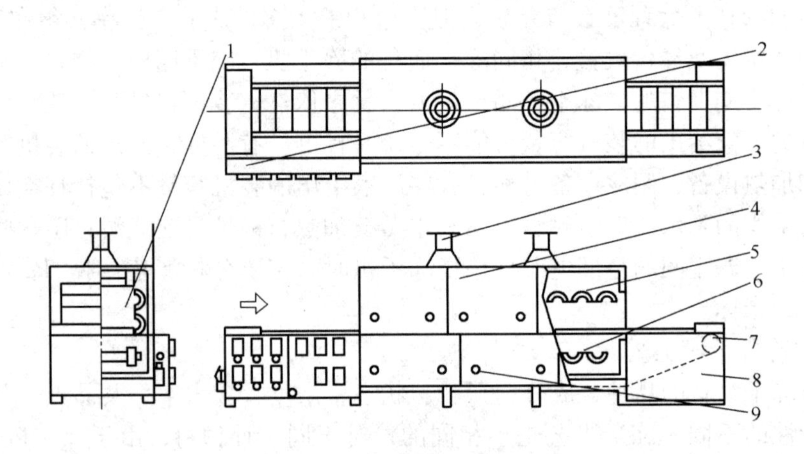

图 1 -3 -61　输送带式远红外干燥器示意图

1—侧面加热器　2—控制箱　3—排气口　4—铰链式上侧板　5—顶部加热器
6—底部加热器　7—链式输送带　8—驱动变速装置　9—插入式下侧板

远红外加热元件是辐射干燥器的关键部件，虽然种类很多，但一般都由三部分组成，即金属或陶瓷的基体、基体表面发射远红外线的涂层以及使基体涂层发热的热源。由热源发生的热量通过基体传导到表面涂层，然后由表面涂层发射出远红外线。热源可以是电加热器，也可以是煤气加热器或其他热源。

远红外加热元件按形状可分为灯状、管状和板状，如图 1 -3 -62 所示。食品行业主要采用金属管和碳化硅板加热元件。

1. 金属管状加热元件

如图 1 -3 -62（1）所示，管中央为一根绕线的电阻丝，管中间填有绝缘的氧化镁粉，管表面涂有发射远红外线的物质，电阻丝通电后，管表面温度升高，即发射远红外线。管内也可以不用电阻丝而用煤气加热。

2. 碳化硅板加热元件

如图 1 -3 -62（2）所示，碳化硅是一种很好的远红外线辐射材料，故可直接制作辐射源，无需表面涂敷。但纯碳化硅材料不易加工，往往需要掺入助黏剂，而这样又影

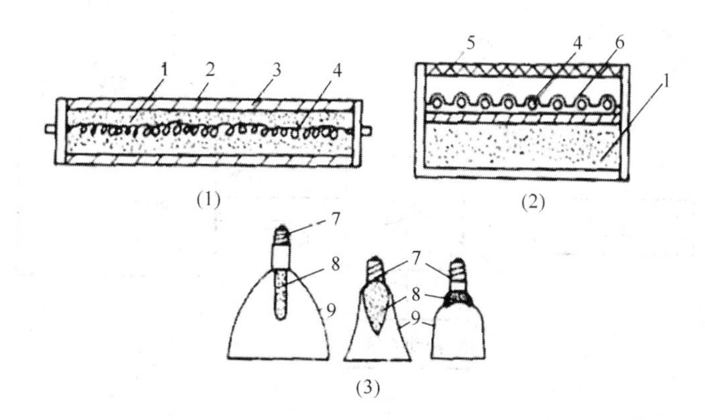

图 1-3-62 远红外加热元件示意图

(1) 金属管状加热元件 (2) 碳化硅板加热元件 (3) 灯状加热元件

1—绝缘填充料 2—表面涂层 3—金属管 4—电阻丝 5—高辐射材料

6—低辐射材料 7—灯头 8—辐射体 9—反射罩

响碳化硅的性能。如果再在其表面涂一层高辐射材料，则加热效果就更好。

远红外线加热具有加热迅速、吸收均一、加热效率高、化学分解作用小、食品原料不易变性等优点。远红外线加热已用于蔬菜、水产品、面食制品的干燥，产品的营养成分保存率比一般的干燥方法有显著提高，并且时间大大缩短。另外，远红外干燥还兼有杀菌和降低酶活性的作用，产品的货架期明显延长。

（二）微波干燥

微波加热是一种新技术，利用微波作热源的干燥设备称为微波干燥器，它在食品工业中的应用在逐渐增多。

所谓微波是一种超高频的电磁波，其波长为 0.001 ~ 1.000m，频率为 300 ~ 300000MHz。采用波导管可以把微波能按指定的路径进行传输。

1. 微波干燥设备的组成和形式

微波干燥设备组成示意图见图 1-3-63。它由直流电源、微波发生器、波导管、微波干燥器及冷却系统等组成。微波发生器由直流电源提供高压并转换成微波能量，微波能量通过波导管输送到微波干燥器对被干燥物料进行加热。冷却系统用于对微波发生器的腔体及阴极部分进行冷却，冷却方式可为风冷或水冷。

微波干燥器按被加热物料和微波场的作用形式，可分为驻波场谐振腔干燥器、行波场波导干燥器、辐射型干燥器和慢波型干燥器等几大类。驻波场谐振腔干燥器是食品生产中较为常用的。

图 1-3-64 所示为连续式谐振腔干燥器示意图，被干燥物料通过输送带连续输入，经微波干燥后连续输出。由于腔体的两侧有入口和出口，将造成微波能的泄漏，因此，在输送带上安装了金属挡板［图 1-3-64（1）］。也有在腔体两侧开口处的波导里安上了许多金属链条［图 1-3-64（2）］，形成局部短路，以防止微波能的辐射。由于加热会有水分蒸发，因此也安装了排湿装置。

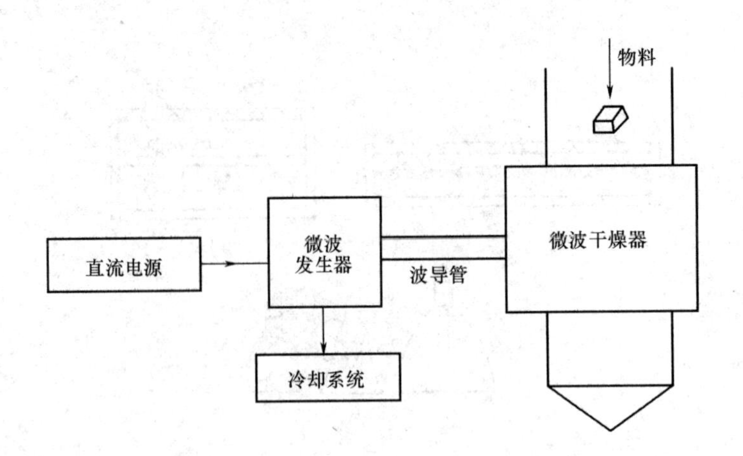

图1-3-63 微波干燥设备组成示意图

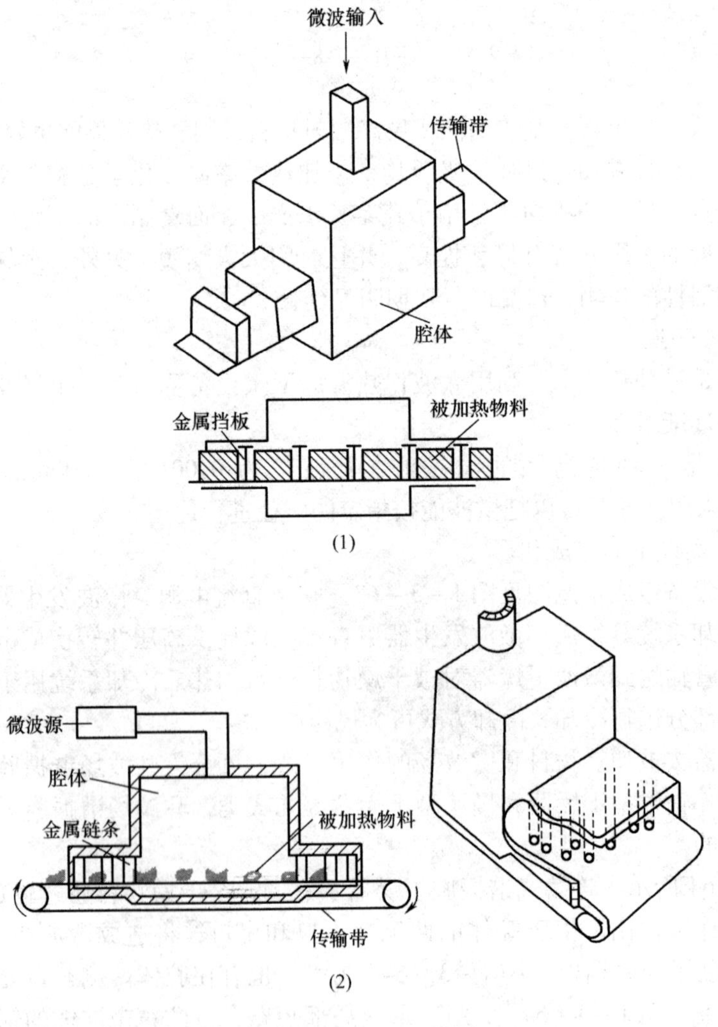

图1-3-64 谐振腔干燥器示意图

图1－3－65所示为多管并联的谐振腔连续干燥器，功率容量较大，在工业生产上应用比较普遍。为了防止微波能的辐射，在设备的出口和入口处加上了吸收功率的水负载。

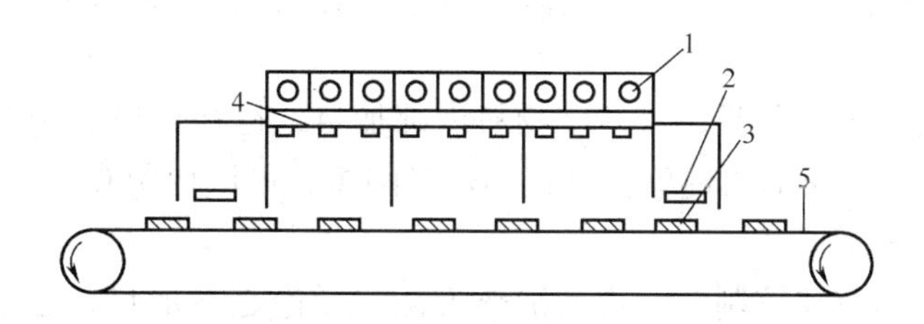

图1－3－65 多管并联的谐振腔干燥器示意图

1—磁控管振荡源 2—吸收水负载 3—被加热物料 4—辐射器 5—传送带

图1－3－66所示为实际生产装置示意图。从微波发生器产生的微波由两根25kW的磁控管分配成两条平行的微波隧道，形成微波场干燥区。要干燥的物料由输送带送入微波场，同时加热至87.7～104.4℃的热空气从载满物料的输送带（干燥区）的下部往上吹送，将干燥时蒸发出来的水分带走。两端吸收装置防止微波外泄。

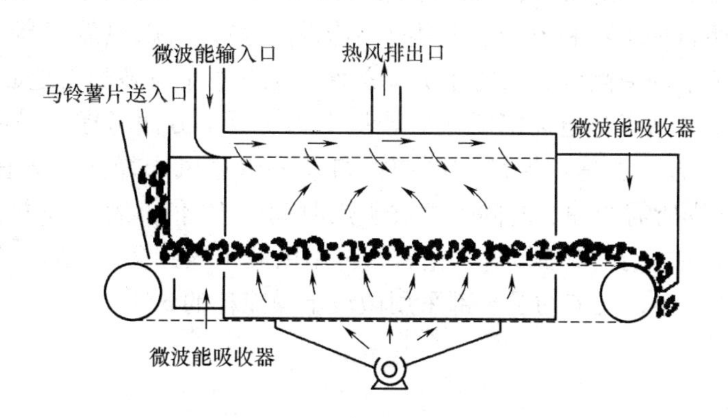

图1－3－66 马铃薯片微波干燥示意图

该装置用于干燥马铃薯片，物料停留时间为2.5～4.0min，产量可达9kg/h。

2. 微波干燥过程的特点

一般干燥方法的干燥过程是食品首先外部受热，表面干燥，然后是次外层受热，次外层干燥。由于热量传递与水分扩散方向相反，在次外层干燥时，其水分必须通过最外层，这样就对已干燥的最外层起了再复水的作用。随着过程的进行，里外各层就干燥—再复水—再干燥依次反复向内层推进。过程的特点是热量向内层传递越来越慢，水分向外层传递也越来越慢，因而食品内部特别是中心部位的加热和干燥成为干燥过程的关键。

微波加热是内部加热，微波干燥时，食品的最内层首先干燥，最内层的水分蒸发迁移至次内层或次内层的外层，这样就使得外层的水分含量越来越高，随着干燥过程的进行，其外层的传热阻力下降，推动力反而有所提高。因此，在微波干燥过程中，水分由内层向外层的迁移速度很快，特别是在物料的后续干燥阶段，微波干燥显示出极大的优势。

与一般干燥方法相比，微波干燥有以下特点：

（1）干燥速度快　微波能深入到物料内部加热，而不只靠物料本身的热传导，因此物料内部升温快，所需加热时间短，只需一般干燥方法的1/100～1/10的时间就能完成全部干燥过程。

（2）加热比较均匀，制品质量好　物料内部加热，往往可以避免一般外部加热时出现的表面硬化和内外干燥不均现象，而且加热时间短，可以保留食品原有的色、香、味，维生素的损失大大减少。

（3）加热易于调节和控制　常规的加热方法，无论是电加热，还是蒸汽加热或热风加热，如要达到一定的温度，往往需要一段时间。但微波加热的惯性小，可立即发热和升温，而且微波输出功率调整和加热温度变化的反应都很灵敏，故便于自动控制。

（4）加热过程具有自动平衡性　当频率和电场强度一定时，物料在干燥过程中对微波的吸收，主要取决于介质损耗因数。水的损耗因数比干物质大，水分吸收微波能量自然也多，水分蒸发就快。因此，微波能量不会集中在已干部分，避免了干物质的过热现象，具有自动平衡的性能。

（5）加热效率高　微波加热设备虽然在电源部分及微波管本身要消耗一部分热量，但由于加热作用始自加工物料本身，基本上不辐射散热，所以热效率高，热效率可达到80%。同时，避免了环境高温，改善了劳动条件，也缩小了设备的占地面积。

微波干燥的主要缺点是电能消耗大。若从干燥的成本方面考虑，采用微波干燥与其他干燥方法相结合的方法是可取的。例如，如果采用热风干燥法，将食品的含水量从80%干燥到2%，则所需的加热时间为微波干燥时间的10倍。若两种方法结合使用，先用热风干燥把食品的水分降低到20%左右，再用微波干燥到2%，那么既缩短了全部采用热风干燥时间的3/4，又节约了全部采用微波干燥能耗的3/4。

【思考题】

1. 说明食品干燥过程中的传热与传质。
2. 说明干燥过程中食品物料的主要变化。
3. 常用的食品干燥有哪些方法？
4. 说明食品干燥过程中产生干燥速率下降的原因。
5. 说明对流干燥、喷雾干燥和接触干燥的种类。
6. 说明冷冻干燥的原理及其优点。

参考文献

[1] Kenneth, J. Valentas, Enrique Rotstein, R. Paul Singh, Handbook of Food Engineering Practice. CRC Press Boca Raton New York, 1997

[2] J. MoN. Dalgleish. Freeze – drying for the Food Industries. The Universities Press Ltd. USA, 1990

[3] A. S. Mujumdar. Handbook of Industrial Drying. MarceI Dekker, Inc. New York, 1995

[4] ShalaeV E. Y and Franks F. Changes in the Physica1 State of Model Mixture during Freezing and Drying: Impact on Product Quality. Cryobiology, 33, 1996, 14 ~ 26

[5] M. A. Rao. Engineering Properties of Foods (2nd). Marecl Dekker, Inc. New York, 1995

[6] Koelet, P. C. Industrial Refrigeration, Principles, Design and Applications. The Macmillan Press Ltd. London, 1996

[7] Romeo T. Toledo. Fundamentals of Food Process Engineering (2nd). van Nostrand Reinhold. New York, 1991

[8] R. heldman and Daryl B. 1und. Handbook of Food Engineering. Marcel Dekker, Inc, New York, 1992

[9] 童景山主编. 流态化干燥工艺与设备. 北京: 科学出版社, 1996

[10] 华泽钊主编. 食品冷冻冷藏原理与设备. 北京: 机械工业出版社, 1999

[11] 张裕中主编. 食品加工技术装备. 北京: 中国轻工业出版社, 1999

[12] 杨瑞主编. 食品保藏原理. 北京: 化学工业出版社, 2006

[13] 赵丽芹主编. 果蔬加工工艺学. 北京: 中国轻工业出版社, 2002

第四章　食品的辐照保藏

【学习指导】

本章介绍了食品辐照技术的概念、特点和发展历程，以及辐照技术在食品保藏领域的国内外研究现状和发展前景。从辐射的基本原理、食品辐照的化学效应和生物学效应等方面对食品辐照保藏原理进行了解析。列举了常用食品辐照装置的种类、结构及特点，介绍了食品辐照加工工艺流程，对食品辐照加工工艺参数和工艺剂量的具体涵义及确定原则进行了解释，并从食品的辐照灭菌、农产品的辐照发芽抑制、粮食虫害的辐照抑制、果蔬成熟的辐照延迟、畜禽肉类的辐照保鲜等方面展示了辐照技术在食品保藏中的应用，同时，基于国内外的研究成果，解释了辐照食品的毒理学安全性、营养安全性、微生物安全性、放射性安全性、感官质量安全性等问题，对辐照食品的卫生性和安全性给出了科学而客观的评价。

第一节　概　　述

一、食品辐照技术的概念及特点

食品辐照是和平利用核技术的重要领域，是一种安全、卫生、经济有效的农产品和食品储藏加工技术。联合国粮农组织（FAO）、国际原子能机构（IAEA）和世界卫生组织（WHO）积极鼓励和支持食品辐照技术的应用，食品辐照技术成为一门新兴的食品加工产业。

（一）食品辐照技术的概念

食品辐照技术是利用辐射源产生的 γ 射线，以及加速器产生的高能电子束辐照农产品和食品，利用电离辐射在食品中产生的辐射化学和辐射生物学效应，达到抑制发芽、推迟成熟、杀虫灭菌和改进品质等目的的食品储藏保鲜和加工技术。

（二）食品辐照技术的特点

1. 优点

（1）食品辐照技术采用具有较高能量和穿透力强的射线，能够穿透食品的包装材料和食品的深层，具有很强的灭杀害虫的杀菌能力。

（2）食品辐照是一种“冷处理”的物理方法，处理过程中升温极微，能够较好地保持食品的色、香、味，保持食品的新鲜状态和食用品质。

（3）食品辐照加工能耗低，节约能源。据国际原子能机构的统计分析，冷藏农产品每吨耗能90kW/h，热处理消毒达300kW/h，而农产品辐照灭菌保藏只需要6.3kW/h，辐照巴氏消毒每吨仅为0.76kW/h，与传统的加热和冷藏处理相比，可节约能耗70%～90%。

（4）辐照加工不污染食品，无残留、无感生放射性，卫生安全。

（5）辐照技术初期基本建设投入较多，但运行成本较低，能够获得较好的经济回报。

（6）辐照技术加工效率高，可实现精确控制和连续作业，自动化程度高。

2. 缺点

（1）敏感性强的食品和经高剂量照射的食品可能会发生不愉快的感官性质变化，因此，辐照保藏技术不适用于所的食品，应用时具有选择性。

（2）一般情况下，辐照不能使酶完全钝化。

（3）能够致死微生物的剂量对人体来说是相当高的，所以必须做好工作人员的安全防护工作，要对辐射源进行充分遮蔽，必须经常对照射区和工作人员进行严格的监测检查。

二、食品辐照技术的发展历程

食品辐照技术的发展可以追溯到100多年前人类发现X射线和铀的天然放射性，先后经历了放射性现象的发现、辐射化学和生物学效应研究、辐照加工工艺研究、辐照食品的卫生安全性评估、食品辐照的加工工艺研究、食品辐照的技术经济可行性研究、食品辐照市场开发和商业化应用等过程。

（一）食品辐照技术的开创阶段（1895—1949）

自1895年德国物理学家伦琴（W. K. Roentgen）发现X射线后，1896人类第一次提出了X射线对病原细菌的致死作用，1899年证实了X射线对寄生虫有致死作用。随着研究的逐步深入，人们提出了辐照技术应用于食品保藏的设想。但由于原子能在20世纪50年代以前主要用于军事目的，食品辐照的研究并没有进入实际应用。

（二）食品辐照技术研究和开发阶段（1950—1969）

第二次世界大战后，利用射线辐照保藏食品的研究和应用才有了实质性的开始。在国际和平利用核能的大背景下，国际上多个国家开展了食品辐照杀虫、辐照杀菌、抑制发芽、延长食品货架期等方面的研究。1969年，由联合国粮农组织（FAO）、国际原子能机构（IAEA）、世界卫生组织（WHO）等组成的FAO/IAEA/WHO联合专家委员会，讨论了“辐照食品的卫生安全性和推广应用问题”，会议暂定批准辐照小麦及其制品和马铃薯可供人食用。这是辐照食品的卫生安全性第一次得到国际组织的暂定认可，对推动食品辐照在国际范围内的研究起了积极作用。

（三）辐照食品卫生安全性和技术经济可行性研究阶段（1970—1988）

20世纪70年代国际上掀起的反核运动，一定程度上影响了食品辐照的发展。鉴于辐照食品的安全性问题已成为制约食品辐照技术商业化发展的主要障碍，一些国际组织和各国政府加强了辐照食品卫生安全性的研究。1976 年，FAO/IAEA/WHO 辐照食品联合专家委员会（JECFI）审查并批准了 8 种（类）辐照食品可作为商品供一般食用。1980 年，FAO/IAEA/WHO 辐照食品联合专家委员会提出“任何食品辐照保藏其平均吸收剂量最高达 10kGy 时，不会有毒害产生，用此剂量处理的食品可不再要求做毒理学实验”。1983 年，国际食品法典委员会（CAC）通过《辐照食品通用国际标准》和附属的技术法规。世界卫生组织将辐照技术称为“保持和改进食品安全性的技术”，并鼓励食品辐照技术的应用。

（四）食品辐照法规的协调和商业化阶段（1989 至今）

20 世纪 90 年代，食品辐照技术的商业化进程不断加快。1997 年，FAO/IAEA/WHO 高剂量食品辐照研究小组明确指出超过 10kGy 剂量的辐照食品也是卫生安全的结论。2003 年 5 月，在美国芝加哥召开了第一届世界食品辐照大会，共有来自 22 个国家的代表出席了会议，推动了食品辐照和贸易在全球的发展。2003 年 7 月，国际食品法典委员会通过了修订后的《辐照食品国际通用标准》和《食品辐照加工工艺国际推荐准则》，从而在法规上突破了食品辐照加工中 10kGy 的最大吸收剂量的限制，允许在不对食品结构的完整性、功能特性和感官品质发生负面作用和不影响消费者的健康安全性的情况下，食品辐照的最大剂量可以高于 10kGy，以实现合理的辐照工艺目标。

三、食品辐照技术的现状及展望

食品辐照以减少农产品和食品的损换、提高食品质量、控制食源性疾病等独特的技术优势，越来越受到国际重视。据国际原子能机构统计，目前世界上有 52 个国家至少批准了一种辐照食品，其中有 33 个国家进行了食品辐照的商业化应用，已批准的辐照食品包括新鲜水果和蔬菜、香辛料和脱水蔬菜、肉类和禽产品、水产品、谷物和豆类产品，以及一些保健产品。食品辐照技术在控制食源性疾病的发生、减少农产品产后损失、延长货架期、改进农产品质量等方面具有广泛的应用前景。辐照食品的工业化和商业化应用规模将会更大，品种、数量将会更迅速地增加。辐照食品工艺、辐照食品检测、辐照食品标准和规范及国际贸易法规等将会更趋于完善。

我国农产品和食品辐照研究始于 1958 年，主要应用于粮食的辐照保藏。到 2004 年年底，全国工业规模 γ 辐照装置已超过 73 座，实际装源量约为 30MCi。全国辐照加工用电子加速器约 72 台，总功率近 4400kW。我国已先后开展了辐照马铃薯、洋葱、大蒜、蘑菇、板栗、蔬菜、水果、畜离肉及其制品、水产品、鲜蛋、酒和中成药、中药材等的试验研究，取得了一大批科研成果。截至 1994 年，我国卫生部已批准了 18 种辐照食品和卫生标准，1996 年颁布了《辐照食品管理办法》。1997 年又公布了 6 大类食品的辐照卫生标准，制订和颁布了 17 个辐照食品加工工艺标准。辐照食品的卫生标准和加工工艺标准的制定，使我国辐照食品的标准化体系逐步形成，同时辐照食品的加工处理也纳入了法制化管理的轨道，为我国辐照食品标准和商业化实践与国际接轨、确保辐照食品质量符合国际贸易的基本准则、促使食品辐照行业健康发展创造了良好的条件。

第二节 食品辐照保藏的原理

一、辐射的基本原理

辐射是一种能量传输的过程，主要包括无线电波、微波、红外线、可见光、紫外线、X 射线、γ 射线和宇宙射线。根据辐射对物质产生的不同效应，辐射可分为电离辐射和非电离辐射，其中在食品辐照中采用的是电离辐射。

（一）电离辐射

通常把具有足够大的动能，能引起物质原子、分子电离的带电粒子称为直接电离粒子，如电子、质子、α 粒子等；凡是能间接使物质释放出直接电离粒子的不带电粒子称为间接电离粒子，如中子、X 射线、γ 射线等。电离辐射是由直接电离粒子、间接电离粒子或由两者混合组成的任何辐射。在电离辐射中，仅有 γ 射线、X 射线和电子束（EB）辐射用于食品辐照。

1. γ 射线和 X 射线

γ 射线和 X 射线是电磁波谱的一部分，位于波谱中短波长的高能区，具有很强的穿透力。电磁波谱具有波粒二相性。不同类型的电磁辐射的能量计算如下：

$$E = hv = \frac{hc}{\lambda}$$

式中 E——光子能量；

h——普朗克常数，6.63×10^{-34} J · s；

v——辐射频率，Hz；

c——光速，3×10^{8} m/s；

λ——波长。

γ 射线是放射性核素由高能态跃迁到低能态时放出的光子流，在食品辐照中采用的放射性核素为 ^{60}Co 和 ^{137}Cs。X 射线由 X 射线机产生，通常光子能量分布较宽。X 射线和 γ 射线具有非常高的频率（$10^{16} \sim 10^{22}$ Hz），因此能量很大，穿透能力很强。

2. 电子束辐射

电子束辐射由加速到很高速度的电子组成，因而能量很高。运动粒子的能量大小可用下式计算：

$$E = \frac{m_0 c^2}{\sqrt{1 - \frac{v^2}{c^2}}} = - m_0 c^2$$

式中 E——粒子能量；

m_0——粒子的静止质量；

v——粒子达到的速度；

c——电磁辐射的速度，3×10^{8} m/s。

电子加速器把电子加速到足够的速度时，电子就获得了很高的动能。高能电子束的穿透能力不如γ射线和X射线，因此适用于进行小包装或比较薄的包装食品的辐照。事实上，其他的基本粒子在加速器的作用下也能达到很高的能量水平，但在食品辐照中应用的粒子辐射只有电子束辐射。

（二）辐照源

用于食品辐照保藏的辐射源有放射性核素、电子加速器和X射线发生器。

1. 放射性核素

在选择放射性核素时，必须考虑半衰期，半衰期越短，在单位时间内放射出的射线越多。放射性核素可以是天然存在的，但绝大多数是人工制造的。最常用的^{60}Co和^{137}Cs都是人工放射性核素（见图1-4-1）。

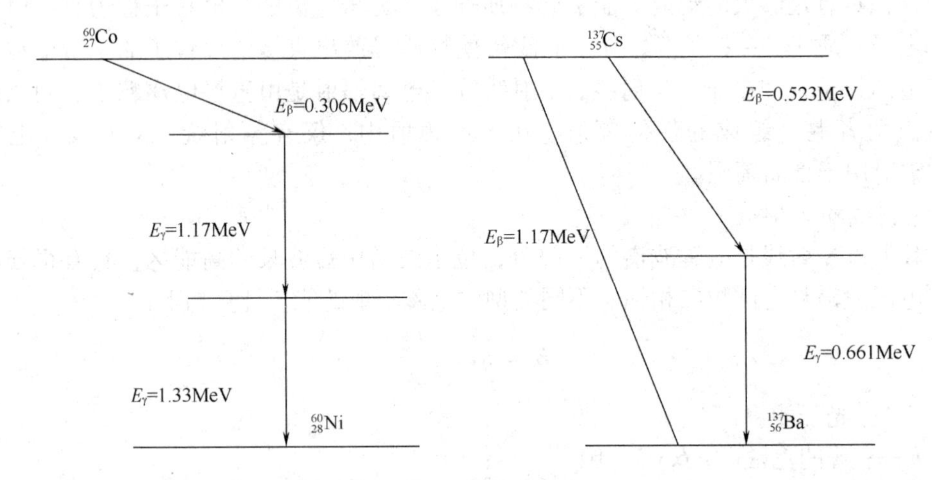

图1-4-1 ^{60}Co和^{137}Cs辐射源衰变图

^{60}Co的半衰期为5.25年。在衰变过程中每个原子核放出一个β粒子和两个γ光子，最后变成稳定同位素^{60}Ni。由于β射线能量较低，穿透力弱，因此对受辐射物质的作用很小。而两个γ光子具有中等的能量，穿透力很强。

^{137}Cs的显著特点是半衰期长，但其γ射线的能量低，仅为0.66MeV，穿透力也弱，而且为粉末状化合物，防护安全性不如^{60}Co大，分离的费用高，因此，使用不如^{60}Co广泛。

2. 电子加速器

电子的静止质量为9.1×10^{-28}g，而在其速度接近光速时，能量会迅速提高，达到可利用的程度，见表1-4-1。

表1-4-1 电子速度与电子能量

电子速度/(10^8m/s)	电子飞行速度达到光速的理论分率/%	电子能量/MeV
1.1	36.6	0.05
2.6	86.7	0.5

续表

电子速度/(10^8m/s)	电子飞行速度达到光速的理论分率/%	电子能量/MeV
2.82	94.06	1
2.985	99.57	5
2.994	99.869	10

电子加速器是利用电磁场作用，使电子获得较高能量，将电能转变为辐射能，产生高能电子射线的装置。电子射线又称电子流、电子束，其能量越高，穿透能力就越强。电子加速器产生的电子流强度大，剂量率高，聚焦性能好，并且可以调节和定向控制，便于改变穿透距离、方向和剂量率。加速器可在任何需要的时候启动与停机，停机后既不再产生辐射，也没有放射性污染，但加速器装置造价高。辐照加工中常用的电子加速器产生的电子能量一般在0.2~10.0MeV。

电子束与γ射线不同，虽然电子密度大，但穿透力弱，射程短，可用以下的经验公式计算：

$$R = 0.542E - 0.133 \qquad 0.8\text{MeV} < E < 3\text{MeV}$$

$$R = 0.407E^{1.38} \qquad 0.15\text{MeV} < E < 0.8\text{MeV}$$

式中 R——电子的射程，g/cm^2；

E——电子的能量，MeV。

电子在密度为ρ（g/cm^3）的物料中的穿透深度$I = R/\rho$（cm）。一般以电子射程的2/3作为照射的适宜厚度。如做双侧照射可增加适宜厚度，并能使能量的利用率达到最高。不同能量的电子穿透深度和照射的适宜厚度见表1-4-2。

表1-4-2 不同能量电子穿透深度和照射的适宜厚度

能量/MeV	穿透深度/cm	照射的适宜厚度/cm	
		单侧	双侧
1	0.5	0.3	0.9
2	1.0	0.6	1.7
4	2.0	1.2	3.5
6	3.0	1.9	5.1
8	4.0	2.5	7.0
10	5.0	3.1	8.9

由表可知，即使采用10MeV的电子束，其穿透深度与γ射线相比也是有限的，因此，电子射线一般只做表面处理，大体积物料的内部辐射还需用γ射线进行。

3. X射线发生器

X射线发生器是采用高能电子束轰击重金属靶（如金靶），电子被吸收，其能量的一小部分转变为短波长的电磁射线（X 射线），剩余部分的能量在靶内被消耗掉。由于能量转换率一般不高，如 0.5MeV 的电子束转化率仅 1%，2MeV 的为 5%，3MeV 的为 14%，而且能量构成中含有大量低能部分，因此，一般认为不宜用于食品辐照。

（三）辐射剂量

辐射剂量是物质被辐射时吸收的辐射能量。食品辐照的微观机理就是电离辐射把能量传递给受照物质，通过电离辐射与物质的相互作用，在被照射的食品内部引起物理、化学以及生物学的各种变化。这种变化的程度与电离辐射的量之间存在着某种联系。

1. 照射剂量

照射剂量是指 X 射线或 γ 射线在单位质量空气中产生的全部次级电子被完全阻留在空气中时所产生的同一符号离子的总电荷量，表示 X 射线或 γ 射线在空气中电离能力的大小。照射剂量的符号为 X，定义（图 1-4-2）为：在质量 dm 的一个体积元空气中，由于光子释放出的所有次级电子全部被阻止时，在空气中产生的全种符号的电荷总电量的绝对值 dQ 除以 dm 而得的商。即：

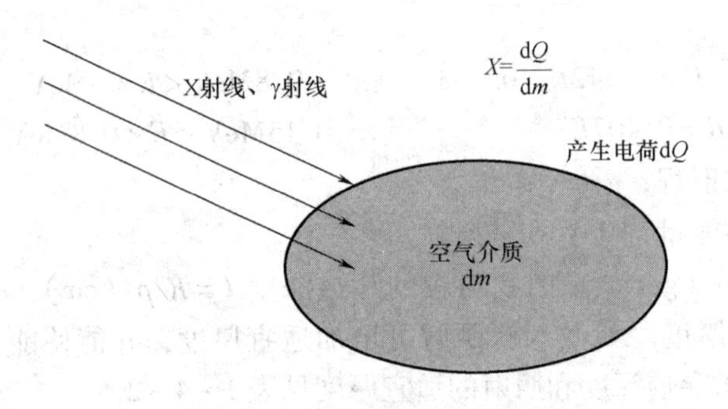

图 1-4-2　照射剂量的定义

照射剂量是描述 X 射线或 γ 射线在空气中辐射的性质，即辐射场的强度。因此，照射剂量不适于其他类型的辐射，也不适于其他介质。

照射剂量的国际单位为库仑/千克（C/kg），以前曾用伦琴（R），已废除。

$$1\text{R} = 2.58 \times 10^{-4}\ \text{C/kg}$$

单位时间内的照射剂量称为照射剂量率（$\dot{X}$），即：$\dot{X} = \mathrm{d}X/\mathrm{d}t$，单位 C/（kg·s）。

2. 吸收剂量

吸收剂量是当电离辐射与物质相互作用时，用来表示单位质量物质吸收电离辐射能量大小的物理量，用 D 表示。其定义（图 1-4-3）为：吸收剂量（D）是致电离辐射授予某一体积元物质的平均能量 dE 除以该体积元中物质的质量 dm 所得的商。即：

$$D = \frac{\mathrm{d}E}{\mathrm{d}m}$$

吸收剂量的概念适用于各种电离辐射，包括 X 射线、γ 射线、α 射线、β 射线等，也适用于各种介质，包括空气、生物组织和其他物质。

吸收剂量的国际单位为焦耳/千克（J/kg），国际专用名称为戈瑞（Gy）。1Gy = 1J/kg，

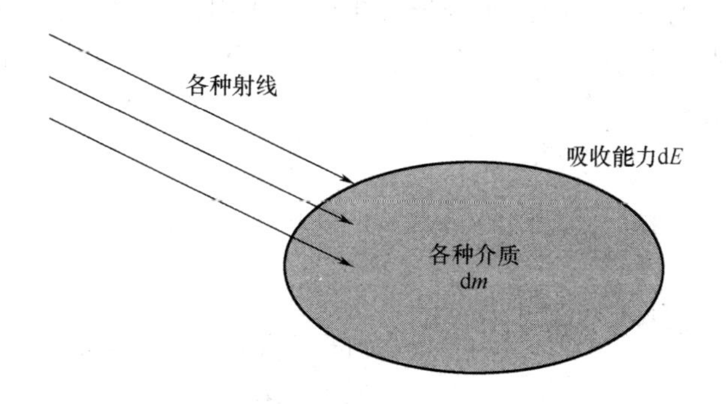

图1-4-3　吸收剂量的定义

表明1Gy的吸收剂量就等于1kg的受照物质吸收1J的辐射能量。曾用单位为拉德（rad），已废除。1Gy = 1J/kg = 100rad。

单位时间内的吸收剂量称之为吸收剂量率（$\dot{D}$），即：$\dot{D} = dD/dt$，单位Gy/s。

3. 剂量当量

物质（人体）某点处受照射后的生物学效应与其所接受的能量有关。剂量当量是从生物学效应角度引入的物理量，用H表示。剂量当量主要考虑了不同类型辐射所引起的生物效应的不同。其定义为：剂量当量是指吸收剂量与必要修正系数的乘积。即：

$$H = QND$$

式中　Q——品质因素；

N——修正因子。

Q与辐射类型和射线性质有关，例如，X射线、γ和高速电子为1，α射线为10；N通常指沉积在体内放射性物质的不均匀分布，导致生物效应的偏差，因而需要修正。目前国际辐射防护会（ICRP）规定，外源照射的N等于1。

剂量当量的国际单位是Sv（希沃特），曾用单位为rem（雷姆）。当Q和N都等于1时，1Sv = 1J/kg = 100rem。

单位时间的剂量当量称为剂量当量率（$\dot{H}$）。在辐射防护的测量中，使用更多的是剂量当量率。

二、食品辐照的化学效应

辐射对食品中的化学成分的效应与食品直接接受的辐照剂量、辐照条件和环境条件等因素有关。因此，应根据食品种类和辐照工艺的不同，选择合适的辐照工艺来取得有益的效果。

（一）水的辐照效应

水是生命物质的主要成分，是辐照在机体中引起电离的主要物质。生物分子辐照损伤主要是水辐照产生的自由基与生物分子反应的结果。

在辐射作用下首先是食品中的水分子发生电离作用，生成离子、激发分子和次级电子，主要包括：①水合电子（e_{aq}^-）；②羟基自由基（OH·）；③氢自由基（H·）。水的辐照分解反应途径如下：

$H_2O \xrightarrow{激发} H_2O^* \longrightarrow H\cdot + OH\cdot$

$H_2O \xrightarrow{电离} H_2O^+ + e$

$H_2O^+ \longrightarrow H^+ + OH\cdot$

$e \xrightarrow{+H_2O} H_2O^- \longrightarrow H\cdot + OH^-$

$e \xrightarrow{+H\cdot} H\cdot$

$e \xrightarrow{+H_2O} (e_{aq}^-)$

e_{aq}^-、OH·、H·等水辐解中间产物进一步发生反应或扩散到溶液中，与溶质分子发生反应。射线对水的电离作用会在射线径迹周围形成离子柱，离子柱中自由基是分层排布的，OH·主要在内层，H·则主要分布在外层。

由于自由基分层明显，所以产生下列反应的概率很大。

$$OH\cdot + OH\cdot \longrightarrow H_2O_2$$

$$H_2O_2 + OH\cdot \longrightarrow H_2O + HO_2\cdot$$

在有氧存在时，则发生下列反应：

$$H\cdot + O_2 \longrightarrow HO_2\cdot$$

$$HO_2\cdot + H\cdot \longrightarrow H_2O_2$$

自由基都具有一个或几个不配对电子，其化学性质极不稳定，容易与周围物质发生作用，形成所谓自由基损伤。自由基很容易与脂肪、蛋白质及其他生物大分子起作用，产生明显的辐射效应。一般把通过水的辐射引起的其他物质的化学变化称为辐照的“间接”效应或“次级”效应。正常干燥的食品和配料、脱水食品或通过冰冻而固定水分的食品，由于缺少“自由水”都不会显著产生这种“间接”的辐照效应，而是电离作用与食品组分间发生的“直接”效应。

（二）蛋白质的辐照效应

1. 氨基酸和蛋白质

电离对结晶氨基酸只有直接作用，但对氨基酸溶液则兼有直接和间接作用。采用较大剂量辐照处理食品时，结构简单的α-氨基酸在水溶液中发生的辐射分解反应主要是去氨基作用和脱羧作用，产物有NH_3、CO_2、H_2、胺、醛等。具有巯基或二硫键的含硫氨基酸对辐射更为敏感，分解产生H_2S、单质硫或其他硫化物，从而导致大剂量照射后含硫氨基酸食品产生异味。

食品中的蛋白质较之纯蛋白质更不易被辐照所影响。蛋白质的生理活性不仅取决于一级结构，同时还取决于高级结构，而维持高级结构的次级键如氢键等的键能较弱，容易受到破坏。不同种类的蛋白质对辐照的敏感性及反应各不相同，食品蛋白质受到辐照会发生脱氨、脱羧、交联、降解、巯基氧化、释放硫化氢等一系列复

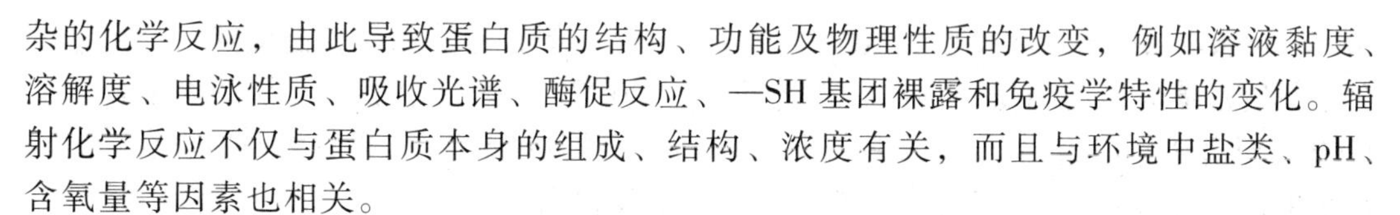

杂的化学反应，由此导致蛋白质的结构、功能及物理性质的改变，例如溶液黏度、溶解度、电泳性质、吸收光谱、酶促反应、—SH 基团裸露和免疫学特性的变化。辐射化学反应不仅与蛋白质本身的组成、结构、浓度有关，而且与环境中盐类、pH、含氧量等因素也相关。

2. 酶

辐照处理可以使酶的分了结构发生 ·定程度的变化，但在目前采用的剂量范围内进行的辐照处理对食品组分的作用是比较温和的，只会引起酶的轻微失活。含有活性酶的食品（如鲜肉、鱼、禽），需要进行高剂量辐射消毒处理以便长时间常温保存时，必须在辐射消毒之前采用热处理使酶失活。采用辐照处理钝化酶尚不如其他灭酶方法有效。

（三）脂类的辐照效应

辐照引起的脂肪变化可分为自动氧化和非自动氧化。脂肪或脂肪酸照射后会发生脱羧、氧化、脱氢等作用，产生氢、烃类、不饱和化合物等（图 1－4－4），其主要作用是使脂肪酸长链中的 C—C 键发生断裂。

$$
\begin{array}{l}
CH_3—(CH_2)_n—C(=O)—O—CH_2 \\
CH_3—(CH_2)_8—CH=CH—(CH_2)_n—C(=O)—O—CH \\
CH_3—(CH_2)_m—C(=O)—O—CH_2
\end{array}
\rightsquigarrow
\begin{array}{l}
H_2 \\
CH_4 \\
CO_2 \\
—CH=CH— \\
\sim CH—COOR \\
\sim CH—COOR
\end{array}
$$

图 1－4－4　脂类的辐照分解

辐照诱导的自动氧化过程与无辐照时的自动氧化非常相同，但是辐照加速了此过程。通常情况下，饱和脂肪对辐照稳定，不饱和脂肪容易发生氧化。自动氧化产生的自由基的类型和衰变速率受到温度的影响。这些自由基在辐照后相当长的时间内会继续与 O_2 发生反应形成过氧化物，进而产生醇、醛、醛酯、酮、含氧酸等十多种分解产物。辐照期间与辐照以后处于无氧的环境中则发生非自动氧化反应，分解产物包括 H_2、CO_2、CO、烃和醛等。

（四）糖类的辐照效应

食品物料中的碳水化合物又称糖类。一般而言，碳水化合物对辐照处理相当稳定，只有在大剂量辐照处理下，才引起氧化和分解。

低分子糖类在进行辐照时，不论是在固态或液态，随辐照剂量的增加，都会出现旋光度降低、褐变、还原性及吸收光谱变化等现象。水合电子与葡萄糖在水溶液中的反应较慢，OH · 与葡萄糖反应是从 α－位置抽氢，在无氧、大剂量照射时，会生成一种酸式聚合物，有氧存在时不产生聚合物。

多糖辐照后会发生糖苷键的断裂，淀粉和纤维素被降解成较小的单元。在低于

20kGy 的剂量照射下，淀粉粒的结构几乎没有变化，但直链淀粉、支链淀粉、葡聚糖的分子断裂，碳链长度降低。例如，直链淀粉经 20kGy 的剂量辐照后，其平均聚合度从 1700 降至 350；支链淀粉的链长会减少到 15 个葡萄糖单位以下。果胶辐照后也会断裂成较小单元。多糖类辐射能使果蔬纤维素松脆，果胶软化。

（五）维生素的辐照效应

在水溶性维生素中，维生素 C 与维生素 B_1 对辐射最敏感，而烟酸对辐射十分稳定；脂溶性维生素中维生素 E 较敏感，而维生素 K 较稳定。维生素的辐射稳定性一般与辐照时食品组成、气相条件、温度及其他环境因素有关。一般而言，食品中的维生素要比单纯溶液中的维生素稳定性强。大部分维生素对热、光、氧和辐射有不同的反应，见表1－4－3。

表 1－4－3　　维生素对各种因素的敏感性

维生素	热	氧	光	电离辐射
水溶性维生素类				
抗坏血酸	○	＋＋	＋	＋＋
硫胺素	＋＋	○或＋	○或＋	＋＋
核黄素	○	○	＋＋	○
烟酸	○	○	○	○或＋
泛酸	＋	○	○	○
吡哆醇	○	○或＋	＋	＋
生物素	＋	○	○	○
叶酸	＋	＋	＋	○
维生素 B_{12}	○	＋	＋	＋＋
胆碱	○	＋	○	○
脂溶性维生素类				
维生素 A	○或＋	＋	＋	＋＋
β－胡萝卜素	○或＋	＋	＋	＋
维生素 D	○	○或＋	○	○
维生素 E	○	＋＋	—	＋＋
维生素 K	○	○	＋	○或＋

注：○为稳定，＋为有较强的敏感性，＋＋为有很强的敏感性。

三、食品辐照的生物学效应

食品中的生物有机体在接受一定剂量的辐照后表现出辐射效应，包括形态和结构的改变、代谢反应的改变、繁殖作用的改变等。辐射效应与生物细胞体的特性，尤其是复杂性有关。不同生物的致死剂量见表1-4-4。

表1-4-4　不同生物机体的辐射致死剂量

生物类型	剂量/kGy	生物类型	剂量/kGy
高等动物及人类	0.005~0.010	芽孢细菌	10~50
昆虫	0.1~1.0	病毒	10~20
非芽孢细菌	0.5~10.0		

生物演化程度越高，机体组织结构越复杂，对辐射的敏感性就越高，如动物的辐射敏感性高于植物，微生物类更低。藻类虽属于植物，但因结构简单，因此很耐辐射。昆虫也耐辐射，但比单细胞生物敏感得多。

（一）DNA的辐射损伤

DNA影响着生物体的发育、生长、繁殖、遗传等生命过程，是非常重要的生物大分子，极易受到射线本身及水辐解自由基的攻击。DNA的辐射损伤主要包括碱基的损伤、核糖的损伤、核酸的交联等。

碱基的损伤主要由辐射的间接作用引起，其中又主要是OH·的原因。OH·约有80%攻击碱基，20%攻击核糖。对糖基的攻击造成了戊糖开环和磷酸酯键的断裂，引起DNA链的断裂，并释放出无机磷酸和碱基。

辐射交联可以发生在DNA分子之内，也可以发生在DNA分子之间或DNA与蛋白质之间，是辐射损伤的又一方式。通常认为DNA与蛋白质的交联是DNA中的碱基与蛋白质中的氨基酸残基之间形成了共价键。

（二）微生物的辐射效应

微生物在受辐射后将发生以下作用：首先，在受辐射的前期，微生物的DNA迅速降解，随后开始减慢，DNA降解的程度取决于辐照量，辐照量越高，降解程度越大。在低剂量范围内，DNA降解的程度与辐照量几乎呈线性。其次，辐照后微生物DNA的合成受到干扰抑制，有氧存在时的抑制比无氧存在时大。第三，辐射后微生物DNA的修复合成发生错乱，残留未修复的DNA和错误修复是导致微生物个体死亡的重要原因。此外，大剂量辐照能使微生物的特异基因非特异地降解，这些降解扰乱了转录过程。

（三）昆虫

昆虫对辐射相当敏感。辐射昆虫的一般破坏效应是：致死、缩短寿命、延迟羽化、不育、减少孵化、发育迟缓、减少进食和呼吸障碍。在昆虫成虫前的各个生命阶段中进行辐照可以引起昆虫不育。由辐射卵发育而来的幼虫，不会发育成蛹。由辐照发育而来的成虫产生不育。例如，70Gy可使果蝇的产卵期推迟4d，而且大部分不能孵化；0.14Gy

照射成年果蝇能使产下的卵不能孵化；0.56Gy 能使果蝇绝育；1.7Gy 能使成年果蝇致死。不同昆虫的辐射敏感性相差也很大，见表 1-4-5。

表 1-4-5　部分贮粮害虫的 γ 射线致死剂量和不育剂量

种类	致死剂量/Gy				成虫不育剂量/Gy
	卵	蛹	幼虫	成虫	
谷象	40	112	40	153~205	80~100
四纹豆象	30	50	60	1705	60
玉米象	40	—	40	112	75~100
锯谷盗	96	145	86	206	100~153
杂拟谷盗	4.4	145	52	128	100~175
赤拟谷盗	109	250	105	212~345	200

（四）植物

植物性食品物料的辐射效应主要体现在以下方面：

（1）抑制发芽　电离辐射抑制植物器官发芽的机理在于辐射对植物再生组织的破坏，核酸和植物激素代谢受到干扰，以及核蛋白发生变性。

（2）调节呼吸与后熟　跃变型果实经适当剂量辐照处理后，一般都表现为后熟过程被抑制、呼吸跃变后延等现象。

（3）辐射与乙烯代谢　不论是跃变型或非跃变型果实，辐射都会促进乙烯产量的瞬时性，从而使呼吸程度加强，释放更多的 CO_2。呼吸增强的程度因果实的种类、成熟度和辐射剂量而异。但这种增强极为短暂，随即减弱。辐射剂量较低的，乙烯的生成量再次上升，达到顶峰后又下降。乙烯的变化与呼吸的变化基本是吻合的。高剂量辐射后，乙烯不再生成，呼吸也表现出紊乱。

（4）辐射与组织褐变　植物组织褐变是辐射损伤最明显、最早表现的症状，属于酶褐变，即氧化酶对酚类物质催化作用的结果。即使在低剂量范围（50~400Gy），褐变程度也随剂量而增高，并因植物品种、产地、成熟度等的不同而不同。

（五）动物

不同动物之间的辐射敏感性相差很大，低等动物的敏感性比哺乳动物低得多。表1-4-6 是某些动物的 $LD_{(50/30)}$ 值。

表 1-4-6　部分动物的 $LD_{(50/30)}$ 值

动物种类	$LD_{(50/30)}$/Gy	动物种类	$LD_{(50/30)}$/Gy
鼠	2.5	麻雀	8.0
狗	3.35	兔	8.0
鹅	3.50	龟	15.0
小鼠	5.2~6.0	鲫鱼	18.0

续表

动物种类	$LD_{(50/30)}$/Gy	动物种类	$LD_{(50/30)}$/Gy
猴	4.0～6.0	金鱼	23.0
鸡	6.0	蝾螈	30.0
仓鼠	6.1	蜗牛	80.0～200.0
蛙	7.0	变形虫	10^3
大鼠	7.5	豆形虫、草履虫、纤毛虫	3×10^3

注：$LD_{(50/30)}$是生物急性照射致死的专用剂量值，在此剂量下照射的生物群体在30d内约有50%死亡。

第三节　食品辐照保藏的应用

一、食品辐照加工装置

辐照装置主要由辐射源、产品输送系统、安全系统、控制系统、辐照室及其他辅助设施等组成，核心是处于辐照室内的辐射源与产品输送系统。

（一）γ射线辐照装置

γ辐照装置的辐射源通常采用^{60}Co和^{137}Cs。典型的γ辐照装置的主体是带有很厚水泥墙的辐照室，主要由辐射源升降系统和产品传输系统组成。辐照室中间有一个深水井，安装了可升降的辐射源架，在停止辐照时辐照源降至井中安全的储源位置。辐照时装载产品的辐照箱围绕辐照源架移动以得到均匀的辐照。辐照室混凝土屏蔽墙的厚度取决于放射性核素的类型、设计装载的最大辐照源活度和屏蔽材料的密度。

目前，使用的γ辐照装置基本上都是固定源室湿法储源型γ射线辐照装置。目前的辐照方式有动态步进和静态分批两种，前者采用产品辐照箱传输系统，产品辐照与进出辐照室时辐射源始终处于辐照位置；而后者在产品采用人工进出辐照室，产品堆码、翻转时，辐射源必须降到储藏位置。典型的柜式传输多道步进辐照装置见图1－4－5。

（二）电子束辐照装置

电子束辐照装置是指用电子加速器产生的电子束进行辐照、加工处理产品的装置，包括电子加速器、产品传输系统、辐射安全连锁系统、产品装卸和储存区域，供电、冷却、通风等辅助设备，控制室、剂量测量和产品质量检验室等。辐照加工用加速器主要是指能量高于150keV电子束的直流高压型和脉冲调制型加速器。由于电子加速器产生的电子束具有辐射功率大、剂量率高、加工速度快、产量大、辐照成本低、便于进行大规模生产等优点，越来越受到食品辐照研究领域的关注。

（三）X射线辐照装置

利用加速器产生的高速电子轰击重金属靶而产生高能X射线，可以较好地利用加速

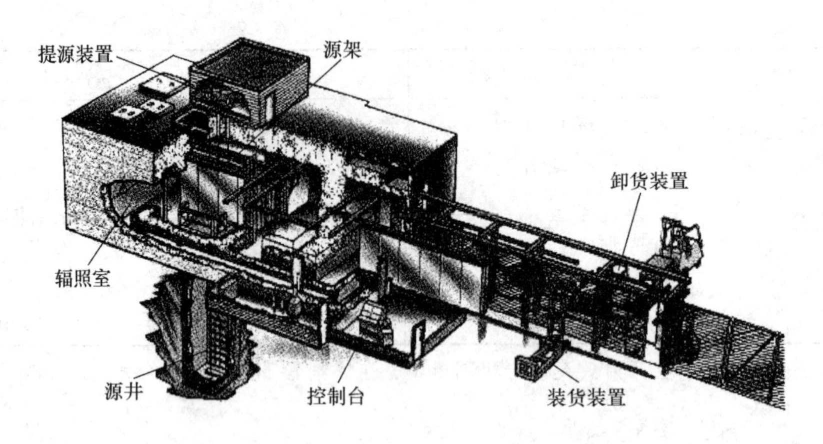

图 1-4-5　柜式传输多道步进辐照装置示意图

器的可控性和无放射源的特点，同时，与穿透能力较弱的电子束相比，X 射线更适合应用于体积和密度较大食品材料的辐照处理。

具有一定动能的电子束打击在重金属靶上会产生穿透力很强的 X 射线。3MeV 电子产生的 X 射线与 ^{60}Co 产生的 γ 射线具有相似的穿透性能。X 射线的空间分布不像 ^{60}Co γ 射线那样均匀地呈 4π 立体角发射，而是略倾向前方，因此，产品传输系统的设计较简单，辐照效率也较高。用一台 5MeV、200kW 高频高压发生器作为电子束与 X 射线两用辐照装置，设计示意图见图 1-4-6。

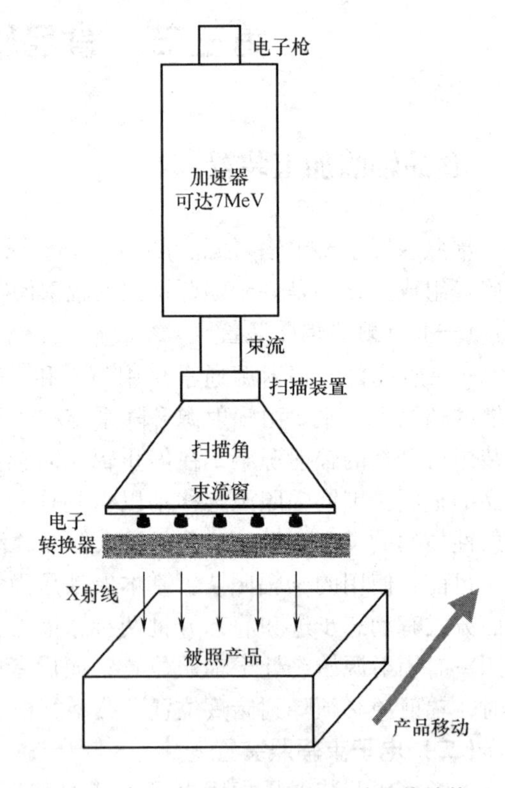

图 1-4-6　X 射线辐照转换系统及传输体系

食品辐照法规规定用于食品辐照的 X 射线的能量不能超过 5MeV，为了提高 X 射线的允许能量，研究了用 7.5MeV X 射线辐照食品是否会在食品中产生放射性，结果是否定的。该研究结果有可能导致法规的修改，提高 X 射线辐照食品的能量上限。

二、食品辐照加工工艺

利用电离辐射，按照规定的工艺规范对食品进行辐照，使产品获得适宜的辐射剂量并产生特定的辐射效应，以达到某种技术要求或提高食品卫生品质的措施和方法，称为辐照加工工艺。

（一）食品辐照工艺参数

辐照加工中辐照装置的主要工艺参数是加工能力、辐照效率与吸收剂量不均匀度。

1. 加工能力（Q）

加工能力是指辐照装置在一定时间内能够处理的产品量。可用下式表示：

$$Q = \frac{3600P\varepsilon}{D_e}(\mathrm{kg/h})$$

式中 P——辐射功率，kW；

ε——辐射效率，即辐射时的辐射能量利用率；

D_e——理论上应为实现某种辐射处理所需要的最低有效剂量，但通常采用总体平均剂量，kGy。

2. 辐照效率（ε）

辐照效率是指辐照一定时间间隔内经辐照的全部产品中吸收的产生辐射效应所需的能量（E_0，即D_0与所处理产品质量的乘积）在辐射源发射的总能量（E_s）中所占的比例。即：

$$\varepsilon = \frac{E_0}{E_s}$$

3. 吸收剂量不均匀度（U）

吸收剂量不均匀度是反映辐照质量的一个指标，为特定工艺辐照下全部产品中最大吸收剂量（D_{max}）与最小吸收剂量（D_{min}）的比值。即：

$$U = \frac{D_{max}}{D_{min}}$$

吸收剂量不均匀度反映产品吸收剂量分布的不均匀程度，U值越大越不均匀。

辐射效率与剂量不均匀度都取决于辐射源的种类及其穿透能力、辐射源与产品间的几何位置，以及产品组成、大小、密度等，但两者效果有时是相反的。为提高辐照效率可以采用多种方法，如增大产品的照射面积，增加产品的厚度或多道传送，提高产品的密度，减少辐照源与产品间的距离。但增加辐照源周围产品的数量和厚度或减少辐照源与产品间的距离常常会使U值增大，而为降低U值只有在水平方向与垂直方向增加产品的层次，在增加照射通道的同时不断换位和换层，才能实现高辐照次序下的均匀照射。

（二）食品辐照工艺流程

食品辐照加工工艺流程见图1-4-7。

（三）食品辐照推荐剂量

国际食品辐照顾问小组（ICGFI）根据食品辐照应用的剂量不同，将剂量划分为低剂量辐照（0.01~1kGy）、中剂量辐照（1~10kGy）和高剂量辐照（10~50kGy）。

1. 低剂量食品辐照

低剂量辐照用于抑制鳞茎和块茎作物发芽，以及控制一些寄生虫和害虫。在20~150Gy时，辐照处理可以影响植物组织的生物活性，抑制作物发芽。在0.1~1.0kGy时，辐照可以影响植物组织中酶的活性。在0.2~1.0kGy时，辐照处理可以防止谷物、豆类、干果、脱水产品等食品的害虫危害，杀灭害虫或阻止害虫生殖和发育。

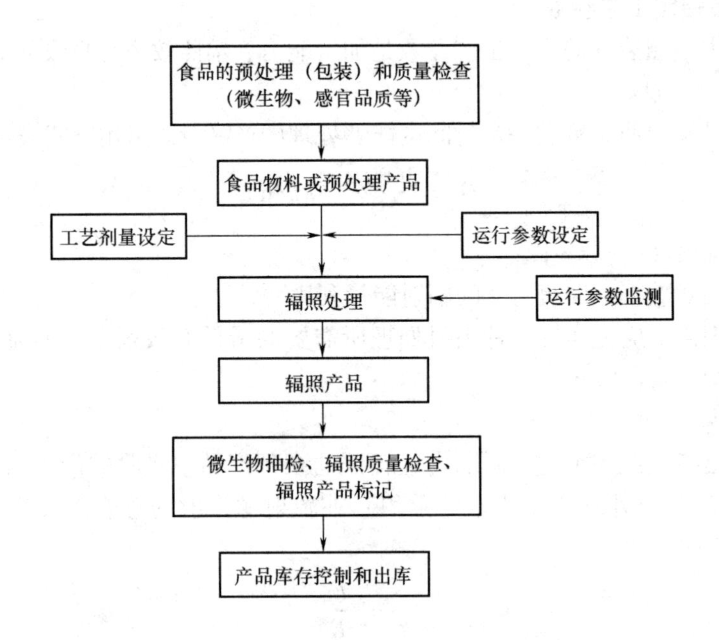

图1-4-7 食品辐照工艺流程

2. 中剂量食品辐照

中剂量辐照用于降低食品中的微生物群体以延长其货架期，也可用于延迟果蔬的成熟和衰老。根据产品的不同，新鲜肉类产品、海产品以及新鲜的蔬菜和水果可以在1~10kGy的剂量范围内辐照，以延长货架期。

3. 高剂量食品辐照

采用高于10kGy的剂量辐照处理，若包装适宜，可使产品在非冷藏条件下长期保存。高剂量辐照不但能杀灭细菌、霉菌的酵母，而且可以杀死细菌芽孢。但高剂量辐照会对食品的感官品质或食品中的敏感成分产生影响。

（四）食品辐照工艺剂量

工艺剂量是食品辐照过程中为在产品内产生预期辐射效应、达到辐照质量要求所规定的剂量范围或剂量限值。最低有效剂量（D_e）是指在食品辐照时为达到某种辐照目的所需的最低剂量，即工艺剂量的下限值。最高耐受剂量（D_t）是在食品辐照时不会对食品的品质和功能特性产生危害的最高剂量，即工艺剂量的上限值。

产品中剂量分布因产品而异，原则上都应控制在工艺剂量上限与工艺剂量下限之间。开发与实施某项产品的辐照工艺必须经过一系列实验，建立在一定条件下吸收剂量与辐照物品中产生所需效应之间的关系，确定实现该效应所需的剂量水平和剂量限值，即工艺剂量水平和工艺剂量限值。在生产过程中产品所吸收的剂量应处于工艺剂量限值范围内，而工艺剂量又不能超过法定剂量限值，如图1-4-8所示。

产品中辐照剂量分布原则上都应控制在工艺剂量上限与工艺剂量下限之间。国际食品辐照顾问小组（ICGFI）已制定一系列技术文件，规定了食品辐照的推荐剂量范围，成

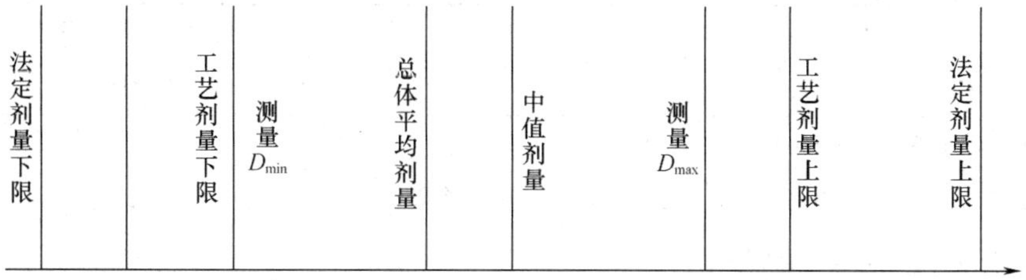

图 1-4-8 工艺剂量与限制剂量

为各国食品辐照主管部门制定食品辐照工艺标准的基本依据。中国已制定的有关食品辐照的法定剂量和辐照工艺剂量范围，参见表 1-4-7 和表 1-4-8。

表 1-4-7 中国辐照食品卫生标准

产品类别（国标编号）	辐照处理目的	总体平均剂量/kGy
豆类谷类及其制品（GB 14891.8—1997）	控制生虫	≤0.2（豆类） 0.4~0.6（谷类）
干果果脯类（GB 14891.3—1997）	控制生虫、减少损失、延长储藏期	0.4~1.0
熟畜禽肉类（GB 14891.1—1997）	灭菌、延长保质期	≤8.0
冷冻分割畜禽肉类（GB 14891.7—1997）	杀灭沙门菌	≤2.5
干香料（GB 14891.4—1997）	杀菌、防霉、延长保质期	≤10
新鲜水果蔬菜类（GB 14891.5—1997）	抑制发芽、储藏保鲜、延缓后熟、延长货架期	≤1.5
薯干酒（GB 14891.9—1997）	改进品质	≤4
花粉（GB 14891.2—1994）	保鲜、防霉、延长储存期	≤8
猪肉（GB 14891.6—1994）	灭活旋毛虫	≤0.65

表 1-4-8 食品和农产品辐照工艺规范

产品种类（国标编号）	辐照处理目的	最低有效剂量 D_e/kGy	最高耐受剂量 D_t/kGy
豆类（GB/T 18525.1—2001）	杀虫	0.3	2.5（1）
谷物（GB/T 18525.2—2001）	杀虫	0.3	0.5~1.0
红枣（GB/T 18525.2—2001）	杀虫	0.3	1
枸杞干、葡萄干（GB/T 18525.4—2001）	杀虫	0.75	3（2）
干香菇（GB/T 18525.5—2001）	杀虫	0.7	2
	防霉	0.3	8（5）
桂圆干（GB/T 18525.6—2001）	杀虫	0.4	9
	防霉	6.0	—
空心莲（GB/T 18525.6—2001）	杀虫	0.4	4（2）

续表

产品种类（国标编号）	辐照处理目的	最低有效剂量 D_e/kGy	最高耐受剂量 D_t/kGy
速溶茶（GB/T 18526.1—2001）	杀菌	4	9
花粉（GB/T 18526.2—2001）	杀菌	4.0	8.0
脱水蔬菜（GB/T 18526.3—2001）	杀菌	4	10
香料、调味品（GB/T 18526.4—2001）	杀菌，含菌 1×10^6（1×10^7）个/g	4.0（6.0）	10
熟畜禽肉（GB/T 18526.5—2001）	杀菌	4	8
糟制肉（GB/T 18526.6—2001）	杀菌	4	8
冷却分割肉（GB/T 18526.7—2001）	杀虫、杀菌	1.0　1.5	4
苹果（GB/T 18527.1—2001）	保鲜	0.25	0.8
大蒜（GB/T 18527.2—2001）	抑制发芽，收获后两个月(5个月)	0.05（0.08）	0.2
通用技术要求（GB/T 18524—2001）	对各类食品的辐照工艺规定明确的概念和技术要求		

注：带括号的剂量值为设定的工艺剂量上限值。

三、辐照技术在食品保藏中的应用

食品辐照处理的目的主要是杀菌、灭虫，抑制食物原料的生理劣变。辐照剂量的大小取决于食品的种类、辐照目的和要求，过量的辐照会损害食品的品质并产生安全隐患。

（一）食品的辐照灭菌

食品辐照杀菌分为选择性灭菌（radurization）、针对性灭菌（radicidation）和辐照完全灭菌（radappertization）。选择性辐照灭菌不是破坏全部细菌，而是允许一些细菌存活，但细菌的生长不应该在食品保质期内造成食品的腐败。针对性辐照灭菌是杀灭食品沙门菌、李斯特菌、大肠杆菌O157等病原微生物和寄生虫，又称辐射巴氏杀菌（radiopasteurization）。辐照完全灭菌是利用辐照处理杀灭或破坏食品中出现的所有腐败微生物。

1. 辐照剂量与灭菌效应

杀灭食品中所有微生物所需的辐射剂量并没有一个绝对的数值，辐射剂量与食品的初始染菌量、食品特性及微生物种类等因素有关。表征辐射灭菌剂量的重要概念是 D_{10} 值，即在某一特定条件下（温度、气氛、pH等）使细菌群体降至10%所需的处理剂量。假设食品的初始染菌数目为 N_0，在食品辐照中杀死100%的细菌所需的剂量在实际操作中难以达到，因此采用杀死90%的细菌所需要的剂量。

在电离辐射处理的情况下，使细菌群体 N_0 降至 N 所需的剂量可表示为：

$$D = D_{10}\lg\frac{N_0}{N}$$

D_{10} 值反映了微生物对辐照的敏感性，又称钝化系数。D_{10} 值越小，细菌对辐射就越敏感。微生物对辐照的敏感性，在同属、同种间乃至不同菌株间变化幅度都非常大，这一点和热杀菌及药物杀菌的情况相同。一般情况下，细菌芽孢的抗性比营养型细菌强；在不产芽孢的细菌中，革兰阴性菌对辐照比较敏感。真菌属于真核细胞，构造比较复杂，酵母的辐照抗性比霉菌强，部分假丝酵母的抗性与细菌芽孢相同，霉菌的辐照抗性接近无芽孢细菌或比芽孢细菌或比无芽孢细菌弱。

2. 影响微生物辐照敏感性的因素

（1）温度　微生物的辐照钝化剂量随照射温度而有较大变化。在常温范围内，对灭菌效果影响不大，如γ射线对肉毒杆菌的芽孢在0～65℃辐照，温度对镣菌效果影响不大。如果在低温状态下，则钝化剂量随温度降低而增大，菌体更耐辐照，这是因为低温下限制了辐照产生的自由基的扩散，减少了与酶分子相互作用的机会。例如，在－78℃下对金黄色葡萄球菌进行辐照时，其*D*值是常温时的5倍；在－96℃下用γ射线照射肉毒杆菌时的*D*值是25℃时的2倍。高温下照射由于高温与辐照协同作用，微生物加速死亡，例如肉毒杆菌25℃时的*D*值为3.4kGy，95℃时为1.7kGy。需要说明的是，微生物对辐照的敏感性与对热的敏感性无关。

（2）氧　分子态氧的存在对辐照灭菌效果影响显著。一般情况下，灭菌效果因氧的存在而增强，这种现象称为氧效应。纯氧环境下的*D*值与纯氮环境下的*D*值之比称为氧增效比（*m*），大肠杆菌的*m*为2.9，弗氏志贺菌*m*为2.92。细菌芽孢在空气环境中对射线的敏感性也大于在真空和含氮环境下的敏感性。但在稀溶液中，氧的增强作用很小，因为氧是自由基的良好清除剂。

（3）水分活度　细胞的含水量对其辐射抗性有很大影响。在干燥状态下，辐照生成的自由基失去了水的连续相而不能移动，辐照的间接作用受到抑制。因此，随着水分活度的下降，*D*值有增大的趋势。

（4）环境因素　环境酸度对微生物辐照抗性的影响不大。例如，枯草芽孢杆菌的芽孢在pH2.2～10.0，蜡状芽孢杆菌在pH5.0～8.0，辐照抗性没有明显差异。复杂食品介质中细菌的抗辐照性较强。化学物质对辐照的影响较大，有些对菌体有保护作用，有些可促成其死亡。有机醇类、*L*－半胱氨酸、抗坏血酸钠、乳酸盐、葡萄糖、氨基酸等食品成分能降低辐照的灭菌效果，一般认为这是因为上述物质消耗了氧而使氧效应消失或捕捉了活性强的自由基的缘故。1－萘酚、马来酸、无机卤素化合物等可增强辐射的灭菌作用。

（5）辐射剂量与方式　对于修复能力强的微生物，低剂量或分次照射会降低致死效率，提高耐辐照能力；对于干燥的细菌及芽孢，剂量分次给予将增加致死效应，这是由于辐照产生的大量自由基与氧效应协同作用所造成的。

（二）农产品发芽的辐照抑制

大蒜、马铃薯、洋葱等鳞茎或块根类植物采收后有休眠的特性，在休眠期生长暂停，休眠过后就会发芽。马铃薯发芽后产生具有毒性的龙葵素；洋葱一经发芽就会将储存于鳞茎的营养物质转供叶片生长，致使洋葱营养价值降低，甚至大量腐烂；大蒜萌芽后则开始散瓣、干瘪。

采用辐照处理已成为抑制鳞茎和块根类作物发芽的一种非常成熟的技术，而且无化学残留。国际食品辐照顾问小组（ICGFI）1991年制定了《抑制鳞茎与块根类作物发芽的辐照工艺规范》。鳞茎和块根类作物在收获后和处于休眠期立即进行辐照，抑制发芽非常有效。0.15kGy 甚至更低的辐照剂量能够有效抑制马铃薯、洋葱、大蒜、生姜和板栗发芽，产品辐照后可以在高于冷藏温度的条件下保藏，不会对产品产生不良的影响。然而，抑制发芽的辐照剂量对微生物的作用很小，不能控制由于微生物腐败等原因造成的损失，需要通过调节温度、湿度和通风条件等因素加以控制，以保证产品在储存过程中的良好品质。

（三）粮食虫害的辐照抑制

谷类和豆类害虫的危害造成粮食储藏期间的损失，并导致质量安全问题。辐照是控制粮食虫害的有效手段。例如，高于 1kGy 的中等剂量范围的辐照处理能够立即或在短期内杀死谷物和豆类作物中具有较强辐照抗性的害虫（如蛾、螨和某些甲虫），但较高剂量通常会引起产品质量方面的问题。采用低于 1kGy 剂量的亚致死剂量辐照，例如 0.5kGy 剂量可使害虫立即丧失生殖能力，除辐照抗性最强的鳞翅目种外，所有害虫都会在几周内死亡。即使对于鳞翅目害虫，在辐照后如果能产生后代，也全部表现为不育。辐照后幸存下来的成虫，其取食能力已被削弱，对粮食产品的危害大大降低。

通常根据不同害虫对辐照的敏感性决定适宜的辐照剂量。昆虫的辐射敏感性表现为鞘翅目 > 蜱螨目 > 鳞翅目。在卵和幼虫期昆虫对辐照敏感，此阶段可以采用较低剂量达到辐照效果，避免过高剂量对粮食品质的影响。小麦、小麦粉辐照杀虫的适宜剂量为 0.15 ~ 1.00kGy，大米为 0.1 ~ 1.0kGy。根据国内外大量研究结果，我国在辐照豆类、谷类及其制品的卫生标准中规定控制豆类生虫的辐照剂量 ≤0.2kGy，控制谷类生虫的辐照剂量为 0.4 ~ 0.6kGy。

（四）果蔬成熟的辐照延迟

辐照处理能够调节果蔬的生理代谢，降低呼吸作用，延缓成熟与衰老。目前新鲜果蔬的辐照处理通常采用低剂量辐照。例如，在水果生理成熟阶段和完熟之前进行低剂量（0.25 ~ 1.00kGy）辐照，能够延缓香蕉、芒果、番木瓜、菠萝、草莓等水果的成熟和过熟，并且具有杀灭害虫、控制生理性腐败、延缓衰老的效果，过高的辐射剂量反而会破坏果品的组织而加速熟化。芒果和木瓜等转跃期水果要经过临界成熟到成熟之间短暂的过渡，采用 0.25 ~ 0.50kGy 剂量的辐照可以使这种过渡延迟数天。

蘑菇是一种食用真菌，收获后其生理性腐败包括菌盖开裂、褐变、干缩，采用低于 1kGy 的剂量可将食用蘑菇菌盖开裂及严重变色延迟数天；1 ~ 2kGy 的辐照剂量可抑制蘑菇的破膜与开伞，减少表面锈斑，保持新鲜色泽。辐照后在 10℃ 以下保藏效果更好。

（五）畜禽肉类的辐照保鲜

控制新鲜畜禽肉产品中的微生物和病原菌的方法包括减少或消灭食品中的微生物，降低或减缓微生物的生长发育等。为保证畜肉制品的品质和风味，通常采用选择性辐照灭菌或针对性辐照灭菌。一般情况下，3kGy 以下的剂量能够保证辐照肉类的卫生安全。延长肉类货架期的剂量范围通常在 1.0 ~ 2.5kGy。应尽可能采用低辐照剂量，过高剂量辐照会导致肉类产生辐照异味。

新鲜畜禽肉产品中的寄生虫包括弓形虫、旋毛虫、绦虫等，辐照能够破坏和干扰寄生虫的生长和繁殖。辐照对寄生虫的效应与寄生虫的种类和辐照条件等因素有关，通过辐照可降低寄生虫的致病性，延缓寄生虫的发育或导致寄生虫的死亡。采用高剂量（4 ~

6kGy）辐照能够杀死肉类中的寄生虫，但对产品的感官性状产生不利影响；低剂量的辐照能够抑制寄生虫的生殖功能和发育成熟。肉类产品的辐照杀虫与杀菌所需要的辐照剂量不同，通常采用1kGy以上的辐照剂量能够控制肉类产品中寄生虫对人体健康的危害。

第四节 辐照食品的卫生性与安全性

利用食品辐照的化学效应和生物学效应，一方面能够杀灭害虫、腐败微生物和病原菌，延长货架期；另一方面，也可能会对所处理的食品带来一定的生物、化学和物理变化。这些变化有无潜在的毒性，是否符合食品营养和卫生标准，直接关系到消费者的健康和食品辐照技术的发展。目前，辐照食品卫生安全性问题主要包括：①毒理学安全性；②营养安全性；③微生物安全性；④放射性安全性；⑤感官质量安全性等。

一、辐照食品的毒理学安全性

辐照食品的毒理学安全性评价遵循食品毒理学评价试验程序。首先采用动物喂养试验的形式，进行急性毒性试验、遗传毒性试验、亚慢性毒性试验、慢性毒性试验。在动物试验获得安全性结论的基础上，科学审慎地进行人体食用试验。

近50年来，英国、美国、法国、德国、日本、加拿大、澳大利亚、瑞典等许多国家的相关研究机构进行了25~50kGy的辐照食品喂养动物试验，通过大量长期与短期动物喂养试验，观察分析试验动物的生长发育、行为能力、血液学、病理学、繁殖与致畸等指标，没有发现辐照食品产生毒性反应及致畸、致癌、致突变现象。此外，用辐照饲料饲养家畜以及用辐照食品长期饲养有免疫缺陷的动物，也未发现有任何病理变化。20世纪70年代，中国国家科学技术委员会组织开展了全国范围的辐照农产品及其制品动物毒理试验研究项目，完成了慢性毒理试验、多代繁殖试验、致畸试验和诱变试验等，检测多种辐照农产品及其制品的生物效应，没有发现与辐照农产品及其制品相关的毒理学反应。在动物试验的基础上，中国、美国、英国、法国、丹麦、澳大利亚等世界许多国家进行了较大规模的辐照食品的人体食用试验，结果表明食用辐照食品对人体未产生任何有害影响。

评价辐照食品毒理学安全性的另一个方法是食品辐射化学的研究，即鉴定分析食品的辐射分解产物的方法，又称化学准许法（chemiclearance）。大量研究表明，食品辐照并未形成足够量的具有毒理作用的任何物质。

动物喂养试验、人体试食试验和化学准许法的研究结果均显示，未发现辐照食品对动物和人体造成毒理学反应。1980年，FAO/WHO/IAEA联合专家委员会正式宣布“用10kGy辐照的任何食品都是安全的，可以不再做毒理学试验”的结论。随后，各国对10kGy以上的辐照食品的安全性也进行了广泛的研究。1997年，FAO/WHO/IAEA联合专家组得出“从毒理学的角度考虑，高于10kGy的辐照剂量将不会导致对人体健康产生危害的食品成分的变化”。

二、辐照食品的营养安全性

辐照的化学效应是引发辐照食品营养安全性问题的主要因素。本章第二节分析了辐照对食品中水分、碳水化合物、蛋白质、脂肪、维生素等主要营养成分的影响，结果显示，与冷藏、干燥、高温等食品保藏技术相比，适宜剂量的辐照处理并不会对食品的营养价值产生显著影响，辐照食品具有可接受的营养价值。

低剂量（低于 1kGy）用于食品辐照，营养损失非常微小；在中等剂量范围（1～10kGy），如配合使用抽真空或降氧技术，可以防止辐照所导致的维生素损失；在高剂量范围内（10～50kGy），为防止食品中脂肪的氧化和自氧化过程，以及蛋白质的氧化、脱羧、交联等作用影响食品的感官质量变化和营养价值，也可配合使用低温技术、抽真空技术或添加抗氧化剂等方法，以尽量降低辐照对食品营养价值的影响。

FAO/WHO/IAEA 联合专家委员会根据对大量有关辐照食品营养的研究报告的综合评估，于 1980 年提出食品辐照不会导致任何营养上的特殊问题。1997 年，FAO/WHO/IAEA 联合专家组讨论了高剂量辐照对食品营养和其他方面的影响，得出结论：高于 10kGy 的辐照剂量“将不会使营养损失达到对个人或群体的营养状态产生任何危害影响的程度”。

三、辐照食品的微生物安全性

辐照食品的微生物安全性是指食品辐照后能够抑制或消灭致病微生物或腐败性微生物，保证食品安全，同时不产生新的食品安全问题。对于辐照完全灭菌产品，使用的剂量必须能够破坏所有腐败微生物或使其失活。对于辐照选择性杀菌和辐照针对性杀菌的产品，则存在与其他非完全杀菌处理的食品类似的问题，需要考虑食品种类、批准的辐照剂量和辐照条件、营养组成、优势菌种、包装形式、储藏条件等因素，从而保证辐照杀菌食品在保质期内的微生物安全性。

此外，辐照食品的微生物安全性研究还体现在以下方面：

（1）微生物的耐辐射性　某些具有天然耐辐射性的微生物，可能会产生辐照后复活的后果，甚至具有发展成为食品中优势微生物的趋势。采用联合灭菌工艺，如采用辐照结合加热、盐处理等方法可以更有效地杀灭或减少耐辐照性微生物的数目。

（2）辐射诱发的微生物突变　在食品辐照的条件下，没有资料证明辐照能够增强微生物的致病性、毒性或诱发抗菌力。因此，食品辐照不会增加细菌、酵母菌和病毒的致病性。

四、辐照食品的放射性安全性

（一）辐照食品的放射性污染问题

在食品辐照处理过程中，作为辐照源的放射性物质严格密封于辐照装置中，食品接受的是射线的能量，而不是放射性物质。此外，食品通常都在包装后进行辐照，与放射源没有直接接触，因此，食品经过辐照后不存在放射性污染问题。

（二）辐照食品的感生放射性问题

目前，用于食品辐照的射线，主要由^{60}Co和^{137}Cs产生的γ射线，以及能量低于10MeV的电子加速器所产生的电子束。在辐照化学中，只有当射线能量达到一定阈值后才能使被照射物质产生感生放射性。如使食品中的基本元素C、O、N、P、S等感生成为放射性核素，需要10MeV以上的高能射线照射。食品中含有可能或“容易”生成放射性核素的其他微量元素，如Sr、Sn、Ba、Cr和Ag等受到高能射线照射后，有可能产生寿命极短的放射性核素，但是只要控制射线的能量，就能做到绝不引起感生放射性。即使采用能量级高达16MeV的电子加速器辐照食品，所产生的感生放射性也很微弱，存在时间极短。

在国际食品法典委员会的《国际食品辐照通用标准》中规定了照射食品的射线能量，其中电子加速器产生的电子束能量不高于10MeV，X射线和γ射线小于5MeV。目前食品辐照使用的^{60}Co的γ射线能量为1.32MeV和1.17MeV，^{137}Cs的γ射线能量为0.66MeV；低能量电子束辐照能量也在10MeV以下，采用上述辐照能量照射食品不会产生感生放射性问题。

五、辐照食品的感官质量安全性

（一）辐照对食品色泽的影响

植物食品在辐照处理过程及贮存中极易发生酶褐变，属于酚类物质在氧化酶作用下的结果。即使在低照射剂量范围，褐变程度也随剂量增高而加大。组织褐变也是植物食品在机械伤害、冷害、病虫害等许多其他情况下的共同症状。

植物色素对辐照处理较稳定，动物性色素则对辐照敏感。辐照处理能加深畜禽肉的色泽。例如，猪肉、牛肉等肉类辐照后肌肉呈现更鲜红的颜色，脂肪也出现淡红色，但存放一段时间后，所产生的颜色逐渐褪去。多数研究认为产生上述现象的原因在于，辐照促进了肌肉中肌红蛋白色素的氧化过程，使之形成红色氧合肌红蛋白和棕色的高铁肌红蛋白。水产品中的蛋白质和氨基酸对辐照较敏感，例如，苯丙氨酸羟化反应后形成酪氨酸异构体，在酶的催化作用下生成二氢苯丙氨酸，发生氧化和多聚反应形成黑色素，使水产品辐照后产生黑色斑点。

（二）辐照对食品风味的影响

辐照通常会造成食品风味的损失，特别是肉类产品在辐照下会产生令人不愉快的“辐照味”。研究表明，“辐照味”的产生是由脂肪和蛋白质在辐照过程中的分解产物及其化合物形成的。例如，蛋白质中的苯丙氨酸、甲硫氨酸和酪氨酸辐照后能够生成微量的苯、苯酚和含硫化合物等物质，脂肪辐照后其氧化酸败过程加速，从而导致辐照食品产生异味。采取一定措施如控制辐照剂量、低温辐照、使用抗氧化剂、采取真空包装等方法可有效减轻辐照异味。

可以利用辐照对食品风味的影响改善食品品质。例如，柿子含有大量可溶性单宁质，食用时使人产生“涩”的感觉，利用辐照处理能够促使单宁降解而使柿子脱涩。再如，辐照能够促进烟草和酒中某些刺激性物质的转化，从而加速烟草和酒类的陈化过程。

（三）辐照对食品质地的影响

低剂量辐照处理不会对食品质地产生明显影响，相反还可抑制食品软化，改善食品的风味和品质，延缓植物食品的后熟作用。高剂量辐照处理会使植物果实发生不同程度的软化作用，主要由食品中的大分子物质在辐照作用下发生降解所引起。

【思考题】

1. 食品辐照保藏技术的特点是什么？简述食品辐照保藏的基本原理。
2. 举例说明食品辐照保藏的工艺过程。
3. 结合辐照食品的发展历程与国内外研究现状，如何正确认识辐照食品的卫生性与安全性？

参考文献

[1] 赵晋府. 食品技术原理. 北京：中国轻工业出版社，2006

[2] 汪勋清，哈益明，高美须. 食品辐照加工技术. 北京：化学工业出版社，2005

[3] 哈益明. 辐照食品及其安全性. 北京：化学工业出版社，2006

[4] 周家春. 食品工艺学. 北京：化学工业出版社，2008

[5] Paisan Loaharanu & Paul Thomas. Irradiation for Food Safety and Quality. USA：Technomic Publishing Company Inc，2001

第五章　处理食品的其他物理技术

【学习指导】

理解微波、高压、电脉冲、欧姆加热、光脉冲、超声波、紫外辐照处理食品的基本原理，认识这些物理方法的优越性和局限性，了解这些装置的结构及其构成食品加工体系的方法。

第一节　微波技术

微波一般是指波长在1mm~1m范围（其相应的频率为300MHz~30GHz）的电磁波。国际上对加热用的微波频率范围有统一的规定，称之为工业、科学、医疗用电波频带，常用的频率有433MHz、915MHz、2375MHz和2450MHz，其中食品加工多用915MHz，家用微波炉多选用2450MHz，前者的微波穿透深度比后者大。

微波加热是靠电磁波把能量传播到被加热物体的内部，这种加热方法具有以下特点。

（1）加热速度快　微波加热是利用被加热物体本身作为发热体而进行内部加热，不靠热传导的作用，因此可以让物体内部温度迅速提高，所需加热时间短，一般只需常规方法的1/100~1/10的时间就可完成整个加热过程。

（2）加热均匀性好　微波加热时内部加热，而且往往具有自动平衡的性能，所以与外部加热相比较，容易达到均匀加热的目的，避免了表面硬化及不均匀等现象的发生。

（3）加热易于瞬时控制　微波加热的热惯性小，可以立即发热和升级，易于控制，有利于配备自动化流水线。

（4）选择性吸收　某些成分非常容易吸收微波，另一些成分则不易吸收微波，这种微波加热的选择性有利于产品质量的提高。

（5）加热效率高　微波加热设备虽然在电源部分及电子管本身要消耗一部分的能量，但由于加热作用始自加工物料本身，基本上不辐射散热，所以热效率可高达80%。

一、微波加热的原理

（一）微波加热的基本原理

微波加热不同于其他加热方法。一般的加热方式都是先加热物体的表面，然后热量由表面传到内部，而微波加热则可直接加热物体的内部。

被加热的介质是由许多一端带正电、另一端带负电的分子（称为偶极子）组成。在没有电场的作用下，这些偶极子在介质中做杂乱无规则的运动，见图 1－5－1（1）。当介质处于直流电场作用下时，偶极分子就重新进行排列。带正电的一端朝向负极，带负电的一端朝向正极，这样一来，杂乱无规则排列的偶极子变成了有一定取向的有规则的偶极子，即外加电场给予介质中偶极子以一定的“位能”。介质分子的极化越强烈，介电常数越大，介质中储存的能量也就越多，见图 1－5－1（2）。

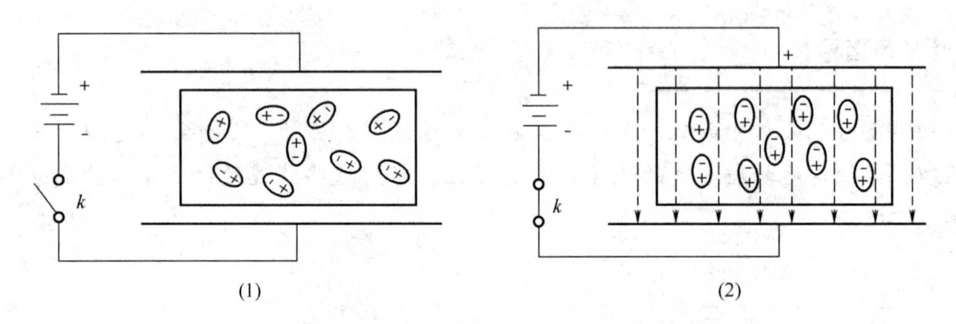

图 1－5－1　介质中偶极子的排列

（1）未加电场　（2）加直流电场

若改变电场的方向，则偶极子的取向也随之改变；若电场迅速交替地改变方向，则偶极子也随之做迅速摆动。由于分子的热运动和相邻分子间的相互作用，偶极子随外加电场方向改变而做的规则摆动受到干扰和阻碍，即产生了类似摩擦的作用，使分子获得能量，并以热的形式表现出来，表现为介质温度的升高。

外加电场的变化频率越高，分子摆动就越快，产生的热量就越多。外加电场越强，分子的振幅就越大，由此产生的热量也越大。用 50Hz 的工业用电作为外加电场，其加热作用有限。为了提高介质吸收功率的能力，工业上就采用超高频交替变换的电场。实际上常用的微波频率为 915MHz 和 2450MHz，1s 内有 9.15×10^{8} 次或 2.45×10^{9} 次的电场变化。分子频繁摆动，其摩擦产生瞬间集中的热量，从而能迅速提高介质的温度。

除了交变电场的频率和电场强度外，介质在微波场中所产生的能量的大小还与物质的种类及特性有关。

（二）微波对介质的穿透作用

对于微波而言，介质具有吸收、穿透和反射作用。介质通常是被加工的物料，它们不同程度地吸收微波的能量，这类物料又称有耗介质。特别是含水和含脂肪的食品，微波进入后，它们不同程度地吸收微波的能量并将其转化为热量，微波的场强和功率就不断地衰弱。物料对微波的吸收衰减能力不同，这随物料的介电特性而异。衰减能力决定着微波对介质的穿透能力。

1. 穿透深度

穿透深度可以表示物料对微波能衰减能力的大小。一般它有两种定义：

（1）微波功率从物料表面减至表面值的 1/e（36.8%）时的距离，用 D_E 表示，e 为自然对数底值。

$$D_E = \frac{\lambda}{\pi\sqrt{\varepsilon_r}\tan\delta} \quad (1-5-1)$$

式中 λ——微波波长；

ε_r——介电常数；

$\tan\delta$——介质损耗角正切。

（2）微波功率从物料表面衰减到表面值的1/2时的距离，即半功率穿透深度 $D_{1/2}$，其表示式为：

$$D_{1/2} = \frac{3\lambda}{8.686\pi(\sqrt{\varepsilon_r}\tan\delta)} \quad (1-5-2)$$

微波的穿透深度随波长的增大而变化，它与频率有关,. 频率越高，波长越短，其穿透力越弱。由于一般物料的 $\pi\sqrt{\varepsilon_r}\tan\delta \approx 1$，微波穿透深度与使用的波长是同一数量级的。远红外加热常用的波长仅为十几纳米，因此，与红外和远红外加热相比，微波对介质材料的穿透能力要大得多。

微波加热依靠穿透能力强的特点，可以深入物料的内部加热，使物料表里几乎同时升温形成整体状态加热，其加热方式有别于传导加热，由此微波加工工艺带来一系列不同的加工效果。

2. 穿透深度与温度的关系

微波的穿透深度也与物质的温度有关，见表1-5-1。

表1-5-1 微波对不同温度物质的穿透深度

物料	温度/℃	穿透深度/cm		物料	温度/℃	穿透深度/cm	
		915MHz	2450MHz			915MHz	2450MHz
冰	-12.0	180	70	水	65.0	19.0	2.8
水	1.5	4.1	0.6		75.0	21.5	3.2
	5.0	4.8	0.7		85.0	25.0	4.0
	15.0	6.6	0.9		95.0	29.5	4.8
	25.0	9.0	1.3	瘦肉	5.0	1.8	1.9
	35.0	12.0	1.8		-7.8	9.8	7.5
	45.0	13.8	2.0		-15.0	70.0	48.0
	55.0	16.3	2.3				

（三）微波的特性对加热的影响

影响微波加热的因素有微波频率、电场强度、物料介电常数、密度、比热容和损耗角正切，而其中物料的介电性质往往又是频率的函数。

1. 频率

从加热的角度看，频率越高，加热速度越快，因此可以通过在一定条件下提高频率，提高加热速度，但不是频率越高对加热操作越有利，微波加热时还应考虑其穿透深度。频率越高，波长越短，其穿透深度越小。2450MHz的加热速度比915MHz快，但915MHz

的穿透深度比2450MHz大，因此对较厚的物料要达到均匀加热应选择较小的频率；对较薄的物料，可选用较高频率，以提高加热速度。

另外，频率还影响介质损耗系数，室温下纯水在2450MHz时的介质损耗系数约为915MHz的3倍。0.1mol的氯化钠溶液，在2450MHz时的介质损耗系数大于915MHz时的2倍。

2. 电场强度

电场强度是与微波加热器功率相关连的指标，功率大、场强大、加热速度快。在食品加工中，加热速度不一定越快越好，加热操作根据加工要求来进行。因此，微波加热器设有功率调节旋钮，以适应不同的加工要求。微波加热操作能迅速加热和无惰性地随输出功率的改变而变化，能够满足不同食品加工阶段的不同加热要求。

（四）物料的微波吸收功率和温升

物料吸收微波的能力主要由介电常数和介质损耗角正切来决定。介电常数是介质阻止微波能量通过的能力的度量，介质损耗角正切是介质消耗微波能量的效率。介质吸收的功率与电源的频率和电场强度成正比。为了提高介质吸收功率，可以提高电场强度。但是提高电场强度有一定的限度，否则，电极之间会出现击穿的现象。微波的能量在通过物料时被吸收并转变为热能，物料的微波吸收功率可以根据以下式计算：

$$P = 2\pi f\varepsilon_r\varepsilon_0 E^2\tan\delta = 5.56\times10^{-11} f\varepsilon_r E^2\tan\delta \quad (1-5-3)$$

式中 P——单位体积介质所吸收的功率，W/m^3；

E——电场强度，V/m；

ε_0——真空介电常数，$\varepsilon_0 = 8.854\times10^{-12}$，F/m；

f——微波工作频率，Hz。

由此可见，物料在微波场中，其单位体积的热能转换取决于微波电场强度、频率以及物料的介电特性等因素。由式（1-5-3）可以推导出物料的温升计算式：

$$\Delta T = \frac{5.56\times10^{-11} f\varepsilon_r E^2\tan\delta}{\rho c} \quad (1-5-4)$$

式中 ΔT——单位时间物料温升，K/s；

ρ——物料密度，kg/m^3；

c——比热容，J/(kg·K)。

（五）物料的性质对微波加热的影响

物料的介电常数、密度、比热容和介质损耗角正切是影响微波加热的主要因素。

1. 介电性质

不同的介质一般有不同的ε_r和$\tan\delta$。水的ε_r和$\tan\delta$值比一般介质大，因此，在一般情况下，加工物料的含水量越大，其介质损耗也越大。某些物料在温度上升时，其介质损耗系数降低，这时，就出现了所谓的自动平衡。微波加热的自动平衡作用使物料的加热更均匀，同时也避免了出现过热的缺陷。但是，有些物料在加热时，温度上升，其介质损耗系数也升高，这时就出现恶性循环。

冰的介电常数为3.2F/m，介质损耗系数为0.001；而水的介电常数为80F/m，介质损耗系数为0.2左右（在2450MHz下）。所以在加热冷冻食品时，如果不把融化的水随时排走，则由于水的介电常数和介质损耗系数都比冰大得多，最后有可能能量主要被水所吸收，而冰得不到加热。在食品解冻时应该注意这个问题。

物料的介电性质还与微波的频率有关。表 1－5－2 是几种食品在 915MHz 和 2450MHz 频率下的介电常数和介质损耗系数。表中的数据表明：介电常数与频率的关系不是很大，但在 2450MHz 时的介质损耗系数要比在 915MHz 时小很多。

表 1－5－2　　物料的介电性质随频率而变化的情况

食品	温度/℃	微波频率/Hz	介电常数/(F/m)	介质耗损系数	食品	温度/℃	微波频率/Hz	介电常数/(F/m)	介质耗损系数
牛肉	25	915×10^6	62	27	马铃薯	25	915×10^6	65	19
		2450×10^6	61	17			2450×10^6	64	14
猪肉	25	915×10^6	59	26	胡萝卜	25	915×10^6	73	20
		2450×10^6	58	16			2450×10^6	72	15

2. 物料的密度

从温升计算公式显然可见，物料的密度大，其升温速度慢。物料的密度不仅由于影响单位体积热容量而直接影响微波对物体的加热，而且还影响物料的介电性质，从而间接影响微波的热效应。

空气是理想的微波透过体，即 $\tan\delta$ 很小。空气的相对介电常数也较小，约为0.1F/m。因此，物料中含空气越多，物料的介电常数便越小，而越难被加热。实际上，物料密度增加，介电常数以近似线性关系趋于增加。疏松物料如面包等制品的介电常数较小，吸收微波功率的速度较慢。但由于微波加热的穿透作用，微波烘烤面包的时间仍只需常用烘烤法的 1/3。

3. 物料的比热容

从温升公式可以看出，比热容小的物质温度升高的速度快，即物料的比热容对微波加热有着重要的影响。

食品往往是多组分的混合体系。不同成分具有不同的比热容，从而会有不同的温升速度；不同的组分又呈现不同的介电特性（不同的 ε_r 和 $\tan\delta$），故有不同的吸收微波功率的能力。因此，在多组分食品的微波加热研究中，应该很好地对比热容加以控制，以便使各组分的加热速度达到基本同步的要求。

上述讨论的这些因素有些相互关联，有些还受别的因素影响。例如，物料的介电特性和比热容不仅受温度的影响，而且也与食品中的盐浓度有关。盐含量增加，加热速度便加快，穿透深度便减小。影响微波加热的因素非常复杂，实际工作中应审慎考虑选择和掌握各项控制条件。

二、微波加热工艺的计算

1. 加热物料耗用的微波功率

$$P = \frac{\Delta Tcm}{t} \tag{1-5-5}$$

式中　P——耗用的微波功率，kW；

ΔT——物料温升，K；

c——物料比热容，J/（kg·K）；

m——物料质量，kg；

t——微波作用时间，s。

2. 物料干燥所耗用的微波功率

$$P = \frac{\Delta Tcm + Qm'}{1000t} \tag{1-5-6}$$

式中　P——耗用的微波功率，kW；

Q——液体蒸发潜热或汽化热，J / kg；

m'——蒸发的液体量，kg；

ΔT、c、m、t——同上式。

3. 电源总功率的估算

上面求得的是理想情况下所需的功率，实际上在微波加热器内微波功率不可能全部被物料所吸收，一部分要为微波加热器本身所消耗；另一部分则因反射而损耗在馈送微波的波导内。当使用行波型加热器时，未被物料吸收完的功率为终端负载所吸收。因此，选择微波加热器的功率容量时，要适当加以放大。

$$P' = \frac{P}{\eta} \tag{1-5-7}$$

式中　P'——需选用的微波加热器的功率容量，kW；

P——计算得到的微波功率，kW；

η——微波加热效率，一般在0.5~0.8。

三、微波加热设备

（一）微波加热设备的类型

微波加热设备主要由电源、微波管、连接波导、加热器及冷却系统等几部分组成，如图1-5-2所示。

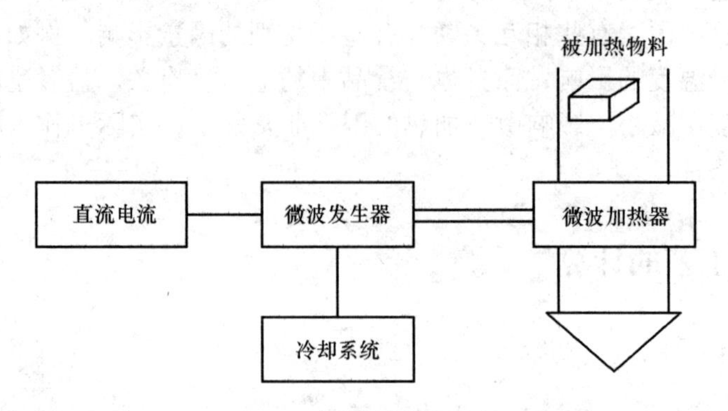

图1-5-2　微波加热设备方块示意图

微波管由电源提供直流高压电流并将输入能量转换成微波能量，微波能量通过连接波导传输到加热器，对被加热物料进行加热。冷却系统用于对微波管的腔体及阴极部分进行冷却，冷却方式主要有风冷和水冷两种方式。

微波加热器按被加热物和微波场的作用形式分为驻波场谐振腔加热器、行波场波导加热器、辐射型加热器和慢波型加热器等几大类；也可以根据结构分为箱式、隧道式、平板式、曲波导式和直波导式等几大类，其中箱式、平板式和隧道式常用。

1. 箱式微波加热器

箱式微波加热器是在微波加热应用中较为普及的一种，属于驻波场谐振腔加热器。用于食品烹调的微波炉就是典型的箱式微波加热器。

箱式微波加热器的结构如图 1－5－3 所示，由谐振腔、输入波导、反射板和搅拌器等组成。谐振腔为矩形空腔，若每边长度都大于（1/2）λ 时，从不同的方向都有波的反射，因此，被加热物体（食品介质）在谐振腔内各个方面都受热。微波在箱壁上损失极小，未被物料吸收掉的能量在谐振腔内穿透介质到达壁后，由于反射而又重新回到介质中形成多次反复的加热过程，这样，微波就有可能全部用于物料的加热。由于谐振腔是密闭的，微波能量的泄露很少，不会危及操作人员的安全。这种微波加热器对块状物体加工较适宜，用于食品的快速加热、快速烹调以及快速消毒等方面。

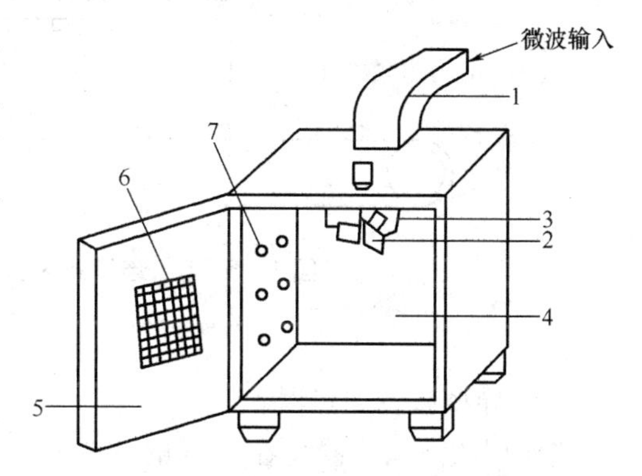

图 1－5－3 谐振腔加热器结构示意图

1—波导 2—搅拌器 3—反射板
4—腔体 5—门 6—观察窗 7—排湿孔

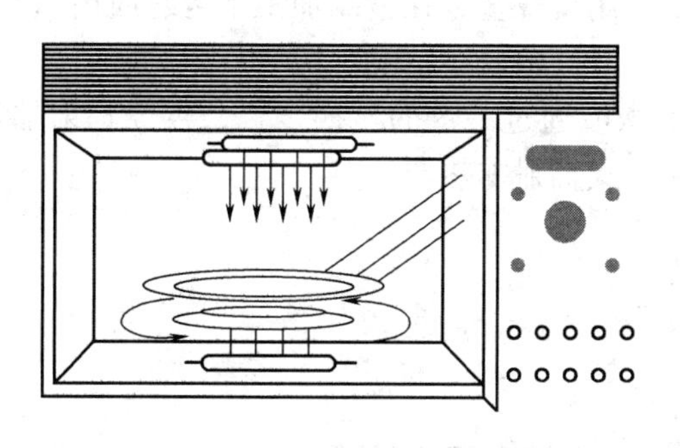

图 1－5－4 卤素灯结合微波炉的示意图

美国 General Electric 公司 1999 年制造销售了与卤素灯加热相结合的微波炉，如图1－5－4 所示，卤素灯置于被加热物体的上部和下部。该炉结合了卤素灯近红外加热形成表面褐变和脆化，微波炉节约时间的优点。我国市场上该炉称作光波炉，光波和微波同时在密闭的炉腔内对食物进行高速交叉加热，彻底解决过去普遍微波炉加热不均、生熟不匀的现象，热效率更高。并且在烹饪过程中最大程度地保持食物的营养成分，尽量减少烹饪食物水分的流失。

2. 隧道式微波加热器

隧道式微波加热器也称连续式谐振腔加热器，这种加热器可以连续加热物料。被加热的物料通过输送带连续输入，经微波加热后连续输出。由于腔体的两侧有入口和出口，将造成微波能的泄露，因此，在输送带上安装了金属挡板。也有的在腔体两侧开口处的波导里安装金属链条，形成局部短路，防止微波能的辐射。由于加热会有水分的蒸发，因此也安装了排湿装置。

为了加强连续化的加热操作，实现了多管并联的谐振腔式连续加热器，见图1－5－5。这种加热器的功率容量较大，在工业生产上的应用比较普遍。为了防止微波能的辐射，在炉体出口和入口处加上了吸收功率的水负载。这类加热器可应用于木材干燥、奶糕和茶叶加工等方面。

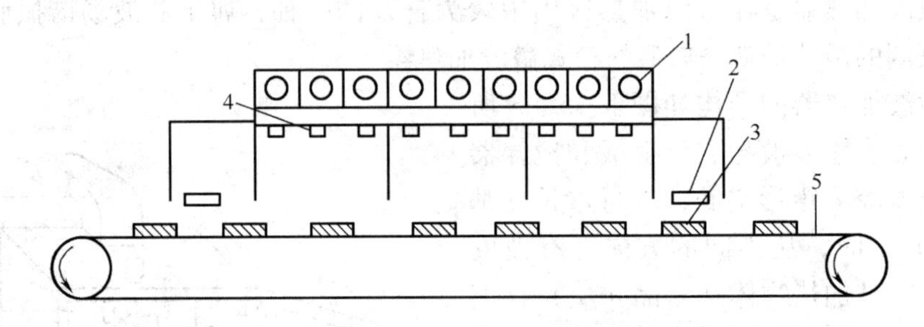

图1－5－5　连续式多管并联谐振腔加热器示意图

1—磁控管振荡源　2—吸收水负载　3—被加热物料　4—辐射器　5—传送带

3. 波导型微波加热器

波导型微波加热器是在波导的一端输入微波，在另一端有吸收剩余能量的水负载，这样使微波能在波导内无反射地传输，构成行波场，所以这类加热器又称行波场波导加热器。这类加热器有以下几种形式：①开槽波导加热器，又称蛇形波导加热器和曲折波导加热器。②V形波导加热器。③直波导加热器。为了达到对各种不同物料的加工要求，可设计出各种结构形式的行波场波导加热器。常见的行波场波导加热器还有脊弓波导加热器等，这类加热器在合成皮革、纸制品加工中用得较多，在食品加工中也有应用。

4. 辐射微波加热器

辐射微波加热器是利用微波发生器产生的微波通过一定的转换装置，再经辐射器等向外辐射的一种加热器。图1－5－6所示为喇叭式辐射加热器。

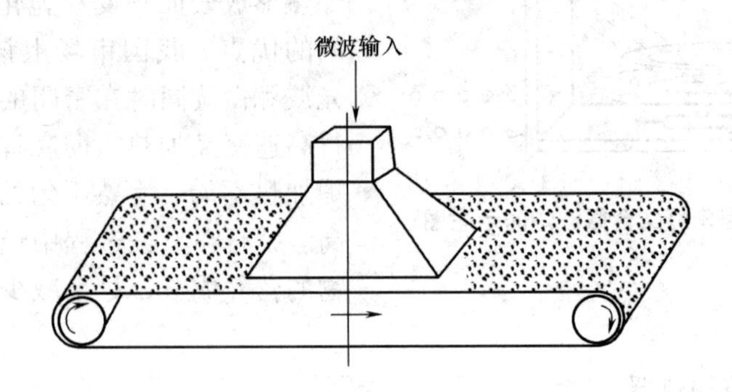

图1－5－6　喇叭式辐射微波加热器示意图

物料的加热和干燥直接采用喇叭式辐射加热器照射，微波能量便穿透到物料内部。这种加热方法简单，容易实现连续加热，设计制造也比较方便。

光波炉是利用光波加热，而微波炉是利用微波加热。光波是从外至内加热食物，微波是从内到外加热食物。微波利用了油分子与水分子的摩擦产生热量。相比微波炉，光波炉具有加热速度快、加热均匀、能最大限度地保持食物的营养成分不损失等诸多优点。从结构上看，光波炉在炉腔上部设置了光波发射器和光波反射器。光波反射器可以确保光波在最短时间内聚焦热能最大化，这也是光波炉在结构上与普通微波炉的重要区别。光波炉是利用卤素管加热的，而微波炉是利用磁控管加热。但实际市场上看到的光波炉，更多的是光波微波炉。光波微波组合炉大大提高微波炉、光波炉的加热效率，同时利用这两种不同的加热原理共同加热。

5. 慢波型微波加热器

慢波型微波加热器（也称表面波加热器）是一种微波沿着导体表面传输的加热器。由于它所传送的微波的速度比空间传送慢，因此称为慢波加热器。这种加热器的另一特点就是能量集中在电路里很狭的区域传送，电场相对集中，加热效率较高。梯形加热器是一种慢波型微波加热器。图 1 –5 –7 所示为单脊梯形加热器示意图。在矩形波导管中设置一个脊，在脊的正上面的波导壁上周期性地开了许多与波导管轴正交的槽。由于在梯形电路中微波功率集中在槽附近传播，所以在槽的位置可以获得很强的电场。因此，当薄片状和线状物料通过槽附近时，容易获得高效率的加热。

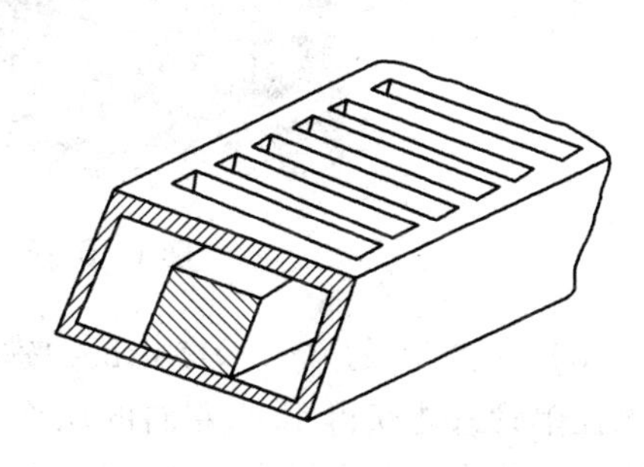

图 1 –5 –7 单脊梯形加热器示意图

6. 微波真空干燥器

微波加热与真空干燥相结合的方法更能加快干燥速度，是食品工业中常采用的干燥方法之一。微波真空干燥器一般为圆筒形的，这样器壁能承受较大的压力而不变形。圆筒形器体相当于两头短路的圆形波导管，一般采用 2 450MHz 的微波源。图 1 –5 –8 所示为微波真空干燥器操作系统。

（二）微波加热器的选择

1. 选择加热器要考虑的因素

食品的种类和形状各异，加工的规模和要求也不同，因此在选择加热器时应充分考虑以下这些因素。

（1）加工食品的体积和厚度　选用 915MHz 可以获得较大的穿透厚度，也就是说可以加工厚度较大和体积较大的食品。

（2）加工食品的含水量及介质损耗　一般加工食品的含水量越大，介质损耗也越大；而微波的频率越高，介质损耗也越大。因此，一般对于含水量高的食品，宜选用 915MHz 的频率；对含水量低的食品，宜选用 2450MHz 频率。但有些食品如牛肉等，当含 1mol 盐水时，采用 915MHz 频率，介质损耗反而比采用 2450MHz 时高 1 倍，因此，最好由实验确定。

图1-5-8 微波真空干燥器操作系统

(3) 生产量及成本 915MHz 的磁控单管可获得 30kW 或 60kW 的功率，而 2450MHz 的磁控单管只能获得 5kW 左右的功率，而且 915MHz 的工作效率比 2450 MHz 高 10% ~ 20%，因此，加工大批食品时，往往选用 915MHz。也可先用 915MHz 烘去大量的水，在含水量降至 5% 左右时再用 2450 MHz。

(4) 设备体积 2450MHz 的磁控管和波导均较 915MHz 的小，因此 2450MHz 加热器的尺寸比 915MHz 的小。

2. 加热器形式的选定

加热器的形式主要是根据加工食品的形状、数量及加工要求来选定的。要求连续生产时，选用有输送带的加热器；小批量生产或实验室试验以及食堂、家庭烹调用场合，可选用箱式加热器。对薄片材料，一般可选用开槽波导或慢波结构的加热器。较大或形状复杂的物料，为了获得均匀加热，则往往选用隧道式加热器。

四、微波加热在食品加工中的应用

微波用于食品加工始于 1946 年，但 1960 年以前，微波加热的应用只限于在食品烹调和冻鱼解冻方面。20 世纪 60 年代起，人们开始将微波加热应用于食品加工业。20 世纪 60 年代中期，美国和欧洲的许多生产厂家用微波加热干燥马铃薯片，产品色泽有很大改善，这是食品工业中早期应用微波加热的成功例子。此后，微波加热逐步应用到食品加工的其他领域，如鸡块和牛肉片的预煮、各种冷冻食品的解冻和干燥，其应用领域进一步扩展到食品杀菌、消毒、脱水、烫漂和焙烤等领域。

(一) 食品微波烹调

微波炉烹调食品具有方便、快速、维生素等营养成分损失少、鲜嫩多汁等优点。微波烹调食品主要有两种方式：一种是在家庭和食堂中自己配料烹调的食品；另一种方式就是商业预制的微波炉方便食品。后者消费者购买后，直接用微波炉加热后即可食用。

1. 微波炉烹调食品

使用微波炉蒸炖鱼、肉和蔬菜，蒸制米饭和面食等，节约时间，而且食品更接近原色，营养成分损失更少。食品在微波炉中的调理时间与温度的关系见表1－5－3。

用微波炉调理食品时，其加热效果与该食品的含水量和容器的形状有关。含水量70%以下时，会产生加热不均匀现象。用方形的容器，会出现四角先热的现象。

表1－5－3　微波炉调理时间与食品温度的关系（500W微波炉）

分类	调理或加热	食品量/g	微波加热时间/min	温度/℃
油性	再加热	炸猪排120	4	105
		炒饭200	4	102
		意大利细面条250	4	112
酸性	调理	苹果酱320	7	103
一般	调理	蒸鸡蛋羹340	4	101
	再加热	冷米饭	6	102
	调理	膨化玉米60	2	123

维生素C保存率与烹调方法的关系见表1－5－4。维生素B_2和维生素A保存率与烹调方法的关系见表1－5－5。微波烹调的维生素C的保存率远高于普通的煤气烹调方法。两种烹调方法维生素A和维生素B_2保存率均较高，微波略高于煤气烹调。

表1－5－4　维生素C保存率与烹调方法的关系

种类	样品维生素C含量/(mg/100g)			维生素C保存率/%	
	烹调前	微波烹调	煤气烹调	微波烹调	煤气烹调
卷心菜	56.50	27.25	22.52	48.23	39.38
大白菜	57.50	52.50	28.75	91.30	50.00
油菜	87.50	53.75	30.75	61.43	44.29
菠菜	56.50	47.50	26.25	84.44	46.67

表1－5－5　维生素B_2和维生素A保存率与烹调方法的关系

种类	维生素B_2含量/(mg/100g)			维生素A含量/(IU/100g)		
	烹调前	微波烹调	煤气烹调	烹调前	微波烹调	煤气烹调
胡萝卜	0.066	0.060	0.066	12.17	10.57	10.07
猪肝	2.79	2.71	2.66	6857	5735	4642

2. 微波炉方便食品

微波炉方便食品分为两大类：一类在常温下流通，经过高温杀菌或采用热灌装，并无菌包装，在常温下可贮藏半年或一年；另一类在低温下流通，大多以可用微波炉加热或普通炉加热的容器包装。

常温下流通的微波炉食品有：肉制品、沙拉、汤料、糖浆、果冻、米饭、沙司等。

低温下流通的微波炉食品有：即食正餐食品；炖牛肉、牛排、馅饼、米饭、比萨饼、汤等；加水后用微波炉烹调的食品，如速食粥、各类蛋糕等。

尽管微波炉食品有成本高和人们对其包装材料的安全性存在担心的缺点，但它因食用方便，发展越来越快。

（二）食品微波解冻

家用微波炉用于解冻食品方便和快捷。工业上已用微波加热解冻食品有：肉、肉制品、水产品、水果和水果制品等。

微波加热解冻的过程如下：细胞间的水分由于其吸收微波能快，首先升温并融化，然后使细胞内冻结点低的冰晶融化。由于细胞内的溶液浓度比细胞外高，细胞内外存在着渗透压差，水分便向细胞内扩散和渗透，这样既提高了解冻速度又降低了失水率。此法解冻过程与一般的正好相反，即细胞内冻结点较低的冰晶首先融化。另外，微波解冻作用是内外一起进行的，因此速度要比传统的由外向内进行快得多。自然解冻是失水率最小的方法，失水率小，产品质量好。微波解冻比自然解冻快得多，而失水率则基本上处于同一水平。

（三）食品微波杀菌

1. 食品微波杀菌的作用机理

食品微波杀菌的机理包括热效应和非热效应。

（1）热效应　微波作用与食品，食品表里同时吸收微波能，温度升高。食品中污染的微生物细胞在微波场的作用下，其分子也被极化并做高频振荡，产生热效应，温度升高。温度的快速升高使其蛋白质结构发生变化，从而失去生物活性，使菌体死亡或受到严重干扰而无法繁殖。

（2）非热生化效应　微波的作用会使微生物在其生命化学过程中所产生的大量电子、离子和其他带电粒子的生物性排列组合状态和运动规律发生变化，使微生物的生理活性物质发生变化。同时，电场也会使细胞附近的电荷分布变化，导致膜功能障碍，使细胞的正常代谢功能受到干扰破坏，使微生物细胞的生长受到抑制，甚至停止生长或使之死亡。微波还能使微生物细胞赖以生存的水分活度降低，破坏微生物的生存环境。另外，微波还可以导致细胞DNA和RNA分子结构中的氢键松弛、断裂和重新组合，诱发基因突变、染色体畸变，从而中断细胞的正常繁育能力。

2. 食品微波杀菌的应用

人们对微波应用于肉制品、禽制品、水产品、水果和蔬菜、罐头、乳制品、面制品、农作物等进行杀菌、灭酶进行了大量研究和商业开发。

微波灭菌比常规的灭菌方法更能保留产品中具生命活性的营养成分。因此，它适用于人参、香菇、猴头菌、花粉、天麻等天然药物及其成药的干燥和灭菌。

采用微波杀菌可以在食品包装前进行，也可以在包装后进行。包装好的食品在进行微波加热灭菌时，由于食品加热会产生蒸汽，压力过高时会胀破包装袋，因此整个微波加热灭菌过程在压力下进行，或将包装好的产品置于加压的玻璃器内进行微波处理。图1-5-9是在加压条件下微波杀菌系统的示意图。

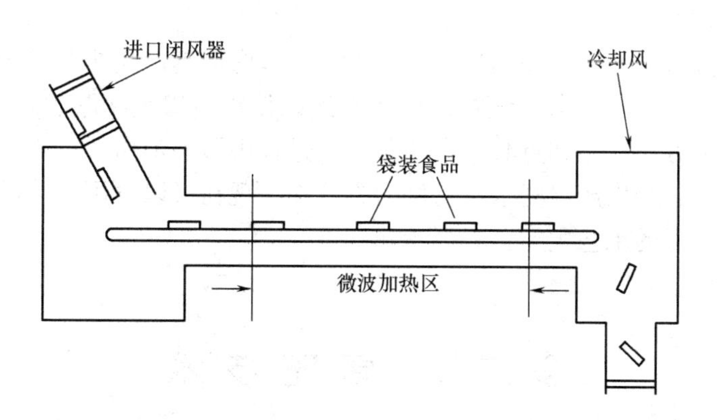

图1-5-9 加压微波杀菌系统示意图

微波不仅可以用于固体物质的杀菌，也可对液体物质进行杀菌。国外已出现了微波牛乳杀菌器，采用的频率是2450WHz，其工艺可以是采用82.2℃左右处理一定时间，也可以采用微波高温瞬时杀菌工艺，即200℃，0.13s。

微波还经常用于产品灭酶。传统果蔬加工中往往要用沸水烫煮以杀死部分微生物和钝化酶，如此烫煮会使大量的水溶性营养成分流失。采用微波加热热烫则可克服这个问题。茶叶制作过程中的杀青也可以由微波来完成，并且产品的质量有所提高。在水产品的保鲜，如虾的保鲜中，经常采用微波来灭酶以防止酶褐变。

（四）食品微波焙烤与烘烤

微波焙烤的优点主要体现在：

（1）微波焙烤的产品其营养价值较传统方法的高，因为微波焙烤的温度低、时间较短，因此营养成分损失较小。

（2）由于其焙烤过程是内外同时加热，因此焙烤时间可以减少至几分钟。

（3）由于焙烤一开始就内部加热，物料内部的水分迅速汽化并向外迁移，形成无数条微小的孔道，使产品的结构蓬松。

（4）设备占地面积小。

糕点的微波焙烤已在工业化规模应用，除了营养素可以更好保持外，微波焙烤点心的体积比常规焙烤的体积大25%~30%，微波焙烤的产品中霉菌生长较少。但由于焙烤时其表面温度低、时间短，不足以产生充分的美拉德反应，产品表面缺少人们所喜爱的金黄色。因此，微波焙烤往往与常规焙烤方法结合起来使用，两种加热方式依次进行，或微波焙烤与红外加热一起使用。一般的做法是微波焙烤后，再用常规方法在200~300℃下焙烤4~5min，或再用红外加热上色。为了解决微波焙烤制品表面着色不够的问题，有人提出在面团上涂着色剂再行焙烤的方法。卤素灯与微波的结合将更有助于解决这一问题。

制作面包圈时，首先在热油中将面包圈油炸成型，然后置入微波焙烤。这种产品既有油炸时产生的金黄色泽，又因微波加热而不会出现内部夹生现象。由于油炸时间的减少，产品含油率可以降低25%。

（五）微波膨化

微波膨化利用微波的内部加热特性，使得物料的内部迅速受热升温产生大量的蒸汽，内部大量的蒸汽往外冲出，形成无数的微小孔道，使物料组织膨胀、疏松。采用微波膨化工艺可生产许多方便食品和点心。在面条制作过程中添加蛋白质、膨化剂等揉和成型，使用微波膨化干燥，可生产出复水性良好的方便面。现在可以不用传统的压力膨化工艺，而采用微波加热膨化的工艺生产美式爆米花。

第二节　高压技术

把液体或气体加压到100MPa以上的技术称为“超高压技术”（ultra - high pressure，UHP）。这项技术类型分为超高静压技术、超高压水射流技术和动态超高压技术。其中等静压技术是一种利用密闭高压容器内制品在各向均等的超高压压力状态下成型的超高压液压先进设备。等静压技术初期主要应用于粉末冶金的粉体成型；近20年来，等静压技术已广泛应用于陶瓷铸造、原子能、工具制造、塑料、石墨和超高压食品灭菌等领域。早在1899年，Hite等以牛乳及肉类为对象首次进行了高压保藏食品的实验，科学工作者相继研究了高压对微生物的影响，开发了高压技术在食品加工的工艺和设备。美国AVURE Technologies公司制造销售的加工能力从35L/批到近700L/批的高压处理设备，其应用遍及果汁、牛乳、水产、肉类和色拉的加工。随着科学技术的不断发展，高压处理还辅助进行其他单元操作，如低温烫漂、干燥、复水、油炸等，应用范围日渐扩大。美国FDA已经批准高压技术处理食品。该技术对于设备和能源提出较高的要求，使生产成本有所提高。把高压处理与其他加工因素如温度、酸度、添加剂结合起来，将促进高压技术的商业化。

一、高压杀菌的基本原理

高压杀菌将食品物料置于高压（100～600MPa）装置中加压处理，以达到杀菌要求。高压导致微生物形态结构、生物化反应、基因机制以及细胞壁膜发生多方面的变化，从而影响微生物原有的生理活动机能，甚至使原有功能破坏或发生不可逆变化。在食品工业上，高压杀菌技术利用这一原理，使高压处理后的食品得以安全长期保存。

（一）高压对于微生物的作用

大多数细菌能够在20～30MPa下生长，能够在高于40～50MPa压力下生长的微生物称为耐压微生物（*barophiles*），能够在1～50MPa压力下生长的微生物称为宽压微生物（*eurybaric*），耐压微生物能够在50～200MPa下存活，但是不能生长。表1-5-6为陆地微生物受流体静压力作用后的存活状况。

表 1-5-6 陆地微生物受流体静压力作用后的存活情况

微生物种类	流体静压力/MPa				
	0.1	30	40	50	60
黏性产碱杆菌	++++[①]	+++	++	-[②]d[③]	-d
枯草杆菌	++++	++	+	-	-
大肠杆菌	++++	++	+++	-d	-
黄绿包小球菌	+-++	+++	-	-d	-d
腐草分支杆菌	++++	++	++	-	-d
普通变形杆菌	++++	+++	+++	-	-
荧光假单胞菌	++++	-	+	-	-d
黄绿色八叠球菌	++++	++	-	-	-
黏质赛氏菌	++++	++	-	-d	-d
乳酸链球菌	++++	++++	++++	++	+
异常汉逊酵母	++++	++	-d	-d	-d
酿酒酵母	++++	++++	-d	-d	-d
圆酵母	++++	++++	++	-d	-d

注：①+表示相对于大气控制下的浊度。
②-表示无繁殖发生。
③d 表示当压力消除后微生物已失去其繁殖能力。

1. 高压下微生物形态学的变化

（1）形成纤丝　微生物在高压下发生明显的形态变化。大肠杆菌的长度在常压下为 1～2μm，而在 40MPa 下为 10～100μm。海红沙雷菌在 60MPa 下形成 200μm 长的纤丝，而它的长度在常压下只有 0.6～1.5μm。不同种的微生物随压力产生不同的形态学变化。

（2）停止运动　大多数能够运动的微生物，特别是原虫，长时间在 20～40MPa 高压下会停止运动；弧菌和假荧光单孢菌在 10MPa 下具有鞭毛，在 40MPa 下失去鞭毛。这种现象还与菌种有关，而且往往是可逆的。多数微生物在解除压力后返回到正常形态重新开始运动。

2. 高压对微生物细胞的作用

核酸耐受流体静压力的能力远超过蛋白质。由于氢键形成了大部分 DNA 螺旋结构，所以压力上升有利于氢键形成时所固有的容积变小作用，DNA 的结构在高压下比蛋白质更加稳定。Heden 等对枯草杆菌的 DNA 溶液（0.002%～0.040%，pH4.8～9.9）在室温下进行1000MPa处理，没有观察到DNA的变性。尽管DNA在压力下具有稳定性，但由酶中的DNA复制和转录步骤却因压力而中断。

细胞膜是压力引起微生物损伤的前沿部位。细胞膜使胞内物质与周围环境相隔离，在物质传输和呼吸方面发挥重要作用。如果细胞膜通透性提高，细胞面临死亡。细胞膜的主要成分是卵磷脂和蛋白质，其结构靠氢键和疏水键维持。在压力作用下，细胞膜双层结构的容积随着每一磷脂分子横切面积的缩小而收敛。蛋白质在细胞膜内发生变性，抑制了细胞生长所需要的氨基酸。高压增加了细胞膜的通透性，使细胞成分流出，破坏了细胞的功能。如果压力较低，细胞可以恢复到原来的状态，反之就会导致细胞的破坏。

细胞壁赋予微生物细胞以刚性和形状，20~40MPa的压力使较大的细胞因应力作用而致细胞壁发生机械断裂和松解，这可能是压力影响真菌类微生物的主要原因。真核微生物一般比原核微生物对压力更为敏感。

3. 高压对微生物的失活作用

一般高压降低微生物的生长和生殖的速率，超高压引起微生物的死亡。延缓微生物生殖或致死的压力阈值依微生物的种类和种属而异。

大肠杆菌的生长和增值在10~50MPa压力下受到明显的抑制，而且对于增殖的抑制大于生长。当大肠杆菌在20MPa下培养，它的生长速率随温度上升而提高。例如，在30℃下稳定期保持10~15h，在40℃保持5~10h。在40MPa以上的压力下，延长其滞后期。在52.5MPa下，大肠杆菌不能生长。温度升高时，较低的压力即可使其细胞失活。

Metrick等应用超高温牛乳和灭菌的蛤汁为介质研究了李斯特菌和变形杆菌的高压杀菌。在238MPa牛乳中的李斯特菌的数量没有明显减少，在306MPa处理20min细菌总数减少了三个数量级，在340MPa残存菌数小于10cfu/mL。超高温牛乳和原料乳在经过340MPa分别处理80min和60min，其菌数均可达到6个数量级的减少。蛤汁中的变形杆菌可以被大于170MPa压力迅速杀灭，进行170MPa、10min，136MPa、30min，102MPa、40min的高压处理，可以实现6个数量级的减少。表1-5-7为部分微生物高压杀菌的参数和结果。

表1-5-7　部分微生物高压杀菌的参数和结果

微生物	压力/MPa	温度/℃	时间/min	变化
牛乳中细菌	200	35	1800	减少1个数量级
	500	35	1800	减少4个数量级
	1000	35	1800	几乎没有细胞存活
枯草杆菌	578~680	—	5	杀灭营养细胞
枯草杆菌芽孢	600	93.6	>240	灭菌
热稳定枯草杆菌α-淀粉酶	100	—	1008	90%灭活

续表

微生物	压力/MPa	温度/℃	时间/min	变化
大肠杆菌	290	25~30	10	杀灭大多数细胞
	100	30	0	9×10^8个细胞/mL
	100	30	360	2×10^7个细胞/mL
	100	30	1440	1×10^2个细胞/mL
	100	30	1800	4个细胞/mL
李斯特菌	238~340	—	20	≤10cfu/mL
假荧光单孢菌	204~306	20~25	60	杀灭细胞
沙门菌	408~544	—	5	杀灭细胞
金黄色葡萄球菌	290	25~30	10	杀灭大多数细胞
酿酒酵母	574	—	5	杀灭细胞
乳酸链球菌	340~408	20~25	5	杀灭细胞
弧形杆菌	193.5	—	720	杀灭细胞
金黄色葡萄球菌抗毒素	690	65	48	85%变性

4. 高压对芽孢的失活作用

Johson等报道初始芽孢数为8×10^4个/mL的枯草杆菌芽孢在常压、93.6℃、1h即可杀灭，而在60MPa、93.6℃却需要4h。另一方面，在低温下，杀菌速率随压力升高而增加，在25℃、60MPa，杀菌速率提高，48h后残存芽孢数不到初始的10%。Sale等报道杀灭枯草杆菌芽孢的压力在100~800MPa，但是杀灭速率在100~300MPa较快。压力保持在100~300MPa，温度升高到70℃有利于提高杀灭速率。Gould等报道几十个兆帕的低压引起芽孢发芽，但是不能杀灭营养细胞。热活化的芽孢比未加热的芽孢经压力处理后发芽更完全。但是，较低压力引起的芽孢发芽受热活化的程度比100MPa以上压力的大。芽孢可能存在唐南（Donnan）相，压力破坏了芽孢内部的平衡状态而触发了发芽。

在低温下低压引起发芽，提高了细胞的热敏感性，但是没有杀灭发芽的芽孢；中压造成较多的芽孢发芽并杀灭大量的发芽芽孢；高压引起发芽较少，因而只杀灭少量的发芽芽孢。65℃以上杀灭芽孢主要由于热的作用，而非高压。伴随着细胞水合程度的提高以及细胞内凝胶向溶胶的转变，芽孢耐热力下降。高压杀灭芽孢主要受到温度的影响，其他因素如pH、水分活度和离子强度的影响较小。杀灭芽孢的最佳温度因压力而异。在接近中性pH范围可以获得杀灭芽孢的最佳效果；在极端pH范围内，效果最差。中性pH最有利于压力致发芽孢发芽。大多数芽孢缺少无机离子在高压下不能发芽。无机离子在发芽过程中可能影响酶催化的肽糖苷的降解。无机离子影响高压发芽的顺序为H > K > Mn > Ca > Mg > Na。

低压引发的发芽明显地受到了介质组分的影响。例如，糖和盐是有效的高压杀灭芽孢的抑制剂。丙氨酸和核糖是枯草杆菌芽孢高压发芽的促进剂。随着压力的增高，发芽促进剂和抑制剂的作用均逐渐减弱。

可变高压和脉冲高压处理比持续高压更加有效。在 60MPa、60℃下，6 个循环（5min/循环）可以使嗜热凝结芽孢杆菌的芽孢从 10^6 个/mL 降至 10^2 个/mL；在 60MPa、70℃下，6 个循环可以使之降至 10^0/mL。增加循环次数可以明显地改进高压杀灭芽孢的效果。

脉冲高压有利于缩短高压处理的时间。6 个循环的脉冲高压可以取得降低芽孢数量一个数量级的效果。6 个循环 60MPa 的高压处理的时间只需 6s。

5. 影响高压杀菌的主要因素

在高压杀菌过程中，由于食品的成分及组织状态十分复杂，对不同的食品对象采用不同的处理条件。食品中的各种微生物所处的环境不同，耐压的程度不同。影响高压杀菌的主要因素有以下几点：

（1）pH 对高压杀菌的影响　在压力作用下，介质的 pH 影响微生物的生长。一方面压力会改变介质的 pH，且逐渐缩小微生物生长的 pH 范围。例如，在 680MPa 下，中性磷酸盐缓冲液的 pH 将降低 0.4 个单位。在常压下，大肠杆菌的生长在 pH4.9 和 10.0 受到抑制；27.2MPa，在 pH5.8 和 9.0 受到抑制；34MPa，在 pH6.0 和 8.7 受到抑制。这可能是压力影响细胞膜 ATP 酶的原故。

（2）温度对高压杀菌的影响　在低温或高温下，高压对微生物的影响加剧。在温度的协同作用下，可以大幅度提高高压杀菌的效果。大多数微生物在低温下降低耐压程度，主要是由于压力加剧了低温下细胞因冰晶析出而破裂的程度，低温对高压杀菌具有促进作用。在一定温度下，微生物中的蛋白质、酶等会发生变性，因此，适当提高温度对高压杀菌具有促进作用。但是在一定的温度区间，提高压力延缓微生物的失活，在 46.9℃，大肠杆菌细胞在 40MPa 下失活速率低于常压。51℃、10min 的热处理对于酿酒酵母后续的高压处理具有保护作用，酵母细胞经 150MPa 高压处理也增加了耐热性。

（3）微生物生长阶段对高压杀菌的影响　微生物对高压的耐受性随其生长阶段不同而异。微生物在其生长期，尤其是对数早期，对压力更敏感。例如，在 100MPa 下杀灭大肠杆菌，40℃时需要 12h，在 30℃时需要 36h，在 20℃时需要 124h。这主要是因为大肠杆菌的最适生长温度在 37～42℃，在生长期进行高压杀菌，所需时间短，杀菌效率高。又如，梭状芽孢杆菌的芽孢在 100～300MPa 下的致死率高于 1180MPa，因为在 100～300MPa 下诱发芽孢发芽生长，而发芽生长的芽孢对环境条件更为敏感。因此，在微生物最适宜生长的范围内进行高压杀菌可以提高灭菌效果。

（4）食品成分对高压杀菌效果的影响　食品成分复杂，组织状态各异，对高压杀菌的影响情况也非常复杂。当食品中富含营养成分或高盐、高糖成分时，其杀菌速率均有减慢趋势，这可能与微生物的高耐压性有关。

（5）水分活度对高压杀菌的影响　杀灭微生物也取决于水分活度。当水分活度低于 0.94，深红酵母的高压杀菌的效果较小；水分活度高于 0.96，杀菌效果可以达到 7 个数量级的减少；而水分活度为 0.91，就没有杀菌效果。较高的固形物含量也妨碍酿酒酵母、黑曲霉、毕赤酵母和毛霉的高压杀菌。

（二）高压和生物化学反应

1. 高压对于蛋白质的作用

高压影响生物化学反应主要表现在反应物体积变化上。按照化学反应的基本原理，加压有利于促进反应朝向减小体积的方向进行，不利于增大体积的化学反应。压力主要通过减小有效分子空间和加速键间反应对反应物系产生影响。

高压导致的蛋白质变性取决于蛋白质结构、压力的范围、pH 和溶剂的成分。蛋白质在较低的压力下（200MPa）下解离，而单链蛋白质在 300Pa 以上压力下发生变性。高压变性有时可以恢复，但是在压力解除之后要经过较长时间。

高压导致蛋白质电离基团去质子化，破坏离子键和疏水键，从而改变了蛋白质分子的构象和结构。蛋白质结构的改变随着水合程度而明显变化。压力还会影响疏水的交互反应。压力小于 100MPa 时，疏水交互反应导致容积增大，以致反应中断。但是超过 100MPa 后，疏水交互反应将伴随容积减小，而且压力将使反应更加稳定。蛋白质的疏水或亲水程度将决定在任何给定压力下的蛋白质变性程度。

蛋白质的高压变性不同于热致变性，热致变性主要是引起共价键的变化，而高压破坏蛋白质分子的疏水键和离子键。在 5℃ 下贮藏的牛乳中蛋白质分子结构的延伸至少持续 8d。蛋白质分子结构的延伸引起其功能的改变。

2. 高压对于酶促反应的作用

高压对微生物的抑制作用可能是由于高压引起主要酶系的失活。100 ~ 300MPa 压力引起的蛋白质变性一般可逆，超过 300MPa 引起的变化则不可逆。酶的压力失活的机制是：①改变分子内部结构；②活性部位上构像发生变化。这些高压效应又受 pH、底物浓度、酶亚单元结构以及温度的影响。由于压力对同一细胞内部的不同酶促反应所产生的影响不同，因此在有关机制问题上有可能引起混淆。例如，大肠杆菌的天冬酶活性由于加压而提高，直至达到 68MPa 的压力，而在 100MPa 下，活性消失。在 20MPa 下，大肠杆菌的琥珀酸脱氢酶活性降低。大肠杆菌的甲酸脱氢酶、琥珀酸脱氢酶、苹果酸脱氢酶的活性在相应的压力下并不相同。在 120MPa 和 60MPa 下，甲酸脱氢酶和苹果酸脱氢酶的活性相差不明显，而琥珀酸脱氢酶的活性在常压和 20MPa 压力之间明显呈线性下降。在 100MPa 下，这三种酶基本上都失去活性。另外，脱氢酶的这些耐压性差别也随菌种和菌株而改变。

在 68MPa 的压力下，大肠杆菌的天门冬酶的活性增加。100MPa 的高压处理可以防止该酶在 46 ~ 56℃ 下的热变性。热熔酶经 100MPa 高压处理，活性提高 15 倍。高压处理可钝化胰蛋白酶和羧基蛋白酶 Y 的活性。

100 ~ 200MPa 高压处理果胶酯酶，几乎不能使其失活。在橘汁中的果胶酯酶经 300 ~ 400MPa 高压处理后失活。在高压和热处理中，糖、蛋白质等可溶性固形物和脂类对果胶酯酶的活性具有保护作用。

高压处理可以提高肉中蛋白酶水解蛋白质的活性，在 2℃、100 ~ 500MPa 处理 5min，提高了肌肉中蛋白酶 B、D、L 和酸性磷酸酯酶的活性。细胞自溶酶 B_1 活性的增加同肉的高压嫩化有一定的关系。

高压处理引起酶的反应速率和专一性的明显变化，因此，在水解混合蛋白质的过程中，高压酶反应可以用于选择性地水解某一种蛋白质。

高压抑制发酵反应，高压发酵产物与常压发酵有较大的差异。牛乳在70MPa下放置12d，不会产酸。乳酸菌在10℃、200~300MPa处理10min，可以使乳酸菌保持在发酵终止时的菌数，避免储藏中发酵而引起酸度上升。

二、高压技术在食品加工中的应用

（一）高压对食品成分的影响

传统的食品加工方法主要采用热处理，因此食品中的营养成分易被破坏，而且热加工使得褐变反应加剧，造成色泽的不愉快，食品中挥发性的风味物质也会因加热而有所损失。而采用高压技术处理食品，可以在杀菌的同时，较好地保持食品原有的色、香、味及营养成分。高压对食品营养成分的影响主要表现在以下几个方面。

1. 高压对蛋白质加工的影响

高压使蛋白质变性。由于压力使蛋白质原始结构伸展，导致蛋白质体积的改变。例如，如果把鸡蛋在常温的水中加压，蛋壳破裂，蛋液呈稍许黏稠的状态，它和煮鸡蛋的蛋白质（热变性）一样不溶于水，这种凝固变性现象可称为蛋白质的压致凝固。无论是热凝凝固还是压致凝固，其蛋白质的消化性都很好。加压鸡蛋的颜色和未加压前一样鲜艳，仍具生鸡蛋味，且维生素含量无损失。

2. 高压对淀粉加工的影响

高压可使淀粉改性。常温下加压到400~600MPa，可使淀粉糊化而呈不透明黏稠的糊状，且吸水量改变。原因是压力使淀粉分子的长链断裂，分子结构发生改变。

3. 高压对油脂的影响

油脂类耐压程度低，常温下加压到100~200MPa，基本上变成固体，但解除压力后固体仍能恢复到原状。另外，高压处理对油脂的氧化有一定的促进作用。

4. 高压对食品中其他成分的影响

高压对食品中的风味物质、维生素、色素及各种小分子物质的天然结构几乎没有影响。

（二）高压在食品中的应用

1. 肉制品

宰后牛肉需要在低温下进行10d以上的成熟，采用高压技术处理牛肉，只需10min。高压处理的制品与常规加工方法相比，经过高压处理后肉制品改善了嫩度、色泽和成熟度，增加了保藏性。对廉价质粗的牛肉进行常温250MPa的处理，可以使肉得到一定程度的嫩化。蛋白质空间结构的超高压变化是组织结构变化的主要原因，超高压不仅使肌肉纤维内部结构变化，而且还导致肌内周膜和肌外周膜剥离及肌原纤维间隙增大，促进了肌肉嫩化。1992年日本的Fujichiku公司开发出了高压处理生火腿。经短时间腌制的猪肉火腿片真空包装后，在室温下经250MPa高压处理，腌制的时间由原来的2周缩短为3h，产品的嫩度有所提高，保水性增强，食盐含量也只有通常制品的1/4，且冷藏货架期显著提高，制品的外观和风味类似烤猪肉。高压处理具有杀菌、杀寄生虫而又保持产品生鲜

特征的作用，这为生鲜食品如生肉片和生鱼片的加工提供了一种安全的方法。

2. 水果制品

使用高压技术制造的葡萄柚汁没有热加工产品的苦味。桃汁和梨汁在410MPa处理30min可以保持5年商业无菌。高压处理的未巴氏杀菌的橘汁保持了原有的风味和抗坏血酸，并具有17个月的货架期。在果酱生产中，高压杀菌不仅杀灭水果中的微生物，而且还可简化生产工艺，提高产品品质。日本明治屋采用高压杀菌技术生产草莓酱。他们把水果、果汁、糖和酸味剂装入塑料软包装，在室温下以400～600MPa的压力对软包装密封的果酱处理10～30min，所得产品保持了新鲜水果的颜色和风味。高压处理增加了水果中苯甲醛的含量，改善了风味。有些水果和蔬菜如梨、苹果、马铃薯和甘薯由于多酚氧化酶的作用，高压处理后迅速褐变。400MPa、20℃在0.5%柠檬酸溶液中处理15min可以使多酚氧化酶完全失活。

3. 水产品

高压处理可以保持水产品原有的新鲜风味。例如，在600MPa处理10min，可以使水产品的酶完全失活，对虾等甲壳类水产品细菌量减小，外观呈红色，内部为白色，处于完全变性状态，肉壳分离，但仍保持原有的生鲜味。日本采用400MPa高压处理鳝鱼、鲭鱼、沙丁鱼，制造凝胶的鱼糜制品，高压加工的鱼糜制品的感官质量好于热加工的产品，可以用于碎鱼肉，制造虾蟹仿制品。高压鱼糜产品具有和热加工相似的感官品质，可以在0℃条件下进行加工，鱼糜加工业对此产生巨大兴趣。龙虾、虾、牡蛎等甲壳类水产品经400MPa高压处理，肌肉蛋白质变性，易于与甲壳分离。

4. 米饭

1989年日本林力丸提出：将大米加水浸泡后，装入塑料袋子中抽出空气，经真空封装，施以500MPa的静水压，时间为30min，温度为45℃，然后取出。食用时在沸水中煮5min即可变成米饭。1990年他就此申请了发明专利。2000年日本越後制菓成功地推出了超高压技术加工的方便米饭。超高压方便米饭只需要在微波炉加热3min即可食用。超高压加工的米饭的米粒不仅晶莹剔透、香气浓郁、有弹性、口感好，而且充分地保留米粒原有的营养成分，超高压米饭已经是日本热销的超高压食品。生产高压熟大米的大型生产线已在日本逐步完善，目前，中国、韩国都已经引进了超高压米饭生产线。

5. 蔬菜制品

由于腌菜向低盐化发展，使用化学防腐剂也不受欢迎。因此，对于低盐、无防腐剂的蔬菜色拉和低盐腌菜，高压杀菌更显示出其优越性。高压处理（300～400MPa）可使酵母和霉菌致死，既延长了蔬菜沙拉和腌菜的保存期又保持了原有的生鲜特色。

（三）其他加工过程的辅助技术

1. 高压辅助烫漂

室温下的高压处理果蔬效果与热水或蒸汽烫漂相近，但无热损害，还减少了热烫漂的废水排放问题。Kingsly等（2009）报道300MPa高压处理1.0%～1.2%柠檬酸溶液中的桃可以有效地钝化多酚氧化酶。Castro等（2008）观察到冷冻前应用高压预处理青椒，获得了与热烫近似的效果，更好地保持了营养价值和组织结构。

2. 高压辅助干燥和复水

高压破坏植物的细胞结构，增强了细胞的通透性，提高了干燥和渗透脱水的传质速率。Eshtiaghi 等（1994）报道干燥前使用 600MPa、70℃、15min 高压处理，提高了马铃薯的干燥速率。Rastogi 等（1998）报道在渗透脱水中，应用 100 ~ 800MPa 高压处理菠萝，促进了水分迁移和溶剂的吸收。流失溶质是食品复水的主要问题之一，高压辅助干燥的样品在复水过程中可以有效地保持营养素和色素等溶质。

3. 高压辅助的油炸

Rastogi 等（1998、2007）发现高压处理的马铃薯片在加压和解压的过程，减少水分可以减少油脂的吸收，这可能与油脂传质的机制发生变化有关。

4. 高压辅助的固液萃取

高压处理对于固液萃取具有吸引力。Rastogi 等（2007）使用高压和中温萃取咖啡因，避免了传统萃取方法对于高温的需求。Kinefuchi 等（1994）发现高压处理可以促进从酿酒酵母中提取海藻糖。Yutang 等（2008）应用高压结合微波萃取人参皂苷，其提取率好于索氏抽提、超声波辅助萃取和热回流提取等。

5. 高压辅助的冻结和解冻

快速冻结虽然可以形成小而多的冰结晶，但是由于使用制冷剂，初期冷却引起收缩，其后冻结引起膨胀，而造成裂缝。在冻结中应用高压处理在食品整个内部即时形成均匀的冰，而避免这一问题。解冻一般慢于冻结，对产品造成进一步的损害。高压辅助解冻可以保持较好的持水性，改进冻结产品的色泽和风味。Fernandez 等（2006）展示了经烫漂和高压处理的冷冻绿菜花比常规处理的细胞损害小，汁液流失少，保持了良好的质地。Schubring（2003）证实了高压解冻的鱼肉比浸渍解冻的汁液流失少，微生物质量好。

6. 高压辅助加热

高压辅助加热是最近出现的加工低酸食品的具有希望的技术。该技术包括同时提高压力（500 ~ 600MPa）和提高温度（90 ~ 120℃）处理经预热的食品。压缩加热和解压过程的冷却有助于减轻传统加热过程对食品品质的损害。Nguyen 等（2007）报道经过钙盐硬化、加热和加压处理胡萝卜，其质地、色泽等质量参数变化不显著。Leadley（2008）比较了高压加热与传统加热的豆角，前者呈深绿色，硬度是后者的 2 倍。

三、高压处理设备

在食品加工中采用高压处理技术，关键是要有安全、卫生、操作方便的高压装置。食品工业要求高压装置能够耐受 400MPa 以上的高压，并能可靠地应用 100000 次/年。为此，科学工作者不断研究、设计、制造高压处理设备。目前，适用于工业生产规模的高压处理设备已经问世。

（一）高压处理装置及分类

高压处理装置主要由高压容器、加压装置及其辅助装置构成。

按加压方式分，高压处理装置主要有直接加压式和间接加压式两类。图1－5－10为两种加压方式的装置构成示意图。图1－5－10（1）为直接加压式高压处理装置。在这种加压方式中，高压容器与加压气缸呈上下配置，在加压气缸向下的冲程运动中，活塞将容器内的压力介质压缩产生高压，使物料受到高压处理。图1－5－10（2）为间接加压方式的高压处理装置。在这种方式中，高压容器与加压装置分离，用增压机产生高压水，然后通过高压配置管将高压水送至高压容器，使物料受到高压处理。表1－5－8比较了两种加压方式的特点。

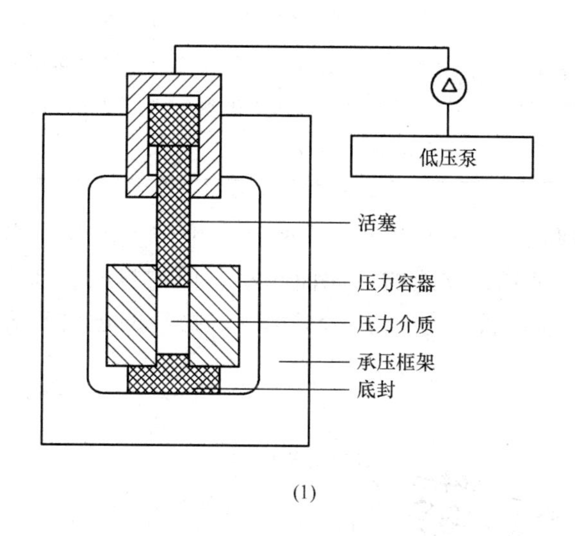

(1)

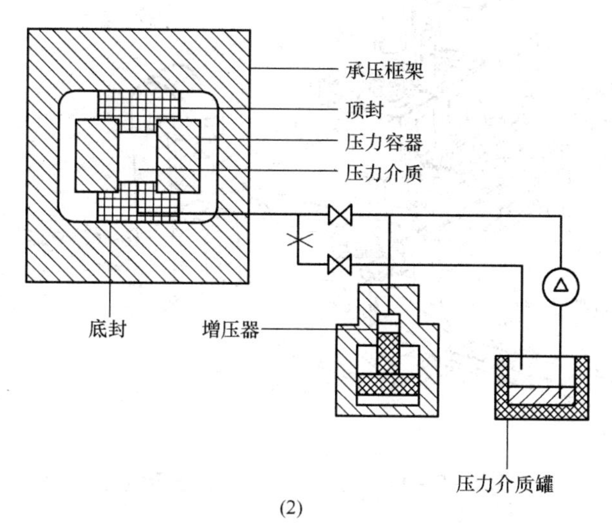

(2)

图1－5－10　直接加压和间接加压方式装置构成的示意图

（1）直接加压方式　（2）间接加压方式

表1-5-8　两种加压方式的比较

加压方式	直接加压方式	间接加压方式
构造	加压气缸和高压容器均在框架内，主体结构庞大	框架内仅有一个压力容器，主体结构紧凑
容器容积	随着压力的升高容积减小	始终为定值
密封的耐久性	密封部位滑动，有密封损耗	密封部位固定，几乎无密封损耗
适用范围	高压小容器（研究用）	大容量（生产型）
高压配管	不需要高压配管	需要高压配管
维护	保养性能好	需要经常维护
容器内温度变化	升压或减压时温度变化不大	减压时温度变化大
压力保持	若压力介质有泄漏，则当活塞推进到气缸顶端时才能加压并保持压力	当压力介质的泄漏小于压缩机的循环量时可以保持压力

按高压容器的放置位置分为立式和卧式两种。生产上的立式高压处理设备如图1-5-11所示。相对于卧式，立式的占地面积小，但物料的装卸需专门装置。与此相反，使用卧式高压处理设备（见图1-5-12），物料的进出较为方便，但占地面积较大。

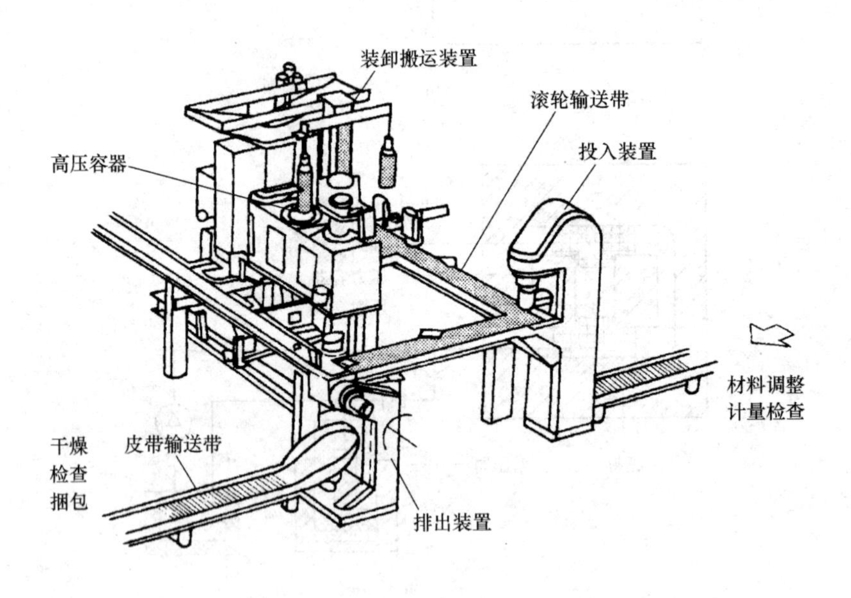

图1-5-11　立式高压处理装置示意图

（二）高压装置简介

1. 高压容器

食品的高压处理需要数百兆帕的压力，通常压力容器为圆筒形，材料为高强度不锈钢，为了达到必需的耐压强度，容器的器壁很厚。加强型的高压容器外部加装

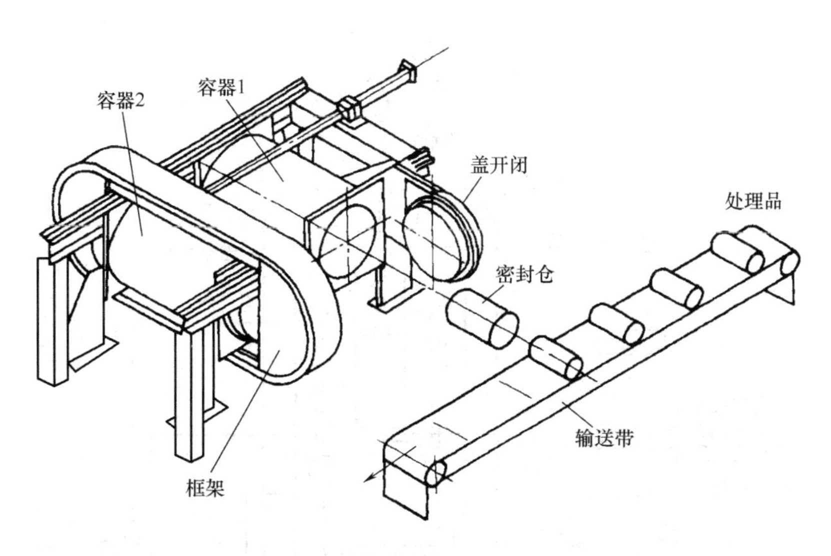

图 1-5-12　卧式高压处理装置示意图

强化线圈，与单层容器相比，线圈强化结构安全可靠，有助于实现轻量化，见图 1-5-13。

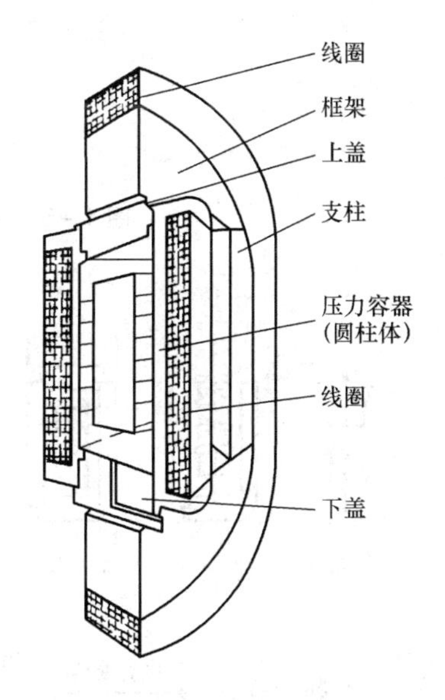

图 1-5-13　线圈强化压力容器结构示意图

2. 辅助装置

高压处理装置系统中有很多辅助装置，如图 1-5-14 所示。主要辅助装置包括：

(1) 高压泵系统　不论直接加压还是间接加压，均需采用油压装置产生的高压。前者需要加压气缸，后者需要高压配管。

(2) 恒温装置　为了提高加压杀菌的效果，可以采用温度与压力共同作用的方式，在高压容器外安装循环一定温度水的夹套。另外压力介质也需保持一定温度。因为高压处理时，压力介质的温度会因压力的上升和下降而变化，保持食品的品质必需控制温度的组合。

(3) 测量仪器　包括热电偶测温计、压力传感器和记录仪，压力和温度数据可以输入计算机进行自动控制，还可以设置摄像系统，实时观察加工过程中物料组织结构和色泽的变化。

(4) 物料的输入和输出装置　由输送带、提升机、机械手等构成。

(三) 高压处理生产操作简介

由于高压处理的特殊性，较难实现连续操作，工业上采用间歇式和半连续式。间歇式食品高压处理周期如图 1-5-15 所示。在该设备中使用高压水切割装置可以把产品切

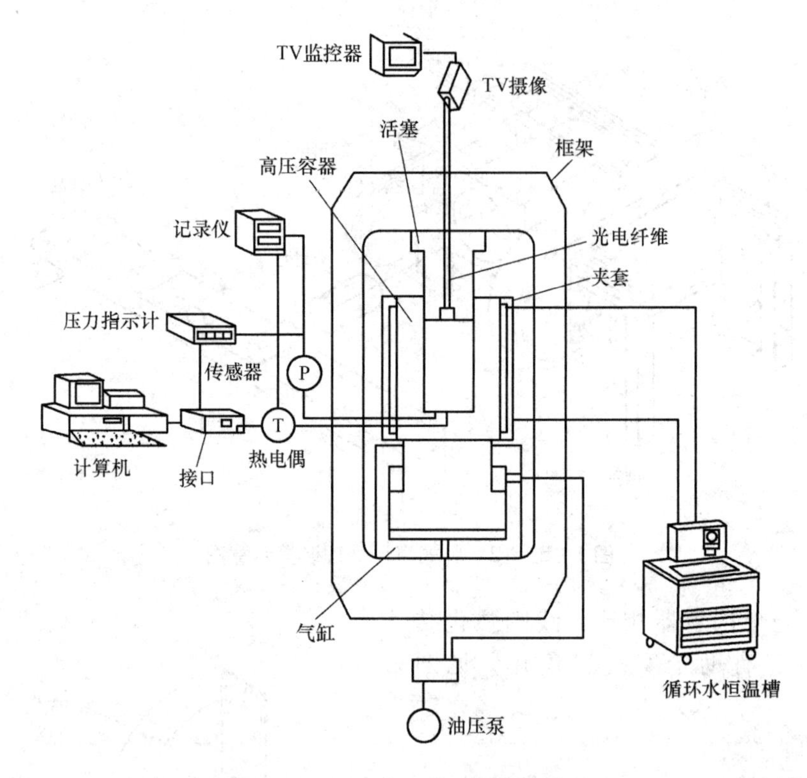

图1－5－14　高压处理装置示意图

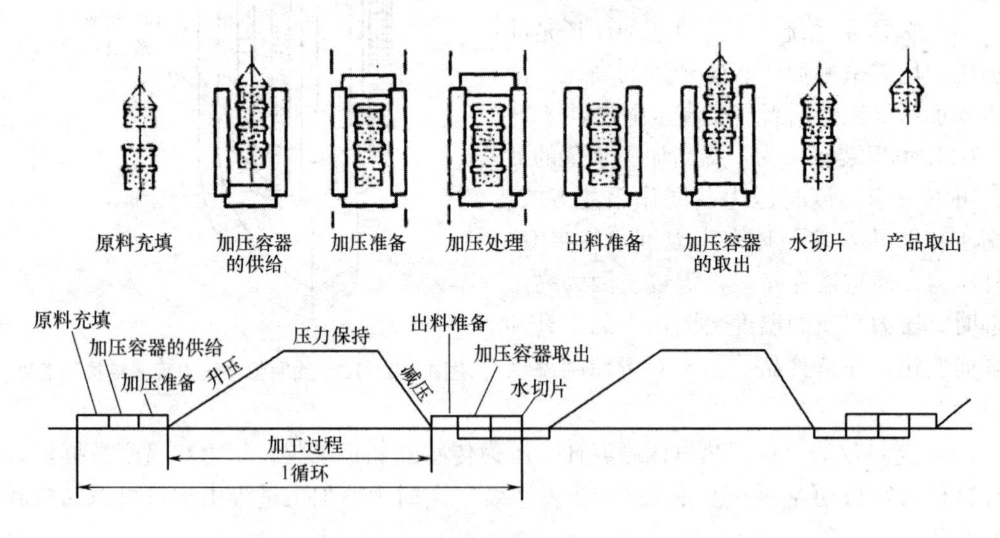

图1－5－15　间歇式食品高压处理周期示意图

割成多种形状。间歇式加压处理升压需要开动主驱动装置，主驱动装置的开机率低，浪费设备投资，因此将多个高压容器组合使用，可以提高主驱动装置运转率。多个高压容器组合的系统实现了半连续的生产方式，即在同一时间、不同容器内完成了从装料→加压处理→卸料的加工过程，提高了设备利用率，缩短了生产周期。半连续高压处理生产线示意图见图1-5-16。

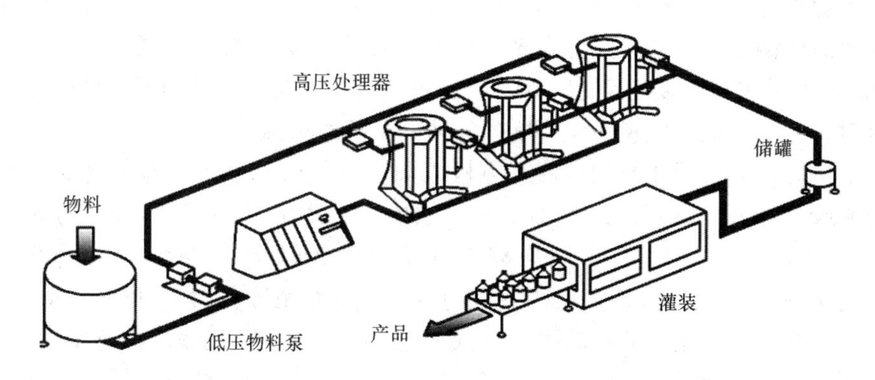

图1-5-16　半连续高压处理生产线示意图

第三节　脉冲电场技术

脉冲电场（pulsed electric fields，PEF）处理是一种非热食品杀菌技术，它以较高的电场强度（20～80kV/cm）、较短的脉冲宽度（0～100μs）和较高的脉冲频率（0～2000Hz）对液体、半固体食品进行处理，杀灭微生物。脉冲电场原来用于细胞生物学的电穿刺和电融合。电穿刺是在电场的作用下改变细胞膜的通透性，以进行基因操作或引入外界的分子；电融合是在电场下融合细胞。脉冲电场技术从细胞生物学扩展到食品加工领域，杀灭微生物，进行食品保藏。Sale 和 Hamilton 首先对电场对于微生物的非热效应进行了系统的研究。20 世纪 90 年代，美国的科学家对果汁、牛乳等开展了食品脉冲电场技术的应用研究。2000 年以来，美国 Diversified Technologies 公司（DTI）和德国 eL-Crack 公司制造了 500L/h 的中试设备和 10 000L/h 的商业化生产设备。脉冲电场技术具有较好的杀菌效果，避免食品因加热引起的蛋白质变性和维生素损失。但是脉冲电场技术的电路复杂，系统造价高，是推广这一技术的障碍和要解决的问题。

一、脉冲电场杀菌的基本原理

脉冲电场杀菌是将食品物料置于脉冲电场中加以处理，以达到杀菌目的。脉冲电场导致微生物的形态结构、生物化学反应以及细胞壁膜发生多方面的变化，从而影响微生物原有的生理机能，使其破坏或发生不可逆的变化。

（一）脉冲电场杀菌的生物学效应

1. 脉冲电场对于微生物的杀灭作用

早期的研究主要集中在 PEF 的杀菌效果方面，人们已就脉冲电场对多种腐败菌和致病菌的杀菌效果进行了大量而系统的研究。Sale 和 Hamilton 在食品模型中对微生物的脉冲电场热效应进行了系统的研究。其研究对象菌包括大肠杆菌、溶壁微球菌、藤黄八叠球菌、巨大芽孢杆菌、枯草杆菌、韦氏梭状芽孢杆菌、酿酒酵母、产朊假丝酵母等，介质为中性的氯化钠溶液，电场强度为 5～25kV/cm，短三角形脉冲电场，每个脉冲电场持续 2～20μs，脉冲电场重复速率是 1 个/s。脉冲电场间隔较长有利于避免系统温度升高。酿酒酵母对脉冲电场最为敏感，而溶壁微球菌的抵抗力最强。

脉冲电场处理时出现介质的电解，电极表面产生氢气，氢气不能穿透处理室内的大肠杆菌的凝胶培养基。电解的产物不能杀灭微生物。使用 10 个 20kV/cm 的脉冲电场处理 NaCl（17.4mmol/L）、$Na_2S_2O_3$（8.83mmol/L）或 NaH_2PO_4/Na_2HPO_4（7.44mmol/L）溶液中的大肠杆菌，可以取得杀灭 99.9% 的效果。细胞浓度低时（10^5 个/mL），大肠杆菌在硫代硫酸盐和磷酸盐溶液中的致死率低于氯化物溶液中致死率。细胞浓度高时（10^5 个/mL），大肠杆菌在三种溶液中的致死率相近。在脉冲电场处理时，氯化物溶液由于阴极氯离子氧化而产生游离的活性氯，活性氯继而与水反应生成盐酸，增强了杀菌效果。

脉冲电场处理悬浮在 $Na_2HPO_4/NaH_2PO_4 \cdot H_2O$（0.845/0.186mmol/L）缓冲溶液中的短乳杆菌，温度分别为 24℃、45℃、60℃和 80℃，结果表明较高的电场强度比较多的脉冲电场数目更加有效。当试验菌培养液的温度从 24℃上升至 60℃，增加了短乳杆菌的致死速率，缩短了处理时间。在 60℃下使用 25kV/cm 电场处理短乳杆菌 10ms，其致死率达到 95%。与传统的蒸汽杀菌相比，脉冲电场处理的杀菌效率高，处理时间短，液体食品中营养成分的热变性和热损失可以降低到最低程度。

2. 脉冲电场对芽孢的失活作用

脉冲电场可以杀灭微生物的营养细胞，但是芽孢对于脉冲电场具有耐受力。枯草芽孢杆菌的芽孢在 30kV/cm 的电场仍能存活。芽孢在发芽后对脉冲电场比较敏感，但是脉冲电场不能刺激发芽，也不能杀灭芽孢。因此可以使用其他方法刺激芽孢发芽，然后应用脉冲电场杀灭所形成的营养细胞。Simpson 等报道脉冲电场与溶菌酶相结合使枯草杆菌的芽孢减少 5 个数量级。溶菌酶溶解了芽孢的外壳，使其更易受到脉冲电场的作用。因此，脉冲电场技术与其他方法结合使用，可以杀灭微生物的芽孢。

3. 脉冲电场处理后微生物的结构变化

细胞膜在微生物细胞的生存和生长过程中发挥重要的作用，任何对细胞膜的损害都会影响它的功能，进而抑制细胞的生殖。在电子透射显微镜下观察脉冲电场处理大肠杆菌和金黄葡萄球样品和对照样品，可见对照样品的原生质膜和外层膜相互靠近，脉冲电场处理的样品的原生质膜收缩，脱离了外层膜。处理过的样品外层膜呈锯齿状收缩，表明其丧失了半透性。对照样品可见清晰的原生质组织，脉冲电场破坏了样品的细胞组织。由于双层脂膜表现了与细胞膜相似的性质，科学家认为脉冲电场引起双层脂膜和细胞膜破裂的主要原因包括：①双电性破裂；②临界跨膜电位和细胞膜的压缩；③细胞膜黏弹性变化；④细胞膜蛋白质和类脂的流体镶嵌排列；⑤膜的结构缺陷；⑥胶体渗透膨胀。细胞暴露在脉冲电场作用下出现细胞膜失稳并在细胞膜上形成小孔，细胞质膜通透性大幅增加，胞内渗透压高于细胞外，最终导致细胞膜破损。进一步作用使细胞膜产生不可修复的大穿孔，使细胞组织破裂、崩溃，导致微生物失活。

4. 脉冲电场对酶的影响

脉冲电场抑制酶的活性尚存异议。有的研究机构认为该技术可以抑制某些酶的活性，而其他报道认为它对于酶失活毫无效果（Van Loey 等，2002 年）。不同的研究机构关于酶失活的报道见表 1 -5 -9。处理条件或研究对象酶的差异可能造成表中差异。如前所述的微生物失活，脉冲电场处理过程需要控制很多参数，如温度、电流等。另一方面，由于酶的复杂结构和演变种类的多样性，在脉冲电场处理中有些酶比其他的酶更加敏感。通常根据酶的活性或作用底物进行分类，两个虽然看上去相似的酶，由于来源不同而可能分为结构不同的酶。

在食品生产中有些酶发挥积极的作用，如抑制微生物的活动或带来潜在的健康益处，因而要求酶的存活。脉冲电场技术有可能在某些食品加工中选择性地保持酶的活性。

表 1 -5 -9　　脉冲电场导致酶失活的报告

酶	最大失活量/%	参考文献
NADH 脱氢酶	无	Hamilton 和 Sale（1967 年）
琥珀酸脱氢酶	无	Hamilton 和 Sale（1967 年）
己糖激酶	无	Hamilton 和 Sale（1967 年）
乙酰胆碱酯酶	无	Hamilton 和 Sale（1967 年）
脂肪酶	无	Hamilton 和 Sale（1967 年）
α - 淀粉酶	无	Hamilton 和 Sale（1967 年）
碱性磷酸酯酶	59 ~ 65	Castro（1994 年）
血纤维蛋白溶酶	90	Vega 等（1995 年）
蛋白酶	25 ~ 70	Vega 等（1995 年）
脂肪酶	65	Grahl 和 Markl（1996 年）
过氧化物酶	25	Grahl 和 Markl（1996 年）
碱性磷酸酯酶	< 5	Grahl 和 Markl（1996 年）
碱性磷酸酯酶	96	Bobosa - Canvas 等（1996 年）
过氧化物酶	30	Ho 等（1997 年）
碱性磷酸酯酶	5	Ho 等（1997 年）
α - 淀粉酶	85	Ho 等（1997 年）
脂肪酶	85	Ho 等（1997 年）
溶菌酶	10 ~ 60	Ho 等（1997 年）
葡萄糖氧化酶	75	Ho 等（1997 年）
多酚氧化酶	40	Ho 等（1997 年）

（二）脉冲电场杀灭微生物的影响因素

食品的成分及组织状态复杂，食品中的微生物所处的环境不同，因而耐电场作用的程度也不相同。影响脉冲电场杀菌的主要因素包括：电场强度、脉冲电场数目、脉冲电场持续时间、脉冲电场形状、介质温度、微生物生长期和介质离子强度。

1. 电场强度的影响

当电场强度超过临界强度，微生物的致死率明显提高。致死率随电场强度的提高、时间的延长而增加。微生物的存活率和电场强度的关系可用下式表示：

$$s = \left(\frac{t}{t_c}\right)^{-\frac{E-E_c}{k}} \qquad (1-5-8)$$

式中 s——存活率；

t_c——临界电场强度下的处理时间；

t——处理时间；

E——电场强度；

E_c——临界电场强度；

k——回归系数。

2. 作用时间

作用时间是脉冲电场数目和脉冲电场持续时间的乘积。增加作用时间就是增加脉冲电场数目或增加脉冲电场持续时间，而增加脉冲电场的持续时间将使处理系统的温度大幅度上升，因此脉冲电场的持续时间只可以增加到系统能够接受的规定数值。

3. 脉冲电场形状

脉冲电场形状包括指数形、矩形和振荡形。脉冲电场有单极性和双极性两种。各种脉冲电场杀菌的有效性依如下的顺序递减：矩形、指数形、振荡形。指数衰减波是一单向电压快速升高到某一最高值，然后慢慢衰减到零。该波形的产生比较容易实现，但灭菌效果一般。矩形波的实现则需要一个比较复杂的脉冲整形网络，包括一排电容、电感线圈及固体开关装置。但矩形波可以在整个脉宽的时间内以最大电压对微生物持续作用。矩形波对微生物的致死效果最强。振荡波虽然容易实现，但其对微生物的致死效果最差，很少有人采用。例如，当电场强度为12kV/cm，脉冲电场数目不大于20，矩形脉冲电场杀灭酿酒酵母比指数脉冲电场高60%，如果脉冲电场数目大于20，两者的杀菌效果相近。矩形和指数脉冲电场的能量效率分别为91%和64%。矩形和指数脉冲电场的示意图见图1-5-17和图1-5-18。

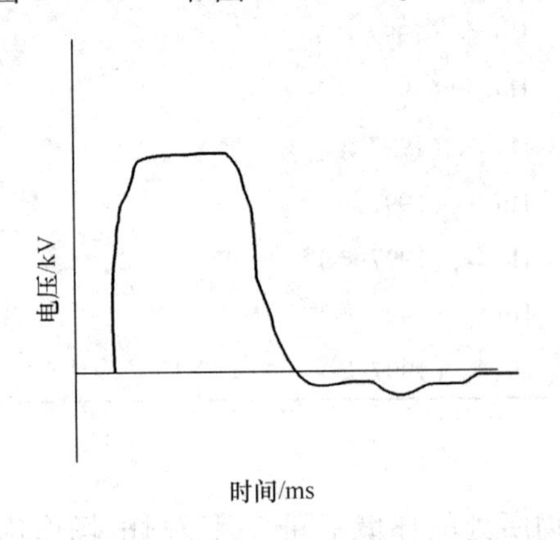

图1-5-17 矩形脉冲的波形

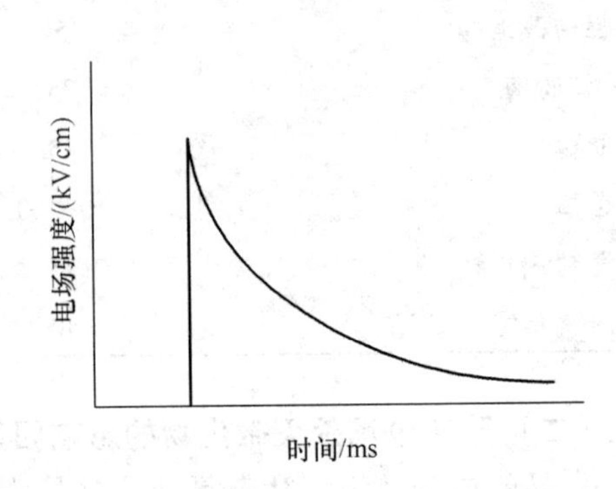

图1-5-18 指数脉冲的波形

4. 脉冲电场的极性

双极性脉冲电场的致死作用大于单极性脉冲电场。单极性脉冲电场只有一个指数脉冲电场波形，而双极性脉冲电场包括一个正极性和一个负极性指数波形。每个双极性脉冲电场的作用相当于两个单极性脉冲电场。每次应用双极性脉冲电场都造成电荷的反转，电荷的反转改变带电离子在细胞膜内的运动方向，削弱细胞膜的结构，增加了其对电裂解的敏感性。由于电极的可逆反应，双极性脉冲电场减少液体食品被电解的可能性。单极性脉冲电场分离液体食品中的带电粒子，分离的粒子可能沉积在电极上或电场中。双极性脉冲电场不分离带电粒子，不会形成带电粒子的沉积。

5. 微生物的生长期

脉冲电场的杀菌效果与微生物生长期和介质温度有密切关系，对数期的细胞比静止期的细胞对电场更具敏感性。例如，培养4h的大肠杆菌对脉冲电场比30h的更加敏感。

6. 介质的温度

脉冲电场的杀菌作用随介质的温度上升而增加。应用指数脉冲电场，40℃、20个脉冲电场或30℃、50个脉冲电场都使在SMUF中的大肠杆菌减少了2个数量级；应用矩形波脉冲电场，33℃、19个脉冲电场或7℃、60个脉冲电场即可取得上述杀菌效果。

7. 其他影响因素

以大肠杆菌为例，脉冲电场的杀菌作用随介质的离子强度的下降而增加，随pH的下降稍有增加，介质中氧不影响杀菌效果。介质中Na^{+}和K^{+}不影响杀菌效果，而Mg^{2+}和Ca^{2+}对脉冲电场杀菌的微生物具有一定的保护作用。

二、脉冲电场技术在食品体系中的应用

脉冲电场技术不仅在食品模型体系展现了它的应用前景，而且在商业生产中，脉冲电场技术加工产品的质量好于热加工产品。美国食品科学家就苹果汁、鸡蛋、牛乳等进行了试验，证实了脉冲电场技术在杀菌的同时，较好地保持了食品原有的色、香、味和营养成分。

（一）在食品加工中的应用

1. 果汁加工

应用脉冲电场处理鲜榨苹果汁和再制苹果汁，在4℃下贮藏3~4周，果汁的总固体、总糖、灰分、蛋白质和脂肪均无变化；抗坏血酸保持不变；pH从4.1上升到4.4，稍有变化；Na^{+}、K^{+}、Mg^{2+}和Ca^{2+}的浓度显著下降。感官评价表明脉冲电场处理的样品与对照没有显著差别。美国Genesis Juice公司和德国Berkers Bester公司已经进行了脉冲电场加工果汁和饮料的商业化生产和销售。

2. 牛乳加工

脉冲电场处理2%脂肪的牛乳经无菌包装在4℃下贮藏具有2周的货架期。脉冲电场处理没有改变牛乳的理化性质，其产品与热巴氏杀菌的产品没有显著性的感官差异。23个43kV/cm的脉冲电场可以杀灭99%接种在巴氏杀菌乳中的大肠杆菌。36.7kV/cm的脉冲电场完全杀灭接种在巴氏杀菌乳中的沙门菌，其他微生物减少到20cfu/mL。在7~9℃

贮藏 8d 后没有发现沙门菌的生长，但是其他微生物上升到 400cfu/mL。

3. 鸡蛋加工

脉冲电场处理无菌包装的蛋液在 4℃具有 4 周的货架期。蛋液的化学成分没有受到影响，但是蛋液黏度下降，色泽变暗。蒸蛋样品的感官评价表明脉冲电场处理的蛋液与新鲜蛋液相比没有显著性差异。

（二）单元操作的辅助技术

1. 辅助脱水

脉冲电场处理促进植物细胞通透化，提高水果和蔬菜的干燥速率，保持更多的营养成分。Ade - Omowaye 等（2001）用脉冲电场处理的椰子样品的干燥速率快于烫漂的和化学处理的样品。预处理胡萝卜、苹果薄片、芒果和辣椒的试验都获得了成功的结果。

2. 辅助萃取

压榨等固液萃取的方法不能破坏所有细胞而获得高的汁液得率。在压榨过程中大量的细胞仍然保持完整，而不能提取这些细胞里含有的汁液。应用脉冲电场进行预处理可以显著提高得率，改进质量。脉冲电场辅助处理不需要进行热加工或化学处理。较低的电场强度，如 0.5 ~ 1.0kV/cm 即可破坏成熟水果和蔬菜的细胞。因此，工业应用脉冲电场萃取具有较大的可行性。Ade - Omowaye 等（2001）用脉冲电场（2.5kV/cm、20 个脉冲电场、575μs）处理椰子，使椰奶的得率提高 20%，蛋白质和脂肪含量分别提高了 50% 和 58%。

三、脉冲电场处理设备

为了提高脉冲电场装置的性能及生产应用的可靠性，科技工作者设计、制造了具有良好性能的脉冲电场处理装置，并同其他设备组成了处理系统。

（一）脉冲电场处理系统

脉冲电场处理系统包括电源、电容器、开关、处理室、电压和电流及温度控制仪表和无菌包装设备等。在该系统中，交流电转换成为直流电，直流电源用于电容器的充电，开关用于向置于处理室的食品放电，闸流管、电磁和机械开关均可用作开关，食品可以放在间歇式处理室中或连续地泵送通过处理室。处理室内有脉冲电场容器、加压装置和辅助设备。间歇式处理室适用于实验室研究，连续式适用于中试或工业化生产。处理后的食品通过无菌系统包装成消费者包装或送入储罐。由于脉冲电场处理可能产生热量，加工系统还包括冷却处理室的设备。脉冲电场处理系统的示意图见图 1 - 5 - 19。脉冲电场处理设备可以和常规加热冷却设备组合起来，物料先经板式换热器预热、加热，再经脉冲电场处理，处理完毕的物料若符合杀菌要求，则与新物料换热，进行热回收，不符合要求的物料经分流阀返回平衡罐。该系统保证了处理要求，提高了杀菌效率，并节省能源。

（二）间歇式处理室

1. Dunn 和 Pearlman 间歇式处理室

该室包括两个不锈钢的电极和一个圆柱形的定位器，高 2cm、内径 10cm，电极面积

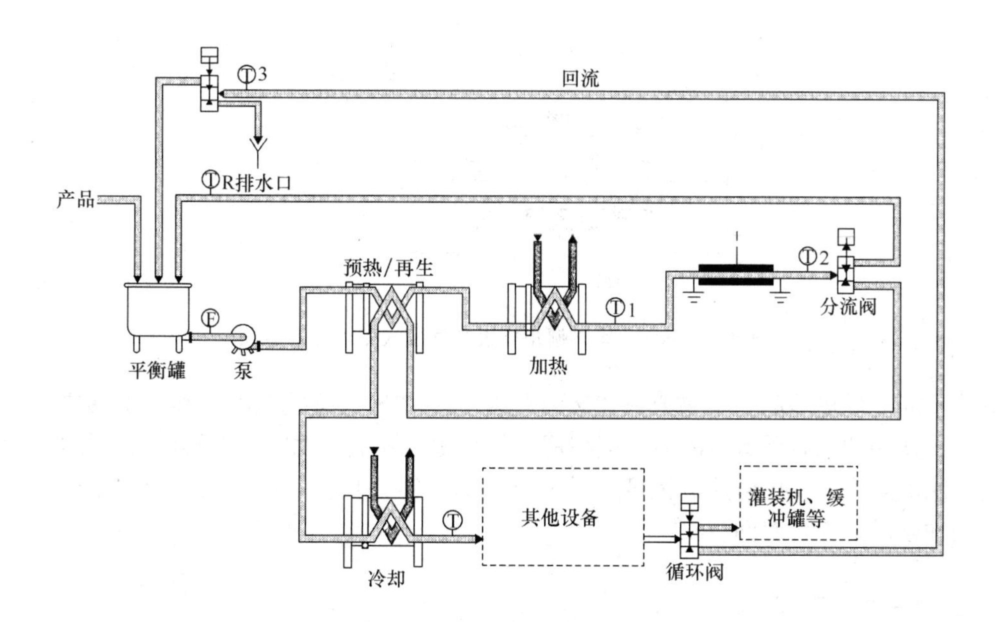

图1－5－19 脉冲电场处理系统示意图

为78cm²。液体食品从一个电极上的小孔进入，这个小孔还用于脉冲电场处理时测定食品的温度。脉冲电场发生器由高压电源、2个400kΩ电阻、电容器组和火花间隙开关、继电器、电流表和电压表组成，如图1－5－20所示。

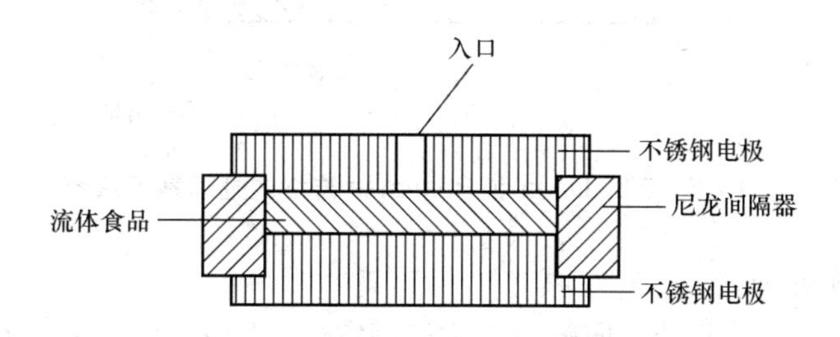

图1－5－20 Dunn和Pearlman间歇式处理室示意图

2. 华盛顿州立大学处理室

华盛顿州立大学设计的处理室包括两个圆盘形平行不锈钢电极，聚砜间隔器分离两个电极，电极的有效面积为27cm²，间隔器决定电极间隙为0.95cm或0.51cm。电极内有循环水或制冷剂的夹套，以保证电极在适宜的温度下工作。处理室有两个口供输入和排出食品。其示意图见图1－5－21。

（三）连续式处理室

1. Dunn和Pearlman连续式处理室

Dunn和Pearlman设计的连续式脉冲电场处理室由两个平行的板式电极和一个双电性定位器构成，如图1－5－22所示。离子传导膜隔离电极和食品，离子传导膜的材料是聚

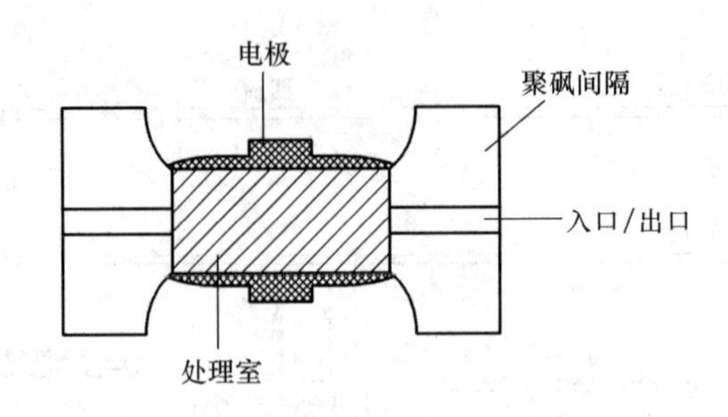

图1-5-21　华盛顿州立大学间歇式处理室示意图

乙烯磺酸酯、丙烯酸的共聚物或氟化碳氢化合物。通过电解质在电极和离子膜之间形成电传导，适用的电解质有碳酸钠、碳酸钾、氢氧化钠和氢氧化钾，电解质溶液循环流动，随时排除电解产物。电解质的浓度上升或下降时，需要更换新的溶液。处理室内加装挡板，增加食品的停留时间。

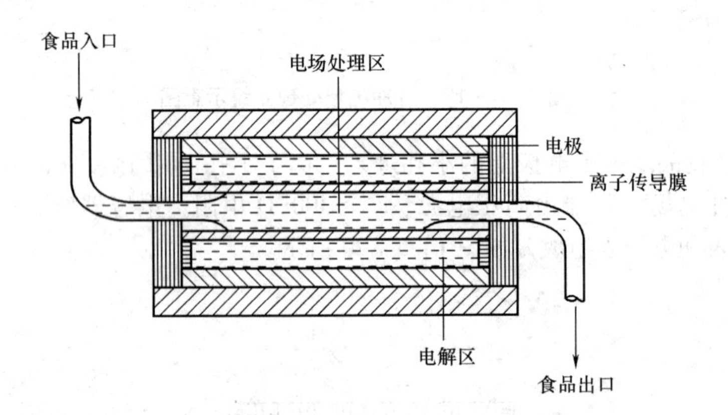

图1-5-22　Dunn和Pearlman连续式处理室示意图

2. 同轴连续式处理室

华盛顿州立大学设计制造了同轴连续式处理室，如图1-5-23所示。其同轴处理室应用了凸出的电极表面，强化处理区内的电场，减小其他部分的电场强度。电极的构型经过计算机电场数字程序的优化，应用优化的电极形状，可以预先确定流道的电场分布，而无需测定电场的强化点。选择不同直径的电极可以调整电极间隙。为了保证电极的工作温度，两个电极都安装了冷却夹套。电极的外径12.7cm，室高20.3cm，流速1~2L/min。

（四）商业化脉冲电场处理装置

DTI开发了标准的中试脉冲电场设备（见图1-5-24），能够处理果汁或其他产品，处理量达到100~500 L/h。这些设备已经用于包括美国、欧洲和澳大利亚在内的食品研究单位。DTI开发了世界第一台大型商业化设备，处理量达到10 000L/h。该设备运行效率高，电极寿命长，可以自动操作，这些特点使其可以作为食品加工装置。

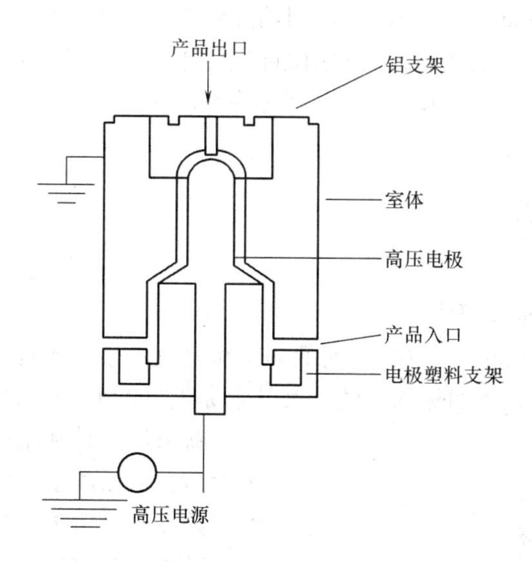

图1-5-23 华盛顿州立大学同轴连续式处理室示意图

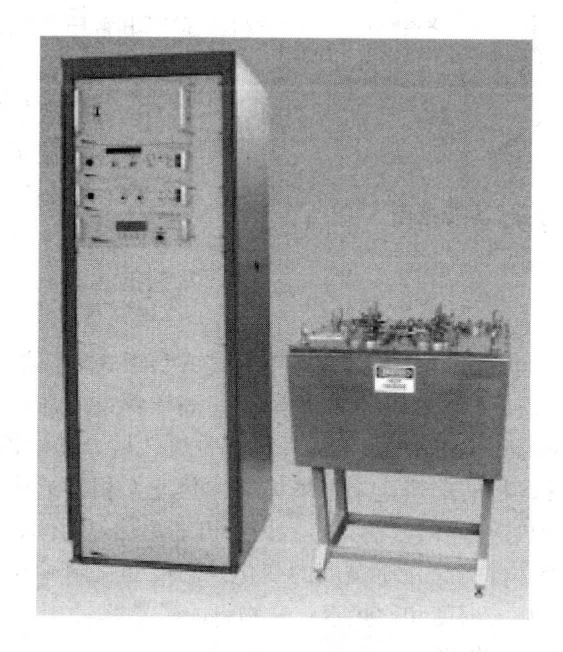

图1-5-24 高压电场脉冲中试系统
（电压 25 kV，功率 25kW，处理量 100～500L/h）

第四节 欧姆加热技术

欧姆加热又称焦耳加热（joule heating）、电阻加热（electrical resistance heating）、直接电阻加热（direct electrical resistance heating）、电加热（electroheating）和电导加热

(electro - conductive heating)。欧姆加热并不是新的概念。19 世纪，已有利用电能加热物料的专利加工技术。20 世纪初期，已利用加有电压的平行板加热牛乳。随着欧姆加热及其附属设备开发的系统化，欧姆加热在国外食品加工中，特别是在具有一定黏度和颗粒的食品中的应用日渐广泛。

一、欧姆加热的原理

（一）欧姆加热的基本概念

欧姆加热是利用电极将 50～60Hz 的低频交流电流直接导入食品，由食品本身介质性质所产生的热量而达到直接加热的目的。其基本原理见图 1－5－25。

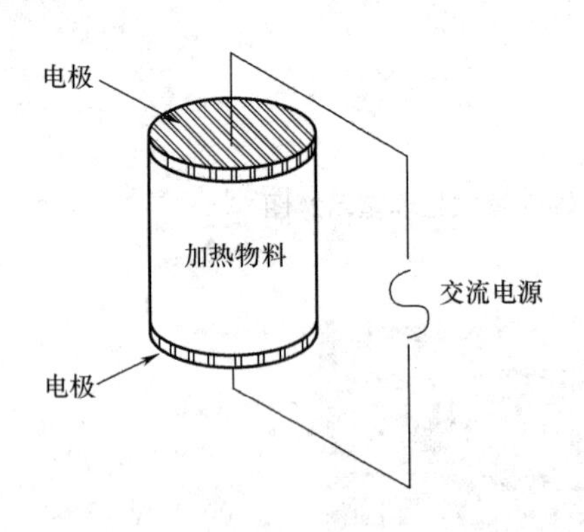

图 1－5－25　欧姆加热原理图

欧姆加热是利用食品物料的电导特性加工食品，依靠离子的定向移动导电，当溶液温度升高时，由于溶液的黏度降低，离子运动速度加快，水溶液中离子水化作用减弱等原因，其导电能力增强。食品中大量盐分或有机酸充当电解质，当电流通过食品时，因食品自身的导电性及不良导体产生电阻抗特性，在食品内部将电能转化成热能，引起食品温度升高。它克服了常规加热方式（对流加热、热传导、热辐射）中物料内部的传热速度取决于传热方向上的温度梯度等不足，实现了物料的无温度梯度加热，从而达到直接均匀加热的目的。

运用常规方法对带颗粒食品的杀菌是采用管式或刮板式换热器进行间接热交换，其过程速率取决传导、对流或辐射的换热条件。要使固体颗粒内部达到杀菌温度，其周围液体部分必须热，这势必导致含颗粒食品杀菌后质地软烂、外形改变，影响产品品质。而采用欧姆加热，则使颗粒的加热速率与液体的加热速率相接近成为可能，并可获得比常规方法更快的颗粒加热速率（1～2℃/s），因而可缩短加热时间，得到高品质产品。

物料内部产生热量必将引起介质温度的变化。温度变化除了与电学性质有关外，还与热学性质有关：①物料的密度和比热容；②物料的热导率。

（二）微生物致死的动力学

欧姆加热的杀菌作用在实质上和常规加热一样是热的作用，欧姆杀菌的杀菌曲线与传统杀菌相似。Palaniappan 等发现在相同的加热条件下，常规加热和欧姆加热，拜耳接合酵母（*Zygosaccharomyces baili*）的致死动力学无显著差异。他们发现大肠杆菌用弱电处理，在一定条件下，可以减小随后的杀菌要求。

Cho 等使用枯草芽孢杆菌（*Bacillus subtilis*）比较常规加热和欧姆加热，结果见表 1－5－10，欧姆加热的 D 值均稍小于常规加热；欧姆加热加热曲线的斜率均稍大于常规加热。动力学数据表明前者提高了对象菌的致死速率。采用两段欧姆加热（加热—保温—

加热）的实验的效果则更为显著。Lee 等关于酿酒酵母（*Saccharomyces cerevisae*）的实验表明欧姆加热与沸水加热相比，前者促进了酵母细胞质的渗漏。目前没有发现特别的致病菌对于欧姆加热具有不同的抵抗力。因此，可以按照致病菌和腐败菌的热致死动力学设计应用欧姆加热的实验和加工系统。

表 1-5-10　常规加热和欧姆加热枯草芽孢杆菌 D 值和动力学反应常数 k

温度/℃	常规加热		欧姆加热	
	D 值/min	k /(1/s)	D 值/min	k /(1/s)
88	32.8	0.00117	30.2	0.00127
92.3	9.87	0.00388	8.55	0.00448
95	5.06	0.00758	—	—
95.5	—	—	4.38	0.00876
97	3.05	0.01258	—	—
99.1			1.76	0.02180
一段加热	17.1	0.00224	14.2	0.00270
二段加热	9.2	0.00417	8.5	0.00451
Z 值/℃	8.74	—	9.16	—
活化能（E_a）/(kJ/mol)	—	292.6	—	282.15

资料来源：Cho 等，1999 年。

（三）电穿刺

原核细胞和真核细胞都具有脂类和蛋白质构成的细胞膜，原核细胞在细胞膜外有细胞壁，在欧姆加热条件下（低频 50～60Hz，高场强＞100V/cm），具孔的细胞壁能够积累电荷，形成破坏性孔隙。当外加电场超过细胞膜的介电强度，发生电穿刺。细胞膜的介电强度与细胞膜脂类（绝缘体）含量有关。孔隙大小因电场强度而异，而且可以电作用后短时重新封闭。在过量的电场作用下，由于细胞内的组分自孔隙流失而致细胞死亡，因而，电穿刺引起细胞的严重破坏，增强了欧姆加热的热杀菌作用。需要指出的是，热仍然是欧姆加热主要的杀菌作用。

（四）电离效应

欧姆加热在电极－溶液界面出现电离效应。使用直流电时，阴极和阳极发生不同的反应；而在交流电场下，电场方向反复改变，在两个电极上会积累阴阳两极产物。如果电极－溶液界面上的电势低于体系临界电极电势，电解过程就会中止。增加频率，或者增加电极电容以使电解效应最小化。在研究欧姆热技术时需要合理、经济地考虑这一问题。

二、食品物料对欧姆加热的影响

（一）颗粒的大小、形状、密度、含量

采用欧姆加热处理含颗粒食品，一般要求其颗粒直径小于2.5cm，避免在无菌操作过程中，颗粒过大使其在进料斗中遭到机械损伤。颗粒大小要适宜，以保证在流经电场时得到足够的热处理。颗粒密度过大或在黏度低的液体中，有可能沉淀在加热器底部，导致颗粒过度受热，不利于保持颗粒的形状和营养物质。相反，密度过小的颗粒在加工过程中会悬浮在液体表面。在欧姆加热过程中，颗粒悬浮在液体表面或沉淀在底部，都不能很好地保持其在加热器内的滞留时间和受热情况。因此，在加工时，选择合适的液体承载密度不同的颗粒，能避免和降低由颗粒密度引起的不良影响。

在欧姆加热中，颗粒物料的含量一般在20%～70%。含量过高或过低，都要求重新考虑颗粒的大小、形状、质地等物料特征。对颗粒含量较高的食品，一般要求颗粒小且具有一定的柔韧性，并且为了减小颗粒间的空隙度，还要求颗粒具有多样的几何形状。对颗粒含量较低的食品，则要采用黏度较大的液体来保持颗粒的悬浮状态。

（二）液体的黏度

载流液体的物理作用是使物料均匀悬浮于液体中，赋予食品以特有的体态。在欧姆加热过程中，如果液体黏度过小，颗粒会沉淀在加热器底部，而液体的汤汁则直接流经电极，从而导致液相、固相严重的受热不均；如果液体黏度过大，颗粒之间、颗粒与加热器管壁之间的相互磨损会破坏颗粒的结构完整。在加热过程中，液体中如含有淀粉，则会发生淀粉糊化，因此对含有淀粉的物料在加工前要进行预糊化处理，防止在加工过程中该类物质发生相变而影响液体的黏度。颗粒受热失水等因素也能影响载流液体的黏度，因此对易失水的颗粒食品在加工过程中要注意保持液体黏度的恒定。

（三）电导率

大部分食品中都含有一定量的自由水，其中溶解的可解离性酸、盐等物质具有导电性。一般来讲，电导率随温度升高而增大。固液体间的电导率差异以及非导电性物质的存在都会影响欧姆加热食品的品质，因此在加热前必须设法减小固液体间的电导率差异。食品物料中的非导电性物质如脂肪、油、空气、酒精、冰晶块、骨头等因不具有导电性，在加热时，易在其表面使颗粒物料过度受热，所以非导电性物质含量高的食品不适合应用欧姆加热。

三、欧姆加热在食品体系中的应用

随着欧姆加热技术的改进，欧姆加热已经在食品加工得到商业性应用，见表1－5－11。前已述及欧姆加热的杀菌作用，它在食品加工和研究中还有辅助蒸发、辅助干燥、辅助提取的作用。

（一）欧姆加热制造食品的商业应用

欧姆加热制造食品的商业应用见表1－5－11。

表1-5-11　　欧姆加热制造食品的商业应用

公司名称	国别	欧姆加热的产品	时间/年
Yanagiya Machinery	日本	豆腐和豆乳	1995
Wildfruit	日本	整个水果	
Sous Chef Ltd.	英国	袋装肉和蔬菜	
Papetti's Hygrade Egg Products	美国	液体蛋	1993
Emmepiemme SRL	意大利	婴儿食品、蔬菜、酱汁、肉制品、果浆等	2007

(二) 辅助蒸发和干燥

Wang等（2003）使用欧姆加热的真空蒸发法浓缩橘汁，在与常规加热相同的时间内，可以蒸发更多的水分，而且产品色泽鲜明，香气保留率高。欧姆加热显著提高热风干燥的传质速率。Wang等（2000）观察到等温吸附线上欧姆加热样品的变动，表明植物组织出现通透性而且重建水分分布的平衡。由于干燥过程消耗大量时间和能量，研究欧姆加热进行加速预处理的可行性。Zhong等（2003）欧姆加热（50 V/cm、45℃）甘薯，缩短了24%的真空干燥的时间，最后的水分含量与未预处理者相近。

(三) 辅助烫漂

常规烫漂使用热水浴，造成可溶性固形物的流失，排放工程废水还增加生物需氧量。Mizrahi等（1975）应用场强0.2～20.0V/mm、频率50～60Hz的交流电在水浴中处理马铃薯片，节约油炸时间10%～50%，改进了薯片的色泽，减少了起泡，质地更加酥脆。但是，在热烫中，欧姆加热增加了可溶性固形物的流失。热水热烫和欧姆加热造成可溶性固形物的流失同物料的表面积、产品量和加工时间的平方成正比。如果物料不经切分，浸没在盐溶液里进行欧姆加热可以将可溶性固形物的损失减少一个数量级，并缩短加工时间。Cousin等（2001）报道了使用直接高强度电场作用于整个马铃薯，组织软化，切面清洁，而且没有液体介质的欧姆处理减少了在油炸薯片过程中油的吸收。

(四) 辅助解冻

常规的水解冻存在若干缺点：微生物可能在食品表面生长，流失可溶性蛋白质，降低营养质量，消耗大量水，并产生大量高BOD的废水。欧姆加热和微波解冻可以解决这些问题，但是产品表面可能在其中心解冻之前熟化。欧姆加热虽然是常规解冻块状食品的替代方法之一，但是它的应用受到所谓“熟斑”问题的困扰。电导率随温度升高，解冻食品的电导率大约比冷冻食品高两个数量级。因此，解冻部分的食品可能熟化，而其他部分仍在冻结之中。Roberts等（1998）开发了带有表面温度传感和计算机控制的欧姆解冻装置，它可以解冻块状冻虾而没有失控加热的问题。Naveh等（1983）、Wang等（2002）展示了欧姆加热液体接触解冻法解冻猪肉的能力。Wang等（2002）使用盐水作为载体流体，当盐水浓度提高，样品的最大表面垂直于电场解冻过程加快，而且样品的色泽、pH和盐水的电导性在解冻后没有显著变化。所以，欧姆解冻是未来值得开发的方法。

（五）辅助提取

Lima 等（1999）和 Wang 等（2002）报道了低频欧姆处理显著改进了苹果汁的提取率。Wang 等（2002）报道在低频处理下，细胞膜出现电穿刺和热变性，在两种机制的作用下，提高了新鲜薄荷叶的提取量。Lakkakula 等（2004）报道在稻麸的脂类提取中，改进提取的主要因素是欧姆处理的频率和电场强度，而不是温度。因此，欧姆预处理是辅助热敏物质提取的有效方法。通过选择欧姆处理导电性能最大化的物料，强化食品的传质过程，并通过低频处理提高细胞的通透性。

四、欧姆加热的设备

（一）欧姆杀菌装置

欧姆杀菌装置系统主要由泵、柱式欧姆加热器、保温管、冷却管、无菌罐等组成，如图 1－5－26 所示。其中最重要的部分是柱式欧姆加热器。柱式欧姆加热器由 7 个以上电极室组成，电极室由聚四氟乙烯（PTFE）固体块切削而成，包以不锈钢外壳，每个电极室内有一个单独的悬臂电极，如图 1－5－27 所示。电极室之间用绝缘衬里的不锈钢管连接。可用作衬里的材料有聚偏二氟乙烯（PVDF）、聚醚醚酮（PEEK）和玻璃。欧姆加热柱以垂直或近乎垂直的方式安装，杀菌物料自下而上流动。加热器顶端的出口阀始终是充满的。加热柱以每个加热区具有相同电阻抗的方式配置。沿出口方向，相互连接管的长度逐段增加，这是由于食品的电导率通常随温度的升高而增大。

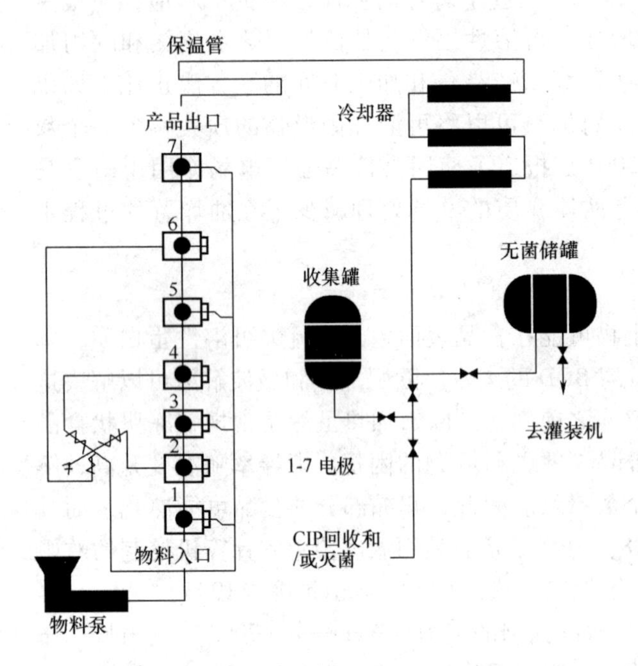

图 1－5－26　欧姆杀菌系统示意图

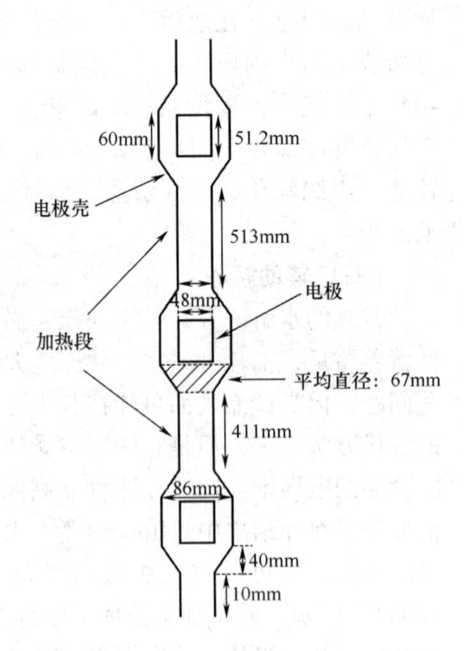

图 1－5－27　欧姆加热器示意图

（二）欧姆加热流程

具有一定黏度、含颗粒的食品经泵进入欧姆加热器，以垂直于电场的方向流过欧姆加热柱，物料在2min内被加热到需要的温度，在该温度保温30～90s，达到要求的杀菌强度，然后快速冷却、无菌包装。步骤为：

（1）设备消毒　欧姆加热器、保温管和冷却器用温和磷酸盐或柠檬盐溶液循环消毒。溶液的浓度调节到使其电导率接近将处理的物料，以使物料和消毒液转换时电能变化最小，几乎不产生温度波动。无菌贮存罐、交替贮存罐和管路系统用蒸汽消毒。

（2）杀菌操作　整个设备消毒后，消毒用的溶液用板式换热器冷却，达到稳定状态后，将消毒溶液排掉或收集起来，食品由正位移泵引入系统。一般用压缩空气或氮气，调节交替贮存罐的顶部压力来控制交替贮罐的反压。该罐用来收集消毒溶液及其与产品的交替部分。交替的产品收集完毕，产品即可转移到无菌贮存罐，其顶部压力的调节同交替贮存罐类似。处理高酸食品时，反压为200kPa，温度为90～95℃。低酸食品反压为400kPa，温度为120～140℃。产品加热到指定温度后进入绝缘的保温管后，在一系列的管式换热器或低速刮板换热器中冷却，管式换热器对颗粒的机械破坏要小一些。冷却后进入无菌包装。

（3）清洗　产品处理完之后，系统用水浸泡及2%70℃的NaOH溶液循环30min。改变物料时不需清洗设备，因为一般不会结垢。

与液态食品的超高温短时以及瞬时灭菌技术相比，该系统采用的刮板式冷却器存在冷却速率较低的缺点。David Reznik（1996）发明了快速真空冷却器以解决欧姆杀菌技术冷却速率较低的问题。

（三）欧姆杀菌与传统杀菌方法的结合

图1-5-28是欧姆杀菌和传统杀菌结合的示意图。欧姆加热和传统热处理相结合可以处理固形物含量40%以下的物料。物料分成两部分，一部分是固形物含量（80%）高的固液混合物，另一部分是液体。液体用传统方法杀菌，使用板式或管式换热器冷却，然后与离开欧姆加热保温管的固液混合物混合。

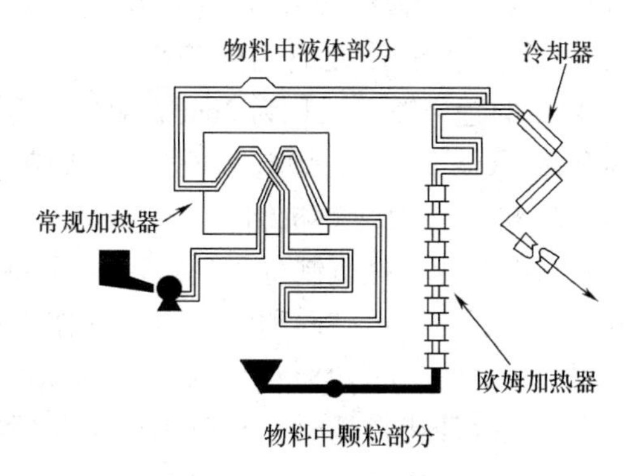

图1-5-28　欧姆杀菌和传统杀菌结合的示意图

第五节　超声波技术

超声波为频率高于20kHz以上的有弹性的机械振荡，由于其超出人的听觉上限，称之为超声波，超声波具有多种物理和化学效应。目前常用的超声波分为两类：一类是频率高、能量低的诊断超声波，其频率以MHz为单位；另一类是频率低、能量高的功率超声波，其频率以kHz为单位。

一、超声波对于食品作用的基本原理

（一）超声波的发生

超声波的发生主要通过三种方法：通过机械装置产生谐振的方法，频率较低（20～30kHz）；利用磁性材料的磁致伸缩现象的电－声转换器发出超声波的方法，频率在几千赫到100kHz；第三种方法为利用压电或电致伸缩效应的材料，加上高频电压，使其按电压的正负和大小产生高频伸缩，产生频率100MHz到GHz量级。常见超声波设备使用频率为20kHz～10MHz，频率为20～100kHz的超声波能引起空化，因超声波频率在2.5MHz上时空化现象不能发生，所以使用的超声波频率必须在2.5MHz以下。食品加工所使用的超声波频率在20kHz～1MHz。

（二）超声波作用机制

超声波与食品介质的相互作用包括热机制、机械力学机制和空化机制三种。

1. 热机制

超声波在介质中传播时，其振动能量不断被介质吸收转变为热量而使介质温度升高，此种升温方式达到与其他加热方法相同的效果，从而这种使介质温度升高的效应称为超声波的热机制。超声波作用于介质，使介质分子产生剧烈振动，通过分子间的相互作用，引起介质温度升高。超声波能量在机体或其他介质中产生热作用主要是组织吸收声能的结果。超声波的热效应不同于高频及其他物理因子所具有的弥漫性热作用。例如，用250kHz的超声波对体积为$2cm^3$的样品照射10s，可使水、酒精、甘油和硬脂酸的温度分别升高2℃、3.5℃、10℃、36℃，吸收超声波能引起的温度升高是稳定的。

2. 机械（力学）机制

超声波的机械机制主要是辐射压强和强声压强引起的。力学效应主要有搅拌、分散、成雾、凝聚、冲击破碎和疲劳损坏等作用。超声波也是一种机械能量的传播形式，波动过程中的力学量，如原点位移、振动速度、加速度及声压等参数可以表述超声波效应。超声波在介质中传播时，介质质点振动振幅虽小，但频率很高，在介质中可造成巨大的压强变化，超声波的这种力学效应称作机械作用。超声波在介质中传播，介质质点交替压缩与伸张形成交变声压，从而获得巨大加速度，介质中的分子因此产生剧烈运动，引起组织细胞容积和内溶物移动、变化及细胞原浆环流，这种作用可引起细胞功能的改变，引起生物体的许多反应。由于不同介质质点（例如生物分子）的质量不同，则压力变化引起的振动速度有差别。

3. 空化机制

在液体中，当声波的功率相当大，液体受到的负压力足够强时，介质分子间的平均距离就会增大并超过极限距离，从而将液体拉断形成空穴，在空化泡或空化的空腔激烈收缩与崩溃的瞬间，泡内可以产生局部的高压，以及数千度的高温，从而形成超声波空化现象，空化现象包括气泡的形成、成长和崩溃过程。空化机制是超声化学的主动力，加快粒子运动速度，从而促进许多物理和化学过程，对乳化、分散、萃取以及其他各种工艺过程有显著的促进作用。

二、超声波对于微生物和酶的作用

（一）超声波杀菌的影响因素

1. 声强、频率

超声波作用于液体物料时，液体会产生空化效应，当声强达到一定数值时，空化泡瞬间剧烈收缩和崩解，泡内会产生几百兆帕的高压及数千度的高温。根据研究，杀菌所用声强大于2W/cm^2，当声强超过一定界限时，空化效应减弱，杀菌效果下降。为获得满意的杀菌效果，一般情况杀菌强度为2～10W/cm^2。空化时还产生峰值达10^8Pa的强大冲击波和速度达4×10^5m/s的射流。这些效应对液体中的微生物产生粉碎和杀灭的作用。Joycep等（2003）发现低强度、高功率对细菌团的分散效果较好，而高强度低功率对细菌的杀灭作用较强。频率越高，越容易获得较大的声强。另一方面，随着超声波在液体中传播，激活液体微小核泡，由振荡、生长、收缩及崩溃等一系列动力学过程所表现出来的超声空化效应也越强，超声波对微生物细胞繁殖能力的破坏性也就越明显。由于频率升高，声波的传播衰减将增大，因此用于杀菌的超声波频率为20～50kHz。

2. 振幅、杀菌时间

在超声波杀菌过程中，振幅影响其灭菌效果，振幅增大杀菌效果增强。Pagan等（1999）研究了超声波联合其他技术对李斯特菌的杀菌作用发现，振幅增加1倍，李斯特菌对压力超声波的耐受性降低至原来的1/6。随着杀菌时间的增加，杀菌效果大致呈正比增加，但进一步延长杀菌时间，杀菌效果没有明显增加，而是趋于饱和值。另外，随着杀菌时间的增加，介质升温增大，不利于热敏感食品的杀菌。

3. 样品菌浓度及处理量

杀菌时间相同，样品中微生物初始浓度高时比浓度低时杀菌效果略差。以大肠杆菌为例，研究超声波照射时间与菌浓度的关系发现，对30mL浓度为3×10^6cfu/mL的样品杀菌需用超声波照射40min，若浓度为2×10^7cfu/mL，则需照射80min。当菌液体积减为15mL时，则杀灭浓度为4.5×10^6cfu/mL的大肠杆菌只需超声波照射20min。超声波在媒介的传播过程中存在衰减现象，随着传播距离的增加而减弱，因此，随着样品处理量的增大，灭菌效果降低。

4. 微生物的种类

所有微生物对超声波都具有一定的耐受性。超声波对微生物的作用效果与微生物体本身结构和功能状态有关。Piyasena（2003）指出，超声波的作用因微生物的形状、大小、细胞的类型、生理状态而异。例如，大细胞比小细胞更加敏感，球菌比杆菌的耐受力更强，革兰阳性菌比阴性菌耐受力强，好氧菌比厌氧菌耐受力强，低龄菌比老龄菌更敏感，芽孢比营养细胞更具耐受力。如频率为4.6MHz的超声波可以将伤寒杆菌全部杀死，但葡萄球菌和链球菌只受到部分伤害。细菌菌体的大小也影响杀菌效果，如用960kHz的超声波辐照20～75nm的细菌，比8～12nm的细菌破坏作用大而且完全。Davis用2.6kHz的超声波做杀灭微生物的实验，发现某些细菌对超声波敏感，如大肠杆菌、巨大芽孢杆菌、绿脓杆菌等可被超声波完全破坏，但对葡萄球菌、链球菌等效力较小。

5. 其他

灭菌时，样品的温度影响灭菌效果，温度升高超声波对细菌的破坏作用加强。超声波在不同介质中作用于不同组分的食品，其作用效果有所不同。Lopez 等（1999）研究热超声波的 pH、水分活度、温度和超声振幅对杀灭指状青霉（*Penicillium digitatum*）效果的影响，发现水分活度在0.99时，增加超声振幅和降低 pH，可使 D 值减小；当 pH 不变时，水分活度增加，D 值减小。

（二）超声波的杀菌作用

超声波杀菌适于果蔬汁饮料、酒类、牛乳、酱油等液体食品。单独使用超声波杀灭食品中的微生物效果有限，超声波经常与压力、热处理联合使用，从而出现了热超声波（热+超声波）、压力超声波（压力+超声波）以及压热超声波（热和压力+超声波）等技术，这些技术能提高杀菌率。

Sala 等（1995）确认了超声波可以杀灭致病菌如单核细胞增生李斯特菌、沙门菌、大肠菌群和金黄色葡萄球菌。D'Amico 等（2006）指出超声波处理或与热处理结合都可以有效地减少牛乳中的李斯特菌和果醋中的大肠杆菌 O157：H7。Pagan 等（1999）研究超声波联合其他技术对李斯特菌的杀菌作用发现，在室温用超声波（20kHz、117μm 的振幅）杀灭李斯特菌有一定的效果，其 D 值为 4.3min；通过 200kPa 的压力联合处理，D 值降低到 1.5min；将压力增加到 400kPa，D 值减少到 1.0min；50℃对其失活没有明显的影响，但超过50℃，显著提高杀菌效果；压力超声波结合热处理对李斯特菌的灭菌效果明显增加。超声波处理牛乳使大肠杆菌数量减少93%，当牛乳经800kHz 超声波处理 1min，紫外辐射（功率强度为 8.4W/cm^2）20s，大肠杆菌致死率增加到99%。这可能是由于脂肪球被超声波破碎后使紫外光更易穿透，从而增加杀菌效果。超声波与化学杀菌剂协同处理有良好的效果。超声波结合过氧化氢处理可使过氧化氢杀灭芽孢时间从25min 缩短到10～15min；超声波结合氯水处理使新鲜水果蔬菜表面的细菌数量明显降低。

（三）超声波对于酶的作用

超声波对酶的作用很复杂，由于超声波处理的条件和强度不同会产生激活或者钝化作用，酶性质不同也会产生不同的效果。

1. 对酶的钝化作用

一定的超声波处理会提高酶的活性，但改变处理条件，如频率、功率、处理时间等，则钝化酶的活性。Ertugay 等（2001）研究超声波对牛乳中乳过氧化物酶和碱性磷酸酯酶的影响，发现振幅为80%、温度为40℃时对两种酶具有最大的钝化作用。Raviyan 等（2003）发现超声波对番茄果胶甲基酯酶具有钝化作用，而且发现空穴作用强度增大和温度升高能增强对酶的钝化作用。Zhong 等（2004）报导胰蛋白酶活性随着超声波功率从100～500W 变化以及处理时间（1～20min）的延长而降低。有报道在温和的超声波条件下作用某些酶，会导致酶活力的降低，如过氧化物酶，用20kHz 的超声波处理此酶，3h 后酶活力下降了90%。超声波对酶的钝化作用也会因酶的种类不同而不同。Kashkooli 等（1996）利用20kHz 的超声波处理过氧化氢酶和苹果酸脱氢酶，发现过氧化氢酶活性不被钝化，而苹果酸脱氢酶则被钝化，而且酶浓度越大，被钝化的程度越高。

2. 对酶的激活作用

适宜的超声波处理可提高酶促反应速度。有人解释为超声波处理暴露了基质的反应位点，而促进了酶促反应。Barton（1996）发现60W超声波可以激活任意底物浓度下的α-淀粉酶和葡萄糖淀粉酶。Ateqad等（1985）利用2MHz、5.2W/cm^2的超声波处理木瓜蛋白酶，使酶活性提高幅度较大。Sakakibara（1996）等也发现：超声波处理可使蔗糖酶水解蔗糖的反应速度提高30%。Vargas等（2004）用超声波处理黑曲霉中转移酶，在振幅20%和40%下都能显著提高转移酶活力，当振幅为20%，作用8min时酶活力提高最大。邱树毅等（1998）用20kHz声场处理固定于琼脂胶上的α-胰凝乳蛋白酶（以酪蛋白作底物），活性提高2倍。

（四）超声波的反应动力学

在许多超声波杀菌的研究中使用一级反应动力学的参数（*D*值或*Z*值），或者只使用对数周期减少来描述微生物存活数量的减少。仅使用对数周期减少来描述微生物对于超声波反应的耐受力是较好的方法，因为在反应的全过程曲线，特别是在5个以上对数周期减少的过程中，很少观察到曲线的肩部和尾部。对于安全的过程设计，只要没有过高估计钝化参数——*D*值，动力学参数仍然适用于超声波加工过程。现已发表许多报告指出不同微生物的*D*值受到多种因素的影响，同种微生物的不同菌株也显示了不同的对于超声波加工的耐受力。当温度和压力不变，*D*值的顺序为芽孢 > 真菌 > 酵母 > 革兰阳性菌 > 革兰阴性菌；超声波钝化速率（lgcfu/min）的顺序为革兰阴性菌 > 革兰阳性菌 > 酵母 > 真菌 > 芽孢。

Lopez和Buegos报道脂肪氧合酶的MTS处理和过氧化物酶的热-超声波处理的钝化速率遵从对数线性反应规律。MTS处理果胶甲酯酶和半乳糖醛酸酶也可以观察到相似的结果。微生物的超声波处理可以获得5个数量级以上的减少，但是大多数酶只能获得2个数量级的减少。

研究者也提出了一些非线性动力学模型，但是这些非线性模型的提出或者是根据经典理论或者是细胞对于确定的致死因素的耐受力的假设，而不能用于实验条件之外，因而对于过程设计来说存在问题。在非线性模型的场合，研究者建议使用终点对数周期减少来实现对于整个过程的控制，这样可以使非线性的微生物的生存作用最小化，进而获得对数线性动力学反应的连续性。

三、超声波的其他作用

（一）超声波均质和乳化

超声波均质是利用超声波在遇到物体时会迅速地交替压缩和膨胀的原理实现均质。物料在超声波的作用下，当处在膨胀的半个周期内，料液受到拉力呈气泡膨胀；当处于压缩半个周期内，气泡则收缩；当压力变化幅度很大且压力振幅低于低压时，被压缩气泡会急剧崩溃，在料液中会出现“空穴”现象。这种现象又随着振幅的变化和外压的不平衡而消失，在空穴消失的瞬时，液体的周围引起非常大的压力和温度增高，起着非常大而强力的机械搅拌作用，以达到均质的目的。同时，在“空穴”产生有密度差的界面超声波也会反射产生激烈的搅拌。超声波均质机是通过将频率为 20 ~ 25kHz 超声波发生器放入料液中，或使用使料液具有高速流动特性的装置，超声波在料液中的搅拌作用使料液实现均质。

超声波均质机按超声波发生器的形式分为机械式、磁控式和压电晶体式等。食品工业主要使用机械式超声波均质机，它主要由喷嘴和簧片组成，如图 1 - 5 - 29 所示。簧片处于喷嘴的前方，它是一块边缘成楔形的金属片，被两个或两个以上的节点夹住，料液在 0.4 ~ 1.4MPa 的泵压下经喷嘴高速射到簧片上时，簧片便发生频率为 18 ~ 30kHz 的振动，这种超声波立即传给料液，使料液即呈现激烈的搅拌状态，料液中的大粒子破碎，料液被均质化。机械式超声波均质机适用于牛乳、乳化油和冰淇淋等食品的加工。

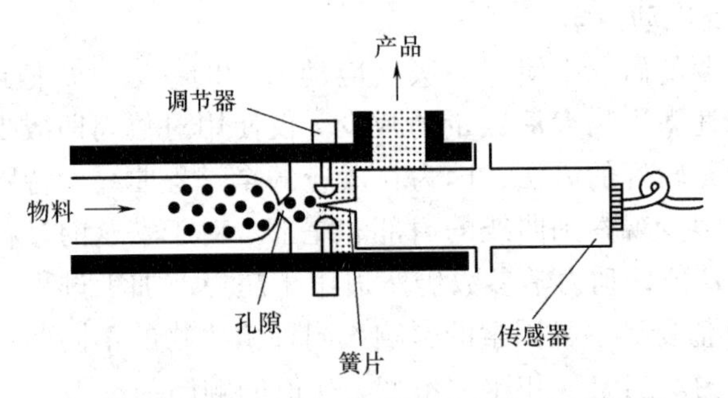

图 1 - 5 - 29　机械式超声波均质机示意图

超声波乳化是指超声波击碎晶体核，使其乳糜化。在食品加工中，一般采用低频（20 ~ 30kHz）超声波，对牛乳、果汁、番茄酱、人造奶油、巧克力及色拉油等被加工物料引起空化作用，空化气泡在崩溃时会产生冲击波和射流作用，使细胞壁破裂，剪切生物大分子或液体中的分散相，达到乳化的效果。液体由泵经扁口喷嘴成为射流，冲击簧片前缘，簧片按其固有频率振动，并将超声波传给液料，液体内部产生空蚀作用，达到乳化目的，液滴可达 1 ~ 2μm。超声波乳化与一般的乳化工艺相比，具有乳液液滴小、乳液稳定、乳化质量好、生产效率高、能耗少及成本低等优点。

（二）超声波辅助提取

超声波辅助萃取促进溶剂提取天然成分的过程。经典的提取方法是针对原料中的某种目标成分，选取正确的溶剂，同时辅以加热和搅拌等措施，提取所需目标成分。超声波的空化效应、高频振动效应和混合效应，产生强大的剪切力，破碎植物细胞壁，在空化场的作用下，瞬间的压力增大和减小，产生胞壁内外的压力差，致使内容物从撕裂处释放，达到提取内容物的目的。超声波辅助萃取应用于中草药化学成分及食物资源活性成分提取。研究结果表明，与常规提取法相比，应用超声波技术提取分离植物中的有效成分具有提取时间短、提取率高、提取温度低、有利于保护植物有效成分不被破坏等优点。目前我国已有多个厂家制造商业化超声波提取设备。

（三）超声波干燥

在食品加工中可借助超声波雾化进行液体食品干燥，使液体蒸发表面积增加；在物料内部，尤其在组织分界面上，超声波能量大量地转换为热能，造成局部高温，促进水分逸出，从而提高了蒸发强度、效率及降低蒸发温度。超声波具有干燥速度快、温度低、最终含水率低且物料不会被损坏或吹走等优点，适合于药品、食品、种子及热敏性生化制品等的干燥。

（四）超声波分析检测

低强度超声波不仅可用于提供许多食品的物化特性信息，还可用于检测其组成情况，诸如不同食品原料的结构和物理特性。由于测定过程迅速、非破坏性、精确、全部自动化及可用于实验室或在线检测等特点，因此赋予超声波有许多优于传统分析技术的优点。工业化的有效使用主要包括：固体及液体食品的质地、黏性及含量检测；蛋类、肉类、蔬菜瓜果类、乳制品及其他产品的成分检测；加工物料的浓度、流量、液位、温度等；蛋壳及食品包装的无损检测。

（五）超声波清洗

利用超声波在洗涤液中传播时边产生气泡边消失的现象以及超声波对洗涤剂产生的乳化作用，可应用于果蔬及粮食加工中的清洗作业。其特点是系统可省去机械运动部件，洗涤效果好、速度快、质量高、操作简单、易于实现自动化。超声波普遍用于实验设备的清洗，还用于清洗大型的食品加工设备和容器，如清洗葡萄酒贮存用的橡木桶，具有时间短、桶面光洁的效果。

（六）超声波控制结晶

超声波辐射由于具有强烈的定向效应，有补充和加强为形成临界晶核所需的波动作用，故能加速起晶过程。目前，已被用于糖浆的结晶过程，从而得到各种均匀粒度的糖粒。在工业生产中，超声波辅助结晶可使固体沉淀物不沉积在冷却管上，保证系统的冷却速率均匀分布。

（七）超声波消泡

在啤酒、蛋白质加工中产生大量泡沫，通常使用消泡剂加机械搅拌的方法消除泡沫，但是随着对于消泡剂管理日趋严格，超声波消泡开始受到重视。图 1－5－30（1）和（2）分别是 CAVITUS 超声波装置消除大罐和传送带上罐头泡沫的示意图。前者每分钟消泡 200L，后者每分钟消泡 200 个罐头。

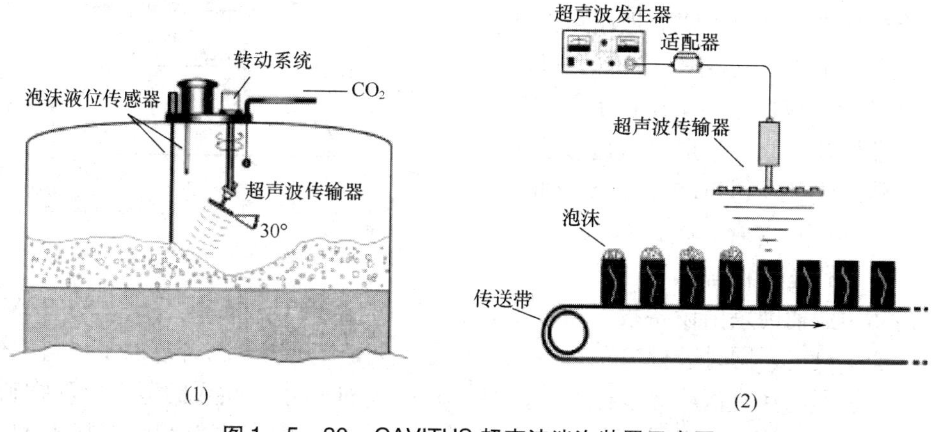

图 1－5－30 CAVITUS 超声波消泡装置示意图

（1）大罐消泡 （2）罐头消泡

超声波还用于合成、过滤、冷冻、切割等多种单元操作。随着食品工业的发展，超声波技术将有更多的应用领域。

四、超声波实验和工业设备

（一）实验室设备

研究和开发任何超声波加工过程，首先要有超声波源。实验室主要有两种设备：一种是超声波清洗槽（如图1-5-31所示），在三角瓶中放入要进行超声波处理的溶液，浸没在水浴之中；另一种是超声波探头装置，它把振动直接引入反应物（如图1-5-32所示）。

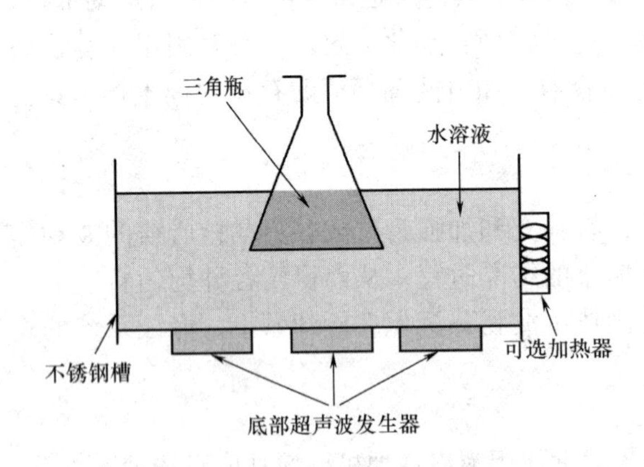

图1-5-31 超声波清洗槽

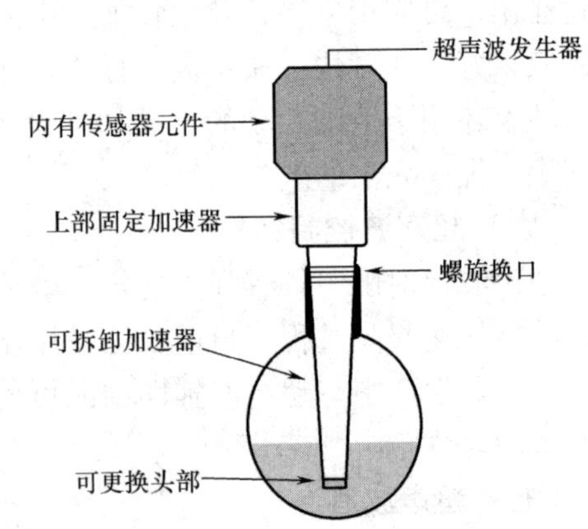

图1-5-32 超声波探头

（二）食品加工工业化设备

在食品工业使用共鸣管反应器，加工液体经泵送通过带有超声振动管壁的管道，附着在管路外部的传感器把超声波能量直接传递到流动的液体中，如图1-5-29所示。商业反应器采用不锈钢制造，其管路截面呈长方形、五边形、六边形或圆形。另一种是放射式超声波反应器，如图1-5-33所示，反应管一端封闭，四周打孔，超声波自孔进入物料。

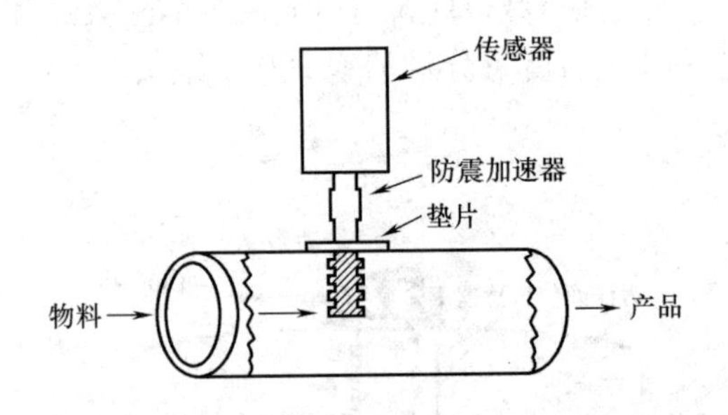

图1-5-33 放射式超声波反应器

目前超声波辅助杀菌设备投入工业应用，英国 Pursuit Dynamics 公司制造 PDX 超声波-蒸汽加工机组，同时进行输送、均质、巴氏杀菌等单元操作，可以加工饮料、牛乳、糖浆、果酱、调味汁、蛋液等多种产品，如图1-5-34所示。喷入的蒸汽驱动物料，形成动量传递，超声波对物料进行均质和非热杀菌。该机组没有物料和管壁接触的表面，不会过热焦管，节约 CIP 时间 80%，整个加工过程比传统热过程快 15 倍，该机组已在全球 20 余个工厂得到应用。我国上海升力混合机厂的超声波杀菌机组，如图1-5-35所示。将超声乳化均质、加热系统、冷却系统、热超声杀菌整合而成，操作可实现自动化，可将耐热微生物杀灭至98%以上，生产能力50~2000L/批，适用于液体食品、果蔬饮料、牛乳、酒类、酱油等食品。

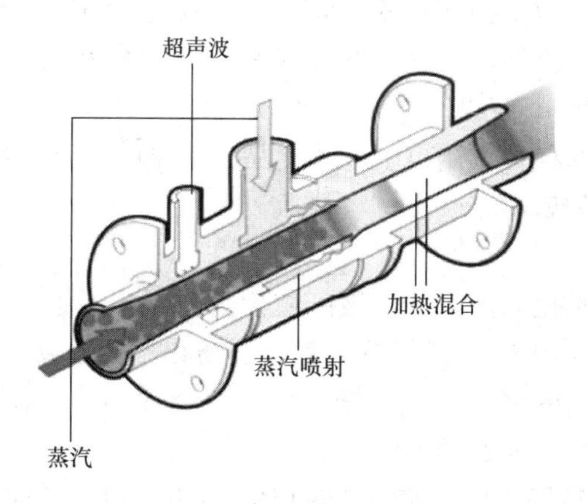

图1-5-34 Pursuit Dynamics 热超声波杀菌装置示意图

图1-5-35 上海升立超声波杀菌机组

第六节 其他技术

在开发微波、高压、脉冲技术、欧姆加热、超声波技术的同时，食品科学家还把目光投向磁场、光脉冲和紫外辐照的杀菌作用，但是这些方法都存在一定的局限性，要获得充分的保藏作用，需要把上述方法与传统的加工方法结合起来，这种方法称为“栅栏技术”（hurdle technology）。

一、磁场技术

一般来说，磁场影响微生物迁移的方向，干扰微生物的生长和再生，增加 DNA 的合成，改变生物分子和生物膜的取向，改变细胞膜上的离子移动，影响微生物的再生速率。把恶性细胞置于振荡磁场（oscillating magnetic field，OMF）中，细胞数下降，有利于治疗癌症。磁场对于生物的种种作用也引起了食品科学家的研究兴趣。

（一）磁场的生物效应

1. 磁场的产生

磁体在一个区域内磁化周围粒子，该区域称为磁场。磁通［量］密度的国际制单位为特［斯拉］（T），$1T = 10^4Gs$。磁场分为静止磁场和振荡磁场，静止磁场的强度不随时间发生变化，磁场各方向的强度相同。振荡磁场以脉冲的形式作用，每个脉冲均改变方向，磁场强度随时间衰减到初始的10%。

电流通入线圈产生磁场，杀灭微生物的磁通密度为 5～50T。可以使用：①超导线圈；②产生直流电的线圈；③由电容器充电的线圈产生该磁通量的振荡磁场。气芯螺线管可以产生高强度的磁场。产生高强度的磁场要消耗大量的电流并产生热，应用超导磁体可以产生高强度磁场而且不产生热，但是超导磁体的最佳磁场强度仅为 20T。外部安装超导磁体，内部安装水冷线圈的混合磁体可以产生 30T 以上的磁场强度。图 1－5－36 为 Maxwell 实验室开发的 Magneform7000 线圈示意图。该装置应用电容器的放电产生振荡磁场，磁场强度为 2～50T，在 10 次振荡后，磁场强度大幅度衰减。Magneform7000 线圈用于研究食品腐败菌的杀菌。

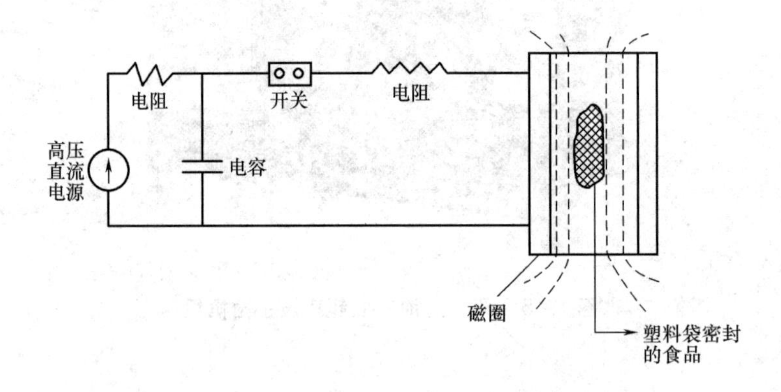

图 1－5－36　Magneform7000 线圈示意图

2. 磁场对于微生物的作用

在 20 世纪初观察到静止磁场和振荡磁场对于微生物原生质在细胞内的流动的影响。外加磁场方向的变化决定了海藻原生质流动的加速或停滞。极低频率的磁场，例如地磁场引导着微生物移动的方向。

Yoshimure 发现 0.57T 的静止磁场中的稳定期酵母细胞没有变化，但是振荡磁场产生杀灭细胞的作用。Van Nostran 等在 0.46T 的磁场中分别在 28℃和 38℃下培养酿酒酵母 24h、48h、72h，观察到其生殖速率大幅度下降。均匀磁场不能抑制酵母发芽，而在非均匀磁场中放置 20min、25min、60min、120min，酵母的发芽都受到抑制。

Moore 报道了铜绿假荧光单胞菌、盐生盐杆菌、白假丝酵母的生长在 0.015T、0.3Hz 的振荡磁场和在 0.03T 静止磁场中受到最大的刺激。磁场抑制细胞生殖是由于细胞分裂速度下降，而不是微生物被杀灭。作者没有观察到形态学、变异频率和遗传细胞器的变化。

叶盛文等（2003）以啤酒酵母、大肠杆菌为对象，探求磁量密度、磁场极性转换时间等因素对对象菌的致死率影响规律，发现磁量密度对啤酒酵母、大肠杆菌杀菌率有一定影响，对啤酒酵母、大肠杆菌致死效果最好的磁通密度分别为 1.5T、1T。初磁度、磁通密度对大肠杆菌致死率有显著影响。当磁通密度为 1T 的磁场作用 8 h，磁场对大肠杆菌致死率为 78%。对象菌受磁致死的动力学方程与化学一级反应方程相仿。

3. 磁场对于酶的作用

Rabinovitch 使用静止磁场处理核糖核酸酶等三个酶，发现磁场对于酶的催化速率没有明显的影响。研究人员发现在 2℃、20T 磁场中羧基歧化酶的活性下降。在另一个实验中，当施加磁场后，该酶的活性大幅度上升；而撤除磁场后，活性立刻下降。磁场使酶活性增加的原因可能是磁场使氢键结合增加，继而加强了酶肽链的螺旋。肽链和氢键的加强提高蛋白质抗变性的能力，因而酶降低了对于钝化的敏感性。就目前的实验结果而言，磁场对于酶的作用还不能得到确定的结论。

（二）磁场技术在食品保藏中的应用

多数食品保藏方法都明显地改变了食品的性质或给予食品某些令人嫌忌的特征，例如，牛乳在热加工后产生蒸煮味。啤酒和干酪等发酵过度引起食品变质，因此达到适当的发酵度时，必须及时杀灭发酵微生物。磁场技术在食品发酵后灭菌具有应用的价值。

Hofmann 发现磁通量 5～50T、频率 5～500kHz、单脉冲磁场使初始菌数至少减少 2 个数量级。磁场杀灭微生物的技术可能用于改进巴氏杀菌食品的质量，并延长其货架期。

应用磁场技术保藏的食品需要具有 10～25Ω·cm 以上的电阻率，例如橘汁的电阻率是 30Ω·cm。磁场的强度是被磁化食品的电阻和厚度的函数。经磁场保藏的食品包括含有嗜热链球菌的牛乳、含有酿酒酵母的橘汁和含有细菌芽孢的面团。

磁场保藏的工艺流程包括首先使用塑料袋包装食品，在频率 5～500kHz、1～100 个脉冲、温度 0～50℃的磁场中处理 25μs～10ms，处理时间等于脉冲数目与脉冲持续时间的乘积。每个脉冲包括 10 次振荡，10 次振荡后，磁场强度衰减可以忽略不计。

磁场保藏前不需要特殊处理食品。频率高于 500kHz 的磁场杀菌效果不好，而且有加热食品的倾向。在常压和保持食品品质的温度情况下进行磁场处理，食品可以达到灭菌效果并保持食品的质量。食品温度在磁场处理后上升 2～5℃，这对于食品感官品质的影响很小。表 1－5－12 所示为磁场脉冲杀灭食品中微生物的结果。

磁场对于水具有明显的杀菌作用，Chizhov 等用磁场脉冲处理空间站中的废水，消除了污染并使之循环使用。

表1-5-12　磁场脉冲杀灭食品腐败菌的结果

食品	温度/℃	磁通密度/T	脉冲数目	脉冲频率/kHz	初始菌数/(个/mL)	最终菌数/(个/mL)
牛乳	23	12	1	6	25 000	970
酸乳	4	40	10	416	3 500	25
橘汁	20	40	1	8.5	3 000	1
面团	—	—	1	8.5	3 000	1

磁场保藏食品安全而易于操作。高磁场强度只存在于线圈内部和其附近区域。离线圈稍远，磁场强度明显下降。线圈内部以及距离线圈2m区域内的磁通密度是7T；超出2m，磁通密度下降至7×10^{-5}T，后者与地磁磁通密度大体相当。因此，操作者处于适宜的位置，就没有危险。

静止磁场和振荡磁场抑制微生物的作用显示了该技术杀灭食品微生物的潜力。振荡磁场杀菌作用的优点包括：①食品营养成分和感官品质的改变最小；②降低能源消耗；③可以使用塑料包装食品，避免加工后的污染。磁场处理仍然存在诸多问题需要研究。例如，目前仍然不清楚磁场抑制或刺激微生物生长的机理和必要条件，尽管提出了不少机理解释磁场的杀菌作用，但是几乎没有解释磁场的刺激作用。磁场杀菌仅可以降低微生物2个数量级，如果要使磁场杀菌技术商业化，还要大幅度地提高杀菌的有效性和均匀性。

二、光脉冲技术

光脉冲技术主要用于包装材料和加工设备的表面、食品加工和医疗设备的表面杀菌。无菌加工中使用过氧化氢消毒包装材料，在包装材料或（和）食品中残留的过氧化氢可能对人产生不利的影响，应用光脉冲可以减少或取消化学消毒剂或防腐剂的应用。

紫外和近红外区域波长的光谱符合消毒杀菌的要求。食品或包装材料的表面单个光脉冲的能量强度必须在0.01~50.00J/cm^2，其70%的电磁能量应分布在170~2 600nm才能产生杀菌作用。美国PurePluse Technologies公司开发了Pure Bright™装置，其光强度是地面上阳光的20 000倍。该装置的光谱在200~300nm，大气过滤的阳光中没有这一波段。杀灭抵抗力强的微生物需要使用整个光谱，而杀灭其他微生物可以使用过滤光谱。

持续时间短的宽谱闪光可以杀灭范围宽广的微生物，包括细菌和真菌的芽孢。持续时间是1μs~0.1s，一般应用的闪光速率为1~20个/s。在大多数应用中，在几分之一秒内，数个脉冲即可产生明显的杀菌效果。该过程非常迅速，可以用于大规模的食品生产。

（一）光脉冲的原理

持续时间短、强度大的光脉冲能够穿透物料，穿透物料的光脉冲不传输，但是以热量的形式在物料中消散。物料的表面和内层产生温度梯度，热量以传导的形式从表面传递到内层。热传导一直进行到物料温度达到恒定的稳定状态，消散的热量和物料的热学性质决定所需的时间。虽然食品中多含有热的良好导体——水，表面的热可以很快地传入食品内部。但是光脉冲的持续时间比热传导的时间短，光脉冲的能量在物料表面贮存极短的时间，其间几乎没有出现热传导，这实际上是瞬间加热薄层表面，使其温度高于具有等量平均功率的连续光束所达到的稳态温度。

各种标准流体如空气和水对于可见光和紫外光在内的广谱波长具有高度的透光性。其他流体如糖溶液和葡萄酒的透光度就有所下降。如果对流体进行有效的杀菌，波长为260nm 的紫外光，穿透该流体 0.25cm 的层面的强度要达到50%，并进入其中。光几乎不能穿透不透明物料，实际上所有的光都以热的形式消散在物料不超过 1mm 的表面。Luksiene Z 等（2007）使用 100 个 133W/cm^2 的光脉冲处理鼠伤寒沙门菌，其活菌数减少了 7 个数量级。脉冲频率在 1 ~ 5Hz 的范围内不影响致病菌的杀灭结果。500 个脉冲强度为 0 ~ 252W/cm^2 的脉冲处理不同距离的样品，没有发现过热的现象。

（二）光脉冲包装和杀菌设备

图 1 - 5 - 37 为食品灌装和光脉冲闪光杀菌装置示意图。在管状的支撑物上沿纵向安装一个或多个闪光灯管，包装材料表面受到光脉冲照射。纵向密封的包装材料筒中灌装经商业灭菌的食品物料，包装筒向前运动一个包装袋的距离，与食品接触的包装材料的表面受到若干个光脉冲的照射。使用灭菌空气冷却闪光灯，除去脉冲形成的光化学产物，防止其在处理区沉积造成污染。

图 1 - 5 - 38 为预制容器光脉冲杀菌无菌包装机的示意图。在该机中，可以选择性地向预制容器喷洒光吸收促进剂并受到光脉冲照射。光吸收促进剂包括色素、对 pH 敏感或氧化电势敏感的质子敏感指示剂，这些促进剂可以选择性地吸附在细胞表面，增强光脉冲的杀菌效果。在已杀菌的容器中灌装经商业灭菌的食品，然后密封上已经杀菌的容器盖。容器盖也可以采用光脉冲处理。为了防止污染，在无菌包装机外部罩以无菌空气幕。

图 1 - 5 - 39 为流质食品光脉冲杀菌装置示意图。该杀菌装置包括处理室、光脉冲光源和液体循环泵。食品流过光脉冲处理室，液体循环泵根据光脉冲反复发射的速率控制着产品的流速。处理室的外壁发挥了折流板的作用，使光能够再次横向穿透食品。空气和水透光性较强，几乎不会

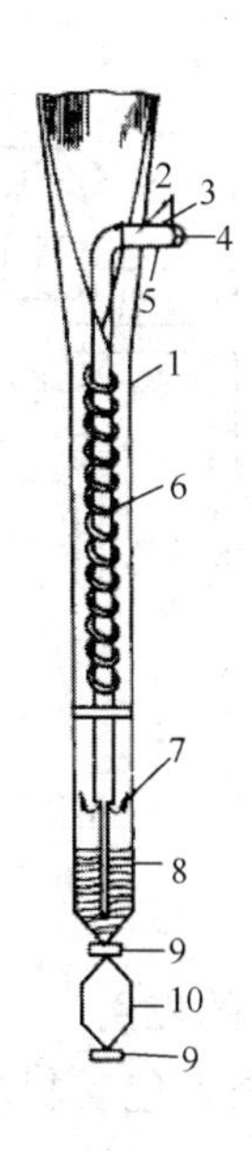

图 1 - 5 - 37 食品灌装和光脉冲杀菌装置示意图

1—闪光灯组件 2—外支撑管 3—闪光灯电缆 4—食品杀菌管 5—灯冷却剂管线 6—闪光灯 7—向上运动的无菌空气 8—杀菌的食品 9—封口器 10—单个消费者包装

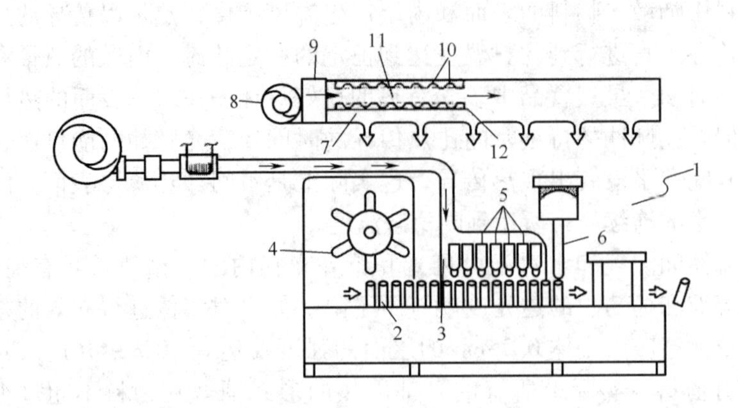

图1-5-38　预制容器光脉冲杀菌无菌包装机示意图

1—无菌包装装置　2—预制容器　3—杀菌区　4—吸收促进剂喷洒装置（选项）
5—光脉冲处理器　6—产品灌装系统　7—空气过滤器　8—鼓风机　9—过滤器
10—闪光灯　11—光脉冲处理区　12—反射腔

降低光通量密度。具有明显吸收作用的流体造成光通量密度的显著衰减。因此，必须充分混合物料以保证整个流体具有适宜的光通量密度。

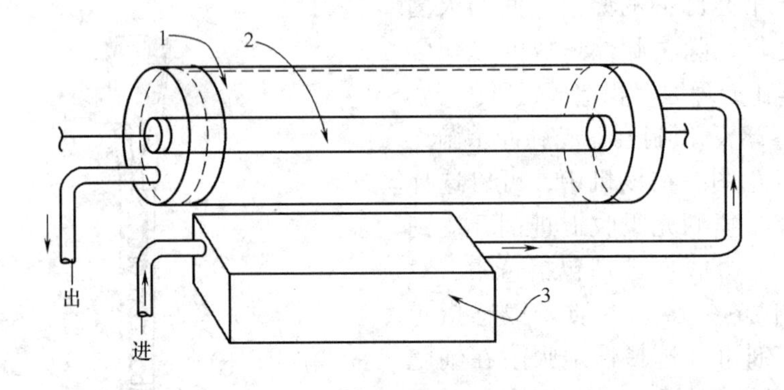

图1-5-39　流质食品光脉冲杀菌装置示意图

1—处理室　2—光脉冲光源　3—液体循环泵

（三）光脉冲的应用

光脉冲能够杀灭包装材料、液体食品、肉、鱼等固体食品和焙烤食品上的微生物。马铃薯、番茄、香蕉、苹果、通心粉、米饭等预制食品都可以应用光脉冲处理，延长货架期，而且食品的营养成分变化甚微。

1. 包装材料

食品表面和包装材料受到1~20个高强度、短持续时间的光脉冲处理，可把物料厚度为10μm的薄层加热到50~100℃。热量仅局限在物料的表面而不显著升高内部的温度。控制脉冲的数目和能量，可以使表面温度在光脉冲结束后达到50~100℃并保持

10s。即使在光脉冲处理时产生热量，但是远小于完全热加工的热量。

包装光脉冲杀菌的食品必须使用对处理光谱透明的材料，包装材料必须传输10%～50%的320nm以下的预设波长的光能。食品可以采用全光谱或选择性光谱杀灭特定的微生物。光谱过滤可以消除对食品品质有消极影响的波长。某些无菌加工过程的包装材料采用紫外组分较多的光脉冲进行处理，既可减少微生物的菌数，又可以节约总的能量。

在不同的包装材料上接种金黄色葡萄球菌、枯草杆菌的芽孢和黑曲霉的孢子，使其浓度达到10～1000cfu/cm^2，金黄色葡萄球菌被强度为1.25J/cm^{2}的光脉冲杀灭，枯草杆菌的芽孢和黑曲霉的孢子被强度为2J/cm^{2}的光脉冲杀灭。霉菌芽孢比细菌对光脉冲的抵抗力更强。

2. 焙烤制品

焙烤制品处于烤炉条件下，一般的微生物均不能生存（热稳定性的芽孢属孢子除外），但是在烤后，冷却、切片和包装过程中会有二次污染，使得产品在贮存过程中出现霉变现象，脉冲强光的处理可有效缓解此情况。对聚乙烯袋包装的面包切片进行试验，未经处理的样品在室温下存放5～7d就有霉菌生长，11d后霉变现象相当严重；而透过包装袋经脉冲强光处理过的样品室温下放置11d以上仍无霉变迹象。

3. 动物性食品

虾经4～8个、1～2J/cm^{2}的光脉冲处理后冷藏7d保持了食用品质，而没有处理的虾出现了广泛的微生物变质现象如变色和产生异味。虾接种李斯特菌，鸡接种沙门菌，两者经过光脉冲处理，初始菌数减少了1～3个数量级。

光脉冲可以增加肉的货架期和安全性。应用Pure－Bright装置进行处理，鸡翅的初始菌数减少了2～3数量级。光脉冲处理的牛肉肉尸和零售切块的初始菌数减少了2～3个数量级；真空包装的牛肉在2.5周的贮藏后，颜色、滋味和外观没有发生变化。经过光脉冲处理后，即使是表面极不规则的肉和肉制品总菌数都减少了1～3个数量级，明显地增加了货架期。美国肉类研究所认为光脉冲是包括乙酸喷雾、热水清洗在内的保藏无内脏肉尸的栅栏技术的组成部分。

4. 水果蔬菜

水果和蔬菜采收后用脉冲光杀菌处理，可以减少潜伏侵染的微生物数量，减少贮藏过程中的腐烂，保持果品和蔬菜良好的品质，延长果蔬的保鲜期和货架期。目前，马铃薯、香蕉、苹果、梨等果品和蔬菜用脉冲光杀菌处理后，已经获得了良好的保鲜效果。用光脉冲处理新鲜且完好无损的番茄，在冰箱存放30d后，番茄仍然完好，具有很好的食用品质，而未经脉冲光处理的番茄，在同样的条件下存放30d后，60%以上的已霉烂，食用品质明显下降。

5. 水

光脉冲可以有效地处理饮用水或食品工业用水。实验室模拟的脉冲光进行水处理，能高度钝化水中的陆生克氏杆菌、隐孢子藻卵囊以及其他微生物。隐孢子藻卵囊是水中最具抵抗力的致病菌，氯和传统的紫外线杀菌方法均不能将其杀灭，隐孢子藻卵囊对化学试剂和固定剂有抵抗作用。含隐孢子藻卵囊菌量达10^6～10^7个/mL的水，经流量

$1J/cm^2$的光脉冲闪照一次，水中隐孢子藻卵囊完全失活。

6. 其他应用

光的加热作用已经用于制造家庭烹饪工具。光波炉是2008年以后推出的家用烹调用炉。光波炉在炉腔上部设置了光波发射器和光波反射器，光波反射器可以使光波在最短时间内聚焦热能最大化。相比微波炉，光波炉具有加热速度快、加热均匀、能最大限度地保持食物的营养成分不损失，在烹饪食物时减少水分的丧失。

除了食品的杀菌以外，光脉冲还用于以下的产品和领域：

①化妆品的配料和成品。

②高度清洁的设备、产品、装置和区域。

③使用前的医疗和齿科设备。

④食品加工设备，以减少交叉污染的程度和可能性。

⑤处理或半处理的污水，以减少微生物载荷。

⑥空气或其他气体或气态化合物，以减少微生物载荷。

（四）光脉冲的商业化

美国FDA批准光脉冲作为一种新的表面冷杀菌技术用于食品杀菌。光脉冲杀菌的成本具有竞争性，PurePluse公司与Tetra Laval公司于1998年合作把Pure－Bright装置商业化，强度为$4J/cm^2$的光脉冲处理装置（包括自动化设备、灯的备用品、电和维修）的价格估计为0.1美分每平方英尺处理面积（1英尺＝0.3048m）。但是需要指出，PurePluse Technologies公司于2002年宣布终止运营，这为光脉冲处理技术的应用带来了一定的不确定性。

三、紫外辐照

人们很早就发现紫外光有杀菌作用，但近几十年才真正进行利用。随着对紫外光研究的不断深入，其应用范围逐渐扩大，在食品工业中的应用日渐增多，在对食品物料、加工环境的杀菌中，因紫外辐照有操作简单、污染小等优点而得到广泛应用。

（一）基本概念

紫外辐照（ultraviolet irradiation，UV）是利用紫外区域的电磁光谱杀菌消毒。典型的紫外辐照波长范围是100～400 nm。这一范围进一步分为UVA（315～400nm）、UVB（280～315nm）、UVC（200～280nm）、UVD（100～200nm）。UVC是有效杀灭细菌和病毒的消毒段，UVD是几乎可以被所有物质吸收的真空段。太阳辐射的紫外光通过地球大气层时，UVC完全被臭氧层吸收，UVB也有很大的衰减，UVA几乎不受影响，所以环境中的紫外线波长在290～400nm。工业中应用的紫外线由汞蒸气灯发出的，根据不同的要求有长波紫外灯、中波紫外灯和短波紫外灯。杀菌消毒使用短波紫外灯。紫外辐射强度以辐照度或辐射通量密度（W/m^2）来表示，而辐照剂量以辐射暴露（J/m^2）来表示，是辐射强度和暴露时间的函数。要达到杀菌的目的，UV辐照剂量在产品各部分至少要达到$400J/m^2$。其关键因素包括产品的透射率、反应器的几何构型、UV光源的功率、波长和物理形式、产品的流动形式和辐照路径的长度。

（二）紫外辐照对于微生物和酶的作用

1. 对于微生物的作用

UVC 对大多数微生物（包括细菌、病毒、原虫、丝状真菌、酵母和藻类等）都有杀灭作用。波长和杀菌效果的关系成峰形曲线，波长在 254 nm 时具有最佳杀菌效果，而在 320nm 时几乎没有杀菌作用。短波紫外灯波长大部分在 253.7nm。UVC 引起的细胞损伤可能针对特异的目标分子，0.5～20.0J / m^2 的剂量就会使 DNA 形成二聚体，直接改变 DNA 使其不能够解链、复制执行正常的生理功能，从而导致细胞的死亡。受紫外辐射的 DNA 的光化产品主要是环丁基型二聚体（嘧啶二聚体）、嘧啶加成物和 DNA－蛋白质交联物。嘌呤和嘧啶对光化学反应的敏感性不同，嘌呤碱基对光化学反应的抗性比嘧啶高 10 倍，因此，可以认为嘌呤的光化学反应在生物学上是不重要的。如果发生了显著的嘌呤损伤，则细胞已经因嘧啶损伤而失活了。紫外光对细菌芽孢也有明显的作用，因为芽孢缺乏对 DNA 起保护作用的小分子的酸溶性化合物，所以 DNA 更容易受损伤。利用紫外线对枯草芽孢杆菌进行诱变，通过实验紫外线处理 150s 时致死率几乎为 100%。

2. 对于酶的作用

关于紫外辐照对于酶的作用的报道不一致。Tran 和 Farid（2004）报道紫外剂量 73.8 mJ/cm^2 辐照鲜榨橘汁，货架期延长 5d，橘汁的色泽、pH 没有显著的变化。维生素 C在 100 mJ/cm^2 辐照剂量下降解 17%，与热处理相近。关系橘汁浑浊的主要因素的果胶甲酯酶降解在 5% 以内，而在 70℃、2s 的热处理下该酶的活性显著减少 70%。Guerrero－Beltrán 和 Barbosa－Cánovas（2006）使用单个低压紫外灯（LPML、25W、254nm）的连续系统，流速 0.073～0.450L/min，辐照芒果汁（pH3.8、13.0°Bx），杀灭酿酒酵母，灭活多酚氧化酶，在流速 0.45L/min 处理 30min 后剩余活性为 19%，而且在 30d 的贮藏期内保持稳定。

吴兴源（1998）使用紫外线辐照柑橘研究柑橘过氧化物酶活性等生理参量，结果表明：适当剂量的紫外辐照，可以降低柑橘的过氧化物酶活性，使柑橘电学频率特性等保持贮藏初期的特点，延缓柑橘内部结构和所含成分的变化，具有一定的保鲜效果。

（三）紫外辐照在食品加工中的应用

1. 表面杀菌

紫外辐照可以对包装饮料、乳制品和冷链食品的罐盖、杯和包装膜进行消毒，延长产品的货架期。紫外消毒的效果与被照射材料的表面状态有关。采用紫外线可杀灭表面光滑无灰尘的包装材料表面上的细菌。对于压凸铝箔的表面，其杀菌时间要比光滑平面的长 3 倍。采用紫外线杀菌时，也须考虑材料的特性，尤其是作为复合材料内层的材料。例如，氯乙烯、醋酸乙烯、聚偏二氯乙烯和低密度聚乙烯等塑料，受紫外线照射后会降低其热封强度（约 50%）。紫外线还可与干热、过氧化氢或乙醇等灭菌方法结合使用，以增强杀菌效力。紫外辐照可以对传送肉、鱼、水果、蔬菜等原料和产品的传送带消毒，德国 Heraeus 的蓝光紫外灯（Blue UV）可以杀灭 99.9% 附着在传送带上的微生物。德国 Heraeus 紫外灯的数据见表 1－5－13。

表 1-5-13　德国 Heraeus 紫外灯的数据

	蓝光紫外灯	银汞合金紫外灯	低压汞灯
灯长度/mm	365~865	250~1500	100~1500
20mm 距离的辐照强度/(mW/cm^2)	18~40	—	—
铝箔辐照时间/s	2	—	—
被辐照时间/s	6	—	—
灯窗温度/℃	30~50	—	—
环境温度/℃	—	90（最大值）	5~40
电源	230V、50/60Hz	50~300W	5~80W
UV 光谱波长/nm	254	185/254	185/254

2. 空气杀菌

在食品加工中处理易被微生物污染的物料时，需要对工作场所的空气进行处理，层流空气通过滤器除去 > 0.1μm 的粒子，然后用 UV 辐射杀灭残存的活的微生物。在果蔬的去皮操作中，若紫外处理过的空气逆流流过去皮单元时，显著提高产品的微生物学质量；也可以通过空气杀菌装置提高冷藏室中空气的微生物学质量。

3. 液体杀菌

用 UVC 处理是杀灭水中大部分微生物和减少环境污染的有效方法之一，已被用于饮用水、污水和游泳池水的消毒处理。UV 和臭氧联合使用有非常强的氧化作用，可将水中有机物含量降到极低的水平。由于 UVC 消毒不改变饮用水的色泽、味道和 pH，它是保证饮用水微生物学安全性的有效手段。对紫外杀菌有效性常用的评价标准是在 1min 内微生物减少 99.999%。UVC 辐射已经被用于对天然矿泉水的消毒，该方法不影响水中矿物质含量，也无异味产生。UV 消毒系统对原水进行杀菌处理。在酿造水处理中要求的剂量必须足够高，达到 300~600J/m^2，以保证在酿造工序早期就不存在任何污染问题，而 200~300J/m^2的剂量就可以满足饮用水处理的需求。

紫外辐照果汁也有若干报道。Alonzo A. Gabriel 等（2011）发现55℃处理的苹果清汁中大肠杆菌 O157:H7 对于紫外辐照的耐受性（D=0.50~2.76min）低于腐败型酵母（D=6.38~11.04min）。经紫外处理可以杀灭所有大肠杆菌。Charles M. A. P. Franz, Ingrid Specht 等（2009）发现在60W/m^2（254 nm）紫外辐照下可以有效杀灭浑浊型苹果汁中的大肠杆菌，但是不能完全杀灭酵母和乳酸菌。美国 Day-Fresh Foods 公司在其新鲜果汁和蔬菜汁的生产中使用紫外杀菌系统，可将产品的货架期延长 1 倍。在这个系统运行中要保证果汁以湍流而不是以层流的形式流过紫外光区域，保持温度在 5 ℃以下，并采用严格的 HACCP 程序。这种用较少加工工序的果汁保留了原来的维生素 A、维生素 B、维生素 C 和维生素 E，保持了果蔬汁原有的风味。美国 FDA 2000 年批准紫外辐照可以作为新鲜果汁热杀菌的一种替代技术。

紫外光辐照牛乳也有若干报道。Yu 等（1999）研究了紫外辐照时间、样品到紫外辐照光源的距离、加工的牛乳样品厚度等的影响，发现牛乳样品临界厚度显著地限制了紫外光的穿透性，在（0±37）℃的范围内，温度的变动对于紫外杀菌过程没有显著的影响。Smith（2002）报道了大罐牛乳的样品经紫外（248nm）剂量为12.6J/cm^{2}的辐照后，微生物没有生长。紫外辐照牛乳也有关于质量的负面报道，如辐照的牛乳发生氧化和水解引起的风味劣变，延迟凝乳酶凝乳的时间，酸度上升，产生轻微的蒸煮味。目前美国FDA没有批准紫外线可以用于辐照牛乳。

4. 固体食品的杀菌

在粉状物料的杀菌中也有用UV系统的报道。Oya等人发明了处理粉状物料如草药、香料的设备，物料由压缩空气传送并通过UV杀菌灯，然后在旋风分离器回收。

5. 紫外辐照在果蔬保鲜中的应用

UVC作为防腐剂的一种替代方法有很大的潜在市场。目前，将UV辐射用于果蔬保鲜的研究也比较多。例如，控制蔬菜（如萝卜）采后病害，用UVC对萝卜进行储藏前处理会导致植物抗毒素6-甲氧基蜂蜜曲毒素的积聚，这个变化增加了组织对霉菌的抵抗能力。用UVC处理新鲜草莓可延长货架期4~5d。除了紫外光可杀灭草莓表面微生物的原因外，研究还发现UV处理的果实的呼吸作用减低，可滴定酸度增高，从而使草莓的保鲜期延长。经处理的果实的硬度也比未处理的果实要高。将番茄用UVC处理后，发现其中细胞壁降解酶（聚半乳糖酶、果胶甲酯酶、纤维素酶、木聚糖酶和蛋白酶等）的活性明显低于对照组，故试验组的硬度明显要高于对照组，番茄的呼吸峰和产乙烯时间也推后7~9d。所以UV处理可减慢番茄的熟化和腐烂进程，从而达到保鲜的目的。

四、栅栏技术

延迟和抑制微生物的生长是食品保藏的基本目的，影响微生物生长的主要因素包括温度、水分活度、氧化还原电势、pH、可用的底物、有氧或缺氧、主要溶质的浓度、防腐剂等。综合应用这些影响因素可以避免过渡地依赖某一种因素而引起食品品质的不利变化。Leistner提出了“栅栏效应（hurdle effect）”的概念。hurdle原意是篱笆或围栏，栅栏效应说明无论传统和新食品都应用了若干种技术，使微生物难以逾越食品保藏的“围栏”。把各种抑制因素交联起来可以更加充分地抑制微生物的生长，提高食品的稳定性。

尽管在世界范围内广泛地应用食品保藏技术，但微生物引起的食品腐败和污染依然是严重的问题。目前，消费者要求食品不过分加工，没有或少加食品添加剂，天然和新鲜，食品加工者需要选择强度适宜的加工技术、栅栏技术才能够满足这些要求。目前，食品保藏有50余种抑制微生物的方法。最少加工食品（minimally processed food）的商业需求推动食品科学家在食品体系原有的抑制因素的基础上引入新的控制微生物的变量，例如高压技术、电脉冲、振荡磁场、光脉冲、辐射、化学和生物化学方法等。因此，需要深入研究非热的保藏技术的机理及其与传统保藏技术相结合的途径，特别是代表着食品保藏方向的栅栏技术。

热处理是最广泛应用的杀菌微生物和钝化酶的方法，但是热改变了食品感官品质，破坏了某些营养成分。因此，非热加工技术引起了食品加工者的巨大兴趣。

前已述及，电脉冲可以引起细胞膜的破坏，造成其生理的不稳定性。电脉冲结合其他因素如温度、pH、离子强度、抑制剂，可以有效地用于食品保藏。Vega - Mercado 等检验了电脉冲、pH、离子强度在 10 ~ 15℃ 杀灭大肠杆菌时的协同作用，电场强度和离子强度与细胞的穿孔和细胞膜物理损坏关系最大。pH 与穿孔引起渗透压不平衡产生的原生质变化相关。Liu 等利用具有抑菌作用的有机酸与电脉冲相结合杀灭大肠杆菌 O157 : H7，发现苯甲酸和山梨酸比乙酸的作用更加显著，增加电场强度和脉冲数目提高了杀菌效果。结合热、溶菌酶和高强度的电脉冲可以对食品发挥等同于高温灭菌的作用。

高压技术具有与传统热杀菌截然不同的技术优势。然而，许多报告也指出高压技术如果不辅以其他促进因素，就难以用于低酸食品的巴氏杀菌和商业灭菌。高压与热、抑菌剂、超声波、离子辐射等方法相结合能够提高杀菌的速率。高压可以降低其他方法处理食品的强度，高压与 pH、热、二氧化碳、有机酸和抑菌剂（如乳酸链球菌素）结合能够明显地提高杀菌作用。Popper 等发现高压分别与乙酸、苯甲酸、山梨酸、亚硫酸盐、某些多酚化合物和甲壳素等结合使用，可以降低压力和温度并缩短时间。Robert 等评价了 400MPa 高压结合热、酸和乳酸链球菌素杀灭凝结芽孢杆菌芽孢的作用，被高压与热和酸的综合亚致死作用破坏的凝结芽孢杆菌芽孢对乳酸链球菌素更加敏感，应用栅栏技术可以防止芽孢在酸性食品中发芽。Hauben 等研究了高压和高压与溶菌酶、乳酸链球菌素、EDTA 结合对于大肠杆菌的致死和亚致死作用，发现 180 ~ 320MPa 的处理破坏了细胞的外膜，引起原生质渗出，增加了大肠杆菌对乳酸链球菌素、溶菌酶和 EDTA 的敏感性。这表明亚致死性破坏作用与其他方法结合可以有效地用于食品保藏。

Crawfrod 等利用高压与热和辐射结合杀灭鸡胸中的梭状芽孢杆菌。结果表明高压与热和辐射结合的先后顺序对于杀菌效果没有明显的影响，而结合杀菌的效果与单辐射杀菌存在显著差异，结合法更加有效。应用 6kGy 剂量的辐射，继以 690MPa、80℃、20min 的高压处理可以杀灭全部芽孢。低剂量辐射和高压相结合比单独使用一种方法更加有效地杀灭梭状芽孢杆菌。

Palou 利用高压和山梨酸钾结合，在低 pH 和低水分活度的条件下，提高了杀灭轮虫霉的效果。初始菌数为 10^5cfu/mL，水分活度为 0.98，345MPa 以上的高压和应用山梨酸钾的情况下 2min 可以完全杀灭微生物。没有山梨酸钾，高压处理需要 517MPa、4min 才能达到同样的杀菌效果。

压 - 热 - 声法（mano - thermo - sonication）表示低压（0.3MPa）、适度热处理和超声波的结合。Lopez 等应用压 - 热 - 声法处理过氧化物酶、脂氧化酶、酚氧化酶，发现减少了酶的抵抗力和原来所需的热加工的强度。该方法有可能解决牛乳、果汁中出现的热稳定性酶的问题。

近年来，高压高温工艺（high pressure high temperature，HPHT）研究引起了广泛关注。最近，美国 NCFST（National center for food safety and technolgy）成功开发了 PATS（pressure - assisted thermal sterilization）工艺，该工艺与传统高温杀菌工艺相比，大幅缩短杀菌时间，提高了低酸性食品品质。因此，HPHT 技术在低酸性食品的应用会不断增加。

对于大多数可能采用的栅栏技术，首先需要识别增加微生物对于主要的杀菌技术敏感性的方法，或者识别能造成微生物处于亚致死状态的处理方法。由于食品组分对微生物具有不同的保护作用，因此，必须为具体的食品选择适宜的栅栏技术。

非热杀菌过程显示了作为食品保藏栅栏技术的组成部分的潜力。食品保藏过程还需要深入探索非热过程在保藏体系中发挥作用的途径，需要进一步开发以保证非热保藏体系在商业运作中获得成功。

【思考题】

1. 简述各种处理技术的基本原理和各种处理装置的基本构成。
2. 简述各种处理技术对于微生物、酶和食品品质的作用。
3. 举例说明各种物理技术对于食品保藏和加工的适用性和局限性。
4. 举例说明各种处理技术与常规物理、化学和生物技术的结合。

参考文献

[1] 赵晋府．食品技术原理．北京：中国轻工业出版社，2002

[2] 高福成，郑建仙．食品工程高新技术．北京：中国轻工业出版社，2011

[3] 高福成．现代食品工程高新技术．北京：中国轻工业出版社，1997

[4] Gustavo V Barbosa – Canovas; Maria Soledad Tapia; Maria Pilar Cano, Novel food processing technologies, CRC Press, 2004

[5] C J Doona, Case studies in novel food processing technologies, Woodhead Publishing Limited, 2010

[6] Da – Wen Sun, Emerging Technologies for Food Processing, Elsevier Academic Press, 2005

[7] FDA, Kinetics of Microbial Inactivation for Alternative Food Processing Technologies, 2009

[8] 李汴生，阮征．非热杀菌技术与应用．北京：化学工业出版社，2004

[9] Helmar Schubert, Marc Regier, The microwave processing of foods, Woodhead Publishing Limited, Abington Hall, Abington, 2005

[10] Hao Feng, Gustavo V. , Barbosa – Cánovas, Jochen Weiss, Ultrasound Technologies for Food and Bioprocessing, Springer, 2011

[11] Tatiana Koutchma, Larry J. Forney and Carmen J. Moraru. Ultraviolet light in food technology: principles and applications, Taylor & Francis Group, LLC, 2009

第二篇
化学技术对于食品的处理

第一章　食品的盐制和糖制

【学习指导】

本章要求掌握食品盐制和糖制基本原理，理解扩散和渗透的过程，掌握食品腌制的方法，重点认识果蔬和肉类在腌制过程中发生的变化。

第一节　食品盐制和糖制的基本原理

用盐或盐溶液对肉或蔬菜等食品原料进行处理称为盐制；而用糖或糖溶液对水果等原料进行处理称为糖制。食品的盐制和糖制可统称为腌渍。食品腌渍的目的大致有四个方面：增加风味，稳定颜色，改善结构，有利保存。

一、腌渍的基本原理

(一) 溶液及溶解度

溶液是由溶质和溶剂组成的。盐或糖溶入水后就成为溶液，盐或糖为溶质，水为溶剂。

盐水溶液的浓度通常用密度计来测定。过去用波美密度计浸入溶液中所测得的度数来表示溶液浓度，用°Bé（Baumé 的缩写）表示。溶液的波美度与相对密度间常有一定的关系，测得波美度后就可从有关表册中查得相应的相对密度，也可用下式进行换算（对比水重的液体）：

$$相对密度 = 144.3/(144.3 - °Bé)$$

糖水浓度可用量糖计测定，在欧洲也使用波林糖度计。白利（Brix）糖度计也可用于糖溶液浓度测定。密度计、白利糖度计和波美计的读数具有相应的换算关系。其换算数据可参阅相关书籍，如中国轻工业出版社出版的《饮料工艺学》的附录表。

溶解度是在一定温度和压力下，物质在一定量溶剂中溶解的最大量。固体或液体溶质的溶解度常用100g 溶剂中所溶解的溶质质量（g）表示。物质的溶解度除与溶剂的性质有关外，还与温度、压力等条件有关。各温度下食盐的溶解度见表2-1-1。蔗糖在水中的溶解度见表2-1-2。

表 2-1-1　各温度下食盐（NaCl）的溶解度

温度/℃	盐液浓度/%	100g 水中 NaCl 溶解量/g	温度/℃	盐液浓度/%	100g 水中 NaCl 溶解量/g
0	26.31	35.7	60	27.12	37.3
10	26.36	35.8	70	27.43	37.8
20	26.47	36.0	80	27.75	38.4
30	26.63	36.3	90	28.06	39.0
40	26.79	36.6	100	28.47	39.8
50	27.01	37.0			

表 2-1-2　蔗糖在水中的溶解度

温度/℃	糖液浓度/%	100g 水中溶糖量/g	温度/℃	糖液浓度/%	100g 水中溶糖量/g
0	64.18	179.2	55	73.20	273.1
5	64.87	184.7	60	74.18	287.3
10	65.58	190.5	65	75.88	315.0
15	66.33	197.0	70	76.22	320.4
20	67.09	203.9	75	77.27	339.9
25	67.89	211.4	80	78.36	362.1
30	68.80	219.5	85	79.46	386.9
35	69.55	228.4	90	80.61	415.7
40	70.42	238.1	95	81.77	448.5
45	71.32	248.7	100	82.97	487.2
50	72.25	260.4			

为了达到腌制效果，鱼肉在腌制时一般使用饱和盐溶液。但随着温度的升高（或降低），大多数固体和液体的溶解度增大（或减小）。因此，在高温时处于饱和状态的溶液冷却后就会有多余的溶质从溶液中晶析出来，应引起注意。

溶解热是指 1mol 物质溶解于溶剂中发生的热量变化（热效应）。可以是正值（放热），也可以是负值（吸热）。溶解热与温度、压力以及溶剂的种类和用量都有关系。表 2-1-3 是腌制液中常用的一些盐的溶解热。

表 2-1-3　食盐及其所含各种盐类的溶解热　单位：kJ/mol

食盐	溶解热	食盐	溶解热
NaCl	-21.00	$MgCl_2$	+150.29
KCl	-14.18	$CaCl_2$	+72.84
K_2SO_4	-26.69		

注："-"号表示吸热，"+"号表示放热。

（二）扩散及扩散系数

由于微粒（分子、原子）的热运动而产生的物质迁移现象称为扩散。可由一种或多种物质在气、液或固相的同一相内或不同相间进行。主要由于浓度差，也可由于温度差和湍流运动等产生扩散现象。微粒从浓度较大的区域向较小的区域迁移，直到一相内各部分的浓度达到一致或两相间的浓度达到平衡为止。

物质在扩散时，通过单位面积的扩散量与浓度的梯度（即单位距离浓度的变化 $\mathrm{d}c/\mathrm{d}x$）成正比。因此，扩散方程式如下：

$$\mathrm{d}Q = -DA\frac{\mathrm{d}c}{\mathrm{d}x}\mathrm{d}t$$

式中 Q——物质扩散量；

$\frac{\mathrm{d}c}{\mathrm{d}x}$——浓度梯度（$c$—浓度，$x$—距离）；

A——面积；

t——扩散时间；

D——扩散系数。

负号表示距离 x 增加时，浓度 c 减少。扩散系数是表示物质扩散能力的物理量。可以理解为沿扩散方向，在单位时间内，物质的浓度降为 1 单位时，通过单位面积的传递量。扩散系数的确实数值应该用实验方法求得。一般来讲，扩散系数与温度关系较大，而与压强和浓度的关系较小。在缺少扩散系数试验数据的情况下，可按下列关系式推算：

$$D = \frac{RT}{6N_{\mathrm{A}}\pi d\eta}$$

式中 D——扩散系数，$\mathrm{m^2/s}$；

R——气体常数［$8.314\mathrm{J/(K \cdot mol)}$］；

T——绝对温度，K；

N_{A}——阿伏伽德罗常数（6.02×10^{23}），1/mol；

η——介质黏度，Pa·s；

d——溶质微粒（球形）直径（应比溶剂分子大，并且只适用于球形分子），m。

从上式看出，扩散系数随温度升高而增大。温度升高，分子运动加速，溶剂黏度则减小，以致溶质分子易在溶剂分子间通过，扩散速度也就增加。扩散系数与溶质的分子大小有关。溶质分子大，扩散系数小。例如，不同糖类在糖液中的扩散速度比较如下：葡萄糖 > 蔗糖 > 饴糖中的糊精（5.21∶3.80∶1.00）。从该式还可知，黏度的增加会降低扩散系数，也就会降低物质的扩散量。

（三）渗透及渗透压

渗透是指当溶液与纯溶剂（或两种浓度不同的溶液）在半透膜隔开的情况下，溶剂（或较稀溶液中的溶剂）通过半透膜向溶液（或较浓溶液）扩散的现象。半渗透膜是只允许溶剂或一些物质通过，而不允许另一些物质通过的膜，细胞膜就是一种半渗透膜。从热力学观点来看，渗透现象与生物的成长过程和生命活动有着密切的关系。例如，土壤中的水分带着溶解的盐类进入植物的支根，食物中的营养物质从血液中输入动物的细胞组织中等，都要通过渗透来进行，这些现象在死亡细胞内也可以进行。活细胞明显的特征是具有较高的电阻，因而离子进出细胞不那么容易，而在死亡的细胞中电解质比较容易进入，而且随着细胞死亡程度的进展，细胞膜的渗透性也会增加。将动、植物细胞浸入含盐或糖溶液中，细胞内蛋白质不会外渗，因为半渗透膜不允许分子很大的物质外渗。透析就是运用这个原理来提取蛋白质和酶的。

渗透压是引起溶液发生渗透的压强，在数值上等于在原溶液液面上施加恰好能阻止溶剂进入溶液的机械压强，也就是等于渗透作用停止时半透膜两边溶液（或一侧为溶剂）上的压力差。溶液越浓，溶液的渗透压强越大。

Van't Hoff 认为理想气体的性质和溶液的渗透压相似。

$$pV = nRT\frac{m}{M_r}RT$$

式中 p——渗透压，Pa；

V——溶液的容积，m^3；

T——绝对温度，K；

M_r——溶质的相对分子质量；

m——溶质质量，g；

R——气体常数（8.314），J/（mol·K）。

该式对高浓度糖溶液不适用，这和理想气体方程式不适用于高压（1.01325×10^5Pa 压力以上）、低温（0℃以下）下气体状态一样，此时难以得出正确的结果。

为便于计算渗透压，上式可以变换为：

$$p = \frac{m}{M_r}\cdot\frac{1}{V}\cdot R\cdot T = c_m\cdot R\cdot T\cdot 1000$$

式中 p——渗透压，Pa；

c_m——溶质浓度，mol/L；

T——热力学温度，K；

R——气体常数，8.314J/（mol·K）。

此式是食品盐制、糖制、烟熏等的工艺原理的基础。

由于食糖的相对分子质量要比食盐的相对分子质量大，所以，要达到相同的渗透压，糖制时需要的溶液浓度就要比盐制时高得多。不同的糖或不同的盐所建立的渗透压也不相同。如果溶液浓度相同而所用的糖或盐不同，则产生的渗透压也各不相同。

在动植物食品原料腌渍过程中，在各种溶质所组成的溶液与细胞内部原有溶液之间，通过渗透和扩散达到溶液均匀化，从而改变食品的结构和贮存性。在讨论食品腌渍对保藏的作用时，就不得不研究腌渍以及腌渍液对微生物生存的影响。

二、腌渍对微生物的影响

（一）渗透压对微生物的影响

微生物细胞的细胞质膜紧贴在细胞壁上，是具有选择性的半渗透性膜，营养物质的吸收与废物的排除都靠此膜来完成。微生物在吸取和利用营养物质过程中，没有特殊的吸收营养构造，通常是靠菌体表面的扩散、渗透、吸附等作用来完成。这种半渗透性膜，不但能吸收营养物质而且还能调节细胞内外渗透压的平衡。微生物细胞膜的渗透性与微生物的种类、菌龄、内容物、温度、pH、表面张力等因素有关。微生物在不同的渗透压溶液中，可以发生不同的现象。

微生物在等渗透压的溶液中，即溶液中的渗透压与微生物细胞内的渗透压相等，对微生物来讲是最适宜的环境（渗透压），即溶液中所含的营养物质的浓度最合适。各种微生物都有最适宜的渗透压，一般非海洋、非盐湖的微生物细胞置于0.85%～0.9% NaCl溶液中，这种浓度的盐水溶液对微生物细胞来说是等渗的，其渗透压与微生物细胞内的渗透压是一致的。这时，微生物的代谢活动保持正常，微生物细胞也保持原形，不发生变化。

如果将微生物置于低渗透压溶液中，即微生物细胞内的渗透压高于细胞外的渗透压，水分就从低浓度溶液向高浓度溶液转移，使细胞质吸水，起先出现细胞质紧贴在细胞壁上，呈膨胀状态，如果继续吸水造成内压过大，可导致细胞破裂、细胞死亡。虽然这种现象在食品保藏中并未得到应用，但在其他技术领域已利用细胞的这个特点进行物质提取和加工。

将微生物置于高渗透压的溶液中，即溶液中的渗透压大于微生物细胞内的渗透压，外界的水分不再往细胞内渗透，而细胞内的水分渗透到细胞外，微生物细胞会发生质壁分离，即细胞质收缩、容积减少而与细胞壁分离。细胞壁不与细胞质同时收缩的原因是由于细胞壁较坚硬不易收缩，或是由于细胞壁能使溶质透过的缘故。应当注意的是，许多革兰阴性菌容易发生质壁分离，而革兰阳性菌就难于发生。质壁分离的结果，微生物停止生长活动，甚至死亡。食品腌渍就是利用这种原理进行保藏和加工食品的。如用盐、糖和香辛料腌渍时，在浓度达到高渗溶液时（如在肉、鱼、黄瓜、卷心菜、干酪中加盐）就可以抑制微生物的生长活动，并赋予食品以独特的风味和结构。这种渗透压溶液简称为高渗溶液。在高渗透压下微生物的稳定性还决定于它们的种类、细胞质中的成分、细胞质膜的通透性。此外，如果溶质极易通过细胞质膜，使细胞内外的渗透压很快平衡，就不会发生质壁分离现象，微生物可以照样生长。

（二）腌渍与微生物的耐受性

各种微生物均具有耐受不同盐浓度的能力。一般来说，盐液浓度在0.9%左右时，微生物的生长活动不会受到影响。当浓度为1%～3%时，大多数微生物就会受到暂时性抑制。不过有些微生物，它们能在2%左右甚至以上的盐浓度中生长，这一类的微生物就称为耐盐微生物。多数杆菌在超过10%的盐浓度时即不能生长，而有些耐盐性差的，在低于10%盐浓度时，即已停止生长。例如，大肠杆菌、沙门菌、肉毒杆菌等在6%～8%的盐浓度时已处于抑制状态。一般抑制球菌生长的盐浓度在15%，霉菌在20%～25%的盐浓度中才受到抑制。当盐液的浓度达到20%～25%时，差不多所有微生物都停止生长，因而一般认为这样的浓度基本上已能达到阻止微生物生长的目的。由食盐等而导致的高渗透压是可以解释腌渍防腐原理的。此外，不同浓度的含盐溶液所对应的水分活度对微生物的抑制作用也是另一个原因。但是，需要注意的是，虽然在一定的高盐浓度中多数微生物受到抑制，但并不见得死亡，或多或少可以生存一段时间，而且，如再次遇到适宜环境有些仍能恢复生长。

在腌制食品时所用的食盐中，有时有嗜盐菌存在。另外，有些耐盐菌不论在高浓度或低浓度盐液中都能生长。细菌中的耐盐菌有：小球菌（*Micrococcus*）、海洋细菌（*Halobacterium*）、假单胞菌（*Pseudomonas*）、黄杆菌（*Flavobaterium*）和八联球菌（*Sarcina*）。球菌的抗盐性一般较杆菌强。非病原菌抗盐性通常比病原菌强。

各种微生物对不同浓度的糖溶液有不同的耐受性。食糖对微生物的作用主要是可以降低介质的水分活度，减少微生物生长、繁殖所能利用的水分，并借渗透压导致细胞质壁分离，抑制微生物的生长活动。

糖溶液的浓度对微生物生长有不同的影响。1% ~10%糖液浓度会促进某些菌类的生长；50%糖液浓度就会阻止大多数酵母的生长。通常糖液浓度几乎要达到65% ~85%，才能抑制细菌和霉菌的生长。

相同浓度的糖溶液和盐溶液，由于所产生的渗透压不同，因此对微生物的作用也不同。例如，蔗糖大约需比食盐大六倍的浓度，才能达到与食盐相同的抑制微生物的效果。

由于糖的种类不同，它们对微生物的作用也不一样。例如，35% ~40%葡萄糖或50% ~60%蔗糖可抑制能引起食物中毒的金黄色葡萄球菌生长，这种细菌如在40% ~50%葡萄糖或在60% ~70%的蔗糖中就会死亡。同浓度下，葡萄糖和果糖对微生物的抑制作用比蔗糖和乳糖大。显然，相对分子质量越小的糖液，含有分子数越多，渗透压就越大，因此对微生物的作用也越大。

在高浓度的糖液中，霉菌和酵母的生存能力较细菌强。蜂蜜常因有耐糖酵母存在而变质。因此用糖渍保藏加工的食品，主要是防止霉菌和酵母。当然，在高浓度糖液中也会有一些解糖细菌的存在。

第二节　食品盐制

一、食品盐制方法

食品盐制是以食盐（NaCl）为主，根据不同食品添加其他盐类，如亚硝酸钠、硝酸钾、多聚磷酸盐，对食品进行的处理。通常食品盐制也称腌制。

有许多食品可以进行盐制，如肉、鱼、干酪、黄油、蛋类、黄瓜、卷心菜，一方面抑制微生物的生长，另一方面可以使制品具有独特的风味、色泽和结构，这往往与食品发酵联系在一起。在一定的腌制条件下，有害的微生物被抑制，而有利的微生物仍能生长。

干腌和湿腌是基本的腌制方法。对于肉类腌制，现在比较多的是采用肌肉注射。也有动脉注射腌制，但仅适用于生产带骨火腿类产品。

（一）湿腌法

湿腌法即用盐水对食品进行腌制的方法。盐腌溶液的配制一般是将腌制剂预先溶解，必要时煮沸杀菌，冷却后使用，然后将食品浸没在腌制液中，通过扩散和渗透作用，使食品组织内的盐浓度与腌制液浓度相同。此法主要用于腌制肉类、鱼类、蔬菜和蛋类，有时也用于腌制水果。此外，为了增加干酪的风味和抑制腐败微生物的生长，将成型压榨后的干酪浸泡在一定浓度的盐水中。

腌肉用的盐液内，除了食盐外，还有亚硝酸盐或硝酸盐，有时也加糖和抗坏血酸，主要起调节风味和助发色作用。根据不同产品的要求，选择不同浓度和成分的腌制液。腌鱼时常用饱和盐溶液腌制。

肉类湿腌时，食盐等腌制剂可向肉组织内渗入，肉中一些可溶性物质也会向腌制液里扩散。盐往肉里扩散，使得肌原纤维膨胀，但是这种膨胀会受到完整的肌纤维膜的限制。在肉的腌制时，肌浆中的低分子质量的成分促进亚硝酸盐与肌红蛋白反应产生一氧化氮肌红蛋白，这是一种能使肉具有特殊的腌肉颜色的色素。还原态的谷胱甘肽就具有这种促进作用，ATP、IMP和核糖也有助于这个过程。腌肉所用的盐中的某些元素促进脂类物质的氧化。金属螯合剂（如聚磷酸盐、抗坏血酸）却能有效地阻止这个氧化反应。

传统的肉制品在湿腌时，常有水分、营养物质及风味物质转移到腌制液中，从而改变了腌制剂的浓度及成分比例。为此，可往老卤水中加盐，调整好浓度后再用于腌制鲜肉，以保持传统产品特有的质量。随着卤水越来越陈，特殊微生物可能会生长。成长的微生物种类和数量取决于许多因素，进而产生新的动态平衡。传统肉制品的湿腌要求因微生物而带来的一系列重要变化保持基本平衡状态。但是达到这一要求比较困难，这不仅需要十分熟练的操作技巧，而且还要满足现代社会对传统食品的要求，如低氯化钠含量、延长在常温下保存期等，这是现代化生产传统中式肉制品需要解决的问题。

蔬菜的腌制在我国各地有许多著名产品，也有着悠久的历史，如涪陵榨菜、扬州酱菜、天津冬菜等。蔬菜腌制时盐液浓度一般为5%～15%。湿腌时装在容器内的蔬菜总是用加压法压紧，因此，为了保证盐水能均匀地渗透，有时进行翻缸倒池。缺氧是生产乳酸发酵型腌制菜的必要条件。常见的乳酸菌一般能忍受10%～18%的盐液浓度，而蔬菜腌制中出现的许多腐败菌不能在2.5%以上的盐溶液中生存。蔬菜在高浓度盐液中腌制后，由于味道过咸，盐胚还需脱盐处理再进行后一步加工。

除了肉类腌制外，其他制品进行湿腌时，食品中的水分也会向外渗出，从而使得腌制液的浓度下降。因此，对于需要较长时间腌制的产品，一般要添加腌制剂，主要是食盐，以保持一定的盐溶液浓度。

腌制的时间和温度因具体产品而异。

（二）肌肉注射腌制法

肌肉注射法可用于各种肉块制品的腌制，无论是带骨的还是不带骨的，自然形状的还是分割下的肉块。此法使用针头注射，有单针的，也有多针的。针头上除有针眼外，尚在侧面有多个孔，以便腌制液四射，如图2－1－1所示。盐水的注射量和注射压力可调。

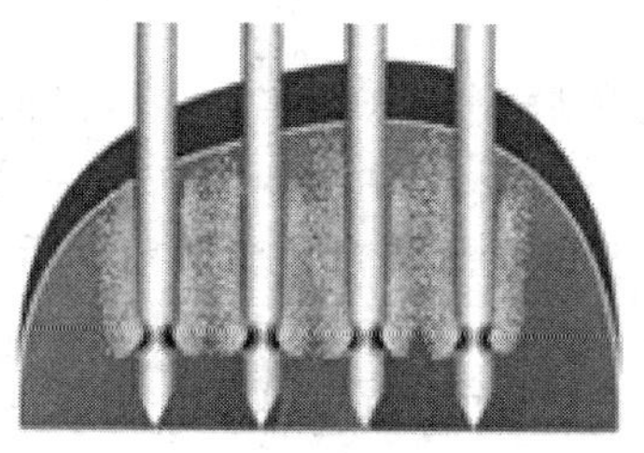

(1) 低压注射

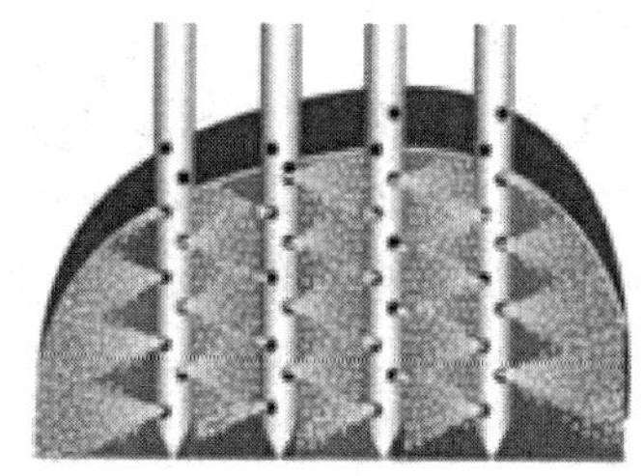

(2) 高压注射

图 2－1－1　肌肉注射针的形状及注射

多针头注射机呈长方体形，有几十个，甚至几百个针头同时注射，注射密度大，便于腌制液极快地分布，并由传送装置送料和出料，操作十分便利，现为国内外厂家普遍采用。

单针头注射器，一般为手工操作，适合于小批量生产和特殊产品使用，如生产完整形状带骨的火腿。

由于注射的盐液一般会过多地聚集在注射部位的四周，因此，需要较长时间的腌制，或者采用机械的方法加速腌制液快速均匀地分散到肉块的每一部分，这样的设备主要是滚揉机和按摩机。此外，注射后的嫩化不但有利于结构，也有利于注射液的均匀分布。

（三）干腌法

该法是将食盐或其他腌制剂，干擦在制品表面，然后层层堆叠在容器内，先由食盐的吸水在制品表面形成高渗透压的溶液，使得制品中的游离水分和部分组织成分外渗，在加压或不加压的条件下，在容器内逐步形成腌制液，称为卤水。反过来，卤水中的腌制剂又进一步向食品组织内扩展和渗透，最终均匀地分布于食品内。虽然腌制过程缓慢，但腌制剂与食品中的成分以及各成分之间有充分的时间结合和反应，因而，干腌产品一般风味浓烈，颜色美观，结构紧密，贮藏期长。我国许多传统腌制肉品均由此法制作。这类产品往往有固定的消费群体。

干腌时食盐用量差别很大，一般因产品特点、品质和腌制温度而异。在腌肉时，通常要加入硝酸盐或亚硝酸盐。

因食盐溶解吸收热量，因此可降低制品的温度。表 2－1－4 所示为干腌法腌制小鳗鱼时鱼体温度随腌制时间而逐渐下降的情况。

表 2－1－4　小鳗鱼干腌时温度的变化

测温时间/min	鱼体温度/℃	测温时间/min	鱼体温度/℃
0	24	180	21
15	24	240	20.5
60	22	300	20.5

注：空气温度 30℃，食盐温度 26℃。

干腌法对于传统火腿、培根等制品效果良好。

(四) 动脉注射法

此法是将腌制液经动脉血管输送到肉中去的腌制方法。实际上腌制液是通过动脉和静脉向肉中各处分布，因此，此法的确切名称应为脉管注射。但是，一般屠宰及分割肉加工时并不考虑原来脉管系统的分布，故此法只能用于腌制完整的前、后腿肉。

将单针头注射器的针头插入前、后腿上的股动脉的切口内，然后将腌制液用注射泵压入肉中，使其增重，一般在10%左右。在肉多的部位可再补注射几针。有时还将已注射的肉再浸入腌制液中进行腌制，以缩短腌制时间，并尽可能的腌制均匀。

由于磷酸盐能提高肉的持水性，因此，肉类注射腌制法经常使用食品级的多聚磷酸盐。

除上述的几种腌制方法外，还有一些其他腌制方法。如高温腌制法是将腌制液加热至50℃左右进行腌制的方法，此法腌制速度快，缺点是一旦管理不善会造成制品的腐败变质。

在肉加工中，也经常使用混合腌制法。有时是干腌与湿腌相结合，有时是肌肉注射与干腌相结合。混合腌制可以避免单一方法的缺点，达到既快又好的腌制效果。

二、腌制过程中的变化

腌制品的成熟是指制品在腌制过程中所发生的一系列化学、物理及生物化学的变化过程。只有经过成熟的制品，才具有独特的风味、结构和营养价值。

(一) 腌肉制品的发色

如前所述，食品腌制的目的之一是为了稳定颜色，对肉制品腌制来讲，也称发色。

1. 肉中的色素物质

肉的颜色主要是由肌红蛋白或血红蛋白及其衍生物组成的。肌红蛋白或血红蛋白在动物体内发挥着类似的作用。血红蛋白存在于血液内，起着向组织传递氧气的作用，而肌红蛋白存在于肌肉组织内，为贮存氧气的物质，因此，它的亲氧力比血红蛋白强。

动物屠宰放血后，放出体内的大部分血红蛋白，但由于血管中，特别是毛细血管中残留血液，使得肉的颜色并非完全由肌红蛋白决定。在放血完全的肌肉组织中，肌红蛋白大约占到呈红色色素物质的90%以上。肌肉中肌红蛋白的含量因种类、年龄、性别和活动量而异。肉中还含有其他一些色素，如黄素（flavin）和维生素B_{12}。

肌红蛋白是由一条多肽链组成的球蛋白，相对分子质量为16 000～17 000。现已查明，这条多肽链由153个氨基酸组成。肌红蛋白属于结合蛋白质，蛋白质部分称为珠蛋白，含有铁的非蛋白质部分称为血红素。血红素则由铁原子和卟啉组成。在卟啉环内，四个吡咯中的氮将一个铁原子键合在中间。从分子结构看血红素卟啉环存在于珠蛋白一个疏水的空间内，并与一个组氨酸残基结合在一起。血红素中央的铁原子拥有六个配位位置，其中四个被卟啉环中的氮原子占据，第五个被珠蛋白上的组氨酸键合，第六个位置可与其他配位体提供的电负性原子结合，如图2-1-2所示。

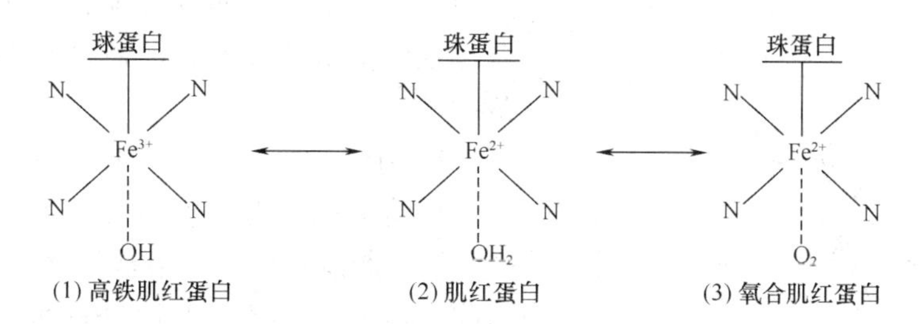

图2－1－2 肌红蛋白及其衍生物的化学结构示意图

肉的颜色由肌红蛋白或血红蛋白的化学性质、氧化状态、与血红素结合的配位体类型和球蛋白的状态决定。血红素中的铁有两种形式：还原态亚铁（2＋）或氧化态（正）铁（3＋）。血红素中的铁原子的氧化状态可与肌红蛋白的氧合区别开来。当分子氧键合到肌红蛋白上时，产生氧合肌红蛋白（MbO_2）。当肌红蛋白氧化时，铁原子转变为正铁（3＋）态，就产生了高铁肌红蛋白（MMb）。当血红素中的铁是2＋价，且在第六个位置上无配位体时，就是肌红蛋白（Mb）。由于肉中含有肌红蛋白（Mb，也称脱氧肌红蛋白），所以呈现紫红色。当氧占据第六个位置时，就产生了氧合肌红蛋白，其颜色就是人们常见的亮红色。无论紫色的肌红蛋白还是红色的氧合肌红蛋白都能氧化，使铁原子由亚铁变成正铁。如果这个变化是由自动氧化造成的，会形成令人不愉快的褐红色的高铁肌红蛋白，此时的高铁肌红蛋白不能与氧结合。鲜肉中颜色的变化，由各种条件，如氧气、光线和Mb、MMb和MbO_2的比率决定。在这几种形式之间相互转换是可能的。

肉所处环境中氧气分压与每种血红素色素之间存在一定的关系。氧分压高有利于氧合反应，形成亮红色的氧合肌红蛋白，反之，低氧分压则有利于形成肌红蛋白和高铁肌红蛋白。为了促进氧合肌红蛋白的形成，可使肉的包装环境处于高氧分压状态。

动物屠宰后，有氧呼吸作用停止，但无氧发酵和呼吸酶仍能活动，以使肌肉组织得以保持还原状态。高铁肌红蛋白的形成是血红素氧化的结果（$Fe^{2+} \rightarrow Fe^{3+}$）。如果将包装袋中的氧全部抽走，那么，高铁肌红蛋白的比率就会大大减少。肌肉的表面以及肉中氧的分压处于不断变化之中，也就有不同色素形成比率的变化。因此，暴露在空气中的鲜肉表面因有氧合肌红蛋白存在而呈亮红色。在肉的深处，肌红蛋白处于还原状态，显现紫红色。只要肉内有还原物质存在，肌红蛋白就可以一直处于还原状态。如果还原物质完全消失，则出现呈褐色的高铁肌红蛋白。若有硫化氢（H_2S）存在，则会产生绿色的硫肌红蛋白。

如前所述，氧合肌红蛋白是肌红蛋白和氧构成的亚铁血红素色素，它在波长535～545nm和575～585nm处的吸收光谱呈现两个吸收高峰，呈亮红色。如果没有能构成共价键的强力电子对提供者存在，那么，在溶液中肌红蛋白将和水构成离子键。555nm绿色光谱称为它吸收的漫散光带，故呈紫色。高铁肌红蛋白在光谱中吸收高峰处在505nm，并在627nm处出现小高峰，呈褐色。图2－1－3所示为肌红蛋白、氧合肌红蛋白和高铁肌红蛋白的吸收光谱，横坐标为波长，纵坐标为吸光系数。虽然这三种形

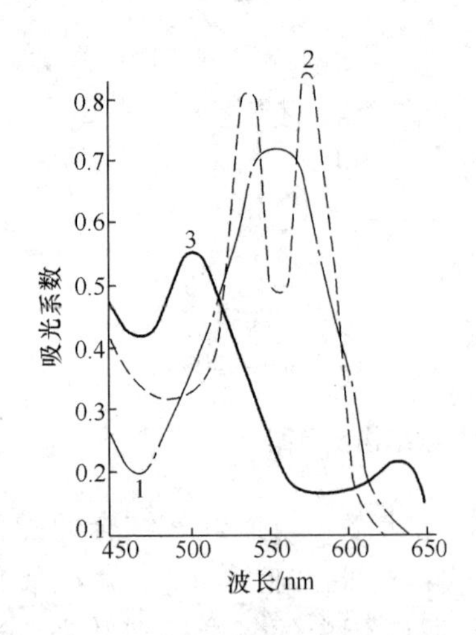

图2-1-3　肌红蛋白、氧合肌红蛋白和高铁肌红蛋白的吸收光谱

1—肌红蛋白　2—氧合肌红蛋白
3—高铁肌红蛋白

式的肌红蛋白可以相互转换，但由高铁肌红蛋白转变成其他两种形式的肌红蛋白需要更多的条件。

2. 肉色素的形成及变化

亚硝酸盐或硝酸盐是肉类腌制常用的添加剂。在腌制过程中，硝酸盐被还原成亚硝酸盐，因此，实际起作用的是亚硝酸盐。

在腌制肉的环境中存在着许多可以还原硝酸盐的微生物，这些微生物主要来自于土壤与水中。亚硝酸盐在一定条件下可以进一步还原成一氧化氮（NO），一氧化氮可以与肌红蛋白反应产生一氧化氮肌红蛋白，一氧化氮肌红蛋白在受热力作用后可生成稳定的粉红色素——亚硝基血色原。

肉的发色过程可以用下面一系列反应式表示：

$$\text{硝酸盐}\xrightarrow{\text{硝酸盐还原菌}}\text{亚硝酸盐}$$

$$\text{亚硝酸盐}\xrightarrow{\text{适宜条件}}\text{NO(一氧化氮)}+H_2O$$

$$\text{NO}+\text{Mb}\xrightarrow{\text{适宜条件}}\text{NOMMb(一氧化氮高铁肌红蛋白)}$$

$$\text{NOMMb}\xrightarrow{\text{适宜条件}}\text{NOMb（一氧化氮肌红蛋白）}$$

$$\text{NOMb}+\text{热}+\text{烟熏}\rightarrow\text{NO-血色原（一氧化氮血色原，稳定的粉红色）}$$

虽然该反应的第三步尚未有确实的证据，但是有迹象表明最初一氧化氮是与氧化的色素，即高铁肌红蛋白和高铁血红蛋白反应，这可以从实际的香肠加工中得到证实。在加入腌制剂后，肉的颜色变为褐色，加热后呈现粉红色。在这种情况下，肌红蛋白先被氧化成高铁肌红蛋白，但在形成一氧化氮肌红蛋白之前，又先还原成肌红蛋白。不管反应途径如何，最终生成了粉红色的腌肉色素。在加工过程中，还可能存在其他的产生粉红色色素的途径，其中可能不产生一氧化氮高铁肌红蛋白。肉中残留的血红蛋白也会以同样的反应途径生成稳定的粉红色。笔者用一氧化氮与血红蛋白反应，合成出一氧化氮血红蛋白色素，反应的时间为4min左右，用β-环状糊精等包埋后，经扫描电镜观察，效果很好，色素粉粒径平均为10.07μm。

在肉的腌制及加工中，肌红蛋白或血红蛋白产生腌肉色素的各种反应过程是复杂的，所产生的颜色，有些是理想的，有些并不理想。

许多因素会影响到肉中色素的稳定性，这些因素之间的相互反应及其性质，又会对这些问题的解决带来困难。光线、温度、相对湿度、pH、特殊的微生物以及肉本身的成分都会影响到肉的颜色及其稳定。

在缺氧的条件下，肌红蛋白的一氧化氮化合物比较稳定。然而，在有氧情况下，这些色素对光敏感。

有些反应可导致肌红蛋白变绿。过氧化氢与不论是二价铁还是三价铁形式的血红素反应，都会导致生成胆珠蛋白（绿色色素）。硫化氢和氧能产生硫肌红蛋白，也是绿色的。肉中过氧化氢和硫化氢的产生是细菌生长的结果，是腐败肉的象征。

一氧化氮与肌红蛋白反应产生的亚硝基肌红蛋白，只有热加工后才比较稳定。加热色素使珠蛋白变性，但仍旧是粉红色。一般来讲，高铁肌红蛋白被还原为肌红蛋白后才能与一氧化氮反应。不过，亚硝酸盐能直接与高铁肌红蛋白作用。在过量亚硝酸盐存在下，会形成亚硝肌红蛋白（nitrimyoglobin，NMb），在还原条件下加热，NMb 可转变成亚硝氯高铁血红素，这是绿色色素。这一系列的反应称为“亚硝酸盐烧”。这个现象在腌制品（如发酵香肠和腌渍猪爪）中经常发现，即出现绿变。烟熏肋肉中也可发现此现象。

某些化学反应（如脂类氧化）会增加色素氧化的速度。添加某些可以抑制脂肪氧化的物质，如抗坏血酸、维生素 E、BHA 或 PG 能提高肉中色素的稳定性。已有报道，鲜肉色泽与宰前氧供应量和高铁肌红蛋白还原酶的活性有关。

通过气调的方法可提高肉的颜色的稳定性。用调气包装（MAP）可较好解决血红素氧化问题，该技术需要使用低气体透过率的包装膜。在装袋后密封前，要将袋中的空气抽出，并充入有利贮藏的气体。通过对袋中气体成分及比率的调节达到稳定色泽的目的。鲜肉贮藏在无氧的条件下（100% CO_2）颜色很稳定。当然，在使用调气包装的同时，也会产生一些其他的化学、生物化学和微生物学方面的变化。

（二）腌制过程中的其他变化

硝酸盐和亚硝酸盐对腌肉制品的风味有很大影响。它们的还原性导致了肉中会产生一系列相应的变化，并防止或延缓了肉中脂肪的氧化。在含有牛肉浸出物、Fe^{2+}、Fe^{2+} – EDTA 的添加亚硝酸盐模拟系统中，氧化的速度明显降低。添加 50mg/kg 以上的亚硝酸盐的猪肉，在贮藏时，其陈腐味（rancid off – flavors）的形成显著降低。亚硝酸钠能抑制肉毒梭状芽孢杆菌的生长和毒素产生。伍德（Woods）等人发现在添加 200mg/kg 的亚硝酸钠和 pH6.0 的条件下，可以抑制无色杆菌、产气气杆菌、大肠杆菌、黄杆菌、小球菌和极毛杆菌等的生长。

在腌制过程中，蛋白质的变化是明显的，并产生氨基酸、胺和其他成分。在腌制时，肌肉组织中的一部分可溶性物质溶到盐水中，如肌球蛋白、肌动球蛋白等，这些营养物质成为微生物生长的物质基础，同时也是成熟腌制品风味的来源。有人曾利用一种芳香细菌的生长活动促使咸鱼获得一般条件下难以形成的香味和滋味，这表明微生物生长活动在腌制品成熟过程中的重要作用。因此，为了保证产生腌制品的独特风味，就要控制盐液成分和所处环境，以保证特殊的适宜的微生物的生长。

脂肪含量对成熟腌制品的风味和感官均有影响。多脂鱼腌制后的风味胜过少脂鱼。有人认为脂肪在弱碱性条件下将分解成甘油和脂肪酸，而后者将与硝酸盐或亚硝酸盐还原生产的碱类化合物化合和皂化，其结果将减少肉制品的油腻感。少量甘油还可使腌制品润泽，略带甜味。腌制咸猪腿肉面上的脂肪增加了腌肉特有的风味。

第三节　食品糖制

一、食品糖制方法

食品糖制是以糖（一般为蔗糖）为主，通常是配制成糖溶液，对食品原料进行处理，称为食品糖制或糖渍。糖制的目的是为了保藏、增加风味和增加新的食品品种。与食品腌制一样，糖制食品耐藏的原理也是利用渗透压的增加和水分活性的降低，可以抑制微生物的繁殖。人们在日常生活中常见的果酱、果脯、蜜饯、凉果、甜炼乳、栗羊羹等诸多食品所以有良好的贮藏性，原因在于其中含有大量的糖，所以又称糖制食品。

为了便于糖渍和造型，通常要将糖制食品的原料进行整形、去皮（一般为碱液去皮，见表2－1－5）、去核、划纹等。

表2－1－5　几种果品和蔬菜的碱液去皮条件

种类	氢氧化钠溶液浓度/%	液温/℃	浸碱时间/s
桃	2.0～6.0	90以上	30～60
李	2.0～8.0	90以上	60～120
橘囊	0.8	60～75	15～30
杏	2.0～6.0	90以上	30～60
胡萝卜	4.0	90以上	65～120
马铃薯	10～11	90以上	120左右

用于糖制的原料还要经过漂洗、热烫与硬化处理后才进行糖制（渍）。糖渍的方法有两种，一种方法是像腌菜一样，在容器中，一层糖一层原料，这有利于加工原料的保存，以便分期分批进行加工；另一种方法是将原料浸在配好的糖液中进行糖渍。有时为了加快糖渍过程，也采用糖煮方式进行糖渍。真空渗糖工艺，除果脯、蜜饯采用外，酱腌菜加工也采用。果蔬在抽空液中处于负压状态，组织中的空气为了维持气相平衡而外逸，恢复常压后，糖液借助外部的大气压力很快进入原料内原先被空气占据的空间，并通过细胞膜，进入细胞内，从而完成糖渍过程。同时，由于原料中的空气被糖液所替代，不但使果实透明光泽，而且还可减轻氧化和褐变的程度。糖渍后制品经干燥处理即为成品。

二、糖与食品保藏

在糖制时，由于高渗透压下的质壁分离作用使微生物的生长受到抑制，甚至死亡。糖的种类和浓度决定了其所抑制的微生物的种类和数量。糖液浓度1%～10%，一般不会对微生物起抑制作用。50%糖液浓度会阻止大多数酵母的生长，65%的糖液一般可抑制细菌，而80%的糖液才可抑制霉菌。虽然蔗糖液为60%时，可抑制许多腐败微生物的生长，然而，自然界却存在许多耐糖的微生物。蜂蜜的腐败往往是耐糖酵母菌所为。

不同糖类发挥抑菌作用所需的浓度不同。例如，抑制食品中的葡萄球菌所需要的葡萄糖浓度为40%～50%，而蔗糖为60%～70%。

相同质量的糖，其抑菌效果也不一样。葡萄糖和果糖比蔗糖或乳糖有效。糖类之所以具有抑菌作用，是由于糖对微生物细胞的质壁分离作用，而质壁分离的效果又取决于溶液中粒子的数量。葡萄糖和果糖的相对分子质量为180，而蔗糖和乳糖为342，那么，单位质量下，前者比后者的分子数量就多。一般来讲，糖的抑菌能力随分子质量增加而降低。

40%葡萄糖溶液要比40%蔗糖溶液抑制苹果、葡萄柚等水果中的酵母的作用强。相同浓度下的葡萄糖溶液要比蔗糖溶液抑制啤酒酵母和黑曲霉的作用强。

葡萄糖溶液在100℃加热15min，冷却后使用，其抑制酵母的能力比未加热糖溶液强。但是，热处理糖溶液对霉菌，特别是对黑曲霉菌的作用不明显。

尽管糖在食品加工、营养和防腐方面有重要作用，但糖本身也含有一些微生物，处理不当，会对食品质量产生不利影响。

在高浓度糖（液）中，有时存在解糖菌，对糖的耐受性极强，许多霉菌和一些酵母菌的耐糖能力比细菌还要强。

糖用甜菜、甘蔗和槭树汁是制糖的主要原料。槭树汁价值高，通常不用于生产普通食糖。原糖中往往含有多种微生物。精制的直接食用的糖虽然除去了一些微生物，但还存在耐糖菌。

某些食品的腐败正是这些存在于糖中的残留细菌造成的，当糖液浓度为20%～30%时尤为如此。在高浓度糖液的食品中，明串珠菌属更易生长。

砂糖中的微生物含量低，每克只有几百个微生物。但由于加工糖的方式，决定了污染的细菌基本上都是芽孢菌，主要有肠膜状明串珠菌（*Leuconostoc mesenteroide*）、戊糖明串珠菌（*L. dextranicum*）和蕈芽孢杆菌（*Bacillus mycoides*）等。常见霉菌有曲霉（*Aspergillus*）、芽枝霉（*Clados porium*）、青霉菌（*Penicillium*）和念珠霉（*Monilia*）。常见的酵母菌有：裂殖酵母（*Schizosaccharomyces*）、接合酵母（*Zygosaccharomyces*）和无孢子酵母（*Asporogenes*）。在糖浆的腐败菌中常见有酪酸梭状芽孢杆菌（*Clostridium butyricum*）和无孢子酵母（*Asporogenous yeasts*）等。因此，糖水和糖浆均需充分加热，杀灭糖中的微生物。

【思考题】

1. 腌制速度有哪些影响因素？
2. 糖制和盐制保藏原理是什么？
3. 腌制对食品品质有何正面和负面影响？如何控制负面影响？
4. 肉类和果蔬有哪些腌制方法？
5. 肉类腌制过程中色泽发生什么变化？

参考文献

[1] 赵晋府．食品技术原理．北京：中国轻工业出版社，2007

[2] 曾庆孝．食品加工与保藏原理．北京：中国轻工业出版社，2002

[3] 曾名涌．食品保藏原理与技术．北京：中国轻工业出版社，2004

[4] Peter Zeuthen，Leif Bùgh – Sùrensen，Food preservation techniques，NewYork：CRC Press，2002

第二章　食品的烟熏

【学习指导】

掌握熏烟的组成、烟熏保藏食品的机理和烟熏对于食品品质的作用，了解烟熏成分对于食品安全的影响，掌握烟熏食品的方法。

第一节　烟熏的作用及科学

一、烟熏的作用

烟熏的主要作用是使产品形成特有的烟熏风味，赋予产品诱人食欲的色泽，提高产品的防腐性能，降低产品中脂类氧化的程度。

对食品进行烟熏，主要用于肉制品、鱼制品和豆制品，如熏香肠、熏火腿、熏鱼、熏豆腐干等。烟熏的原本目的可能是先人们为了肉、鱼及豆制品的保存而采用的一种手段，而且一直沿用至今。但是，现代烟熏的主要目的发生了变化，即以增加风味和色泽为主，贮藏已不是主要目的，这是食品保藏技术不断发展的结果。

烟熏虽然有上述几个方面的作用，如果想同时做得很好是较困难的。例如，强调烟熏对保藏的作用，就需要过度烟熏，这会使食品变黑、发干，影响食欲；如果需要恰到好处的外观，则还要考虑别的方法和措施来延长食品的货架期。

对于经过腌制的肉而言，在烟熏呈色目的中，不但使它的外表带有烟熏色，还有助于发色，即有助于形成稳定的粉红色的腌肉色泽——亚硝基亚铁血色原。

在烟熏食品的表面产生的红褐色，美拉德反应是一个原因。尽管美拉德反应的确切机理不甚明了，但包含着蛋白质或其他含氮化合物的游离氨基与糖或其他碳水化合物中的羰基的反应。由于羰基是木材烟雾中的主要成分，因此，它们是肉制品烟熏时褐变的主要因素。

烟熏能使产品呈现棕褐色的另一个原因是烟雾本身的色泽。不同的材料以及燃烧时的状态将会产生不同的颜色。

肉食品烟熏时脂肪受热融化外渗，常能增加产品诱人的色泽。烟熏可以抑制食品上的微生物的生长，起到延长食品货架期的作用。烟雾中的许多成分，如乙酸、甲酸、甲醛、丙酮、苯酚等都具有不同程度的抑菌防腐作用。熏烟中的某些成分具有抗氧化能力，特别是酚类化合物。短链的简单化合物可能是最重要的产生烟熏风味的物质。

二、烟熏的科学

（一）烟熏成分及作用

从木材烟雾中已经分离出了300多种化合物，这并不意味着这些成分都能在某一种烟熏食品中检测出来。因为烟雾中成分的种类、性质以及能否吸附在食品上与许多因素有关，如燃烧温度、熏房的结构、木材的种类等。而且就对食品风味和保藏所起的作用而言烟雾中的许多成分都微乎其微。

1. 酚类物质

在木材熏烟里所发现的化学成分中，最重要的包括：酚、有机酸、醇、羰基化合物、烃和一些气体，如二氧化碳、一氧化碳、氧气、氮气、氧化二氮（N_2O）。这些化合物直接关系到食品的风味、货架期和营养价值。

大约有20种酚从熏烟中分离出来。酚具有抗氧化性、防腐性并且是熏烟味道的主要来源，其中有：邻甲氧基苯酚、4－甲基愈创木酚、4－乙基愈创木酚、丁香酚。熏烟中单一酚对食品的重要性还没有确实的结论，但有许多研究认为多种酚的作用要比单一种酚重要。酚对于肉制品的抗氧化作用最为明显。高沸点酚的抗氧化性要强于低沸点酚的抗氧化性。在肉类烟熏时，通常是熏烧（即发闷烟），恰是这种闷烟所产生的抗氧化效果好。木材烟雾中的微粒相（particle phase）不如气相的抗氧化强。

烟熏肉制品具有独特的熏烟风味和颜色。熏烟色部分是烟雾气相中的羰基与肉的表面氨基反应的产物。酚对熏烟色的形成也有影响。前已述及，美拉德反应和类似的化学反应是形成熏烟色的原因。熏烟色的深浅与烟雾浓度、温度和制品表面的水分含量等有关。因此，在肉制品烟熏时，适当的干燥有利于形成良好的熏烟色。

烟熏制品的烟熏风味主要是由于烟雾蒸气相中的酚化合物。愈创木酚、4－甲基愈创木酚和2，6－二甲氧基酚对滋味起主要作用，而气味则主要来源于丁香酚、香草酸令人愉快的甜味。形成烟熏风味的是各种物质的混合，而非单一成分能够产生。

肉制品经过烟熏对细菌有抑制作用。这实际上是加热、干燥和烟雾中的化学物质共同作用的结果。当熏烟中的一些成分附着在肉的表面时，如乙酸、甲醛、杂酚油，就能防止微生物生长。酚具有强的抑菌能力，因此，酚系数可作为表示各种杀菌剂相当于酚的有效性的标准参数。高沸点酚的抗菌能力更强。由于熏烟成分吸附在产品表面，因此，只在外表面有抑菌作用。酚向制品内扩散深度和浓度有时被用来表示熏烟渗透的程度。此外，由于各种酚对肉制品的颜色和风味所起的作用不一样，总酚量不能完全代表各种酚所起作用的总和，用测定烟熏肉制品的总酚量来评价烟熏肉制品风味的办法也就不能与感官评价结果相吻合。

2. 醇类物质

在木材的熏烟中有许多种醇，其中最常见的，也是最简单的是甲醇。尽管在熏烟中也有一级、二级和三级醇，但它们常以其氧化形式——酸存在。

熏烟中醇的主要作用是挥发性物质的载体。醇对制品的滋味和气味影响不大，但有

一定的抑菌能力。对食品烟熏来讲，醇可能是熏烟中最不重要的成分。

3. 有机酸

熏烟中存在1～10个碳的有机酸。通常1～4个碳的酸存在于熏烟的蒸汽相中，而5～10个碳的酸存在于熏烟的微粒相中。因此，在蒸汽相中的酸为甲酸、乙酸、丙酸、丁酸和异丁酸；而戊酸、异戊酸、己酸、庚酸、辛酸和壬酸存在于微粒相中。

有机酸对烟熏食品的风味几乎没有影响，只有在表面积累到呈现较高酸度时才表现出来微弱的防腐作用。

实验证明，酸对肉制品表面蛋白质的凝结起重要的作用，表面蛋白质的凝结对于生产无皮法兰克福香肠十分重要，有利于肠衣的剥除。加热也有助于蛋白质凝结，挥发性的或可蒸汽蒸馏出的酸也促进蛋白质凝结。由于在肉制品的外表形成了较致密、结实、有弹性的凝结蛋白质层，不论是蒸还是煮，均可有效地防止制品开裂。此外，采用将肉制品浸没在酸溶液中或将酸液喷在制品表面，也能起到一定的效果。

4. 羰基化合物

熏烟中有大量的羰基化合物，与有机酸类似，不但在蒸汽蒸馏部分有，而且在熏烟的微粒相中也存在。现已鉴别出的羰基化合物有20几种：2－戊酮、戊醛、2－丁酮、丁醛、丙酮、丙醛、巴豆醛（丁烯醛）、乙醛、异戊醛、丙烯醛、异丁醛、联乙酰、3－甲基－2－丁酮、α－甲基－戊醛、顺式－2－甲基－2－丁烯－1－醛、3－己酮、2－己酮、5－甲基－糠醛、糠醛、甲基乙二醛等。

虽然，大部分羰基化合物存在于非蒸汽蒸馏组分内，但是蒸汽蒸馏组分内的羰基化合物在烟熏制品的气味和由羰基化合物形成的色泽方面起重要作用。短链的简单的化合物对制品的色泽、滋味和气味最重要。

熏烟中的许多羰基化合物可从众多烟熏食品中分离出来。尽管食品中的某些羰基化合物关系到烟熏滋味和气味，但是，熏烟中高的羰基化合物浓度是赋予食品烟熏味的重要原因。不论机理如何，烟熏制品的烟熏味和色泽主要来自于熏烟中的蒸汽蒸馏部分的成分。

5. 烃类化合物

从烟熏食品中分离出许多多环烃类化合物，这包括：苯并（a）蒽、二苯并（a，h）蒽、苯并（a）芘、苯并（e）芘以及4－甲基芘。动物试验证明，这当中至少有两种化合物，苯并（a）芘和二苯并（a，h）蒽是致癌物质。喜食熏鱼制品的波罗的海渔民和冰岛人患癌症的比率比其他地区的人高可能是其佐证。

苯并（a）芘和二苯并（a，h）蒽在大多数食品中的含量相当低，但在烟熏鳟鱼中的含量较高（2.1mg/1000g湿重），在烟熏羊肉中量也较高（1.3mg/1000g湿重）。在其他熏鱼中，苯并（a）芘的含量较低，如在鳕鱼和红鱼中各为0.5mg/1000g和0.3mg/1000g。

幸运的是，这些多环烃对烟熏肉制品的防腐和感官品质无关紧要，并且这些化合物存在于熏烟的微粒相中，可以除去，因此可以制备不含有害烃类的烟熏剂。几种液熏剂里已没有苯并（a）芘和二苯并（a，h）蒽。现在无致癌物的液熏剂已广泛应用于肉制品的生产。

6. 气体

熏烟中气体的作用还不十分清楚，大多数气体对烟熏无关紧要。CO_2和CO容易吸附在鲜肉表面，形成羧基肌红蛋白、一氧化碳肌红蛋白，呈现亮红色泽。但尚未发现烟熏肉时是否也能发生这些反应。氧能与肌红蛋白反应形成氧合肌红蛋白或高铁肌红蛋白，同样，也还没有证据说明，这些反应在烟熏食品时能否发生。

气相中最有意义的可能是一氧化二氮，它与烟熏食品中亚硝胺（一种致癌物）和亚硝酸盐的形成有关。一氧化二氮直接与食品中的二级胺反应可以生成亚硝胺，也可以通过先形成亚硝酸盐进而再与二级胺反应间接地生成亚硝胺。如果肉的pH处于酸性范围，则有碍一氧化二氮与二级胺反应形成*N*-亚硝胺。

（二）烟熏时的加热及对营养价值的影响

烟熏的同时常伴以加热。事实上，在肉制品加工中，加热蒸煮有时比烟熏还重要，这个过程可以在烟熏炉内进行。肉制品加热蒸煮的目的是杀死或减少制品中存在的微生物和寄生虫，提高产品的保存性；使制品产生特有的香气和滋味；稳定亚硝酸盐腌制后的色泽；使肉中的成分（如蛋白质、淀粉、胶类）发生凝固和黏结，产生具有商品价值的口感和外观。

控制好蒸煮和烟熏的条件可以提高出品率。加热终温取决于不同的产品，一般以制品的中心温度为准。大多数加工者把温度控制在72℃以上。

烟熏和加热不但对微生物有杀灭作用，对感官等也有影响，但同时也对食品的营养成分产生影响。

酚和多酚能与蛋白质的硫氢基反应，而烟雾中的羰基则与氨基结合。这两种反应都会由于氨基酸的减少，特别是赖氨酸，使蛋白质的营养价值降低。

烟熏可破坏硫胺素，但对烟酸和核黄素没有什么影响。烟熏的抗氧化作用有助于稳定脂溶性维生素，也会防止肉制品表面脂肪的氧化。如此看来，烟熏对制品的营养价值也有有利的方面。

（三）熏烟的生产

木材中含有40%～60%纤维素、20%～30%半纤维素和20%～30%的木素。在木材或木屑热分解时，从其外表面到中心存在着温度梯度。外表面氧化时，内里进行的是氧化前的脱水。在脱水过程中，温度稍高于100℃。一氧化碳、二氧化碳和一些挥发性的短链的有机酸（如乙酸），在脱水或蒸馏过程中释放出来。当木屑中心的水分接近零时，温度快速上升到300～400℃。在此温度范围内，产生热分解，发烟开始。实际上，在200～260℃，内部有熏烟产生。在197～257℃时气体产生，挥发性的酸也快速增加。在258～307℃，焦木液和一些焦油产生。当温度达到370℃以上时，木素分解，产生酚及其衍生物。

在正常的烟熏条件下，烟熏的温度为100～400℃或再高一些。从中可分离出300种以上的化合物。由于烟熏时氧的参与，烟熏的产物变得复杂。当严格控制空气时，产生的烟是黑色的并且含有相当多的羧酸，这种烟不适于熏制。因此，烟熏炉的设计要能做到有适量的空气参与燃烧。

虽然燃烧和氧化同时发生，但还是能做到分离并研究发烟条件对烟雾数量和质量的影响。随着氧气的不断增加，酸和酚的数量也在增加，当氧的供应达到大约完全氧化需要量的 8 倍时，这些生成物达到最大值。木素的分解和酚的产生在温度 307℃ 以上时最多，而较大量的酸则是在较低温度下产生的。因此，当温度上升到 300℃ 以上时，酸对酚的比率减少。也就是说，300℃ 以下温度产生的熏烟成分与 300℃ 以上产生的熏烟成分有明显的不同。在有利于酚产生的温度下，也有利于将它们氧化成其他物质，其中有些对产品的风味不利。

在 345 ~ 400℃ 下生产的熏烟和氧化温度在 197 ~ 246℃ 下所产生的熏烟质量最好。在实际烟熏作业时，不可能分开氧化和燃烧过程，因为，熏烟的产生是个放热过程。但是，可以设计一种能较好控制熏烟产生的烟熏装置。例如木屑流化装置，这种装置可较精确地控制燃烧温度和氧化速度。

在 400℃ 下有利于产生最大量的酚，但是在此温度下，也有利于苯并（a）芘和其他多环烃的形成。为了减少致癌物的产生，可以将燃烧温度控制在 345℃ 以下。

（四）熏烟的性质

气态的熏烟一经产生，就会立即分成蒸汽相和微粒相。蒸汽相中还有较多的挥发成分，主要关系到制品的滋味和气味。通过微粒相的静电沉积实验，证明肉制品中 95% 的烟熏成分来自于蒸汽相。而且，用沉积的方法去除微粒相也能减少大量的不希望有的焦油和多环烃。

熏烟一旦产生，大量的反应也就开始。醛和酚缩合形成树脂，它占到熏烟成分的 50%，是形成烟熏色的主要物质。聚酚也由缩合产生，在烟雾中会发生许多反应和聚合。很明显，缩合后产生的化合物的性质不同于原来的烟熏成分。这些变化会影响到烟熏工艺制品的接受性、吸收性以及通过肠衣的能力。

（五）熏烟的沉积

熏烟在制品上沉积的量和速度取决于这些因素：熏烟的密度、熏房（或烟熏炉）内的相对湿度、烟熏炉内的空气流速、制品的比表面积、熏制时间、制品表面的湿度、制品的种类和数量。

熏烟密度与沉积速度的关系显而易见，烟雾越密熏烟沉积量越大。一般来讲，熏房内空气的流速快，制品与熏烟接触的量就大，但是过快的空气流速，熏烟的密度就小且不易在制品表面沉积。可以说，密度与空气流速的作用互为相反。实践中要摸索工艺参数，使得在一定的空气流速下既能保证熏烟与制品有良好的接触，又不至于熏烟的密度过低。一般采用 7.5 ~ 15.0m/min 的空气流速。

相对湿度是影响熏烟效果的重要因素，它不仅影响沉积的速度而且关系到熏烟沉积后的效果。高湿有利于熏烟沉积，但不利于呈色。制品表面的水分多寡影响熏烟成分吸附，一般来讲较湿的表面有利于熏烟沉积，而干燥的表面延长沉积时间。

（六）熏烟材料

熏烟是指植物性材料缓慢地燃烧或不完全氧化所产生的蒸汽、气体、液体和微粒固体的混合物。较低的燃烧温度和适当的空气供应是缓慢燃烧的必要条件。

烟熏食品可采用多种材料来发烟，但最好选择树脂含量少、烟味好，而且防腐物质含量多的作为烟熏材料。各种燃料的成分差别很大，因而熏烟成分的变化也很大。树脂含量多的烟熏材料易产生黑烟，使制品发黑，而且由于含有很多萜烯类成分，烟熏味也不好。乙醛和苯酚等防腐性物质含量少的材料一般也不适合烟熏。

如前所述，木材由纤维素、半纤维素和木素组成。当加热时，纤维素先分解成葡萄糖，然后再脱水形成1，6-葡糖苷，再进一步加热分解生成乙酸、酚、水和丙酮。半纤维素由戊聚糖组成，热解后生成呋喃、糠醛和酸。戊聚糖产生的酸要比纤维素或木素产生的多，而且戊聚糖最不耐热，烟熏时首先分解。酚类化合物是木质素热分解的主要产物。木素热分解时，形成甲醇、丙酮、各种有机酸、大量的酚和大量的非蒸汽挥发性成分。在高温，特别是在缺氧条件下，木素和纤维素可产生多环烃类。

烟熏所使用的材料，多为木柴、锯末、木屑，种类较多，因地区而异。我国多使用果木，如苹果木。欧美国家主要使用山核桃木。日本常用樱花树，也使用其他材料。不同的烟熏材料，可使制品表面呈现不同的色泽，如用山毛榉，肉呈金黄色，而用赤杨、栎树，肉呈深黄色或棕色。烟熏材料也可以使用稻壳、玉米秆等非木材材料以及软质木材。

工业生产一般采用间接发烟或烟熏，大多使用木屑，因为木屑使用方便并能产生大量熏烟。木屑经过洒水使其回潮，并利用湿度控制燃烧和熏烟浓度。

第二节　烟熏的方法及装置

烟熏的方法原本很简单。烟熏可能是从游牧人发现肉悬挂在燃烧的火焰上能获得诱人的风味和保存长久而开始的。随着社会的发展和科学技术的进步，由手工作坊式的烟熏室一直发展到现今的自动化烟熏炉，这中间经历了几千年的历史。但是不管烟熏的方法和设施如何变化，烟熏的基本方式和效果没有变，那就是要让熏烟中的成分与制品（如肉制品、鱼制品、豆制品）接触，而这种接触以产生最佳烟熏效果和不含有害成分为目的。

烟熏方法很多，总的来讲可分为两大类，即按烟熏方式分类和按熏室温度分类。

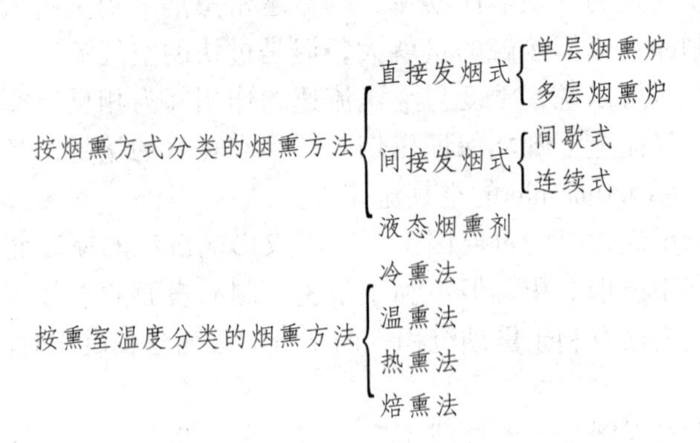

在本节将重点阐述按烟熏方式分类的几种烟熏方法的特点和相关设备的基本结构。按熏室温度分类的烟熏方法可参考《食品工艺学》（第二版）（赵晋府主编，中国轻工业出版社出版）。

一、直接发烟式烟熏

直接发烟式是最简单的烟熏方法。在烟熏房内燃着烟熏材料使其产生烟雾，借助自然空气循环，让熏烟与制品接触并吸收在肉制品上，因此，这种直接发烟式也称直火或自然空气循环式。氧气（空气）供应量是用开启炉门（或风门）进行调节的。此烟熏炉发烟材料既可以是木柴，也可以是木屑，有时还可以加上蔗糖，以增加烟熏的风味和色泽。在熏房内还可加装加热装置，如电炉盘、远红外线电加热管，以及蒸汽管、洒水器等，以便完成与烟熏相配套的干燥、加热、蒸熟、烤制等功能。图2－2－1为简单烟熏炉示意图。

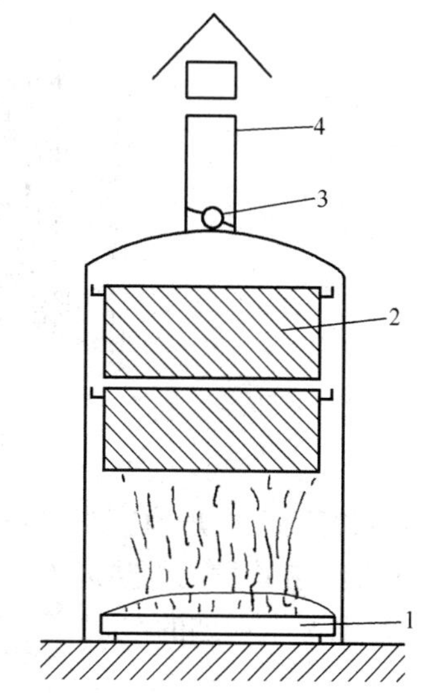

图2－2－1　简单烟熏炉示意图
1—熏烟发生器　2—食品挂架
3—调节阀　4—烟囱

直接发烟式可分为单层操作式和多层操作式两种，前者适合小批量生产，后者的产量可较大。多层操作式烟熏炉可以设计成一个长通道状，即烟熏室为好几层，从最下面一层发烟，需要重熏的制品（如培根等）放在最下层，靠近烟源；需要淡熏的制品（如法兰克福香肠等）放在上层。这种烟熏设备，烟雾利用率好，一次可熏制好几种制品。塔式烟熏炉的烟熏室整体细而高，呈塔状，用提升机将制品吊挂在适当位置进行烟熏。

直接发烟式存在一些问题。如室内温度分布不均匀，烟雾的循环利用差，熏烟中的有害成分不能去除，制品的卫生条件不良，产品的烟熏质量在很大程度上取决于操作人员的技术水平，因此只在小规模生产时应用。不过，对此类烟熏炉略加改造，如安装温度表、湿度计等，也能控制烟熏的效果，提高烟熏的效率。

二、间接发烟式烟熏

目前国内外使用最多的是间接发烟式烟熏室（炉），如图2－2－2所示。这种装置的烟雾发生器放在炉外，通过管道将烟送入烟熏炉。因为送入烟熏室的烟是通过机械来完成的，因此也称为强制通风式烟熏炉。使用间接烟熏式烟熏炉不仅能控制整个烟熏过程的工艺参数（采用电器或集成电路、电脑控制），而且能控制蒸煮和干燥程度。这种专用的烟熏房可以解决前述的直接发烟式烟熏的缺点，即温度、烟雾分布不均，原材料利用率低及操作方法复杂等问题。此外，这种烟熏炉还能调节相对湿度。

间接发烟式烟熏室（炉）的结构有多种，一般可分为间歇式和连续式，其中间歇式又可分为阿特摩斯式和盖尔摩斯式等。无论哪种方式，这类烟熏炉的结构基本相同，一般都有一个空腔，将烟熏笼或台车推入室内烟熏。

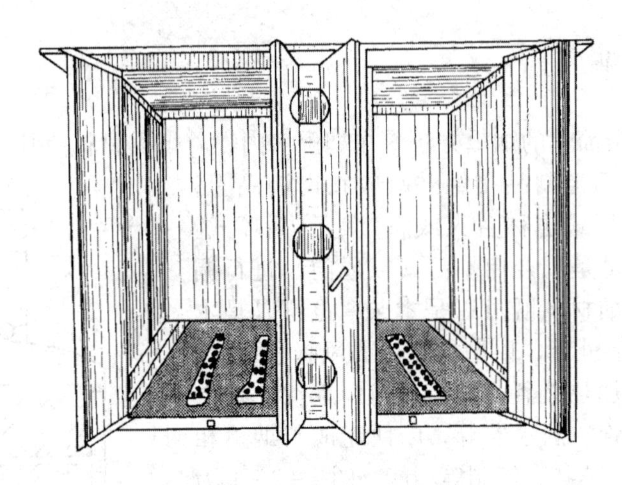

图2-2-2　强制通风式烟熏炉

在阿特摩斯式烟熏室中（图2-2-3），由烟雾发生器产生的烟与安装在烟熏室背面的热风发生装置发出的热风混合，通过喷嘴喷到烟熏室内，用烟雾流动方法（图2-2-4）均衡温湿度和烟的浓度。一个烟雾发生器可以同时向几个烟熏室送烟。

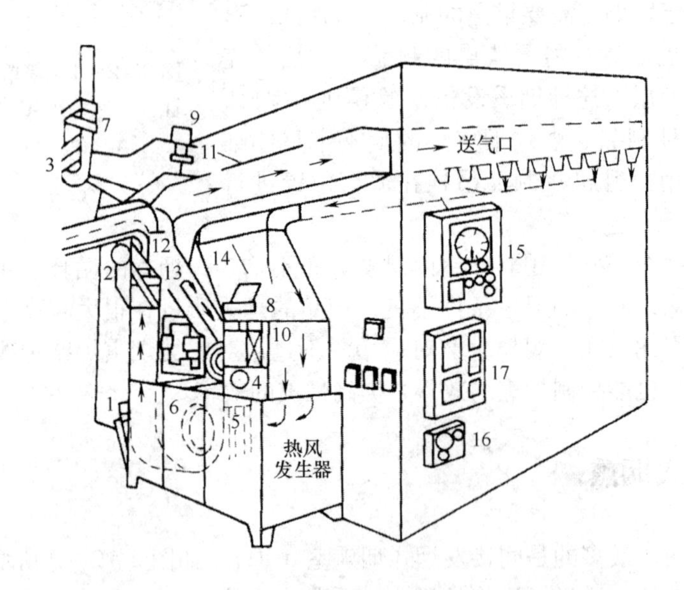

图2-2-3　阿特摩斯式全自动烟熏炉结构示意图

1—主循环风机电机　2—换气调节器电机　3—排风机电机　4—气体混合机
5—气体燃烧喷嘴　6—主循环风机　7—排风扇　8—新鲜空气调节器电机
9—排气调节器电机　10—新鲜空气调节器电机　11—排气调节器　12—换气调节器
13—减速机　14—温度控制器　15—温湿度记录表　16—燃烧安全装置　17—开关板

盖尔摩斯式是用电制造水蒸气，将高温水蒸气（180℃以上）吹到木屑上使其发烟，达到烟熏目的。此外，将烟雾用水过滤的方式也可除去熏烟中的有害成分。

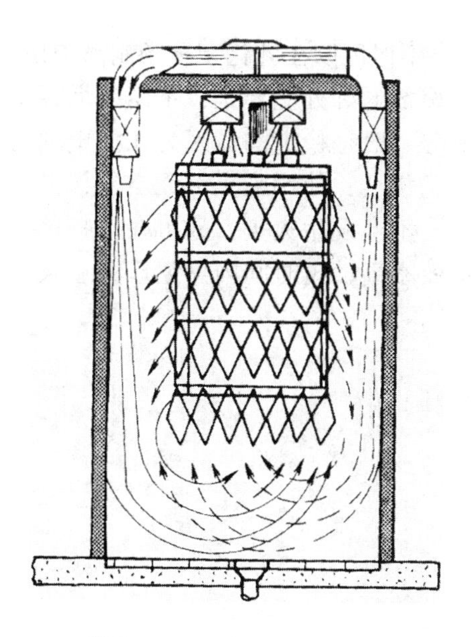

图2-2-4 烟雾流动方式

连续式间接烟熏室（炉）一般是专供生产肠类制品用的烟熏室，其优点是占地面积比生产量相同的非连续式烟熏房小，生产单位质量的产品所要的劳动力也少，并能大规模地生产。图2-2-5所示为一种用来生产乳化型香肠的连续烟熏室的结构图。

间接发烟式烟熏室（炉）的烟雾发生器一般为两种方式：一是通过旋转和振动，使熏烟材料（木屑或木块）一点一点地落入燃烧盘产生烟雾；二是使硬木互相摩擦产生烟雾。

一般来讲，间接发烟式烟熏室（炉）带有能自动控制烟熏工艺参数的装置，因此也常称为全自动烟熏室（炉）。现在全自动烟熏炉在国内外已经相当普及了，全自动烟熏炉的操作电脑化程度很高，操作者通过触摸屏发出指令，烟熏室（炉）就可以根据制品的种类按照预先设定的程序进行操作，直到完成。

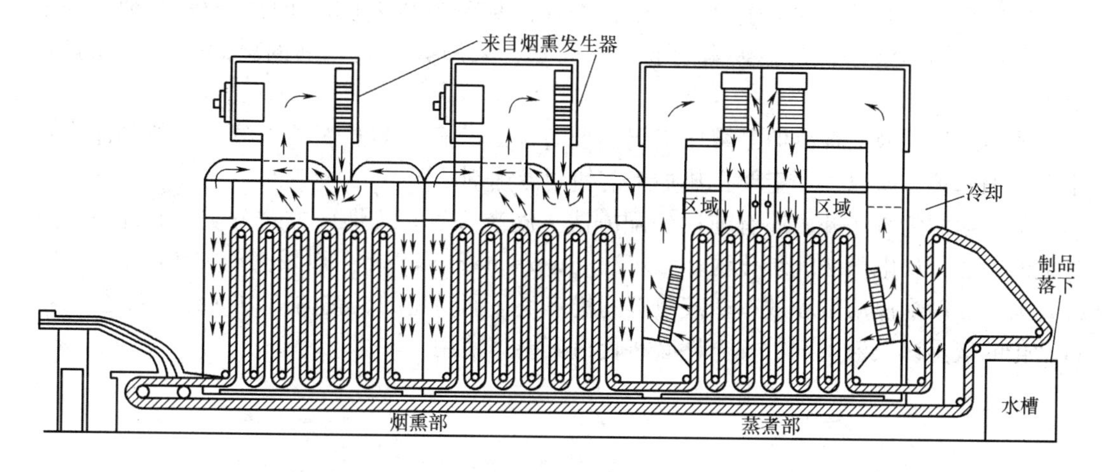

图2-2-5 法兰克福香肠、维也纳香肠连续烟熏室

三、液态烟熏剂

液态烟熏剂（简称液熏剂）一般由硬木屑热解制成。将产生的烟雾引入吸收塔的水中，熏烟不断产生并反复循环被水吸收，直到达到理想的浓度溶液。经过一段时间后，使溶液中有关成分相互反应、聚合、焦油沉淀，过滤除去溶液中不溶性的烃类物质后，液态烟熏剂就基本制成了。这种液熏剂主要含有熏烟中的蒸汽相成分，包括酚、有机酸、醇和羰基化合物。对几种液熏剂的检测证明其中不含有多环烃类，特别是苯并（a）芘。

现在，国内外肉制品工厂使用液熏剂非常普遍，不但可以在乳化型香肠制品中使用，也可通过注射应用到火腿等块状制品之中。使用液熏剂的好处主要是：不需要烟雾发生器，节省设备投资；产品的重现性好，液熏剂的成分一般是稳定的；因为在液熏剂的制备过程已除去微粒相，大大减少了致癌物污染产品的机会；使用液熏剂无空气污染，符合环境保护要求；液熏剂的使用十分方便并且安全，不会发生火灾，故可在植物茂密地区使用；速度快，缩短整个制品的加工时间；劳动效率高，短时间内可生产大量具有熏烟风味的制品。

用液熏剂处理食品的方式也是多样的：

（1）作为配料成分直接加入到食品（如肉乳胶体）中。

（2）将制品浸入液熏剂中。

（3）将液熏剂喷洒在制品上。

（4）将液熏剂雾化喷射到烟熏室内。

（5）将液熏剂置于加热器上蒸发。

（6）以上方法组合使用。

使用商品的液熏剂，一般要先用水稀释，也可以加些醋或柠檬酸。在国外使用的一种液熏剂稀释液的配方是：20% ~30%液熏剂、5%柠檬酸或乙酸、65% ~75%水。柠檬酸或乙酸有促进制品表面蛋白质凝固的作用，适合生产无皮法兰克福香肠或类似制品。

使用液熏剂对设备的卫生也有好处，否则，要经常去除熏房里的焦油和其他熏烟中的成分。长期不清洁，会导致熏房起火，当然，采用雾化液熏剂的熏炉也应定期打扫卫生。

虽然采用了液熏剂，但是熏房里仍然要有加热装置。蒸煮喷洒了液熏剂的制品有利于形成烟熏色，所以，一定要在热加工前使用液熏剂。

除了喷洒的方法外，还有前述的配方法、浸渍法等。按烟熏方式分类中，还有一些其他的方法，如电熏法、炭化法、二步法（two - stage method）以及流动加热法等，目的都是为了提高烟熏质量和效率。液熏剂的优点是显而易见的，它的应用将会越来越广泛，自动化的液熏以及液熏剂的安全性必将促进其推广使用。

【思考题】

1. 烟熏保藏的基本原理是什么？
2. 熏烟如何产生？
3. 熏烟的组成对于食品品质有何影响？
4. 烟熏有何工艺及特点？
5. 液态烟熏制剂如何制备及应用？

参考文献

[1] 赵晋府．食品技术原理．北京：中国轻工业出版社，2007

[2] 曾庆孝．食品加工与保藏原理．北京：中国轻工业出版社，2002

[3] 曾名湧．食品保藏原理与技术．北京：中国轻工业出版社，2004

[4] Peter Zeuthen，Leif Bùgh – Sùrensen，Food preservation techniques，NewYork：CRC Press，2002

第三章　食品防腐剂、抗氧化剂、酸化剂和涂膜剂

【学习指导】

理解各种食品保藏剂的应用原理；掌握各种食品保藏剂的应用对象和条件，以及局限性；认识用于食品保藏的各种生物制剂的作用。

保藏食品，可采用罐藏、冷藏、冻藏、干制、腌制或化学保藏等方法。近年来又出现了一些新的食品保藏方法，如高静压处理、高强脉冲电场技术、欧姆加热（电阻加热）、微波保藏、超声波灭菌技术、无菌包装技术、振荡磁场处理、冰温贮藏技术等，各种方法都各具特点。但是，有些保藏方法，特别是新的非热保藏方法，尽管能够很好地保持食品的营养价值和质量，也较少有环境污染和食用安全的问题，但受到设备、成本和应用范围的限制。在这些方法尚未达到大规模商业化应用之前，简便、廉价的化学保藏仍是一个行之有效的手段。

食品化学保藏就是在食品生产、贮藏和运输过程中使用化学和生物制品（食品添加剂）来提高食品的耐藏性和尽可能保持食品原有质量的措施。

第一节　食品防腐剂

食品防腐剂主要是指具有抑制微生物生长和杀死微生物能力的物质。因此，从抗微生物的角度出发，可更确切地将此类物质称为抗微生物剂或抗菌剂。

按照抗微生物的作用程度，可以将食品防腐剂分为杀菌剂和狭义范围的防腐剂（或称保藏剂）。具有杀菌作用的物质称为杀菌剂，而仅具有抑菌作用的物质称为防腐剂。但是，一种化学或生物制剂的作用是杀菌或抑菌，一般是不应有严格区分的。同一种抗微生物剂，浓度高时可杀菌（即致微生物死亡），而浓度低时只能抑菌；又如作用时间长可以杀菌，短时间作用只能抑菌；还有由于各种微生物的生理特性不同，同一种防腐剂对某一种微生物具有杀菌作用，而对另一种微生物仅具有抑菌作用。所以两者并无绝对严格的界限，在食品保藏和加工中往往统称为防腐剂。

既然是食品防腐剂，那就要符合食品添加剂的基本要求：

（1）本身应该经过充分且合理的毒理学鉴定程序，证明在使用限量范围内对人体

无害。

（2）对食品的营养成分不应有破坏作用，也不应影响食品的质量及风味。

（3）添加在食品中后能被分析鉴定出来。

此外，作为抗微生物剂应该具有显著的杀菌或抑菌作用，而这种作用应只对有害微生物，对人体肠道内有益微生物菌群的活动应没有影响，也不妨碍胃肠道内酶类的作用。

食品防腐剂应包括化学（合成）防腐剂和生物（天然）防腐剂两大类，后者是今后食品防腐剂重点发展的方向。

一、化学（合成）防腐剂

化学（合成）防腐剂包括有机防腐剂和无机防腐剂两类，下面将讨论几种主要的防腐剂。

（一）有机防腐剂

1. 苯甲酸及其盐、酯

苯甲酸别名安息香酸，可用邻苯二甲酸酐水解、脱羧制得，也可用甲苯氯化、水解制得，还可用甲苯液相氧化制得。苯甲酸分子式为 $C_7H_6O_2$。苯甲酸和它的盐类如苯甲酸钠，以及它的衍生物，如对羟基苯甲酸乙酯、对羟基苯甲酸丙酯为普通使用的一类化学防腐剂。25% 苯甲酸饱和水溶液的 pH 为 2. 8。在 pH 低的环境中，苯甲酸对许多微生物有抑制作用，但对产酸菌作用较弱。在 pH5. 5 以上时对许多霉菌和酵母没有什么作用。苯甲酸抑菌的最适 pH 为 2. 5 ~4. 0。

实际使用苯甲酸及苯甲酸钠时，以低于 pH4. 5 ~5. 0 为宜。也就是说，食品的酸度是影响苯甲酸防腐效果的重要条件。有报道，当 pH 从 7. 0 下降到 3. 5 时，苯甲酸防腐的能力可增加 5 ~ 10 倍。表 2 - 3 - 1 是不同苯甲酸盐浓度和 pH 对多态鲁氏酵母糖利用率的影响。

表 2 - 3 - 1　不同苯甲酸盐浓度和 pH 对多态鲁氏酵母糖利用率的影响

苯甲酸盐浓度/%	糖利用率/%				
	pH6. 0	pH5. 5	pH5. 0	pH4. 5	pH4. 0
0. 025	21	29	26	25	12
0. 050	23	18	19	13	13
0. 075	15	14	7	0	0
0. 100	13	9	5	0	0

苯甲酸能非选择性地抑制广范围的微生物细胞的呼吸酶系的活性，特别是具有很强的阻碍乙酰辅酶 A 缩合反应的作用，此外也是阻碍细胞膜作用的因素之一。

苯甲酸对酵母的影响大于对霉菌的影响，但对细菌效力弱。苯甲酸一般在 0. 05% 浓度时就有防腐力，而苯甲酸盐则需 0. 07% ~0. 10%。由于苯甲酸的溶解度低，使用不便，实际生产中大多是使用其钠盐。使用苯甲酸时，一般先用适量乙醇溶解后，再添加到食品中去。有的工厂使用苯甲酸时，另加适量碳酸氢钠或碳酸钠，用90℃以上的热水溶解，使其转化成苯甲酸钠后才添加到食品中去。苯甲酸1g相当于苯甲酸钠1.18g，苯甲酸钠1g相当于苯甲酸0.84g。

苯甲酸进入机体后，大部分在9~15h内与甘氨酸化合成马尿酸而从尿中排除，剩余部分与葡萄糖醛酸化合而解毒，用C_{14}示踪试验证明，苯甲酸不在机体内积蓄。以上两种解毒作用都在肝脏内进行，因此苯甲酸对肝功能衰弱的人可能是不适宜的。

$$\underset{\text{苯甲酸}}{C_6H_5COOH} + \underset{\text{甘氨酸}}{CH_2NH_2COOH} \rightarrow \underset{\text{马尿酸}}{C_6H_5CONHCH_2COOH} + H_2O$$

苯甲酸、苯甲酸钠在果汁、果酱、酱油、醋、酱菜、蜜饯、面酱、山楂糕以及其他酸性食品中广泛使用，配合低温杀菌，则防腐效果更好。

苯基烷酸的烷基链增长，其防腐能力也随之增强，苯基丁酸的抑菌效力则为苯甲酸的4倍。在对位上引入取代的化学基团就会增加苯甲酸的防腐能力，因此，应用对羟基苯甲酸酯作为防腐剂的趋势在增长。苯甲酸的甲基、乙基和丙基酯是普遍使用的防腐剂。

2. 山梨酸及其盐

许多种类的不饱和脂肪酸，一般都是有效的霉菌抑制剂，尤其是山梨酸用于控制干酪以及肉制品中霉菌的生长非常有效。

山梨酸别名花楸酸，即己二烯-［2,4］-酸，分子式$C_6H_8O_2$，以巴豆油醛和酮为原料，以氯化锌、氯化铅为催化剂反应制得。山梨酸微溶于水，在有机溶剂中溶解度较高。山梨酸与山梨酸钾的溶解度见表2-3-2。如果将山梨酸磨细，可以提高其溶解度。有报道称，当山梨酸的颗粒直径为50μm以下时，添加到食品中能马上溶解。但是，这种粉状山梨酸对人体黏膜有很强的刺激作用。由于在磨细过程中具有很大的扩散性，会导致工作环境污染。

表2-3-2　山梨酸与山梨酸钾的溶解度　单位：质量分数（%）

溶　剂	温　度/℃	山梨酸	山梨酸钾
水	20	0.16	138
水	100	3.8	—
95%乙醇	20	14.8	6.2
丙二醇	20	5.5	5.8
乙　醚	20	6.2	0.1
植物油	20	0.52~0.95	—

山梨酸的结构式如下：

$$CH_3—CH=CH—CH=CH—COOH$$

山梨酸能有效地控制肉类中常见的霉菌，而且在其他食品加工中也普遍使用。贮藏于潮湿环境中的包装干酪，易受霉菌污染，使用山梨酸防霉效果好。山梨酸也可用于发酵食品生产中，如在腌制黄瓜时可用于控制乳酸发酵。

山梨酸属于酸型防腐剂，其防腐效果随pH的升高而降低，但山梨酸适宜的pH范围比苯甲酸广。山梨酸及山梨酸钾宜在 pH5 ~ 6 以下的范围内使用。山梨酸 1g 相当于山梨酸钾 1.33g，山梨酸钾 1g 相当于山梨酸 0.746g。

我国已经将山梨酸及其钾盐作为防腐剂、抗氧化剂、稳定剂列入《食品添加剂使用标准》（GB2760—2011）之中，与其他食品添加剂一样，加工者必须按规定遵照执行。

3. 丙酸及其盐

丙酸及其盐类毒性低，是人体内代谢的正常中间产物，也可认为是食品的正常成分。但其抑菌作用较弱，使用量较高，常用于面包点心类中。丙酸盐用于控制面包生霉和发黏非常有效。丙酸及其盐类在国内外广为应用。

含有 1 ~ 14 个碳原子的脂肪酸为有效的霉菌抑制剂，双键的存在增加了它的防霉能力，但支链则相反会降低它的效力。发酵食品在腌制时添加一定量的丙酸，可以防止长霉。温度对丙酸盐的防腐能力有影响，温度越低，丙酸盐的添加量越少（表 2 -3 -3）。

表 2 -3 -3　温度对丙酸盐抑制霉菌生长效率的影响

温度/℃	丙酸盐量/(g/kg)
32	2.188
26 ~ 32	1.875
21 ~ 26	1.406
<21	0.938

丙酸盐为白色粉末，用于抑制霉菌生长时，可以将钙盐或钠盐直接拌入干态食品内，又因钠盐易溶于水，故也可应用于液态食品中。丙酸盐用于面包时，应先和其他配料混合均匀后再在和面时加入。麸皮面包比白面包易长霉，因而前者的添加量宜增加。

丙酸盐也可以用于包装材料表面，以防止食品表面长霉。用于包装材料时，为了避免干酪表面长霉，可以将其直接浸入温度为 10℃ 以下的 10% 丙酸钙溶液中。如用 5 份 10% 丙酸钙和 1 份 10% 丙酸的混合物，可得到更强的抑制效力。丙酸可直接用于处理果蔬，不仅可以控制霉菌生长，还有抑制细菌的作用。

4. 其他的有机防腐剂

乙醇俗称酒精，分子式 CH_3CH_2OH，有酒的气味和刺激的辛辣滋味，可由乙烯直接或间接水合制成，也可用糖质原料（如糖蜜、亚硫酸废液等）和淀粉原料（如玉米、高粱、甘薯等）发酵制造。乙醇在食品防腐方面有相当的作用。

纯的乙醇不是消毒剂，只有稀释到一定浓度后的乙醇溶液才有杀菌作用。乙醇的杀菌作用以 50% ~70% 为最强。50% 以下浓度的乙醇，其杀菌效力很快降低，但尚有一定的抑菌作用。乙醇的杀菌和抑菌作用主要是由于它具有脱水能力，使菌体蛋白质脱水而变性。它是细胞蛋白质的凝固剂。因此，如果使用纯的或高浓度的乙醇，则易使菌体表面凝固，使乙醇不易进入细胞里去，导致杀菌效能极小或者全无。应当注意的是，乙醇的杀菌作用对细菌的繁殖体比较敏感，而对细菌的芽孢不很有效。

虽然啤酒、黄酒、葡萄酒等饮料酒中的乙醇含量不足以阻止由微生物引起的腐败，但它却能控制微生物的生长。一般来讲，白酒、白兰地等蒸馏酒中的乙醇含量足以避免微生物的生长。用酒保藏食品是我国常见的食品保存方法。

还有一些有机防腐剂，虽然没有大规模地使用，但在某些产品中已有应用。如乳酸、醋酸、柠檬酸及其盐类已应用于肉制品、饮料、蔬菜腌制品等食品中，特别是乳酸钠在肉及肉制品中使用较广泛。

（二）无机防腐剂

1. 二氧化硫

二氧化硫又名亚硫酸酐，可由硫磺燃烧形成。二氧化硫易溶于水形成亚硫酸。亚硫酸不稳定，即使在常温下，如不密封，也容易分解，当加热时更为迅速地分解而放出二氧化硫。

二氧化硫在空气中浓度较高时，对于眼和呼吸道黏膜有强烈刺激性。二氧化硫是大气环境质量监控指标之一。

二氧化硫主要用于处理植物性食品。二氧化硫为强力的还原剂，可以减少植物组织中氧的含量，抑制氧化酶和微生物的活动，从而能阻止食品腐败变质、变色和维生素 C 的损耗。我国传统食品果干、果脯、粉丝等的加工中采用熏硫法或应用亚硫酸盐溶液浸渍法进行漂白，防止褐变。熏硫就是燃烧硫磺产生二氧化硫，也可用液态亚硫酸对食品进行处理。

很多4 价硫的化合物都可作为二氧化硫的来源。来源不同，有效的二氧化硫含量也各不相同。

二氧化硫的浓度为0.01%时，大肠杆菌停止生长，酵母则在浓度超过 0.3% 时才受到损害。用完好的优质原料制成的果汁如添加0.1%二氧化硫，装瓶条件又适宜，就可以在15℃下保存1年以上。如仅用于阻止氧化，加入量还可降低。在独特风味的蔬菜和果汁中添加少量二氧化硫就能保持其原有的新鲜味。

亚硫酸对微生物的毒性强度（防腐作用）与它在食品中存在的状态有关。不解离的亚硫酸分子在防腐上最为有效。形成离子（HSO_3^- 或 SO_3^{2-}）或呈结合状态，其作用就降低。亚硫酸的解离程度决定于食品的酸度，pH3.5 以下时则保持分子状态。因此，亚硫酸在酸性食品中能较好地发挥它的防腐作用。至于对微生物作用的机理，可能与双硫键的还原、羰基化合物的形成、与酮基团的反应以及对呼吸作用的抑制等有关。

可以用熏法、浸渍法和直接加入法对食品进行二氧化硫处理。气熏法常用于果蔬干制或厂房、贮藏库消毒。浸渍法就是将原料放入一定浓度的亚硫酸或亚硫酸盐溶液中。对于酸度不足的食品应与0.1% ~0.2%的盐酸或硫酸合用。直接加入法就是将亚硫酸或亚硫酸盐直接加入酿酒的果汁、保藏的果汁、果泥或其他加工品内的方法。一般用亚硫酸处理的果蔬制品，往往需要在较低的温度下贮藏，以防二氧化硫的有效浓度降低。

亚硫酸不能抑制果胶酶的活性，所以有损于果胶的凝聚力。此外，如用二氧化硫残留量高的原料制作罐头时，由于简单的加热方法较难除尽二氧化硫，铁罐腐蚀会比较严重。

2. 二氧化碳

二氧化碳是一种能影响生物生长的气体之一。高浓度的二氧化碳能阻止微生物的生长，因而能保藏食品。高压下二氧化碳的溶解度比常压下大。生产碳酸饮料时二氧化碳发挥协同的防腐作用。

对于肉类、鱼类产品采用气调保鲜处理，高浓度的二氧化碳可以明显抑制腐败微生物的生长，而且抑菌效果随CO_2浓度升高而增强。一般来讲，如要求二氧化碳在气调保鲜中发挥抑菌作用，浓度应在20%以上。有人曾将肉贮存在可控制二氧化碳气体的环境中从澳大利亚送至英国，证明二氧化碳确能阻止微生物的生长活动。贮存烟熏肋肉，CO_2的浓度为100%时也可行。至于用二氧化碳贮存鸡蛋，一般认为2.5%的浓度为宜。

用二氧化碳贮藏果蔬可以降低导致成熟的合成反应，抑制酶的活动，减少挥发性物质的产生，干扰有机酸的代谢，减弱果胶物质的分解，抑制叶绿素的合成和果实的脱绿，改变各种糖的比例。二氧化碳也常和冷藏结合，同时用于果蔬保藏。通常用于水果气调的二氧化碳含量控制在2%～3%，蔬菜控制在2.5%～5.5%。过高的二氧化碳含量，会对果实产生其他不利的影响。苹果褐变就是由于贮藏环境中二氧化碳聚集过多，以致果蔬窒息而造成细胞死亡的后果。因此，不断调整气体含量是长期气调保鲜果蔬的关键。

3. 其他的无机防腐剂

次氯酸钙（或钠）为常用的消毒剂，在水中会形成次氯酸，它为有效的杀菌剂和强烈的氧化剂。次氯酸钙分子中的次氯酸根（ClO^-），含有直接和氧相连的氯原子，若遇到酸就能释出游离氯，游离氯是杀菌的主要因素，故称之为“有效氯”。氯进攻微生物细胞的酶，或破坏核蛋白的巯基，或抑制其他的对氧化作用敏感的酶类，从而导致微生物的死亡。

次氯酸钙往往与氯化钙和氢氧化钙混合成所谓的漂白粉使用。漂白粉对细菌的繁殖型细胞、芽孢、病毒、酵母及霉菌等均有杀灭作用。作用时间、浓度、温度以及pH等对杀菌效果有很大影响。如含有效氯15mg/kg的漂白粉溶液杀死99%软化芽孢杆菌（*B. macerans*）的芽孢，在pH6.0时需要8.5min，在pH7.0时则需要14.3min。

在食品加工中也有用浸透碘的包装纸来延长水果贮藏的方法。在乳制品用具清洗消毒时，常采用碘和湿润剂及酸配制而成的碘混合剂。卤素在氧化作用或直接和细胞蛋白质结合反应下才完成杀菌任务。

硝酸盐和亚硝酸盐都有抑制微生物生长的作用，在本书前边所述的食品盐制的内容中已有较详细的讨论，不再赘述。

二、生物（天然）防腐剂

植物和微生物的代谢产物中有些具有抑菌或杀菌作用，因此，可用于食品保藏中。特别是近年来，对环境友好的食品添加剂使用呼声日益增长，不少化学（合成）防腐剂被限制或禁止使用，许多国家都大力开展从植物或微生物中制备食品防腐剂的研究和应用。

（一）植物中的天然防腐剂

人们早就知道有些植物具有抗菌或药用价值，这些植物往往具有独特的风味，因此，它们也用作香料。此外，这些植物的抗氧化性已在许多文献中讨论。

植物体本身具有很强的生物合成能力，目前已知的天然化合物有30 000多种，其中

80%以上是来自于植物，其中有一些具有食品防腐剂或杀菌剂的功能。

植物中的防腐剂大致可以分为四类：植物抗毒素类、酚类、有机酸类和精油类。

植物抗毒素是寄主合成的、相对分子质量低的广谱抗菌化合物，这些化合物由植物受到微生物侵袭诱导产生的远前体合成或植物被天然的或人造化合物诱导出的远前体合成。现在已经采用植物细胞培养技术来生产某些植物抗毒素。

从20几种不同科的植物中已鉴定出了200多种植物抗毒素，这些植物抗毒素一般对植物致病真菌有作用，不过，也有作用于细菌的报道，其中革兰阳性菌要比革兰阴性菌敏感。异黄酮（isoflavonoids）化合物是最重要的植物抗毒素中的一种，其他主要的植物抗毒素还有壳质酶等。由于植物抗毒素是为了防御微生物的侵入和危害而产生的，因此，植物抗毒素的杀菌作用具有高度专一性。

植物抗毒素除了在食品保藏方面有些研究外，更多地是在医药方面的研究和应用。从刚被破碎和磨碎的植物中取得的植物抗毒素具有最强的杀菌作用。

从香辛料或者中草药中分离出的精油，有些也能从水果、蔬菜中获得。通过有机溶剂萃取或水蒸气蒸馏是常用的制备植物精油的方法。

精油对细菌的影响已有许多报道，有些是很有意义的。例如，从鼠尾草、迷迭香、孜然、藏茴香、丁香和普通麝香草提取出的精油，对大肠杆菌、荧光极毛杆菌或黏质赛氏杆菌具有敏感性。

有人发现，过滤过的果汁如果密封包装时，每升葡萄汁中添加25～50mg芥籽油就能抑制发酵；如果将芥籽油添加量降低到1.5～2.0mg时，仍能阻止霉菌生长，但不能抑制发酵。黑芥菜籽磨碎后要立即使用。芬兰人常用芥籽油保存糖浆、水果。科斯特（Kooster）等人介绍在葡萄汁和苹果汁中添加10mg/kg芥籽油会显著降低某些霉菌和酵母的抗热性。因此，将瞬时巴氏杀菌与芥籽油的使用相结合，就能缩短热处理时间。法国、丹麦、比利时等不少国家都有用芥籽油做果汁、腌渍品防腐剂的例子。芥菜籽中主要杀菌成分为硫氰酸烯丙酯。德达克（Drdak）等人（1993）报道在罐装牛肉中添加0.1%浓度的异硫氰酸烯丙酯（烯丙酯芥子油），施以适当的热力杀菌，既不会对产品风味产生不利影响，又有较好的抗菌效果。还有报告称，硫氰酸烯丙酯在1.0%浓度时能抑制果汁中的酵母发酵，但对细菌和霉菌并无影响，浓度为2.0%时就可以达到完全防腐的效果。

柠檬酸、琥珀酸、苹果酸和酒石酸在水果和蔬菜中普遍存在，这些有机酸除了作为酸味剂、抗氧化剂，还具有抗菌能力。它们对细胞壁、细胞膜、代谢酶、蛋白质合成系统以及遗传因子起作用。许多有机酸及其衍生物已用作食品防腐剂。

植物中的酚类化合物分为三类：简单酚类和酚酸类，羟基肉桂酸衍生物类和类黄酮类。对橄榄、茶叶和咖啡中的酚化合物的研究要比其他植物多，可能是它们具有较高商业价值的缘故。从香辛料中提取出来的一些酚类化合物（如辣椒素），已证明可以抑制细菌芽孢的萌发。天然植物中的酚类化合物是食品防腐的主要因子，有广谱抗菌能力。

天然植物中存在的抗真菌和抗细菌物质，不能大规模商业化使用的原因可能是杀菌有效性和大剂量使用时的特殊气味的矛盾。在有效的前提下，生产气味最小的植物杀菌剂是一个重点要解决的问题。

（二）微生物中的天然防腐剂

微生物在生长时能产生一些影响其他微生物生长的物质——抗菌素，这是生物“适者生存”的一个特征。金霉素、氯霉素和土霉素都为放线菌的代谢产物。乳酸菌是最重要的一群能够产生生物防腐剂的微生物。乳酸菌用于食品防腐已有几个世纪的历史，如干酪、发酵香肠和酸（泡）菜。

乳酸链球菌素又称乳链菌素、乳酸菌素、尼生素（nisin），是一种多肽抗菌素。表2-3-4是已经使用乳酸链球菌素为抗菌剂的食品和饮料。

在美国，已允许尼生素用于高水分再制干酪中，以防止可能出现的肉毒梭状芽孢杆菌生长。尼生素也可用于炼乳中。尼生素是一种对人体无害的抗菌素，也不会对医用抗菌素产生拮抗，在人体消化道内可以被蛋白酶无害分解。这种抗菌素较难溶于水，但能稍溶于酸性水中，对热较稳定。使用时要符合国家颁布的《食品添加剂使用标准》（GB2760—2011）。用于复合调味料、八宝粥罐头时最大使用量为0.2g/kg，用于肉制品时最大使用量为0.5g/kg。

表2-3-4　乳酸链球菌素为抗菌剂的食品和饮料

食品	功能与用途
再制干酪	防止梭状芽孢杆菌的生长
牛乳	延长产品的货架期
番茄汁	满足低热加工的要求
罐装食品	控制由嗜热腐败菌引起的平盖酸败
酸（泡）菜	提供有利于发酵的竞争物
啤酒	抑制由乳酸菌引起的腐败
果汁酒	控制由乳酸菌引起的腐败

ε-聚赖氨酸是一种具有抑菌功效的多肽，它能在人体内分解为赖氨酸，而赖氨酸是人体必需的8种氨基酸之一，也是世界各国允许在食品中强化的氨基酸，因此ε-聚赖氨酸是一种营养型抑菌剂。ε-聚赖氨酸抑菌谱广，对许多酵母菌和细菌的生长有明显抑制效果。

足球菌素（Pediocin）是由乳酸菌中的足球菌产生的抗菌素，可以抑制胚芽乳杆菌的生长和产酸。胚芽乳杆菌是发酵腌渍黄瓜中的有害竞争菌。足球菌素的产生情况似乎可以作为判断香肠和蔬菜发酵合适与否的指标物。

枯草杆菌素是枯草杆菌的代谢产物，也为一种多肽类物质，在酸性条件下比较稳定，而在中性或碱性条件下即迅速被破坏。枯草杆菌素对革兰阳性菌有抗菌作用，对于耐热性的芽孢菌能促使它们的耐热性降低，能抑制厌氧性芽孢菌生长，因此，有人认为枯草杆菌素应用于罐装食品是合适的。同时，枯草杆菌素不是医疗上所用的抗菌药物，在消化道中可很快地被蛋白酶完全破坏，对人体无害。

在国际上，对于抗菌素应用于食品保藏仍然存在不少疑虑。认为抗菌素应用于食品后，可能会引起细菌的抗药性和人体过敏等不良反应，因此，在食品中应用抗菌素必须慎重。

第二节　食品抗氧化剂

食品抗氧化剂是指能延缓或阻止食品氧化，提高食品稳定性的物质。

氧化可以使食品中的油脂酸败，也可以使食品发生褐变、褪色、维生素破坏，从而降低质量和营养价值，甚至产生有害物质，长期食用严重氧化的食品可引起食物中毒，因此，防止食品氧化是食品科学与技术中的一个重要问题。

防止食品氧化的措施应从多方面加以考虑，例如，加抗氧化剂、避光、排气、充氮、密封、杀菌、降温、脱水等。如果抗氧化剂的效力大，在防止食品氧化中可以发挥明显的作用。

由于食品氧化的过程复杂多变，所以抗氧化剂的作用机理也存在着多种可能性。食品内部及其周围通常有氧存在着，即使采取充氮或真空包装措施，也仍可能存在着微量的氧。有一类抗氧化剂是借助于氧化还原反应，降低食品内部及其周围的氧含量。有些抗氧化剂本身极易被氧化，因而能首先消耗氧，从而保护了食品。也有些抗氧化剂可以释放出氢离子将油脂在自动氧化过程中所产生的氧化物破坏分解，使其不能形成醛或酮等产物。还有些抗氧化剂可能与所产生的过氧化物结合，使油脂在自动氧化过程中的连锁反应中断，从而阻止氧化过程的进行。此外，也有一些抗氧化剂能阻止或减弱氧化酶的活动。油脂氧化，特别是食品在实际氧化过程中，其反应机理是相当复杂的。现以油脂自动氧化为例，简单说明抗氧化剂的作用机理。

在第一步中，氧（O_2）与基质（不饱和脂肪酸RH）作用，生成自由R·，R·再与氧作用生成过氧化物（ROO·）。

$$RH + O_2 \rightarrow R\cdot + \cdot OH$$

$$R\cdot + O_2 \rightarrow ROO\cdot$$

以AH或AH_2表示抗氧化剂，则它们可能以（3）、（4）、（5）等所示的方式切断油脂自动氧化的链锁反应，从而防止了油脂继续氧化。

$$R\cdot + AH_2 \rightarrow RH + AH\cdot$$

$$ROO\cdot + AH_2 \rightarrow ROOH + AH\cdot$$

$$ROO\cdot + AH \rightarrow ROOH + A\cdot$$

没食子酸酯类、BHA及BHT就是以（5）的方式破坏反应链，而生育酚则可能被氧直接氧化，抗氧化剂本身则在诱导期最后消失。上述（5）式产生的基团A·可以以（6）、（7）两种方式再结合成二聚体和其他产物。

$$A\cdot + A\cdot \rightarrow A_2$$

$$ROO\cdot + A\cdot \rightarrow ROOA$$

食品抗氧化剂的种类较多，结构、来源都较复杂，作用也不一样，本节以其溶解性加以分类阐述。

一、油溶性抗氧化剂

油溶性抗氧化剂的主要作用是防止食品的酸败，特别是氧化型酸败。食品酸败是指油脂、含油食品、肉类食品等由于受到空气、水分、微生物、酶、热、光等的作用而氧化或水解，产生异味的现象。

食品中油脂酸败可以分为三种类型：氧化型酸败（油脂自动氧化）、酮型酸败（β-型氧化酸败）、水解型酸败。

食品油脂中的不饱和脂肪酸暴露在空气中，容易发生自动氧化，氧化产物进一步分解成低级脂肪酸、醛和酮，产生异味。酮型酸败和水解型酸败多数是由于污染的微生物如灰绿青霉、曲霉等在繁殖时产生的酶作用下引起的腐败变质。

通常情况下，油溶性抗氧化剂能均匀地分散于油脂中，对油脂或含脂肪的食品发挥抗氧化作用。

（一）丁基羟基茴香醚

该抗氧化剂别名特丁基-4-羟基茴香醚、丁基大茴香醚，简称 BHA，分子式 $C_{11}H_{16}O_2$。这种人工合成的抗氧化剂，是国内外常用的抗氧化剂之一。合成的抗氧化剂具有廉价、效力高的特点，尽管有不足之处，但仍使用。

OH

$(CH_3)_3C$—

OCH_3

BHA 为白色或微黄色蜡样结晶性粉末，带有特异的酚类的气味。它通常是 2-BHA（2-异构体）和 3-BHA（3-异构体）的混合物，熔点随混合比不同而异，一般为57～65℃。不溶于水，在几种油脂中的溶解度也不一样，在花生油中为 40%，在棉籽油中为42%，而在猪脂肪中为 30%。该产品对热相当稳定，即使在弱碱性的条件下也不容易破坏，这可能是它在焙烤食品中比较有效的原因之一。此外，BHA 尚具有相当强的抗菌能力。

试验证明，BHA 的抗氧化效果是很大的。BHA 是高温季节油脂含量高的饼干常用的抗氧化剂之一，它还是可以用于延长咸干鱼类贮存期的添加剂。

在饼干中使用 BHA 时，可采取直接添加法。将油脂或奶油加热到 60～70℃并充分搅拌，在油脂流动时缓缓地加入规定量的 BHA，再继续搅拌片刻，以保证其分布均匀和充分溶解。在包装材料上使用 BHA 作为抗氧化剂时，可涂抹在包装材料内面，或用喷雾法将抗氧化剂通过喷嘴呈细雾喷洒在包装纸张或纸板上。

酚类抗氧化剂的混合物常常显示协同作用，因此，如果 BHA 与其他酚类型抗氧化剂或金属螯合剂同时使用，效果会更好。

（二）二丁基羟基甲苯

二丁基羟基甲苯又称 2，6-二特丁基对甲酚，简称 BHT，分子式 $C_{15}H_{24}O$，不溶于水及甘油，能溶于许多溶剂中。对热相当稳定，与金属离子反应不显色。具有单酚型特征的升华性，加热时有与水蒸气一起挥发的性质。

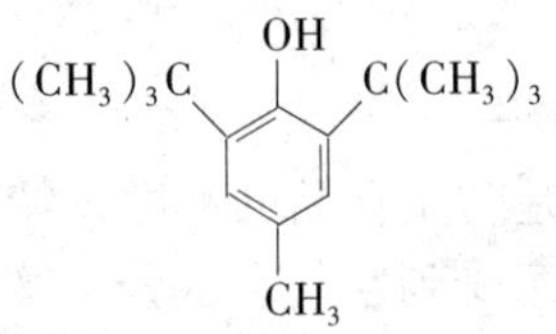

OH
$(CH_3)_3C$ $C(CH_3)_3$
CH_3

BHT稳定性高，抗氧化效果好，没有BHA所带有的特异的酚类的气味（受高热的油更为明显），也没有没食子酸丙酯类那样与金属离子反应着色的缺点，而价格低廉。不过BHT与BHA一样，其食用安全性也是引起人们关注的一个问题。尽管如此，BHT和BHA仍是国内外大范围使用的合成抗氧化剂。BHT在豆油（25℃）、棉籽油（25℃）和猪油（40℃）中溶解度分别为30%、20%和40%。即便是加入到某些富含天然抗氧化剂的植物油中，也能显示一定的抗氧化能力。在普通烹调温度下，BHT的抗氧化性仍很出色，用于长期保存的食品与焙烤食品中也很有效。BHT也可加入到包装焙烤食品、速冻食品及其他方便食品的纸或塑料薄膜等材料中，以延长食品的货架期。

（三）没食子酸丙酯

没食子酸丙酯（propyl gallate，PG）的化学名称是3，4，5－三羟基苯甲酸丙酯，分子式 $C_{10}H_{12}O_5$。

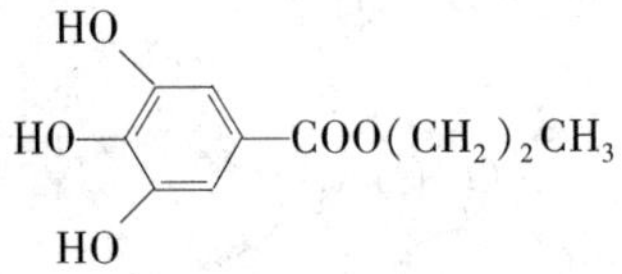

HO
HO— —$COO(CH_2)_2CH_3$
HO

本品也属于酚型抗氧化剂。过去PG的制造是从天然植物五倍子中提取，而现在则由化学合成的方法制取。例如，可用正丙醇与没食子酸反应，以浓硫酸为脱水剂，加热（120℃）酯化。本品易溶于乙醇，难溶于水。在水（20℃）、花生油（20℃）、棉籽油（30℃）中的溶解度分别为0.35%、0.50%和1.20%。其水溶液的pH在5.5左右。对热比较稳定，但易与铜、铁等金属离子反应呈紫色或暗绿色，因此在使用时应避免接触铜、铜器皿。

没食子酸丙酯对猪油的抗氧化作用较BHA或BHT强些。PG与增效剂柠檬酸共用时则更好，但不如与BHA或BHT混合使用时的抗氧化作用强，混合时加柠檬酸则抗氧化效果最好。

没食子酸丙酯及其他的没食子酸酯的应用很广，可以在动物油脂、植物油、乳粉、鱼类制品、面包、香精油类等食品中使用。使用方法一般为直接加入，也可用喷淋法。

（四）生育酚类

生育酚类是自然界中存在广泛的抗氧化剂，是植物油中显示一定自身抗氧化能力的主要成分。此外，动物脂肪中会因饲料不同而含有少量的生育酚。

生育酚即维生素E，已知的天然维生素E有α、β、γ、δ等几种同分异构体。作为抗氧化剂使用的天然维生素E是生育酚的同分异构体的混合物，因此也称生育酚混合浓缩物。

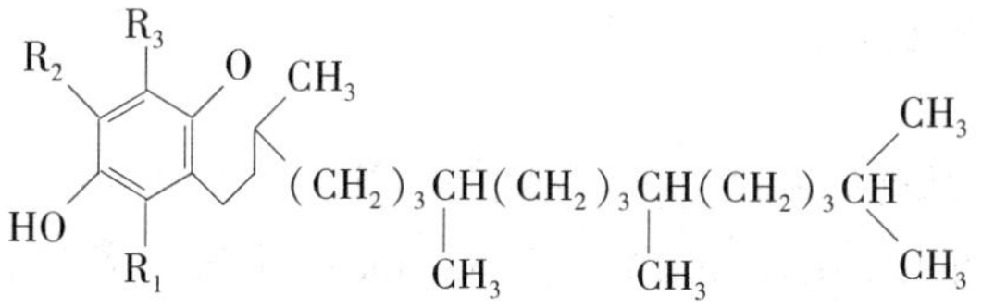

R_1、R_2、$R_3=CH_3$　　为 α－生育酚

R_1、$R_3=CH_3$，$R_2=H$　　为 β－生育酚

R_2、$R_3=CH_3$，$R_1=H$　　为 γ－生育酚

R_1、$R_2=H$，$R_3=CH_3$　　为 δ－生育酚

在工业上以小麦胚芽油、米糠油、大豆油、棉籽油等为原料，将其中的不皂化物，用冷苯处理，除去沉淀，再加乙醇去沉淀，用洋皂地黄苷处理其石油醚可溶成分，除去硬脂，用热乙醇抽提，然后真空蒸馏制得。

生育酚混合浓缩物为黄褐色几乎无臭的澄清黏稠的液体，不溶于水，可与油脂自由混合，对热稳定。以大豆为原料的生育酚混合浓缩物中的同分异构体的组成比大致为：α－型10%～20%，γ－型40%～60%，δ－型25%～50%。

像其他酚型抗氧化剂一样，生育酚靠反应来发挥作用。生育酚（TH_2）与过氧游离基（peroxy radicals）的反应如下：

$$ROO\cdot + TH_2 \rightarrow ROOH + TH\cdot$$

由于不成对电子的离域作用，使得 α－生育酚游离基（TH·）相当稳定。α－生育酚游离基与过氧游离基结合可产生甲基生育醌（methyltocop heryquinone）。

α－生育酚游离基也可以与另一个 α－生育酚游离基反应生产甲基生育醌和一个生育酚：

$$TH\cdot + TH\cdot \rightarrow T + TH_2$$

一般来讲，具有高维生素 E 活性的生育酚要比低维生素 E 活性的抗氧化性差一些。此外，不同的生育酚同分异构体的抗氧化活性的比较顺序是：$\delta>\gamma>\beta>\alpha$。不过，这些生育酚的活性与温度和光线关系很大。

生育酚对动物油脂的抗氧化效果比对植物油的效果大，这是由于动物油脂中天然存在的生育酚比植物油少。生育酚对植物油的抗氧化作用有的有效，有的无效，这是由于植物油内天然存在的生育酚的同分异构体的种类和含量不同所致。在生育酚含量较低时才能发挥其最大效应，这大约相当于它们天然存在于植物油中的浓度。如添加量过多，超过需要，反而有可能成为助氧化剂。所以，必须添加适量才能达到满意的效果。

除耐高温外，生育酚的耐光、耐紫外线、耐放射线性也较强，这对用透明薄膜包装的食品来讲是很有意义的。因为太阳光、荧光灯等所产生的光能是促进食品氧化变质的因素之一。

生育酚或生育酚混合浓缩物适于各种食品，特别是婴儿食品、疗效食品及其他功能食品等的抗氧化剂，当然也可以作为营养强化剂使用。

以上各种抗氧化剂的使用标准可参见《食品添加剂使用标准》（GB2760—2011）。

（五）其他油溶性抗氧化剂

1. 愈创树脂

愈创树脂是一种可从热带树中萃取出来的树脂，其主要成分是 α - 愈创木脂酸与 β - 愈创木脂酸，是较安全的天然抗氧化剂，在动物脂肪中使用要比在植物油中使用效果还好。愈创树脂呈红褐色，在油中微溶，对风味有些影响。

2. 正二氢愈创酸（NDGA）

NDGA 既可从一种沙漠植物（*Larrea divaricata*）中提取，又可用愈创木酸二甲酯加氢后脱甲基制得。在油中的溶解度仅为 0.5% ~1.0%，但把油加热后溶解度可有较大的提高。NDGA 的耐久性差，贮藏时遇铁或高温易变黑色。NDGA 的抗氧化活性受 pH 影响较大，在高碱性条件下易破坏。有报告称，NDGA 能有效地延迟含脂食品及肉制品的羟高铁血红素催化（hematin - catalyzed）的氧化作用。

3. 特丁基对苯二酚（TBHQ）

TBHQ 油溶性良好，在水中微溶。其抗氧化效果较好，对油脂的颜色和风味不会产生负面影响。TBHQ 在油炸马铃薯片中的耐久性高，其熔点为 126.5 ~128.5℃。可单独使用或与 BHA 或 BHT 混合使用，添加量为油脂或含油食品中脂肪含量的 0.02% 以下。

二、水溶性抗氧化剂

水溶性抗氧化剂是能溶于水中的一类抗氧化剂，它们的主要功能是在食品的护色，以及保持食品的风味和质量等方面。此外，使用某些水溶性抗氧化剂还能在罐头生产时阻止镀锡铁板腐蚀。

（一）L - 抗坏血酸

L - 抗坏血酸是抗坏血酸的一种异构体，抗坏血酸是 3 - 酮基 - L - 呋喃古洛糖酸内酯，具有烯醇式结构，是一种强还原性的化合物。L - 抗坏血酸又称维生素 C，在生理上，具有防治坏血病的功能。其异构体 D - 抗坏血酸（异抗坏血酸，erythorbic acid）几乎没有生理活性（约为 L - 抗坏血酸活性的 1/20），但具有 L - 抗坏血酸的还原能力。自然界存在的抗坏血酸主要是 L - 抗坏血酸。

除了其营养功能外，由于 L - 抗坏血酸的还原和抗氧化活性，它又是常用的食品添加剂。它可以还原正醌（ortho - quinone）物质以抑制酶促褐变。此外，还具有在面团调理过程中的还原作用；用其还原性来保护某些化合物免于氧化（如叶酸），是游离基清除剂、氧清除剂；抑制腌肉中亚硝胺的形成；还原金属离子等。

抗坏血酸的抗氧化性具有多方面的功能，抗坏血酸盐抑制脂类氧化有多种途径。这包括清除单线氧（singlet oxygen）；还原中心化的氧和碳（oxygen - and carbon - centered）游离基，以形成活性较低的半脱氢抗坏血酸的游离基或 L - 脱氢抗坏血酸（DHAA）；抗坏血酸盐氧化的同时消耗氧；产生其他的抗氧化剂，如还原生育酚游离基。

L - 抗坏血酸是极性很强的化合物，因此易溶于水，而在油里不溶。然而，当抗坏血酸分散在油和乳浊液中时，又具有很好的抗氧化能力。抗坏血酸与生育酚混合作用于油基食品中时，其抗氧化性更为有效。

干燥状态的L－抗坏血酸比较稳定，但在水溶液中很快被氧化分解，在中性或碱性溶液中尤甚。

抗坏血酸在无脂食品中的抗氧化机理是消耗氧，还原高价金属离子，把食品的氧化还原电势转移到还原的范围，并且减少产生不良的氧化产物。

抗坏血酸在啤酒、无醇饮料、果汁、罐头、冷冻食品等食品中广泛使用。由于抗坏血酸呈酸性，不适于添加酸性物质的食品可使用作用相同的抗坏血酸钠。1g抗坏血酸钠相当于抗坏血酸约0.9g，因此，在肉制品、乳制品中一般使用抗坏血酸钠。对肉制品如香肠、火腿、培根等，作为发色助剂，同时还有利于保持肉制品的风味，增加制品的弹性。此外，抗坏血酸和抗坏血酸钠，在肉制品中有阻止产生亚硝胺的作用，在食品安全上具有重要意义。

抗坏血酸、异抗坏血酸在生物效价方面虽然相差悬殊，但抗氧化性能基本相同。因异抗坏血酸合成的成本大大低于抗坏血酸，因此食品及其他工业上多采用异抗坏血酸作为抗氧化剂。人工合成抗坏血酸的脂肪酸酯，有6－软脂酰抗坏血酸酯、6－硬脂酰抗坏血酸酯及2、6－二软脂酰抗坏血酸酯等。它们都可用作脂肪性食品的抗氧化剂，其生物效价与L－抗坏血酸大致相同，在体内存留的时间比L－抗坏血酸长。当α－生育酚与亲油的软脂酰抗坏血酸酯结合使用时，在水包油型乳胶体中能显示较强的抗氧化能力。同样的，软脂酰抗坏血酸酯与其他的酚类抗氧化剂一同使用也具有协同效果。

（二）其他水溶性抗氧化剂

植酸的分子式为$C_6H_{18}O_{24}P_6$，为淡黄色或淡褐色的黏稠液体，易溶于水，对热比较稳定。

植酸有较强的金属螯合作用，因此具有抗氧化能力，能防止罐头，特别是水产罐头结晶（鸟粪石）与变黑等作用。

乙二胺四乙酸二钠（EDTA－2Na）也是一种重要的螯合剂，能螯合溶液中的金属离子。利用其螯合作用，可保持食品的色、香、味，防止食品氧化变质。

一般认为，氨基酸既可以作为抗氧化剂，也可以作为抗氧化剂的增效剂使用，如蛋氨酸、色氨酸、苯丙氨酸、丙氨酸等，均为良好的抗氧化增效剂，主要是由于它们能螯合促进氧化作用的微量金属。色氨酸、半胱氨酸、酪氨酸等有π电子的氨基酸，对食品的抗氧化效果较大。如生乳、全脂乳粉中，加入上述的氨基酸时，有显著的抗氧化效果。此外，有些肽类也具有抗氧化能力。

近些年来，从天然物质，特别是从香辛料、蛋白质中提取、制备抗氧化剂的研究是热门课题，并且有些已经商业化生产。消费者愿意使用天然抗氧化剂的倾向越来越大。

几乎所有的植物、微生物、真菌以及动物组织中都含有各种各样的抗氧化剂。例如，从147种植物中，提取出了107种具有抗氧化活性的物质。不过，由于多种原因，如安全性、有效性、经济性，其中的大多数目前还不能用于实际生产。大多数的天然抗氧化剂是酚类化合物。天然酚类抗氧化剂一般与其他氧化抑制剂共存，如增效剂（如柠檬酸、磷酸）、单线氧猝灭剂、螯合剂。天然抗氧化剂的抗氧化机理与合成抗氧化剂的机理是基本相同的，唯一不同的是通常天然抗氧化剂是各种具有抗氧化能力物质的混合物。

合成抗氧化剂的使用逐步减少，天然抗氧化剂的应用会逐步增加，这是一个趋势。

第三节　食品酸化剂

一、食品酸化剂的作用与分类

（一）酸化剂的作用

酸化剂（acidulant）是赋于食品酸味的物质，可以维持或改变食品的酸碱度。酸化剂具有如下功能：

（1）食品体系的酸碱性调节剂　酸化剂降低食品体系的pH，可以抑制许多有害微生物的繁殖，直接干预微生物的新陈代谢。抑制不良的发酵过程，并有助于提高酸性防腐剂的防腐效果。减少食品高温杀菌温度和时间，从而减少高温对食品结构和风味的不良影响。酸化食品是指低酸性食品中加入了酸化剂或酸性食品的食品。酸化食品包括（但不限于）：豆类、黄瓜、卷心菜、花菜、香肠、辣椒、热带水果和鱼。这类食品可以是单一的，也可以是任何形式的组合。它们的水分活度（Aw）大于0.85，最终平衡pH≤4.6。这类食品可称为“酸化食品”。美国食品和药物管理局（FDA）先后颁布了酸化食品114法规和酸化食品指南草案，该指南涵盖酸性食品、酸化食品、发酵食品的制造、包装、仓储、配送和品质控制程序。FDA指出，生产酸化食品的工艺应杀灭可以提高产品的pH至大于4.6的微生物，降低pH至4.6以下抑制芽孢的发芽和生长，并杀灭其他致病菌，如大肠杆菌、沙门菌和李斯特菌等。

（2）形成食品质构的促进剂　在凝胶、干酪、果冻、软糖、果酱等产品中，为了获得产品的最佳形态和质构，必须恰当地选择酸化剂及用量，果胶的凝胶、干酪的凝乳和拉伸，尤其如此。

（3）香味辅助剂　酸化剂广泛应用于调香。许多酸化剂都构成特有的香味，如酒石酸用于辅助葡萄的香味，磷酸可以辅助可乐饮料的香味，苹果酸可以辅助许多水果和果酱的香味。酸化剂能平衡风味，修饰蔗糖或甜味剂的甜味。它们的盐类可以起到缓冲作用进而改变或缓和这些感官特性。

（4）螯合剂　某些属离子如Cr^{3+}、Cu^{2+}、Se^{2+}等能加速氧化作用，对食品产生不良的影响，如变色、酸败、营养素的损失等。许多酸化剂具有螯合这些金属离子的能力，酸与抗氧化剂、防腐剂、还原性漂白剂复配使用，能起到增效的作用。有些酸是抗氧化增效剂，由于它们的金属螯合能力，从而延缓富含脂肪食品的酸败。酸化剂的这种螯合功能还有助于延缓水果和蔬菜的酶促褐变反应。

（5）酸化剂遇碳酸盐可以产生CO_2气体，这是化学膨松剂产气的基础，而酸化剂的性质决定了膨松剂的反应速度。

（6）某些酸化剂具有还原性在水果、蔬菜制品的加工中可以作护色剂，在肉类加工中可作为护色助剂。

（7）食品含有抗坏血酸，加入酸化剂可以提高稳定性。必需的营养物质如铁、钙、维生素D以及胆碱等经常以多种酸化剂的盐或酯的形式用作食品的补充剂。

酸化剂在使用时还须注意：酸化剂电离出的H^+对食品加工的影响，如对纤维素、淀粉等食品原料的降解作用以及同其他食品添加剂的相互影响。因此，在食品加工中需要考虑加入酸化剂的程序和时间，否则会产生不良后果。当使用固体酸化剂时，需要考虑它的吸湿性和溶解性，必须采用适当的包装材料和包装容器。阴离子除影响酸化剂的风味外，还能影响食品风味，盐酸、磷酸具有苦涩味，会使食品风味变劣，而酸化剂的阴离子常常使食品产生另一种味，这种味称为副味。一般有机酸具有爽快的酸味，而无机酸酸味不很适口；此外酸化剂有一定的刺激性，能引起消化系统的疾病。

（二）食品酸化剂的分类

应用于食品工业上的各种各样的酸化剂总体上可以分为两类：有机酸和无机酸。

作为一个整体，有机酸成为了食品行业中使用最广泛的酸化剂。有机酸可分为羧酸、氨基酸、脂肪酸、酚酸等。

羧酸依赖于它所携带的羧基数量，可以进一步分为单羧酸、二羧酸或三羧酸，如乙酸、苹果酸、柠檬酸。在食品中广泛使用羧酸。

赖氨酸、谷氨酸和半胱氨酸均是食品中常见的氨基酸。赖氨酸主要用于提高以小麦为基础的食品的营养价值，谷氨酸的钠盐在许多产品中用作风味增强剂，而半胱氨酸和它的衍生物主要用于烘焙工业中生面团的调节剂。其他的必需氨基酸主要用作营养物，特别是用在注射用药物的营养物配方之中。

抗坏血酸和葡萄糖酸-δ-内酯均用作酸化剂。抗坏血酸是一种很好的抗氧化增效剂，它具有螯合金属离子的能力，这些离子会加速富含油脂食品的酸败变质。葡萄糖酸-δ-内酯可用于豆腐和发酵香肠的生产中。

在无机酸中，磷酸和它的衍生物是使用最广的食品添加剂之一，肉制品的生产几乎离不开多聚磷酸盐。盐酸和硫酸的特性使得其很少直接用于食品酸化剂，然而，它们可间接地用于几种食品级化学品的生产中。

在糖果工业，大部分的食品酸可用来调味。柠檬酸或苹果酸的酸性能够跟硬糖的风味融合到一起。酒石酸一般只能添加到具备葡萄味的糖果中。

用果胶或琼脂做成的胶冻类食品要求有酸度的控制。酸化剂在果冻的pH调节中有着非常重要的地位。酸化剂还为这些产品提供了理想的酸味。

玉米淀粉和马铃薯淀粉的磷酸酯，在食品工业中有许多的应用，可以作为糖浆、冰淇淋配料和水油两相乳化液的稳定剂，并可作为不溶物的悬浮剂等。

大多数酸都是食品的天然组成，特别是果蔬和其他传统发酵食品，还有些酸是哺乳类动物新陈代谢的中间产物，因此，这使得人们通过良好操作规范，可将一些酸化剂作为GRAS（generally regarded as safe）食品添加剂来使用。

二、几种主要的食品酸化剂

（一）柠檬酸

作为游离酸或是游离酸盐，柠檬酸广泛存在于动植物界中。柠檬酸在三羧酸循环或人体代谢中起着至关重要的作用。它是柑橘类水果中主要的酸性成分。工业上可采用发酵法生产。

柠檬酸酸味纯正，温和芳香，而且有一种令人愉快的酸味。柠檬酸可改善食品的风味，促进食欲。在所有有机酸中柠檬酸是最可口的，并能与多种香料混合产生清爽的酸味，故适用于许多食品。

由于柠檬酸的弱酸性，在一定pH范围内能抑制微生物繁殖，起到防腐作用，延长食品保质期。

柠檬酸分子中有三个羧基，是多元酸，因而柠檬酸可作为螯合剂，它能与金属离子相结合形成稳定的环状螯合物，从而使金属离子失去催化能力，延缓油脂的酸败、变味，果蔬的褐变等。

蔬菜、水果在加工时由于品种、产地、收获期、采后贮藏等不同会使它们的含酸量不同，给加工带来不便，为此常需要在加工中加入柠檬酸或柠檬酸盐调节溶液的pH，用以控制溶液酸度、抑制微生物生长、降低杀菌时间及温度。

在果冻的生产中用柠檬酸调节pH可使果胶分子更好地吸收水分，从而获得均匀一致的产品。

柠檬酸是碳酸饮料中主要的酸化剂之一，赋予此类饮料强烈的柑橘味。它也作为糖浆和饮料产品的防腐剂。柠檬酸钠用于汽水中赋予凉爽的、略咸的口味。

柠檬酸可以间接用以改善发酵乳制品的风味和香气。柠檬酸是用于干酪等乳制品的重要的酸化剂。柠檬酸钠也可用于再制干酪的生产中。

蔗糖液中添加柠檬酸有利于提高黏度，增大渗透压，从而有效地防止糖制品的返砂，并提高制品的保藏性。

（二）苹果酸

苹果酸是苹果、杏、香蕉、樱桃、葡萄、柑橘皮、桃子、梨、李子、西蓝花、胡萝卜和豌豆中的主要的酸类物质。

苹果酸是机体三羧酸循环的中间体，可以作为微生物生长的碳源参与微生物的发酵过程。

苹果酸口感接近天然苹果的酸味，有特殊愉快的风味，与柠檬酸相比，具有酸度大、味道柔和、滞留时间长等特点，因此广泛用于食品行业。

赋予相同程度的酸性，需要的苹果酸比柠檬酸少。使用苹果酸配制的软饮料爽口，有苹果的酸味。

苹果酸提供了极好的控制水果褐变的特性。在各种各样的食物中它可以作为抗氧化剂的增效剂来防止食品和油脂腐败。

苹果酸在面食品中可以增强面团的持气性、弹性和韧性。苹果酸盐可用于制作咸味食品，减少食盐用量。

果蔬的色泽，往往受到酸碱度的影响，苹果酸可以用作一些食品的护色剂。

在净菜加工中苹果酸可以起到降低蔬菜的pH、抑制酚酶活力的作用，从而防止褐变。

（三）磷酸

磷酸及磷酸盐是一类广泛使用的无机酸或无机酸盐，商业化磷酸盐中钠盐最为重要，其次是钙盐和钾盐等。

焦磷酸盐是最简单的聚磷酸盐，含有2个磷原子，三聚磷酸盐含有3个磷原子。焦磷酸盐和三聚磷酸盐都是固体结晶。三聚磷酸钠在水溶液中可水解成焦磷酸盐和正磷酸盐，其水解速率因温度、pH而异。与其他无机盐相似，磷酸盐过量使用对人体有害。过量的无机盐不仅会扰乱体内矿物质的平衡，而且会影响体液的渗透压。

大部分磷酸用于碳酸饮料或相似风味的饮料。磷酸不但可用于植物油的提取，也可在制作干酪和酿酒过程中用于pH的调节。磷酸盐（如磷酸一钙、磷酸二钙等）作为生面团中的配料或酵母促进剂，是焙粉（碳酸氢钠、酒石酸和淀粉的混合物）和其他混合发酵剂中的成分。

在肉制品中广泛地使用多聚磷酸盐，如三聚磷酸钠和焦磷酸钠。在肉制品中加入磷酸盐能提高肉的持水能力，增加嫩度，减少肉中营养成分的损失，增加肉制品的出品率。聚磷酸盐在肉食品中所表现出来的抗氧化特性，与其螯合作用有关。

（四）其他酸化剂

抗坏血酸（维生素C）广泛地分布在植物和动物体中。柑橘类的植物水果、蔷薇属浆果和新鲜的茶叶中都含有大量的抗坏血酸。抗坏血酸在食品中经常用作抗氧化剂，也可以作为增效剂用在其他的抗氧化剂中，如BHA和BTA。在肉类腌制中抗坏血酸作为一种添加物，抗坏血酸或异抗坏血酸可以还原亚硝酸盐。抗坏血酸和它的钠盐、钙盐常用作营养添加剂用于功能食品中。抗坏血酸也可以用作酸化剂调节pH，抑制由多酚氧化酶引起的水果和蔬菜的褐变。

乳酸是自然界分布最广的有机酸之一，天然存在于泡菜、酱菜和干酪等食品中。可以在果酱、果胶、果冻、糕点、饮料以及腌制食品的生产中使用乳酸。乳酸也用于一些冷冻点心中，以提供一种温和的酸的风味。乳酸的许多衍生物在食品工业中有很多种应用：乳酸乙酯用作风味剂，乳酸亚铁在食品中用作营养的补充剂，乳酸钙可抑制水果和蔬菜的褐变。

乙酸广泛用于沙拉酱、蛋黄酱、泡菜、番茄酱、干酪、烘焙食品、肉汁和蔬菜罐头等食品中。乙酸的添加可以降低pH，使微生物的生长低于最佳的pH。但是，醋酸菌和某些乳酸菌可以承受乙酸。

酒石酸在食品中可用作酸化剂、凝固剂、调味剂、pH调节剂以及螯合剂。酒石酸可用于果冻、蜜饯、果酱和果汁雪花冰糕中。由于酒石酸的呈味效果，它广泛用在葡萄和橘橙口味饮料中。酒石酸还可用作抗氧化剂的协同剂，防止脂肪类食品的酸败。

葡萄糖酸-δ-内酯是葡萄糖的衍生物，它可形成葡萄糖酸。葡萄糖酸-δ-内酯在豆腐、肉制品等食品中有所应用。在发酵香肠中可用作酸化剂，也可以通过降低pH来加速发酵过程。

丙酸和其钠盐主要用于焙烤产品，用来抑制细菌引起的面包变质和霉菌引起的面包和蛋糕发霉。丙酸钠用于化学膨松食品的使用，因为钙离子会干扰发酵作用的进行。

琥珀酸几乎是所有植物和动物体内常见的一种成分，它可作为风味增强剂、pH调节剂。琥珀酸与蛋白质的反应常常用于增强面包面团的柔软性。琥珀酸酐是发酵粉中一种理想的膨松剂。

延胡索酸是三羧酸循环中另一种常见的中间产物，它能够增加食品的酸味，可应用在果汁饮料、餐后甜点、馅饼馅料、饼干、樱桃酒和葡萄酒中。

第四节 食品涂膜剂

为了防止生鲜食品脱水、氧化、变色、腐败、变质等而在其表面进行涂膜的物质可称为涂膜剂。

对生鲜食品进行表面涂膜处理并非今日才有，在我国大约12、13世纪就有用蜂蜡涂在柑橘表面，防止水分损失的记载。英国在16世纪就出现了用涂脂来防止食品干燥的方法。20世纪30年代美国、英国、澳大利亚开始用天然的或者合成的蜡或树脂处理新鲜水果和蔬菜的技术。在20世纪50年代后期还报道了有关用可食性涂膜剂处理肉制品的方法。此外，将可食性涂膜剂产品用于糖果食品已不鲜见。

一、涂膜剂的作用

对食品进行涂膜，既可单用涂膜剂，也可将涂膜剂与其他食品添加剂混合后使用，以起到多方面的功能。

在食品上使用可食性涂膜（或复合涂膜）的目的有：减少食品的水分散失；防止食品氧化；防止食品变色；抑制生鲜食品表面微生物的生长；保持食品的风味不散失；增加食品，特别是水果的硬度；提高食品外观可接受性；减少食品在贮运过程中的机械损伤。

涂膜的通透性是膜的主要性质和质量标准。涂膜材料的化学成分影响膜的通透性。非极性材料，如类脂类物质，对水分的阻隔能力强，但易于透过气体，对氧的阻隔能力差。具有许多氢键、高度极性的材料可降低气体的渗透性，特别是低温环境中，但对水分的阻隔能力差。离子型的材料对氧的阻隔性强。加入低分子质量的塑化剂可以提高薄膜的弹性，减少碎裂和剥落并改变渗透性。形成的薄膜的结构、环境温度以及分子质量影响膜的渗透性。

水分是以气体状态从食品中散失的，亲水性的材料有利于水分的透过。食品周围环境中的水蒸气压关系到膜的功能。如果在膜上有裂缝或小孔，那么在这些部位水分就会直接蒸发。

表面涂层的果蔬由于保护膜的阻隔作用，可以减少擦伤和病菌的入侵。涂蜡柑橘要比不涂蜡柑橘保藏期长。用蜡包裹干酪可防止其在成熟过程中长霉。

涂膜材料（如树脂、玉米醇溶蛋白和蜡的乳胶体等）可以使产品带有光泽，提高其商品价值。以虫胶为原料制成的薄膜光泽较好。

二、涂膜剂种类及其性质

（一）类脂

类脂是一类疏水性化合物，属于甘油和脂肪酸组成的中性酯，蜡是其中之一。通常这类化合物做成薄膜后易碎，因此常与多糖类物质混合使用。类脂固形物含量达75%时，隔水性能较好，而固形物低于25%则渗透性增加。石蜡油、蜂蜡、矿物油、蓖麻油、菜油、花生油、乙酰单甘酯及其乳胶体等可以单独或与其他成分混合在一起用于食品涂膜。这些物质的使用必须符合相关的食品卫生法规。

人工涂蜡是果品采后商品化处理的一个重要环节，能减缓果实失水皱缩，增加果实的光泽，改善其外观品质，且蜡液还可以与保鲜剂配合使用，更长时间地保持果蔬的良好品质。有研究表明，虫胶果蜡可显著提高茄子果实的贮藏品质。采用石蜡作被膜剂，硬脂酸单甘油酯等为乳化剂，以二氧化氯为防腐剂制成的涂膜剂对黄瓜、番茄保鲜效果明显。

（二）树脂

天然树脂来源于树或灌木的细胞，合成的树脂一般是石油产物。

紫胶由紫胶桐酸和紫胶酸组成，与蜡共生，可赋予涂膜食品以明亮的光泽。紫胶在果蔬和糖果中应用广泛。紫胶和其他树脂对气体的阻隔性较好，对水蒸气一般。

松脂可用于柑橘类水果的涂膜剂，苯并呋喃－茚树脂也可用于柑橘类水果。苯并呋喃－茚树脂是石油或煤焦油提炼的物质，有不同的质量等级，常常是作为“溶剂蜡”用于柑橘产品。这些树脂黏度低并且快干。溶剂蜡树脂含有少量类脂、吗啉、氢氧化钾、氢氧化铵以及其他成分。

（三）蛋白质

大豆分离蛋白是一种高纯度大豆蛋白产品，除具有很高的营养价值外，还有诸多加工功能，如乳化、吸水、吸油、黏结、胶凝、成膜等。大豆分离蛋白膜较多糖膜具有更好的阻隔性能和机械性能。由于大豆分离蛋白膜的透氧率太低，透水率又高，常与糖类、脂类复合用于果蔬保鲜。用大豆分离蛋白淀粉复合膜液对白蘑菇进行涂膜保鲜，能够显著降低其贮藏期内的开伞率、失重率、呼吸强度，有效地抑制多酚氧化酶的活性，提高白蘑菇的贮藏品质。

大豆浓缩蛋白（70%蛋白质）和大豆分离蛋白（90%蛋白质）加热后，它们的成膜性有所提高，这是因为形成二硫键的缘故。欲成膜溶液要远离等电点（大约 pH4.6）。在我国，人们用加热豆浆的方法制造豆皮，用于包裹食品。

小麦面筋蛋白主要是由麦醇溶蛋白和麦谷蛋白组成。由于麦谷蛋白具有弹性，麦醇蛋白具有延伸性，能与水形成网络结构，从而具有优良的黏弹性、延伸性、吸水性、乳化性、成膜性等独特的性能，因此具有广阔的应用前景。采用小麦面筋蛋白涂膜进行荔枝保鲜试验，通过对贮藏期间果皮褐变、感官指标、腐烂程度和营养成分的变化评定保鲜效果时发现，这种保鲜技术可使荔枝的保鲜期由 2～3d 延长到 7d。

乳清蛋白是原料乳中除在 pH 等电点处沉淀的酪蛋白外，留下来的蛋白质，占乳蛋白质的18% ~20%。乳清蛋白具有良好的营养特性及形成膜的能力，它可以形成透明、柔软、有弹性、不溶于水的薄膜，并且此膜在较低的湿度条件下具有优良的阻隔氧气、芳香物质和油脂的特性。国外对乳清蛋白膜的研究较多，以乳清蛋白为原料，以甘油、山梨醇、蜂蜡、CMC等为增塑剂，研制的乳清蛋白可食性膜，具有透水、透氧率低、强度高的特点。

胶原蛋白是动物皮、腱和结缔组织的主要成分，它部分水解可形成明胶，可以作为微胶囊的成分。明胶在水溶液中可溶，形成一种柔韧的、透明的、氧可渗透的膜。用酸或酶对胶原蛋白进行降解可产生可食性的胶原蛋白肠衣。胶原蛋白肠衣是商业化生产的可食性薄膜的极好的例子，在肉制品工业中发挥着重要作用。谷蛋白复合物由麦醇溶蛋白以及与类脂和碳水化合物结合的麦谷蛋白多肽组成，在醇溶液中可溶，但如果要形成均质化的成膜溶液需要在碱性或酸性条件下。添加塑化剂可以增加其柔韧性。谷蛋白复合物膜具有较高的水渗透性，但对氧和二氧化碳有良好的阻隔能力。

玉米醇溶蛋白是由玉米谷蛋白衍生出的醇溶蛋白，除了在极低或极高pH下，均不溶于水，这是由于非极性氨基酸含量高的缘故。玉米醇溶蛋白可溶于醇溶液，干燥后具有抗油性。一般使用时要添加塑化剂以抗脆裂。由于其高度光亮性、快干性，现在已可替代紫胶使用。玉米醇溶蛋白涂膜对空气有较好的阻隔作用，能防止食品成分被氧化、失水及风味散失。有人将10%的玉米醇溶蛋白溶液与甘油、油酸、虫胶等混合配成涂膜液对香蕉进行涂膜保鲜取得了显著效果。将玉米醇溶蛋白用于青椒、番茄、猕猴桃的涂膜保鲜试验也取得了很好的效果。

（四）碳水化合物

在食品系统中，多糖用于增稠剂、稳定剂、凝胶剂和乳化剂已有多年历史。由多糖形成的亲水性的膜，有不同的黏度规格，对气体的阻隔性好，但隔水能力差。

纤维素是地球上最丰富的多糖，是植物细胞壁的主要成分，是D－葡萄糖按β－1，4－糖苷键相连的高分子物质。天然的纤维素不溶于水，但其衍生物，如羧甲基纤维素（CMC）可溶于水。这些衍生物对水蒸气和其他气体有不同的渗透性，可作为成膜材料的组分。

果胶也是一种源于植物细胞壁的多糖。商品果胶多由柑橘皮或苹果渣制得。果胶物质的基本结构是D－吡喃半乳糖醛酸以α－1，4－糖苷键结合的长链物质。天然果胶甲酯化程度的变化幅度很大。分子中的仲醇基也可能有一部分乙酯化。果胶酯化程度影响其溶解性和凝胶特性，链的长度也影响到溶解性和黏性。低甲氧基果胶，即甲酯化程度不到50%的，可以利用羧基与多价离子（常用Ca^{2+}、Al^{3+}）的作用生成凝胶。多价离子起果胶分子交联剂的作用。用果胶制成的薄膜由于其亲水性，故水蒸气渗透性高。米尔斯（Miers）等人曾报道甲氧基含量4%或更低以及特性黏度在3.5以上的果胶，其薄膜强度可以接受。看来，使用不同的甲氧基果胶，与形成不同要求的可食性薄膜关系密切。

含淀粉的材料（直链淀粉、支链淀粉以及它们的衍生物）可用于制造可食性涂膜。有报道称这些膜对CO_2、O_2有一定的阻隔作用。除杂交玉米外，大多数淀粉含有25%直链淀粉和75%支链淀粉。一般杂交玉米含50% ~80%的直链淀粉。直链淀粉是D－葡萄糖残基以α－1，4－糖苷键连接的多苷链。支链淀粉分子形状如高粱穗，小分支极多，各分支也都是D-葡萄糖以$\alpha-1$，4-糖苷键成链，卷曲成螺旋，但在分支接点上则为$\alpha-1$，6-糖苷键。直链淀粉的成膜性好于支链淀粉，支链淀粉作为增稠剂合适。糊精是淀粉的部分水解产物，也可以制作成膜剂、微胶囊等。海藻制品中的角叉菜胶、褐藻酸盐和琼脂都是良好的成膜或凝胶材料。角叉菜胶可作乳化剂、稳定剂和增稠剂，褐藻酸盐凝胶的热稳定性较好，琼脂很容易形成凝胶，广泛用作微生物的培养基。

从很多植物组织中，以及通过发酵工程都可以提取出或制造出胶类物质。阿拉伯胶是阿拉伯树等金合欢属植物树皮的分泌物，多产于阿拉伯国家的干旱高地，因而得名。阿拉伯胶在糖果工业中可作为稳定剂、驻香剂、乳化剂等，也可作为涂膜剂。

此外，在涂膜剂中常常要加入其他成分或采取其他措施，以增加薄膜的功能。如添加增塑剂（常用丙三醇、山梨醇）、防腐剂（苯甲酸盐、山梨酸盐）、乳化剂（蔗糖酯）、抗氧化剂（BHT、PG）以及浸渍无机盐溶液（$CaCl_2$）等。

三、几丁质及壳聚糖涂膜

可食性涂膜剂单独或与其他食品添加剂、加工助剂混合使用，能明显提高食品，特别是生鲜果蔬制品的新鲜度和耐藏性。涂膜后可以减少脱水、氧化、脱色；增进防腐；驻留风味；保持结构。许多涂膜剂的原料可从食品工业的下脚料获得，几丁质及壳聚糖就是其中之一，在果蔬贮藏保鲜中起着越来越大的作用。

几丁质是地球上含量仅次于纤维素的多糖，又名甲壳质、甲壳素。昆虫、甲壳类（虾、蟹）等动物的外骨骼主要由甲壳素与碳酸钙所组成。此外，一些霉菌的细胞壁以及绿藻类的细胞壁也含有几丁质，它是N-乙酰-D-氨基葡萄糖以$\beta-1$，4-糖苷键连接而成的多糖。几丁质部分脱乙酰后可制成壳聚糖。几丁质可以延迟已达采收成熟期的水果的成熟。

几丁质是一种既不溶于水又不溶于酸的物质，而壳聚糖虽不溶于水但溶于酸，且具备良好的成膜性，因此，一般使用壳聚糖，而不直接使用几丁质。通常使用浓度为0.5%～2.0%的溶液，在果蔬表面形成一层薄膜而达到保鲜效果。

果实表面的几丁质或壳聚糖薄膜可以阻碍果蔬的蒸腾作用，以减少水分损失。用壳聚糖处理的水果其硬度有所保持，对果蔬中的营养物质也有一定的影响。

几丁质或壳聚糖在果蔬表面所形成的无色透明薄膜对果蔬的采后生理有重要影响，这种薄膜能有效地控制果蔬的呼吸强度，对乙烯的产生、细胞的膜脂过氧化有一定的抑制作用，有提高果蔬中超氧化物歧化酶（SOD）活力的能力。壳聚糖处理有利于果实细胞的稳定。此外，几丁质或壳聚糖对果蔬的防腐能力也是显著的。

四、复合型可食性膜

复合型可食性膜是以不同配比的多糖、蛋白质、脂肪酸结合在一起制成的一种可食性膜。由于复合膜中各种成分的种类及含量不同，膜的透明度、机械强度、阻气性、耐水性、耐湿性也就不同，可以满足不同果蔬保鲜的需要。

普鲁蓝多糖的成膜性、阻气性、可塑性、黏性均较强，并且具有易溶于水、无色无味等优良特性。在猕猴桃涂膜试验中发现，采用0.080%普鲁蓝、0.165%硬脂酸和0.775%大豆蛋白溶液对猕猴桃浸泡30s后存放在15℃、相对湿度50%的环境中，20d后涂膜处理的猕猴桃失水率为6.48%，而对照组则为8.26%，失水率显著降低。用角叉胶和抗褐变剂复合涂膜苹果切片，能有效地降低其呼吸率，并抑制微生物生长，从而延长货架期。用壳聚糖、木薯淀粉制成不同的涂膜液对鲜切菠萝蜜进行涂膜处理，涂膜后鲜切菠萝蜜的可溶性固形物、总糖、淀粉、总酸、维生素C变化均小于对照组，抗菌性能也优于对照组。以不同溶剂制成的香椿提取液涂膜处理草莓，其保鲜期可延长6~8d，并能够有效地延缓失重率、腐果率、可滴定酸、维生素C和可溶性固形物含量的变化。

无毒、无害和无污染的可食性膜已成为国内外食品科学与技术研究的热点，其趋势是逐渐由单材料向多材料、由单层膜向多层膜方向发展，研制由多种成分构成的复合型可食性膜和添加防腐剂、酶制剂等生物活性物质的多功能可食性膜是今后发展的主要方向。

【思考题】

1. 分别简述食品防腐剂、抗氧化剂、酸化剂和涂膜剂的概念。
2. 列举重要的食品防腐剂、抗氧化剂、酸化剂和涂膜剂，说明其使用原则和方法。
3. 说明食品防腐剂、抗氧化剂、酸化剂和涂膜剂在可能的情况下互相配合的增效作用。

参考文献

[1] 赵晋府．食品技术原理．北京：中国轻工业出版社，2007

[2] 孙平．食品添加剂．北京：中国轻工业出版社，2010

[3] 段丹萍，鲁丽莎等．果蔬涂膜保鲜技术研究现状与应用前景，保鲜与加工．2009，6

[4] Owen R. Fennema，Food chemistry，Third Edition，Marcel Dekker，Inc. 1996

[5] M. Shafiur Rahman，Handbook of Food Preservation，Marcel Dekker，Inc. 1999

[6] James G. Brennan. Food Processing Handbook. WILEY - VCH_ Verlag GmbH & Co. KGaA，Weinheim，2006

[7] Y. H. Hui. Handbook of Food Products Manufacturing. Wiley & Sons，Inc.，Hoboken，New Jersey，2007

[8] Peter Zeuthen，Leif Bùgh - Sùrensen，Food preservation techniques，New York：CRC Press，2002

第三篇

生物技术对于食品的处理

第一章　传统食品发酵技术

【学习指导】

本章主要介绍发酵食品应用的主要微生物，食品发酵有关因素的控制，发酵食品的种类。通过本章的学习，加深微生物学、生物化学及食品工艺学等的认识，扩大对微生物应用技术的理解。在食品加工、贮藏、营养等方面，不仅要采取各种措施抑制有害微生物，而且要利用有益微生物生产各种发酵食品。

史前新石器时代（公元前6500—5500年）的中国人就已经开始利用谷物原料酿造“酒类”。考古发掘表明，夏朝和商朝的中国人或者他们的先人就已经酿造了用于祭祀和帝王专用的含有酒精的饮品，这也是我国发酵技术应用的最早记载。

发酵（fermentation）最初来自于拉丁语对“发泡”（fervere）的描述，是指酵母菌作用于果汁或谷物产生CO_2的现象。这一概念直到目前在酿造及发酵工业都还在普遍使用。通常，人们将利用微生物在有氧或无氧条件下的生命活动来制备微生物菌体或其代谢产物的过程统称为发酵。

历史上，人们自觉或不自觉地利用来自自然界中的微生物对不同食品原料的发酵作用，得到了几乎所有的传统发酵食品。正因为微生物与其自然环境的特殊相关性，使世界上不同地域、不同民族，在长期的自然历史进程中，受其自然资源、气候条件、饮食习惯等的影响，逐渐形成了不同种类或不同风格的发酵食品。如中国的馒头与欧美的面包，中国的豆豉与日本的纳豆，中国的白酒与法国的白兰地等都带有自己的民族色彩，代表人们不同的生活习性和体现具有时代特色的生产力发展水平。

最初，人们并不知道发酵与微生物的关系，也不清楚发酵的原因，通过口传心授发酵技艺，不自觉地利用着自然环境中的微生物资源。厌气性发酵在酒类酿造中的巧妙应用，好气性发酵在食醋酿造和面包发酵中的成功等，构成了传统式发酵的主要特色。直到1667年荷兰人列文·虎克（Antony Van Leowen hoek）发明了显微镜并观察到微生物后，才逐渐揭开了微生物世界的秘密。法国人巴斯德（Louis Pasteur，1850—1880年）发现了发酵原理，认识到发酵是由微生物的活动所引起。

随着人们对微生物及其代谢产物认识的逐渐深入，微生物的定向驯化和人工控制条件下的发酵技术更加成熟，可以通过发酵工程技术大规模地生产多种产品。

不仅如此，由于学科交叉和相关学科的不断发展，促进了现代食品发酵工业的进步。其中，微生物遗传学和生物化学的发展，促进了20世纪60年代氨基酸、核苷酸发酵工业的建立和诱变育种技术的成熟，选育出来一大批优良菌株并在相关发酵工业得到了实际应用；经过70年代和80年代，随着细胞生物学和分子生物学的研究进展，又使杂交育种、基因工程育种技术在食品发酵工业得到应用。

目前，发酵食品的生产方式已从原始的依赖自然发酵的手工作坊，逐步发展到近代的纯种发酵、机械化生产以及现代化的大规模自动化控制的连续发酵生产方式。培养对象从细菌、酵母菌、霉菌扩大到食用菌甚至低等藻类。目前，国内外单细胞发酵生产规模已趋于超大型化发展，发酵罐的容积已达到数千立方米。基于现代分析测试仪器的精密检测技术、生物传感器及遥感在线分析测试技术、微机信号反馈自动调控等技术在发酵工艺的优化和过程管理上也起到了越来越重要的作用。在大型的发酵食品生产企业，如活性干酵母、啤酒、氨基酸、维生素等发酵行业，计算机自动控制系统在生产中已经得到普遍应用，今后在更多的发酵食品生产领域还会进一步得到推广。

第一节　食品发酵的微生物利用

一、细菌的利用

细菌在自然界分布甚广，特性各异，在这类微生物中，有的是发酵食品工业的有益菌，有的是有害菌，酒类、酱类和传统腌渍菜等产品中都有细菌的参与。

1. 乳酸杆菌属（*Lactobacillus*）

乳酸杆菌属为革兰阳性菌，它们存在于乳制品、发酵植物性食品（如泡菜、酸菜等）、青贮饲料及人的肠道中，尤其是在婴儿肠道中。在乳酸发酵、酸乳、干酪等乳制品生产中常用菌种如下。

（1）乳酸乳杆菌（*Lactobacillusc lactis*）　用于制造干酪。

（2）德氏乳杆菌（*Lactobacillus delbruckii*）　该菌在乳酸制造和乳酸钙制造工业上应用甚广。

（3）植物乳杆菌（*Lactobacillus plantarum*）　奶酒、发酵面团及泡菜中均有这种乳酸杆菌。

（4）保加利亚乳杆菌（*Lactobacillus bulgaricus*）　又称保加利亚乳酸杆菌，德氏乳杆菌保加利亚种。该菌是酸乳生产的常用菌。

（5）干酪乳杆菌（*Lactobacillus casei*）　产生L（+）乳酸多于D（-）乳酸，用于生产乳酸、干酪及青贮饲料。

2. 链球菌属（*Streptococcus*）

链球菌属细菌为革兰阳性菌，用于酸乳、干酪等乳制品及我国传统食品工业产品，如泡菜、豆乳以及酱类发酵。

3. 明串珠菌属（*Lenconostoc*）

明串珠菌属细菌为革兰阳性菌。该菌是制糖工业的一种有害菌，常使糖汁发生黏稠而无法加工，但它却是生产右旋糖酐的重要菌。

4. 醋酸杆菌属（*Acetobacter*）

该属幼龄菌为革兰阴性菌。醋酸杆菌有较强的氧化能力，可将乙醇氧化为醋酸，是生产食醋和醋酸饮料的主要菌属。虽然它对醋酸生产有利，但对酒类饮料有害。

5. 芽孢杆菌属（*Bacillus*）

该属细菌为革兰阳性菌，能形成芽孢，在自然界中分布很广，在土壤中、空气中尤为常见，是食品中常见的腐败菌。它能产生淀粉酶和蛋白酶，在工业生产上得到广泛应用。如枯草杆菌 BF7658、枯草杆菌 As l. 398 目前主要分别用于生产 α－淀粉酶和蛋白酶。

二、酵母菌的利用

自然界中存在的酵母菌种类很多，是目前在发酵食品工业中使用量最大的微生物菌属。

1. 酵母属（*Saccharomyces*）

本属的酵母能发酵多种糖类，例如酿酒酵母（*Sacchammyces cerevisiac*）为上面酵母，能发酵葡萄糖、蔗糖、麦芽糖、半乳糖、棉子糖等。卡尔斯伯酵母（*Saccharomyces carlsbergensis*）为典型的下面酵母，可发酵葡萄糖、半乳糖、蔗糖、麦芽糖及全部棉子糖。本属酵母能发酵糖产生 CO_2 和酒精，但不能发酵乳酸。它可引起水果、蔬菜发酵，可利用它酿酒，还可供面包发酵用。

鲁氏酵母（*Saccharomyces rouxii*）、蜂蜜酵母（*Saccharomyces mellis*）能在含高浓度糖溶液的食品中生长而引起食品变质。它也能抵抗高浓度的食盐溶液，如能在酱油中生长，酱油液面即生成灰白色粉状的皮膜，时间长后皮膜增厚变成黄褐色。

下面介绍几种酵母属的酵母。

（1）酿酒酵母（*Saccharomyces cerevisiae*）　酿酒酵母是酿造啤酒典型的上面酵母。除酿造啤酒、酒精及其他饮料外，还可用于发酵面包和中国馒头。菌体中维生素、蛋白质含量高，可作食用、药用和饲料酵母，又可提取核酸、麦角固醇、谷胱甘肽、凝血素、辅酶 A、三磷酸腺苷等。啤酒酵母分布在各种水果的表面、发酵的果汁、土壤（尤其是果园土）和酒曲中。

（2）酿酒酵母椭圆变种（*Saccharomyces cerevisiae ellipsoideus*）　该菌是汉逊氏从葡萄果皮上分离出来的，一般适用于葡萄酒酿造。

（3）卡尔斯伯酵母（*Saccharomyces carlsbergensis*）　由丹麦卡尔斯伯（Carlsberg）地方而得名，是啤酒酿造中的典型下面酵母。该酵母可供食用、药用和饲料用，其麦角固醇含量较高。

2. 毕赤氏酵母属（*Pichia*）

该属菌分解糖的能力弱，不产生酒精，可氧化酒精并能耐受高浓度的酒精。常使酒类和酱油产生变质，是饮料酒类生产中的污染菌，例如粉状毕赤氏酵母（*Pichia fisfarinosa*）。

3. 汉逊氏酵母属（*Hansenula*）

该属酵母多能产乙酸乙酯，并可从葡萄糖产生磷酸甘露葡萄糖，用于食品工业及纺织工业。它有降解核酸的能力，并能微弱利用十六烷烃。常是饮料酒类的污染菌，在其表面生成干而皱的菌醭。由于该属的大部分种能利用酒精为碳源，是酒精发酵工业的有害菌，例如异常汉逊氏酵母（*Hansenula anonmala*）。但由于它可产生乙酸乙酯，对食品的风味起一定的作用。可用于无盐发酵酱油的增香；参与薯干为原料的白酒的酿造，经浸香和串香法酿造出比一般薯干白酒味道醇厚的白酒。

4. 假丝酵母属（*Canadida*）

该属酵母细胞为球形或圆筒形。因为这些酵母菌体干物质中含有高含量的蛋白质，高的可达60%左右，蛋白质中含有大量赖氨酸，并含有较多的维生素和多种微量元素，故为饲料的重要资源。

5. 赤酵母属（*Rhodotorulla*）

本属酵母有产生色素的能力，色素有红色、橘色或黄色等。

6. 酵拟酵母属（*Torulopsis*）

该属酵母对多数糖有分解作用，具有耐受高浓度的糖和盐的能力，例如杆状球拟酵母（*Torulopsis bacillaris*）常在果汁、乳制品、鱼贝类等食品中出现。

三、霉菌的利用

霉菌是我国传统食品中使用范围最广、最早规范使用的微生物，工业上常用的霉菌有：藻状菌纲的毛霉、根霉，子囊菌纲的红曲霉，半知菌纲的曲霉、青霉等。

1. 毛霉属（*Mucor*）

毛霉具有分解蛋白质的能力，可用于制造腐乳，如鲁氏毛霉（*Mucor rouxianus*），使腐乳产生芳香物质及具有鲜味的蛋白质分解产物。某些菌种具有较强的糖化力，可用于乙醇及有机酸工业原料的糖化与发酵。另外，毛霉还常在水果、果酱、蔬菜、糕点、乳制品、肉类等食品上检出，引起食品腐败变质，如鲁氏毛霉（*Mucor rouxianus*）、总状毛霉（*Mucor recemosus*）等。

2. 根霉属（*Rhizopus*）

根霉的形态结构与毛霉类似，菌丝细胞内无横隔。根霉的用途很广，它能产生淀粉酶，使淀粉转化为糖，是酿酒工业常用的发酵菌，如米根霉（*Rhizopus oryzae*）和华根霉（*Rhizopus chinensis*），是我国酒药和酒曲的主要菌属。根霉也常会引起粮食及其制品霉变。其代表菌种有：黑根霉（*Rhizopus nigricans*）、米根霉、华根霉、无根根霉（*Rhizopus arrhizus*）。

3. 红曲霉属（*Monascus*）

红曲霉能产生淀粉酶、麦芽糖酶、蛋白酶、柠檬酸、琥珀酸、乙醇等。有些种能产生鲜艳的红曲色素、洛伐他汀、红曲多糖、γ－氨基丁酸等代谢产物。红曲霉的用途很多，可用于酿酒、制醋、做豆腐乳的着色剂等。

4. 曲霉属（*Aspergillus*）

曲霉具有分解有机质的能力，可应用于酿造等方面作为糖化的菌种，如黑曲霉、宇佐美曲霉及米曲霉。它还可以引起多种食品的霉变，如黄曲霉。

下面介绍几种曲霉：

（1）黑曲霉（*Aspergillus niger*） 黑曲霉还能用于生产多种有机酸，如抗坏血酸、柠檬酸等。

（2）宇佐美曲霉（*Aspergillus usamii*） 它属黑曲霉群，对制曲原料适应性强，是酒精厂、白酒厂广泛采用的优良菌种。

（3）米曲霉（*Aspergillus oryzae*） 含有多种酶类，其中糖化型淀粉酶（β-1，4-葡萄糖苷酶）和蛋白分解酶活力都较强。主要用作酿酒的糖化曲和酱油生产用酱曲。

5. 木霉属（*Trichoderma*）

木霉含有多种酶系，尤其是纤维素酶含量很高，因此木霉常用于纤维素下脚料制糖、淀粉加工、食品加工和饲料发酵等方面。木霉常造成谷物、水果、蔬菜等食品霉变，同时它还可使木材、皮革及其他纤维质物品霉变。

其代表菌种有绿色木霉（*Trichoderma viride*）、康氏木霉（*Trichoderma Koningi*）等。

6. 地霉属（*Geotrichum*）

地霉属代表菌种有白地霉（*Geotrichum cndidum*），主要用于干酪、饲料和污水处理等。

第二节　食品发酵有关因素的控制

一、温度

微生物发酵食品的生产，最基本的是取决于生产菌种的性能，但有了优良的菌种还需要有最佳的环境条件即发酵工艺加以配合，才能使其生产能力得以发挥。因此，必须研究发酵食品生产的最佳工艺条件，如营养要求、培养温度、对氧的需求等，设计合理的发酵工艺，使生产菌种处于最佳生长条件下，才能达到理想的效果。

（一）温度对发酵的影响及控制

由于任何生物化学的酶促反应与温度变化有关，因此，温度对发酵的影响及其调节控制是影响有机体生长繁殖最重要的因素之一。温度对发酵的影响是多方面且错综复杂，主要表现在对细胞生长繁殖、产物合成、发酵参数和生物合成方向等方面。

1. 温度影响微生物细胞生长繁殖

从酶促反应的动力学来看，温度升高，反应速度加快，呼吸强度增加，最终导致细胞生长繁殖加快。但随着温度的上升，酶失活的速度也越大，使衰老提前，发酵周期缩短，预期的发酵产物还没有产生，对发酵生产不利。

2. 温度影响产物的生成量及合成方向

很多发酵食品都采用混合菌种发酵，通过调节发酵温度，使不同类型的微生物生长速度得以控制，达到理想的发酵效果。

在腌渍菜生产过程中，主要有三种微生物参与将碳水化合物转化成乳酸、醋酸和其他产物。参与发酵的细菌主要有肠膜状明串珠菌、黄瓜发酵杆菌和短乳杆菌等。肠膜状明串珠菌产生醋酸及乳酸、酒精和二氧化碳等产物，当肠膜状明串珠菌消失后，黄瓜发酵乳杆菌继续发酵产生乳酸等代谢产物，黄瓜发酵乳杆菌消失后，则由短乳杆菌继续发酵产生乳酸等物质。在不同时期、不同发酵温度下产生的代谢产物也可发生反应，生成腌渍菜特有的风味，如乙醇和酸合成酯类。不同微生物的生长与温度关系密切，如果在发酵初期温度较高（超过21℃），则乳杆菌生长很快，同时抑制了能产生醋酸、酒精和其他产物、适宜较低温度的肠膜状明串珠菌的生长。因此，腌渍菜初期发酵温度可以低些，有利于风味物质的产生，而在发酵后期可提高发酵温度，以利于乳杆菌的生长。

3. 温度影响发酵体系的物理性质

温度除影响发酵过程中各种反应速率外，还可以通过改变发酵体系的物理性质，间接影响微生物的生物合成。例如，温度对氧在发酵液中的溶解度就有很大影响，随着温度的升高，气体在溶液中的溶解度减小，氧的传递速率也会改变。另外，温度还影响基质的分解速率，例如菌体对硫酸盐的吸收在25℃时最小。

（二）最适温度的选择

最适温度是一种相对概念，是指在该温度下最适于菌的生长或发酵目标产物的生成。选择最适温度应该考虑微生物生长的最适温度和目标产物合成的最适温度。最适发酵温度与菌种、物料（培养基）成分、培养条件和菌体生长阶段有关。

在不同发酵过程中，细胞生长和目标代谢产物产生的最适温度往往不同。至于何时应该选择何种温度，要看生长与生物合成哪一个是主要方面。在生长初期，主要考虑菌体生长，中后期则需要重点考虑目标代谢产物的生成，因此，需要在不同的发酵阶段选择不同的最适温度。

最适发酵温度的选择是相对的，还应根据其他发酵条件进行合理的调整，需要考虑的因素包括菌种、培养基成分和浓度、菌体生长阶段和培养条件等。例如，面团发酵在搅拌阶段酵母最适生长温度是26～28℃，但面包酵母醒发时产生二氧化碳气体的最适温度是36～42℃，在烘烤阶段，酵母淀粉酶的作用最佳温度是60℃以上。馒头在工业化生产时，面团发酵温度控制在26～32℃，快速发酵时温度控制在30℃，发酵室的温度不宜超过35℃，否则产气过快，不利于保持气体，还会产生过多的乳酸和乙酸。

工业上使用大容积发酵罐的发酵过程，一般不需要加热，因为释放的发酵热常超过微生物的最适培养温度，需要冷却的情况较多。在各种微生物培养过程中，各发酵阶段的最适温度的选择是从各方面综合进行考虑确定。

二、pH

发酵过程中物料体系的pH是微生物在一定环境条件下进行代谢的一个重要发酵工艺参数，它对菌体的生长和产物的积累有很大影响。因此，必须掌握发酵过程中pH的变化规律，及时监测并加以控制，使其处于最佳状态。尽管多数微生物能在3～4个pH单位的 pH 范围内生长，但在发酵工艺中，为达到高生长速率和最佳产物形成，必须使 pH 在很窄的范围内保持恒定。

（一）pH 对微生物发酵的影响

微生物生长和生物合成都有其最适合能够耐受的 pH 范围，大多数细菌生长的最适 pH 范围在 6.3 ~7.5，霉菌和酵母生长的最适 pH 范围在 3 ~6，放线菌生长的最适 pH 范围在 7 ~8。有的微生物生长繁殖阶段的最适 pH 范围与产物形成阶段的最适 pH 范围是一致的，但也有许多不一致的情况。

pH 还会影响菌体的形态，影响细胞膜的电荷状态，引起膜的渗透性发生改变，进而影响菌体对营养物质的吸收和代谢产物的形成。

此外，pH 对某些生物合成途径有显著影响。为更有效地控制生产过程，必须充分了解微生物生长和产物形成的最适 pH 范围。

（二）影响发酵 pH 的因素

发酵过程中，pH 的变化是微生物在发酵过程中代谢活动的综合反映，其变化的根源取决于物料体系（培养基）的成分和微生物的代谢特性。

研究表明，培养开始时物料体系 pH 的影响不大，因为微生物在代谢过程中，改变培养基 pH 的能力很快。自然发酵环境下，在生长初期糖类等生理酸性物质代谢占主导，pH 降低，可以起到防御外来有害菌的进入，通过后期生理碱性物质代谢，提高了环境的 pH，并维持稳定。通气条件的变化，菌体自溶或杂菌污染都可能引起发酵液 pH 的改变，所以，确定最适 pH 以及采取有效的控制措施是使菌种发挥最大生产能力的保证。当外界条件发生较大变化时，菌体就失去了调节能力，发酵液的 pH 将会产生波动。

（三）最适 pH 的选择和调控

选择最适 pH 的原则是既有利于菌体的生长繁殖，又可以最大限度地获得高产量的目标产物。在工业发酵生产中，调节 pH 的方法并不是仅仅采用酸碱中和，因为酸碱中和虽然可以中和培养基中存在的过量碱或酸，但却不能阻止代谢过程中连续不断发生的酸碱变化。即使连续不断地进行测定和调节，效果也甚微。因为发酵过程中引起 pH 变化的根本原因是微生物代谢营养物质的结果，所以，调节控制 pH 的根本措施主要应该考虑培养基中生理酸性物质与生理碱性物质的配比，其次是通过中间补料进一步加以控制。

也可以通过改变发酵环境条件（氧气）来调节 pH，例如在面包发酵过程中，由于内部空气（氧气）逐渐减少，好氧发酵程度降低，厌氧发酵速度加快，造成有机酸积累，pH 降低；通过增加搅拌，增加氧气供给，减少有机酸产生，提高 pH，可增加目标产物、二氧化碳和风味物质含量。

三、氧的供应

在好氧微生物培养中，氧气的供应是发酵能否成功的重要因素之一。通气效率的改进可减少空气的使用量，从而减少泡沫的形成和杂菌污染的机会。

（一）溶解氧对发酵的影响

溶解氧是需氧微生物发酵控制的重要参数之一。由于氧在水中的溶解度很小，在发酵液中的溶解度也是如此，需要不断通风和搅拌，才能满足不同发酵过程对氧的需求。溶解氧的大小对菌体生长和产物的形成及产量都会产生不同的影响。不论是调味品发酵还是谷氨酸发酵，供氧不足时，均会产生过量乳酸类物质。

需氧发酵并不是溶氧越大越好。溶解氧高虽然有利于菌体生长和产物合成，但太大有时反而抑制产物的形成。为避免发酵处于缺氧条件，需要考查各种微生物进行代谢时的临界氧浓度和最适氧浓度，并使发酵过程保持在最适浓度。

（二）影响微生物需氧量的因素

在需氧微生物发酵过程中影响微生物需氧量的因素很多，除与菌体本身的遗传特性有关外，还和物料体系（培养基）组成、菌龄及细胞浓度、培养条件、有毒产物的形成及积累等因素有关。

四、盐

盐分除影响食品风味、口感外，更重要的是对发酵食品微生物的影响。属于腌渍型发酵蔬菜的泡菜，是以乳酸菌群发酵为主的世界性、大众化蔬菜发酵产品，种类较多，风味也各不相同。无论是西式泡菜、朝鲜泡菜，还是中国四川泡菜，发酵过程中微生物区系的构成及变化都已有较多的研究，并已经探索出利用纯培养物制备优质发酵蔬菜的各种新方法。新鲜的蔬菜含有大量的各种微生物菌群，包括许多具有潜在危害的微生物和极少量的乳酸菌。收获后的蔬菜表面存在的微生物多是好氧菌，如假单胞菌属（*Psedomonas*）、黄杆菌属（*Flavobacterium*）、无色杆菌属（*Achromobacter*）、气杆菌属和芽孢杆菌属等。但蔬菜在进行发酵时，由于缺氧和高浓度盐等多种因素的存在，发酵过程受到影响，微生物类别也趋于减少。

当蔬菜在含盐量8%左右进行腌渍并进行自然发酵来生产泡菜时，盐溶液维持了一系列微生物的生长和发酵环境。这一过程可分为发酵起始、主发酵、二次发酵和后发酵等四个阶段，成为主要优势菌的微生物涉及细菌、酵母、霉菌等较多的微生物种属。表3-1-1以泡菜为例，列举了其主要优势微生物。

表3-1-1 泡菜中的主要微生物种属

类别	分类种
细菌类	粪链球菌（*Strept. faecalis*）、肠膜明串珠菌（*Leuc. Mesenteroides*）、植物乳杆菌（*L. plantarum*）、短乳杆菌（*L. brevis*）、布氏乳杆菌（*L. buchneri*）、弯曲乳杆菌（*L. curvivatus*）、乳酸片球菌（*P. acidilactici*）、戊糖片球菌（*P. pentosaceus*）、粪肠球菌（*Enter. faecalis*）、嗜盐四联球菌（*Tetra. halophilus*）、弯曲乳杆菌（*L. curvatus*）、米酒醋杆菌（*A. sake*）、融合乳杆菌（*L. confuses*）、醋酸片球菌（*P. acetis*）、啤酒片球菌（*P. cerevisiae*）等

续表

类别	分类种
酵母类	易变酒香酵母（*T. versatilis*）、喀罗林球拟酵母（*T. caroliniana*）、霍尔姆球拟酵母（*T. holmu*）、罗斯酵母（*S. rosei*）、拜耳酵母（*S. elegans*）、德尔布酵母（*S. delbrueckii*）、亚膜汉逊酵母（*H. subpelliculosa*）、异常汉逊酵母（*H. anomala*）、球形酒香酵母（*Brett. sphaericus*）、膜醭德巴利酵母（*D. membranaefaciens*）、奥梅尔拟内孢酵母（*Endo. ohmeri*）、盐膜接合酵母（*Zygosaccharomyces halomembranis*）、克鲁斯假丝酵母（*C. krusei*）等
霉菌类	草酸青霉（*P. oxalicum*）、黄瓜壳二孢霉（*Ascochytacucumis*）、芽枝状枝孢霉（*Cladosporium cladosporioides*）、细链格孢霉（*Alternariatenuis*）、粉红镰孢霉（*F. roseum*）、尖链孢霉（*F. oxysporum*）、腐皮链孢霉（*F. solani*）等

五、乙醇

乙醇是人类最早的发酵食品（酒类）成分之一，以酵母菌发酵葡萄糖生成乙醇为典型代表。酵母菌等微生物在缺氧的条件下将葡萄糖分解为丙酮酸后，经丙酮酸脱羧酶催化脱羧形成乙醛，继而经乙醇脱氢酶催化乙醛还原为乙醇。其反应式为：

$$CH_3COCOOH \rightarrow CH_3CHO + CO_2$$

$$CH_3CHO + H_2 \rightarrow CH_3CH_2OH\text{（乙醇）}$$

传统的酿酒发酵生产各种饮料酒以及近代工业发酵生产酒精，都是利用了酵母对葡萄糖发酵产生乙醇的发酵原理。

六、发酵剂

发酵剂（starter culture）是指用于生产发酵食品的单一微生物纯培养物或不同微生物的组合。因各种发酵食品（如酸乳、面包、馒头、葡萄酒、干酪、饲料等）的特性不同，生产上使用的菌种纯培养物也不同，有酵母、霉菌和乳酸菌及其组合。常用的乳酸菌种有乳酸球菌，包括嗜热链球菌、乳酸链球菌、乳脂链球菌、明串球菌等；乳酸杆菌包括嗜酸乳杆菌、保加利亚乳杆菌、嗜热乳杆菌、干酪乳杆菌等。

当发酵剂接种到不同原料的发酵食品原料中，在一定条件下进行繁殖，其代谢产物可使发酵产品具有一定酸度、滋味、香味和变稠等特性。不仅使产品延长了保藏时间，同时也改善了食品的营养价值和可消化性。例如，利用发酵剂生产酸乳，其主要作用是分解乳糖产生乳酸，产生挥发性物质（如丁二酮、乙醛等），使其具有典型的风味，具有一定的降解脂肪、蛋白质的作用，使酸乳更利于消化吸收，在酸化过程中可抑制致病菌的生长。

第三节　发酵食品的种类

一、啤酒、白酒和葡萄酒

（一）啤酒

啤酒是发酵麦芽谷物浸出物的产品，谷物主要是大麦。大麦为酵母提供了啤酒中用于酒精发酵的糖，也提供了维持酵母生长所需要的氮源（氨基酸）。

1. 啤酒酿造工艺

啤酒酿造工艺流程基本要通过三个阶段：制麦、糖化和发酵。在啤酒装入桶、罐或瓶中之前，还需要用过滤进行澄清。

2. 啤酒酿造微生物

啤酒酿造中的微生物是荷兰人列文·虎克在1680年发现的，随后，科学家们对这种微生物进行了深入研究，生物学家梅因（Mayen）将其命名为“Saccharomyces”，丹麦科学家汉逊（Emil Christian Hansen）成功地对啤酒酵母进行单细胞分离和纯种培养，使纯种发酵技术在啤酒酿造中得到推广。用于啤酒酿造的酵母在分类学上属于子囊菌纲，原子囊亚纲，内孢霉属，酵母科，出芽酵母亚科，酵母属。

（1）啤酒酵母　用于酿造啤酒的酵母在麦汁中25℃培养3d，细胞以长卵形为主，长宽比为1:2，酵母细胞出芽长大后不脱落，再出芽。由于在酿造过程中该类酵母易漂浮在泡沫层中，在液面进行发酵，所以，这类酵母又称“上面发酵酵母”（top fermentation yeast）。啤酒酵母能发酵葡萄糖、麦芽糖、蔗糖，不能发酵蜜二糖和乳糖，棉子糖发酵1/3。

（2）葡萄汁酵母　葡萄汁酵母是卡尔酵母（*S. carlsbergensis Hensen*）、类哥酵母（*S. logos V. zear et Denamur*）和葡萄汁酵母的合称。该酵母在麦汁中25℃培养3d，细胞为圆形、卵形、椭圆形或长圆形。由于在发酵结束时，酵母沉于底部，又称“下面发酵酵母”（bottom fermentation yeast）。葡萄汁酵母均能全部发酵棉子糖。

在啤酒界，酵母种的分类通常按发酵特性（对棉子糖发酵）来分，菌株之间按照繁殖速率、增殖倍数、代谢产物中某些物质的多少、凝聚性、耐性、抗性等生产特性来区分，各啤酒厂都有自己独特的菌株，形成酿造技术和啤酒风味的多样化。

（二）白酒

白酒主要是用高粱、小麦、玉米等淀粉质原料经蒸煮、糖化发酵和蒸馏而制成。我国蒸馏白酒酿造历史悠久，技艺精湛，种类繁多，风格独特。如驰名国内外的茅台酒、宜宾五粮液、杏花村汾酒、泸州老窖特曲等均属于蒸馏白酒。根据发酵剂与工艺不同，一般可将蒸馏白酒区分为大曲酒、小曲酒、麸曲白酒及液态白酒四大类。目前白酒酿造向两个方向发展，一是走液态发酵的道路，液态发酵法具有出酒率高、能源消耗少、劳动强度小等优点，但风味差，尚需进一步改进。这是当前我国普通蒸馏白酒发展的方向之一。二是继续保持传统的固态发酵法，走机械化生产的道路，这是目前我国传统名白酒发展的方向。"千年老窖产好酒"是中国传统白酒生产实践的科学总结，充分说明窖池在曲酒生产中的重要地位。

1. 酒窖窖泥微生态系

中国传统白酒生产，窖池是基础，操作是关键。随着对白酒微生物的深入研究，认识到老窖泥中含有以细菌为主的多种微生物。酒醅（fermented grains）是酿造白酒的术语，一般指固态发酵法酿造白酒时，窖内正在发酵或已发酵好的固体物料。白酒生产以酒醅为营养来源，以窖泥和酒醅为活动场所，经过缓慢的生化作用，产生出以各种酯类为主体的香气成分。大量的实践证明，接近窖底和窖壁的酒醅，蒸出的酒较芳香。对窖泥的研究表明，老窖和新窖的根本差别是它们所含的产香微生物数量和种类的不同。老窖泥中主要有已酸菌、丁酸菌等细菌类微生物以及酵母等。

窖泥微生物的生态分布，随窖龄和在窖内所处的位置而不同。老窖的细菌总数一般为新窖的3倍左右，是中龄窖的2倍左右。嫌气性细菌数也是老窖明显多于新窖，大约为4倍。嫌气性芽孢杆菌数，老窖是新窖的3倍多。在芽孢细菌中，嫌气芽孢菌明显多于好气芽孢菌，窖龄越老，差别越大。如泸州特曲窖中，嫌气芽孢杆菌是好气芽孢杆菌的3~6倍。老窖泥是厌气芽孢杆菌的主要栖息地，有人从特曲窖泥中分离得到35株芽孢杆菌，这是老窖独有的微生物学特征。浓香型曲酒的酿制离不开老窖泥的原因，就在于窖泥中存在着大量的嫌气性梭状芽孢杆菌和其他厌氧功能菌。

2. 大曲发酵酒醅微生物的构成和微生态系

大曲发酵酒是用纯小麦或添加部分大麦、豌豆等原料按照传统工艺经自然发酵制成。酒醅经过清蒸或混蒸，酒醅中的微生物已被杀灭，但在摊凉、下曲或堆集、入窖以后，又使窖内酒醅中形成了混杂的微生物体系。大曲酒发酵是较为粗放的多菌种混合发酵，参与发酵的微生物种类很多，数量巨大，它们相互依存，密切配合，形成一个动态的微生物群系。正是这些复杂的微生物群体进行生化作用，形成了大曲酒多达200多种的风味成分，并且相互协调、烘托、关联，使大曲酒成为独具中国特色的饮料酒。

发酵酒醅的微生物主要来源于酒曲。加曲不但使大量有益的酿酒微生物菌种直接转移到发酵酒醅，而且还给酒醅提供了以淀粉酶、蛋白酶为主的各种酶类。通过这些酶的作用，为酒醅微生物的生长繁殖提供了大量营养和能源，特别是在前发酵和主发酵阶段，为以酵母菌等为主的各类微生物的大量增殖和发酵提供了充分的糖类。大曲还给酒醅带来了数量可观的、多种多样的代谢产物，主要是淀粉和蛋白质的分解产物以及它们的转化物质，在大曲酒的口味和香气方面起着重要作用。

从大曲微生物优势类群变化情况来看，低温期以细菌占绝对优势，其次为酵母菌，再次为霉菌。在肉汁琼脂上尚有一定数量的放线菌存在。其中曲皮部分的酵母菌与霉菌数量远高于曲心部分，细菌数量相差不多。

大曲具有以下特点：

（1）载有大量的具有一定特殊性的微生物。大曲中存在的微生物主要有形成淀粉酶类的糖化菌类、进行酒精发酵的酵母菌类以及形成多种有机酸的生酸菌类等生理类群。

（2）载有各种丰富的酶类。由于各类微生物强烈活动的结果，使得大曲富含各种酶类。它们或被分泌到基质中或依然存在于菌体内。其中以淀粉酶、蛋白酶类最为重要。

（3）累积种类繁多、数量可观的前体物质。大曲中的前体物质是指大曲原料淀粉、蛋白质、脂肪、芳香族化合物等成分经多种微生物分解与再合成之后，累积于大曲之中的各种代谢产物。它们是构成大曲酒特有的色、香、味成分的前体，主要有芳香族化合物、多元醇及氨基酸等。

以大曲酿造的蒸馏白酒，香味浓、口味悠长、风格特征突出；其缺点是用曲量大、耗粮多、出酒率低、生产周期长。

3. 小曲微生物

小曲酒在我国具有悠久的历史，是我国南方人民乐于饮用的酒类。小曲酒与大曲酒相比，无论在生产方法上还是在成品酒的风格特征上都有所不同；其特点在于用曲量小、发酵期短、出酒率高。

小曲又名药曲，因曲胚形小而取名为小曲，是用米粉、米糠和中草药接入隔年陈曲经自然发酵制成。近年来则有不少厂家已采用纯种根霉代替传统小曲。但在名、优酒酿造中仍采用传统小曲作为接种剂。小曲中加入中草药是为了抑制杂菌的生长。

小曲中的优势微生物种类主要是根霉和少量毛霉、酵母等。此外，还有乳酸菌、醋酸菌以及污染的一些杂菌，如芽孢杆菌、青霉、黄曲霉等。各种小曲中分离得到的根霉菌株其性能各异，糖化力、酒精发酵力和蛋白质分解力等性能因种类不同而异。有些根霉能产生有机酸，如米根霉能产生乳酸，黑根霉能产生延胡索酸和琥珀酸。有些种类则能产生芳香的酯类物质。

小曲在小曲酒的酿造中起发酵剂的作用，它为酒醅接入糖化菌种（根霉和毛霉）和发酵菌种（酵母菌），这就是小曲酿酒用曲量小的原因。用小曲酿造的酒一般香味较淡薄，属于米香型白酒。

4. 麸曲白酒酿造和相关的微生物

麸曲白酒是新中国成立后发展起来的。采用麸曲加酒母代替传统大曲所酿制的蒸馏白酒称麸曲白酒。其质量、风味与大曲酒虽有显著区别，但它仍具有传统白酒固有的香气与滋味。因其物美价廉，故为广大消费者所乐于饮用，成为销路最广的大路货白酒。各地所产麸曲白酒，因原料品种不同而各有特色。

麸曲又名糖化曲，是用以进行淀粉糖化的霉菌制品。利用麸曲中的霉菌淀粉酶水解淀粉产生麦芽糖或葡萄糖的生产过程称为糖化过程。糖化曲的应用在我国和日本的历史悠久，近代欧美各国也学习了这项生产技术，广泛应用于酿造工业。

麸曲是用麸皮、酒糟及谷壳等原辅材料加水配制成曲料，经常压蒸汽杀菌后，接入纯菌种培养制得，不需用粮食，生产周期短，又名块曲。麸曲中的糖化菌以曲霉为主，常用的有黑曲霉、米曲霉、黄曲霉及甘薯曲霉等。用麸曲酿酒具有节约粮食、出酒率高、能机械化生产、生产周期短、适用于多种原料酿酒等优点。麸曲白酒风味稍差，不及大曲和小曲酒，但若菌种搭配得当，操作精湛也能制得优质酒。

在普通蒸馏白酒酿造中，除使用麸曲外，还需要加入酒母，它是酒精发酵的发酵剂，其作用是将可发酵性糖转化为酒精和二氧化碳。酒母是纯种酵母的扩大培养物。近年来有些厂家常随酒精酵母一起加入一些产脂能力强的生香酵母，以改善普通蒸馏白酒的风味。

（三）葡萄酒

葡萄酒是新鲜葡萄或葡萄汁通过酵母发酵作用经后处理而成。

1. 葡萄酒酿造微生物

葡萄酒酿造的微生物主要是葡萄酒酵母，有时还采用苹果酸－乳酸发酵细菌。

（1）葡萄酒酵母　用于葡萄酒酿造的葡萄酒酵母在植物学分类上为子囊菌纲、酵母菌属、啤酒酵母种。啤酒酵母能发酵葡萄糖、果糖、麦芽糖、蔗糖、半乳糖，不能发酵蜜二糖和乳糖，棉子糖发酵1/3。优良葡萄酒酵母通常具有以下特性：

除葡萄本身果香外，酵母也产生果香和酒香。能将糖分全部发酵完，残糖在4g/L以下。具有较高的对二氧化硫的抵抗力。具有较高的发酵能力，一般可使酒精含量达到16%以上。有较好的凝集力和较快沉降速度。能在低温（15℃）或果酒适宜温度下发酵，以保持果香和新鲜清爽的口味。

（2）苹果酸－乳酸发酵细菌　苹果酸－乳酸发酵（malolactic fermentation）简称苹－乳发酵（MLF），可以使葡萄酒中的苹果酸转化为乳酸和二氧化碳，降低葡萄酒的酸度，改善口味和香气。某些乳酸菌能进行苹－乳发酵。

2. 葡萄酒酿造中的主要污染微生物

葡萄酒酿造中的主要污染微生物有葡萄酒醭酵母（*Mycodema Vini*）、醋酸菌、苦味菌（*Bacillus amaracrylus*）、乳酸菌等。

（1）葡萄酒醭酵母　葡萄酒醭酵母俗称酒花菌，大小为（3～10）μm×（2～4）μm，不产生孢子，也不使糖发酵成酒精和二氧化碳。该菌感染葡萄酒时，酒表面先产生一层灰白色或暗黄色的膜，开始时光滑，随后逐渐增厚，膜上产生许多皱纹，当膜破裂后，分成无数白色小片或颗粒下沉使酒浑浊，口味变坏。主要防治措施有减少空气接触、充二氧化碳或二氧化硫气体、提高酒精含量等。

（2）醋酸菌　污染葡萄酒的醋酸菌主要是醋酸杆菌。该菌污染葡萄酒时，酒面上产生一层淡色的薄膜，最初透明，随后变暗，有时会出现皱纹，当薄膜部分沉入桶底时，形成一种黏性物质，俗称醋蛾或醋母。防治措施有加入较大剂量二氧化硫、充二氧化碳、杀菌等。

（3）苦味菌　污染葡萄酒的苦味菌为杆状，多枝、多节，互相重叠。该菌污染葡萄酒后，葡萄酒变苦，苦味来源是丙烯醛或没食酸乙酯。主要防治措施是采用二氧化硫杀菌及防止酒温很快升高。

（4）乳酸菌　污染葡萄酒的乳酸菌为乳酸杆菌和纤细杆菌，大小为（0.5～0.7）μm×（0.7～1.5）μm，单个或链状。污染葡萄酒后产生沉淀和具有酸白菜和酸牛乳的风味。

二、酸乳和干酪

以动物乳为原料，经微生物发酵而成的乳产品通称为发酵乳制品。发酵乳制品具有营养丰富、易消化、适口性好和便于保藏等优点，深为广大消费者所喜爱。酸乳、酸乳油等是通过向液体乳中接种乳酸细菌后，经发酵而制得的产品。有些产品除细菌外，还有酵母和霉菌参与发酵。如蓝纹干酪有娄地青霉（*P. roqueforti*）、卡门培尔干酪有卡门培尔青霉（*P. camemberti*）参与发酵（成熟），开菲尔中存在多种酵母菌。这些微生物不仅会改善产品外观和理化特性，而且丰富发酵产品的风味。

（一）发酵乳制品中风味化合物的形成与微生物

乳糖的乳酸发酵是所有发酵乳制品所共有和重要的乳糖代谢方式，乳酸则是发酵乳制品中最基本的风味化合物。一般乳液中含4.7%～4.9%的乳糖，它是乳液中微生物生长的主要能源和碳源。因此，只有那些具有乳糖酶的微生物才能在乳液中正常生长，并在与其他菌类的竞争生长中成为优势类群。常见种类有乳链球菌、嗜热链球菌和乳杆菌等。在发酵乳制品生产中，乳酸发酵所累积的乳酸酸度可达1.5%～3.0%，产生1.5%的乳酸仅能利用牛乳中乳糖的30%左右。将柠檬酸转变为双乙酰，是发酵乳制品生产中的另一重要代谢变化。它是由存在于发酵乳制品中的风味细菌所推动的。双乙酰是一种重要的风味化合物，可使发酵乳制品具有“奶油”特征，有类似坚果的风味。在发酵乳制品生产中应用的重要风味细菌有乳脂明串珠菌（*Leuconostoc cremoris*）、乳链球菌丁二酮亚种（*Streptococcus lactis* subsp. *diacetylactis*）。乳脂明串珠菌在牛乳中生长很慢，不能利用乳糖，即使能利用牛乳中的乳糖产酸，也是极其微量的；生产中常用加入葡萄糖和酵母膏的方法促进其生长。其另一特性是，只有当乳液中有足够的酸时，明串珠菌才能发酵牛乳中的柠檬酸生成双乙酰。牛乳的pH一般为6.6～6.7，这就要求它必须与产酸的乳酸菌共同生长。乳链球菌丁二酮亚种具有利用乳糖的能力，故在牛乳中良好生长，并发酵乳糖生成乳酸，在30℃、24h能积累0.40%～0.65%的乳酸。产酸量因菌株不同而异。此外，它也能利用乳液中的柠檬酸生成双乙酰。在发酵乳制品中，由风味细菌形成的双乙酰数量有限，特别是当柠檬酸的含量降低到临界值时，丁二酮就很快转变为无香味的乙偶姻。

双乙酰转变为乙偶姻由双乙酰还原酶催化。该酶广泛分布于风味细菌中。为防止因双乙酰还原成乙偶姻而使发酵乳制品失去所要求的风味，通常采用添加柠檬酸或柠檬酸钠的方法强化牛乳，以确保合成的双乙酰。其次，在达到要求的酸度和风味后，立即冷却发酵产品以抑制双乙酰还原酶的活性，减少双乙酰的破坏。

在发酵乳制品的各种代谢产物中，乙醛也是一种重要的风味化合物。它主要由乳糖生成，在酸乳和有关产品中是非常重要的风味成分。生产中多选用能很好产生乙醛的嗜热链球菌和保加利亚乳杆菌，以提高酸乳的风味。但在发酵奶油、酸性酪乳和酸性稀奶油中，乙醛的存在则是有害的。它会给产品带来一种“生的”、“酸牛乳”味的不良风味。某些乳链球菌和绝大多数乳链球菌丁二酮亚种菌株，都能产生高浓度的乙醛，故在上述产品的生产中禁用这些菌株。而乙醇脱氢酶活性较强的乳脂明串珠菌则能将乙醛转变为乙醇。所以在制造不需要乙醛的发酵乳制品时，多使用乳脂明串珠菌，可得到较好的风味。

乙醇是某些发酵乳制品中的重要风味化合物之一，风味细菌如明串珠菌在异型乳酸发酵中可形成少量乙醇。在酸牛乳酒中，乙醇是由开菲尔酵母（*Saccharomyces kefir*）和开菲尔圆酵母（*Torula kefir*）产生的，其酒精含量可达1%。在马奶酒中，乙醇则是由圆酵母产生的，其酒精含量一般为0.1%～1.0%。

甲酸、乙酸和丙酸等挥发性脂肪酸也是构成发酵乳制品风味的重要化合物。参与发酵的细菌可形成足够的挥发性酸，赋予发酵乳制品的风味。特别是风味细菌中的乳链球菊丁二酮亚种，利用酪蛋白水解物形成挥发性脂肪酸的能力更强。一般认为挥发性脂肪酸对成熟干酪的口味形成是有益的。

在酸性酪乳、酸牛乳酒和马奶酒中，二氧化碳可使这些发酵产品膨胀，发出嘶嘶声或起泡。二氧化碳赋予这些产品的风味效果与在软饮料中充二氧化碳气的效果相似，它是由异型乳酸菌或酵母菌发酵乳糖生成的，风味细菌发酵柠檬酸也可在乳液中产生大量的二氧化碳。

在上述各种代谢产物中，那些较次要的代谢产物，即使数量很少，甚至是微量的，在保持发酵乳制品的风味平衡方面都是很重要的。风味平衡一旦失调，则会有异味的感觉。

（二）酸乳

酸乳主要是用嗜热链球菌和保加利亚乳杆菌的混合菌种，使高固形物乳进行有控制地发酵所制得的一种产品。能够用于酸乳制造的乳酸细菌主要有嗜热链球菌、德氏乳杆菌保加利亚亚种、嗜酸乳杆菌、双歧杆菌等，它们具有各自的生理生化特性。

1. 嗜热链球菌（*Streptococcus thermophilus*）

嗜热链球菌为革兰阳性菌，微需氧，最适生长温度为40～45℃，能发酵葡萄糖、果糖、蔗糖和乳糖，在85℃下能耐受20～30min；蛋白质分解能力微弱，对抗生素极敏感；细胞呈卵圆形，成对或形成长链。细胞形态与培养条件有关。在30℃乳中培养时，细胞成对，而在45℃时呈短链；在高酸度乳中细胞呈长链。液体培养时，细胞呈链状；平板培养时细胞膨胀变粗，有时会呈杆菌状，形成针尖状菌落。嗜热链球菌的某些菌株在平板移接时，如中间不经过牛乳培养，往往得不到菌落。这些菌株是典型的牛乳菌。嗜热链球菌为同型乳酸发酵菌，产生L（+）－乳酸，代谢过程中有风味物质双乙酰产生。

2. 保加利亚乳杆菌（*Lactobacillus delbrueckii* subsp. *bulgaricus*）

保加利亚乳杆菌为革兰阳性菌，微厌氧；最适生长温度为40～43℃；能发酵葡萄糖、果糖、乳糖，但不能利用蔗糖；对热的耐受性差，个别菌株在75℃条件下能耐受20min；蛋白质分解能力弱，对抗生素不如嗜热链球菌敏感；细胞两端钝圆，呈细杆状，单个或成链，频繁传代会变形。培养基和培养温度对细胞形态影响很大。在20℃乳中培养，细胞可成为长的纤维状菌；在50℃下培养，细胞停止生长，如在该温度下继续培养，细胞形状变得不规则。在冷的酸乳中，由于温度和高酸度的影响，会有异常杆菌出现，可能是由于氧的阻碍作用或者是氮源不合适。在琼脂平板上培养时，细胞形状不规则。属同型乳酸发酵菌，产生D（－）－乳酸。将嗜热链球菌和保加利亚乳杆菌混合培养，两者的生长情况都比各自单独培养时好。

3. 嗜酸乳杆菌（*Lactobacillus aciditicphilus*）

嗜酸乳杆菌为革兰阳性菌，微厌氧，最适培养温度为35～38℃；能发酵葡萄糖、果糖、蔗糖和乳糖，还能利用麦芽糖、纤维二糖、甘露糖、半乳糖和水杨苷等作为生长的碳源。对热的耐受性差，蛋白质分解力弱，对抗生素比嗜热链球菌更敏感；细胞两端钝圆，呈杆状，单个、成双或成短链。属同型乳酸发酵，产D,L－乳酸。嗜酸乳杆菌的最适生长 pH 为5.5~6.0，对培养基营养成分要求较高。用牛乳培养时，一般都添加酵母膏、肽或其他生长促进物质；使用合成培养基时需添加番茄汁或乳清；能耐胃酸和胆汁，在肠道中可存活。

4. 双歧杆菌（*Bifidobacterium*）

双歧杆菌为革兰阳性菌，专性厌氧，但目前应用于生产的菌株有不同程度的耐氧性。有的甚至可以在有氧环境下培养，经多次传代后，革兰染色反应转为阴性。最适培养温度为37℃，能发酵葡萄糖、果糖、乳糖和半乳糖。除两歧双歧杆菌（*B. bifidum*）仅缓慢利用蔗糖外，短双歧杆菌（*B. breve*）、长双歧杆菌（*B. longom*）和婴儿双歧杆菌（*B. infantis*）等均能发酵蔗糖。对热耐受性差，蛋白质分解力微弱，对抗生素敏感，细胞形状多样。不同菌种，不同培养条件，细胞的形态很不一样。有棍棒状、勺状、V 字状、弯曲状、球杆状和 Y 字形等。属异型乳酸发酵，除产生 L（+）-乳酸外，还有乙酸、乙醇和二氧化碳等生成。抗酸性弱，对营养要求复杂。含有水苏糖、棉子糖、乳果糖、异构化乳糖、聚甘露糖和 *N*-乙酰-α-D-氨基葡萄糖苷中的一种或几种的培养基有助于双歧杆菌的生长。在培养基中添加还原剂维生素 C 和半胱氨酸对培养双歧杆菌有好处。

用上述乳酸菌作为酸乳发酵剂时，应采用适当的方法对发酵剂进行调制。用来制作酸乳的发酵剂有两种：一是从市场选购、利用冷冻干燥技术制成的颗粒状发酵剂。使用这种发酵剂有以下优点：不必进行菌种的保存与管理；省去了逐级扩大和培养过程；减少杂菌污染的机会；嗜热链球菌和保加利亚乳杆菌两者的比例固定，对保持酸乳质量有很大的好处。二是经逐级扩大培养制得的发酵剂。无论制作哪一类发酵剂，所使用的牛乳或由脱脂乳粉配制成的调制乳中都不得含有抗生素等阻碍乳酸菌生长的物质。制作种子培养基时，一般在110~115℃条件下将牛乳加热30min。母发酵剂和工作发酵剂培养基所使用的牛乳，需经90~95℃加热灭菌30~35min。牛乳经加热灭菌处理后，在37℃下空白培养24h，检查无异常变化时再进行接种操作。

当嗜热链球菌与保加利亚乳杆菌配合使用时，生产酸乳的凝固时间比使用单一菌株缩短了，主要是因为二者之间存在共生关系。保加利亚乳杆菌能使各种氨基酸从酪蛋白中游离出来，促进嗜热链球菌生长，在此后的发酵过程中，因受乳酸的影响，乳球菌的生长受到抑制。在此期间，嗜热链球菌生成了甲酸，可促进保加利亚乳杆菌的生长，菌数接近球菌。当酸乳的滴定酸度为28度时，嗜热链球菌与保加利亚乳杆菌的菌数之比为0.18；酸度为91度时，二者比值为0.78；而酸度上升到120度时，二者比值为1.28。

（三）干酪

干酪的主要成分是蛋白质和脂肪，是一种营养丰富、风味独特、较易消化的食品。干酪是由牛乳或其他动物乳的凝块制成。其制作过程大致如下：用巴氏杀菌的牛乳加入乳酸菌和凝乳酶，凝固乳中的酪蛋白而制得凝乳，然后进一步经加热、加压、加盐和存放成熟。不论何种类型的干酪都以制凝乳开始，随后对凝乳或乳清进行各种不同的处理。

根据干酪的质地和成熟的基本方式，可将干酪区分为硬质干酪、半硬干酪和软质干酪三类。它们可用细菌或霉菌成熟，或者不经成熟。在硬质干酪中的细菌有的能产生气体，使干酪形成气孔，如瑞士干酪；有的则不产生气体，因而不形成气孔，如帕弥散。

在软质干酪中，林堡干酪主要用细菌成熟，卡门培尔干酪用霉菌成熟，农家干酪则不经成熟。

1. 干酪微生物次生菌群

大量微生物繁殖生长在成熟干酪的表面和干酪基质的内部，它们因干酪种类和制作工艺的不同而异。大多数情况下会形成一个复杂的多种微生物混合体。经过多年的研究，已分离到了工业化生产用的菌种，认识了它们的特性及其对干酪生产的重要性。尤其重要的是商业化开发的微生物是为了能够控制和改善干酪的风味及其组织结构，并可以用巴氏灭菌的乳制作出有“生干”风味的干酪。目前已分离到的一些重要的干酪次生菌群有以下几种。

（1）霉菌　卡门贝尔干酪青霉是霉菌成熟干酪的主要菌种，它分为两个种：产生灰白色表面菌丝的卡门贝尔干酪青霉（*P. camemberti*）和产生纯白表面菌丝的酪生青霉（*P. candidum*）。还有成熟蓝纹干酪的娄地青霉（*P. roqueforti*）。

（2）酵母　酵母是许多霉菌成熟干酪的微生物群的重要组成部分，特别是篮纹干酪、软霉菌成熟干酪。克鲁维酵母、假丝酵母、德巴利氏酵母和糖酵母是所知的最常见酵母。

（3）细菌　在干酪次生菌群中特别重要的细菌有微球菌、乳杆菌、片球菌、棒状杆菌和丙酸杆菌。微球菌是好氧的耐盐细菌，生长温度为10～20℃。在硬、半硬和霉菌成熟的干酪基质中也发现有微球菌存在。近年的研究表明，微球菌在干酪的成熟过程中发挥着重要作用。另外，现已分离出了具有高蛋白水解和脂类水解活力的菌株。在干酪中发现的微球菌有溶酪微球菌和变异微球菌等。许多硬干酪、半硬干酪（如切达、瑞士和意大利干酪、荷兰干酪、荷兰圆形干酪）的次生菌群中主导菌是嗜温的乳杆菌。

2. 干酪微生物次生菌群的功能

次生菌群的生长、代谢活性及蛋白质水解酶与脂类水解酶的分泌可以改变干酪的结构和风味。卡门贝尔青霉利用蛋白酶（酸性或天冬氨酸蛋白酶和金属蛋白酶）以及肽酶（酸性梭肽酶和碱性氨肽酶）分解酪蛋白，生成肽和氨基酸，接着氨基酸被降解成一系列的风味成分，如氨、醛、胺、甲硫醇。霉菌对乳中脂肪的水解同样很活跃，5%～20%的甘油三羧酸可以被降解成游离脂肪酸和其他的风味成分如甲基酮。这种水解脂肪的能力远比在大多数干酪中的要高。霉菌的脱酸活性以及蛋白水解活性能明显改善成熟干酪的结构，可将成熟干酪从硬实的结构变为典型的霉菌成熟软干酪的流体结构。硫在风味改进方面也起着重要的作用，特别是在细菌表面成熟的干酪中。这些成分主要由扩展短杆菌产生。扩展短杆菌产生的蛋白酶和肽酶可强烈地分解酪蛋白，形成高浓度的氨基酸，并继续分解含硫的芳香物质。扩展短杆菌可以分泌出脂肪酶、羧酸酯酶和甘油酯水解酶，故具有水解脂肪的能力。

非发酵剂乳酸菌是硬和半硬干酪的主要次生菌群，它们主要是嗜温乳杆菌。目前对选择性非发酵剂乳酸菌的单独应用并没有像霉菌、酵母和棒杆菌那样广泛。非发酵剂乳酸菌中有蛋白酶、肽酶，包括氨肽酶、脯氨酸亚氨肽酶和羧肽酶。

三、面包

利用小麦、大米、黍米、大麦、荞麦、玉米、高粱等谷物类粮食及其加工品作为原料，通过微生物发酵而获得的产品，被称为发酵谷物制品，包括通过面团发酵的西式面包、中国馒头、印度黑绿豆米饼（Idli）等各种面包及民族风味食品。下面以面包为例，介绍面团类发酵食品。

（一）面包生产工艺

面包是以小麦面粉为主要原料，与酵母和其他辅料一起加水调制成面团，再经发酵、整形、成型、烘烤等工序加工制成的发酵食品。

面包工艺流程可分为三个基本工序：和面（面团调制）、发酵及烘烤。最简单的面包制作方法是一次发酵法。我国最流行的面包烘焙工艺是二次发酵法，也称中种法。该方法是先将部分面粉（30% ~70%）、部分水和全部酵母调成酵头面团（sponge），在28 ~30℃下发酵3 ~5h，然后与其余原辅料相混合，调制成成熟面团（dough），静置醒发30min，使面团松弛，再分块、成型、醒发和烘烤。中种法生产的面包柔软、蜂窝壁薄、体积大、老化速度慢，不受时间和其他条件的影响，缺点是生产时间较长。

（二）面团发酵制品的主要微生物区系

面团发酵食品包括西式面包，中国馒头以及东南亚、南美、非洲、南欧等国家的一些民族风味食品。这些发酵食品所用主要原材料基本相同，在制作加工中都有面团醒发的微生物发酵过程。在微生物的利用上，分别有纯种酵母细胞发酵、多菌种复合发酵、老面团接种发酵等多种发酵方式。其基本制作程序是将接种面团经发酵1次或2 ~3次后，通过焙烤或汽蒸以及其他方式终止微生物的发酵，使产品的香味成分更加丰富，赋予产品外观和形状。

参与面团类食品发酵的主要微生物是酵母和细菌。在酵母菌群中，优势菌或纯种发酵的菌种大多属于酵母菌属（*Saccharomyces*）中的啤酒酵母（*S. cerevisiae*）的一些亚种或变种，大多数的蒸馏酒、啤酒和葡萄酒生产用菌株都可作为面包酵母使用。在细菌菌群中，优势菌则主要是乳酸菌群的一些种类，根据发酵产品类别的不同，也可能包括其他一些细菌属。西式面包及发酵面团中的主要微生物种属详见表3 -1 -2。

表3 -1 -2 西式面包及发酵面团中的主要微生物种属

类别	分类种
细菌类	旧金山乳杆菌（*L. sanfrancisco*）、桥乳杆菌（*L. pontis*）、巴伐利亚乳杆菌（*L. bavaricus*）、戊糖片球菌（*P. pentosaceus*）、植物乳杆菌（*L. plantarum*）、约氏乳杆菌（*L. johnsonii*）、短乳杆菌（*L. brevis*）、食果糖杆菌（*L. fructivorans*）、发酵乳杆菌（*L. fermentati*）、嗜淀粉乳杆菌（*L. amylophilus*）、肠膜明串珠菌（*Leuc. mesenteroides*）、粪链球菌（*Strept. faecalis*）、啤酒片球菌（*P. cerevisiae*）、阴沟肠细菌（*E. cloacae*）、德氏乳杆菌（*L. delbrueckii*）等
酵母类	果实酵母（*S. fructuum*）、少孢酵母（*S. exiguous*）、克鲁斯假丝酵母（*C. crusei*）、星形假丝酵母（*C. stellatoidea*）、霍氏假丝酵母（*C. holmii*）、假丝球拟酵母（*T. candida*）等

1. 面包

面包生产的三个主要工序的作用和作用原理各不相同，但缺一不可。搅拌工序是面团加工的关键。面团是典型的非牛顿多相流体，连续相是水合的面筋蛋白质，也就是面筋，分散相有酵母颗粒、水合淀粉颗粒和脂肪微球。面筋蛋白质的充分扩展水合是形成面筋的关键，也是形成面包蜂窝状海绵结构的基础，面团搅拌是否合理、面筋蛋白质水合程度以及面团弹性、延伸性、韧性和保气（酵母代谢产生的二氧化碳气体）效果直接影响面包的风味和形状与质地口感。

搅拌形成的面团所具有的搅拌（发酵）耐力衡量面粉和面团的另一个重要指标，通常耐力越高，其工艺操作性能越好。

面包生产另一个重要的工序是发酵，发酵的目的除了要产生面包风味物质以外，还要产生气体使面团膨胀，以保证面包的外形体积，所以控制二氧化碳气体产生的数量、速度以及和面团保持气体的能力相平衡是面团发酵的关键。酵母产气时间和数量最好和面团保持气体能力相平衡，既能保证足够的发酵进程，又能保证有一定量的气体，保证面包体积。

面包生产的第三个阶段是烘烤，烘烤前期加速酵母和微生物酶的作用，继续产生面团膨胀所需要的气体，丰富风味物质，同时随着温度升高，终止发酵进程，定型熟化面团，产生烘焙风味物质，随后降温，完成面包的加工。

在面团类食品发酵过程中，除纯种接种的面包酵母等微生物之外，操作环境、食品配料中固有的微生物菌种等都有可能进入发酵面团，如面包房里常常存在的果实酵母、少孢酵母等。另外，在传统面包制作工艺中，由于老面团的使用，微生物种类更加丰富，见表3－1－2。另外，在面包成品中也能找到假丝球拟酵母等酵母，其数量甚至可以占到酵母菌群的50%。有些菌种成为优势菌种，甚至完全可以取代啤酒酵母在发酵中的作用，如少孢酵母在一些面包生产厂家，已经作为单一菌种或优势菌种得到了使用。

除酵母外，乳酸菌群也是许多面团类食品如黑麦面包中必需的微生物组成部分，但其在数量上并不太多。乳酸菌群主要来源于原料的配料，其对食品风味的形成作用很大。在发酵过程中，乳酸菌通常是3～4种菌依次出现，其中1～2种菌成为优势菌，如旧金山乳杆菌、桥乳杆菌、巴伐利亚乳杆菌、戊糖片球菌、植物乳杆菌、约氏乳杆菌、短乳杆菌等，通过产酸降低pH，分泌细菌素，以抑制其他微生物的生长繁殖。

2. 其他发酵面团食品

除西式面包之外，世界各地还有很多其他种类的发酵面团食品。

在西式黑麦、小麦和其他混合物生产的发酵面团食品中，常常发现相对数量较多的异型乳酸发酵菌，如食果糖杆菌、发酵乳杆菌、短乳杆菌等，而主要的酵母菌则有霍氏假丝酵母、少孢酵母、啤酒酵母等。

在中国的小麦粉发酵面团中，会有酵母菌、乳酸菌、醋酸菌等微生物，主要是酵母菌。目前，使用商品活性干酵母进行面团发酵比较普遍。

在非洲的高粱粉发酵面团中，发现含有嗜淀粉乳杆菌、发酵乳杆菌等，而相关的酵母菌则为克鲁斯假丝酵母。

在印度的米粉、黑鹰豆粉发酵面团中，肠膜明串珠菌代替酵母成为面团中的优势菌，发酵后期粪链球菌和啤酒片球菌则起到改善风味的作用。

四、调味品

（一）酱油

酱油是一种常用的咸味调味品，它是以蛋白质原料和淀粉质原料为主经米曲霉、酵母菌、乳酸菌等多种微生物共同发酵而成。酱油中含有多种调味成分，有酱油的特殊香味、食盐的咸味、氨基酸钠盐的鲜味及其他醇甜物质的甜味、有机酸的酸味、酪氨酸等爽适的苦味，还有天然的红褐色色素。可谓咸、酸、鲜、甜、苦五味调和，色香俱备的调味佳品。

我国是世界上最早利用微生物酿造酱油的国家，迄今已有3000多年的历史，后传到日本、东南亚各国，成为世界范围内最受欢迎的调味品之一。在酱油酿造过程中，利用微生物产生的蛋白酶将原料中的蛋白质水解成多肽、氨基酸，成为酱油的营养成分以及鲜味的来源。另外，部分氨基酸的进一步反应与酱油香气、色素的形成有直接关系。因此，蛋白质原料对酱油色、香、味、体的形成至关重要，是酱油生产的主要原料。酱油酿造一般选择大豆、脱脂大豆作为蛋白质原料，也可选用其他蛋白质含量高的代用原料，例如蚕豆、豌豆、绿豆、花生饼、葵花籽饼、芝麻饼、脱毒的菜籽饼和棉籽饼等。

1. 酱油生产工艺

（1）高盐稀醪发酵　高盐稀醪发酵是指豆、麦制曲后，成曲内加入2.0~2.5倍的盐水，盐水浓度为18~20°Bé，制成酱醪进行发酵的方法。酱醪定期搅拌或用酱汁淋浇代替搅拌。采用浸出法或压榨取油。一般有常温发酵和保温发酵两种。常温发酵生产周期长，最快也要半年以上。保温发酵可使发酵时间缩短为两个月。稀醪发酵的特点是酱醪稀薄，便于保温、搅拌和输送，适合于机械化生产，而且酱油滋味鲜美，酱香和酯香浓厚，色泽较淡。但生产周期长，设备利用率低，压榨工序繁杂，劳动强度高。

（2）固稀发酵　固稀发酵有先固后稀和分酿固稀发酵两种形式。先固后稀发酵即前发酵采用固态低盐发酵，促使蛋白质及淀粉先分解，后期发酵添加酱油酵母菌和乳酸菌，同时补充盐水，降低温度，转入稀醪后熟发酵，周期大约1个月。固稀发酵是按照主辅料的不同性质，以不同条件，分别分解、发酵，最后混合后发酵。以豆粕为主料的成曲，实行固态低盐发酵，辅料麦曲制成麦酱醪，辅料碎米制成糖化液，然后三者混合后进行稀醪后熟发酵，周期大约2个月。固态发酵时温度保持在40~50℃，利于蛋白质及淀粉的分解；稀醪发酵时温度降低，保持在30~40℃，促进醇类、酸类及酯类等风味物质的生成。固稀发酵生产的酱油，具有醇香兼有酱香，口味鲜而醇和，色泽红褐，是目前国内速酿法生产优质酱油的主要方法。

（3）固态发酵　固态发酵也称干发酵，可分为固态无盐发酵和固态低盐发酵。固态无盐发酵法降低了食盐对酶活力的抑制作用，生产周期较短，仅56h左右，设备利用率较高。但由于是采用高温发酵，成品酱油风味较差，缺乏酱香气，生产过程中的温度和卫生条件要求较高，实际应用很少。

固态低盐发酵是在成曲中拌入一定量的盐水进行保温发酵，生产周期为15~20d。其特点是操作方便，设备简单，投资少；生产的酱油色、香、味、体均好，能适应大众需求。

目前，我国酱油生产广泛采用低盐固态发酵法，其产量占酱油总产量的70%以上。

2. 参与酱油酿造的微生物

酱油酿造是半开放式的生产过程，环境和原料中的微生物都可能参与到酱油的酿造中。在酱油酿造的特定工艺条件下，并非所有的微生物都能生长，只有那些人工接种的或适合酱油酿造微生态环境的微生物才能生长繁殖并发挥作用。主要有米曲霉、酵母、乳酸菌及其细菌。它们具有各自的生理生化特性，对酱油品质的形成有重要作用。

（1）米曲霉　米曲霉（*Aspergillus oryzae*）是曲霉的一种。由于它与黄曲霉（*Aspergillus flavus*）十分相似，所以过去很长一段时间归属于黄曲霉群，甚至直接就称黄曲霉。后来证明，生产酱油的黄曲霉不产黄曲霉毒素，为了区分产黄曲霉毒素的黄曲霉，特冠以米曲霉。

米曲霉可以利用的碳源是单糖、双糖、淀粉、有机酸、醇类等。氮源如铵盐、硝酸盐、尿素、蛋白质、酰铵等。磷、钾、镁、硫、钙等也是米曲霉生长所必需的元素。由于米曲霉分泌的蛋白酶和淀粉酶是诱导酶，在制备酱油曲时要求配料中有较高的蛋白质和适当的淀粉，以便诱导酶的生成。大豆或脱脂大豆富含蛋白质，小麦、麸皮含有淀粉，这些农副产品也含有较丰富的维生素、无机盐等营养物质，以适当的配比混合做制曲的原料，能满足米曲霉繁殖和产酶需要。

用于酱油生产的米曲霉菌株应符合如下基本要求：不产黄曲霉毒素；蛋白酶、淀粉酶活力高，有谷氨酰胺酶活力；生长速度快，培养条件粗放，抗菌能力强；不产生异味，酿制的酱油香气好。目前国内常用的菌株有：AS3.863，其蛋白酶、糖化酶活力强，生长繁殖快速，制曲后生产的酱油香气好。AS3.951（沪酿3.042），以AS3.863为出发菌株，经紫外线诱变得到，蛋白酶活力比出发菌株高，用于酱油生产蛋白质利用率可达75%。生长繁殖快，对杂菌抵抗力强，制曲时间短，生产的酱油香气好。但该菌株的酸性蛋白酶活力低。UE328、UE336，以AS3.951为出发菌株，用快中子、^{60}Co、紫外线、乙基磺酸甲烷、氧化锂等诱变剂处理得到，酶活力是出发菌株的170%～180%。UE328适用于液体培养，UE336适用于固体培养。UE336的蛋白质利用率为79%，但制曲时孢子发芽较慢，制曲时间延长4～6h。渝3.811是从曲室泥中分离出菌株后经紫外线3次诱变得到的新菌株，芽孢发芽率高，菌丝生长快速旺盛，孢子多，适应性强，制曲易管理，酶活力高。酱油曲霉（*Aspergillus sojae*）是日本学者坂口从酱曲中分离出来，用于酱油生产。酱油曲霉分生孢子表面有小突起，孢子柄表面平滑，与米曲霉相比，其碱性蛋白酶活力较强。在分类上酱油曲霉属于米曲霉系。

（2）酵母菌　从酱醅中分离出的酵母菌有7个属23个种，其中有的对酱油风味和香气的形成有重要作用。它们多属于鲁氏酵母（*Saccharomyces rouxii*）和球拟酵母（*Torulopsis*）。

鲁氏酵母是酱油酿造中的主要酵母菌，是一种耐盐性强的酵母，抗高渗透压。在含食盐5%～8%的培养基中生长良好，在18%食盐浓度下仍能生长，在24%食盐浓度下生长弱。维生素H、肌醇、胆碱、泛酸能促进它在高食盐浓度下生长。在高食盐浓度下，其生长 pH 范围很窄，为 4.0 ~ 5.0。酱醅中典型的鲁氏酵母是大豆接合酵母（*Zygosaccharomyces*）和酱醪接合酵母（*Zygosaccharomyces major*）的菌株，它们都能利用葡萄糖、麦芽糖及果糖发酵，不能发酵乳糖，不能利用硝酸盐。在酱醅发酵前期，由于酱醅中糖含量高，pH 适宜，酵母的酒精发酵旺盛，酱醅中酒精的含量达到 2.0% 以上，同时生成少量甘油、琥珀酸以及其他多元醇。

球拟酵母在酱醅发酵后期，随着糖浓度降低和 pH 下降，鲁氏酵母发生自溶，而球拟酵母的繁殖和发酵开始活跃。球拟酵母是醅香型酵母；能生成酱油的重要芳香成分，如 4 - 乙基苯酚、4 - 乙基愈创木酚、2 - 苯乙醇、酯类等，因此，认为球拟酵母与酱醅的香味成熟有关。另外，球拟酵母还产生酸性蛋白酶，在发酵后期酱醅 pH 较低时，对未分解的肽链进行水解。

酱醅中重要的球拟酵母有：

①易变球拟酵母（*Torulopsis versatilis*）：细胞呈圆形或卵圆形，大小为（2 ~ 8）μm ×（3 ~ 10）μm，生长最适温度 25 ~ 30℃，35℃生长弱；最适 pH4.0 ~ 4.5，pH > 5 时生长弱；食盐浓度 8% ~ 12% 时生长良好，食盐浓度 18% 时能生长，但需要维生素 B_1、肌醇、胆碱等生长因子，食盐浓度 24% 时生长弱；无盐条件下能发酵麦芽糖和乳糖，食盐浓度 18% 时不能发酵乳糖。

②埃契氏球拟酵母（*Torulopsis etchellsii*）：细胞呈圆形或卵圆形，大小为（2 ~ 4）μm ×（3 ~ 5）μm，最适生长温度为 25 ~ 30℃，35℃生长弱，37℃不生长；最适 pH4.0 ~ 4.5，pH > 5 时生长弱；食盐浓度 8% ~ 12% 时生长良好，食盐浓度 18% 时能生长，但需要维生素 B_1 作为生长因子，环胺和泛酸也能促进生长。食盐浓度 18% 时不能发酵乳糖。

③蒙奇球拟酵母（*Torulopsis mogii*）：细胞呈圆形，极少数为卵圆形，适宜生长温度为 30 ~ 35℃；在 10% 食盐浓度的酱醅中生长旺盛，18% 食盐浓度下能生长；在固体培养基上，菌落为乳白色，表面光滑有光泽，边缘整齐。

在发酵后期的酱醅中，由于糖分较少，已生成一定量的酒精，氨基酸浓度增高，而且有高浓度的食盐存在，球拟酵母不会过度繁殖，但在采用添加人工培养酵母工艺时，加进多量鲁氏酵母也不会造成不良影响。球拟酵母添加过量，会使酱醅香味恶化。这是因为球拟酵母生成过量醋酸、烷基苯酚等刺激性强的香味物质的缘故。

（3）乳酸菌　酱油乳酸菌是生长在酱醅这一特定生态环境中的特殊乳酸菌，在该环境中生长的乳酸菌耐盐。代表性的菌有嗜盐片球菌（*Pediococcus halophilus*）、酱油微球菌（*Tetracoccus sojae*）、植物乳杆菌（*Lactobacillus plantanum*）。这些乳酸菌耐乳酸的能力不太强，不会因产过量乳酸使酱醅 pH 过低造成酱醅质量下降。适量的乳酸是构成酱油风味的重要因素之一。不仅乳酸本身具有特殊的香味而对酱油有调味和增香作用，而且与乙醇生成的乳酸乙酯也是一种重要的香气成分。一般酱油中乳酸的含量在 15mg/mL。在发酵过程中，由嗜盐片球菌和鲁氏酵母共同作用生成的糠醇，赋予酱油独特香气。酱油乳酸菌的另一个作用是使酱醅的 pH 下降到 5.5 以下，促使鲁氏酵母繁殖和发酵。

嗜盐片球菌耐盐性强，18% 食盐浓度中繁殖良好，24% ~ 26% 食盐浓度中生长未完全抑制，在高盐浓度时需要维生素 B、胆碱为生长促进因子。硝酸盐还原性、过氧化氢反应、亚甲基蓝还原性为阴性。

植物乳杆菌在含10%食盐的培养基上生长良好。沪酿1.08植物乳杆菌适用于酱油生产，在固态低盐发酵后期，添加该菌株和沪酿2.14蒙奇球拟酵母培养液，由于它们的协同作用，可使酱油的风味明显改善。此外，在酱醅中也存在属于链球菌的乳酸菌，其中耐盐性的菌株也具有增加酱油风味的作用。

（4）其他微生物　在酱油酿造中除上述优势微生物外，还有其他一些微生物存在。如酱油四联球菌，在耐盐性、所需生长因子和发酵糖类方面与嗜盐片球菌相同。

从酱油曲和酱醅中分离的微生物还有毛霉、青霉、根霉、产膜酵母、圆酵母、枯草芽孢杆菌、小球菌、粪链球菌等。当制曲条件控制不当或种曲质量差时，这些菌会过量生长，不仅消耗曲料营养成分，使原料利用率下降，而且使成曲酶活力降低，产生异臭，曲发黏，使酱油浑浊、风味不佳。

3. 酱油酿造中的微生物酶系

生产酱油的主要原料经浸泡、蒸煮后，接入特定微生物，通过对通气量、温度、湿度和微生物群落等生态因子的有效控制，发酵成熟的酱酪中含有丰富的微生物酶类。

（1）蛋白酶　米曲霉产生的蛋白酶，根据作用的最适pH可以分为3类：酸性蛋白酶（最适pH3）、中性蛋白酶（最适pH7）、碱性蛋白酶（最适pH9~10）。一般酱油曲中，中性、碱性蛋白酶活力较强，酸性蛋白酶活力较弱。制曲时，曲料的pH为4~7，在该范围内，pH越高，曲中碱性蛋白酶活力越高，酸性蛋白酶活力越弱；反之，则酸性蛋白酶活力增高，碱性蛋白酶活力下降。曲中蛋白酶的组成受曲料中原料和淀粉质原料比例的影响，碳氮比小，曲中蛋白酶以碱性和中性蛋白酶为主；碳氮比大，酸性蛋白酶活力增强，碱性和中性蛋白酶活力下降。原因是碳源高时易产生有机酸、二氧化碳，使曲料pH下降，从而有利于酸性蛋白酶的生成。

酱油曲不但要求有较高的蛋白酶活力，而且要求曲中的蛋白酶有一定的耐盐性，以适应酱醅中较高的食盐浓度。一般情况下，米曲霉产生的蛋白酶耐盐性不强，但用于酱油生产的米曲霉菌株产生的酶都有一定的耐盐性。当酱醅盐浓度过高时会抑制酶的活力，特别是碱性蛋白酶的活力。蛋白质水解酶系是一切能使蛋白质水解的各种酶的总称。根据其作用机理可分为两类：一类称为肽酶，又称外肽酶或端肽酶，目前已分离出多种氨肽酶和羧肽酶，能从蛋白质肽链的末端逐个将氨基酸水解下来；第二类为蛋白酶，又名内肽酶，其作用是蛋白质多肽链的非末端特定部位切断多肽链，产生相对分子质量较小的肽链。蛋白质原料在蛋白酶和肽酶的共同作用下，生成各种可溶性蛋白质、胨、肽、氨基酸。一般酱油中，氨基氮占全氮的50%~60%。

（2）淀粉酶　米曲霉分泌的淀粉酶可使淀粉糖化，一部分糖作为酵母菌和乳酸菌的发酵基质转化为乙醇和有机酸，是构成酱油风味的重要成分。米曲霉产生的淀粉酶有一定的耐盐性，但如果长时间处于高浓度食盐环境中，活性会明显减弱。曲中存在的淀粉酶如下：

①α-淀粉酶：该酶可催化水解淀粉分子中的α-1，4-糖苷键，不能水解淀粉链分支点的1，6-糖苷键。α-淀粉酶是内切酶，可任意地切断淀粉链成短链糊精，迅速水解长链底物，随底物链的变短水解速度减慢，不能水解麦芽糖，对直链淀粉的水解终产物是葡萄糖和麦芽糖，对支链淀粉的水解终产物是麦芽糖及少量糊精和葡萄糖。淀粉受到α-淀粉

酶作用时，黏度很快下降，表现出强液化能力，所以该酶又称液化型淀粉酶。

②淀粉1，4-葡萄糖苷酶：该酶可催化水解$\alpha-1$，4-糖苷键，作用方式是从淀粉链的非还原末端将葡萄糖水解下来，对支链淀粉中的$\alpha-1$，6-糖苷键无作用，但能绕过$\alpha-1$，6-糖苷键继续切断$\alpha-1$，4-糖苷键，水解产物除葡萄糖外，还有异麦芽糖。

③β-淀粉酶：直链淀粉受该酶的作用生成麦芽糖，支链淀粉受该酶作用时，在分支点之前可水解为麦芽糖，但遇到$\alpha-1$，6-糖苷键无法水解，留下具有$\alpha-1$，6-糖苷键的糊精。

④淀粉1，6-糊精酶：该酶作用于支链淀粉的分支点切断$\alpha-1$，6-糖苷键。

⑤麦芽糖酶：该酶可将麦芽糖水解为葡萄糖。

（3）氨基转移酶和谷氨酸脱氢酶　氨基转移酶可催化氨基酸与α-酮戊二酸间的反应，生成谷氨酸；谷氨酸脱氢酶通过催化α-酮戊二酸的还原氨基化反应而生成谷氨酸。

（4）脂肪酶　脂肪酶可催化水解脂肪中的酯键，生成甘油和脂肪酸。

（5）纤维素酶　纤维素分子由1800～3000个葡萄糖单位结合而成，性质极为稳定，不易溶解和水解。纤维素酶能催化水解纤维素分子为低聚纤维素和葡萄糖。米曲霉的纤维素酶活力不高，可在制曲时接入纤维素酶产生菌-绿色木霉，制成米曲霉、木霉混合曲。纤维素酶可以水解包在蛋白质和淀粉外的纤维素保护层，使它们释放出来，被充分水解。纤维素水解酶系包括外切纤维素分子中$\beta-1$，4-糖苷键产生葡萄糖的1，4-β-D-葡萄糖苷酶；外切纤维素分子中$\beta-1$，4-糖苷键逐个释放出纤维二糖的外切纤维二糖水解酶；水解纤维二糖产生葡萄糖的β-D-葡萄糖苷酶。

（6）果胶酶　果胶是一种胶体物质，存在于植物的细胞间隙，其化学结构是半乳糖醛酸甲酯以$\alpha-1$，4-键形成的聚合物。果胶在果胶酶作用下释放出甲醇，同时生成果胶酸。另一种与果胶水解有关的酶是聚半乳糖醛酸酶，该酶催化水解果胶酸的$\alpha-1$，4-键。在这两种酶的协同作用下，果胶被水解为甲醇和半乳糖醛酸。

（7）谷氨酰胺酶　该酶催化谷氨酰胺转化为谷氨酸的反应，是胞内酶，菌体细胞被破坏后才发挥作用。

（二）食醋

食醋是一种国际性的重要调味品，我国人民自古以来就有酿醋和食用的传统。全世界食醋的产量按10%醋酸含量的食醋计已超过1980万t。2010年，我国食醋产量约为360万t，中国国家标准《酿造食醋》（GB 18187—2000）规定总酸（以醋酸计）≥3.5g/100mL，我国食醋年产量如果以10%醋酸计，为120万t以上。近年来，由于对食醋的保健功能作用有了更多的认识，国内外相继开发了多种保健醋、饮料醋制品等特殊食醋，产量每年都有较大的增加。

主要生产工艺有固态发酵法、生料发酵法、静置表面发酵法、载体滴下发酵法、酶法液化通风回流发酵、液态深层发酵法等。为进一步提高生产效率和自动化程度，在新反应器和固定化细胞技术上进行了研究开发，气升式反应器、敞开式深层发酵罐、膜过滤生物反应器的研究与使用，结合固定化醋酸菌技术，使醋酸发酵实现连续化，提高了酸生成速度。但从总体上讲，食醋的酿造工艺可分为固态发酵和液态发酵两大类。我国的传统食醋多数采用固态发酵法，产品风味好，品质优良，色香味俱佳。但生产周期长、原料利用率低。目前，很多企业采用各种液态发酵法制醋。

食醋的酿造以及风味的形成是各种微生物代谢过程中产生的一系列生物化学反应的结果。食醋酿造工艺就是为这种生命活动创造良好的环境条件，使生化过程朝着人们的生产目标进行，以获得最佳结果。

酿造食醋的有关微生物有曲霉、酵母菌和醋酸菌等。曲霉能使淀粉水解成糖，使蛋白质水解成氨基酸。酵母菌将糖在厌氧条件下发酵生成酒精。醋酸菌将酒精氧化成醋酸。食醋发酵就是这些微生物参与并协同作用的结果。食醋酿造主要微生物包括醋酸菌、霉菌和酵母菌等。

1. 醋酸细菌

醋酸细菌具有氧化乙醇生成醋酸的能力。按照醋酸菌的生理生化特性，可将醋酸菌分为醋酸杆菌属和葡萄糖氧化杆菌属两大类。前者在39℃温度下可生长，最适生长温度在30℃以上，主要作用是将酒精氧化为醋酸，在缺少乙醇的条件下，会继续将醋酸氧化为二氧化碳和水，也能微弱氧化葡萄糖为葡萄糖酸。酿醋用醋酸菌株大多为醋酸杆菌属，仅在传统酿醋中发现有葡萄糖氧化杆菌属的菌株。

醋酸菌是两端钝圆的杆状菌，单个或呈链状排列，有鞭毛，无芽孢，属革兰阴性菌。在高温或高盐浓度或营养不足等不良培养条件下菌体会伸长，变成线形、棒形或管状膨大等。

醋酸菌为好氧菌，必须供给充足的氧气才能进行正常发酵。在液态静置培养肘，会在液面形成菌膜，葡萄糖氧化杆菌除外。在含有较高浓度乙醇和醋酸的环境中，醋酸杆菌对缺氧非常敏感，供氧不足会造成菌体死亡。

醋酸菌生长繁殖的适宜温度为28～33℃。醋酸菌不耐热，在60℃下经10min即死亡。醋酸菌生长的最适pH为3.5～6.5，一般的醋酸杆菌在醋酸含量达1.5%～2.5%的环境中，生长繁殖就会停止，但有些菌株能耐受7%～9%的醋酸。醋酸杆菌对酒精的耐受力颇高，通常可达5%～12%（体积分数），但对盐的耐受力很差，食盐浓度超过0.1%～1.5%时就停止活动。在生产中当醋酸发酵完毕添加食盐，其目的除调节食醋滋味外，也是防止醋酸菌继续将醋酸氧化为二氧化碳的有效措施。

醋酸菌最适的碳源是葡萄糖、果糖等六碳糖，其次是蔗糖和麦芽糖等。醋酸菌不能直接利用淀粉等多糖类。酒精也是很适宜的碳源，有些醋酸菌还能以甘油、甘露醇等多元醇为碳源。蛋白质水解产物、尿素、硫酸铵等都适于作为醋酸菌的氮源。在矿物质中，必须有磷、钾、镁等元素。由于酿制食醋的原料一般是粮食，即使是使用代用原料，其淀粉、蛋白质、矿物质的含量也很丰富，营养成分也能满足醋酸菌的需要，除少数酿醋工艺外，一般不再需要另外添加氮源、矿物质等营养物质。

醋酸菌有相当强的醇脱氢酶、醛脱氢酶等氧化酶系活性，除氧化酒精生成醋酸外，也有氧化其他醇类和糖类生成相应的酸、酮等物质的能力。例如，丁酸、葡萄糖酸、葡萄糖酮酸、木糖酸、阿拉伯糖酸、丙酮酸、琥珀酸、乳酸等有机酸。氧化甘油生成二酮，氧化甘露醇生成果糖等。

食醋生产中常用和常见醋酸菌有：

(1) 奥尔兰醋酸杆菌（*A. orleanense*）　它是法国奥尔兰地区用葡萄酒生产醋的主要

菌株，生长最适温度为 30℃。该菌能产生少量的醋，产醋酸能力弱，能由葡萄糖产 5.3% 葡萄糖酸，耐酸能力较强。

（2）许氏醋酸杆菌（*A. schutzenbachii*） 它是国外有名的速酿醋菌株，也是目前制醋工业重要的菌种之一。在液体中生长的最适温度为 28～30℃，最高生长温度为 37℃。该菌产酸高达 11.5%，对醋酸无进一步的氧化作用。

（3）恶臭醋酸杆菌（*A. rancens*） 它是我国醋厂使用的菌种之一。该菌在液面形成菌膜，并沿容器壁上升，菌膜下液体不浑浊。一般能产酸 6%～8%。有的菌株产 2% 的葡萄糖酸，能将醋酸进一步氧化为二氧化碳和水。

（4）攀膜醋酸杆菌（*A. scendens*） 它是葡萄酒、葡萄醋酿造过程中的有害菌，在醋中常能分离出来。最适生长温度 31℃，最高生长温度 44℃。在液面形成易破碎的膜，菌膜沿容器壁上升得很高，菌膜下液体很浑浊。

（5）胶膜醋酸杆菌（*A. xylinus*） 它是一种特殊的醋酸菌，若在酿酒醪液中繁殖，会引起酒酸败、变黏。该菌生成醋酸的能力弱，又会氧化分解醋酸，因此，是酿醋的有害菌。在液面上，胶膜醋酸杆菌会形成一层皮革状类似纤维样的厚膜。

（6）AS1.41 醋酸菌 它属于恶臭醋酸杆菌，是我国酿醋长期使用的菌株之一。该菌细胞呈杆状，常呈链状排列，单个细胞大小为（0.3～0.4）μm×（1～2）μm，无运动性，无芽孢。在不良条件下，细胞会伸长，变成线形或棒形，管状膨大。平板培养时菌落隆起，表面平滑，菌落呈灰白色；液体培养时则形成菌膜。该菌生长适宜温度为28～30℃，生成醋酸的最适温度为 28～33℃，最适 pH 为 3.5～6.0，耐受酒精浓度为 8%（体积分数）。最高产醋酸 7%～9%，产葡萄糖酸能力弱。能氧化分解醋酸为二氧化碳和水。

（7）沪酿 1.01 醋酸菌 它是从丹东速酿醋中分离得到的，是我国食醋工厂长期使用的菌种之一。该菌细胞呈杆形，常呈链状排列，菌体无运动性，不形成芽孢。在含酒精的培养液中，常在表面生长，形成淡青灰色薄层菌膜。在不良条件下，细胞会伸长，变成线形或棒状，有的呈膨大状，有分支。该菌由酒精产醋酸的转化率平均达到93%～95%。

2. 食醋酿造用其他微生物

传统工艺制醋是利用自然界中野生菌制曲、发酵，涉及的微生物种类繁多，如根霉、曲霉、毛霉、犁头霉；酵母属中的汉逊氏酵母、假丝酵母以及芽孢杆菌、乳酸菌、醋酸菌、产气杆菌等。在众多微生物中，有对酿醋有益的，也有对酿醋有害的菌种。新法酿醋，均采用经人工选育的纯培养菌株，进行制曲、酒精发酵和醋酸发酵。其优点是酿醋周期短，原料利用率高，可带来显著的经济效益。

（1）曲霉菌 曲霉菌有丰富的淀粉酶、糖化酶、蛋白酶等酶系，因此，常用曲霉菌制糖化曲。糖化曲是水解淀粉质原料的糖化剂，其主要作用是将制醋原料中淀粉水解为糊精，蛋白质被水解为胨肽、氨基酸，有利于下一步酵母菌的酒精发酵以及以后的醋酸发酵。曲霉菌可分为黑曲霉和黄曲霉两大类群。黑曲霉的分生孢子穗呈炭黑色或褐黑色或紫黑色，因此，菌丛呈黑色，但也有显无色的突变种。黑曲霉最适生长温度为 30～35℃，除分泌糖化酶、液化酶、蛋白酶、单宁酶外，黑曲霉还有果胶酶、纤维素酶、脂肪酶、氧化酶、转化酶活性。适宜于酿醋的菌株有甘薯曲霉 AS3.324、邹氏曲霉 AS3.758、东酒 1 号、黑曲霉 AS3.4309（UV－11）等。黄曲霉群包括黄曲霉和米曲霉，它们的主要区别在于前者小梗多为双层，而后者小梗多为单层，很少有双层。黄曲霉的分生孢子穗呈黄绿色，发育过程中菌丛先由白色转为黄色，最后变成黄绿色，衰老的菌落则呈萤褐色，最适生长温度为30～35℃。黄曲霉群的菌株除有丰富的蛋白酶、淀粉酶外，还有纤维素酶、转化酶、菊糖酶、脂肪酶、氧化酶等。黄曲霉中的某些菌株会产生对人体致癌的黄曲霉毒素。为安全起见，必须对菌株进行严格检测，确认无黄曲霉毒素产生者方能使用。米曲霉一般不产生黄曲霉毒素。米曲霉中常用的菌株有沪酿3.040、沪酿3.042（AS3.951）、AS3.863等。黄曲霉菌株有AS3.800、AS3.384等。

（2）酵母菌　在食醋酿造过程中，淀粉质原料经曲的糖化作用产生葡萄糖，通过酵母菌作用将葡萄糖转化为酒精和二氧化碳，完成酿醋过程中的酒精发酵阶段。除酒化酶系外，酵母菌还有麦芽糖酶、蔗糖酶、转化酶、乳糖分解酶和脂肪酶等。在酵母菌的酒精发酵中，除生成酒精外，还有少量有机酸、杂醇油、酯类等物质生成。这些物质对形成醋的风味有一定作用。酵母菌培养和发酵的最适温度为25～30℃，因菌种不同稍有差异。

酿醋用的酵母菌与生产酒类使用的酵母菌相同。适于高粱原料及速酿醋生产的菌种有南阳混合酵母（1308酵母）；适于高粱、大米、甘薯等多种原料酿制普通食醋的有K字酵母；适于淀粉质原料酿醋的有AS2.109、AS2.399；适于糖蜜原料的有AS2.1189、AS2399。另外。为增加食醋香气，有些企业还添加产酯能力强的产酯酵母进行混合发酵，使用的菌株有AS 2.300、AS2.338、中国食品发酵研究所的1295和1312等产酯酵母。

【思考题】

1. 列举与食品制造相关的有益、有害微生物。
2. 与食品发酵有关的因素有哪些，如何进行控制？
3. 何谓发酵剂？发酵剂中常见的微生物菌群有哪些？
4. 简述微生物发酵产酒精的原理。
5. 简述与白酒酿造相关的微生物特点。
6. 葡萄酒酿造微生物及主要污染微生物有哪些？
7. 简述与乳制品发酵相关的微生物及工艺特点。
8. 列举通过微生物发酵所得的调味品，简述其相关的微生物及酶系。

参考文献

[1] 王福源．现代食品发酵技术．第二版．北京：中国轻工业出版社，2004

[2] 路秀玲，欧宏宇．中外传统发酵技术对比．中国食物与营养，2000（2）：19～20

[3] 马永强．传统发酵食品工艺学．北京：化学工业出版社，2010
[4] 敝颜，赵辉．传统白酒发酵微生物的研究进展．食品工业科技，2010.9
[5] 黄持郁，鲁绯．酱油研究进展．中国酿造，2009
[6] 李里特，李凤娟．传统发酵食品的机遇与创新．农产品加工，2009.8
[7] 张兰威．发酵食品工艺学．北京：中国轻工业出版社，2011
[8] 邹晓葵等编著．发酵食品加工技术．北京：金盾出版社，2010
[9] 李约瑟．中国科学技术史．北京：科学出版社，2008
[10] Geoffrey Campbell - Platt，Food Science and Technology，WILEY - BLACKWELL，2008

第二章　酶　技　术

【学习指导】

本章介绍了食品酶的种类和性质、食品酶的制备和固定化、酶在食品加工中的应用。要求理解酶、酶工程的概念，掌握食品酶的制备和固定化方法，熟悉食品酶的种类以及淀粉酶、纤维素酶、半纤维素酶、果胶酶、蛋白酶、脂肪酶、多酚氧化酶、过氧化物酶、溶菌酶和谷氨酰胺转氨酶的主要性质，了解酶在粮油食品加工、果蔬食品加工、肉制品和水产制品加工、乳和蛋制品加工中的应用。

第一节　食品酶的种类和性质

酶是具有催化功能的大分子，绝大多数的酶是蛋白质，极少部分为 RNA。它的催化作用有高效性、选择性、反应条件温和、酶活力可调节控制等特性。酶的种类很多，根据其选择作用的底物不同，有淀粉酶、纤维素酶、果胶酶、蛋白酶、脂肪酶等。食品加工中应用的酶大部分来自特定的微生物，这些酶中 60% 属于蛋白水解酶类，10% 属于糖水解酶类，3% 属于脂肪水解酶类，其余部分为较特殊的酶类。

一、淀粉酶

淀粉酶属于水解酶类，是催化淀粉、糖原和糊精中糖苷键水解的一类酶的统称。几乎所有植物、动物和微生物都含有淀粉酶。根据对淀粉作用方式的不同，可以将淀粉酶分成四类：α－淀粉酶、β－淀粉酶、葡萄糖淀粉酶和淀粉脱支酶。

（一）α－淀粉酶

α－淀粉酶是一种内切葡萄糖苷酶，以 Ca^{2+} 为必需因子并作为稳定因子，既作用于直链淀粉，又作用于支链淀粉，无差别地从分子内部切开 α－1，4－糖苷键，产物的末端葡萄糖残基 C_1 碳原子为 α－构型，故称 α－淀粉酶，又称液化酶。其水解特征是引起底物溶液黏度的急剧下降和碘反应的消失。在作用于淀粉时有两种情况：第一种情况是水解直链淀粉，首先将直链淀粉随机迅速降解成低聚糖，然后把低聚糖分解成以麦芽糖为主，麦芽三糖及少量葡萄糖的终产物。第二种情况是水解支链淀粉，作用于这类淀粉时终产物是葡萄糖、麦芽糖和一系列含有 α－1，6－糖苷键的 α－极限糊精或异麦芽糖。

不同来源的α-淀粉酶有不同的最适温度和最适pH。α-淀粉酶是目前最重要的工业酶制剂之一，在味精、饴糖、葡萄糖、酒精、啤酒、乳酸、柠檬酸等工业中发挥着巨大的作用。

（二）β-淀粉酶

β-淀粉酶是一种外切型糖化酶，只能水解淀粉分子中的α-1，4-糖苷键，不能水解α-1，6-糖苷键。作用于淀粉时，能从α-1，4-糖苷键的非还原性末端顺次切下一个麦芽糖单位，对于像直链淀粉那样没有分支的底物能完全分解得到麦芽糖和少量的葡萄糖。作用于支链淀粉或葡聚糖的时候，切断至α-1，6-糖苷键的前面反应就停止了，因此生成分子质量比较大的极限糊精。由于该酶作用底物时，发生沃尔登转位反应（Walden inversion），使产物由α-型变为β-型麦芽糖，故名β-淀粉酶。β-淀粉酶的热稳定性普遍低于α-淀粉酶，但比较耐酸。作为一种糖化剂，β-淀粉酶在食品工业中主要用于制造麦芽糖浆、啤酒、面包、酱油等。在制醋工业中，常用β-淀粉酶代替部分麸曲节省成本，在白酒和其他工业中也可以用其作糖化剂。在医药工业上，β-淀粉酶的一个重要用途是制造麦芽糖，医学上常用该酶和α-淀粉酶一起作为消化剂使用。

（三）葡萄糖淀粉酶

葡萄糖淀粉酶又称淀粉葡萄糖苷酶或γ-淀粉酶，简称糖化酶。糖化酶是一种具有外切活性的酶，通过水解淀粉、淀粉糊精、糖原等碳链上的1，4-糖苷键链接的非还原端，而得到终产物β-D-葡萄糖。也可水解α-1，6-糖苷键和α-1，3-糖苷键链接的碳链。但对后两种键的水解速度较慢。葡萄糖淀粉酶作用于直链淀粉或支链淀粉时，终产物均是葡萄糖。糖化酶是淀粉转化为葡萄糖过程的主要酶类，因此在淀粉糖、食品、医药等工业上得以广泛的应用。

（四）淀粉脱支酶

淀粉脱支酶有2种类型，即普鲁蓝类型的淀粉脱支酶和异淀粉酶类型的淀粉脱支酶。前者又称极限糊精酶，以极限糊精和支链淀粉为底物，但不能作用于植物和动物糖原，主要有两类：一类来源于植物，称为极限糊精酶或R-酶；另一类来源于微生物，称为普鲁蓝酶，属于淀粉水解酶。极限糊精酶在酿造、淀粉加工等行业有重要作用。后者能够去除支链淀粉和植物、动物糖原中的分支链，但是它却不能作用于普鲁蓝。植物中存在有多种类型的异淀粉酶同工酶，在淀粉合成过程中发挥着不同的作用。

二、纤维素酶和半纤维素酶

（一）纤维素酶

纤维素酶广泛存在于自然界的生物体中，细菌、真菌、动物体内等都能产生纤维素酶。一般用于生产的纤维素酶来自于真菌，比较典型的有木酶属、曲霉属和青霉属。根据催化反应功能的不同，纤维素酶可分为内切葡聚糖酶、外切葡聚糖酶、β-葡聚糖苷酶。内切葡聚糖酶随机切割纤维素多糖链内部的无定型区，产生不同长度的寡糖和新链的末端。外切葡聚糖酶作用于这些还原性和非还原性的纤维素多糖链的末端，释放葡萄糖或纤维二糖。β-葡萄糖苷酶水解纤维二糖产生两分子的葡萄糖。真菌纤维素酶产量高、活性大，在畜牧业和饲料工作中主要应用真菌来源的纤维素酶。食品工业纤维质废渣、废液可使用纤维素酶清除和净化。通过纤维素酶可将纤维素转化为酒精、单细胞蛋白等产品。

（二）半纤维素酶

半纤维素酶类包括内切木聚糖酶、外切木聚糖酶、纤维二糖水解酶、阿拉伯呋喃糖苷酶，以半纤维素为底物。β－甘露聚糖酶作用于甘露聚糖主链的甘露糖苷键而水解甘露聚糖；β－木聚糖酶作用于木聚糖主链的木糖苷键而水解木聚糖。这两类酶均为内切型酶，可随机切断主链内的糖苷键而生成寡糖，然后再由不同的糖苷酶（β－葡萄糖苷酶、β－甘露糖苷酶或β－木糖苷酶）以外切型机制作用于寡糖。由于半纤维素常含有侧链取代基，如阿拉伯糖残基、半乳糖残基、葡萄糖醛酸残基和乙酰残基，所以半纤维素的复杂水解过程还需要分支酶如阿拉伯糖苷酶、半乳糖苷酶、葡萄糖苷酸酶和乙酰木聚糖酯酶以除去侧链取代基，这些酶协同作用才能最大限度地水解底物。

三、果胶酶

果胶酶是一种复合水解酶，含有多种组分，是分解果胶质的多种酶的总称。它把高分子质量的多糖降解为小分子或单体还原糖形式。随来源的不同，其种类和组分有所不同。根据分解糖苷键的反应性质或降解底物的性质，果胶酶可分为果胶酯酶、聚半乳糖醛酸酶和果胶裂解酶 3 种类型。

果胶酶可以分为三大类：果胶酯酶、解聚酶和原果胶酶。

（一）果胶酯酶

果胶酯酶催化果胶脱去甲酯基生成聚半乳糖醛酸链和甲醇的反应。不同来源的果胶酯酶的最适 pH 不同，霉菌来源的果胶酯酶的最适 pH 在酸性范围，细菌来源的果胶酯酶在偏碱性范围，植物来源的果胶酯酶在中性附近。不同来源的果胶酯酶对热的稳定性也有差异。在一些果蔬加工中，若果胶酯酶在环境因素下被激活，将导致大量的果胶脱去甲酯基，从而影响果蔬的质构。生成的甲醇也是一种对人体有毒害作用的物质，尤其对视神经特别敏感。在葡萄酒、苹果酒等果酒的酿造中，由于果胶酯酶的作用，可能会引起酒中甲醇的含量超标，因此，果酒的酿造，应先对水果进行预热处理，使果胶酯酶失活以控制酒中甲醇的含量。

（二）解聚酶

解聚酶有两类：一类解聚酶专一水解底物的糖苷键，称为水解酶，可分为聚甲基半乳糖醛酸酶和聚半乳糖醛酸酶；另一类解聚酶称为裂解酶，可分为聚甲基半乳糖醛酸裂解酶（俗称果胶裂解酶）、聚半乳糖醛酸裂解酶（又称果胶酸裂解酶）。聚半乳糖醛酸酶是降解果胶酸的酶，根据对底物作用方式不同可分两类：一类是随机地水解果胶酸（聚半乳糖醛酸）的苷键，这是聚半乳糖醛酸内切酶；另一类是从果胶酸链的末端开始逐个切断苷键，这是聚半乳糖醛酸外切酶。聚半乳糖醛酸内切酶多存在于高等植物、霉菌、细菌和一些酵母中，聚半乳糖醛酸外切酶多存在于高等植物和霉菌中，在某些细菌和昆虫中也有发现。聚半乳糖醛酸酶来源不同，它们的最适 pH 也稍有不同，大多数内切酶的最适 pH 在 4.0 ~ 5.0 范围以内，大多数外切酶最适 pH 在 5.0 左右。聚半乳糖醛酸酶的外切酶与内切酶，由于作用方式不同，所以它们作用时对果蔬质构影响或果汁处理效果也有差别。例如同一浓度果胶液，内切酶作用时，只要 3% ~5% 的果胶酸苷键断裂，黏度就下降；而外切酶作用时，则要 10% ~15% 的苷键断裂才使黏度下降 50%。果胶裂解酶主要存在于霉菌中，在植物中尚无发现。果胶裂解酶是催化果胶或果胶酸的半乳糖醛酸残基的 C_4 ~ C_5 位上的氢进行反式消去作用，使糖苷键断裂，生成含不饱和键的半乳糖醛酸。

（三）原果胶酶

原果胶酶将原果胶分解为水溶性的高聚合度果胶，可分为 A – 型原果胶酶和 B – 型原果胶酶。前者作用于原果胶内部区域的聚半乳糖醛酸部位；后者作用于与聚半乳糖醛酸链和细胞壁组分（如纤维素等）相连的多糖链。

果胶酶按其作用最适 pH 分为酸性果胶酶和碱性果胶酶。碱性果胶酶是在碱性范围内具有较高活性的果胶酶。目前研究和应用较多的是酸性果胶酶，主要用于水果榨汁和果汁澄清，其酶作用最适 pH 在偏酸性范围。

四、蛋白酶

蛋白酶从动物、植物和微生物中都可以提取得到，也是食品工业中重要的一类酶。生物体内蛋白酶种类很多，以来源分类，可将其分为动物蛋白酶、植物蛋白酶和微生物蛋白酶三大类。根据它们的作用方式，可分为内肽酶和外肽酶两大类。还可根据最适 pH 的不同，分为酸性蛋白酶、碱性蛋白酶和中性蛋白酶。也有根据其活性中心的化学性质不同，分为丝氨酸蛋白酶（酶活性中心含有丝氨酸残基）、巯基蛋白酶（酶活性中心含有巯基）、金属蛋白酶（酶活性中心含金属离子）和酸性蛋白酶（酶活性中心含羧基）。

（一）动物蛋白酶

在人和哺乳动物的消化道中存在有各种蛋白酶。如胃黏膜细胞分泌的胃蛋白酶，可将各种水溶性蛋白质分解成多肽；胰腺分泌的胰蛋白酶、胰凝乳蛋白酶、弹性蛋白酶和羧肽酶等内肽酶和外肽酶，可将多肽链水解成寡肽和氨基酸；小肠黏膜能分泌氨肽酶、羧肽酶和二肽酶等，将小分子肽分解成氨基酸。人体摄取的蛋白质就是在消化道中这些酶的综合作用下被消化吸收的。胃蛋白酶、胰蛋白酶、胰凝乳蛋白酶等先都分别以无活性前体的酶原形式存在，在消化道需经激活后才具有活性。

在动物组织细胞的溶酶体中有组织蛋白酶，最适 pH 为 5.5 左右。当动物死亡后，随组织的破坏和 pH 的降低，组织蛋白酶被激活，可将肌肉蛋白质水解成游离氨基酸，使肌肉产生优良的肉香风味。但从活细胞中提取和分离组织蛋白酶很困难，限制了它的应用。

在哺乳期小牛的第四胃中还存在一种凝乳酶，是由凝乳酶原激活而成，pH 5 时可由已有活性的凝乳酶催化而激活，在 pH 2 时主要由 H^+（胃酸）激活。随小牛长大，由摄取母乳改变成青草和谷物时，凝乳酶逐渐减少，而胃蛋白酶增加。凝乳酶也是内肽酶，能使牛乳中的酪蛋白凝聚，形成凝乳，用来制作乳酪等。

动物蛋白酶由于来源少，价格昂贵，所以在食品工业中的应用不甚广泛。胰蛋白酶主要应用于医药上。

(二)植物蛋白酶

蛋白酶在植物中存在比较广泛，最主要的3种植物蛋白酶（即木瓜蛋白酶、无花果蛋白酶和菠萝蛋白酶）已被大量应用于食品工业。这3种酶都属巯基蛋白酶，也都为内肽酶，对底物的特异性都较宽。

木瓜蛋白酶是番木瓜胶乳中的一种蛋白酶，在低于pH 3和高于pH 11时，酶会很快失活。该酶的最适pH虽因底物不同而有不同，但一般在5~7之间。与其他蛋白酶相比，其热稳定性较高。无花果蛋白酶存在于无花果胶乳中，新鲜的无花果中含量可高达1%左右。无花果蛋白酶在pH 6~8时最稳定，但最适pH在很大程度上取决于底物。菠萝汁中含有很强的菠萝蛋白酶，从果汁或粉碎的茎中都可提取得到，其最适pH范围在6~8。

以上3种植物蛋白酶在食品工业上常用于肉的嫩化和啤酒的澄清。特别是木瓜蛋白酶的应用，很久以前民间就流传用木瓜叶包肉，使肉更鲜嫩、更香。现在这些植物蛋白酶除用于食品工业外，还用于医药上作助消化剂。

(三)微生物蛋白酶

细菌、酵母菌、霉菌等微生物中都含有多种蛋白酶，是生产蛋白酶制剂的重要来源。生产用于食品和药物的微生物蛋白酶的菌种主要是枯草杆菌、黑曲霉、米曲霉三种。微生物蛋白酶的分类和底物专一性见表3-2-1。

表3-2-1　　微生物蛋白酶的分类和底物专一性

分类	抑制剂	最适pH	优先切开的肽键（底物专一性）
丝氨酸蛋白酶 (EC3.4.21)	DFP PMSF PI	9.5~10.5	胰蛋白酶型：切开点羧基侧是碱性氨基酸残基的肽键Lys（Arg） 碱性蛋白酶型：切开点羧基侧是芳香族或疏水性氨基酸残基的肽键Trp（Tyr、Phe、Leu） 其他：黏细菌γ-裂解型和葡萄球菌型
巯基蛋白酶 (EC3.4.22)	PCMB	7.0~8.0	木瓜蛋白酶型：切开点羧基侧是任一氨基酸残基的肽键Phe（或Val、Leu）、Xaa 梭状菌蛋白酶型：切开点羧基侧是碱性氨基酸残基肽键 链霉菌型：广泛氨基酸的肽键
金属蛋白酶 (EC3.2.23)	EDTA OP	7.0~9.0	中性蛋白酶型：切开点氨基端是疏水性氨基酸残基或任一氨基酸的肽键Leu（或Phe及其他） 其他：黏杆菌蛋白酶
天门冬氨酸蛋白酶 (EC3.2.24)	DAN	2.0~5.0	切开点两端是芳香族或疏水性氨基酸残基的肽键Phe（或Tyr、Leu）、Trp（Phe、Tyr）

注：DFP：二异丙基磷酰氟；PCMB：对氯汞苯甲酸；PMSF：苯甲基磺酰氟；DAN：重氮乙酰正-DL-亮氨酸甲酯；PI：马铃薯蛋白酶抑制剂；OP：邻菲绕啉；EDTA：乙二胺四乙酸。

随着酶科学和食品科学研究的深入发展，微生物蛋白酶在食品工业中的用途将越来越广泛。在肉类的嫩化，尤其是牛肉的嫩化上应用微生物蛋白酶代替价格较贵的木瓜蛋白酶，可达到更好的效果。微生物蛋白酶还应用于啤酒制造以节约麦芽用量。但啤酒的澄清仍以木瓜蛋白酶较好，因为它有很高的耐热性，经巴氏杀菌后，酶活力仍还存在，可以继续作用于杀菌后形成的沉淀物，以保证啤酒的澄清。在酱油的酿制中添加微生物蛋白酶，既能提高产量，又可改善质量。除此之外，还常用微生物蛋白酶制造水解蛋白胨用于医药，以及制造蛋白胨、酵母浸膏、牛肉膏等。细菌性蛋白酶还常用于日化工业，添加到洗涤剂中，以增强去污效果，这种加酶洗涤剂对去除衣物上的奶斑、血斑等蛋白质类污迹的效果很好。

五、脂肪酶

脂肪酶存在于含有脂肪的组织中。植物的种子里含脂肪酶，一些霉菌、细菌等微生物也能分泌脂肪酶。

脂肪酶的最适 pH 常随底物、脂肪酶纯度等因素而有不同，但多数脂肪酶的最适 pH 在 8～9，也有部分脂肪酶的最适 pH 偏酸性。微生物分泌的脂肪酶最适 pH 在 5.6～8.5。脂肪酶的最适温度也因来源、作用底物等条件不同而有差异，大多数脂肪酶的最适温度在 30～40℃范围之内，也有某些食物中脂肪酶在冷冻到 -29℃时仍有活性。除了温度对脂肪酶的活性有影响外，盐对脂肪酶的活性也有一定影响。对脂肪具有乳化作用的胆酸盐能提高酶活力，重金属盐一般具有抑制脂肪酶的作用，Ca^{2+}能活化脂肪酶并可提高其热稳定性。

脂肪酶能催化脂肪水解成甘油和脂肪酸，但是对水解甘油酰三酯的酯键位置具有特异性，首先水解 1,3 位酯键生成甘油酰单酯后，再将第二位酯键在非酶异构后转移到第一位或第三位，然后经脂肪酶作用完全水解成甘油和脂肪酸。

脂肪酶只作用于油 - 水界面的脂肪分子，增加油水界面能提高脂肪酶的活力，所以，在脂肪中加入乳化剂能大大提高脂肪酶的催化能力。

脂肪酶不但在生物体内有催化脂类物质代谢的重要生理功能，而且在食品加工中也有重要作用。含脂食品如牛乳、奶油、干果等产生的不良风味，主要来自脂肪酶的水解产物（水解酸败），水解酸败又能促进氧化酸败。食品加工中脂肪酶作用后释放一些短链的游离脂肪酸（丁酸、己酸等），当它们浓度达到一定水平时，会产生好的风味和香气，如牛乳和干酪的酸值分别为 1.5 和 2.5 时，就会有好的风味，如果酸值大于 5，则产生陈腐气味、苦味或者类似山羊的膻味。利用特异性脂肪酶能以廉价的油脂脂原料生产代可可脂。脂肪酶不单在食品工业中有广泛用途，在绢纺、皮革脱脂等轻化工及医药工业上也有重要用途。

六、其他酶

（一）多酚氧化酶

多酚氧化酶广泛存在于各种植物和微生物中。在果蔬食物中，多酚氧化酶分布于叶绿体和线粒体中，但也有少数植物，如马铃薯块茎，几乎所有的细胞结构中都有分布。

多酚氧化酶的最适 pH 常随酶的来源不同或底物不同而有差别，但一般在 pH 4～7 范围内。同样，不同来源的多酚氧化酶的最适温度也有不同，一般多在 20～35℃。在大多数情况下从细胞中提取的多酚氧化酶在 70～90℃下热处理短时就可发生不可逆变性。低温也影响多酚氧化酶活性。较低温度可使酶失活，但这种酶的失活是可逆的。阳离子洗涤剂、Ca^{2+}等能活化多酚氧化酶。抗坏血酸、二氧化硫、亚硫酸盐、柠檬酸等都对多酚氧化酶有抑制作用，苯甲酸、肉桂酸等有竞争性抑制作用。

多酚氧化酶是一种含铜的酶，主要在有氧的情况下催化酚类底物反应形成黑色素类物质。在果蔬加工中常常因此而产生不受欢迎的褐色或黑色，严重影响果蔬的感官质量。

多酚氧化酶催化的褐变反应多数发生在新鲜的水果和蔬菜中，例如香蕉、苹果、梨、茄子、马铃薯等。当这些果蔬的组织碰伤、切开、遭受病害或处在不正常的环境中时，很容易发生褐变。这是因为当它们的组织暴露在空气中时，在酶的催化下多酚氧化为邻醌，再进一步氧化聚合而形成褐色素或称类黑素。

多酚氧化酶能使茶多酚物质氧化，聚合成茶黄素、茶红素和茶褐素等。红茶的加工就是利用酶的这种特性，其加工过程中的发酵激化酶的活性，促使茶多酚物质在多酚氧化酶的催化下发生氧化聚合反应，形成红茶的品质特点。

（二）过氧化物酶

过氧化物酶广泛存在于所有高等植物中，也存在于牛乳中。过氧化物酶通常含有一个血红素作为辅基，催化以下反应：

$$ROOH + AH_2 \longrightarrow H_2O + ROH + A$$

其中 ROOH 可以是过氧化氢或有机过氧化物，AH_2是供氢体。当 ROOH 被还原时，AH_2即被氧化。AH_2可以是抗坏血酸盐、酚、胺类或其他还原性强的有机物。这些还原剂被氧化后大多能产生颜色，因此可以用比色法来测定过氧化物酶的活性。由于过氧化物酶具有很高的耐热性，而且广泛存在于植物中，测定其活性的比色测定法既灵敏又简单易行，所以可以作为考查热烫处理是否充分的指示酶。当食物进行热处理后，如果检测证明过氧化物酶的活性已消失，则表示其他的酶受到了彻底破坏，热烫处理已充分了。

从营养和风味方面来看，过氧化物酶也是很重要的。如过氧化物酶能催化维生素 C 氧化而破坏其生理功能；能催化不饱和脂肪酸的过氧化物裂解，产生不良气味的羰基化合物，同时破坏食品中的许多其他成分；还能催化类胡萝卜素漂白和花青色脱色。

（三）溶菌酶

溶菌酶是一种专门作用于细菌细胞壁肽聚糖的细胞壁水解酶，按照作用方式不同可以大致分为作用于糖苷键与作用于肽和酰胺两大类，其中糖苷键型是主要的溶菌酶。它通过肽键上的第35位的谷氨酸和第52位的天门冬氨酸构成的活性部位，水解切断N-乙酰胞壁酸与N-乙酰葡萄糖胺间以及甲壳质中N-乙酰葡糖胺残基间的β-1，4-糖苷键，破坏微生物细胞壁肽聚糖支架。溶菌酶不管以何种方式作用于细菌，都会使细菌细胞壁出现部分缺失，形成L型细菌而失去对细胞的保护作用，在内部渗透压的作用下，细胞膜破裂，内容物外溢而使细菌溶解。有报道称，溶菌酶还具有抗病毒的作用。溶菌酶是一种碱性蛋白质，在中性环境中带大量的正电荷，可与带负电荷的病毒蛋白直接结合，与DNA、RNA、脱辅基蛋白形成复盐，使病毒失活。而且，还有止血、消肿、防腐、抗肿瘤及加快组织修复、增强免疫力等功能。

（四）谷氨酰胺转氨酶

谷氨酰胺转氨酶（transglutaminase，TGase）是一种催化酰基转移反应的转移酶，最初是从豚鼠肝中分离获得，后来从其他动物、酵母、霉菌中相继也发现了TGase。虽然人们对微生物TGase的发现较动植物的晚，但微生物TGase种类多，与动植物TGase相比，它的最适作用pH、温度和底物专一性等具有广泛多样性，而且微生物工业化生产TGase具有生产成本低、产酶周期短和不受环境制约等优点。

TGase可催化蛋白质以及肽键中谷氨酰胺残基的γ-羧酰胺基和伯胺之间的酰胺基转移反应，利用该反应可以将赖氨酸引入蛋白质以改善蛋白质的营养特性；当蛋白质中赖氨酸残基的γ-氨基作为酰基受体时，蛋白质在分子内或分子间形成。通过该反应，蛋白质分子间发生交联，改变食品以及其他制品的质构，从而赋予产品特有的质构特性和粘合性能；当不存在伯胺时，水会成为酰基的受体，谷氨酰胺残基脱去氨基。该反应可以用于改变蛋白质的等电点及溶解度。

第二节　食品酶的制备和固定化

一、酶的制备途径

酶的制备途径有生物合成法、直接提取法和化学合成法。生物合成法又可分为微生物发酵法、动物或植物细胞培养法。直接提取法是直接以含酶的植物、动物或微生物为原料从中提取酶的方法，如从菠萝中提取菠萝蛋白酶，从木瓜中提取木瓜蛋白酶等。化学合成法是采用人工的方法，以氨基酸或肽为原料，通过化学合成制备酶。该法基本处于实验室研究阶段，尚未大规模广泛应用。目前商品酶制剂绝大多数来源于微生物发酵法，该方法是制备或生产酶制剂的主要途径。

二、酶的微生物发酵法生产

酶的微生物发酵法生产是指在人工控制的条件下，有目的地利用微生物培养来生产所需的酶，其技术包括培养基和发酵方式的选择、发酵条件的控制管理、酶的分离纯化等方面的内容。

微生物种类很多，根据产生的酶是否被分泌到细胞外分为产胞内酶的微生物和产胞外酶的微生物。作为生产商品酶制剂的优良微生物的基本要求是：①繁殖快，产酶量高，有利于缩短生产周期；②能在便宜的底物上良好生长；③产酶性能稳定，菌株不易退化，不易受噬菌体侵袭；④最好是产生胞外酶的菌种，产生的酶容易分离纯化；⑤不是致病菌及产生有毒、有害物质的微生物。对医药和食品用酶，还应考虑安全性。凡从可食部分或食品加工中传统使用的微生物生产的酶，是安全的。由非致病微生物制取的酶，需作短期毒性实验。非常见微生物制取的酶，需做广泛的毒性实验，包括慢性中毒实验。

酶的发酵生产方式有固体发酵和液体深层发酵两种。固体发酵主要是用于真菌来源的商业酶生产。液体深层发酵主要适合于细菌和酵母菌。培养不同的微生物须采用不同的培养条件；培养目的不同，原料的选择和配比不同；不同阶段，培养条件也有所差异。不管怎样的培养基，都应该具备微生物生长所需要五大营养要素：水、碳源、氮源、无机盐、生长因子。其中，水是微生物最基本的组成分（70%～90%），也是细胞质组分，直接参与各种代谢活动，并调节细胞温度和保持环境温度的稳定。碳源构成细胞物质或代谢产物中碳架，为其生命活动提供能量。氮源构成细胞物质和代谢产物中氮素。无机盐参与酶的组成，构成酶活性基，激活酶活性维持细胞结构的稳定性，调节细胞渗透压，控制细胞的氧化还原电位，有时可作某些微生物生长的能源物质。生长因子是指某些微生物不能用普通的碳源、氮源物质进行合成，而必须另外加入少量的生长需求的有机物质，它以辅酶与辅基的形式参与代谢中的酶促反应。

发酵条件的控制对微生物发酵产酶至关重要。培养基的 pH 必须控制在一定的范围内，以满足不同类型微生物的生长繁殖或产生代谢产物。为了维持培养基 pH 的相对恒定，通常在培养基中加入 pH 缓冲剂，或在进行工业发酵时补加酸、碱。微生物发酵产酶的最适 pH 与生长最适 pH 往往有所不同。其生产某种酶的最适 pH 通常接近于该酶催化反应的最适 pH。有些微生物可以同时产生若干种酶，在生产过程中，通过控制培养基的 pH，往往可以改变各种酶之间的产量比例。对于微生物来说，温度直接影响其生长和合成酶。有些微生物发酵产酶的最适温度与其生长最适温度有所不同，而且往往低于生长最适温度。这是由于在较低的温度条件下，可以提高酶所对应的 mRNA 的稳定性，增加酶生物合成的延续时间，从而提高酶的产量。在酶的发酵生产过程中，处于不同生长阶段的细胞，其细胞浓度和细胞呼吸强度各不相同，致使耗氧速率有很大的差别。因此必须根据耗氧量的不同，不断供给适量的溶解氧。

为了提高酶产量，除了采用优良的微生物菌种、适宜的培养基，以及正确控制培养条件外，还可通过添加诱导物，控制阻遏物的浓度，添加表面活性剂和产酶促进剂等方法实现。对于诱导酶的发酵生产，在发酵过程中的某个适宜的时机，添加适宜的诱导物，可以显著提高酶的产量。对于受代谢途径末端产物阻遏的酶，可以通过控制末端产物浓度的方法使阻遏解除。为了减少或者解除分解代谢物阻遏作用，应当控制培养基中葡萄糖等容易利用的碳源的浓度。表面活性剂可以与细胞膜相互作用，增加细胞的透过性，有利于胞外酶的分泌，从而提高酶的产量。产酶促进剂是指可以促进产酶、但是作用机理未阐明清楚的物质。

三、酶的提取、分离和纯化

酶的提取、分离和纯化流程一般包括：破碎（或不破碎）细胞→溶剂抽提→离心→过滤→浓缩→干燥或结晶等。对某些纯度要求很高的酶则需经几种方法乃至多次反复处理。

许多酶存在于细胞内，为了提取这些胞内酶，首先需要对细胞进行适当的破碎处理。酶提取时，应根据酶的结构和溶解性质，选择适当的溶剂。通常可用水或稀酸、稀碱、稀盐溶液等进行提取，有些酶与脂质结合或含有较多的非极性基团，则可用有机溶剂提取。为了提高酶的提取率并防止酶的变性失活，在提取过程中还要注意控制好温度、pH、搅拌、盐浓度等提取条件，还应防止微生物对酶的破坏和污染。酶的分离方法有沉淀分离、离心分离、过滤与膜分离、层析分离、电泳分离和萃取分离等。在酶的分离纯化过程中，浓缩与干燥是一个重要的环节。离心分离、过滤与膜分离、沉淀分离、层析分离等都能起到浓缩作用。用各种吸水剂，如硅胶、聚乙二醇、干燥凝胶等吸去水分，也可以达到浓缩效果。由于酶在高温条件下不稳定，容易变性失活，故酶液的浓缩通常采用真空浓缩或超滤浓缩。为了提高酶的稳定性，便于保存、运输和使用，一般进行干燥，制成固体酶制剂。在固体酶制剂生产过程中，常用的干燥方法有：真空干燥、冷冻干燥、喷雾干燥、气流干燥、吸附干燥。酶的结晶是酶分离纯化的一种手段。它不仅为酶的结构与功能等的研究提供了适宜的样品，而且为较高纯度的酶的获得和应用创造了条件。酶在结晶之前，酶液必须经过纯化达到一定的纯度。如果酶液纯度太低，不能进行结晶。不同的酶对结晶时的纯度要求不同。总的趋势是酶的纯度越高，越容易进行结晶。

四、酶的固定化

随着酶学研究的深入和酶工程的发展，酶的应用越来越广泛。将酶用物理或化学的方法固定在不溶于水的载体上，形成一种可以重复使用的酶，称固定化酶。固定化酶既保持了酶的催化特性，又克服了游离酶的不稳定性，具有可反复或连续使用、易与反应产物分离等显著优点，广泛应用于医药、轻工、食品等行业。

制备固定化酶的方法很多，有包埋法、吸附法、共价偶联法、交联法等。

1. 包埋法

将酶或含酶菌体包埋在多孔载体中，使酶固定化的方法称为包埋法。包埋法根据载体材料和方法的不同，可以分为凝胶包埋法和微胶囊包埋法。凝胶包埋法是将酶和含酶菌体包埋在各种凝胶内部的微孔中，制成一定形状的固定化酶的方法。最常用的凝胶有琼脂、琼脂糖、海藻酸钙、卡拉胶、聚丙烯酰胺等。微胶囊包埋法是将酶包埋在高分子半透膜中，制成微胶囊固定化酶的方法。常用的半透膜有尼龙膜、醋酸纤维膜等。

2. 吸附法

利用各种固体吸附剂将酶或含酶菌体吸附在其表面而使酶固定化的方法称为吸附法。吸附法常用的吸附剂有活性炭、氧化铝、硅藻土、多孔陶瓷、多孔玻璃、硅胶、羧基磷灰石等。

吸附法制备固定化酶，操作简便、条件温和，不会引起酶的变性失活，载体价廉易得，而且可反复使用。但由于是靠物理吸附作用，结合力较弱，酶与载体结合不太牢固而易脱落。

3. 共价偶联法

利用酶活性中心外的非必需基团与固相载体上的基团共价结合而制成固定化酶的方法称共价偶联法，也称共价结合法。这种方法的优点是酶与载体牢固，制得的固定化酶稳定性好。缺点是制备过程中反应条件较为强烈，难以控制，易使酶变性失活。共价偶联法常用的载体有纤维素、葡聚糖、琼脂糖、甲壳素等。

4. 交联法

交联法是采用双功能试剂使酶分子之间或酶分子与固相载体之间发生交联作用而制成固定化酶的方法。常用的双功能试剂有戊二醛、己二胺、顺丁烯二酸酐、双偶氮苯等，其中应用最广泛的是戊二醛。

用交联法制备的固定化酶结合牢固，可长时使用。但由于交联反应较激烈，酶分子的多个基团被交联，酶活力损失较大。实际使用时，往往与其他固定化方法联用，如将酶先经凝胶包埋后，再经交联等。这种采用两个或多个方法进行固定化的技术，称为双重或多重固定化法，用此法可制备出酶活性高、机械强度好的固定化酶。

第三节 酶在食品加工中的应用

自古以来，酶和食品就有着天然的联系，人们在生产很多食品时，有意无意就利用酶。近50年来，酶科学得到了飞速发展，目前人类发现的酶已超过3000种。随着酶技术的发展，酶在食品加工中得到了广泛的应用。

一、酶在粮油食品加工中的应用

（一）焙烤食品加工中的应用

焙烤食品加工业是一个传统的工业，虽然谷物面粉中含有多种酶，主要是淀粉酶和蛋白酶，它们有助于焙烤，但含量一般仍显不足，必须额外添加酶以利于焙烤食品加工。淀粉酶和蛋白酶用于焙烤工业已有几百年的历史，近年来，细胞壁分解酶的应用持续增加，而氧化还原酶的添加成为研究的重点。在焙烤过程中使用酶可以改善面团操作性，增加面包等制品体积，改良质地结构，还可延长产品储存期。

α - 淀粉酶在焙烤食品中的应用相当高，其主要功能是把淀粉分解为糊精，更有助于面粉内源性 β - 淀粉酶作用，使面团中酵母可利用的糖增加，促进酵母代谢。同时，由

于 α－淀粉酶的作用，产生的还原糖有利于增加面包等制品风味、表皮色泽，并改善内部组织纹理结构，增大制品体积，还能延缓面包等制品老化，延长储存期。应用于焙烤业的 α－淀粉酶的来源主要有三种：麦芽、真菌和细菌，以真菌 α－淀粉酶在焙烤食品中应用最广泛。这三种来源的淀粉酶作用机理并无差异，主要区别在于它们对热的稳定性不同，热稳定性的顺序为细菌 α－淀粉酶 > 麦芽 α－淀粉酶 > 真菌 α－淀粉酶。实际应用时，需根据面粉基质、加工条件及产品要求的不同，选择一种或几种 α－淀粉酶复配使用。

蛋白酶可以分解面筋性蛋白质，切断蛋白质分子肽键，降解蛋白质，弱化面筋，使面团变软，改善面团黏弹性、延伸性、流动性和面团处理性能，从而影响焙烤食品的品质。而且，它还能缩短面团混合时间，这对目前采取自动化设备有限的生产时间是有利的。目前，在焙烤工业中使用的蛋白酶有：霉菌蛋白酶、细菌蛋白酶和植物蛋白酶，其中以霉菌蛋白酶应用最为广泛。面包生产中使用蛋白酶有利于缩短调粉时间，有助于改进面包体积和组织，还能改善面包的香味。但要注意蛋白酶用量与种类选择，如植物蛋白酶可使面筋性蛋白质产生严重水解，导致面团变软或发黏，使面包质量变差。此外，蛋白酶已大部分取代亚硫酸钠，用于硬脆饼干生产中，它改善面团黏弹性，使面团具有在不撕裂的情况下压成很薄的片状，同时，使面团在烘焙时保持平整而不会卷曲。

细胞壁分解酶尤其是半纤维素酶在焙烤食品的应用日益受到重视，半纤维素酶水解戊糖聚合物。小麦面粉仅含 2% ~3% 的戊糖聚合物，而全麦面粉或黑麦面粉中含量则分别高达 5% 和 8%。戊糖聚合物除会妨碍面筋性蛋白质的伸展性外，还可与相当于自身质量近 10 倍的水相结合，面粉的保水能力有 1/3 是由戊糖聚合物造成的，因此，稍稍改变戊糖聚合物的量或组成，就会对面粉的保水性有很大的影响，进而影响面团或面包制品的品质。添加半纤维素酶，可使面团变得更柔软更易操作，增大面包体积，改进面包心质地，延缓面包老化。

对氧化还原酶的研究，发现它可提高面筋蛋白的强度，如脂肪氧合酶、葡萄糖氧化酶。脂肪氧合酶能催化面粉中的不饱和脂肪酸发生氧化，生成芳香的羰基化合物而增加面包风味。此外，这种酶氧化不饱和脂肪酸产生的氢过氧化物，进一步氧化蛋白质分子中的巯基（—SH），形成二硫键（—S—S—），并能诱导蛋白质分子聚合，使蛋白质分子变得更大，从而增加面团的搅拌耐力，改善面团结构。另外，脂肪氧合酶还能使面粉中的胡萝卜素氧化而褪色，从而使面包心变白，这有利于制造白色面包。葡萄糖氧化酶可氧化面筋蛋白中的—SH 键，从而加强面筋网状结构，强化面筋，生成更强、更具有弹性的面团，对机械冲力有更强的承受力，更好的入炉急涨特性以及更大的面包体积，从而使烘焙质量得到提高。它在面团中起作用，在烘焙过程中失活。对于某些面筋较弱的小麦面粉，如大部分国产小麦，其作用更为明显。

在焙烤食品中应用研究表明，含有 TGase 的酶制剂通过共价交联作用使面筋网络结构的冻融稳定性提高，改善经深度冷冻的面团制成的面包质量。共价交联能稳定面筋的结构，使网络结构的强度增大，从而对冰晶损害的敏感度降低。在某些焙烤工艺中，TGase 可以代替乳化剂和氧化剂。含 TGase 的酶制剂代替乳化剂能改善面团的稳定性，提高焙烤产品的质量，使面包颜色较白，内部结构均一，且面包体积较大。TGase 是一种天然的蛋白质，因具有独特的共价交联作用可以代替化学氧化剂，从而降低氧化剂的用量。TGase 还可用于其他焙烤制品，例如蛋糕、蓬松油酥点心、饼干和面包糠。通过添加 TGase 可以防止蛋糕在焙烤后的塌陷，改进了蛋糕的体积和质构。

（二）制糖工业中的应用

酶在制糖工业的应用历史悠久。约 3000 年前，我国首先开始淀粉制糖，麦芽水解稻米的淀粉成为麦芽糖，用作食品甜味料，这就是酶技术的应用。20 世纪 60 年代初期，酶法技术发展，先是酸酶法，以后是双酶法，不同酶法逐步代替了酸法制糖技术。1967 年，又采用了异构化酶转变甜度较低葡萄糖成甜度更高的果糖，生产果葡糖浆，大大促进了淀粉制糖工业的发展。酶不仅用于生产葡萄糖、麦芽糖、果葡糖浆，还可以用于生产高麦芽糖浆、麦芽糊精、环状糊精、麦芽糖醇、功能性低聚糖等。在这些产品的酶法生产过程中应用的酶有 α - 淀粉酶、β - 淀粉酶、葡萄糖淀粉酶、脱支酶和葡萄糖异构酶、环状糊精葡萄糖基转移酶等。21 世纪出现的一些新型糖类（如海藻糖）也通过酶转化法生产。表 3 - 2 - 2 为应用酶技术生产的低聚糖品种、原料及所应用的酶。

表 3 - 2 - 2　　低聚糖生产品种、原料及应用的酶

低聚糖	原料	酶
低聚果糖	砂糖	β - 果糖转移酶
低聚乳糖	砂糖、乳糖	β - 果糖转移酶
低聚木糖	砂糖、木糖	β - 果糖转移酶
帕拉金糖	砂糖	α - 杂糖基转移酶
耦合糖	砂糖、淀粉	环糊精葡萄糖基转移酶（CGTase）
龙胆低聚糖	葡萄糖	β - 葡糖苷酶
异麦芽低聚糖	麦芽糖	α - 葡糖苷酶
低聚半乳糖	乳糖	β - 半乳糖苷酶

（三）油脂生产中的应用

在油脂生产中应用的酶主要是脂肪酶。脂肪酶是分解天然油脂的酶，水解发生的位置是油脂的酯键。脂肪酶的底物甘油三酸酯的醇部分是甘油，而酸部分是水不溶性的 12 个碳原子以上的长链脂肪酸。脂肪酶催化天然油脂水解制取脂肪酸方法与高温高压蒸汽裂解方法相比，具有耗能少、设备投资低、脂肪酸色泽浅和质量高、水解率较高等优点。特别是一些含有不饱和键较多，易氧化和产生副反应的油脂水解更为适宜。利用各种不同酶可开发不同产品，如无位置选择性的脂酶可完全水解油脂最终得到脂肪酸和甘油，而利用有位置选择的脂酶可部分定向水解得到高含量 β - 甘油单酯。用脂肪酶催化油脂的甘油水解生产甘一酯是一种非常有效的方法。此方法可以实现连续操作。利用酯交换、合成反应，使用不同底物专一性的脂肪酶和底物可以合成多种结构特点的结构化油脂。

利用脂肪酶的催化酯化反应能力，可以合成有生物活性的固醇酯，合成用作食用香料的薄荷醇和香茅醇酯等。也可以用脂肪酶的底物专一性进行手性合成和旋光拆分。利用脂肪酶可以催化皂脚和木焦油中的脂肪酸与脂肪醇酯化合成可生物降解的燃料，代替石油，从而减少污染。在油脂提取过程中，应用细胞壁降解酶（如半纤维素酶、纤维素酶和果胶酶）的混合物分解细胞壁上的组织结构，可以对油的提取有很大的帮助，特别是能在温和的条件下作用。另外，磷脂酶与脂肪氧化酶在油脂生产中也有应用。

二、酶在果蔬食品加工中的应用

很多水果、蔬菜加工，比如苹果汁、猕猴桃汁、黑加仑、葡萄汁、山楂汁等果汁和葡萄酒、苹果酒等果酒生产，在生产过程中设法提高出汁率，要求加快澄清速度和提高澄清度，以提高设备利用率，改善产品质量。然而果胶质的存在影响了出汁率，并使汁液浑浊，不易过滤，难于澄清，因此果胶成了阻碍加工的物质。果胶酶则可以分解这些果胶物质，提高出汁率和澄清效果。由于果蔬细胞壁是由果胶质、纤维素和木聚糖等半纤维素组成的网状结构，阻止细胞内容物的渗出，果胶酶与木聚糖酶、纤维素酶的合理搭配，复合使用可更有效地破坏果蔬的细胞结构，更明显提高出汁率。

在果蔬加工与储藏过程中，经常会发生褐变等变色现象，这些现象许多都是由酶促产生的。绝大多数酶促褐变不利于食品储藏加工，影响食品储藏加工中的效果和质量的稳定。为了保证产品质量，必须抑制酶促褐变。酶促褐变也有一些正面的作用：如利用酶促褐变加工茶和可可。

三、酶在肉制品和水产制品加工中的应用

肉类食品营养物质丰富，现在的肉制品品种越来越多，其中不少肉制品的加工过程利用酶的作用来改善产品品质。酶在肉制品中的主要用途是改善组织、嫩化肉类及转化废弃蛋白质使其成为供人类食用或作为饲料的蛋白质浓缩物。

蛋白酶嫩化肉类的主要作用是分解肌肉结缔组织胶原蛋白。在动物屠宰前，把酶的浓缩液注射到动物颈静脉血管中，随着血液循环，使酶在肌肉中得到均匀分布，达到嫩化效果。从无花果中提取的无花果蛋白酶和从菠萝中得到的菠萝蛋白酶对肉的嫩化非常有效。但是粗制木瓜蛋白酶由于安全和廉价的原因在肉制品行业应用最为广泛。利用木瓜蛋白酶，Ca^{2+}作激活剂嫩化处理牛肉，牛肉的色泽、口感、风味都得到了一定程度的改善。利用菠萝蛋白酶结合一些无机盐来处理羊肉，用此原料生产的火腿肠肉质细嫩、弹性好、风味独特。TGase 能利用肉制品蛋白质肽链上的转谷氨酰胺残基的甲酰胺基为供体，赖氨酸残基的氨基为受体，催化转氨基反应，从而使蛋白质分子内或分子间发生交联，改变蛋白质的凝胶性、持水性、塑性等性质。TGase 作为一种新型的蛋白质功能改良剂，在肉制品加工中的应用日益广泛。溶菌酶应用于肉制品中，具有防腐效果，应用于冷却肉保鲜、红肠加工及其他低温及软包装肉制品加工等。

酶在水产制品加工中也有广泛的应用。如酶法生产水解鱼蛋白，合成新的鱼蛋白质，

生产鱼露等调味品，用 TGase 改善鱼糜制品质构，采用酶法富集鱼多不饱和脂肪酸，酶法脱鱼鳞、脱卵膜、脱腥、去异味；采用酶法水解虾、蟹壳，既得到了蛋白质水解液，滤渣又可成为提取甲壳质、色素的原料，同时减少了酸、碱的用量，对环保有利；用双酶水解法对贻贝进行水解，制备具一定功能的海鲜调味料等。利用酶技术可以提高水产品的质量，改善水产品的营养价值，提升水产品的加工利用率。随着酶技术的发展，酶在水产品精深加工中的应用将会越来越广泛，尤其是随着渔业资源的衰退，利用一些低值鱼类来生产高附加值的产品已显得越来越重要。

四、酶在乳、蛋制品加工中的应用

酶在乳品中的应用由来已久。很久以前，人们就利用犊牛皱胃酶（凝乳酶）来生产干酪。近几年，随着酶学研究的进一步深入，酶在乳品中的应用扩展到了更广的领域。当前在乳制品生产中最常用、最重要的几种酶为：蛋白酶（主要为凝乳酶）、乳糖酶、乳过氧化物酶、脂肪酶等。微生物生长周期短，产量大，受气候、地域、时间限制小。生产凝乳酶成本较低，酶提取方便，经济效益高。微生物来源的凝乳酶是干酪生产必不可少的凝结剂。蛋白酶和脂肪酶可加速干酪成熟并可用于生产酶改性干酪，在不损失其风味的前提下，减少原干酪成分的使用量而使制品缩短成熟时间，更具浓郁的香味；脂肪酶在霉菌成熟干酪中用于风味改良，使干酪辛辣和刺激味；乳糖酶用于乳制品中可提高乳制品的消化性和乳清制品的利用率，减少浓缩乳制品中乳糖结晶，分解乳糖以提高有乳糖不耐受症的人对乳制品的消化力等；乳过氧化物酶是天然抑菌剂，在乳品工业中用于原乳的储存和运输，用于处理牛乳来制作不同软硬程度的干酪，乳过氧化物酶作为一种对热稳定的酶，有可能用于食品热加工，以延长货架期。TGase 用于干酪、酸奶、奶粉加工，改善乳蛋白质结构和功能，进而提高了牛乳制品的质构、外观、风味、口感等品质。

在干制蛋品的制造和保藏中，发生两种类型的非酶褐变。其一是由葡萄糖和蛋白质中氨基或蛋白中游离氨基酸通过美拉德反应产生的褐变，产生不良的色泽，同时影响制品所需要的功能性质，如烘烤性、抽打性、溶解性及蛋糕体积等。其二是由于葡萄糖与蛋黄中的脑磷脂反应，不仅产生褐色产物，而且带来不良风味。在干制蛋白中发生的非酶褐变导致产品质量下降。从理论和实际两方面考虑，最理想的防止美拉德反应的方法是除去一个反应物或使一个反应物失活。在食物中除去美拉德反应的一个反应物——蛋白质，显然不现实，然而在干制蛋品加工中已采用微生物发酵和酶法除去蛋制品中的约占总质量 1% 的还原糖，其中大多数是葡萄糖。这样就消除了美拉德反应中另一个反应物——还原糖。除去葡萄糖的蛋粉在贮藏性和功能性方面均得到改善。

【思考题】

1. 什么是酶工程?
2. 食品酶的制备途径有哪些?
3. 作为生产商品酶制剂的优良微生物的基本要求有哪些?
4. 如何提高微生物发酵法产酶量?
5. 酶的提取、分离方法及固体酶制剂生产过程中常用的干燥方法有哪些?
6. 制备固定化酶的方法有哪些?
7. 食品酶的主要种类及其主要性质有哪些?
8. 酶在食品加工中主要有哪些应用?

参考文献

[1] 王福源. 现代食品发酵技术. 第二版. 北京: 中国轻工业出版社, 2004
[2] 路秀玲, 欧宏宇. 中外传统发酵技术对比. 中国食物与营养, 2000, (2): 19~20
[3] 马永强. 传统发酵食品工艺学. 北京: 化学工业出版社, 2010
[4] 敝颜, 赵辉. 传统白酒发酵微生物的研究进展. 食品工业科技, 2010 (9)
[5] 黄持郁, 鲁绯. 酱油研究进展. 中国酿造, 2009 (10)
[6] 李里特, 李凤娟, 传统发酵食品的机遇和创新. 农产品加工, 2009 (8)
[7] 张兰威. 发酵食品工艺学. 北京: 中国轻工业出版社, 2011
[8] 邹晓葵等编著. 发酵食品加工技术. 北京: 金盾出版社, 2010
[9] 李约瑟. 中国科学技术史. 北京: 科学出版社, 2008
[10] Geoffrey Campbell - Platt, Food Science and Technology, WILEY - BLACKWELL, 2008

第三章　现代食品生物技术

【学习指导】

本章主要介绍基因工程、细胞工程概况，基因工程、细胞工程在食品工程中的应用，利用现代食品生物技术生产的典型产品等内容。通过本章的学习，扩大学生对现代生物技术在食品加工、贮藏、营养等方面的理解，增加对转基因食品的认识，自觉应用基因工程、细胞工程等生物技术手段进行食品加工与贮藏。

第一节　基 因 工 程

近年来，随着现代生物技术突飞猛进的发展，生物技术在食品工业中的应用日益广泛和深入，食品生物技术的发展对于解决人类食物短缺，缓解人口增长带来的压力，丰富食品种类，满足不同消费需求，开发新型功能性食品具有重要意义。本节将对基因工程的发展及其在食品领域的应用进行概述。

一、基因工程及其发展

（一）基因的定义

基因一词是由丹麦植物学家、遗传学家约翰逊（W. Johannson）首先提出的，用来指奥地利遗传学家孟德尔（G. Mendel）在豌豆实验中所发现的遗传因子。美国实验胚胎学家、遗传学家摩尔根（T. H. Morgan）等人在果蝇研究中发现，各个基因以一定的线状秩序排列在染色体上，从而建立了遗传的染色体学说。基因的主要功能是编码蛋白质，也就是说决定特定蛋白质的一级结构。一个基因是核酸或核蛋白的某一片段。生物的一切性状几乎都是由许多基因以及周围环境相互作用的结果。基因首先在真核生物中发现，而真核生物的染色体都在细胞核中，所以基因是核基因或染色体基因的同义词。线粒体、叶绿体等细胞器中也存在着编码某些蛋白质的遗传因子。为了区别于核基因，这些基因称为“线粒体基因”、“叶绿体基因”或统称为“细胞质基因”。

（二）基因工程定义

基因工程（gene engineering）是指在体外将核酸分子插入到病毒、质粒或其他载体分子中，构成遗传物质的新组合，并使其参入到原来没有这类分子的寄主细胞内而能持续稳定地繁殖。基因工程术语还未很好地统一，常用的还有遗传工程（genetic engineering)、基因操作（gene manipulation）、重组 DNA 技术（recombinant DNA technique）、基因克隆（gene cloning）和分子克隆（molecular cloning）等。基因工程可以跨越物种间的屏障，把来自任何一种生物的基因转移到另一种生物中去进行表达，这样，人们就有可能按照自己的愿望定向改造某种生物的某一性状，创造出新的生物类型。此外，通过基因工程还可以实现 DNA 小片段的大量扩增，为分子生物学研究创造必要的条件。

DNA 重组（DNA recombination）是指 DNA 分子内或分子间发生的遗传信息重新组合的过程，包括同源重组、特异位点重组和转座重组等类型，广泛存在于各类生物中。通过体外人工 DNA 重组可获得重组体 DNA，是基因工程的关键步骤。目的基因、载体和受体称为基因工程的三大要素。

（三）基因工程的发展历史

基因工程是在分子生物学和分子遗传学综合发展的基础上逐步发展起来的，在现代分子生物学领域，理论上的三大发现和技术上的系列发明对基因工程的诞生起了决定性作用。

1857—1864 年，孟德尔通过豌豆杂交试验，提出生物体的性状是由遗传因子控制的。1909 年，丹麦生物学家约翰逊首先提出用“基因”来代替孟德尔的遗传因子。1910 年至 1915 年，美国遗传学家摩尔根通过果蝇试验，首次将代表某一性状的基因同特定的染色体联系起来，创立了基因学说。1944 年，美国微生物学家埃弗利（O. T. A rery）等通过细菌转化研究，证明基因的载体是 DNA 而不是蛋白质，从而确立了遗传的物质基础。1953 年，美国遗传学家华特生（J. Watson）和英国生物学家克里克（F. Crick）揭示出 DNA 分子双螺旋模型和半保留复制机理，解决了基因的自我复制和传递问题，开辟了分子生物学研究的新时代。1958 年，克里克确立了中心法则（1971 年修改），1961 年雅各（F. Ja－cob）和莫诺德（J. Monod）提出了操纵子学说以及对所有 64 种密码子进行的破译，成功地揭示了遗传信息的流向和表达问题，为基因工程的发展奠定了理论基础。

20 世纪 70 年代，核酸限制性内切酶和 DNA 连接酶的发现和应用，使人们可以对 DNA 分子进行体外切割和连接，该技术是基因工程研究中的重大突破，并成为基因工程的核心技术。另一个难题是基因克隆载体问题。人们通过研究发现，病毒、噬菌体及质粒具有分子小、易于操作和具有筛选标记等优点，是外源 DNA 片段的理想载体。

除上述 DNA 分子的切割与连接、基因的转化技术之外，还有诸如核酸分子杂交、凝胶电泳、DNA 序列结构分析等分子生物学实验方法的进步也为基因工程的创立和发展奠定了技术基础。

1972 年，美国斯坦福大学的 P. Berg 构建了世界上第一个重组 DNA 分子，获得了 1980 年度诺贝尔化学奖。1973 年，斯坦福大学 S. Co－hen 等人也成功地进行了体外 DNA 重组实验并实现细菌间性状的转移，这是基因工程发展史上第一次实现重组转化成功的例子，基因工程从此诞生。1982 年美国一家公司成功地把细菌抗卡那霉素的基因转入向日葵。1997 年 2 月 23 日，克隆羊“多利”在英国诞生，世界为之震动，这是基因工程技术上划时代的突破。

二、基因重组的主要类型

基因重组是指一个基因的 DNA 序列是由两个或两个以上亲本 DNA 组合起来，它是遗传的基本现象，病毒、原核生物和真核生物都存在基因重组现象。减数分裂可发生基因重组，其特点是 DNA 双链间进行物质交换。在真核生物中，重组发生在同源染色体的非姊妹染色单体间减数分裂期，细菌可发生在转化或转导过程中，通常称这类重组为同源重组（homolgous recombination），即只要两条 DNA 序列相同或接近，重组可在此序列的任何一点发生。但在原核生物中，有时基因重组依赖于小范围的同源序列的联会，重组只限于该范围内，只涉及特定位点的同源区，把这类重组称作位点特异性重组（site - specific recombination）。此外，还有一种重组方式，完全不依赖于序列间的同源性，使一段 DNA 序列插入到另一段中，在形成重组分子时依赖于 DNA 复制完成重组，称此类重组为异常重组（illegitimate recombination），也称复制性重组（replicative recombination）或非特异性重组（general recombination）。

DNA 重组技术的重大突破是基因克隆。这意味着可以单独从生物体的染色体组（生物体的全部基因信息）提取出某个目的基因。通常，将一个基因片段转移到载体上进行基因克隆，见图 3 - 3 - 1。

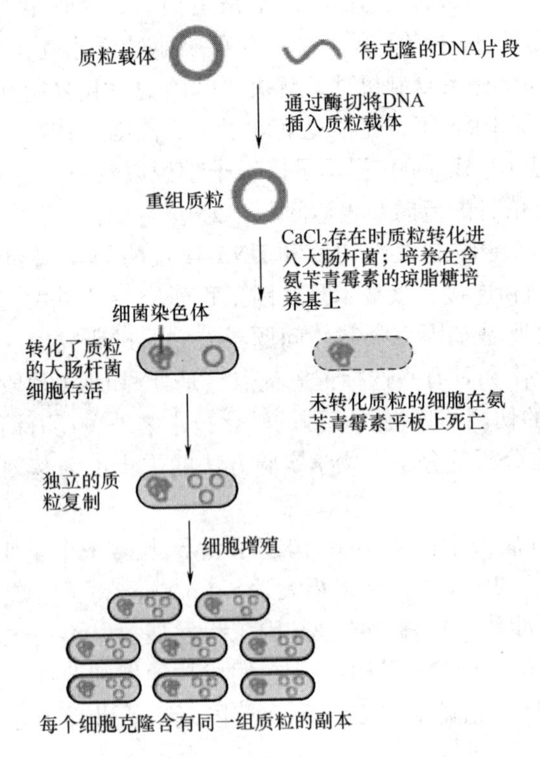

图 3 - 3 - 1　将 DNA 片段克隆到质粒载体的过程

载体可以将 DNA 片段从一个生物体转移到另一个生物体。质粒是最常用的载体，它是小的环状双链 DNA，可以在宿主细胞内进行复制。一个质粒载体可以插入到另一个细胞中，则该细胞就含有所需要的目的基因，并能够与其他含非目的基因的细胞相分离。

基因克隆的基本技术是 20 世纪 70 年代中期发展起来的。从一个细菌分离出的基因可以转移到其他的细菌、植物或动物中去。在某些情况下，基因转移很容易；而在另一些情况下（例如将一个基因转移到多细胞动物中）则较为复杂。基因转移的直接产物称为重组体，用特殊的媒介得到的产物称为基因改良生物体（GMO）。

三、基因工程在食品中的应用

运用基因工程技术对动物、植物、微生物的基因进行改良，不仅为食品工业提供营养丰富的动植物原材料、性能优良的微生物菌种以及高活性且价格适宜的酶制剂，而且还可以赋予食品多种功能，优化了生产工艺，开发出新型的功能性食品。基因工程正在使食品工业发生着深刻变革。

（一）改良食品原料品质和加工性能

目前，在植物源食品的品质改良上，基因工程技术得到了广泛的应用，并取得了丰硕成果。主要集中于改良蛋白质、碳水化合物及油脂等食品原料的产量和质量。

1. 蛋白质类食品

蛋白质是人类赖以生存的营养素之一，蛋白质原料中有 65% 来自植物。与动物蛋白相比，植物蛋白的生产成本低，而且便于运输和贮藏，但其营养较低，特别是谷类蛋白质中赖氨酸（Lys）和色氨酸（Trp），豆类蛋白质中蛋氨酸（Met）和半胱氨酸（Cys）等一些人类所必需的氨基酸含量较低。通过采用基因导入技术，即通过把人工合成基因、同源基因或异源基因导入植物细胞，可获得高产蛋白质或高产氨基酸的作物。

植物体中有一些含量较低，但氨基酸组成却十分合理的蛋白质，如能把编码这些蛋白质的基因分离出来，并重复导入同种植物中去使其过量表达，理论上就可以大大提高蛋白质中必需氨基酸含量及其营养价值。小麦中有一富含赖氨酸（Lys）的蛋白质，在其 270 位到 370 位区间有富含赖氨酸（Lys）片段，Singh 在 1993 年成功地克隆了编码该蛋白质的 DNA，并把该基因确定为小麦蛋白质工程的内源目的基因。目前，同源基因的研究工作尚停留在目的基因的分离和鉴定阶段。

2. 油脂类食品

人类日常生活及饮食所需油脂 70% 来自植物。高等植物体内脂肪酸的合成由脂肪合成酶（FAS）的多酶体系控制，因此，改变 FAS 的组成就可以改变脂肪酸的链长和饱和度，以获得高品质、安全及营养均衡的植物油。目前，控制脂肪酸链长的几个酶的基因和控制饱和度的一些酶的基因已被克隆成功，并用于研究改善脂肪的品质。如通过导入硬脂酸－ACP 脱氢酶的反义基因，可使转基因油菜籽中硬脂酸的含量从 2% 增加到 40%。而将硬脂酸－CoA 脱饱和酶基因导入作物后，可使转基因作物中的饱和脂肪酸（软脂酸、硬脂酸）的含量下降，而不饱和脂肪酸（油酸、亚油酸）的含量则明显增加，其中油酸含量可增加 7 倍。除改变油脂分子的不饱和度外，基因工程技术在改良脂肪酸的链长上也取得了实效。高油酸含量的转基因大豆及高月桂酸含量的转基因油料作物油菜在美国已经成为商品化生产的基因工程油料作物品种。

3. 碳水化合物类食品

利用基因工程来调节淀粉合成过程中特定酶的含量或几种酶之间的比例，从而达到增加淀粉含量或获得独特性质、品质优良的新型淀粉。高等植物体内涉及淀粉生物合成的关键性酶类主要有：葡萄糖焦磷酸化酶（ADP glupyrophosphorylase，AGPP）、淀粉合成酶（starch synthase，SS）和淀粉分支酶（starch branching enzyme，SBE），其中淀粉合成酶又包括颗粒凝结型淀粉合成酶（granule - bound starch synthase，GBSS）和可溶性淀粉合成酶（soluble starch synthase，SSS）。

对不同作物来说，增加或减少淀粉含量都有价值。增加淀粉含量，就可能增加干物质，使其具有更高的商业价值。减少淀粉含量，减少淀粉合成的碳流，可生成其他贮存物质，如贮存蛋白的增加。目前，在增加或减少淀粉含量的研究方面已有成功的报道。淀粉由直链淀粉和支链淀粉组成，直链淀粉和支链淀粉的比例决定了淀粉粒的结构，进而影响着淀粉的质量、功能和应用领域。改变淀粉结构有很多潜在的应用价值，高支链、低支链或低直链、高直链的淀粉具有不同用途。

（二）改良果蔬采收后品质增加其贮藏保鲜性能

随着对番茄、香蕉、苹果、菠菜等果蔬成熟及软化机理的研究和基因工程技术的发展，通过基因工程的方法直接生产耐储藏果蔬成为可能。事实上，国内外都已经培育出商品化的转基因番茄。促进果实和器官衰老是乙烯最主要的生理功能，在果实中乙烯生物合成的关键酶主要是乙烯的直接前体——1 - 氨基环丙烷 - 梭酸合成酶（ACC 合成酶）和 ACC 氧化酶。在果实成熟过程中这两种酶的活力明显增加，导致乙烯急剧上升，促进果实成熟。在对这两种酶基因克隆成功的基础上，可以利用反义基因技术抑制这两种基因的表达，从而达到延缓果实成熟、延长保存期的目的。利用反义 RNA 技术抑制酶活力已有许多成功的例子，其中最为成功的就是延缓成熟和软化的反义 RNA 转基因番茄。Hamilton 等人于 1990 年首次构建了 ACC 氧化酶反义 RNA 转基因番茄，在转基因番茄果实中，乙烯的合成被抑制了 97%，从而延迟果实成熟，使储藏期延长。目前，有关的研究正在继续进行，并已扩大到草莓、梨、香蕉、芒果、甜瓜、桃、西瓜、蜜瓜等，所用的目的基因还包括与细胞壁代谢有关的多聚半乳糖醛酸酶（PG）、纤维素酶和果胶甲酯酶基因。

（三）改善酶及发酵制品的品质并降低成本

酱油风味的优劣与酱油在酿造过程中所生成氨基酸的数量和种类密切相关，而参与此反应的梭肽酶和碱性蛋白酶的基因已克隆并转化成功，在新构建的基因工程菌株中，碱性质白酶的活力可提高 5 倍，梭肽酶的活力可提高 13 倍。酱油酿造中与过滤有关的多聚半乳糖醛酸酶、葡聚糖酶和纤维素酶、果胶酶等的基因均已被克隆，当用高纤维素酶活力的转基因米曲霉生产酱油时，可明显提高酱油产率。另外，在酱油酿造过程中，木糖可与酱油中的氨基酸反应产生褐色物质，影响酱油的风味。而木糖的生成与酿造酱油用曲霉中木聚糖酶的含量与活力密切相关。目前，已经成功克隆了米曲霉中的木聚糖酶基因。利用反义 RNA 技术构建的抑制该酶表达的工程菌株来酿造酱油，可显著地减少这种情况，从而酿造出颜色浅、口味淡的酱油，适应特殊食品加工的需要。

在正常啤酒酿造过程中，由酿酒酵母细胞产生的α-乙酰乳酸经非酶促的氧化脱梭反应会产生双乙酰。当啤酒中双乙酰含量超过阈值（0.02~0.10 mg/L）时，会产生一种令人不愉快的馊饭味，严重破坏啤酒的风味与品质。去除啤酒中双乙酰的有效措施之一就是利用α-乙酰乳酸脱羧酶。但由于酵母细胞本身没有该酶，利用转基因技术将外源α-乙酰乳酸脱羧酶基因导入啤酒酵母细胞并使其表达，是降低啤酒中双乙酰含量的有效途径。

把糖化酶基因引入酿酒酵母，构建能直接利用淀粉的酵母工程菌并用于酒精工业，能改变传统酒精工业生产中的液化和糖化步骤，实现淀粉质原料的直接发酵，达到简化工艺、节约能源和降低成本的目的。

（四）开发新型功能性保健食品

保健食品疫苗就是将致病微生物的有关蛋白（抗原）基因，通过转基因技术导入植物受体中得以表达，成为具有抵抗相关疾病的疫苗。2002年，中国农科院生物技术研究所通过重组DNA技术选育出具有抗肝炎功能的番茄。人食用这种番茄后，可以产生类似乙肝疫苗的预防效果。此外，已获成功的还有狂犬病病毒、链球菌突变株表面蛋白等10多种转基因马铃薯、香蕉、番茄的保健食品疫苗。

利用基因工程技术可以研制特种保健食品的有效成分。将一种有助于心脏病患者血液凝结溶血作用的酶基因克隆至牛或羊中，牛乳或羊乳中就含有这种酶。在国外，成功克隆了“多莉”羊的英国科学家则宣布，未来几年内，他们将培养一种新型生物鸡，这种鸡所产的鸡蛋里具有抗肿瘤因子，癌症患者食用鸡蛋后体内癌细胞的扩散就会受到抑制。

（五）改进食品加工工艺

牛乳中酪蛋白分子的丝氨酸磷酸化后，将使酪蛋白表面带有大量阴离子，易与钙离子结合而沉淀。用丙氨酸代替丝氨酸，降低磷酸化作用后，可使酪蛋白不易与钙离子结合，从而提高了牛乳的热稳定性，防止牛乳杀菌后产生沉淀。

四、转基因植物与转基因食品

转基因植物是指基因组中含有外源基因的植物。它可以通过原生质体融合、细胞重组、遗传物质转移、染色体工程技术获得，有可能改变植物的某些遗传特性，培育高产、优质、抗病毒、抗虫、抗寒、抗旱、抗涝、抗盐碱、抗除草剂等的作物新品种。

随着生物技术的快速发展，特别是转基因技术在食品领域的突破和应用，食品工业发生了快速变化，出现了转基因食品（genetically modified food，GMF）。所谓转基因食品是指以转基因生物为原料加工生产的食品，即利用分子生物学手段，将某些生物的基因转移到其他生物物种中，使其出现原物种不具有的性状或产物，达到增加食物供应，解决粮食短缺；减少农药使用，避免环境污染；降低生产成本和食品价格；增加食物营养，提高附加值；增加食物种类，提升食品品质；提高生产效率，带动相关产业发展等目的。根据原料来源可分为植物源、动物源和微生物源转基因食品。其中植物源食品发展速度最快。

转基因作物已经受到了公众的高度关注，并一直处于争议之中。自1983年世界上第一例转基因植物问世以来，种植的转基因植物种类主要有大豆（占54%）、玉米（占28%）、棉花（占9%）、油菜（占9%），马铃薯、西葫芦和木瓜的比例都小于1%。按转基因植物的性状划分，抗除草剂占71%，抗虫占22%，抗虫兼抗除草剂占7%，抗病毒和其他性状转基因植物的比例小于1%。但是，转基因作物也可能对昆虫造成伤害；可能影响周边植物的生长；可能使昆虫或致病菌在演化中增加抵抗力或产生新的物种伤害其他作物等问题也在不断研究中。

目前，人们对转基因食品的担忧基本上可以归纳为：转基因食品里加入的新基因是否会在无意中对消费者造成健康危害？转基因作物中的新基因对食物链其他环节是否会在无意中造成不良后果？人为强化转基因作物的生存竞争性，对自然界生物多样性是否会带来影响？其中人们最为担心的是转基因食品对人体健康是否安全，转基因食品与常规食品相比，有无不安全的成分等。这就需要人们对转基因作物或加工后的转基因食品的主要营养成分、微量营养成分、抗营养因子的变化、有无毒性物质、有无过敏性蛋白以及转入基因的稳定性和插入突变进行检测。经过长期及大量科学研究，回答转基因食品是否存在毒性、过敏反应、对抗生素的抵抗作用、基因漂移等安全性问题。有研究者发现，有些转基因生物产品可能含有有毒物质和过敏源，会对人体健康产生不利影响，严重的甚至可以致癌或导致某些遗传疾病。也有研究者认为，外来基因会以一种人们目前还不甚了解的方式破坏食物中的营养成分。有些作物插入抗虫或抗真菌的基因可能对其他非目标生物起作用，从而杀死了环境中有益的昆虫和真菌。

到目前为止，还没有任何科学依据能够证明转基因食品不安全。但在大力发展转基因食品的同时，应建立完善的转基因产品评价和监控体系。国际保健食品生物技术委员会（IFBC）于1988年提出采用判定的原则与方法对转基因食品进行安全性评价；1990年，联合粮农组织（FAO）和世界卫生组织（WHO）召开第一次有关生物技术保健食品安全性分析会议，并制定生物技术保健食品安全性评价原则和相关政策；经济发展合作组织（OECD）1993年提出了保健食品安全性分析原则——实质等同性原则，即生物技术生产的保健食品及保健食品成分与目前市场上销售的保健食品具有实质等同性。我国政府也于1993年、1996年和2001年分别颁布了有关条例和规定，要求对转基因食品的试验、生产、应用等实行生产许可证和经营许可证制度，同时对违规试验、生产、应用、进出口转基因食品的机构和人员规定了严厉的处罚措施。但如何维护消费者的知情权，对转基因食品实行标志制，如何加强对进口转基因食品的检验监管，保证我国的食品卫生安全等尚需进一步完善，加强研究。同时，让消费者充分了解和认识转基因食品，不仅保护消费者的合法权益，同时也有利于转基因食品的健康发展。

我国《农业转基因生物标识管理办法》已于2001年7月11日经农业部第五次常务会议通过，自2002年3月20日起施行。该办法规定，进口转基因农产品必须进行转基因标识，凡中国生产销售的食用大豆油、花生油，必须标明原料大豆、花生是否是转基因产品。根据卫生部颁布的《转基因食品卫生管理办法》，食品产品中含有转基因成分的，要在包装上标明“转基因标识”。如果没有标注的，将侵害了消费者的知情权。标识的方法分为3种，以转基因大豆为例：转基因大豆在进口时应在外包装上注明“转基因大豆”；进口经加工为豆油后，应注明“转基因大豆加工品”；如果某面食的加工中使用了转基因豆油，但制成品中已检测不出转基因成分，仍要注明“本产品加工原料中含有转基因豆油，但本产品中已不含有转基因成分”。上述标识规定不仅适用于进口的转基因农产品，国产的转基因农产品也必须进行转基因标识，这体现了世贸组织的国民待遇原则的要求。

各国如此重视转基因食品标识的主要原因是：其一，保护消费者的知情权。因为，消费者往往是通过商品标签或说明书了解商品的。如果标签的内容不客观，就无法真实地反映商品的内在品质。如果在含有转基因食品的标签上没有标识转基因，则容易使消费者误认为该食品为非转基因食品。此做法实际上剥夺了消费者的知情权。其二，保护消费者的选择权。有关专家认为，由于目前关于转基因食品对人体健康、生态环境和动植物、微生物安全的影响在国际上尚无定论，所以在销售此类食品时，必须对这类食品进行标识，让消费者有权根据自己的需求选择商品。其三，利于环保部门及科研部门对转基因食品潜在的危害进行追踪。没有标识，无法实现追踪调查。根据对不同国家或地区转基因产品标识管理法规的比较分析，可将转基因产品标识制度分为两种主要类型：即自愿标识和强制性标识。美国、加拿大、阿根廷以及中国香港等国家和地区采用自愿标识政策。除以上4个国家或地区外，其他国家和地区大多采用强制性标识管理政策。

第二节 细胞工程

细胞工程（cell engineering）是指应用细胞生物学方法，根据人们预先设计，有计划的保存、改变和创造遗传物质的技术，是在细胞水平研究、开发、利用各类细胞的工程。

细胞工程是现代生物技术的重要组成部分，也是现代生物学研究的重要技术工具。细胞工程涉及的范围非常广，按实验操作对象的不同可以分为细胞与组织培养、细胞融合、细胞核移植、染色体操作和转基因生物等；按生物类型的不同可分为动物细胞工程、植物细胞工程及微生物细胞工程。在细胞工程的基础之上，衍生出不少新的领域如组织工程、胚胎工程、染色体工程等。作为生物工程重要分支的细胞工程，近年来取得了令人瞩目的发展，这不仅由于它在理论上具有重要的意义，而且在工农业生产及食品、医药方面也具有广泛的应用前景。

一、细胞工程基本技术

（一）无菌操作技术

细胞工程的所有实验都必须在无菌条件下进行，无菌操作的概念和意识必须贯穿于整个实验过程之中。实验操作应该在无菌室内进行。无菌室内和超净工作台必须定期进行紫外或/和化学试剂消毒；所有的实验器械都应该以适当的方式消毒和灭菌；实验人员必须按照一套严格的消毒和着装程序才能进入无菌试验室。

（二）细胞培养技术

大多数动植物细胞，只要保证其适宜的条件，就能够在体外的培养器中成活和分裂，并表现出分化的特征。所谓细胞培养（cell culturing），就是将生物有机体的某部分组织取出一小块，在体外经表面消毒处理后，使其分散成单个游离的细胞，并放置在人工配置的培养基中进行培养，使之生长分裂的技术。由于生物体的一种组织往往包含两种或两种以上的细胞，如叶片组织至少包括叶肉细胞、维管束鞘细胞和表皮细胞等，在培养过程中不易分开，所以细胞培养有时又称组织培养，或统称为细胞与组织培养。

（三）细胞融合技术

细胞融合（cell fusion）又称体细胞杂交（somatic hybridization）或细胞杂交（cell hybridization），是指在离体条件下用人工方法将不同种生物或同种生物不同类型的单细胞通过无性方式融合成一个杂合细胞的技术。细胞融合是研究细胞间遗传物质和信息传递、基因在染色体上定位、创建具有双亲优良特征的新型细胞的有效手段。

（四）细胞器移植和细胞重建技术

细胞是生命活动的基本单位，其内部有各种功能的细胞器。细胞学家可以对细胞器进行移植，获得远缘杂种，为改造老品种、创造新品种开辟新途径。细胞核、细胞质分离技术与细胞融合技术的联合应用，建立了细胞重建技术，在融合因子的介入下使细胞质与细胞完全合并，构成核质杂种，即重建后的细胞。这类重建后的新细胞不但能成活，且能继续分裂、繁殖和成长。

二、细胞工程在食品加工工艺中的应用

在食品生物工程领域，可利用各种微生物发酵生产蛋白质、酶制剂、氨基酸、维生素、多糖、低聚糖及食品添加剂等产品。为了使其优质高产，除通过各种化学、物理方法诱变育种外，采用细胞融合技术或原生质体融合技术也是一种有效的方法。采用动物、植物细胞大量培养生产各种保健食品的有效成分及天然食用色素等都是生物工程领域的重要组成部分。

（一）细胞工程在氨基酸生产菌育种中的应用

在氨基酸生产菌育种研究中，第一个研究的是L－谷氨酸生产菌。该棒杆菌自1956年首次从自然界分离后，经过几十年的各种方法的人工诱变或多重的营养缺陷型菌株筛选，目前已成为我国推广于味精厂的高产优良谷氨酸生产菌FM84－415。由于该菌仍不太稳定，易被噬菌体感染，赵广铃等人选用FM48－415和FM242－4作为出发菌株进行原生质体融合，前者带有噬菌体敏感的$phage^{s}$遗传标记。该菌是由FM242菌种用浓度为0.7mg/mL的NTG溶液处理30min，经pH6的磷酸缓冲液稀释，平皿培养24h，挑取菌落分别点种于MM与CM平板，所得缺陷型中一株产谷氨酸的菌株，定名为FM242－4菌株。将两者进行原生质体融合，目的是筛选出性能稳定和能抗噬菌体感染的菌株。实验中共挑取HMM平板上生长的菌落5000个，点种于CM平板和含噬菌体的双层平板上培养，检出抗性菌株63株，融合频率为1.26×10^{-4}。抗性菌株经初筛后再进行复筛，筛选出产酸能力比出发菌株高，而且对噬菌体有抗性的谷氨酸发酵生产菌株。

（二）细胞工程在酶制剂生产菌育种中的应用

枯草杆菌是蛋白质、淀粉酶等酶制剂的生产菌，也是细胞融合技术研究的最多的一类菌种。诸葛健等已对蛋白酶产生菌枯草杆菌进行过系统的育种研究，成功地得到了枯草芽孢杆菌和地衣芽孢杆菌的种间融合子，融合频率为 $2.28 \times 10^{-5} \sim 7.47 \times 10^{-4}$，其中一株融合子产中性蛋白酶的能力较亲株高出 30%。在获得种间融合子后，又进行了融合子细胞和原生质体的诱发突变比较，筛选一株产酶较出发菌株高 20% ~30% 的突变株。为提高 α - 淀粉酶生产菌的稳定性，凌晨等做了 α - 淀粉酶生产菌的原生质体融合研究，采用地衣芽孢杆菌（*B. iichemiformis*）变异菌 A. 4041 - E 和地衣芽孢杆菌 PF1093 两个亲株，在 30℃ PEG 助融下，进行原生质体融合，其融合频率为 3.07×10^{-5}。将选择培养基上得到的初步融合子点植于含有淀粉的完全培养基上，选定淀粉水解圈大的菌株进行摇瓶发酵并测定其酶活力，选得 18 株酶活力高于亲株的菌株，其酶活力比亲株高 50% ~75%，同时融合子弥补了亲株不易保藏的缺点。

（三）细胞工程在酵母菌育种中的应用

目前，采用生产酒精及酿酒的酵母，经过物理、化学方法诱发突变选育的菌种，虽然具有生长快、耐酒精等优点，但不分解淀粉或糊精，也不发酵乳糖。而乳酸克鲁维酵母（*Kluyveromyces lactis*）和糖化酵母（*S. diastaticus*）分别能发酵乳糖或分解淀粉或糊精。将酿酒酵母分别与克鲁维酵母和糖化酵母融合，融合子可以直接发酵乳糖或淀粉。工业用的酿酒酵母不耐高渗，而蜂蜜酵母（*S. mellis*）能耐 40% 以上葡萄糖。Legmann 把这两种作为亲株进行原生质体融合，得到的融合子在 40% 葡萄糖培养基中产乙醇的速度（以释放 CO_2 计）分别是亲本的 3 倍和 7 倍。提高酿酒酵母的絮凝性是改良酿酒工业生产工艺的关键技术之一。

（四）细胞工程在酱油曲霉育种中的应用

酱油是利用曲霉进行生产的，酱油的品质与曲霉菌所产的蛋白酶、肽酶、谷酰胺酶及其分泌息息相关。据报道，采用原生质体的细胞融合技术，在产黄青霉（*P. chrysogenun*）、总状毛霉（*M. racernosus*）等微生物的同一种内或种间进行细胞融合，选育出蛋白酶分泌能力强，发育速度快的优良菌株。

三、植物细胞工程及其应用

植物细胞工程是以植物组织培养为基础、具有广泛应用前景和实用价值的生物技术。目前，根据人们的需要已经相继完善和发展了一些具有特色的实用技术，包括植物细胞培养技术、无性快繁技术、制备转基因植物、单倍体育种及胚胎培养等。这些技术的发展和应用，使植物细胞工程在人类的现代生活中的地位更加突出，并在经济植物快繁、植物新品种选育和有用次生代谢产物的生产方面发挥了重要作用。

（一）培养植物细胞获得生物产品

植物次生代谢产物是优良的食品添加剂原料，有些甚至是生物毒素的主要来源，可用于杀虫、杀菌而对环境和人畜无害。植物细胞培养作为重组蛋白的生产系统，集合了微生物发酵、动物细胞培养和完整植株培养系统的很多优点。可利用植物细胞悬浮培养、固定化培养及各种生物反应器实现次生代谢产物尤其是药用植物成分的大量生产。目前，我国的药用植物细胞培养技术取得了很大进展。以细胞培养技术为主要手段的商品化生产药用植物天然产物的工业正在崛起，如人参、毛地黄、萝芙木、紫草、黄连等已实现了工业化生产。但由于技术上的原因，与人类所需相比仅有少数的物质可用细胞培养的方法来生产，主要困难是在一些培养的组织细胞中次生代谢产物的含量极低。因此，开展旨在提高药用有效成分的细胞培养及次生代谢调控工作是一项具有应用前景的工作。

（二）植物无性快繁技术

植物无性快繁技术是指利用离体培养技术，将来自优良植株的茎尖、腋芽、叶片、鳞片等器官、组织和细胞进行离体培养，在短期内获得大量遗传性状一致的个体的方法。植物快繁速率很高。如大花蕙兰的快速繁殖，在适宜的条件下，一个大花蕙兰的圆球茎在一个半月里可以增殖出6个圆球茎，每年可继代培养8次，一年之内就可以繁殖出$8^7=2097152$个圆球茎，这些圆球茎又可以进一步长成有商品价值的试管苗。植物快速繁殖技术在园艺和农业上有广泛的应用。首先，可应用于杂合植物材料的大量繁殖，许多优良观赏植物和经济植物的所谓“品种”都是杂种，一旦有性繁殖，后代性状分离则不能得到性状均一的植株，通过无性繁殖能够保持杂合性，并大量生产性状均一的商品苗。其次，可应用于脱病毒种苗生产。长期营养繁殖的农作物和果树往往感染和积累了许多病毒，通过茎尖培养可以脱除病毒，并进行无毒苗的大量生产。近年来，我国出现了许多脱毒试管苗工厂。草莓、苹果、柑橘、葡萄等经济作物也都建立了脱毒苗技术。随着快繁技术的发展及细胞工程与发酵工程的结合应用，出现了植物快繁生物反应器，为植物快繁技术带来了根本性变革，成为快繁技术发展的新方向。

（三）植物遗传转化技术

植物遗传转化是植物细胞工程中一项重要技术。它是指在人工控制条件下通过某种外源基因转移技术，将含有目的基因和标记基因的重组质粒或DNA片段导入植物不同生活状态的细胞、组织或器官中去，再经过适宜条件的筛选，获得带有特殊遗传性状的细胞株或转基因再生植株的一套系统工程技术。植物遗传转化技术是目前建立转基因再生植株的重要方法。可以通过农杆菌转化法、基因枪法、PEG介导转化法、电孔击穿法、激光微束转化技术、植物生殖细胞转化法、超声波转化法、脂质体介导转化法、病毒介导转化法等方法建立多种转基因再生植株。遗传转化技术对中药现代化也有很大促进作用。例如，石斛具有滋阴清热、养胃生津、润肺止咳、益肾明目的功效，药用价值很高。石斛的育种一直以自然选育为主，随着转基因技术的发展，目前可以通过基因枪转化法、PEG介导转化法、农杆菌转化法、电孔击穿法等对其进行转基因育种，能够得到更具有经济价值的品种。

（四）单倍体育种

高等植物的孢子一般都是二倍体，而高等植物的配子体，如被子植物的花粉和胚囊，其细胞中只含有一套染色体，为单倍体。在特定情况下，被子植物的花粉或卵细胞未经受精作用也可发育为植株，是单倍体植株。单倍体植株经过染色体加倍后就成为加倍单倍体（DH系）或者纯合二倍体，不仅可育，而且在遗传上是纯合的。由于DH系或纯合二倍体在遗传上是高度纯合的，如果在育种工作中把单倍体植株作为一个环节，就能够很快获得纯系，加快育种速度，并能创造出植物的新类型。传统育种杂种自交5代以后可以产生一些同质配子结合的纯合植株，6~8代才可选育出新品系。将单倍体技术应用于常规育种，如花药培养或远源花粉授粉诱导孤雌生殖的方法，产生单倍体植株，再经过染色体加倍，就可以得到纯合二倍体。这样从杂交到获得不分离的纯系，有些只需要2年时间，大大缩短了育种年限。我国是最早利用花药培养和加倍花粉单倍体育成新品种的国家之一，育成了数十种烟草、水稻、小麦、玉米和辣椒新品种。如中国农业科学院李梅芳教授通过花药培养培育出一系列水稻新品种，具有高产、抗病和优质特性。

（五）胚胎培养

1. 胚胎拯救

在种间杂交和属间杂交时，杂种的合子和胚乳核均包含两个遗传结构不同的基因组。在形成胚和胚乳过程中两个基因组的表达不协调，导致杂种胚乳和胚发育不正常，不能形成有萌发能力的种子。在多种情况下是杂种胚乳最先败育，而胚仍是健康的，此时进行离体胚培养，可将杂种幼胚培养成植株，称为胚胎拯救。胚胎拯救已被广泛应用于各种经济植物的远源杂交育种，获得了许多用常规方法难以获得的稀有杂种。禾谷类植物远源杂交在作物育种中具有重要作用，然而，其不孕率和败育率都很高，因此，近年来胚胎培养已经成为与谷类远源杂交必不可少的环节。如小麦属与冰草属、小麦属与披碱草属、小麦属与旱麦草属、小麦属与赖草属等都借助胚胎培养获得了杂种植株。胚胎拯救培养在豆科杂种植物的获得中也有广泛的应用。胚胎培养的方法在其他植物杂交育种方面也起到重要作用，获得了许多运用其他杂交方法未能得到的杂种植株。

2. 胚乳培养

胚乳培养是研究胚乳的功能、胚乳与胚的关系以及获得三倍体植株的一种手段。胚乳培养再生的植株理论上是三倍体，实际上，由于培乳细胞分裂的不规则性，胚乳植株中既有三倍体，又有非整倍体。即使如此，胚乳培养作为一种产生三倍体的手段，仍受到持续关注。三倍体植株在经济上有重要价值，如可产生无子果实、生长速度快、生物量高等。产生三倍体的常规方法是先用秋水仙素诱导二倍体染色体加倍，形成四倍体，然后再用四倍体和二倍体杂交产生三倍体。但在有些情况下四倍体和二倍体杂交不能成功，因而三倍体种子的来源就没有保障。对于木本植物来说，四倍体经过多年的生长发育才能开花，需用多年时间才能配制三倍体，通常这样做是行不通的。在这种情况下，就可以尝试改用胚乳培养的途径产生三倍体植株。目前，已有40多种植物的胚乳培养达到了不同程度的细胞分化和器官分化，不少植物已得到再生植株。随着现代农业的不断拓展，植物细胞工程技术应不断开拓新的应用领域，推动植物细胞工程技术与空间技术的结合，发展空间细胞融合技术，加强海洋生物技术的应用，利用植物细胞工程技术培育海藻新品种，开拓植物细胞工程在环境保护中的应用等。

（六）植物细胞工程在天然香精香料生产中的应用

利用植物细胞、组织和器官大规模培养技术，可以大量培养香料植物，获得高附加值的香料物质。食用香料植物组织培养在天然香料工业中的研究主要集中在快速繁殖、种植保存、品种改良、新品种培养和脱病毒等方面。在植物组织培养中，从外植体诱导产生愈伤组织，再由愈伤组织产生不定芽后生根壮苗产生突变的可能性较大，可达到改良品种的目的。在以繁殖优良品种为目的时，还可以不经过愈伤组织阶段而由外植体直接出芽并进行试管内扦插。该方法同样适合草本植物和多年生木本植物，且能进行快速繁殖。组织培养的香料及香气分类的分布见表3－3－1。

表3－3－1　组织培养的香料及香气分类的分布

科名	数量	香气分类	数量
唇形科	10	花香—清韵	3
芸香科	6	花香—鲜韵	3
伞形科	5	花香—甜韵	2
菊科	3	非花香—蜜甜	3
木兰科	2	非花香—辛香	11
木樨科	2	非花香—豆香	1
姜科	2	非花香—草香	4
蔷薇科	1	非花香—清滋香	4

第三节　现代食品生物技术典型产品

一、氨基酸

（一）氨基酸生产概述

用微生物发酵法生产氨基酸具有很高的经济利益。据估算，全世界的氨基酸产品每年至少166万t。氨基酸除作为营养成分外，还有以下功能。

（1）增强风味　谷氨酸作为风味增强剂在食品加工和烹饪中广泛应用，每年谷氨酸的产量达100万t以上。

（2）饲料添加剂　许多动物饲料中的必需氨基酸含量很低，如赖氨酸和蛋氨酸。微生物发酵法生产的氨基酸作为添加物，是一种可以提高饲料质量的相对廉价可靠的方法。估计全球每年有超过80万t的赖氨酸和甲硫氨酸产品。

（3）作为配料　阿斯巴甜是饮料加工中一种普遍应用的甜味剂，是由天冬氨酸和苯丙氨酸合成的天冬酰胺甲烷基酯化的化合物。

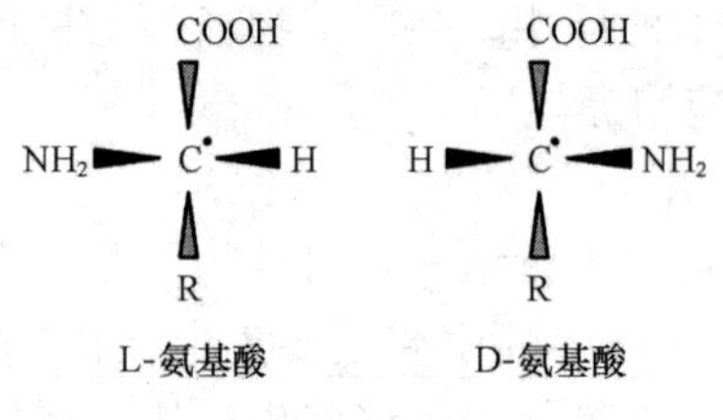

图3－3－2　氨基酸构型

（4）非消化道营养（如静脉注射）　这已经成为无法摄食的人获取氨基酸的途径。

利用有机化学方法可以合成氨基酸，但氨基酸以D型和L型存在（图3－3－2），很难合成一种特定立体结构的氨基酸。

D－氨基酸存在于所有细胞中，但不构

成蛋白质。在氨基酸作为原料添加或者输液的情况下，如果它的最终目的是提供氨基酸给人或动物来合成蛋白质，必须是L－氨基酸。氨基酸的立体结构对于人的味觉也不同，例如，L－谷氨酸是一种有效的风味增强剂，但是D－谷氨酸完全没有作用。用微生物或者微生物酶可以严格地控制氨基酸的旋光性，更适合用来生产多种氨基酸。

（二）微生物的选择

在发酵过程中只需提供充足的底物和适宜的环境，微生物就可以产生大量的发酵最终产物（如乙醇）。但用这种方法大量生产氨基酸却遇到一定困难，由于不同微生物发酵的中间或最终代谢产物既可以通过细胞膜向外扩散，又可以通过营养运输等方式从细胞内流向细胞外，想要从细胞中分离产物并不难。但正常情况下，微生物并不能过度积累或产生中间代谢产物的氨基酸，因此，必须严格控制非目的氨基酸的生产。所以，微生物学家必须通过代谢控制或各种育种手段来控制氨基酸的代谢及大量生产。

在氨基酸生产中，微生物菌种的选择至关重要。大肠杆菌是适合大量繁殖的较理想的微生物菌种，但大肠杆菌不适于生产很多种氨基酸（也有例外，如苯丙氨酸）。大肠杆菌生产氨基酸的过程需要控制酶活性，mRNA的转录和翻译如图3－3－3所示。

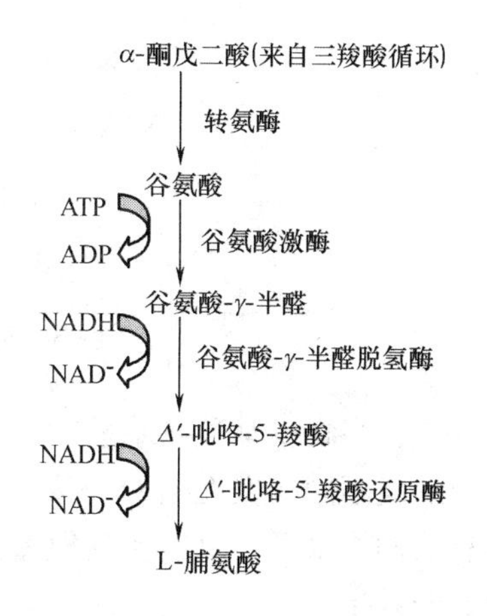

图3－3－3 脯氨酸和谷氨酸的生成

1. 通过反馈抑制来调控酶活性

大多数酶都有一个变构位点，它与酶的活性位点在空间上是分开的，底物与酶的变构位点结合使酶的构型发生改变即可逆性地灭活酶。酶一般是在反应开始时发生这种变化，这样就可以终止反应，不会产生中间产物。

2. 转录的调控

转录的阻遏作用与抑制反应类似，不同的是酶的活性不受影响，但转录酶的活性受到抑制。氨基酸合成的最终产物常与辅阻遏蛋白连接，这种可逆性连接使其成为一种有活性的阻遏复合物，并连接到类似于操纵子的操纵单元上。在细菌中，氨基酸合成途径相关基因通常由一个启动子控制，途径中所有酶一起合成，这种基因的排列顺序就是操纵子。只要辅阻遏蛋白与操纵单元结合，操纵子上没有一个基因表达，没有一种酶合成，当细胞质中的氨基酸含量降低时，阻遏复合物就会脱离，启动子与RNA聚合酶结合开始转录，如图3－3－4所示。

3. 衰减作用

原核生物中通过翻译前导肽而实现控制DNA的转录的调控方式称为衰减作用。这是一种复杂的翻译调控方式。在该机制中，核糖体沿着mRNA分子移动的速度决定了转录是进行还是终止。如果某种氨基酸在细胞质中含量很高，那么这种氨基酸的转运RNA（tRNA）含量也很高，核糖体沿着前导RNA移动很快，衰减子序列（启动子与操纵子第一个结构基因间）形成终止发夹结构，这将特异性地破坏负责该氨基酸合成的操纵子的

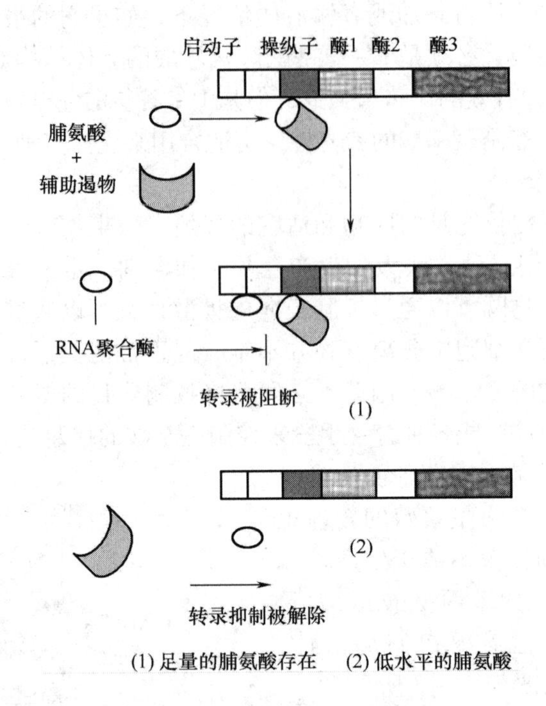

图3-3-4 氨基酸合成的调控

翻译。反之，当缺少某种氨基酸时，前导肽翻译停滞在相应的氨基酸密码子中，使得衰减子序列形成不同的发夹结构，该氨基酸操纵子转录继续进行。在大肠杆菌中，只要能控制所有的调控水平，就能实现氨基酸的过量生产，但在很多情况中，用其他菌种可以得到更好的效果。

相对于大肠杆菌，灵杆菌更容易成为氨基酸的过量生产者。灵杆菌是肠杆菌科中的一种微生物，其最大特点是具有明显的红色素沉淀，该菌种反馈抑制作用是最重要的氨基酸合成调控机制。

为什么大肠杆菌有如此复杂的调控机制，而灵杆菌仅仅通过控制酶的活性就如此有效？原因在于它们的生长环境不同。大肠杆菌寄生在哺乳动物体内的胃肠道，胃肠道是一种氨基酸含量不断变化的环境，如果寄主要消耗氨基酸，那它体内寄生的微生物则得不到供应，所以微生物必须能快速调节寄主所需要的氨基酸量。相反，灵杆菌生长在土壤中，一般土壤中没有游离的氨基酸，除非微生物能生长在富含蛋白质的土壤，所以它必须合成自己需要的氨基酸。合成氨基酸的速率与生长速率相关，通过反馈抑制很容易做到。如果细胞不再生长，就不需要氨基酸，氨基酸在细胞质中积累并抑制合成途径；而如果细胞处在生长状态，它就会消耗它所贮藏的氨基酸，并且不再阻遏合成途径。

（三）谷氨酸生产

谷氨酸是比较受关注的氨基酸之一，它是第一个通过发酵方式并用于工业化生产的氨基酸。同时，谷氨酸的经济价值非常重要，作为一种受欢迎的风味调料已广泛地应用到世界各国食品工业中。

1907 年，日本科学家池田菊苗发现海带汤蒸发后留下呈鲜味的棕色晶体，即谷氨酸。20 世纪 50 年代获得了突破性的发现：从土壤中分离出的微生物能生产大量谷氨酸，这一方法沿用至今并已投入工业化生产。

常用谷氨酸棒杆菌（*C. glutamicum*）生产谷氨酸，该微生物的细胞膜对谷氨酸有选择性地渗透，是微生物缺乏生物素而导致的。生物素是合成脂肪酸的必要条件之一，缺乏生物素就会影响膜的合成。谷氨酸棒杆菌的呼吸方式很特殊，在需氧条件下，糖通过乙醛酸途径完全进入呼吸系统，可改变三羧酸循环；在厌氧条件下，进入发酵途径；但在厌氧分压条件下不会产生发酵，如图 3 –3 –5 所示。

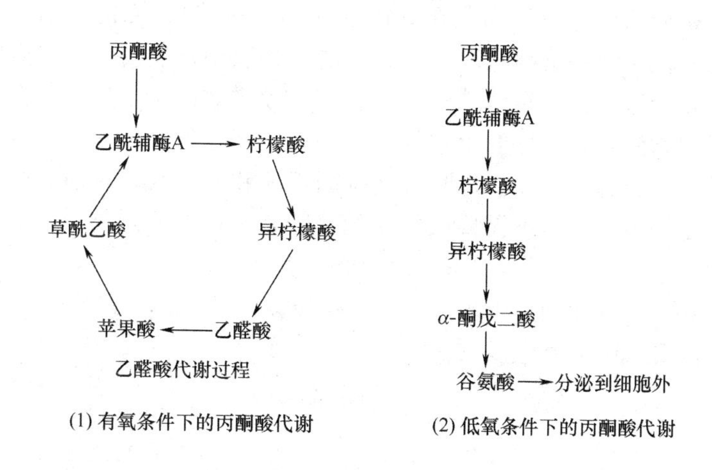

图 3 –3 –5　谷氨酸棒杆菌的糖代谢

注：①在有氧条件下，谷氨酸棒杆菌通过乙醛酸代谢，进行三羧酸循环。
②在氧分压低的条件下，糖转变成谷氨酸并分泌到细胞外。

核苷酸是乙醛酸的正常代谢产物，可能是因为只有很少量的氧不足以氧化核苷酸（如 NADN），乙醛酸的转化量很少。大量碳源的转化是由乙酰辅酶 A 到 α – 酮戊二酸转化成丁二酰辅酶 A 再产生 NADH，但能催化此反应的酶在谷氨酸棒杆菌中的活性很低，故细胞将 α – 酮戊二酸转化成谷氨酸并分泌出来。

谷氨酸存在专门通道，提示谷氨酸棒杆菌从分泌谷氨酸的过程中获得能量。可能在厌氧条件下，没有足够的氧将糖完全氧化成 CO_2，但这些氧还是足够去氧化少量的 NADH。谷氨酸被分泌的同时，丙酮酸形成乙酰辅酶 A，产生 NADH。谷氨酸大量产生和分泌的环境条件（如生物素和氧分压低）很容易控制。培养基和糖蜜含有生物素，但很快会消耗尽，氧分压很快会降低，结果是普通培养微生物的方法就能提供大量积累谷氨酸的环境。

（四）天冬氨酸生产

阿斯巴甜是天冬氨酰磷酸的甲烷基酯，是一种十分受欢迎的软饮料和很多食品中的甜味剂。在工业上，将天冬氨酸和苯丙氨酸作为反应物人工合成阿斯巴甜（如不用酶和细胞）。所有这些氨基酸都是利用微生物进行工业化生产，只不过方法不同。常用大量特殊的土壤微生物来生产苯丙氨酸，获得这些菌的方法与获得脯氨酸生产菌的方法类似

(如诱变后分离那些缺失了反馈抑制作用的变种)，苯丙氨酸也能用固定化酶的方法从大肠杆菌中获得，但酶底物的售价很高，因此经济上不可行。

采用固定化酶法生产大量的阿斯巴甜是经济可行的，这一过程用的酶是天冬氨酸酶，该酶能催化天冬氨酸转化成氨和延胡索酸。大肠杆菌用天冬氨酸酶分解环境中的天冬氨酸作为碳源和能源，但如果延胡索酸和氨的含量很高，此酶就使延胡索酸转变为天冬氨酸。大多数的化学反应是双向的，反应朝哪个方向进行受反应的平衡常数和反应物、生成物的浓度影响，如果开始时天冬氨酸的浓度很低，而延胡索酸和氨的浓度很高，反应就会朝着延胡索酸转变为天冬氨酸的方向进行。

纯化的天冬氨酸酶同样可以固定在载体上（如卡拉胶），固定大肠杆菌的技术更简单，效果也相同。把大肠杆菌细胞放入已融化的卡拉胶中，然后冷却，以颗粒形式填充到柱子里，一般几天后细胞会自体消化，酶从细胞中释放出来，进入卡拉胶中，再经过几天的稳定，延胡索酸和氨从柱的上端加入，而在底部收集天冬氨酸。利用该方法工业化生产天冬氨酸的原因有三个：一是原料（延胡索酸和氨）相对便宜；二是生产的天冬氨酸浓度高，便于提纯；三是不需要很复杂的培养基，柱的流出物中没有废物，简化了提纯过程。

工业生产中还用固定化酶法来生产 L－丙氨酸、L－半胱氨酸、D－*p*－甘氨酸、L－二羟基－苯丙氨酸和其他氨基酸及其衍生物。

二、核酸

核酸（nucleic acids）是存在于动植物细胞中的天然大分子多肽物质。研究证实，核酸是遗传的物质基础，它对控制细胞分裂、生长与代谢过程起重要作用。核酸通常与蛋白质一起形成“核蛋白”。早在 1868 年，德国生理学家冯·米歇尔博士已从动物细胞中分离出核酸。经米歇尔测定，核酸的主要成分为嘌呤、嘧啶碱、糖苷和磷酸。限于当时的技术条件，米歇尔并未将核酸开发成为产品。

20 世纪 90 年代，国内外的大量研究报道表明：实验动物给予外源性核酸可使其红细胞的数量增加，血红蛋白含量升高，提高巨噬细胞吞噬功能，特异抗体生成等。核酸不仅有生长促进作用，还有明显的抗疲劳作用。

核酸在国外早已被开发成为保健食品（膳食补充剂）。此外，核酸还被广泛用于基因工程的研究。正在开发的核酸疫苗是另一类热门药品。国外正在研制中的核酸疫苗，对付钩端螺旋体的疫苗，治疗 T 淋巴瘤的疫苗，免疫疗法用核酸疫苗以及应对其他一些病毒性疾病的疫苗。核酸与寡核苷作为治疗药的应用范围十分广阔，其中包括作为抗癌药、抗艾滋病药以及其他难治疾病的药物，其市场前景令人乐观。

核酸与寡核苷的生产技术已趋成熟。最早科学家从血液、人或动物胎盘及其他生物器官中制备核酸。近年来从来源易得、价格低廉的酵母中提取核酸的技术已成熟，并已投入工业化生产。据报道，嫩茶叶中含大量的氨基酸，可作为提取核酸的原料。研究人员已从水产品加工业的大量废弃物——虾壳中提取出可作为食品调味品用的核酸产品。大豆蛋白以及人参、黄芪、山楂等药用植物也可作为提取核酸的原料。关于核酸的医药和保健用途，学者们趋向于一致的观点是：具有抑制肿瘤细胞生长的作用；可治疗瘫痪、脑功能衰退和阿尔茨海默病（老年痴呆症）；可减肥、降脂；抗衰老和用于皮肤美容；治疗肝病（尤其因酗酒引起的肝硬化等症）、溶解胆结石。

日本已开发的核酸保健产品包括核酸豆腐、核酸饼干、核酸酱油、核酸冷饮、核酸儿童早餐和核酸牛乳等，形成了核酸类产品从研究—生产—销售的良性循环。

我国卫生部在《关于印发核酸类保健食品评审规定的通知》（卫法监发［2002］27号）中指出，核酸类保健食品系指以核酸（DNA 或 RNA）为原料，辅以相应的协调物质，表明具有特定保健功能的食品。明确增强免疫力是其申报的保健功能，规范了核酸类保健食品的生产与销售。

三、有机酸

（一）柠檬酸

食用有机酸是很重要的食品添加剂，常用的有柠檬酸、醋酸、乳酸、苹果酸、丙酮酸和酒石酸。这些有机酸都可以通过微生物发酵法获得，其中以柠檬酸的产量和用量最大。柠檬酸在食品工业中的用途广泛，如饮料、糖果、果酱的生产以及水果保存等。2010 年，我国柠檬酸产量达 98 万 t，年产量占世界的 65% 左右，是世界第一大柠檬酸生产国和出口国。柠檬酸以玉米、木薯、糖蜜为原料，通过黑曲菌（*Aspergillus niger*）发酵而生产的。其他有机酸分别利用了醋酸杆菌（*Acetobacter*）、德氏乳杆菌（*Lactobacillus delbrukii*）、葡糖杆菌（*Gluconobacter*）、曲霉（*Aspergillus*）和根霉（*Rhizopus*）等发酵而成。

（二）L – 乳酸

近年来，乳酸工业发展很快，特别是 L – 乳酸，越来越引起关注。这不仅是它广泛用于食品工业，更因为它是可降解塑料的原料，有巨大的商机。研究表明，聚乳酸在空气、水和普通细菌存在下，可完全分解为水和 CO_2，形成良好的生态循环，是一种很好的绿色材料。聚乳酸的出现，为目前规模巨大的塑料工业难以克服的资源不可再生性和日益严重的白色污染问题，提供了一条较为圆满的解决途径。

（三）丙酮酸

丙酮酸是生物体的重要中间代谢产物，作为一种重要的精细化工中间体，主要应用于医药、农药和日化工业。近年来，丙酮酸的开发应用成了国内外研究的热点，新的用途被不断开发出来，世界上对其商业需求持续增长。此外，丙酮酸具有醋酸香气和愉快酸味，是很有发展潜力的食品酸味剂，而且丙酮酸作为饲料和食品添加剂，具有很好的防腐保鲜功能。

（四）L – 苹果酸

目前，发达国家消费者对化学合成产品普遍持谨慎和怀疑态度。作为发酵产品的L – 苹果酸在食品和医药领域的应用范围不断扩大。苹果酸在生理功能及味觉方面与柠檬酸明显不同。与柠檬酸相比，其产生热量更低，是一种低热量的理想食品添加剂。L – 苹果酸酸味刺激缓慢，且在达到最高酸味后可以保留较长时间。利用 L – 苹果酸配制的软饮料更加酸甜可口，当50% L-苹果酸与20%柠檬酸共用时，可呈现强烈的天然果实风味，受到食品工业的青睐。

【思考题】

1. 何为基因工程？基因工程的操作步骤有哪些？
2. 何谓转基因食品？为什么要对转基因食品进行安全性评价？
3. 简述细胞工程的概念及其分类。
4. 细胞工程的基本操作技术有哪些？
5. 细胞培养的概念是什么？
6. 简述细胞融合技术。
7. 植物细胞工程在香料香精生产中有哪些应用？试举例说明。
8. 简述谷氨酸的生产方法和生产流程。

参考文献

[1] 邓毛程．氨基酸发酵生产技术．北京：中国轻工业出版社，2007

[2] 王镜岩等．生物化学教程．北京：高等教育出版社，2008

[3] P. A. Chapman，A. T. Cerdan Malo，M. Ellin，*et al.* UK. Int. J . Food Microbiol. 64 (1~2)：139~150，2001

[4] 孙明．基因工程．北京：高等教育出版社，2006

[5] 普雷斯科特 Prescott. L. M. 沈萍，彭珍荣著．微生物学．北京：高等教育出版社，2003

[6] 彭志英．食品生物技术导论．北京：中国轻工业出版社，2008

[7] 姜毓君，包怡红，李杰．食品生物技术理论与实践．北京：科学出版社，2009

[8] 王向东，赵良忠．食品生物技术．南京：东南大学出版社，2007

[9] X. Li，N. Boudjellab，and X. Zhao. Combined PCR and slot blot assay for detection of Salmonella and Listeria monocytogenes [J] . Int. J. Food Microbiol，2000

[10] P. Duncanson，D. R. Wareing and O. Jones. Application of an automated immunomagnetic separation - enzyme immunoassay for the detection of *Salmonella* spp. during an outbreak associated with a retail premises. Letters in Applied Microbiology. 2003

[11] 孙建全，张倩，马建军等．基因工程技术在食品工业中的应用．山东农业科学，2008

[12] 贾士荣，金芜军．国际转基因作物的安全性争论——几个事件的剖析 [J]．农业生物技术学报，2003，11 (1)：1~5

[13] Poulsen M, Kroghsbo S, Schrφder M, *et al.* A 90 – day safety study in W istar rats fed genetically modified rice expressing snow drop lectin Galanthus nivalis (GNA) [J]. Food and Chemical Toxicology, 2007, 45 (3): 350 ~ 363

[14] Nordlee J. A., Taylor S. L., Town J. A., *et al.* Investigation of the allerge nicity of Brazil nut 2S seed storage protein in transgenic soybean. Food Safety Evaluation. Paris: OECD Publicatios, 1996: 196 ~ 202

[15] 周卫东. 转基因作物的安全性与发展前景. 生物学教学, 2005, 30 (8): 5 ~ 7

[16] Batista R., Oliveira M. M. Facts and fiction of genetically engineered food [J]. Trends in Biotechnology, 2009, 27 (5): 277 ~ 286

[17] 刘魁. 科技进步、创新危机与社会和谐的困境——从基因漂移谈起 [J]. 南京理工大学学报: 社会科学版, 2008 (2): 19 ~ 20

[18] 庞俊兰. 细胞工程. 北京: 高等教育出版社, 2007

[19] Turner S., Krauss S. L., Bunn E, *et al.* Genetic fidelity and viability of Anigozanthos viridis following tissue culture, cold storage and cryopreservation. Plant Sci, 2001, 161: 1099

[20] SAARELA, M., Functional Dairy Products, Vol. 2. Woodhead Publishing, Cambridge, 2007

[21] 罗云波, 生吉萍. 食品生物技术导论. 北京: 化学工业出版社, 2006

[22] Kalidas Shetty, Gopinadhan Paliyath, Anthony Pometto. Food Biotechnology. Taylor & Francis Group, 2006

第四篇

食品的包装与保藏

第一章 食品包装概论

第二章 食品包装材料及容器

第三章 食品包装与食品质量的关系

第一章　食品包装概论

【学习指导】

理解食品包装的概念和分类，认识食品包装的主要功能以及各种包装材料理化特性与使用性能；针对各种影响因素掌握包装食品的质量控制措施。

食品包装对食品具有储存、保护、运输等功能，是食品保藏和流通的有效手段。

包装起源于人类生存对食物储存的需要，我国早在5000年前就开始制造陶器，埃及人很早就懂得制造褐色玻璃瓶，并用于盛装、保藏、运输各种粮食及其他食物。19世纪初，马口铁罐和玻璃瓶罐的发明，使得食品得以长期储存。随着经济的发展和科学技术的进步，极大地推动了食品包装新材料、新技术和新设备的研发，食品包装已成为食品工业不可分割的重要组成。

第一节　食品包装的概念及分类

一、食品包装的概念

食品包装是指采用适当的包装材料、容器和包装技术，把食品包裹起来，以使食品在运输贮藏流通过程中保持其原有品质状态和价值。通常所指的食品包装是以销售为主要目的，与食品一起达到消费者手中的销售包装，也包括作为食品工业或其他行业用的工业包装。

食品包装的设计，应掌握被包装食品的生物、化学、物理学特性及其敏感因素，确定其要求的保护条件，才能正确选用包装材料、包装工艺技术进行操作。

食品包装材料种类繁多，性能各异，只有了解各种包装材料和容器的包装性能，才能根据包装食品的防护要求选择既能保护食品风味和质量，又能体现其商品价值，并使综合包装成本合理的包装材料。

包装设计的内容包括容器形状、耐压强度、结构形态、尺寸、封合方式等，应根据食品所需要的保护性要求、包装成本、包装量等诸方面因素进行合理的包装设计，尽量使包装结构合理、节省材料、节约运输空间，避免过分包装和欺骗性包装。

食品标签是指在食品包装容器上或附于食品包装容器上的一切附签、吊牌、文字、图形、符号及其他说明物。标签必须注有以下内容：食品名称、配料表、净含量及固形物含量、厂名、批号、日期标志和贮藏指南、食用方法、质量等级、产品标准代号、商标等。

二、食品包装的分类

食品包装因分类角度不同形成多种分类方法。

（一）按流通过程分类

1. 运输包装

运输包装又称大包装，是较大单元的包装形式，具有很好的保护商品、方便贮运及装卸功能，例如，纸箱、木箱、桶、各种托盘、中间性散货容器、集装箱等运输包装。通常体积较大，外形尺寸标准化程度高，坚固耐用，广泛采用集合包装，表面印有明显的识别标志和贮运注意事项。

2. 销售包装

销售包装又称小包装或商业包装，其特点是包装件一般较小，要求美观、安全、卫生、新颖、易于携带。不具有对商品的保护作用，而且更注重包装的促销和增值功能。瓶、罐、盒、袋及其组合包装一般属于销售包装。

（二）按包装材料和容器性质分类

表 4-1-1 为包装按包装材料和容器分类。

表 4-1-1　包装按包装材料和容器分类

包装材料	包装容器类型
纸与纸板	纸盒、纸箱、纸袋、纸罐、纸杯、纸质托盘、纸浆模塑制品、中间性散货容器等
塑料	塑料薄膜袋、中空包装容器、编织袋、周转箱、片材热成型容器、热收缩膜包装、软管、软塑箱、钙塑箱、中间性散货容器等
金属	镀锡薄板、无锡钢板等制成的金属罐、桶等，铝、铝箔制成的罐、软管、软包装袋、中间性散货容器等
复合材料	纸、塑料薄膜、铝箔等组合而成的复合软包装材料制成的包装袋、复合软管等
玻璃陶瓷	瓶、罐、坛、缸等
木材	木箱、板条箱、胶合板箱、花格木箱等
其他	麻袋、布袋、草或竹制包装容器等

（三）按包装结构形式分类

（1）贴体包装　是将产品封合在用塑料片制成的、与产品形状相似的型材和盖材之间的包装形式。

（2）泡罩包装　是将产品封合在用塑料制成的泡罩与盖材之间的包装形式。

（3）热收缩包装　是将产品用热收缩薄膜裹包或袋装，通过加热使薄膜收缩而形成产品包装的包装形式。

(4) 可携带包装　是在包装容器上制有提手或类似装置，以便于携带的包装形式。

(5) 托盘包装　是将产品或包装件堆码在托盘上，通过捆扎、裹包或黏结等方法固定而形成的包装形式。

(6) 组合包装　是将同类或不同类商品组合在一起进行适当包装，形成一个搬运或销售单元的包装形式。

(7) 中间性散货包装 (intermediate bulk container，IBC)　是柔性的集装运输工具，把装有干式散货或液体散货的集装容器放入集装箱内作为中间媒介以达到多式联运的包装形式。

此外，还有悬挂式包装、可折叠式包装、喷雾式包装等。

(四) 按包装技术分类

按包装技术可将包装分为真空和充气包装、控制气氛包装、脱氧包装、防潮包装、冷冻包装、软罐头包装、无菌包装、热成型、热收缩包装、缓冲包装等。

(五) 按销售对象分类

包装按销售对象可分为出口包装、内销包装、军用包装和民用包装等。

第二节　食品包装的功能

一、保护商品

食品在贮运、销售、消费等流通过程中常会受到各种不利条件及环境因素的破坏和影响，这些破坏因素通常分为两类：一类是自然因素，包括光线、氧气、温湿度、水分、微生物等，可引起食品氧化、变色、腐败变质和污染；另一类是人为因素，包括冲击、振动、跌落、承压载荷、人为盗窃污染等，可引起内装物变形、破损和变质等。采用科学合理的包装可使食品免受或减少破坏因素的影响。

不同食品、不同流通环境对包装保护功能的要求不同。例如，采用隔气（汽）性能好的密封包装材料或其他防湿包装，可防止干燥或焙烤食品吸收水分而变质；采用隔绝性能好的包装，配合其他杀（抑）菌保藏方法，可限制或抑制包装内残存微生物的生长繁殖；为维持生鲜食品的生鲜状态，要求包装具有适度的 O_2、CO_2 和水蒸气的透过率；选用隔氧性能高、遮挡光线和紫外线的包装材料，可减缓或防止食品中的营养成分在直射光、高温、有氧环境中发生各种化学反应；通过合理的包装设计和采用合适的包装材料，可以避免或防止食品在贮运、销售过程中发生因摩擦、振动、冲击等机械力所造成的损坏。

二、方便贮运、销售和使用

合理的包装具有多种方便功能，如便于装填密封、方便运输、装卸、堆码、陈列、销售、携带、开启、使用和处理回收等。

（一）便于贮运

方便物流过程的搬运装卸、存贮保管和陈列销售，也方便消费者的携带、取用和消费。现代包装还注重包装形态的展示方便、自动售货及消费开启和定量取用的方便。

（二）促进销售

包装是提高商品竞争能力、促进销售的重要手段。随着市场竞争由商品内在质量、价格、成本竞争转向更高层次的品牌形象竞争，包装成为传递商品信息的重要媒介，担负着传达商品牌号、性质、成分、容量、使用方法、生产单位等职能。包装形象将直接反映品牌和企业的形象。食品作为商品所具有的普遍和日常消费性特点，使得其通过包装来传达和树立企业品牌形象更为重要。

三、提高食品的商业价值

包装是食品生产的继续，食品通过包装才能免受各种损害而避免降低或失去其原有的价值。因此，投入包装的价值不但在食品出售时得到补偿，而且能增加食品的商业价值。包装的增值作用不仅体现在包装直接给商品增加价值，而且更体现在通过包装塑造名牌所体现的品牌价值。

第三节　食品包装的设计

食品包装设计是指对食品包装的全盘策划，可分为技术设计和形象设计两大方面。技术设计主要解决保护商品、方便贮运、节省资源与保护环境等问题，例如确定包装技术与方法、选用合适的包装材料、容器和辅助材料，设计合理的技术结构等。商品形象设计主要解决美化商品、传递信息、促进销售等问题，包括商品包装的造型、结构、装潢设计等。

一、食品包装设计的基本要求

优良的食品包装设计必须考虑食品的性质、食品的运输及贮藏要求、食品的市场销售要求。

（一）食品性质的要求

食品的种类很多，从形态上，有固体的、液体的、膨松的、酥脆的；从包装的保质措施上，有需阻氧的、需透氧的、需气调的、需真空的、需巴氏杀菌或商业灭菌的等；从使用的方式上，有可直接食用的，需进行再加工的等；从封装方式上，有热封的、旋盖的等。因此，食品的包装设计必须首先了解该食品的物理、化学特性，根据食品的易腐性、吸湿性、挥发性、黏结性、脆性以及化学稳定性等性质，选择合适的包装材料和封装方式，才能对产品进行有效的保护和营销宣传。

（二）食品运输及贮藏的要求

食品运输、贮藏过程需确保食品的销售包装不受损坏。食品运输的类型、运输过程控制等级、运输方式、贮运分配、销售过程、机械力、环境气候危害的性质与程度、贮运过程装卸条件及贮藏条件对其质量的影响，是食品包装容器形态和结构设计、运输包装设计的基本依据。

（三）食品市场销售的要求

食品要在市场上流通销售，包装应具有良好的商业销售宣传和广告功能。食品进行流通环节，需要有严谨、周密的包装策划和设计，包括针对特定商品、不同的消费群体、流通环境、销售地域等，以选择不同的包装材料、容器造型、装潢设计、封装开启方式等，提高产品的市场竞争力。

二、食品包装造型与结构设计

（一）食品包装造型设计

食品包装造型设计是应用艺术手段，使选用的包装材料具有实用功能和符合美学原则的三维立体设计。

食品包装容器与使用目的有直接关系。例如，用玻璃、陶瓷、塑料制作的容器多用于酒、饮料、调味品的包装，这些产品对容器外观造型要求很高。容器造型格调的高低、线条优美与否、与产品内涵配合是否恰当及其使用功能的优劣，都会影响包装食品的销售情况。

包装材料对食品包装造型设计影响显著，不同材料有着不同功能和肌理质感。有的透明，如玻璃和某些塑料；有的圆浑古雅，如陶瓷；有的质朴，如木材；有的光洁富丽，如金属；有的华贵，如丝绸、皮革等。即使同一种材料，施加不同工艺，也将产生不同的功能和质感。因此，设计时要注意及时采用新材料、新技术，要充分利用材料特点和科学原理进行设计。

食品包装造型设计还应考虑如何使手触包装容器时产生舒适感。包装容器的直径一般由所要盛装的容量而决定，但食品消费包装直径最小不应小于25mm，太小就不便盛装内容物，当直径超过90mm时，拿取过程中容器很容易从手中滑落。如果容器直径超过手所能承受的范围，就要考虑在容器适当部位留有手握的地方，以方便拿取及开启。由于年龄层次的差别，抓握的力度也大不相同，故在设计不同年龄对象的包装容器时，不可忽视这一点。

在造型设计时，平面上的立体图案与模型尽管尺寸相同，可视觉效果却往往不一致，存在错觉问题。因此，设计时要注意避免或利用错觉来达到预期的效果。

（二）食品包装结构设计

食品包装结构设计是根据被包装产品的特征、环境因素和用户要求等，选择一定的材料，采用一定的技术方法，科学地设计出内外结构合理的容器或制品。包括材料结构、工艺结构和容器结构三部分。材料结构指材料的组合方式；工艺结构指为完成某一特定的保护功能或目的而确定的包装形式，如缓冲结构、防震包装结构等；容器结构是指包装容器的形态和性能等。

食品包装结构必须依照包装力学原理和专业技术要求进行设计，以保证包装具有足够强度抵抗各种外界因素的侵扰，使包装食品在流通贮藏和销售过程中保持完好。食品包装结构应满足以下要求。

（1）容装性　包装必须能够可靠地容装所规定的内装物数量，不得有任何泄漏或渗漏。

（2）保护性　包装必须保证内装物在经过一系列的装卸、运输、仓储、陈列、销售直至消费者在有效期限内启用时不被破坏。

（3）方便性　包装必须要方便装填（灌装）、方便运输、方便装卸、方便堆码、方便陈列、方便销售、方便携带、方便开封、方便使用、方便处理。

（4）显示性　包装必须具有明显的辨别性。

（5）陈列性　包装必须在充分显示的前提下具有良好的展示效果。

三、食品包装装潢设计

食品包装装潢设计是应用美学原则和视觉原理，通过绘画、摄影、图案、文字、色彩、商标及印刷等进行的外观设计。它运用视觉语言传递商品信息，引起消费者的心理感应和思维判断，产生购买食品的欲望。至于消费者能否长期对该食品感兴趣，则主要取决于食品的内在质量。

（一）定位设计

定位设计的基本思想是站在销售角度，根据市场调查研究得到的信息来考虑包装设计，确定设计因素和格局，强调把准确的信息传递给消费者，确定自己的市场位置。

1. 品牌定位

品牌即商标，是食品生产者或经营者用以区别同类食品的标记，具有显著的特征，给人以较强的标记感，以便识别、记忆。品牌定位要求在包装上鲜明地突出商标，可以将色彩、图形、艺术字结合成统一的形象。经注册的食品商标还受注册国家的法律保护，应注意在包装装潢上突出注册商标。

2. 产品定位

产品定位表明产品名称、品种、特色、用途、使用时间、档次等内容，即食品标签要求标注的基本内容，表达方式可以是文字、图片或照片的形式，目的就是更直观、更准确地体现产品特点、原料及性能。

3. 消费者定位

在包装中应反映出产品的消费者群体、性别、年龄等，此外还应表明产品是否适用于家庭、企业、事业单位或其他特殊需要等，增强包装的心理影响力，提高消费者的购买意识。

定位设计应综合考虑品牌、产品、消费者三因素，由于包装的视觉容量是有限的，所以在设计实践中总是以其中一项因素作为主要导向，其余两项因素可采取缩小或放置于包装背、侧面的处理手法与之相配合呼应，三者是一个配合默契的完美整体。

（二）构图设计

食品包装构图就是将设计诸要素进行合理的、巧妙的组合，力求获得理想的表现形式。包装设计自始至终都要注意整体感，要将品名、商标、净含量、公司名、图形、用途说明、广告用语等都安排得当，从整体上把握图中主次、大小、前后、疏密、比例、位置、角度、空间的关系，要考虑4 个乃至6 个面的连续关系，不可有孤立或繁琐之感。整体效果好的包装设计才具有良好的货架陈列效果。

（三）色彩的运用

包装装潢的色彩是影响视觉感受最活泼的因素，由于色彩的抽象性和感觉性，通过研究色彩原理、色彩的象征意义和色彩心理学的普遍规律，依据产品、品牌、消费对象或企业精神理念的表现需要，塑造醒目而有个性的包装，使其具有良好的视觉识别功能。

色彩的感情作用因人而异，由于区域传统、文化信仰等方面的不同，对于同一种色彩的象征含义也有所不同，这是食品包装用色时应考虑的问题，尤其要注意各国和地区对色彩的爱好和禁忌。此外，要注意色彩搭配的协调，符合消费者的审美心理。把握概括简洁、以少胜多的用色原则，突出色彩对产品的烘托作用，注意合理运用流行色和时尚元素。

（四）文字设计

包装中的文字能够更为直接地传达商品信息，同时也扮演着装饰构图的作用。文字设计要与包装设计风格一致，体现包装商品的属性特点，强调易读性、识别性、生动性，应体现一定的风格和时代特征。

（五）形式构成设计

包装装潢设计中涉及的构图、色彩、文字等因素必须加以合理组织，将其纳入到整体秩序中，才能形成整体包装形象。这就需要充分发挥设计人员的形象思维和逻辑思维能力，采用不同构成形式，将食品包装设计成为一个和谐的整体。

第二章　食品包装材料及容器

【学习指导】

认识金属、玻璃、陶瓷、纸等食品包装传统材料及其容器的特点及应用领域。掌握塑料包装容器，以及复合包装材料的性能、基本组成及其在现代食品包装中的应用。

食品包装材料是指用于制造食品包装容器和构成食品包装的材料的总称，包括木材、纸与纸板、玻璃、陶瓷、金属、塑料、复合材料以及辅助包装材料等。食品包装材料应满足以下要求：

（1）食品包装材料应具有对被包装食品的保护性　合适的阻隔性，即阻气、遮光、防湿、阻隔紫外线以及防止食品芳香散失及异味渗入，防虫蛀、防鼠咬等；一定的稳定性，即耐水、耐油、耐有机溶剂、耐腐蚀、耐光照、耐热、耐寒等；足够的机械强度，如拉伸强度、撕裂强度、破裂强度、抗折强度、抗冲击强度、抗穿刺强度、摩擦强度、延伸性等。

（2）食品包装材料必须具有良好的加工适应性　便于机械化操作，易于加工成型，具有良好的封合性和印刷适应性。

（3）食品包装材料应该具有足够的卫生与安全性　包装材料无毒，与食品成分不发生反应，不含有毒加工助剂。

（4）食品包装材料和容器应该具有显著的方便性　不仅要求质量轻、携带运输方便、开启食用方便，还要利于回收，减少环境污染。

第一节　传统包装材料及容器

一、金属包装材料及容器

金属包装材料的应用历史已有200年，在食品包装材料中占有非常重要的地位。金属包装材料对光、气、水及水蒸气等具有完全的阻隔性，为内装食品提供优良的保护性能；金属材料加工适应性好，具有良好的抗拉、抗压、抗弯强度、韧性及硬度，作为食品包装容器可适应工业生产和流通中的各种机械振动和冲击，有利于加工和包装过程的机械化操作和控制；金属材料良好的耐高低温性和导热性，能够满足包装食品的冷热加工、高温杀菌等加工需要。金属作为包装材料也存在缺点，如化学稳定性差，不耐酸碱腐蚀，易锈蚀，不透明，价格较高等。

食品包装容器制造常用的金属材料主要有镀锡薄钢板、镀铬薄钢板、铝合金板和铝箔等。

（一）镀锡薄钢板

镀锡薄钢板也称镀锡板、镀锡薄板，是两面镀有纯锡的低碳薄钢板，大量用于制造包装食品的各种容器，也可为由其他材料制成的容器配制容器盖或底。

1. 镀锡薄钢板的结构

镀锡板是将低碳钢（C<0.13%）轧制成约2mm厚的钢带，然后经酸洗、冷轧、电解清洗、退火、平整、剪边加工，再经清洗、电镀、软熔、钝化处理、涂油后剪切成镀锡板材成品。镀锡层也可用热浸镀法涂敷，此法所得镀锡板锡层较厚，用锡量大，镀锡后不需进行钝化处理。

镀锡板结构由五部分组成，见图4-2-1。由内向外依次为钢基板、锡铁合金层、锡层、氧化膜和油膜。镀锡板各构成部分的厚度、成分和性能见表4-2-1。

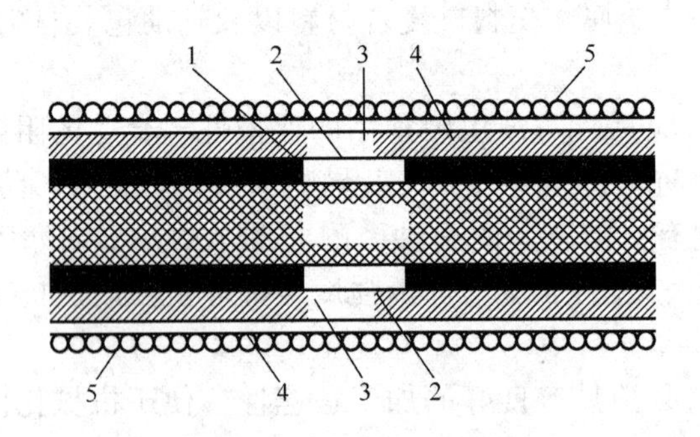

图4-2-1　镀锡薄钢板断面图

1—钢基板　2—锡铁合金层　3—锡层　4—氧化膜　5—油膜

表4-2-1　镀锡板各层的厚度、成分及性能

结构名称	厚度		结构成分		包装性能特点
	热浸镀锡板	电镀锡板	热浸镀锡板	电镀锡板	
油膜	20mg/m²	2~5mg/m²	棕榈油	棉籽油或癸二酸二辛酯	润滑和防锈
氧化膜	3~5mg/cm²（单面）	1~3mg/m²（单面）	氧化亚锡	氧化亚锡、氧化锡、氧化铬、金属铬	电镀锡板表面钝化膜是经化学处理生成的，具有防锈、防变色和防硫化斑作用
锡层	22.4~44.8g/m²	5.6~22.4g/m²	纯锡	纯锡	美观、易焊、耐腐蚀，且无毒害
锡铁合金层	5g/m²	<1g/m²	锡铁合金结晶	锡铁合金结晶	耐腐蚀，如过厚，加工性能和可焊性不良
钢基板	制罐用 0.2~0.3mm	制罐用 0.2~0.3mm	低碳钢	低碳钢	加工性能良好，制罐后具有必要的强度

2. 镀锡薄钢板的性能指标

（1）机械力学性能　影响镀锡板机械力学性能的因素很多，如钢基板成分，冶炼、轧制方法及质量，制板加工的退火处理及平整加工工艺质量等。工业上通常采用调质度作为镀锡板综合力学性能的指标，包括强度、硬度、塑性、韧性等。镀锡板的调质度以其表面洛氏硬度值 HR30T 表示，按照 HR30T 的大小，将调质度分为几个等级，等级符号以大写字母 T 以及数字组成，如 T50。镀锡板的硬度与调质度等级成正对应关系，调质度越大，硬度越大，相应的镀锡板的韧性和调质度成负对应关系。镀锡板的具体调质度等级与其机械力学的关系及用途见表 4－2－2。

表 4－2－2　常用镀锡板调质度类别及其力学性能和用途

生产方法		ISO 国际标准		美国 AISI 标准		极限抗拉强度/MPa	性能及用途
		类别	HR30T	类别	HR30T		
一次冷轧	箱式退火	T50	≤52	T1	≤52	330	可塑性很好，适于深度拉伸或多次拉伸容器
		T52	48～56	T2	50～60	350	拉伸性能中等，稍有刚性
		T57	53～61	T3	54～60	370	一般用途，随硬度提高，用于浅的拉伸三片罐罐身、罐头底盖、大直径瓶盖
		T61	57～65	T4	58～64	415	一般用途，刚性稍高，用于刚性好的三片罐罐身、罐底盖较大的容器
		T65	61～68	T5	62～68	450	刚性高，用于刚性好的三片罐罐身、罐底、罐盖
		T70	66～73	T6	67～73	530	刚性很强，用于啤酒或充气罐罐底、罐盖
	连续退火	CA61	57～65	T. 4CA	58～64	410	拉伸性能中等，综合性能好，用于瓶盖、三片罐罐身、罐底、罐盖
		CA65	61～70	T. 5CA	62～68	425	一般用途，用于三片罐罐身、罐底、罐盖
		CA70	66～73	T. 6CA	67～73	530	刚性很高，用于啤酒或充气饮料罐罐底、罐盖
二次冷轧		DR550	70～76	DR－8	73	550±70	小直径三片罐罐身、罐底、罐盖
		DR620	73～79	DR－9	70	620	强度大、硬，用于大直径三片罐罐身、罐底、罐盖
		DR660	74～80	CD－9M	77	660±70	啤酒或充气饮料罐的罐底、罐盖

注：一次冷轧镀锡板的抗拉强度及二次冷轧镀锡板的表面硬度均为近似值，不是标准中的项目；二次冷轧板的抗拉强度是指 $\sigma_{0.2}$（屈服强度）。

（2）耐腐蚀性能　镀锡板的耐腐蚀性能与构成镀锡板每一结构层的耐腐蚀性都有关。

①钢基板：钢基板的耐腐蚀性能主要取决于钢基板的成分、表面状态和非金属杂质的含量。一般情况下，减少钢基板中非金属杂质的含量、提高表面纯净度，可以提高钢基板的耐腐蚀性。

酸浸时滞值是评价钢基板耐腐蚀性的指标，即钢基板浸入盐酸之时至溶解反应速度恒定时所需要的时间。酸浸时滞值越小，钢基板的耐腐蚀性越好。通常耐腐蚀性好的镀锡板，酸浸时滞值应小于10s。

②锡层：锡层的耐腐蚀性主要与锡层的连续性有关，要求镀锡完全覆盖钢基板表面，但实际镀锡层存在许多暴露出钢基板的孔隙，即露铁点。镀锡板上的露铁点在有腐蚀性溶液存在的条件下将发生电化学腐蚀。

锡的纯度和锡层晶粒大小也会对锡层的耐腐蚀性有影响，一般情况下锡层晶粒越大，镀锡板的耐腐蚀性越好。

③锡铁合金层：处于钢基板和锡层之间的锡铁合金层的主要成分是锡铁金属化合物 $FeSn_2$，提高锡铁合金层的连续性和致密性可以有效提高镀锡板的耐腐蚀性能。

④氧化膜：镀锡板表面的氧化膜有两种：一种是锡层本身氧化形成的 SnO_2 和 SnO；另一种是镀锡板钝化处理后形成的含铬化合物钝化膜。SnO_2 比 SnO 稳定，因此两者形成量的多少将影响镀锡板的耐腐蚀性。合理控制温度，形成 SnO_2 层可提高镀锡板的耐腐蚀性。

⑤油膜：镀锡板表面的油膜将板与腐蚀性环境隔开，防止锡层氧化锈蚀。此外，油膜在镀锡板使用过程中起润滑剂作用，可有效防止加工、运输过程中的锡层擦伤破损。

3. 镀锡板的技术规格

（1）镀锡板的尺寸和厚度　镀锡板长、宽尺寸均制订有标准规格，常用板宽系列为 775mm、800mm、850mm、875mm、900mm、950mm、975mm、1000mm、1025mm、1050mm；板长可在允许范围内任选，以满足各种罐型用料最省的要求，一般长、宽之差不超过200mm。

镀锡板的厚度及厚度的偏差对容器的加工成型和使用性能有很大影响，我国规定板厚系列为 0.2mm、0.23mm、0.25mm、0.28mm 四种，并规定板厚偏差一般不超过 0.015mm，同一张板厚偏差不超过 0.01mm。

国际上镀锡板厚度采用质量/基准箱（符号 b/BB，即 eb/基箱）表示，规定 112 张 20in×14in 或 56 张 20in×28in 的镀锡板为 1 基准箱，即：

$$
\begin{aligned}
1\text{ 基准箱} &= 20\text{in} \times 14\text{in} \times 112\text{ 张} \\
&= 28\text{in} \times 20\text{in} \times 56\text{ 张} \\
&= 31360\text{in}^2 \\
&= 20.2322\text{m}^2
\end{aligned}
$$

根据 1 基准箱镀锡板的质量表示板的厚度，质量/基准箱与镀锡板厚度成正相关关系。

（2）镀锡板的镀锡量　镀锡量是衡量镀锡层厚度的指标，是选用镀锡板的重要参数。镀锡量以单位面积上所镀锡的质量（g/m^2）表示。另一种表示方法是以 1 基准箱镀锡板两面镀锡总量（lb）乘以100后所得数字为镀锡量的标号，如1lb/1基准箱的镀锡量标为#100（相当于11.2g/m^2）。标号数值越大，镀锡层越厚。对两面镀锡量不等的镀锡板，用两种数据分别表示两面的镀锡量，如#100/#25即11.2/2.8g/m^2。

4. 镀锡板的分类及代号

镀锡板的分类方法及产品代号见表4-2-3。

表4-2-3　　镀锡板分类及代号

分类方法	类　别	符　号
按镀锡量	等厚镀锡E1、E2、E3、E4 差厚镀锡D1、D2、D3、D4、D5、D6、D7	E D
按硬度等级	T50、T52、T61、T65、T70	T
按表面状况	光面 石纹面 麻面	G S M
按钝化方式	低铬钝化 化学钝化 阳极电化学钝化	L H Y
按涂油量	轻涂油 重涂油	Q Z
按表面质量	一组 二组	I II

（二）无锡薄钢板

锡为贵金属，故镀锡板成本较高，为降低产品包装成本，开发无锡薄钢板替代镀锡板用于食品包装，主要品种有镀铬薄钢板、镀锌薄钢板和低碳薄钢板。

1. 镀铬薄钢板（tin-free-steel，TFS）

（1）镀铬板的结构　镀铬板是由钢基板、金属铬层、水合氧化铬层和油膜构成，各结构层的厚度、成分及特性见表4-2-4。

表4-2-4　　镀铬板各层结构及性能特点

各层名称	成　分	厚　度	性能特点
油膜	癸二酸二辛酯	22mg/m^2	防锈、润滑
水合氧化铬层	水合氧化铬	7.5~27.0mg/m^2	保护金属铬层，便于涂料和印铁，防止产生孔眼
金属铬层	金属铬	32.3~140.0mg/m^2	有一定耐腐蚀性，但比纯锡差
钢基板	低碳钢	制罐用0.2~0.3mm	提供板材必需的强度，加工性良好

（2）镀铬板的技术规格　镀铬板的机械性能与镀锡板相差不大，其综合机械性能也以调质度表示，各等级调质度镀铬板的相应表面硬度见表4－2－5。

表4－2－5　镀铬板的调质度及相应的洛氏硬度

调质度	HR30T	调质度	HR30T	调质度	HR30T
T－1	46～52	T－4－CA	58～64	DR－9	73～79
T－2	50～56	T－5－CA	62～68	KR－10	77～83
T－2.5	52～58	T－6－CA	67～73		
T－3	54～60	DR－8	70～76		

镀铬板的规格尺寸见表4－2－6。

表4－2－6　镀铬板的规格尺寸

规格尺寸	成张镀铬板	成卷镀铬板
厚度/mm	0.16～0.38	0.16～0.38
宽度/mm	508～940	508～940
长度/mm	480～1100	—

（3）镀铬板的使用性能　镀铬板的耐腐蚀性比镀锡板稍差，铬层和氧化层对柠檬酸、乳酸、醋酸等弱酸、弱碱有很好的抗蚀作用，但不能抗强酸、强碱的腐蚀，所以镀铬板通常施加涂料后使用。

镀铬板的加工成型性能与镀锡薄板大致相同，但由于镀铬层韧性较差，在冲拔、盖封加工时表面铬层易损伤破裂，故不能适应冲拔、减薄、多级拉伸加工。镀铬板不能焊锡，制罐时接缝需采用熔接或粘接。镀铬板表面施涂加工性好，涂料在板面附着力强，比镀锡板表面涂料附着力高3～6倍，可用于制造罐底、盖和二片罐，而且可采用较高温度烘烤。

2. 镀锌薄钢板

镀锌薄钢板俗称白铁皮，是在低碳钢基板上镀0.02mm以上厚度的锌层而成。致密的锌层使钢基板的防腐能力大大提高。根据镀锌工艺不同分为热镀锌板和电镀锌板两种。

（1）热镀锌板　钢基板通过熔融锌液而镀锌的镀锌薄板。热镀锌板的锌层厚度范围较广，普通厚皮的单面为30μm左右，特薄的为10～20μm，特厚的为50～70μm。一般锌层越厚，其耐腐蚀能力越强，但锌层过厚会影响容器焊接接头强度。

（2）电镀锌板　以钢基板作阴极，锌板作阳极，在酸性（硫酸）或碱性（氰化物）含锌电解液中电镀制成的镀锌薄板。锌层较薄，约为5μm，其可焊性和成型性较好，单

独使用其耐腐蚀性能不佳，一般在镀锌后要以涂料或涂塑处理。

3. 低碳薄钢板

低碳薄钢板指含碳量小于0.25%，厚度为0.25～4.00mm的普通碳素钢或优质碳素结构钢的钢板。塑性性能好，易于容器的成型加工和接缝的焊接加工，制成的容器具有较好的强度和刚性，而且价格较低。低碳薄钢板表面涂料后可用于罐装饮料或其他食品包装。

（三）铝质包装材料

铝质包装材料主要是指铝合金薄板和铝箔。工业上把铝含量在99.00%以上的称为纯铝，由于其强度低且价格昂贵，在包装上只用于制造铝箔。包装用铝材一般采用铝合金薄板，其机械力学性能和化学性能取决于组成铝材的合金类型，其中所含的金属元素主要有锰、镁、铜、锌、铁、硅、铬等。

（四）金属罐的制造与封口

1. 三片罐（three－piece can）的制造

三片罐的制造主要包括罐身制造、罐盖制造、罐身与罐底盖卷封等工序。罐身纵缝加工采用高频电阻熔焊法、压接法和粘接法。

（1）电阻焊三片罐　将待焊接的两层金属薄板重叠置于连续转动的两滚轮电极之间，通电后靠高频电阻产生的高热使滚轮之间的搭接缝金属接近熔化状态，并在滚轮碾压下连成一体而形成焊缝。电阻焊的优点在于，避免锡焊带来的铅、锡等贵金属对罐内食品的污染，焊缝薄、平直、光滑，密封性好且强度高；焊缝重叠宽度不超过1mm，节约原材料，而且便于翻边和卷封。

（2）压接三片罐　这类罐大都是手工或半自动化方式生产，罐形态有方形、圆形、椭圆形、多边形等多种。由于采用整版印刷制罐，罐面图案完整美观。

（3）粘接三片罐　无锡钢板的焊接性差，可用有机黏结剂（主要是耐高温的聚酰胺树脂系列黏结剂）黏结罐身纵缝，这是一种具有很好发展前景的制罐方法。与电阻焊制罐工艺相比，黏结罐外观更为美观，包装成本较低，但黏结罐不能用于高温杀菌食品的包装，为保证足够的强度，罐身搭接缝宽度较大（约5mm）。

2. 二片罐（two－piece can）的制造

二片罐的罐身与罐底为一体，没有罐身纵缝和罐底卷边。二片罐生产周期短，工艺简单，密封性好，广泛应用于啤酒及含气饮料的包装。由于罐身成型工艺不同，目前二片罐主要包括变薄拉伸罐（冲拔罐）和拉伸罐（深冲罐）两种。

（1）冲拔罐（DWI罐，draw and wall ironed can）　冲拔罐的制作要经过预冲压和多次变薄拉伸，故称变薄拉伸罐。冲拔罐的最大特点是罐的长径比很大（一般为2∶1，最大可达5∶1），罐壁经多次拉伸后变薄，因此，这种罐身结构很适合含气饮料的包装，由于内压的存在而支承罐壁。冲拔罐的制罐材料主要为铝或马口铁板材，只能成型圆形罐而不适合制作异形罐。

（2）深冲罐（DRD罐，drawn and redrawn can）　深冲罐是将板材经连续多次变径冲模而成的二片罐。制罐时几次连续冲模使罐身越来越小（一般为2次），如果冲模一次成型，即称浅拉深罐。

深冲罐的特点是壁厚均等，强度刚性好，适应的包装范围广。深冲罐的长径比一般为 1.5∶1，适用的材料主要是镀铬薄钢板和马口铁板，罐形规格尺寸多样，主要用于加热杀菌食品的包装。

3. 金属罐的封口

金属罐普遍采用二重卷边封口，二重卷边结构见图 4－2－2。

二重卷边外观应平整、光滑，不允许出现波纹、折叠、快口、切罐、突唇、牙齿、假卷、断封、密封胶挤出等现象（图 4－2－3），以免影响罐的密封性及外观。

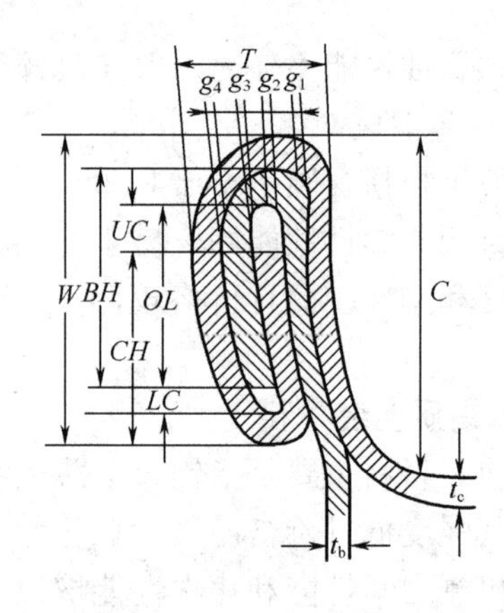

图 4－2－2 二重卷边结构

t_c—罐盖板厚 t_b—罐身板厚 T—卷边厚度
W—卷边宽度 CH—盖钩长度 BH—身钩长度
UC—盖钩空隙 LC—身钩空隙 C—埋头度
g_1 ~ g_4—罐身、罐盖板间间隙 OL—叠接长度

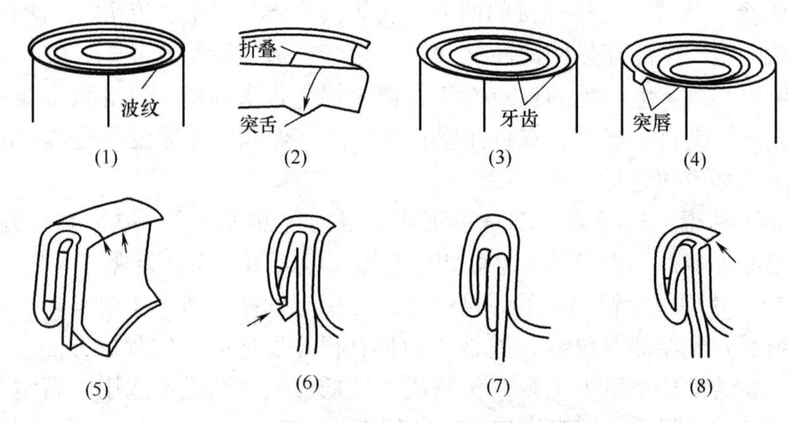

图 4－2－3 卷边封口常见的几种外观缺陷

（1）波纹 （2）折叠 （3）牙齿 （4）突唇 （5）切罐
（6）断封 （7）假卷 （8）断封

二、玻璃容器和陶瓷容器

（一）玻璃容器

玻璃发明于3000 年前的埃及，玻璃容器大多制成瓶罐的形式。作为传统的包装材料，玻璃具有光亮透明、化学稳定性好、阻隔性优良、易成型的优点，但也存在质量大、易破碎的缺点。

1. 玻璃包装材料

玻璃的种类很多，用于食品包装的是氧化物玻璃中的钠－钙－硅系玻璃，常见食品包装用玻璃的化学组成见表 4 -2 -7。

表 4 -2 -7　　几种食品包装玻璃瓶罐的化学组成

组分质量分数/%	SiO_2	Na	K_2O	CaO	Al_2O	Fe_2O	MgO	BaO
棕色啤酒瓶（硫碳着色）	72.50	13.23	0.07	10.40	1.85	0.23	1.60	—
绿色啤酒瓶	69.98	13.65		9.02	3.00	0.15	2.27	—
香槟酒瓶	61.38	8.51	2.44	15.76	8.26	1.30	0.82	—
汽水瓶（淡青）	69.00	14.50		9.60	3.80	0.50	2.20	0.20
罐头瓶（淡青）	70.50	14.90		7.50	3.00	0.40	3.60	0.30

2. 玻璃容器的发展

（1）轻量化　玻璃包装的轻量化是指在保证强度的条件下，减轻玻璃瓶质量。轻量化程度用重容比表示，即容器的质量 m（g）与其容量 v（mL）之比，轻量瓶的重容比一般在 0.15 ~ 0.80 之间。容器的重容比越小，则其壁厚越薄，通常轻量瓶的壁厚为 2.0 ~ 2.5mm。

玻璃容器的轻量化可降低运输费用，减少食品杀菌时的能耗，提高生产效率，增加包装品的美感。为保证轻量瓶的强度及生产质量，要求原辅料的质量必须特别稳定，同时对轻量瓶的造型设计、结构设计要求更高，并采取一系列的强化措施以满足轻量瓶的强度和综合性能要求。

（2）强化　为提高玻璃容器的抗张强度和冲击强度，采取一些强化措施使玻璃容器的强度得以明显提高。若强化措施用于轻量瓶，则可获得高强度轻量瓶。

①物理强化：即玻璃容器的钢化淬火处理，适用于有一定厚度的玻璃容器。将成型的玻璃容器放入钢化炉内加热到玻璃软化温度以下后，再在钢化室内采用风冷急速冷却，使容器壁厚方向因冷却速度不同而在表层产生一定的均匀压应力，当容器承受外加拉应力时，首先要抵消此压应力，从而提高容器的实际承载能力。

②化学强化：即化学钢化处理，适用于薄壁玻璃容器的强化处理。将玻璃容器浸在熔融的钾盐中，或将钾盐喷在玻璃容器表面，使半径较大的钾离子置换玻璃表层内半径较小的钠离子，从而使玻璃表层形成压应力层，由此提高玻璃容器的抗张强度和冲击强度。

③表面涂层强化：玻璃表面的微小裂纹对玻璃强度影响很大，采用表面涂层处理可防止瓶罐表面的划伤和增大表面的润滑性，减少摩擦，提高强度，用于轻量瓶的增强处理。

表面涂层强化分为热涂、冷涂。热涂即在瓶罐成型后送入退火炉之前，用液态 $SnCl_2$ 或 $TiCl_4$ 喷射到热的瓶罐上，经分解氧化使其在瓶罐表面形成氧化锡或氧化钛层。冷涂即在瓶罐退火后，将单硬脂酸、聚乙烯、油酸、硅烷、硅酮等用喷枪喷成雾状覆盖在瓶罐上，形成抗磨损及具有润滑性的保护层；也可同时采用冷热双重涂覆，使瓶罐性能更佳。

（二）陶瓷容器

陶瓷是以黏土、长石、石英等天然矿物为主要原料，经粉碎、混合和塑化，按用途成型，并经装饰、涂釉，然后在高温下烧制而成的制品。

陶瓷包装容器具有耐火、耐热、隔热、耐酸、阻隔性好等特点，可制成形状各异的瓶、罐、缸、坛等，主要用于酒类、咸菜以及传统食品和风味食品的包装。但陶瓷容器与玻璃一样具有较大的重容比，且易破碎，运输和携带难度较大。

陶瓷容器的卫生安全性主要体现在釉陶瓷表面釉层中重金属铅或镉的溶出，我国对陶瓷容器铅、镉溶出量允许极限见表4－2－8。

表4－2－8　我国对陶瓷包装容器铅、镉溶出量的允许极限（GB 14147—1993）

溶出物	指标/(mg/L)
铅（Pb）	≤1.0
镉（Cd）	≤0.10

注：采用GB 3534—2002标准规定的方法测定。

三、纸类包装材料及容器

纸类包装材料的原料丰富、成本低廉、加工性能好、便于回收利用，在包装材料及容器制造中占有非常重要的地位。

纸类包装材料分为纸和纸板两大类，通常情况下，凡定量在225g/m^{2}以下称为纸，定量在225 g/m^{2}以上的则称纸板。

（一）包装用纸

常用的食品包装用纸主要有以下几种。

1. 牛皮纸（kraft paper）

牛皮纸因其坚韧结实似牛皮而得名，是用硫酸盐木浆抄制的高级包装用纸，具有高施胶度，机械强度高，富有弹性、抗水性、防潮性，定量在40～120g/m^{2}之间。根据其外观有单面光、双面光和条纹等品种。

2. 羊皮纸（parchment paper）

羊皮纸又称植物羊皮纸或硫酸纸，定量为45g/m^2、60g/m^2、75g/m^2，是用未施胶的高质量化学浆纸，在15～17℃浸入浓度为72%的硫酸中处理后，经洗涤并用浓度为0.1%～0.4%碳酸钠碱液中和残留酸，再用甘油浸渍塑化，形成质地紧密坚韧的半透明乳白色双面平滑纸张。羊皮纸具有良好的防潮性、气密性、耐油性，适用于油性食品、冷冻食品、糖果点心等的包装。

3. 鸡皮纸（wrapping paper）

鸡皮纸是一种单面光的平板薄型包装纸，其生产过程和单面光牛皮纸相似，定量为40g/m^2，有较高的耐破度和耐折度，且具有一定的抗水性。用于食品包装的鸡皮纸不得使用对人体有害的化学助剂。

4. 半透明纸（semitransparent paper）

半透明纸是一种柔软的薄型纸，定量为31g/m²，用漂白硫酸盐木浆、经长时间的高黏度打浆及特殊压光处理而制成的双面光纸。质地坚韧，具有半透明、防油、防水、防潮等性能，可用于马铃薯片、糕点等脱水食品的包装，也可作为奶油、糖果等油脂食品的包装。

5. 茶叶袋滤纸（tea bag paper）

茶叶袋滤纸是一种低定量专用包装纸，用于袋泡茶的包装，要求纤维组织均匀，无折痕皱纹，无异味，具有较大的湿强度和一定的过滤速度，耐沸水冲泡，同时应有适应袋泡茶自动包装机包装的干强度和弹性。

（二）包装用纸板

1. 白纸板（white board）

白纸板可分为单面白纸板和双面白纸板，是一种高级的销售包装材料，具备良好的印刷性能、加工性能和包装性能，可制成各种类型的纸盒、箱，起着保护商品、装潢美化的促销作用，也可用于制作吊牌、衬板和吸塑包装的底板。

2. 标准纸板（standard board）

标准纸板是一种经压光处理，适用于制作精确特殊模压制品以及重要制品的包装纸板，颜色为纤维本色。

3. 箱纸板（case board）

箱纸板是以化学木浆、化学草浆或废纸浆生产的纸板，以本色居多，表面平整、光滑，纤维紧密、纸质坚挺、韧性好，具有较好的耐压、抗拉、耐撕裂、耐刺穿、耐折叠和耐水性能，印刷性能好。

4. 瓦楞纸板（corrugated board）

瓦楞纸板是由瓦楞原纸轧制成屋顶瓦片状波纹，然后将瓦楞纸与两面箱板纸粘结制成。瓦楞波纹相互并列支撑形成类似三角的结构体，既坚固又富有弹性，能承受一定重量的压力。

瓦楞形状一般可分为U形、V形和UV形3种。U形瓦楞的圆弧半径较大，缓冲性能好，富有弹性，当压力消除后，仍能恢复原状，但抗压力稍弱；黏结剂的施涂面大，容易粘合。V形瓦楞的圆弧半径较小，缓冲性能差，抗压力强；黏结剂的施涂面小，不易粘合，成本低。UV形是介于U形和V形之间的瓦楞形状，其圆弧半径大于V形，小于U形，因而兼有两者的优点，目前广泛使用。

瓦楞的型号种类以楞型表示，按GB/T6544—2008规定，所有楞型的瓦楞形状均采用UV形，其分类见表4-2-9。

瓦楞纸板按其材料的组成可分为单面瓦楞纸板（瓦楞芯纸的一侧贴有面纸），常用作缓冲材料和固定材料；双面瓦楞纸板（瓦楞芯纸的两侧均贴以面纸，又称单瓦楞纸板），目前多使用这种纸板；双芯双面瓦楞纸板（双层瓦楞芯纸贴以面纸制成，又称双瓦楞纸板），多用于制造易损、重且需要长期保存的食品，如新鲜果蔬等的包装纸箱；三芯双面瓦楞纸板（三层瓦楞纸芯制成，又称三瓦楞纸板），用以包装重物品以代替木箱，一般与托盘或集装箱配合使用。

表4-2-9　我国瓦楞纸板楞形标准及其用途（GB/T6544—2008）

瓦楞楞型	名　称	瓦楞高度/mm	瓦楞个数（每300mm）	特　性
A	大瓦楞	4.5~5.0	34±2	缓冲性能强，适于包装较轻的易碎物品
B	小瓦楞	2.5~3.0	50±2	刚性好，适于包装较重和较硬物品，如罐头、瓶装食品等
C	中瓦楞	3.5~4.0	38±2	足够的刚度，缓冲性能良好，适于包装易碎制品、柔软的产品等
E	微小瓦楞	1.1~2.0	96±4	表面平坦，平面刚度大，适用于高质量的印刷和装潢，大量用于食品的销售包装

（三）纸制包装容器

纸箱与纸盒是主要的纸制包装容器，主要包括纸箱、纸盒、纸罐等。纸盒、纸罐一般体积较小，多用于销售包装；纸箱体积较大，多用于运输包装。

1. 瓦楞纸箱

瓦楞纸箱由瓦楞纸板制作而成，纸板结构60%~70%中空，具有良好的缓冲减震性能，大量用于商品运输包装。

通用瓦楞纸箱国家标准（GB/T6543—2008）适用于运输包装用单瓦楞纸箱和双瓦楞纸箱。按照使用不同瓦楞纸板种类、内装物最大质量及纸箱内径尺寸，瓦楞纸箱可分为三种型号，见表4-2-10。其中，一类箱主要用于出口及贵重物品的运输包装；二类箱主要用于内销产品的运输包装；三类箱主要用于短途、价廉商品的运输包装。

表4-2-10　瓦楞纸箱的分类

种　类	内装物最大质量/kg	最大综合尺寸/mm	代号			
			纸板结构	一类	二类	三类
单瓦楞纸箱	5	700	单瓦楞	BS-1.1	BS-2.1	BS-3.1
	10	1000		BS-1.2	BS-2.2	BS-3.2
	20	1400		BS-1.3	BS-2.3	BS-3.3
	30	1750		BS-1.4	BS-2.4	BS-3.4
	40	2000		BS-1.5	BS-2.5	BS-3.5
双瓦楞纸箱	15	1000	双瓦楞	BD-1.1	BD-2.1	BD-3.1
	20	1400		BD-1.2	BD-2.2	BD-3.2
	30	1750		BD-1.3	BD-2.3	BD-3.3
	40	2000		BD-1.4	BD-2.4	BD-3.4
	55	2500		BD-1.5	BD-2.5	BD-3.5

2. 包装纸盒及其他纸制包装容器

纸盒包装一般用于商品的销售包装，在缓冲减震方面没有类似运输包装的严格要求，但其结构应根据不同商品的特点，采用适当的纸制包装材料，适当包装结构设计、美观的造型以保护美化商品、方便使用和促进销售。

此外，纸制包装容器还包括纸桶、纸罐、纸袋、纸杯、纸质托盘等，均在食品包装行业中得到广泛应用。

第二节　塑料包装材料及容器

塑料用作包装材料是现代包装技术发展的重要标志。作为食品包装材料，塑料具有质量轻、阻隔性好、化学稳定性好、加工成型性能和装饰性能优良等优点，大量取代了玻璃、金属、纸类等传统包装材料，成为食品销售包装的主要材料。随着科学技术的发展，以塑料为主要原料开发的新型复合包装材料，大大提高了食品包装的保护商品和促进销售功能。虽然塑料包装材料用于食品包装存在着某些安全与卫生方面的问题，以及包装废弃物回收处理困难造成环境污染等问题，但塑料包装材料仍是21世纪需求增长最快的食品包装材料之一。

一、食品包装常用塑料

（一）聚乙烯（polyethylene，PE）

聚乙烯树脂是由乙烯经加成聚合而成的高分子化合物，为无臭、无毒、乳白色蜡状固体，大分子呈线形结构，简单规整无极性，因而柔顺性好，易于结晶。根据其聚合方法和密度不同分为低密度聚乙烯（LDPE）、高密度聚乙烯（HDPE）、线型低密度聚乙烯（LLDPE）。

1. 低密度聚乙烯（low density polyethylene，LDPE）

LDPE 具有分支较多的线形大分子结构，结晶度较低，密度为 $0.91 \sim 0.94 g/cm^3$，阻气阻油性差，机械强度低，但延伸性、抗撕裂性和耐冲击性好，透明度高，热封性和加工性能好，主要以薄膜形式应用于包装要求较低的食品。利用其透气性好的特点，可用于生鲜果蔬的保鲜包装，也可用于冷冻食品包装，但不宜单独用于有隔氧要求的食品包装。由于其热封性、卫生安全性好，常用作复合包装材料的热封层。

2. 高密度聚乙烯（high density polyethylene，HDPE）

HDPE 大分子呈直链线形结构，分子结合紧密，结晶度高达 85% ~95%，密度为 $0.94 \sim 0.96 g/cm^3$，阻隔性、强度和耐热性均高于 LDPE，但柔软性、透明性、热成型加工性能有所下降。大量用于食品包装薄膜，也可制成瓶、罐容器和中间性散货容器。与 LDPE 相比，相同包装强度条件下可节省原材料。由于其耐高温性较好，也可作为复合材料的热封层用于高温杀菌（110℃）食品的包装。

3. 线形低密度聚乙烯（linear density polyethylene，LLDPE）

LLDPE 大分子的支链长度和数量均介于 LDPE 和 HDPE 之间，抗拉强度比 LDPE 高 50%左右，且柔韧性比 LDPE 好，可不加增塑剂吹塑成型。主要制成薄膜，用于包装肉类、冷冻食品和乳制品，但其阻气性较差，不能满足较长时间的保质要求。

（二）聚丙烯（polypropylene，PP）

聚丙烯由丙烯单体聚合而成，为线型结构，密度为 0.90～0.91g/cm^3，是目前最轻的食品包装用塑料。PP 的阻隔性优于 PE，水蒸气透过率和氧气透过率与 HDPE 相似，但阻气性仍较差。机械性能好，强度、硬度、刚性都高于 PE，化学稳定性良好，耐高温性优良，可在 100～120℃范围内长期使用，耐低温性比 PE 差。成型加工性能良好，制品收缩率较大，热封性比 PE 差。

PP 主要制成薄膜材料包装食品，适宜包装含油食品，还可制成热收缩膜进行热收缩包装，以及制成透明的瓶、罐等。

（三）聚苯乙烯（polystyrene，PS）

PS 由苯乙烯单体加聚合成，因大分子主链上带有苯环侧基，结构不规整，不易结晶，柔顺性很低。PS 阻湿、阻气性能低于 PE，机械性能好，具有较高的刚性，但脆性大，耐冲击性能很差。化学稳定性差，只能耐受一般酸、碱、盐、有机酸、低级醇的腐蚀，易受有机溶剂如烃类、酯类的侵蚀甚至溶解。透明度高达 88%～92%，耐热性差，而低温性能良好。在食品包装中主要用于制作透明食品盒、水果盘，小餐具等，以及热收缩包装材料。PS 制成的发泡材料还可用于包装中的保温及缓冲材料。

（四）聚氯乙烯（polyvinyl chloride，PVC）

聚氯乙烯是以聚氯乙烯为主体，添加增塑剂、稳定剂等混合组成，PVC 大分子具有较强极性，柔顺性差且不易结晶。根据增塑剂的加入量不同可获得不同品种的 PVC 塑料，增塑剂量达树脂量的 30%～40%时构成软质 PVC，增塑剂量小于 5%时构成硬质 PVC。

PVC 的阻气阻油性优于 PE 塑料，硬质 PVC 优于软质 PVC；阻湿性比 PE 差，化学稳定性优良。机械性能好，硬质 PVC 有很好的抗拉强度和刚性，软质 PVC 相对较差，但其柔韧性和抗撕裂强度比 PE 高；有低温脆性，着色性、印刷性和热封性较好。

PVC 树脂本身无毒，但其中残留的单体氯乙烯有麻痹和致畸致癌作用，对人体安全限量为小于 1mg/kg 体重。因此 PVC 用作食品包装应严格控制材料中的氯乙烯单体残留量。影响 PVC 塑料卫生安全性的另一重要因素是增塑剂，用作食品包装的 PVC 应使用如邻苯二甲酸二辛酯、二癸酯等低毒增塑剂，使用剂量应在安全范围内。软质 PVC 增塑剂含量大，卫生安全性较差，一般不用于直接接触食品的包装，但可制成弹性拉伸膜和热收缩膜；硬质 PVC 中不含或少量含有增塑剂，可直接用于食品包装。

（五）聚酰胺（polyamide，PA）

PA 又称尼龙（nylon），是分子主链上含有大量酰胺基团结构的线型结晶型高聚物，为极性分子，分子间结合力强，大分子易结晶。PA 塑料化学稳定性良好，具有很高的强度和阻气性，但阻湿性差，吸水性强。机械性能良好，强韧而耐磨，但热封性较差。PA

薄膜制品大量用于食品包装，为提高其包装性能，可使用拉伸 PA 薄膜，并与 PE、PVDC 等复合，以提高防潮阻湿和热封性能，可用于无菌包装和深度冷冻包装。

（六）聚酯（polyethylene terephthalate，PET）

PET 是聚对苯二甲酸和乙二酯的简称，因其大分子主链含有苯环而具有高强韧性，因有柔性醚键而仍有较好的柔顺性。PET 的透明度高，光泽度好，具有优良的阻气、阻湿、阻油和保香功能。机械性能好，抗拉强度是 PE 的 5 ~ 10 倍，是 PA 的 3 倍，抗冲击强度也很高，还具有良好的耐磨和耐折叠性。能在较宽的温度范围内保持其优良的物理机械性能，正常使用温度范围为 -70 ~ 120℃，短期使用可耐受 150℃ 的高温。化学稳定性好，卫生安全，但不易成型加工，热封性差。

PET 塑料薄膜用于食品包装主要有四种形式：一是无晶型未定向透明薄膜，其抗油脂性很好，可包装含油食品，也可作食品桶、罐等容器的内衬；二是双向拉伸收缩膜，具有突出的强度和良好的热收缩性，可用作肉制品的收缩包装；三是结晶型定向拉伸膜，具有综合包装性能；四是以 PET 为基材的复合膜用于高温杀菌食品的包装。PET 制作的成型容器，大量用于饮料包装。

（七）聚碳酸酯（polycarbonate，PC）

聚碳酸酯是分子链中含有碳酸酯的一类高分子材料，具有很好的低温抗冲击性能，又具有优良的耐热性和透明性，是非常优良的包装材料，但价格高使其应用受到一定限制。

PC 可注塑成型为盆、盒，吹塑成型为瓶、罐，吸塑成型为各种容器，这些制品或材料的突出优点是冲击韧性高，透明性好，耐热又耐寒，可在 100 ~ 120℃ 下高温杀菌处理。PC 薄膜具有极好的透明度和光泽性，拉伸强度高，耐高温也耐低温，耐油性好，透气、透湿性大于 PET 膜，且保香性优良，适用于高温蒸煮杀菌和微波杀菌。

（八）聚偏二氯乙烯（Polyvinylidene chloride，PVDC）

PVDC 塑料由 PVDC 树脂添加少量增塑剂和稳定剂制成，为一种高阻隔性包装材料。PVDC 大分子结合力强，结构对称、规整，结晶性高，加工性能较差，制成薄膜材料时一般需加入稳定剂和增塑剂。PVDC 树脂用于食品包装具有许多优异的包装性能，如阻隔性高、化学稳定性好、受环境温度的影响小、耐高低温性良好、适用于高温杀菌和低温冷藏包装。制成收缩薄膜后的收缩率可达 30% ~60%。但其热封性较差，常与其他材料复合制成高性能复合包装材料。

二、食品包装塑料薄膜

目前大多数国家对塑料薄膜和片材的区分是以厚度为标准，厚度 <0.25mm 者为薄膜，厚度 >0.25mm 者为片材。塑料薄膜主要包括：①由单一种类塑料制成的薄膜材料；②由不同种类塑料复合而成的复合薄膜材料；③以塑料为主体，与其他材料（如纸、铝箔等）复合而成的复合薄膜材料。

（一）普通塑料薄膜

普通塑料薄膜是指采用挤出吹塑成型、T 型模法成型、溶液流涎法成型及压延法成型的未经拉伸处理的一类薄膜，其包装性能取决于树脂品种。常用单一塑料薄膜性能见表4-2-11。

表4-2-11 常用单一塑料薄膜性能比较

种类	性能															
	透明性	光泽度	拉伸强度	延伸率	撕裂强度	阻气性	阻湿性	耐油性	耐化学性	耐低温性	耐高温性	耐热变形性	防静电性	机械适应性	印刷性	热封合性
LDPE	△	△	○	☆	○	×	○	×	○	☆	×	☆	×	×	△	☆
HDPE	△	△	○	△	△	×	○	△	○	☆	○	☆	×	×	△	☆
CPP	○	○	○	☆	☆	×	○	△	○	△	☆	☆	×	△	△	○
OPP	☆	☆	☆	△	×	×	○	○	○	☆	○	△	×	○	△	×
PVC（软）	☆	☆	△	☆	☆	△	△	△	○	△	×	○	×	×	○	○
PVC（硬）	☆	☆	☆	×	×	○	○	○	☆	×	△	○	△	○	☆	×
PS	☆	☆	☆	×	×	×	×	△	○	△	○	×	×	☆	○	×
OPS	☆	☆	☆	×	×	×	×	○	○	○	○	○	×	☆	○	×
PET	☆	☆	☆	○	○	○	○	☆	☆	☆	☆	○	×	○	○	×
OPET	☆	☆	☆	×	○	○	☆	☆	☆	☆	☆	○	×	☆	○	×
NY_6	○	○	☆	○	☆	○	×	☆	☆	○	☆	☆	×	○	○	○
ONY_6	☆	○	☆	×	☆	○	×	☆	☆	☆	☆	○	×	○	○	×
PVDC	○	○	○	△	○	☆	☆	☆	☆	○	△	☆	×	×	×	△
EVA	○	○	○	○	○	×	○	○	△	☆	×	☆	×	×	△	○
PVA	○	☆	△	☆	☆	○	×	☆	○	×	△	☆	☆	×	○	×
PT	☆	☆	○	×	×	○	×	☆	×	×	○	☆	☆	☆	☆	×
KPT	☆	☆	☆	×	×	○	☆	☆	△	△	○	☆	☆	☆	△	○
Al（箔）	×	☆	○	×	△	☆	☆	☆	×	☆	☆	☆	☆	○	△	×
纸	×	×	○	×	○	×	×	×	×	○	○	☆	△	☆	☆	×

注：☆—优；○—良；△—尚可；×—差。

（二）定向拉伸塑料薄膜

定向拉伸塑料薄膜是将普通塑料薄膜在其玻璃化至熔点的某一温度条件下拉伸到原长度的几倍，然后在拉伸紧张状态下，在高于其拉伸温度而低于熔点的温度区间某温度内保持几秒进行热处理定型，最后急速冷却至室温制得。经过定向拉伸的薄膜，其抗拉强度、阻隔性能、透明度等都有很大提高。

定向拉伸薄膜的包装性能除取决于塑料品种、相对分子质量大小、结晶度等材料因素外，与拉伸程度、拉伸和热处理温度、时间等工艺条件密切相关。拉伸薄膜的机械力学性能、阻透性能和耐寒耐热性能随拉伸率的增大、分子定向程度的提高而增大；双向拉伸薄膜的机械强度强于单向拉伸薄膜。

定向拉伸薄膜的延伸率较低，热封性能差，独立使用时不易封口，需要与其他热封性能好的薄膜复合。

食品包装上目前使用的单向拉伸薄膜有 OPP、OPS、OPET、OPVDC 等，双向拉伸薄膜有 BOPP、BOPE、BOPS、BOPA 等。

（三）热收缩薄膜

未经热处理定型的定向拉伸薄膜称热收缩薄膜。拉伸薄膜聚合物大分子的定向分布状态是不稳定的，在高于拉伸温度和低于熔点温度的条件下，分子热运动使大分子从定向分布状态恢复到无规则线团状态，导致拉伸薄膜沿拉伸方向收缩还原。热收缩薄膜对被包装食品具有很好的保护性、商品展示性和经济实用性。目前使用较多的热收缩薄膜有 PVC、PE、PP、PVDC、PET、EVA 等。

（四）弹性（拉伸）薄膜

弹性（拉伸）薄膜具有较大的延伸率而又有足够的强度，其包装过程是利用包装机回绕物品将薄膜拉伸，通过其弹性使之缠绕物品，其接头可自粘，主要用于托盘、瓶、罐、管等物品的弹性包装。弹性薄膜耐低温性较好，但耐热性能差，在日光直接暴晒或环境温度较高时，因聚合物大分子热运动而使薄膜松弛，导致包装松动。

目前用于食品包装的弹性薄膜主要有 EVA、PVC、LDPE、LLDPE，其中 EVA 和 LL-DPE 薄膜弹性和自粘性好，是理想的材料。

三、复合软包装材料

复合软包装材料是指由两层或两层以上不同品种的挠性材料，通过一定技术组合而成的“结构化”多层材料，所用复合基材有塑料薄膜、铝箔、纸等。

食品包装复合材料应满足如下结构要求：①内层要求无毒、无味，耐油、耐化学性好，具有热封性和黏合性，常用的有 PE、CPP、EVA 及离子型聚合物等热塑性塑料。②外层要求光学性能好、印刷性好、耐磨、耐热，具有较高的强度和刚性。常用的有 PA、PET、BOPP、PC、铝箔及纸类等材料。③中间层要求具有高阻隔性，常用铝箔和 PVDC。

（一）常用复合包装薄膜

食品包装常用复合薄膜的构成及用途见表 4-2-12。

（二）高阻隔性薄膜

所谓高阻隔性薄膜是指厚度在 25.4μm 以下，22.8℃ 条件下的透气度为 $10mL/(654cm^2 \cdot 24h \cdot 0.1MPa)$ 以下的薄膜，按此规定，目前只有 EVOH、PVDC 和聚丙烯腈可称为高阻隔性材料，但实际上 PA 和 PET 通常也称作高阻隔材料。

表4－2－12　　食品包装用复合薄膜的构成及用途

复合薄膜构成	特性										用途
	防湿性	阻气性	耐油性	耐水性	耐煮性	耐寒性	透明性	防紫外线	成型性	封合性	
PT/PE	☆	☆	○	×	×	×	☆	×	×	☆	方便面、糕点
OPP/PE	☆	○	○	☆	☆	☆	☆	×	○	☆	干菜、方便面、糕点、冷冻食品
PVDC涂PT/PE	☆	☆	○	☆	☆	○	☆	○～×	×	☆	豆酱、腌菜、火腿、饮料粉、鱼类加工品
OPP/CPP	☆	○	☆	☆	○	○	☆	×	○	☆	糕点
PT/CPP	☆	☆	☆	×	×	×	☆	×	×	☆	糕点
OPP/PT/PP	☆	☆	☆	☆	☆	☆	☆	×	×	☆	豆酱、腌菜、酱制品
OPP/K涂PT/PE	☆	☆	○	☆	☆	○	☆	○～×	×	☆	肉类食品、豆制品、汤料
OPP/PVDC/PE	☆	☆	☆	☆	☆	☆	☆	○～×	×	☆	火腿、红肠、鱼糕
PET/PE	☆	☆	☆	☆	☆	☆	☆	○～×	○	☆	蒸煮食品、冷冻食品、饮料粉、汤料
PET/PVDC/PE	☆	☆	☆	☆	☆	☆	☆	○～×	☆	☆	豆酱、鱼糕、冷冻食品、熏制食品
Ny/PE	○	○	☆	☆	☆	☆	☆	×	○	☆	鱼糕、汤料、冷冻食品、饮料粉
Ny/PVDC/PE	☆	☆	☆	☆	☆	☆	☆	○～×	○	☆	鱼糕、汤料、冷冻食品、饮料粉
OPP/PVA/PE	☆	☆	☆	☆	○	○	☆	×	○	☆	豆酱、饮料
OPP/EVOH/PE	☆	☆	☆	☆	○	○	☆	×	○	☆	气密性小袋（饮料粉）
PC/PE	○	×	○	☆	☆	☆	☆	○～×	○	☆	切片火腿、饮料粉
Al/PE	☆	☆	☆	☆	○	○	×	☆	×	☆	糕点
PT/Al/PE	☆	☆	☆	×	×	○	×	☆	×	☆	糕点、茶叶、方便食品
PET/Al/PE	☆	☆	☆	☆	☆	☆	×	☆	×	☆	蒸煮食品、焖制食品
PT/纸/PVDC	☆	☆	☆	×	×	○	×	☆	×	☆	干菜、茶叶、干制品
PT/PE/纸/PE	☆	☆	○	×	×	○	×	☆	×	☆	茶叶、汤料、豆粉、乳粉

注：☆—好；○—一般；×—差。

1. EVOH 薄膜

EVOH（日本称 EVAL）称为乙烯-乙烯醇共聚物膜，最为突出的性能是其具有极好的阻气性，用以包装食品可大大提高包装的保香性和延长保质期。EVOH 膜具有高的机械强度及耐磨、耐气候性，且有好的光泽和透明度，具有高度耐油、耐有机溶剂能力，是所有高阻性材料中热稳定性最好的一种。由于 EVOH 分子结构中有亲水基团，易吸附水分而影响其高阻气性，故一般用作复合膜的中间层。

2. 涂硅膜

涂硅膜是透明的蒸涂 SiO_2或 SiO 的高阻隔薄膜材料。适合涂硅的基材有 PET、OPP、BOPA 等，涂层厚度为 4～10μm，光和微波可通过，适合微波加热，且高温、高湿下不脱层，故可用在有特殊气密性要求的高温蒸煮杀菌食品的包装。涂硅层不耐弯曲，易出现针孔，一般与其他材料复合或采用涂层来弥补这一缺点。涂硅膜比 PVDC 具有更高的阻隔性和耐高温特性。

3. K 涂膜

K 涂膜一般采用各种双向拉伸薄膜作为基材，涂布 PVDC 或偏二氯乙烯与丙烯腈共聚胶乳薄层，使其具有良好的阻气、阻湿、保香性及低温热封性而成为高阻隔性包装膜，广泛应用于食品、香烟和药品包装。

4. 镀铝膜

镀铝膜即真空镀铝膜，除具有高阻隔性外，还具有遮光特性，能较好地保护食品避免光、氧的综合腐败作用。

（三）高温蒸煮袋用复合薄膜

高温蒸煮袋是一类具有特殊耐高温要求的复合包装材料，按其杀菌时使用的温度可分为高温蒸煮袋（121℃杀菌 30min）和超高温蒸煮袋（135℃杀菌 30min）。制作高温蒸煮袋的复合薄膜有透明和不透明两种，透明复合薄膜可用 PET 或 PA 等薄膜为外层（高阻隔型透明袋使用 K 涂 PET 膜），CPP 为内层，中间层可用 PVDC 或 PVA；不透明复合薄膜中间层为铝箔，其典型薄膜结构为 PET（12μm）或 PA_6（12μm）/Al（9μm）/PO（70μm），其中，PO 为聚乙烯或聚丙烯，总称为聚烯烃薄膜。

高温蒸煮袋应能承受 121℃以上的加热灭菌，对气体、水蒸气具有高的阻隔性且热封性好，封口强度高，如用 PE 为内层，仅能承受 110℃以下的灭菌温度。所以高温蒸煮袋一般采用 CPP 作为热封层。由于透明蒸煮袋杀菌时传热较慢，适用于内容物 300g 以下的小型蒸煮袋，而内容物超过 500g 的蒸煮袋应使用有铝箔的不透明蒸煮袋。

四、塑料包装容器及制品

塑料通过各种加工手段，可制成具有各种性能和形状的包装容器及制品，食品包装上常用的有塑料中空容器、热成型容器、塑料箱、钙塑瓦楞箱、塑料包装袋等。

（一）塑料瓶

目前食品包装上应用的塑料瓶品种及其特性见表 4-2-13。

表 4-2-13　各种塑料瓶使用性能比较

项　目	聚乙烯		聚丙烯		PC 瓶	PET 瓶	PS 瓶	PVC 瓶
	LDPE 瓶	HDPE 瓶	拉伸 PP 瓶	普通 PP 瓶				
透明性	半透明	半透明	半透明	半透明	透明	透明	透明	透明
水蒸气透过性	低	极低	极低	极低	高	中	高	中
透氧性	极高	高	高	高	中~高	低	高	低
CO_2透过性	极高	高	中~高	中~高	中~高	低	高	低
耐酸性	○~★	○~★	○~★	○~★	○	○~☆	○~☆	☆~★
耐乙醇性	○~★	☆	☆	☆	○	☆	○	☆~★
耐碱性	☆~★	☆~★	★	★	×~○	×~○	☆	☆~★
耐矿物油	×	○	○	○	☆	☆	○	☆
耐溶剂性	×~○	×~○	×~☆	×~☆	×~☆	☆	×	×~☆
耐热性	○	○~☆	☆	☆	★	×~○	○	×~☆
耐寒性	★	★	×~○	★	☆	☆	×	○
耐光性	○	○	○~☆	○~☆	☆	☆	×~○	×~☆
热变形温度/℃	71~104	71~121	121~127	121~127	127~138	38~71	93~104	60~65
硬度	低	中	中~高	中~高	高	中~高	高~中	高~中
价格	低	低	中	中~高	极高	中	中	中
主要用途	小食品	牛乳、果汁、食用油	果汁、小食品	饮料、果汁	婴儿奶瓶、牛乳、饮料	碳酸饮料、食用油	调料、食用油	调料、食用油

注：★—极好；☆—好；○—一般；×—差。

（二）塑料周转箱

塑料周转箱所用材料大多是 PP 和 HDPE。HDPE 周转箱的耐低温性能较好；PP 周转箱的抗压性能较好，更适于需长期堆垛贮存的食品。由于周转箱经日晒雨淋以及受到环境的影响，易老化脆裂，制造时应对原料进行选择并选用适当的添加剂，另外需加入抗氧剂、颜料、紫外线吸收剂等改性，以提高周转箱的使用年限。

（三）钙塑瓦楞箱

钙塑材料是在 PP、PE 树脂中加入大量填料如碳酸钙、硫酸钙、滑石粉等，及少量助剂而形成的一种复合材料，具有防潮防水、高强度等优点，可在高湿环境下用于冷冻食品、水产品、畜肉制品的包装。

（四）塑料袋

1. 单层薄膜袋

单层薄膜袋由各类 PE、PP 薄膜制成。LDPE 吹塑薄膜具有柔软、透明、防潮性能好、热封性能良好等优点；HDPE 吹塑薄膜的力学性能优于 LDPE 吹塑薄膜，且具有挺括、易开口的特点，但透明度差；LLDPE 吹塑薄膜具有优良的抗穿刺性和良好的焊接性，即使在低温下仍具有较高的韧性；PP 吹塑薄膜透明度高。

2. 复合薄膜袋

为满足食品包装对高阻隔、高强度、高温灭菌、低温保存保鲜等方面的要求，可采用多层复合塑料膜制成的包装袋。

五、热收缩和热成型包装

（一）热收缩包装

热收缩包装（heat shrink packaging）是用热收缩塑料薄膜裹包产品或包装件，然后加热至一定温度使薄膜自行收缩紧贴裹住产品或包装件的一种包装方法。

1. 热收缩包装的特点

（1）包装的适应性好　能适应各种大小及形状的物品包装，尤其适用于一般方法难以包装的异形物品，如蔬菜、水果、整体的肉类食品及带盘的快餐食品或半成品的包装。

（2）密封性和保护性良好　热收缩包装的密封性能较好，可实现对食品的密封、防潮、保鲜包装，具有良好的保护性；收缩时塑料薄膜紧贴在物品上，能排除物品表面的空气，延长食品的保存期。

（3）具有良好的捆束性，能实现多件物品的集合包装或配套包装，为自选商场及其他形式的商品零售提供方便；包装紧凑，材料轻、用量少，方便包装物的贮存和运输。

（4）提高装潢效果　热收缩薄膜一般透明，包装时紧贴产品的表面，对产品的色、形有很好的展示，增加包装的外观光泽和透明度，提高商品的装潢效果，强化促销功能。

（5）包装工艺及使用的设备简单，通用性强，便于实现机械化快速包装。

2. 热收缩包装的形式

按照包装后包装体的形态特点，热收缩包装分为 3 种包装形式。

（1）两端开放式的套筒收缩包装　将包装件放入管状收缩膜或用对折薄膜挤接热封成套筒状，套筒膜两端比包装件长出 30 ~ 50mm，收缩后包装件两端留有一圆形小孔。

（2）一端开放式的罩盖式收缩包装　用收缩膜覆盖在装有食品的盒或托盘容器口上，其边缘比容器口部边缘长出 20 ~ 50mm，经加热收缩，紧紧的包裹容器口部边缘。

（3）全封闭式收缩包装　可满足包装品的密封、真空、防潮等包装要求。

3. 常用热收缩膜的种类及特性

收缩包装在加热收缩前，需要对裹包薄膜搭接边进行热压封合，因此要求收缩薄膜具有良好的热封性能，即低的热封温度和足够的热封强度。

热收缩薄膜具有的热收缩性、收缩温度范围及热封性能主要取决于收缩薄膜的种类、制膜工艺及质量的影响。表 4 - 2 - 14 为几种常用热收缩膜的热收缩性能。

表4-2-14　　几种收缩薄膜的典型收缩率、收缩温度和热封温度

薄膜类型	典型收缩率/%	收缩温度/℃（空气）	热封温度/℃
PET	35	171	135
PE	30	177	135
PP	60	218	177
PVC	60	163	107
氯化氢橡胶	45	149	121
PVDC	45	177	138
PS	50	149	121

（1）聚氯乙烯（PVC）　收缩温度较低且范围广，收缩力强，收缩速度快，透明美观，封口干净漂亮，透氧率小，透湿度较大，适用于生鲜果蔬的保鲜包装。缺点是冲击强度低，低温易发脆，封口强度差，过热封口时会分解产生异味。

（2）聚乙烯（PE）　热封性好，封口强度高，抗冲击强度大，价格低，防潮性能好。缺点是光泽与透明度比PVC差，收缩温度比PVC高20～50℃。

（3）聚丙烯（PP）　透明性与光泽最好，黏着性、耐油性及防湿性能好，收缩力强。缺点是收缩温度高且范围窄。

（4）其他　聚苯乙烯（PS）薄膜主要用于包装信件等；聚偏二氯乙烯（PVDC）薄膜主要用于肉食灌肠类包装；乙烯-醋酸乙烯共聚物（EVA）抗冲击强度大，透明度高，软化点低，收缩温度宽，热封性能好，收缩力小，尤其适合带突起异形物品的包装。

（二）热成型包装

热成型包装（heat forming packaging）是指用热塑性塑料片材热成型制成容器，并定量充填灌装食品，然后用薄膜覆盖容器口并封合的包装方法。

1. 热成型包装的特点

（1）适用范围广　可用于冷藏、微波加热、生鲜、快餐等各类食品的包装，可满足食品贮藏和销售对包装的密封、半密封、真空、充气、高阻隔等各种要求，也可实现无菌包装。

（2）生产效率高　容器成型、食品充填、灌装封口可用一机或几机连成生产流水线连续完成。

（3）包装成本低　热成型包装设备投资少，加工用模具成本只为其他成型加工方法用模具成本的10%～20%。制成的容器壁薄，可减少材料用量，且生产方法简单、周期短，可连续送料、连续成型，无需事先制盒，节约了制盒费用及相应的贮存费用。

（4）卫生安全性高　热成型包装机从制盒、装填到封口均不需手工操作，减少了过渡性污染，若采用耐高温包装材料还可进行高温灭菌处理，延长食品的保存期和提高卫生条件。

（5）展示效果好　容器形状大小按包装需要设计，不受成型加工的限制，特别适应形状不规则的物品包装需要，且可以满足商业销售美化商品的要求设计成各种异形容器，

制成的容器外形美观。

2. 常用热成型包装材料及特性

热成型包装用塑料片材按厚度一般分为3类：厚度小于0.25mm为薄片，厚度在0.25~0.5mm为片材，厚度大于0.5mm为板材。塑料薄片及片材用于连续加热成型容器，如泡罩、浅盘、杯等小型食品包装容器。板材热成型容器时要专门夹持加热，主要用于成型较大或较深的包装容器。

热成型塑料片材厚度应均匀，否则加热成型时塑料片材因温度不均匀、软化程度不一而使成型容器存在内应力，降低使用强度或使容器变形。通常塑料片材的厚薄公差不应大于0.04~0.08mm。目前常用于热成型包装的材料主要有如下几种：

（1）聚乙烯（PE） 由于其卫生和价廉在食品热成型包装上应用广泛，其中LDPE刚性差，在刚性要求较高或容器尺寸较大时可使用HDPE，但其透明度不高。

（2）聚丙烯（PP） 具有良好的成型加工性能，适合于制造深度与口径比较大的容器，容器透明度高，除耐低温性较差以外，其他均与HDPE相似。

（3）聚氯乙烯（PS） 硬质PVC片材具有良好的刚性和较高的透明度，可用于与食品直接接触的包装，但是因拉伸变形性能较差，因此难以成型结构复杂的容器。

（4）聚苯乙烯（PS）热成型加工时常用BOPS片材，这种材料刚性和硬度好，透明度高，表面光泽。但热成型时需要严格控制片材加热温度，也不宜做较大拉伸，同时应注意成型用的框架应有足够的强度，以承受片材的热收缩作用。

（5）其他 PA片材热成型容易，包装性能优良；PC/PE复合片材可用于深度口径比不大的容器，可耐较高温度的蒸煮杀菌；PE、PP涂布纸板热成型容器可用于微波加工食品的包装；PP/PVDC/PE片材可成型各种形状的容器，经密封包装快餐食品，可经受蒸煮杀菌处理。

（6）封盖材料 热成型包装容器的封盖材料主要是PE、PP、PVC等单质塑料薄膜，或者使用铝箔、纸与PE的复合薄膜片材、玻璃纸等材料，一般在盖材上事先印好商标和标签，所用印刷油墨能耐200℃温度。

六、软塑包装容器的热压封合

软塑料包装主要是指用各种塑料薄膜、复合薄膜及塑料片材制成的袋、盒、筒状容器，这类容器的密封封合方法主要有热压封合、压扣封合、结扎封合等。

热压封合（heat seal）是用某种方式加热容器封口部材料，使其达到黏流状态后加压使之封合，一般用热压封口装置或热压封口机完成。热封头是热压封合的执行机构，通过控制调节装置可以调整热封头的温度和压力以满足不同的封合要求。根据热封头的结构形式及加热方法不同，热压封口方法可分为多种。

（一）普通热压封合

普通热压封合如图4-2-4所示。

1. 板封

将加热板加热到一定温度，把塑料薄膜压合在一起即完成热封。此法结构和原理都

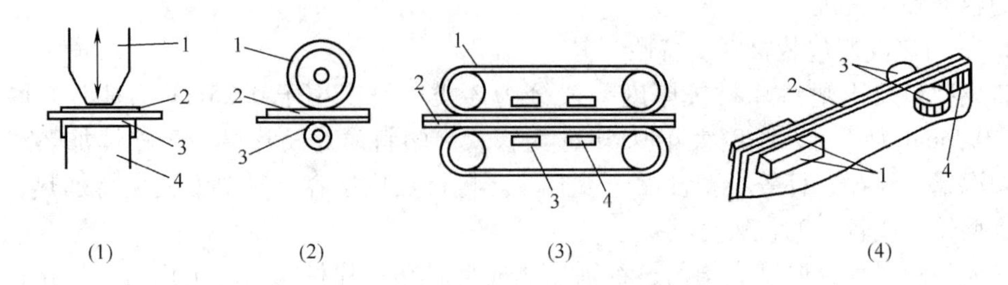

图4-2-4　普通热压封合

(1) 板封 (1—加热板　2—薄膜　3—绝热层　4—承压台)

(2) 辊封 (1—加热辊　2—薄膜　3—耐热橡胶圆盘)

(3) 带封 (1—钢带　2—薄膜　3—加热部　4—冷却部)

(4) 滑动夹封 (1—加热板　2—薄膜　3—加压辊　4—封接部分)

很简单，热合速度快，应用很广，适合于聚乙烯薄膜，但对于遇热易收缩或分解的聚丙烯、聚氯乙烯等薄膜不适用。

2. 辊封

能高效连续封接，适用于复合材料及不易热变形薄膜材料的封合。为了防粘，可以在热辊外表面涂一层聚四氟乙烯。

3. 带封

钢带夹着薄膜运动，并在两侧对薄膜加热、加压和冷却，实现封口。这种装置结构较复杂，可对易热变形的薄膜进行连续封接，专门用于袋的封口。

4. 滑动夹封

薄膜先从一对加热板中间通过，进行加热，然后由加压辊压合。特点是结构简单，能连续封接热变形大的薄膜，适用于自动包装机。

（二）熔断、脉冲、超声波和高频封合

其他几种形式的封合如图4-2-5所示。

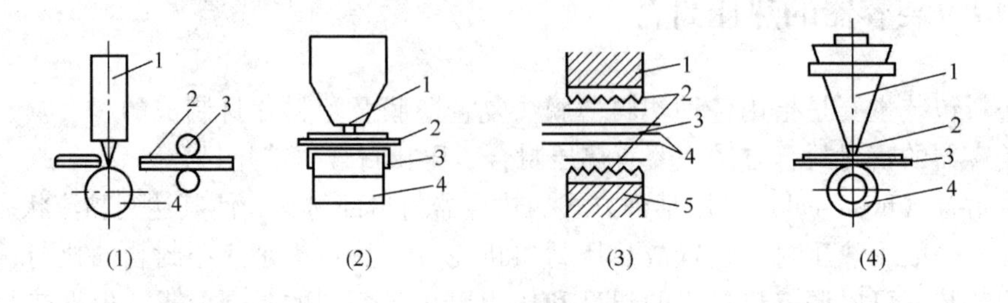

图4-2-5　其他几种形式的封合

(1) 熔断封合 (1—热刀　2—薄膜　3—薄膜引出辊　4—胶辊)

(2) 脉冲封合 (1—镍铬合金电热丝　2—薄膜　3—绝热层　4—橡胶缓冲层)

(3) 高频封合 (1—压板　2—高频电极　3—焊缝　4—薄膜　5—承压台)

(4) 超声波封合 (1—振动头　2—尖端触头　3—薄膜　4—橡胶辊)

1. 熔断封合

利用热刀把薄膜切断，同时完成封接，因没有较宽的封合带，强度低。

2. 脉冲封合

在薄膜和压板之间置一扁形镍铬合金电热丝，并瞬间通以大电流，使薄膜加热粘合，然后冷却，防粘材料一般用聚四氟乙烯织物。这种封接方法的特点是封口强度高，适用于易热变形的薄膜，但冷却时间长，封接速度慢。

3. 高频封合

薄膜被压在上、下高频电极之间，当电极通过高频电流时，薄膜因有感应阻抗而发热熔化。由于是内部加热，中心温度高，薄膜表面不会过热，封口强度高，适用于聚氯乙烯之类感应阻抗大的薄膜。

4. 超声波封合

由磁致换能器发出的超声波，经指数曲线形振幅扩大输出棒传到薄膜上，使之从内到外发热。薄膜内部温度较高，适用于易热变形薄膜的连续封接。

第三节 食品包装辅助材料

一、缓冲材料

缓冲材料是指能吸收外力产生的能量，然后在较长时间内缓慢释放，以防止产品遭受损坏而使用的保护材料。按材料来源可分为普通缓冲材料和合成缓冲材料，一般都具有高度的压缩性能和复原性能。

（一）泡沫塑料

合成树脂经过发泡处理可以制成不同性能的泡沫塑料，主要有聚乙烯泡沫塑料、聚氯乙烯泡沫塑料、聚苯乙烯泡沫塑料、聚氨酯泡沫塑料、聚丙烯泡沫塑料等热塑性树脂泡沫塑料。同时各种热固性酚醛树脂、脲醛树脂、环氧树脂等也能制成泡沫塑料。泡沫塑料的性能除决定于其本身材质外，主要取决于发泡程度和泡沫性质。

（二）气泡塑料薄膜

气泡塑料薄膜是在两层塑料薄膜之间封入空气形成多个气泡，一般采用聚乙烯薄膜，利用封入气泡内空气的弹性来吸收冲击能量。这种缓冲材料的相对密度很小，在0.008～0.030g/cm^3，具有良好的防潮性能，但不宜包装质量较大、负荷集中的尖锐产品。

（三）蜂窝纸板

蜂窝纸板也称蜂窝夹层纸板，是根据蜂巢结构原理制作的，其材料是以牛皮纸、再生纸等为原料，通过专用设备制成类似蜂窝状的网芯，并在其两面粘合面纸而成的纸制板材。与瓦楞纸板相比，具有质量轻、强度高、用材少的优点，在包装上主要用于缓冲衬垫、托盘、角撑、护棱、隔衬、夹衬挡板和包装箱等方面。

二、包装用涂覆材料

包装用涂覆材料即包装涂料，是一种含颜料或不含颜料，用树脂及油等制成的黏状物质，涂覆在包装材料或容器表面而形成牢固附着的连续、均匀的薄层保护膜。

（一）金属罐外壁涂料

金属罐外壁涂料一般根据食品加热温度的不同而采用不同品种。不需加热的金属罐外涂料可选用普通的油墨，如饼干桶、糖果罐等。需加热杀菌的罐头要求选用耐热外涂料。100℃以下杀菌的罐头其底涂料采用环氧氨基醇酸树脂涂料，罩光涂料采用氨基醇酸树脂涂料；100℃以上高温杀菌罐头，其底涂料也采用环氧氨基醇酸树脂涂料，罩光涂料则采用耐热不泛黄，适当高温杀菌的丙烯酸树脂涂料。这种涂料干燥性能好，光泽、硬度适宜，附着力强，耐污染性好。

（二）塑料包装用涂料

1. 防静电涂料

塑料易带静电，如不清除，在包装操作中会造成开口困难，而且在包装干燥粉状食品时会因静电而使袋口吸附粉尘。防静电涂料能吸附空气中的水分子而在涂层表面形成极薄的水膜以利导电。

可制作防静电涂料的物质多为有机表面活性剂或高极性聚合物，用于食品包装的防静电剂有：烷基胺环氧乙烷加聚物、烷基苯酚环氧乙烷加聚物、硬脂酸聚乙二醇酯、山梨糖醇酐月桂酯的环氧乙烷加聚物。

2. 防雾滴涂料

防雾滴涂料由甘油单脂肪酸酯、三乙醇胺脂肪酸盐、聚氧化乙烯型表面活性剂等制成，涂布在塑料膜表面，增大塑料膜的表面张力，使之与水相接近，当水蒸气遇冷凝结时，在塑料表面形成连续的、极薄的水膜而非水滴，从而达到防止产生雾滴的目的。

（三）涂蜡包装材料

用石蜡或液体石蜡涂覆纸、纸容器、塑料薄膜及其复合材料，具有防潮、防水、耐油的优点，目前已广泛应用于食品包装上。蜡本身是性能良好的封缄材料，还可用作食品的被膜剂和复合包装材料的黏合剂等。

（四）树脂涂料

树脂涂料成膜物质只有树脂，广泛用于纸与纸板，也用于塑料薄膜、金属包装材料包括铝箔及玻璃等的涂覆，以增加其防潮阻隔性、耐腐蚀性、热封性、印刷性和机械强度等性能。

三、其他辅助包装材料

（一）封缄材料

包装或包装件的封闭过程称为封缄，是包装的最后一道工序。不同的包装对封缄保护性的要求也不一样，有的只是一般性要求封闭内装物，有的要求阻气性密封，有的要求防盗式密封等。常用的包装封缄材料有胶带、盖类、钉类、黏合剂等。

（二）捆扎材料

捆扎是用挠性带状材料将产品或包装件扎紧、固定或增强的操作。常用的捆扎材料如下：

（1）金属捆扎带　采用碳素钢、合金钢等轧制而成，抗拉强度极高，持续拉伸应力最好，但易生锈，多用于重型包装件的捆扎及固定。

（2）非金属捆扎带　如聚丙烯捆扎带、聚酯捆扎带、尼龙捆扎带，以及拉伸薄膜和收缩薄膜等。

（三）流体密封材料

为提高瓶盖及罐头的密封性能，一般在罐盖沟槽及瓶盖内施涂流体密封材料，干燥后形成对金属有一定附着力的弹性膜，不仅可以起到密封作用，而且具有防腐蚀作用。罐头食品密封胶常采用硫化乳胶。

用于食品包装容器的液体密封胶的要求为：不得含有对人体有害的成分，化学性质稳定，耐老化性能好；有一定的流动性，黏度稳定，便于施涂，但又不能产生流胶；对金属有良好的附着力，并能耐受加工、贮运过程中的冲击和振动；有一定的耐温性，用于高温杀菌的罐头用液体密封胶必须能耐受高温。

第四节　中型散货包装容器（IBC）

一、IBC的概念与分类

中型散货包装容器（intermediate bulk container，IBC）又称复合中型散装容器，是指用于装运液体，带有刚性塑料内容器的复合式中型散装容器。通常带有金属外框保护，是为满足机械化装卸、节省堆放空间、根据集装箱的构造特点专门设计的新一代工业包装容器，主要应用于各种液体产品的包装，也可用于干散货的包装。

1975年，IBC由世界著名工业包装容器生产商——德国舒驰公司（Schuetz GmbH & Co. KgaA）推向市场，在20世纪90年代得到迅速发展，到2008年，IBC的国际包装市场份额已占到用于包装液体的中型散装容器产品总量的90%以上，远远超过金属中型散装容器。IBC已成为复合中型散装容器的专有名词，可实现海上、公路、铁路等多种运输方式。德国舒驰公司仍然是国际上最大的IBC生产销售企业。

IBC自重90～1200kg，高度一般为700～2000mm，其长度和宽度取决于相关国家托盘的尺寸，某些IBC具有利于叉车运输的托盘状的底部。大多数IBC可以垂直堆放。

IBC通常分为刚性和柔性两类。

（一）刚性IBC

1. 塑料IBC

塑料IBC，由高密度聚乙烯注塑成型，大型的塑料IBC需要外加钢制护栏，如图

图4-2-6 塑料IBC

4-2-6所示。

2. 钢制IBC

钢制IBC采用碳钢制造，内涂314或316树脂，常具有较大容量（如200L等），主要用于流态食品或某些干食品（常有内包装）的运输包装。容量200L的钢桶，一般直径500mm、高度900mm。

3. 不锈钢IBC

不锈钢IBC，主要用于食品和药品的散货包装，如制造酸乳所使用的果粒、果酱等水果制品。

（二）柔性IBC

柔性中间性散货容器（flexible intermediate bulk container，FIBC）是用于储存和运输干燥、可流动散货的大型袋状容器，常用于淀粉、谷物、油料作物等的包装。FIBC以厚聚乙烯或聚丙烯的无纺布制造，根据需要可以涂覆塑料。标准直径为110cm，高度100~200cm，容量为1000kg，也可设计更大的包装。

二、IBC的组成、特点与灌装物料

（一）IBC容器的组成

IBC容器是由框架、桶体、桶盖总成、排液阀、托盘、标牌6个部分组成。

1. 框架

框架是一个焊接件，材料处理要求热镀锌，主要起支撑作用，其堆积负载质量为4300kg。

2. 桶体

桶体用于盛装液体物料，是IBC容器的关键部件之一。桶体、桶口及底口的加工要求较高，特别是在做低温跌落试验时不允许内装物有损失。

3. 桶盖

桶盖总体而言包括大盖（有Φ140mm、Φ220mm两个规格，可适合不同的灌装物）、大盖密封圈、保险盖、小盖密封圈、小盖、减压阀、缓冲盖7个零件组成。其中减压阀要求具有双向排气功能，以防止内部气压增大或热灌装时桶体变形。

4. 排液阀

排液阀有球阀DUN50和蝶阀DN50/80/180两种规格。球阀主要用于排放液体，蝶阀适用于排放黏滞型物质或含颗粒物料。

（二）IBC容器的特点

（1）适用领域广泛　桶体采用高密度聚乙烯（HDPE）原料，具有刚性大、耐蠕变、抗磨损、安全性好、耐环境应力开裂的特点，可广泛应用于石油、医药、建筑、化工、食品等行业的液体包装、储存、周转。

（2）节省包装原材料　包装同样数量的液体产品，IBC 所用的塑料原料和钢材只是相同容积塑料桶或钢桶的 60% 和 80%。

（3）装载效率高　IBC 容器一般为立方体，在同样的面积下可以比圆柱体的容器运输更多的物料，能够充分利用集装箱的容积，装载效率比通常规格的 200L 圆桶提高 15% 以上，同时 IBC 附有托盘，方便机械化装卸，节省堆放空间。

（4）组装式结构设计　IBC 容器采用生产配件进行组装，结构合理、牢固，可用铲车直接装卸，构件更换方便，可反复使用，大大降低包装成本。

（5）生产复杂性高　IBC 的生产包含塑料加工和金属加工两个行业，生产工艺复杂，特别是金属配件，生产难度较大。

（6）安全性好　桶盖内装的高效减压阀，既可适合各类易产生气体物质的装运，也可适合热灌装要求，使用安全可靠。

（7）使用方便　桶体底部设计排液槽，且与排液阀相通，确保液体残留量少于 3%，使排放液体不但方便、迅速、彻底，更方便于清洗与反复使用。

（三）IBC 容器常见灌装物料种类

1. 非危险品

如水、食品添加剂等，灌装温度≤70℃。

2. 危险品

（1）有机酸类　浓度为 98% 的甲酸、浓度为 98% 的醋酸（乙酸）、浓度为 98% 的丙酸、浓度为 98% 的丁酸、浓度为 98% 的戊酸、浓度为 5% 及 15% 的过氧乙酸。

（2）无机酸类　浓度为 98% 的硫酸、浓度为 36% 的盐酸、浓度为 60% 的氢氟酸、浓度为 50% 的氟硼酸、浓度为 55% 的硝酸。

（3）碱液　浓度为 50% 的氢氧化钠或氢氧化钾、浓度为 1% 的过氯酸钾、浓度为 20% 的液态氨。

（4）氧化物　浓度为 60% 的双氧水、浓度为 15% 的过氧乙酸等。

所有灌装危险品必须做化学反应试验，该项试验由生产内装物厂家申请做试验，并且应得到相关部门认可。

第三章　食品包装与食品质量的关系

【学习指导】

掌握环境因素如光照、氧、温度、湿度、微生物等对包装食品质量的影响，理解食品包装的概念和分类，认识食品包装的主要功能，掌握食品包装设计的概念、基本要求以及食品包装设计涉及的主要内容。

第一节　环境因素对包装食品质量的影响

食品从加工出厂到消费的整个流通环节复杂多变，受到诸多环境因素的影响而导致包装食品质量的变化。

一、光照对包装食品质量的影响

光照能促进食品内部发生一系列的变化是因为光具有很高的能量，光照下食品中对光敏感的成分能迅速吸收并转换光能，从而激发食品内部发生变质的化学反应。食品对光能吸收量越多、转移传递越深，食品变质越快、越严重。

减少或避免光线对食品品质影响的防护方法主要是通过包装将光线遮挡、吸收或反射，减少或避免光线直接照射食品；同时防止某些有利于光催化反应因素，如水分和氧气透过包装材料，从而起到间接的防护效果。不同材料的透光率不同，且在不同光波波长范围内也有不同的透光率。大部分紫外光可被包装材料有效阻挡，而可见光能大部分透过包装材料。同一种材料内部结构不同时透光率也不同。材料越厚，透光率越小，遮光性能越好。

食品包装时，可根据食品和包装材料的吸光特性，选择一种对食品敏感的光波具有良好遮光效果的材料作为该食品的包装材料，可有效避免光对食品质变的影响。也可以对包装材料进行必要的处理来改善其遮光性能，如采用加色处理或在包装材料表面涂覆遮光层的方法改变其遮光性能。

二、氧对包装食品质量的影响

食品因氧气发生的品质变化程度与食品包装及贮存环境中的氧分压有关，例如，油脂氧化速率随氧分压的升高而加快。在氧分压和其他条件相同时，食品与氧的接触面积越大，氧化速度越高。某些新鲜果蔬在贮运流通过程中仍在呼吸，以维持其正常的代谢作用，故需要吸收一定的氧而放出二氧化碳和水。因此，除某些食品需要一定氧气以满足特定要求外，多数食品特别是对氧气敏感的食品，都要求采取脱氧和隔氧包装以达到保藏目的。

三、温度和湿度对包装食品质量的影响

（一）温度的影响

引起食品变质的原因主要是生物和非生物两个方面的因素，温度对这两方面都有非常重要的影响。一般情况下，在一定温度（10～38℃）范围内，食品在恒定水分条件下温度每升高10℃，许多酶促和非酶促的化学反应速率加快1倍，其腐败变质的速度加快4～6倍。过度受热也会破坏食品的组织结构，以及造成营养成分的损失。

采用食品冷藏技术和食品流通中的低温防护技术，可以有效减缓温度对食品品质的不良影响，但温度并非越低越好，过度低温和冻结也会破坏食品组织结构和品质。

（二）水分和湿度的影响

食品中的自由水含量在某种程度上决定了微生物对某种食品的侵袭而引起食品变质的程度，用水分活度（A_w）表示。通常，食品可根据 A_w 分为三大类：$A_w > 0.85$ 的食品称为湿食品；$A_w = 0.60 \sim 0.85$ 的食品称为中等水分食品；$A_w < 0.6$ 的食品称为干食品。食品具有的 A_w 值越低，相对地越不易发生由水带来的生物生化性变质，但吸水性越强，对环境湿度越敏感，因此，控制包装食品环境湿度是保证食品品质的关键。

四、微生物对包装食品质量的影响

作为食品原料的动植物在自然界的生活环境中，本身已经带有微生物，这就是微生物的一次污染。食品原料的运输、加工、贮存、流通和销售过程中所受到的微生物污染，称为食品的二次污染。由于大气环境中存在着大量的游离菌，这些微生物很容易污染食品，大部分食品根据其来源、化学成分、物理性质及加工处理的条件，分别形成各自独特的微生物相，并在食品贮存期间，因微生物群中某一特定菌种有适合其繁殖的环境条件而使食品腐败变质。

光、氧、水分、温度及微生物对食品品质的影响是相辅相成、共同存在的，采用科学有效的包装技术和方法避免或减缓不良影响，保证食品在加工流通过程中的质量稳定，更有效地延长食品保质期，是食品包装科学研究的主要内容。

第二节　包装食品的品质变化及其控制

一、包装食品贮运中的品质变化

（一）包装食品的褐变及变色

食品色泽的变化往往伴随着食品中维生素、氨基酸、油脂等营养成分及香味的变化，因此食品包装必须能有效地控制食品色泽的变化。

食品褐变包括食品加工或贮存时，食品或原料失去原有色泽而变为褐色或发暗，分为酶促褐变和非酶促褐变。影响食品褐变及变色的主要因素有光、氧、水分、温度、pH、金属离子等。

1. 光线

光线对包装食品的变色和褪色具有明显的促进作用，特别是紫外线的作用更为显著。天然色素中叶绿素和类胡萝卜素是在光线照射下较易分解的色素。玻璃和塑料包装材料虽能阻挡大部分的紫外线，但所透过的光线也会使食品变色和褪色，缩短食品保质期。

2. 氧气

色素容易氧化，类胡萝卜素、肌红蛋白、血红色素、醌类、花色素等都是易氧化的天然色素。在多酚化合物中，如苹果、梨、香蕉中含有绿原酸、白花色等单宁成分，还原酮类中的维生素C、氨基还原酮类、羰基化合物中的油脂、还原糖等，这些物质的氧化都会引起食品的褐变、变色或褪色，随之而来的是风味降低、维生素等微量营养成分的破坏。

3. 水分

褐变是在一定水分条件下发生的，一般认为，多酚氧化酶的酶促褐变是在 $A_w = 0.40$ 以上，非酶促褐变在 $A_w = 0.25$ 以上，反应速度随 A_w 上升而加快，在 $A_w = 0.55 \sim 0.90$ 的中等水分中反应最快。若水分活度再增加时，其基质浓度被稀释而不易引起反应。

4. 温度

温度会影响食品的变色，温度越高，变色反应越快。由氨基-羰基反应引发的非酶促褐变，温度升高10℃，其褐变速度提高2~5倍。高温能破坏色素和维生素类物质，若长期贮存，应关注环境温度的影响。

5. pH

褐变反应一般在pH 3左右最慢，pH越高，褐变反应越快。从中等水分到高水分的食品中，pH对色素的稳定性影响很大，叶绿素和氨苯随pH下降，分子中 Mg^{2+} 和 H^+ 换位，变为黄褐色脱镁叶绿素，色泽变化显著；花色素系和蒽醌系色素，pH对色素稳定性的影响各异，因此包装食品的色泽保护应考虑pH的影响。

6. 金属离子

通常，Cu、Fe、Ni、Mn等金属离子对色素分解起促进作用，如番茄中的胭脂红、橘汁中的叶黄素等类胡萝卜素只要有1~2mg/kg的铜、铁离子就能促进色素氧化。

（二）包装食品的香味变化

包装食品香味变化的原因非常复杂，图4-3-1显示了包装食品异味产生的主要途径。

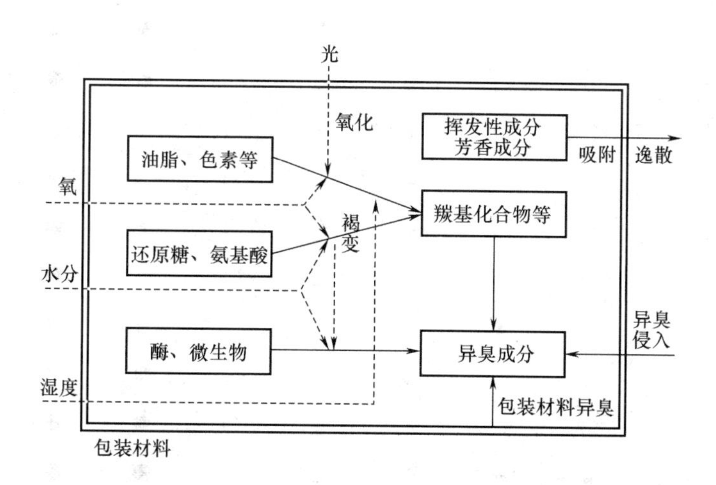

图4-3-1　包装食品风味变化示意图

1. 包装食品在贮运过程中的气味变化

包装食品贮运过程中，由于油脂、色素、碳水化合物等食品成分的氧化或羰氨反应褐变等化学变化产生的异味会导致食品风味劣化。微生物的滋生与繁殖使食品腐败变质也会产生异臭。

包装材料本身的异臭是引起食品风味劣变的严重问题，特别是塑料及其复合包装材料的异味。应严格控制直接接触食品的包装材料质量，并控制包装操作过程中由于塑料过热分解所产生的异味异臭污染食品。

2. 塑料包装材料渗透性引起的食品异味

塑料包装材料都具有不同程度的透氧性，由于氧气的渗入，会引起食品氧化和褐变等化学变化而产生异味。

不同品种塑料薄膜对挥发性物质的渗透性存在很大差异，采用塑料薄膜把香精包装后，利用人体器官功能判断气味的残留情况，可以测定各种塑料薄膜对各种香精的渗透性，见表4-3-1。PE及PA薄膜对香气的渗透性很大，而PET、PC薄膜保香性较好。

渗透性物质与塑料薄膜间的亲和性不同，其渗透的难易程度也有差别。例如，PE和PP等疏水性薄膜容易渗透酯类疏水性分子；相反，尼龙等亲水性薄膜就容易渗透乙醇等亲水性物质而不易透过酯类等疏水性物质。

3. 异臭的侵入和香味的逸散

包装食品受环境的异臭影响也是由薄膜对挥发性物质的渗透性造成的。若食品附近有异臭源，或者把包装食品放置在有异臭的仓库、冷库、货车等场所，常常会由于异臭成分的侵入和香味的逸散而引起食品风味下降。

表 4-3-1　　各种薄膜的香气透过性

香精种类	LDPE	HDPE	PP	氯化乙烯基	PA	PET	PC	PVC	防潮玻璃纸
华尼拉（香草）香精	○	○	★	△	○	●	★		○
熏制香精	○	○	★	★	○	●	●	★	○
杨梅（草莓）香精	○	○	★	★	○	△	★	★	○
橘子香精	○	○	★	★	○	○	★	○	○
柠檬香精	○	○	★	★	○	★	●	○	○
咖喱香精	○	○	△	△	○	△	●	△	△
姜香精	○	★	△	△	○	★	●	★	○
大蒜香精	○	○	○	△	○	●	●	★	★
咖啡香精	○	○	★	★	○	●	●	△	●
可可茶香精	★	★	△	△	○	●	●	★	●
辣椒油香精	○	○	★	△	○	△	★	★	○
酱油香精	○	○	★	★	○	△	★	★	○
咸辣椒	○	○	○	★	○	●	△	★	★

注：○—1h 内；★—1d 内；△—1 周内；●—2 周以上。

（三）包装食品的油脂氧化

包装食品中的油脂氧化，不仅使食品产生异臭和失去食用价值，而且其氧化生成物对人体具有一定毒害作用。

根据氧化的条件和机理，油脂氧化可分为自动氧化、热氧化和酶促氧化。自动氧化是油脂常温下放置在空气中的氧化现象；热氧化是油脂在与空气中氧接触状态下进行加热时所产生的氧化现象；酶促氧化是由于酶的作用产生的特异氧化现象，所涉及的氧化酶为脂肪氧化酶。油脂的氧化与油脂种类、氧、光、水分、温度、金属离子及放射线密切相关。

1. 光线与温度

光线能够明显促进油脂的氧化，波长 500 nm 以下的光线对油脂氧化的影响极大，其中以紫外线影响最为显著。对于包装食品，直接暴露在阳光下的机会较少，主要是受到橱窗和商店内部荧光灯产生的紫外线照射。

油脂的氧化速度随着温度的升高而加快，低温贮藏能明显减缓食品中油脂的氧化。

2. 氧气和水分

氧浓度对包装食品油脂氧化影响很大，如果降低包装内氧的浓度，则可明显减少油脂的氧化。多孔状油炸食品与氧气的接触面积大，因此极易发生氧化变质。

一定水分含量能够抑制油脂的氧化，但水分的增加又会加速油脂分解而使游离脂肪酸增加，并且会使霉菌和脂肪氧化酶增殖。水分对油脂氧化的影响是复杂的，对油脂食品的包装，一般以严格控制包装的透湿度为保质措施，即不论包装外部的湿度如何变化，采用的包装材料必须使包装内部的相对湿度保持稳定。

（四）包装食品的物性变化

包装食品的物性变化主要因水分而发生变化，食品脱湿或吸湿，其物性就会发生变化。干燥时出现开裂和破碎现象，吸湿时发生潮解和固化现象，两者都会引起食品的品质风味下降。

1. 食品的吸湿

每一种食品各有其平衡相对湿度，即在既定温度下食品在周围大气中既不失去水分又不吸收水分的平衡相对湿度。若环境湿度低于平衡相对湿度，食品就会进一步散失水分而干燥，若高于这个湿度，则食品从环境气氛中吸收水分。

水溶性物质在相对湿度达到一定值之前，其试样完全不吸湿或吸湿很少，如果相对湿度超过某一定值，则开始急剧吸湿。粉末食品或固体食品一般由蛋白质、碳水化合物、脂肪及其他诸如砂糖、食盐、谷氨酸钠等组成，这些食品因其组织成分不同，各有不同的吸湿平衡特征。例如乳粉、肉汁汤料等吸湿性强的食品，其低湿度条件下的吸湿性较低，而高湿度环境中的吸湿性则急剧增加。再如脱脂奶粉使其吸湿后再干燥制成的速溶奶粉，其吸湿性比原料乳粉的吸湿性小得多。

2. 食品的脱湿

食品通常含有一定水分，只有保持食品一定水分条件下，食用时才会有较好的风味和口感。蔬菜、鱼肉等生鲜食品，其含水量一般在70%～90%，贮存过程中因水分的蒸发，蔬菜会枯萎，肉质会变硬，组织结构劣变；加工食品中，中等水分含量食品也会因水分散失而使其品质劣变。

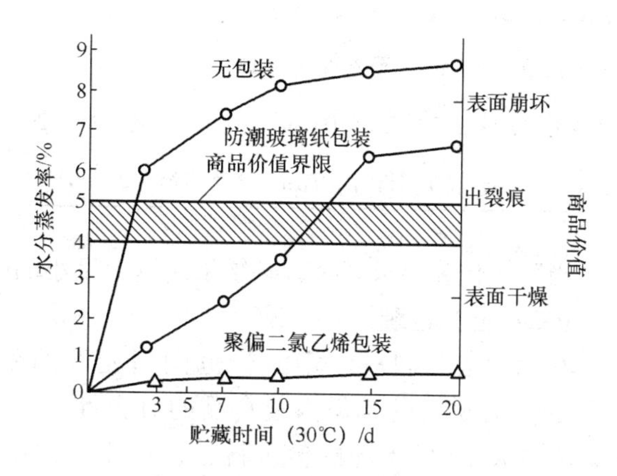

图4-3-2 蛋糕的水分蒸发率与商品价值的关系

图4-3-2表示了蛋糕水分蒸发与品质及商品价值的关系：在30℃温度条件下，无包装放置3d，其水分蒸发率为6%，表面出现裂纹和碎块，蛋糕失去商品价值；用防潮玻璃纸包装，在30℃温度条件下放置12d失去商品价值；用PVDC包装，在30℃温度条件下放置20d，仍保持其完好状态。若蛋糕水分蒸发4%～5%时，因表面出现裂纹而丧失其商品价值。

一般情况下，含35%以上水分的食品，会因脱湿产生物性变化而使食品品质劣变。如采用包装材料进行包装，可在一定时间内保持食品原有水分含量和新鲜状态。

二、包装食品的质量控制措施

针对包装食品在贮运过程中可能发生的品质变化，采用适宜的包装技术可以有效防止包装食品的品质劣变。

（一）防潮包装

防潮包装是采用具有一定隔绝水蒸气能力的防潮包装材料对食品进行包封，隔绝外界湿度对产品的影响，同时使食品包装内的相对湿度满足产品的要求。

防潮性能最好的材料是玻璃、陶瓷和金属包装材料，这些材料的透湿度可视为零。塑料包装材料中适用于防潮包装的单一材料品种有PP、PE、防潮玻璃纸等。在食品包装中常用复合薄膜材料进行防潮包装，复合薄膜比单一材料具有更优越的防潮及综合包装性能，能满足各种食品的防潮和高阻隔要求。表4－3－2列出了几种常用复合薄膜的透湿度。

表4－3－2　几种常用防潮复合薄膜的透湿度（40℃、相对湿度90%）

复合薄膜组成	透湿度/[g/(m^2·24h)]
玻璃纸（30g/m^2）/聚乙烯（20～60μm）	12.0～35.3
防潮玻璃纸/聚乙烯	10.5～18.6
拉伸聚乙烯（18～20μm）/聚乙烯（10～70μm）	4.3～9.0
聚酯（12μm）/聚乙烯（50μm）	5.0～9.0
聚碳酸酯（20μm）/聚乙烯（27μm）	16.5
玻璃纸（30g/m^2）/纸（70g/m^2）/聚偏二氯乙烯（20g/m^2）	2.0
玻璃纸（30g/m^2）/铝箔（7μm）/聚乙烯（20μm）	<1.0

当防潮包装要求高时，必须采用透湿度小的防潮包装材料，并在包装内封入吸潮剂。

（二）避光包装

利用包装材料对一定波长范围内光波的阻隔性，防止光线对包装食品的影响，选用的包装材料既不失内装食品的可视性，又能阻挡紫外线等对食品的影响。例如，能阻挡400nm以下光的包装材料，适用于油脂食品包装，用于含有类胡萝卜素及花色素类的食品也有效。对于长时间暴露于光照下的食品，可对包装材料着色或印刷红、橙、黄褐色等色彩，可有效阻挡光线对食品品质的影响。采用阻光阻氧阻气兼容的高阻隔包装材料，如铝箔、金属罐等防止光、氧对食品的联合影响，可大大延长食品保质期。

（三）真空包装和充气包装

1. 真空包装

真空包装是把被包装食品装入气密性包装容器，在密闭之前抽真空，使密封后的容器内达到预定真空度的包装方法，目的在于减少包装内氧气的含量，防止包装食品的腐败变质，保持食品原有的色、香、味。真空包装常用的包装容器有金属罐、玻璃罐、塑料及其复合薄膜等软包装容器。

2. 充气包装

充气包装是在包装内充填一定比例理想气体，通过破坏微生物赖以生存繁殖的条件，减少包装内部的含氧量或减缓包装食品的生物生化变质。充气包装既有效保全包装食品的质量，又能解决真空包装的不足，使内外压力趋于平衡而保护内装食品，并使其保持包装形体美观。

充气包装常用的充填气体主要有二氧化碳、氮气、氧及其混合气体。根据包装食品的性能特点，可选用单一气体或由不同气体组成的理想气体充入包装内，以达到理想的保质效果。一般情况下，氮气的稳定性最好，可单独用于食品的充气包装而保持干燥食品的色、香、味；对于那些有一定水分活度、易发生霉变等生物性变质的食品，通常采用二氧化碳和氮气的混合气体充填包装；对于有一定保鲜要求的生鲜食品，则需用一定氧气浓度的理想气体充填包装。

氧常与二氧化碳和氮混合成理想气体用于生鲜果蔬的充气包装，即果蔬气调保鲜包装（CAP）技术，其作用是维持生鲜食品内部细菌一定的活性，延缓其生命过程，保持一定程度的生鲜状态。

（四）脱氧包装

脱氧包装是指在密封的包装容器内封入能与氧起化学作用的脱氧剂，从而除去包装内的氧气，使被包装食品在氧浓度很低，甚至在几乎无氧的条件下保存的包装技术。常用的脱氧剂种类有铁系脱氧剂、亚硫酸盐系脱氧剂、葡萄糖氧化酶有机脱氧剂和铂、钯、铑等加氢脱氧剂等。

目前封入脱氧剂包装主要用于对氧敏感的易变质食品，如点心、茶叶、咖啡粉、水产加工品和肉制品等的保鲜包装。食品在接近无氧环境中贮藏，可有效抑制油脂、色素、维生素、氨基酸、芳香物质等成分的氧化，较好地保持产品原有的品质。

用于封入脱氧剂包装的材料要求具有很高的气密性，特别是对氧的隔绝性能要好，在25℃时其透氧度要小于20mL/(m^2 · 0.1MPa · 24h)。多采用复合薄膜，如KOPP/PE、KONy/PE、KPET/PE、PETP/Al 箔/PE 等，以及金属、玻璃、陶瓷等包装容器。

第三节　智能包装与包装食品质量控制

一、智能包装的概念及类型

智能包装是一种可以感应或测量环境和包装食品质量变化并将信息传递给消费者或管理者的包装新技术。用于食品包装的智能化技术可分成两类：一类是诊断或检测技术，包括时间－温度指示标签、新鲜度指示标签、包装泄漏指示标签、二氧化碳指示标签、致病菌指示标签等。另一类是信息技术，包括无线射频识别电子标签、防盗窃电子监视标签、电磁识别标签等。表4－3－3是检测类指示标签的类型、机理和应用。

表4-3-3　检测类智能包装类型、机理及应用

类型和形式	机理和反应物	取得信息	应用
时间-温度指示标签(包装外)	机械、化学、酶	贮藏环境条件信息	冷冻和冷藏食品
氧指示标签(包装内)	氧化还原染料、pH染料、酶	贮藏环境条件信息包装泄漏	降低包装食品氧化程度
二氧化碳指示标签	化学	贮藏环境条件信息包装泄漏	气调包装食品
新鲜度指示标签	pH、染料	贮藏环境条件信息包装泄漏	鱼、肉、家禽等易腐食品
致病菌指示标签	生物芯片、化学物质	特定致病菌	易腐食品

二、时间-温度指示标签

时间-温度指示标签(time-temperature integrators/indicators, TTIs)为一种黏附在食品包装上,用于观测产品质量变化的指示标签。目前,国外TTIs标签已在医药和食品中得到广泛应用,各国发表的TTIs标签专利已有上百个。

(一)TTIs工作原理

TTIs标签一般的工作原理是物理的、酶学的或者化学的反应,都遵循与反应速率和温度相关的阿伦尼乌斯(Arrhenius)方程。TTIs标签的反应可以根据颜色的移动、变化或发展来观察,其中一个关键变量是反应开始或者开始反应所需要的激活能量。TTIs标签通常的变化反应是可以观测到的机械变形、色泽的不可逆变化。因此,可以从TTIs标签上所观测到的反应变化得到贮藏或销售条件的信息。

(二)TTIs分类

1. 临界温度指示标签(critical temperature indicators, CTI)

CTI是指示食品环境温度是否高于或低于某参考温度,即食品暴露在某误差温度的时间足以使得产品的质量和安全发生关键性质的变化。适用于指示冷冻食品解冻后食品组织发生的不可逆变化,也适用于指示高于临界温度后的蛋白质变性等。

2. 临界温度-时间指示标签(critical time-temperature indicators, CTTI)

CTTI反映暴露高于参考临界温度的时间与温度的累积效应,并转换为临界温度以下的等值的时间。适用于指示冷链中断后高于临界温度的情况下,产品发生的重要质量与安全反应。

3. 时间-温度指示标签(time-temperature indicators, TTI)

TTI可连续得到反映产品贮存与销售期间全部的时间-温度历史,它以一个指标表述全部的时间-温度历史记录,指示产品流通过程的“平均温度”,反映由于连续温度变化所造成食品质量损失的反应。

（三）TTIs 的工作原理

1. 扩散型 TTI 标签

扩散型 TTI 标签应用黏弹性物质向一种具有光漫射特性的多孔介质移动，从而引起这种多孔性介质的光透射率的逐渐改变。由于物料的黏度与温度有关，因而黏弹性物质的移动速度随温度变化。移动速度与温度的相关性受标签结构、扩散型化学物质的浓度及其玻璃态转变温度的控制。

2. 聚合物型 TTI 标签

聚合物型 TTI 标签的工作原理基于聚合物反应。例如，二取代丁二炔（R—C ═C—C ═C—R）在晶格固态聚合物反应过程经过 1，4 - 加成聚合作用，形成有色的聚合物，通过检测标签的颜色变化反映产品贮运和销售过程中的质量变化。

3. 酶型 TTI 标签

酶型 TTI 标签是利用脂肪的酶解作用产生颜色变化，基于控制脂肪类基质的酶水解使 pH 降低产生色泽变化。

三、包装泄漏指示标签

食品产品在流通过程中如果受到强的机械作用力将会使包装的密封性受到破坏而造成泄漏，利用包装泄漏指示标签可以反映真空包装或气调包装是否处于良好的密封状态。目前开发的包装密封性指示标签主要是氧指示标签和 CO_2 指示标签。

（一）色标氧指示标签

典型色标氧指示标签含有氧化还原染料如亚甲基蓝，其还原状态是白色而氧化时呈蓝色。其他用于氧指示标签的原料有 2，6 - 二氯靛酚、*N*，*N*，*N′*，*N′* - *P* - 苯二胺。氧指示标签加入还原成分，使染料在包装过程保持还原状态。常用的还原成分是还原糖类。在标签中加入碱性成分可使 pH 保持碱性，防止染料氧化反应过快。

（二）无色标氧指示标签

附在包装内无色标氧指示标签是通过氧使发光染料熄灭来检测氧含量。例如，根据金属 - 有机荧光染料熄灭原理将荧光固定在一种聚合物上，通过脉冲激发染料后染料发射荧光，荧光强度与含氧量成一定比例。

（三）CO_2 指示标签

CO_2 指示标签主要用于反映气调包装的密封性，其原理是利用 CO_2 敏感成分如阴离子和亲脂性四元阳离子在一定浓度 CO_2 环境中所产生的颜色变化。由于泄漏导致包装内 CO_2 浓度下降时，通常伴随着微生物繁殖造成的 CO_2 积聚浓度增加，因此 CO_2 作为包装泄漏指示标签不如氧指示标签可靠。

【思考题】

1. 简述食品包装的概念及主要功能。
2. 列举常见的食品传统包装材料及容器，对比各自的材料特性和使用特性。
3. 食品包装设计应遵循哪些基本原则？请举例说明。
4. 常见应用于食品包装的塑料材料有哪些种类？举例说明复合包装材料的组成及其在食品包装中的应用。
5. 影响包装食品质量的主要因素有哪些？如何有效控制包装食品的质量安全？

参考文献

[1] 赵晋府. 食品技术原理. 北京：中国轻工业出版社，2006

[2] Emeritus. Food Science and Technology，A John Wiley & Sons，Ltd.，Publication，2008

[3] 李代明. 食品包装学. 北京：中国计量出版社，2008

[4] 张琳，黄俊彦，王鑫，郭明达. 食品包装. 北京：印刷工业出版社，2009

[5] R. J. 赫恩南德兹，S. E. M. 塞尔克，J. D. 卡尔特尔. 塑料包装. 北京：化学工业出版社，2004

第五篇

食品货架期及其预测技术

【学习指导】

通过本篇的学习，掌握食品货架期、保质期与保存期的概念，了解保质期与保存期的区别与联系；分析并掌握影响食品货架期的各因素及条件；了解食品货架期基本数学模型，掌握温度效应方程及加速货架期实验的方法，熟悉食品货架期预测技术趋势。

第一章　食品货架期

第一节　食品货架期的概念

一、食品货架期概念

人们希望所购得的食品在购买后直至消费前这段时间内能维持较高的质量，要求食品能安全食用，而且食品的感官特性基本不变，因而产生了食品货架期的概念。

货架期（shelf - life）又称保质期、有效期等。英国食品科学与技术学会（institute of food science & technology，IFST）定义食品货架期为：食品自出厂之日起，经过各流通环节直到到达消费者手中，它所能保持质量不变的时间段。这个概念包含了多层含义：

（1）食品是安全的。

（2）在此期间，该食品的物化指标、感官特性、微生物含量必须在一个可接受的范围内。

（3）这个时间段应与商品标签上所标明的保质期相吻合。

食品货架期是指当食品被贮藏在推荐的条件下，能够保持安全；确保理想的感官、理化和微生物特性；保留标签声明的任何营养值的一段时间。

二、保质期与保存期

我国有两个与“食品货架期”相对应的术语，即“保质期”与“保存期”。《食品工业基本术语》（GB 15091—1995）中规定：

保质期（date of minimum durability）：同义词为最佳食用期，指在标签上规定的条件下，保持食品质量（品质）的期限。在此期限，食品完全适于销售，并符合标签上或产品标准中所规定的质量（品质）；超过此期限，在一定时间内，食品仍然是可以食用的。

保存期（use - by date）：同义词为推荐的最终食用期，指在标签上规定的条件下，食品可以食用的最终日期。超过此期限，产品质量（品质）可能发生变化，因此食品不再适于食用。

保质期与保存期二者虽一字之差，但本质概念和涵义完全不同，其法律意义和作用效应也大相径庭。由于食品的成分比较复杂，较难确定严格准确的保质期和保存期，有的根据经验或实验确定，所以一般作为推荐的期限，通常食品保存期的时限比保质期要长。根据我国目前的管理体制现状，二者原则上都是由生产企业提供（附注在食品标签或标志上随食品转移），并对此负责、承担由此而引起的相关法律责任。

不管是食品保存期还是保质期，其目的都是为了保证食品质量，但前者难以直接与食品质量挂钩，是以保存期来间接反映食品质量，而保质期本身直接体现食品质量，使用起来更直接，一目了然。当前国际上许多国家对食品采用保质期而不采用保存期，可见，在食品监管过程中采用保质期明显比保存期更恰当、规范和科学。

第二节　食品货架期的影响因素

食品在贮存过程中所发生的质量变化极其复杂，主要有以下几种：

（1）食品成分发生化学变化或不同成分之间发生化学反应引起质量变化。

（2）食品中酶促反应引起质量变化。

（3）鲜活食品因呼吸作用引起多种变化。

（4）微生物在食品中活动引起多种变化。

（5）食品中水分因蒸发、吸附、解吸、转移、凝结等引起质量变化。

（6）因食品相变化而引起质量变化。

发生上述各种变化，不仅会引起食品色、香、味、形、质的变化，还会导致食品营养价值和卫生质量的变化，从而影响食品货架期。这些变化归纳为以下几类：

一、微生物的影响

在食品贮藏过程中，微生物的生长主要依赖于以下因素：食品贮藏的初始阶段微生物的原始数目；食品的物化性质，例如水分活度（A_w）、pH；食品所处的外在环境，如温度、湿度；食品加工过程中使用的处理方法等。表 5 - 1 - 1 列出了一些关键的内在和外在因素对常见致病菌和腐败菌的影响。值得注意的是在表 5 - 1 - 1 中所反映的影响效果只是单个因素对某微生物产生的效果。当多种因素存在时，它们的相互作用可能改变这些数值。

表 5-1-1 常见微生物的最低生长条件

微生物类型	最低 pH	最低 A_w	厌氧生长	最低培养温度/℃
沙门菌	4.0	0.94	是	6
金黄色葡萄球菌	4.0	0.83	是	6
蜡状芽孢杆菌	4.4	0.91	是	<4
李斯特菌	4.3	0.92	是	0
大肠杆菌	4.4	0.95	是	7.0
副溶血弧菌	4.8	0.94	是	5
小肠结肠炎耶尔森菌	4.2	0.96	是	-2
大肠杆菌 O157	4.5	0.95	是	-6.5
假单胞菌	5.5	0.97	否	<0
产气肠杆菌	4.4	0.94	是	2
乳酸菌	3.8	0.94	是	4
微球菌	5.6	0.90	否	4
酵母菌	1~5	0.80	是	-5
霉菌	<2.0	0.60	否	<0

二、物理作用的影响

在对食品品质产生影响的物理作用中，水分迁移是比较大的影响因素。由于水分的丢失，可以很容易观察到由它引起的变化。例如，干面包片、饼干等脆性食品会因外界环境的水分迁移而失去它们的脆性。沙拉食品同样可以由于水分从蔬菜到拌料的迁移作用而发生品质改变。冷冻食品贮藏中发生的干耗也是由于在冻结食品时，因食品中水分从表面蒸发，而造成的食品质量劣变。在包装食品中，渗透变化可以随着时间的延长而导致外界气体和水分渗入包装材料内，从而改变包装内部的气体的成分和相对湿度，引起食品的化学变化和微生物变化。另外，包装材料的化学物质也可迁移到食品表面，而引起食品的污染。以上情况都会对食品的货架期产生严重的不良影响，缩短食品的保质期。

三、化学作用的影响

食品品质会随着食品内部化学反应的加剧而发生变化。食品中脂肪的变化就是一个典型的例子。脂肪在贮藏过程中会发生一些反应机理非常复杂的反应。例如，水解、脂肪酸的氧化、聚合等变化，其反应生成的低级醛、酮类物质会使食品发生变色、酸败、发黏等现象，致使滋味和气味恶化。

此外，在食品储藏过程中，酶的作用是缩短货架期的重要原因。非酶反应可以导致食品发生褐变。光线的照射破坏某些维生素，特别是核黄素、维生素 A、维生素 C，而且还能使某些食品中的天然色素褪色，改变它们的色泽。

众多的影响因素可被分成内在因素和外在因素。内在因素有：水分活度、pH 和总酸度、酸的类型、氧化还原电势、有效含氧量、菌落总数、在食品配方中使用防腐剂等；外在因素有：在贮藏和分配过程中的相对湿度、温度、微生物控制、在加工过程中的时间－温度曲线关系、包装过程中的气体成分、消费者的处理操作和热处理的顺序等。

在影响食品货架期的诸多因素中，温度是最重要的影响因素之一。它影响食品中发生的化学变化和酶催化的生物化学变化，包括鲜活食品的呼吸作用（例如未加控制的低温引起果蔬的“冷害”）和后熟作用、肌肉的僵直和解僵过程、微生物的生长繁殖、食品中水分变化及其他物理变化。简而言之，温度影响着食品在贮存过程中的质量变化，从而影响食品货架期。

第二章　食品货架期的预测技术

第一节　食品货架期的基本数学模型

在食品行业，货架期是十分重要的质量指标。一方面，食品生产企业为了提高市场竞争力、增加效益，会大力开发新产品，利用新工艺、新配方或者是新的包装等来延长食品的货架期；另一方面，随着消费者对食品质量要求的不断提高。在原来必须满足安全的基础上，还提出了食品在货架期内应保留营养价值、感官变化最小等新的要求。因此，对食品货架期的研究，包括食品在货架期内的品质变化、如何延长食品货架期和快速预测食品货架期的方法等都成为近年来的研究热点。

建立食品货架期的数学模型需要考虑食品降解的机制、环境因素及包装（包装材料机械特性、质量传递特性及密封性等）的影响等，这些因素的多种组合使建模过程十分复杂。因此，现有的大多数模型均是针对某些食品或某几类食品有效。尽管如此，描述特定食品劣变机制的模型只需要进行合理的修正，即可用于预测类似食品的贮藏稳定性。

一、食品质量变化的数学模型

食品质量劣变的数学模型是预测食品货架期的基础。对于食品品质在加工贮存过程中的变化，有许多学者进行了研究。Saguy 和 Karel 曾指出对食品品质劣变降解的分析研究应包括动力学数学模型，此模型包括质量与能量平衡方程、热力学方程、传递方程、物性数据及一些系数。此模型是一组非线性的、耦合的偏微分方程组，其分析解或是不存在，或是非常复杂。他们提出动力学研究可用过程速率来表示，并将其简化为与环境因素及组分因素相关，从而简化该方程组，这样，描述食品体系质量劣变的一般化方程为：

$$R_Q = -\frac{\mathrm{d}Q}{\mathrm{d}t} = f(c_i, E_j) \qquad (5-2-1)$$

式中　Q——某种质量指标（参数）；

t——时间；

c_i——组分因素（$i=1, \cdots, m$）；

E_j——环境因素（$j=1, \cdots, n$）。

在此，C_i为组分因素，如反应物浓度、无机催化物、酶、反应抑制剂、pH、水分活度，以及微生物量等；E_j代表环境因素，如温度、相对湿度、总压力及不同气体分压，以及光照等。为便于分析，先暂不考虑或忽略环境因素，假定各环境因素均保持不变，仅用组分因素来表达，则得：

$$-\frac{dQ}{dt}=kc_1^{n_1}c_2^{n_2}\cdots c_i^{n_i}(i=1,\cdots,m) \quad (5-2-2)$$

式中 k——反应速率常数。

环境因素为定值时，k 为常数。c_i为 i 组分的浓度，n_1，n_2，$\cdots n_i$是指数，表示反应级数，如 $n_1=1$ 表示反应对 c_1而言是一级反应。总的反应级数 n 是各指数的和，即 $n=\sum n_i$。在食品质量变化中，往往有几种反应同时进行，但一种反应是主要的，其余的是次要的。这时可舍去次要反应而集中于一个主要反应的简化处理：

$$-\frac{dQ}{dt}=kc^n \quad (5-2-3)$$

式中 c——反应物浓度，如食品中营养成分的浓度；

k——反应速度常数；

n——反应级数。

反应级数是根据实验结果确定的常数，通常为正整数，如 0、1、2、…，但也有分数，如1/2、3/2、…，甚至负数。反应级数与其对应的动力学方程及半衰期见表 5－2－1。

表 5－2－1　质量损失速率方程及半衰期

反应级数	动力学方程微分式	动力学方程积分式	半衰期
0	$-\frac{dQ}{dt}=k$	$c=c_0-kt$	$\frac{c_0}{2k}$
1	$-\frac{dQ}{dt}=kc$	$\ln c=\ln c_0-kt$	$\frac{\ln 2}{k}$
2	$-\frac{dQ}{dt}=kc^2$	$\frac{1}{c}=\frac{1}{c_0}+kt$	$\frac{1}{(kc_0)}$
n ($n\neq1$)	$-\frac{dQ}{dt}=kc^m$	$c^{1-n}=c_0{}^{1-n}+(n-1)kt$	$\frac{(2^{n-1}-1)c_0^{1-n}}{[k(n-1)]}$

注：表中动力学方程积分式是指 k 与 t 无关的情况。

对零级反应，反应速率与浓度无关，将反应物浓度 c 对时间 t 做图是一条直线，其斜率即为 k。典型的零级反应包括非酶褐变及许多冷冻食品的质量损失。

对一级反应，反应速率与浓度的一次方成正比，将浓度 c 对时间 t 做图是一条曲线，而 $\ln c$ 对 t 标绘则为直线，直线的斜率即为 k。典型的一级反应包括维生素的损失、微生物生长/死亡以及氧化褪色反应等。

对 n 级反应（$n\neq1$），将 c^{n-1}对 t 做图是一条直线，直线的斜率即为 k。

必须指出，所谓的一级反应和零级反应并不是真正意义上的单分子反应和“零分子反应”，它们实际上有相对复杂的机理，而只是在总反应上表观地呈现出一级和零级。如零级反应只表明反应物浓度 c 作为时间 t 的函数标绘成直线时相关性系数很高，存在统计意义上的关系。

反应级数的确定是十分重要的，它反应了浓度如何影响反应速率，从而通过调整浓度来控制反应速率，而且有助探讨反应的机理，了解反应的真实过程。确定反应级数的方法有如下几种：微分法、半衰期法、积分法（做图试差法、积分方程式试差法）。

有时用做图法确定反应级数比较困难，只有当浓度的变化量大于50%时，零级与一级反应之间才有足够的差别，此时才方便使用做图法确定反应级数。当浓度的损失低于20%～30%时，用零级和一级来标绘数据几乎没有区别或区别很小，换言之，此时零级反应和一级反应都可以用于预测食品的货架期。

二、温度效应方程

到目前为止，食品质量变化动力学模型是在环境因素保持不变，仅考虑食品组分因素的情况下建立的。实际上，食品在贮存过程中，环境因素是十分重要的影响因子，很多环境因素很难保持为恒定的常数，它们显著影响反应速度，从而影响食品的货架期。环境因素变化时，式（5－2－3）中的反应速率常数 k 不再是定值，它是 E_j 的函数，即 $k=f(E_j)$。

前面提及的温度、相对湿度、总压力及不同气体分压，以及光照等环境因素中，温度是研究最多，也是最重要的环境因素。因为温度因素不像其他环境因素，在某种程度上可通过包装进行控制，温度不仅显著地影响反应速率，而且是唯一不受包装的控制而直接影响食品货架期的因素。研究人员已经找到多种适合反映温度与食品品质变化的关系模型，阿伦尼乌斯方程是其中之一。

（一）温度对食品质量变化速度的影响

常使用 Q_{10} 和阿伦尼乌斯（Arrhenius）方程来表示温度与反应速度之间的关系。

1. 范特荷夫（Van't Hoff）定律

反应温度每升高10℃，化学反应的速度增加2～4倍。在生物和食品科学中，范特荷夫定律常用 Q_{10} 表示，并称为温度系数（temperature coefficient）。即

$$Q_{10}=\frac{v_{T+10}}{v_T} \tag{5-2-4}$$

式中　v_{T+10}、v_T——分别表示反应在 $T+10$ 与 T 温度时的反应速率。

由于温度对反应物的浓度和反应级数没有影响，仅影响反应的速度常数，故式（5－2－4）又可写为：

$$Q_{10}=\frac{k_{T+10}}{k_T} \tag{5-2-5}$$

式中　k_{T+10}、k_T——分别表示反应在 $T+10$ 与 T 温度时的反应速度常数。

食品在贮存过程中所发生的化学变化，其 Q_{10} 的数值一般在 2～4 之间，有些生化反应 Q_{10} 则大得多，如蛋白质的热变性 Q_{10} 可达 600 左右。

如果温度变化范围不是很大，Q_{10} 可看成常数。$T+10n$ 与 T 温度时的反应速度常数之比为：

$$Q_{10}^{n} = \frac{k_{T+10n}}{k_T} \quad (5-2-6)$$

式（5－2－6）可用来估计食品在不同温度下贮存所发生化学变化程度上的差异和贮存期的长短。

例如，富含脂肪的食品常因脂肪氧化酸败而变质，其贮存期取决于脂肪的氧化速度。设在实验温度范围内，脂肪氧化的 Q_{10} 为定值，若高温（T_1）试验贮存期为 t_1，则在室温（T_2）中的贮存期 t_2 可用下式作粗略估算：

$$t_2 = t_1 Q_{10}^{\frac{(T_2-T_1)}{10}} \quad (5-2-7)$$

2. 阿伦尼乌斯（Arrhenius）方程

k 与温度有关，T 增大，一般 k 也增大。阿伦尼乌斯（Svante August Arrhenius）总结出反应速率对温度的依赖关系——阿伦尼乌斯方程，其指数形式为：

$$k = k_0 e^{-\frac{E_a}{RT}} \quad (5-2-8)$$

式中 k——反应速率常数；

k_0——指数前因子（频率因子）；

E_a——活化能，J/mol；

T——热力学温度，K；

R——理想气体常数，8.314 4 J/(mol·K)。

阿伦尼乌斯方程是反映化学反应速率常数随温度变化关系的经验公式，应用十分广泛。其中，k_0 和 E_a 都是与反应系统物质本性有关的经验常数。可见 k 与 T 的关系不是线性的。

将式（5－2－8）两边同时取对数，得到：

$$\ln k = \ln k_0 - \frac{E_a}{RT} \quad (5-2-9)$$

由式（5－2－9）可见，$\ln k$ 与 $1/T$ 呈线性关系，直线的斜率为 $-E_a/R$，截距为 $\ln k_0$。

由 Arrhenius 方程可定义活化能（activation energy）E_a，其表达式为：

$$\frac{d\ln k}{dT} = \frac{E_a}{RT^2} \quad (5-2-10)$$

则：

$$E_a = RT^2 \frac{d\ln k}{dT} \quad (5-2-11)$$

活化能 E_a 与水分活度、固形物含量、pH 及其他因素相关。当反应机理随温度改变时，活化能也随之改变。文献报道维生素 B_1 的 E_a 为 83.86～123.00kJ/mol，其他维生素的活化能为 125.52 kJ/mol 左右。表 5－2－2 为大多数食品中劣变反应的活化能。

表 5-2-2　食品中劣变反应的活化能

反应类型	酶	水解	脂肪氧化	颜色和质地改变	非酶褐变	蛋白质变性
活化能 E_a/(kJ/mol)	10~30	15	10~15	10~30	25~50	80~120

Labuza 和 Riboh 列举了产生非线性阿伦尼乌斯曲线的可能原因，它们包括：物理状态的变化（如相变化）、水分活度或水分的变化、温度对关键反应的影响、pH 随温度而变化、由于温度升高导致氧气溶解量减少（减缓氧化反应）、反应物在两相间的分配、冷却时反应物的浓缩。故在使用阿伦尼乌斯方程时要考虑这些因素。

由温度对反应速度常数的影响可知，降低温度可显著降低反应的速度。而食品在贮存过程中的质量逐渐下降，与食品的营养成分及风味物质发生一系列化学变化密切相关。因此，降低贮存食品的环境温度，就可显著降低食品中的化学反应速度，从而延长食品货架期。即使是罐头食品，虽然它在生产过程中经过高温杀菌不仅达到商业杀菌要求，而且破坏了酶的活性，在一般情况下，不会因为微生物的活动和酶促反应引起不良的变化，但是它在贮存过程中还会发生化学变化而引起质量改变，如脂肪的酸败、罐内壁腐蚀等，这些变化与环境温度密切相关。

阿伦尼乌斯方程不仅能说明温度对反应速度的影响，而且能表明温度、活化能两者与反应速度的关系，经推导可得：

$$\ln Q_{10} = \frac{E_a}{R}\frac{10}{T-(T+10)} \tag{5-2-12}$$

以 $R=8.3144\ \mathrm{J/(mol\cdot K)}$ 代入式（5-2-12），并将自然对数转变为常用对数，可得：

$$\lg Q_{10} = \frac{2.77E_a}{T-(T+10)} \tag{5-2-13}$$

式（5-2-13）表明，在一定温度下，活化能 E_a 越大，Q_{10} 就越大；并且，在不同的温度范围内，活化能不同，Q_{10} 就不相同，见表 5-2-3。

表 5-2-3　Q_{10} 与反应的活化能 E_a 和温度的关系

活化能 E_a/(kJ/mol)	温度系数 Q_{10}			典型反应
	4℃	21℃	35℃	
50	2.13	1.96	1.85	酶促反应、水解反应
100	4.54	3.84	3.41	营养素损失、脂肪氧化
150	9.66	7.52	6.30	非酶褐变

（二）温度对食品酶活性的影响

酶是生物体内的一种特殊蛋白质，具有高度的催化活性。绝大多数食品都来源于生物，尤其是生鲜食品含有多种酶类，导致许多反应在食品中能够发生，有些酶促反应会使食品的质量劣变。

就一般情况而言，当温度低于30～40℃时，酶催化的反应和一般化学反应一样，随着温度升高而加速。当温度达到或超过80～90℃时，几乎所有的酶都失去活性。因此，由酶催化的生化反应最适宜的温度是30～40℃，食品贮藏的温度一般都是低于这个温度范围。所以，食品在贮藏过程中酶促反应随着温度的升高而加速，其温度系数Q_{10}一般在2～3之间。

如肉类的成熟过程是由于体内酶的作用，蛋白质和三磷酸腺苷分解，使肉提高持水性并产生肉的气味和滋味，这一变化与温度的关系十分密切。当温度为2～3℃时，完成牛肉的成熟需要12～13d；12℃时，需要5d；18℃时，需要2d。

（三）温度对果蔬采收后呼吸的影响

水果和蔬菜采收后的呼吸，一方面有利于其抗病能力的提高；另一方面，则消耗了其本身的营养物质。前者有利于提高果蔬的耐贮性，后者则不利于果蔬的贮存。

呼吸的实质是有机物在呼吸酶系的作用下发生的生物氧化过程。在一定的温度范围内，随着温度的升高，酶的活性增加，反应的速度加快，果蔬的呼吸就加速。温度每升高10℃，呼吸强度要增大到原来的2～4倍，它们之间的关系也用温度系数Q_{10}表示。表5-2-4为几种蔬菜在不同温度区间的Q_{10}值。

表5-2-4　几种蔬菜在不同温度区间的Q_{10}值

温度/℃	Q_{10}					
	菜豆	菠菜	黄瓜	豌豆	胡萝卜	马铃薯
0.5～10.0	5.1	3.2	4.2	3.9	3.3	2.1
10～24	2.5	2.6	1.9	2.0	1.9	2.2

在温度较低的区间里，温度系数Q_{10}较大的原因可由式（5-2-13）得到解释。因$\lg Q_{10}$与$T\cdot(T+10)$成反比，在活化能相同的情况下，温度低时Q_{10}就比较大。

在实践中，确定果蔬的贮藏温度时，既要注意到能维持果蔬正常的呼吸，以利于其抗病性的提高，又要尽量降低其呼吸强度，减少其体内营养物质的消耗，延长其贮藏期。

应该注意的是，果蔬是有生命的，而且由于种类、品种、原产地和栽培条件等因素不同，各有自己最适合的贮藏温度。温度高了会加速呼吸，温度过低则会造成冻害或冷害，因此果蔬贮藏必须在不干扰其正常新陈代谢的前提下，尽可能选择较低的温度。

（四）温度对微生物生长繁殖的影响

微生物的生命活动是在酶催化下各种物质代谢的结果，而酶的活性受温度的影响，因此微生物要进行正常的代谢必须有最适宜的温度，体内的各种生化反应才能协调进行。由于不同的酶催化不同的生化反应，其活化能（E_a）不同，根据式（5-2-13），温度系数Q_{10}也不相同。因此，环境温度下降，不同生化反应按照各有的温度系数减慢，由于减慢的速度不同，破坏了各生化反应原有的协调性和一致性，导致了微生物生理活动失调，温度下降的幅度越大，失调就越严重，从而破坏了微生物的新陈代谢，使其生长繁殖受到抑制。

在一定的温度范围内，微生物的生长速度与温度的关系也以温度系数Q_{10}表示，定义为温度每升高10℃，微生物的生长速度与原来生长速度的比值。多数微生物的 Q_{10} 在1.5~2.5之间。

综上所述，在贮藏过程中，降低环境温度就能减慢在食品中可能发生的化学反应和酶促反应的速度，并且能够抑制微生物的生长繁殖，有效地保持食品的食用品质，因此低温贮藏技术在食品流通领域中得到广泛的应用。低温只能抑制微生物和酶的活性，杀灭微生物则必须利用高温。微生物的原生质和酶都是蛋白质组成的，在高温下，蛋白质的变性作用具有很大的温度系数，在等电点时 Q_{10} 可达600左右。乳粉工艺及罐头工艺中的热杀菌就是利用了这一原理。

三、食品货架期的预测模型

温度是引起食品质量损失的最主要的环境因素。由式（5-2-8）可知，指数因子或频率因子（k_0）与温度无关，结合食品质量变化式（5-2-3），可得：

$$-\frac{dQ}{dt} = [k_0 e^{-\frac{E_a}{RT}}]c^n \qquad (5-2-14)$$

准确地预测食品的货架期需要精确估计方程式（5-2-14）中的参数。可采用两种方法估计这些参数。一种是二步线性最小二乘法，这是传统方法也是应用最广泛的方法。第一步是在每个温度下，回归估算质量损失速率方程（参见表5-2-1）中反应速率常数 k 和初始浓度 c_0，由 c_0 的估算偏差可以侧面说明模型的准确度。第二步是将由第一步得到的不同温度下的反应速率常数 k，通过 $\ln k$ 对 $1/T$ 进行回归（线性拟合），得到一条斜率为 $-E_a/R$、常数项为 $\ln k_0$ 的直线，即得到了反应速率与温度的关系。速率常数对绝对温度的倒数做图（采用半对数坐标）通常称为阿伦尼乌斯图，如图5-2-1所示。

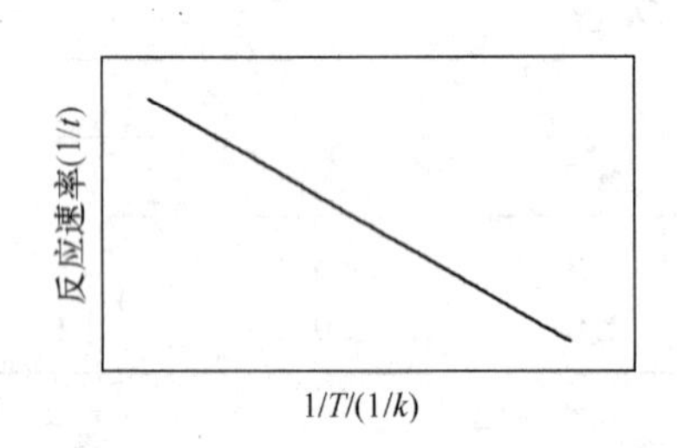

图5-2-1　典型阿伦尼乌斯图

这种直线图表明该系统遵循阿伦尼乌斯动力学方程，可以采用方程式（5-2-8）和式（5-2-14）。在货架期研究中，可以在高温条件下采集数据，然后用外推的方法求得在较低温度下的货架期。即可以结合货架期加速试验（accelerated shelf-life test，ASLT），利用高温作为加速条件，预测得到常温或低温条件下产品的货架期。Arrhenius方程在食品货架期研究中已有很多应用，如温度对桑葚汁褪色反应动力学的影响、马铃薯的贮存时间-温度与其质量品质变化动力学模型的建立、预测温度对几种澳大利亚蜂蜜的流变学特性的影响等。

另一种估算方法为非线性最小二乘法，即所有实验数据进行一次非线性回归以估算 E_a/R 和 c_0，而不必计算各温度下的反应速率，又称一步法。

收集食品在不同贮藏温度下品质变化数据，采用不同模型回归分析数据，确定模型的可适用性，并在此基础上开发能够表明具有相同质量的等值图，建立等值图与温度和贮藏时间的关系，从而预测食品货架期。

第二节　食品货架期的加速试验

尽管食品体系非常复杂，但是通过对食品劣变机制的系统研究，仍可以找到确定食品货架期的方法。一般可采用两种基本的方法来预测货架期。一种方法是把食品置于某种特别恶劣的条件下贮藏，然后每隔一定时间进行品质检验（可采用感官评定的方法检验品质），重复几次，最后将试验结果外推（合理的推测）以预测正常贮藏条件下的货架期。另一种方法是根据适用于食品体系的反应动力学原理，科学地设计和实施有效的货架期试验，达到以最少的时间，最小的花费获得最大量信息的目的。这可以通过应用Labuza和Schmidl提出的货架期加速试验方法来实现。

货架期加速试验就是针对货架期预测时间长、效率低、耗资大的实际问题而发展起来的一种方法。通过应用加速手段在短期内预测出产品的真正货架期。在食品上使用的加速手段主要有：提高温度、增加湿度、光照等。其中温度加速试验使用的较为广泛。最广泛使用的加速预测模型是Arrhenius模型，用来描述温度对反应速度的影响（Labuza and Schmidl，1985）。通常，货架期加速试验主要应用在以下两个方面：一是在产品开发阶段，通过货架期加速试验快速估计出该产品的货架期。二是在产品投入市场时，为实际的货架期预测收集动力学参数。当然，也可以达到利用货架期加速试验，改进食品加工工艺、改善包装及贮藏条件等目的。

一、货架期加速试验基本步骤

要进行食品货架期加速实验，首先应了解研究食品的性质，了解预测食品的货架期内主要发生的变化和因素影响；然后，选择合适的方法和模型进行预测。因此，设计货架期加速试验是一个深刻理解食品相关机理，需要综合应用食品工程、食品化学、食品微生物学、分析化学、物理化学以及食品相关法律法规等多方面知识和实验技术。其基本步骤包括：

（1）评估影响食品微生物安全性的各因素，全面分析食品各组分、贮存的过程与条件，确定显著影响食品货架期的生物或物化反应及其影响因素。通过分析，如果还没有进行实验就发现食品存在严重安全隐患而达不到所要求的货架期，则必须考虑改进产品设计以提升产品品质，如改进配方或工艺过程。

（2）为货架期试验选择合适的包装。冷藏、冷冻和罐头食品可在其最终产品实际包装所用的容器中进行试验，脱水食品应贮存于密封玻璃罐或不能透过水汽的包装袋中进行试验，保持产品特定的湿度和A_w。

（3）确定实验用贮藏温度条件，包括测试组温度和对照组温度，根据不同食品类型进行选择。可参照表5-2-5进行。

表 5-2-5　　加速贮藏实验温度条件

产品	测试温度/℃	对照温度/℃
罐藏食品	25、30、35、40	4
脱水食品	25、30、25、40、45	-18
冷藏食品	5、10、15、20	0
冷冻食品	-5、-10、-15	< -40

(4) 根据食品预期货架期、处理温度以及 Q_{10} 等这些有用的信息，计算所选各温度下的测试时间。若没有 Q_{10} 的可靠资料，应该选择至少三个温度进行试验。

(5) 确定测试方法以及在每个温度下的测试频率。在低于最高试验温度的任何温度下，两次测试之间的时间相隔不应超过：

$$f_2 = f_1 Q_{10}^{\Delta T/10} \qquad (5-2-15)$$

式中 f_1——最高试验温度 T_1 时每次测试之间的时间间隔（如天数、周数）；

f_2——较低试验温度 T_2 时每次测试之间的时间间隔；

ΔT——$T_1 - T_2$，℃。

这样，如果一种罐藏食品在40℃贮存时每月必须测试一次，那么根据上式的计算，在35℃（即 $\Delta T=5$℃）和 $Q_{10}=3$ 贮存时，应每隔1.73个月测试一次。在不能确切知道 Q_{10} 时需要多次测试。每个贮存条件至少要有6个数据点，以最大限度地减少统计上的误差。

(6) 针对每个实验贮藏条件，收集数据绘图确定反应级数。

(7) 由各实验贮藏条件下的反应级数和反应速率，制作恰当的阿伦尼乌斯图，估算 E_a/R 和 k_0，并预测食品在预期贮藏条件下的货架期。当然，也可以将食品贮藏在预期贮藏条件下，确定货架期并验证预测模型的有效性。不过，在食品工业上，由于时间与成本的限制，很少有这样做的。

注意：应用 ASLT 预测食品在一个波动的时间-温度内的质量损失，这个预测基于以下两个假设：

(1) 时间-温度的变化引起的食品质量损失是累积的，与其所经历的顺序无关。

(2) 温度的作用不会使主要的质量变化方式发生改变。

此外，应用货架期加速试验，可以将实验结果外推至一般储藏条件。某种食品最有价值的货架期信息可隐藏在通过 ASLT 得到货架期预测模型中，经推算获得。对冷冻食品而言，零售冷冻食品是-18℃，流通冷冻食品是-23℃。应用阿伦尼乌斯关系式建立货架期预测模型的主要好处是可以在较高温度下收集数据，然后用外推方法求得在较低温度下的货架期。

考虑水分活度（A_w）影响因子，添加 A_w 参数的数学模型可用于水分敏感食品货架期预测。Mizrahi 等仍采用货架期加速试验方法，收集食品在高温度、高湿度贮藏条件下的数据预测食品货架期（Mizrahi *et al.*，1970）。Weissman 等提出一种新形式的货架期加速试验方法，不仅考虑外部温度等条件，还选择反应物或催化剂浓度提高反应速率来加速贮存实验，显著缩短实验时间（Weissman *et al.*，1993）。

二、货架期加速试验应用实例

该例以 Bell 和 Labuza（1994）的实验数据为基础，评价经商业杀菌的脱脂乳饮料中阿斯巴甜（Aspartame，APM）的稳定性，说明货架期加速试验应用过程。市场需求高营养低热量乳制品，与饱受争议的糖精相比，阿斯巴甜是较理想的甜味剂。然而，在乳的固有 pH（6.6）条件下，阿斯巴甜的甜度退化迅速，导致产品感官货架期明显下降。有必要量化并建立该产品中阿斯巴甜稳定模型，以优化产品配方并预测产品货架期。为此，在商业灭菌脱脂乳中添加 200mg/kg 阿斯巴甜 APM_0 作为甜味剂，同时，用柠檬酸盐或磷酸盐缓冲液调整产品 pH 在6.38～6.67 之间，研究阿斯巴甜甜度退化情况。产品样品分别贮藏于 0～30 ℃间的 5 个温度条件下，按式（5－2－15）计算取样间隔（根据文献，阿斯巴甜的平均 $Q_{10}=4$），用 HPLC 方法测定样品中阿斯巴甜含量，测定结果见表 5－2－6（每次测定三个平行样品，结果均列出，用“/”隔开）。

表 5－2－6　阿斯巴甜乳饮料中阿斯巴甜的降解（pH6.67）

时间/h	阿斯巴甜的含量/(mg/kg)				
	30℃	20℃	10℃	4℃	0℃
10	181/175/182				
23	168/166/171	186/172/181			
38	130/127/141				
48	120/101/108	152/160/162			
78		172/154/153			
95			175/173/175		
121			168/168/167	189/180/186	198/195/194
143		146/129/150			
262		63/73/94	140/134/160	165/165/167	
455			114/96/118	132/117/121	159/152/155
599			93/87/91	110/104/88	136/136/134
694				80/95/86	130/119/113
767					115/109/103

收集所有实验数据，每次测定的三个平行样品也没有取平均值。将 5 个贮藏温度下所测定阿斯巴甜含量对时间关系做图，见图 5－2－2（1）。$Q(c)=\ln(c/c_0)=kt$ 拟合最好，即为一级反应，如图 5－2－2（2）所示。计算反应速率常数及其 95% 置信区

间，结果见表5-2-7。

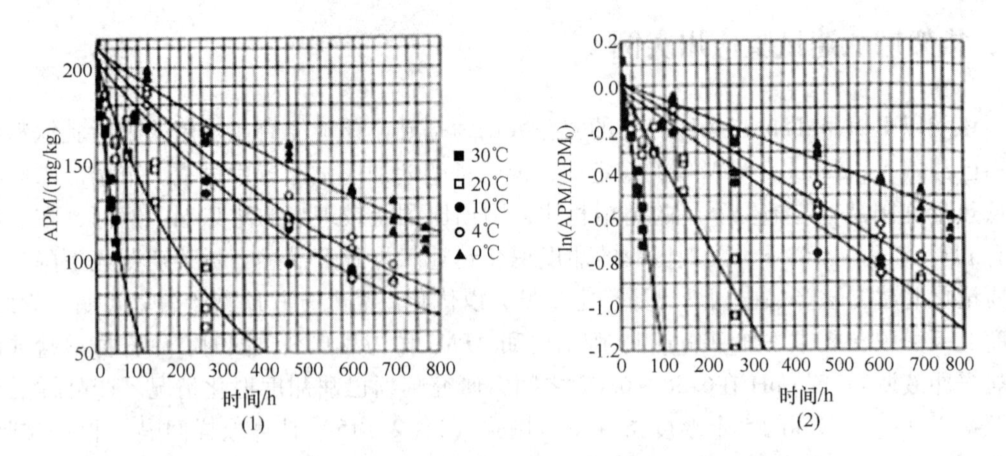

图5-2-2 不同温度下贮藏的乳饮料中阿斯巴甜的降解图（pH6.67）

表5-2-7 5个温度下阿斯巴甜的降解速率常数及其置信区间

速率常数	30℃	20℃	10℃	4℃	0℃
$-k/$（1/h）	0.01250	0.00356	0.00138	0.00121	0.00079
95%置信区间	±0.00130	±0.00046	±0.00010	±0.00009	±0.00006

由ln（$-k$）对$1/T$（T为热力学温度，K）做图，得到阿伦尼乌斯图（见图5-2-3），线性回归估算参数$k_0=3.163\times10^8$/h，$E_a=14\ 560$cal/mol，相关性系数$R^2=0.952$。

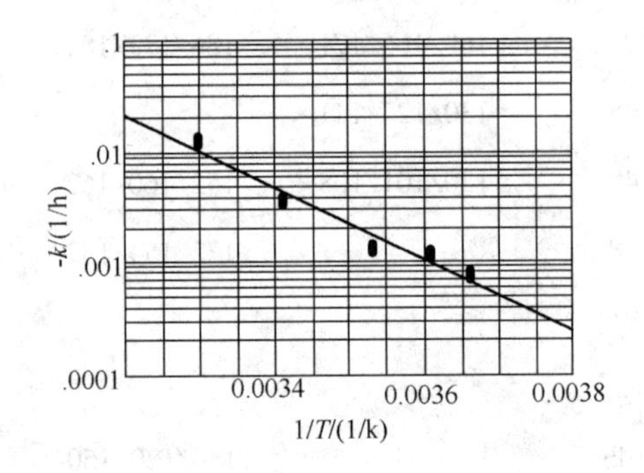

图5-2-3 不同温度下贮藏的乳饮料中阿斯巴甜的降解阿伦尼乌斯图（pH6.67）

得到这些动力学参数后，就可计算在任一温度下贮藏的乳饮料中阿斯巴甜的降解速度，从而预测产品货架期。假定产品中阿斯巴甜含量允许降至一半，那么可以计算该产品在4℃下的贮藏时间约为4周（670h），还能够计算产品剩余货架期。例如，将甜乳饮料贮藏了10d，期间经历的温度条件如图5-2-4所示，这10d的平均温度为7.1℃，可以算得产品中阿斯巴甜在经历这10d后剩余量是原来量的71.8%。该产品在4℃下的剩余贮藏期是321.8h（13.4d）。如果产品最初的10d也是在4℃下贮存，而不是经历平均温度7.1℃过程，那么，该产品在4℃下的剩余贮藏期是434.4h（18.1d）。

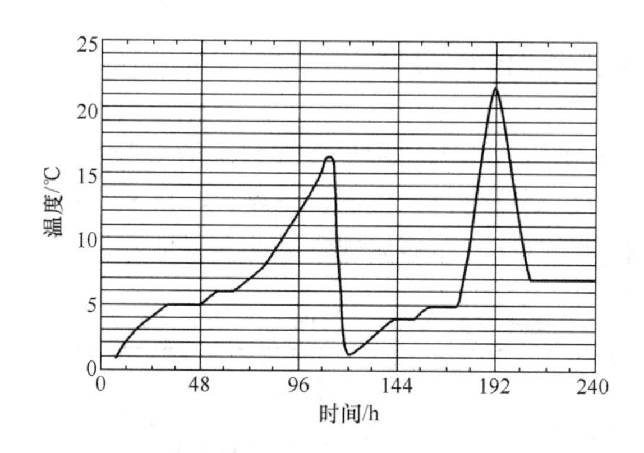

图 5-2-4　阿斯巴甜乳饮料贮藏头 10d 经历的温度

第三节　食品货架期的其他预测技术

一、微生物生长预测模型

对于主要由微生物引起腐败变质的食品来说，货架期预测的核心是确定特定腐败菌（specific spoilage organism，SSO），并建立相应的生长模型。在此基础上，通过预测 SSO 的生长趋势就可以成功预测食品的货架期。

目前，世界上已开发了多种食品微生物生长模型预测软件。美国农业部开发的病原菌模型程序 PMP（pathogen modeling program）包括了嗜水气单胞菌（*Aeromonas hydrophila*）、蜡状芽孢杆菌（*Bacillus cereus*）、肉毒梭菌（*Clostridium botulinum*）、产气荚膜梭菌（*Clostridium perfringens*）、大肠杆菌 O157∶H7（*Escherichia coli* O157∶H7）、单核细胞增生李斯特菌（*Listeria monocytogenes*）、沙门菌（*Salmonella* spp.）、弗氏志贺菌（*Shigella flexneri*）、金黄色葡萄球菌（*Staphylococcus aureus*）、小肠结肠炎耶尔森菌（*Yersinia enterocolitica*）10 种重要的食源性病原菌的生长、失活、残存、产毒、冷却、辐射等 38 个预报模型，每个预报模型包括温度、pH、A_w、添加剂等影响因子，其预测结果具有较高的精确度。

英国农业、渔业和食品部开发的食品微生物模型 FM（food micromodel）含有二十几种数学模型，对 12 种食品腐败菌和致病菌的生长、死亡和残存进行了数学的表达。该系统具有数据库信息量大、数学模型成熟完善以及预测结果误差小的特点。

在 2003 年第四届国际预测性食品模型会议上，美、英两国宣布在因特网上共同建立的世界最大预测微生物学信息数据库 ComBase，目前已拥有了约 25 000 个有关微生物生长和存活的数据档案。使用者可以模拟一种食品环境，通过输入相关数据（如温度、酸度和湿度），搜索到所有符合这些条件的数据档案。这种方法可以显著减少无谓的重复试验，改进模型，并且实现数据来源的标准化。

二、水分敏感型食品防潮包装模型

对于水分敏感的食品来说，预测货架期需要建立等温吸湿模型。等温吸湿模型取决于食品中水分的状态，可以划分为三个范围，见表5-2-8。这三个范围的存在导致各种等温吸湿曲线方程的不同。食品吸湿研究中常见的方程见表5-2-9。

表5-2-8　　食品中水分活度与水的物理状态之间的关系

A_w	食品中水的状态	A_w	食品中水的状态
0.00~0.35 0.35~0.60	单分子层吸收 多分子层吸收	0.60~1.00	伴随可溶性成分溶解水凝结到毛细孔中

表5-2-9　　食品吸湿研究中常见的方程

名　称	等温吸湿曲线	注　释
BET	$\frac{A_w}{(1-A_w)M}=\frac{1}{M_m k_1}+\frac{A_w(k_1-1)}{M_m k_1}$	通常适用范围是 $0.05\leqslant A_w\leqslant 0.45$
Halsey	$A_w=e^{\left[\frac{-k_1}{RT\left(\frac{M}{M_m}\right)^{k_2}}\right]}$	通常适用范围是 $0.1\leqslant A_w\leqslant 0.8$
Henderson	$1-A_w=e^{-(k_1 M k_2)}$ $\ln[-\ln(1-A_w)]=k_2\ln M+\ln k_1$	经验等式，给出的直线 $\ln[-\ln(1-A_w)]$ 对应水吸收量
Iglesias and Chirife	$\ln(M+\sqrt{M^2+M_{0.5}})=k_1(A_w)+k_2$	经验等式，从高糖食品发展而来
Mizrahi	$A_w=\frac{k_1+M}{k_2+M}$	从脱水甘蓝得来，适用于 $0.05\leqslant A_w\leqslant 0.55$
GAB	$M=\frac{k_1 k_2 M_m A_w}{(1-k_2A_w)(1-k_2A_w+k_1k_2A_w)}$ $k_1=k_{01}e^{\left(\frac{\Delta H_1}{RT}\right)}$　$k_2=k_{02}e^{\left(\frac{\Delta H_2}{RT}\right)}$ $\Delta H_1=H_m-H_n$　$\Delta H_2=H_1-H_n$	通常适用范围是 $0\leqslant A_w\leqslant 0.9$

注：M_m 为单分子层湿含量，$M_{0.5}$ 为当 $A_w=0.5$ 时的湿含量，H_m 为单分子层吸湿热，H_1 为蒸汽冷凝热，H_2 为多层吸附的剩余热。

需要注意的是，不同水分活度（A_w）的食品，要使用不同的模型来描述各自的吸湿等温特性。如BET（brunauer-emmett-teller）模型适合 A_w 在0.05~0.45之间的食品，GAB（guggenhein-anderson-de-boer）模型适合 A_w 在0.1~0.9之间的食品。

文献中研究了200多种食品的各种等温曲线，并表明使用GAB方程能够获得较广泛的应用和较高的准确度。食品中水分的变化可以采用一般的动力学方程如方程式（5-2-3）或恰当的吸湿等温模型预测。然而，大多数食品体系的复杂性要求根据食品的实验数据，修正基本动力学模型。

三、应用统计学方法的预测模型

由于一些食品体系的复杂性或者指标的多样性，往往会遇到多个指标反而更难清晰地反映食品在贮藏过程中的品质变化的问题。这时，需要借助统计学的方法。例如，采用相关矩阵分析（correlation matrices）的方法来研究两组及两组以上变量间的相关程度；采用主成分分析（factor analysis）的方法，将繁杂的多指标问题转化成少数几个独立变量的问题，从而简化问题的分析过程等。并且，这些分析方法大多都可以通过计算机软件完成。

另外，威布尔危害值分析方法（Weibull Hazard Analysis，WHA）是一种能够直接预测食品货架期的统计学方法。1975 年，Gacula 等将失效的概念引入了食品，认为随着时间的推移，食品将发生品质下降的过程，并最终降低到人们不能接受的程度，这种情况称为食品失效（food failure），失效时间则对应着食品的货架期。同时，Gacula 等还在理论上验证了食品失效时间的分布服从威布尔模型（Weibull Model），从而提出了一种新的预测食品货架期的方法，即威布尔危害值分析方法。

假设用 $k=1, 2, \cdots, n$ 来对一组食品按照失效时间从后到前倒序计数，t_k 表示相应的失效时间。威布尔模型中 $h(t)$ 称为危害函数，且 $h(t)=100/k$，危害函数还可表示为：

$$h(t) = \frac{\beta}{\alpha^{\beta}} \times t^{\beta-1} \tag{5-2-16}$$

累积危害函数 $H(t)=\sum h(t_k)$，则累计危害方程为：

$$H(t) = \left(\frac{t}{\alpha}\right)^{\beta} \tag{5-2-17}$$

两边求对数得：

$$\lg(t) = \frac{1}{\beta}\lg H + \lg\alpha \tag{5-2-18}$$

α 为尺度参数，β 为形状参数，它们分别影响概率密度函数图形的散布程度和陡峭程度。在双对数坐标图上利用 Statistics 软件进行线性拟合，得到累积危害值与时间变化的关系曲线，进而分析得到相应条件下食品的货架期。

目前 WHA 方法已应用于肉制品、乳制品、其他食品等货架期的预测研究。

四、预测食品货架期的其他方法

近年来，国际食品界出现了 TTI 技术，即时间－温度积分器（time－temperature integrator）或时间－温度指示器（time－temperature indicator）。这是一种易于测量和观察的、与时间－温度变化相关的简单装置。其反应原理是利用一些与温度相关的、并且是连续累积的变化，包括机械的、化学的、电化学的、酶反应、微生物等不可逆的变化，变化的结果最后以可见的物化现象如颜色变化等反映出来。这种技术应用于对温度比较敏感的冷藏、冷冻食品上，如鲜牛乳、冷鲜肉、海鲜产品等，可以作为货架期预报装置。

新鲜度指示器（freshness indicators）已经面市。英国的一些超级市场，在肉类和肉类半成品上试用了可以检验食品新鲜程度的新型标签。这种粘贴标签由黄色背影和一个绿色圆环组成，绿色圆环中间涂有特殊的热敏颜料，热敏颜料在正常情况下为黄色，但过了固定的时间后或温度上升到一定值时，颜料会由黄色变成比周围绿色圆环更暗的深绿色。消费者根据这一颜色变化可以直观地判断食品是否已过货架期。

美国发明了一种 Soleris 微生物实时光电检测系统，该系统主要包括 Soleris 生物实时光电检测仪、基于 Windows 系统的 Soleris 分析软件及各种特异性 Soleris 微生物检测试剂三部分。Soleris 试剂基于传统的微生物培养理论与染色技术，在预制的 Soleris 试剂瓶中放置特异性的培养基与专有的指示剂，当微生物在培养瓶中生长时发生代谢产物改变培养基 pH，或释放 CO_2 等生化反应，从而引起指示剂的颜色变化。试剂瓶中的培养基在底部以胶体栓形式存在，可防止样品基质中某些物质的干扰。Soleris 系统利用光电检测仪器监测试剂瓶底部胶体栓的颜色变化，Soleris 软件将监测到的数据收集并传输到计算机进行分析统计，即可得到准确的检测结果。这种技术可以在 38h 内准确预测巴氏灭菌乳的货架期，其效率是传统测试方法的 5 倍，并且 Soleris 技术在表明牛乳货架期方面比传统使用的 Moseley 质量保证测试方法更加有效。

近年来，出现了一种分析、识别和检测复杂嗅味和挥发性成分的仪器——电子鼻（E－nose）。电子鼻常用于检测果蔬成熟度，分析和识别茶叶及白酒等饮品，检测肉制品。在此基础上，研究人员结合食品的货架期研究，利用电子鼻预测了苹果的采后货架期，并准确地区分了不同货架期的牛乳。

货架期对食品生产企业和消费者至关重要。目前，国内外对食品货架期预测的研究，建立接近实际的预测产品货架期的数学模型来，还开发了多种简便、快速的预测方法。因此，未来对食品货架期预测的研究，将会更多地借助仪器和计算机，向着数据采集迅速合理、分析模式接近实际、预测结果快速准确的方向发展。

【思考题】

1. 说明食品货架期概念。
2. 说明保质期与保存期的区别与联系。
3. 讨论影响食品货架期的因素。
4. 举例说明温度如何影响食品货架期，主要表现在哪些方面？
5. 说明预测食品货架期基本数学模型及主要影响因素。
6. 解析食品品质变化的动力学模型。
7. 说明货架期加速试验（ASLT）方法的主要步骤。
8. 收集文献，了解食品货架期其他预测技术。

参考文献

[1] David Kilcast, Persis Subramaniam. The stability and shelf - life of food. England: Woodhead publishing limited, 2000: 6 ~ 13

[2] Kenneth J. Valentas, Enrique Rotstein, R. Paul Singh. Handbook of Food Engineering Practice. CRC Press, 1997

[3] 曹悦，陆利霞，熊晓辉. 食品货架期预测新技术进展. 食品研究与开发，2009，30（5）

[4] Theodore P, Labuza, Ph. D. The search for shelf life. Food Testing and Analysis. 2000, 6 (2): 26 ~ 36

[5] 余亚英，袁唯. 食品货架期概述及其预测. 中国食品添加剂，2007（5）

[6] 王璋，许时婴，江波等译. 食品化学（第3版）. 北京：中国轻工业出版社，2003：849 ~ 850

[7] Suh H J, Noh DO, Kang CS *et a*1. Lee SW Thermal kinetics of color degradation of mulberry fruit extract. Nahrung, 2003 (47): 132 ~ 135

[8] Hagiwara T, Hartel R W. Effect of sweetener, stabilizer, mad storage temperature on ice recrystallization in ice cream. Journal of Dairy Science, 1996 (79): 735 ~ 744

[9] 刘宝林，华泽创，许建俊. 草莓冻结玻璃化保存的实验研究. 上海理工大学学报，1999（2）：180 ~ 183

[10] Fujikawa. H, hob. T. Thermal inactivation analysis of mesophiles using the Arrhenius model and Z - value models. J. Food. Prot, 1998, 61 (7): 910 ~ 912

[11] Jonsson V, Sngag B. G. Testing models for temperature dependence of the inactivation rate of bacillus spores [J] . J. Food. Sci. , 1997, 42 (5): 1251 ~ 1252

[12] Nourian F, Ramaswamy HS, Kushalappa AC. Kinetics of quality change associated with potatoes stored at different temperatures. Leben smittel - Wissenschaftundtechnologic, 2003, 36 (1): 49 ~ 65

[13] 张晓华，张东星，刘远方等. 电子鼻对苹果货架期质量的评价. 食品与发酵工业，2007，33（6）：20 ~ 23

[14] 郭奇慧，白雪，康小红. 应用电子鼻区分不同货架期的纯乳. 乳业科学与技术，2008，31（2）：68 ~ 69